面向“十二五”高职高专土木与建筑规划教材

建筑施工技术

王洪健　主　编

李晓枫　副主编

清华大学出版社

北　京

内 容 简 介

本书是根据全国高职高专教育土建专业教学指导委员会颁布的“建筑施工技术教学大纲”和国家相关施工技术规范编写的。其内容包括土方工程施工、桩基础工程施工、砌筑工程施工、钢筋混凝土结构工程施工、预应力混凝土工程施工、结构安装工程施工、防水工程施工、装饰工程施工、冬期与雨期工程施工等九个项目。通过本课程的学习，使学生能够掌握各工种的施工方法和施工工艺知识，具备编制施工方案并实施技术交底、指导施工现场施工、进行质量控制等能力。

本书主要可以作为土建类高职高专建筑工程技术、工程监理、工程造价等专业教材，也可作为建筑工程管理、建筑经济管理等专业的相关课程教材，还可作为有关培训教材和工程技术人员的参考资料。

图书在版编目(CIP)数据

建筑施工技术/王洪健主编. —北京：清华大学出版社，2016（2019.8重印）
(面向“十二五”高职高专土木与建筑规划教材)
ISBN 978-7-302-40609-9
Ⅰ. ①建…　Ⅱ. ①王…　Ⅲ. ①建筑工程—工程施工—高等职业教育—教材　Ⅳ. ①TU74

中国版本图书馆 CIP 数据核字(2015)第 150469 号

责任编辑：桑任松　陈立静
装帧设计：刘孝琼
责任校对：周剑云
责任印制：沈　露

出版发行：清华大学出版社
网　　址：http://www.tup.com.cn, http://www.wqbook.com
地　　址：北京清华大学学研大厦 A 座　　邮　　编：100084
社 总 机：010-62770175　　邮　　购：010-62786544
投稿与读者服务：010-62776969, c-service@tup.tsinghua.edu.cn
质量反馈：010-62772015, zhiliang@tup.tsinghua.edu.cn
课件下载：http://www.tup.com.cn, 010-62791865
印 装 者：三河市铭诚印务有限公司
经　　销：全国新华书店
开　　本：185mm×260mm　　印　张：28.25　　字　数：682 千字
版　　次：2016 年 1 月第 1 版　　印　次：2019 年 8 月第 6 次印刷
定　　价：48.00 元

产品编号：045855-01

前　言

建筑施工技术是建筑工程技术、工程监理、工程造价等土建类专业的主要专业课之一。其内容主要是研究建筑工程施工中主要分部分项工程的施工工艺和方法、技术措施和要求、质量验收标准和方法等，在培养学生独立分析和解决建筑施工中有关施工技术问题的基本职业能力方面起着重要作用。其宗旨在于培养学生能够根据工程具体条件选择合理的施工方案，运用先进的施工技术达到保证工程质量、缩短工期、降低工程成本的目的。全书以“理论够用为度，重在实践能力的培养”为原则，重在培养施工生产第一线的技能型应用人才。

本书根据全国高等学校土建学科指导委员会高等职业教育专业委员会审定的“建筑施工大纲”要求编写，编写中力求按高等职业教育的特点，编出专业特色，强调实用性，能反映国内外建筑施工的先进技术水平。

本书内容包括土方工程施工、桩基础工程施工、砌筑工程施工、钢筋混凝土结构工程施工、预应力混凝土工程施工、结构安装工程施工、防水工程施工、装饰工程施工和冬雨期施工等9个项目，每项目后附有思考和练习题。

本书由王洪健任主编，李晓枫任副主编。其中项目 1、2、9 由黑龙江建筑职业技术学院王洪健教授编写；项目 3、4、5 由黑龙江建筑职业技术学院李晓枫教授编写；项目 8 由黑龙江建筑职业技术学院杨庆丰副教授编写；项目 6、7 由黑龙江建筑职业技术学院吴士超讲师编写。全书由王洪健教授统稿并定稿，由黑龙江哈铁工业总公司吴宝琪高级工程师主审。

由于编者水平有限，加上时间仓促，难免存在疏漏之处，恳请广大读者批评指正。

编　者

目　录

项目1　土方工程施工

学习要点及目标

掌握土方工程施工的特点及性质；能进行土方工程量计算；能正确选用土方施工机械；能根据土方工程施工条件选择降排水方法；能正确选择填方土料和填筑压实的方法；能分析影响填土压实的主要因素；掌握填土压实质量的检查方法。

核心概念

土方工程特点、可松性、施工准备、土方机械、回填压实、土方开挖。

引导案例

某工程为框剪结构，建筑面积为 5360m^2，地上 18 层，地下 2 层，基坑开挖深度 14m。根据工程勘察报告，土层分为两层：人工堆积层和第四纪沉积层。拟建场区内有地下水，基坑南面场地较宽，东面、西面、北面均邻近原有建筑物。

思考：基坑土方量如何计算？采用何种形式降水？基坑边坡如何处理？如何选择土方机械及开挖方式？

1.1　土方工程基本知识

土方工程是建筑施工的主要分部工程之一，也是建筑工程施工过程中的第一道工序，通常包括场地平整，基坑(槽)及人防工程和地下建筑物等的土方开挖、运输与堆砌，土方填筑与压实等主要施工过程，以及降低地下水位和基坑支护等辅助工作。

1.1.1　土方工程的施工特点

1. 土的开挖与填筑

土的开挖与填筑是土方工程的主要内容，根据几何特征的不同，又可以分成平整场地、挖基坑、挖基槽、挖土方、回填土等。

- 平整场地：是指厚度在 300mm 以内的场地大面积的挖填和找平工作。
- 挖基坑：是指挖土底面积在 20m^2 以内，且底长小于等于 3 倍宽度。
- 挖基槽：是指挖土宽度在 3m 以内，且长度大于等于 3 倍宽度。
- 挖土方：是指山坡挖土、基槽宽度大于 3m、基坑底面积大于 20m^2、场地平整挖填厚度大于 300mm 等。
- 回填土：分为夯填和松填。

2. 土方工程的施工特点

(1) 土石方工程的工程量大、施工工期长、劳动繁重。建筑工地场地平整的土方工程量可达数百立方米以上，施工面积可达数平方公里，高层建筑大型基坑的开挖深度可达数十米深。

(2) 土方工程施工条件复杂，又多为露天作业，受地区地形、水文、地质和气候条件的影响较大，难以确定的因素很多。因此在组织土方工程施工前必须进行调查研究，详细地分析地质报告，制定合理的施工方案，才可以施工。

1.1.2 土的工程种类及现场鉴别方法

土的种类繁多，其分类的方法也有很多。在建筑施工中，根据土的开挖难易(即硬度系数大小)程度将土分为松软土、普通土、坚土、砂砾坚土、软石、次坚石、坚石、特坚石等8类，前4类属于一般土，后4类属于坚石。土的8种分类方法及现场鉴别方法如表1-1所示。由于土的类别不同，单位工程消耗的人工或机械台班也不同，因而施工费用不同，施工方法也不同。所以正确区分土的种类、类别对合理选择开挖方法、准确套用定额和计算土方工程费用关系重大。

表1-1 土的工程分类与现场鉴别方法

土的分类	土的名称	可松性系数		现场鉴别(开挖)方法
		K_s	K'_s	
一类土(松软土)	砂；亚砂土；冲击砂土层；种植土；泥炭(淤泥)	1.08～1.17	1.01～1.03	能用锹、锄头挖掘
二类土(普通土)	亚粘土；潮湿的黄土；夹有碎石；卵石的砂；种植土；建筑土及亚砂土	1.14～1.28	1.02～1.05	能用锹、锄头挖掘，少许可用镐翻松
三类土(坚土)	软及中等密实粘土；重亚粘土；粗砾石；干黄土及含碎石、卵石的黄土、亚粘土；压实的填筑土	1.24～1.30	1.04～1.07	主要用镐，少许用锹、锄头挖掘，部分用撬棍挖掘
四类土(砂砾坚土)	重粘土及含碎石、卵石的粘土；粗卵石；密实的黄土；天然级配砂石；软泥灰岩；蛋白石	1.26～1.30	1.06～1.09	整个用镐、撬棍，然后用锹挖掘，部分用楔子及大锤挖掘
五类土(软石)	硬石炭纪粘土；中等密实的页岩、泥灰岩、白垩土；胶结不紧的砾岩；软的石炭岩	1.30～1.45	1.10～1.20	用镐或撬棍、大锤挖掘，部分使用爆破方法
六类土(次坚石)	泥岩；砂岩；砾岩；坚实的页岩；泥灰岩；密实的石灰岩；风化花岗岩；片麻岩	1.30～1.45	1.10～1.20	用爆破的方法开挖，部分用风镐

续表

土的分类	土的名称	可松性系数		现场鉴别(开挖)方法
		K_s	K'_s	
七类土(坚石)	大理岩；辉绿岩；粗、中粒花岗岩；坚实的白云岩；砾岩；石灰岩；玄武岩	1.30～1.45	1.10～1.20	用爆破的方法开挖
八类土(特坚石)	安山岩；玄武岩；花岗片麻岩；坚实的细粒花岗岩；闪长岩；石英岩；辉长岩；辉绿岩	1.45～1.50	1.20～1.30	用爆破的方法开挖

1.1.3　土的工程性质

土一般由土颗粒(固相)、水(液相)和空气(气相)3 部分组成，这 3 部分之间的比例关系随着周围条件的变化而变化，三者之间比例不同，反映出土的物理状态也不同，如干燥、稍湿或很湿；密实、稍密或松散。这些指标是最基本的物理性质指标，对评价土的工程性质、进行土的工程分类具有重要意义。

土的三相物质是混合分布的，为阐述方便，一般用三相示意图来表示(如图 1-1 所示)，三相示意图中把土的固体颗粒、水、空气各自划分开来。

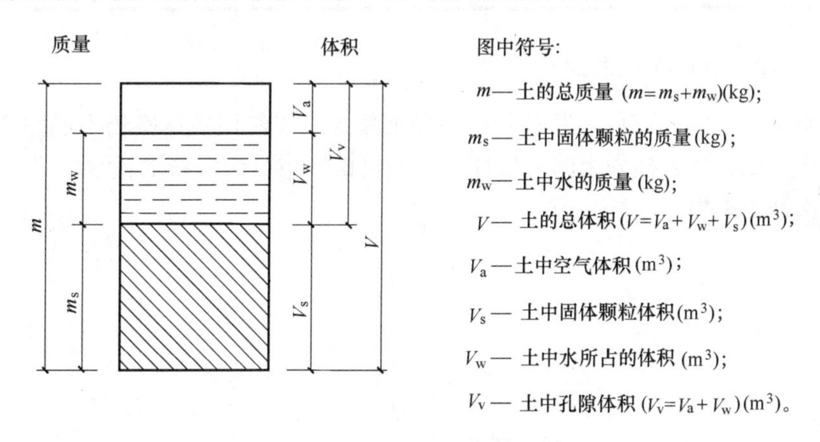

图 1-1　土的三相示意

1．天然密度和干密度

土的质量密度分为天然密度和干密度。土的天然密度是指土在天然状态下单位体积的质量，又称湿密度。通常用环刀法测定。一般粘土的密度为 1800～2000kg/m^3，砂土为 1600～2000kg/m^3。它影响土的承载力、土压力及边坡稳定性。土的天然密度按下式计算，即

$$\rho=\frac{m}{V} \tag{1-1}$$

式中：m——土的总质量(kg)；

V——土的体积(m^3)。

干密度是指土的固体颗粒质量与总体积的比值，用下式表示，即

$$\rho_d = \frac{m_s}{V} \tag{1-2}$$

式中：m_s——土中固体颗粒的质量(kg)。

土的干密度在一定程度上反映了土颗粒排列的紧密程度，干密度越大，土体就越密实。因而常将它作为填土压实质量的控制指标。干密度常用环刀法和烘干法测定。土的最大干密度值如表 1-2 所示。

表 1-2　土的最佳含水量和干密度参考值

土的种类	变动范围	
	最佳含水量/%(质量比)	最大干密度/(g/cm³)
砂土	8～12	1.80～1.88
粉土	16～22	1.61～1.80
亚砂土	9～15	1.85～2.08
亚粘土	12～15	1.85～1.95
重亚粘土	16～20	1.67～1.79
粉质亚粘土	18～21	1.65～1.74
粘土	19～23	1.58～1.70

2. 土的可松性与可松性系数

自然状态下的土经开挖后，其体积因松散而增加，虽然回填压实仍不能完全恢复到原状态土的体积，这种现象称为土的可松性。土的可松性用可松性系数表示。

最初可松性系数为

$$K_s = \frac{V_2}{V_1} \tag{1-3}$$

最终可松性系数为

$$K_s' = \frac{V_3}{V_1} \tag{1-4}$$

式中：K_s、K_s'——土的最初、最终可松性系数；

V_1——土在天然状态下的体积(m^3)；

V_2——土开挖后松散状态下的体积(m^3)；

V_3——土经压(夯)实后的体积(m^3)。

土的可松性对土方的平衡调配、基坑开挖时的预留土量及运输工具数量的计算均有直接影响。各类土的可松性系数见表 1-1。

3. 土的天然含水量

在天然状态下，土中水的质量与固体颗粒质量之比的百分率称为土的天然含水量，用

W 表示，即

$$W = \frac{m_w}{m_s} \times 100\% \tag{1-5}$$

式中：m_W——土中水的质量(kg)；

m_s——土中固体颗粒的质量(kg)。

土的含水量反映土的干湿程度。它对挖土的难易程度、土方边坡的稳定性及填土压实等均有直接影响。因此，在土方开挖时应该采取排水措施，在回填土时应使土的含水量处于最佳含水量的变化范围之内，如表 1-2 所示。通常情况下，$W \leqslant 5\%$的为干土，$5\% < W \leqslant 30\%$的为潮湿土，$W > 30\%$的为湿土。

4．土的孔隙比和孔隙率

孔隙比和孔隙率反映了土的密实程度，孔隙比和孔隙率越小，土体越密实。

孔隙比 e 是土的孔隙体积 V_V 与固体体积 V_s 的比值，即

$$e = \frac{V_V}{V_s} \tag{1-6}$$

孔隙率 n 是土的孔隙体积 V_V 与总体积 V 的比值，用百分率表示，即

$$n = \frac{V_V}{V} \times 100\% \tag{1-7}$$

对于同一类土，孔隙比越大，孔隙体积就越大，从而使土的压缩性和透水性都增大，土的强度降低。故工程上也常用孔隙比来判断土的密实程度和工程性质。

5．土的渗透性

土的渗透性也称透水性，是指土体被水透过的性质，通常用渗透系数 K 表示。渗透系数表示单位时间内水穿透土层的能力，以 m/d 表示。根据渗透系数不同，土可分为透水性土(砂土)和不透水性土(粘土)。

渗透系数 K 反映出土透水性的强弱。它直接影响降水方案的选择和涌水量的计算，可通过室内渗透试验或现场抽水试验确定，一般土的渗透系数参考值如表 1-3 所示。

表 1-3 土的渗透系数参考值

土的名称	渗透系数 K/(m/d)	土的名称	渗透系数 K/(m/d)
粘土	＜0.005	含粘土的中砂	3～15
粉质粘土	0.005～0.1	粗砂	20～50
粉土	0.1～0.5	均质粗砂	60～75
黄土	0.25～0.5	圆砾石	50～100
粉砂	0.5～1	卵石	100～500
细砂	1～5	漂石(无砂质充填)	500～1000
中砂	5～20	稍有裂缝的岩石	20～60
均质中砂	35～50	裂缝多的岩石	＞60

1.2 土方工程量的计算与调配

在场地平整、基坑与基槽开挖等土方工程施工中，都需要计算土方量。土方工程的外形往往很复杂，而且不规则，很难进行精确的计算。因此，在一般情况下，都是将工程区域划分为一定的几何形状，并采用具有一定精确而又与实际情况近似的方法进行计算。

1.2.1 基坑、基槽土方量计算

基坑土方量可按立体几何中的拟柱体(由两个平行的平面做底的一种多面体)体积公式计算(如图 1-2 所示)，即

$$V = \frac{H}{6}(A_1 + 4A_0 + A_2) \tag{1-8}$$

式中：H——基坑深度(m)；

A_1、A_2——基坑上下两底的底面积(m^2)；

A_0——基坑中截面面积(m^2)。

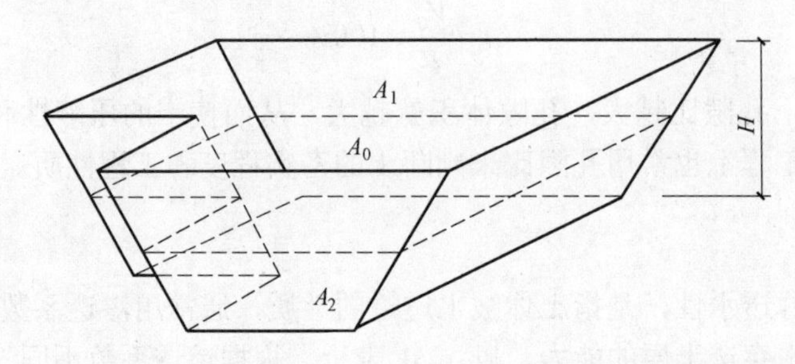

图 1-2 基坑土方量计算

基槽和路堤的土方量可以沿长度方向分段后，再用同样的方法计算(如图 1-3 所示)，即

$$V_i = \frac{L_i}{6}(A_1 + 4A_0 + A_2) \tag{1-9}$$

式中：V_i——i 段的土方量(m^3)；

L_i——i 段的长度(m)。

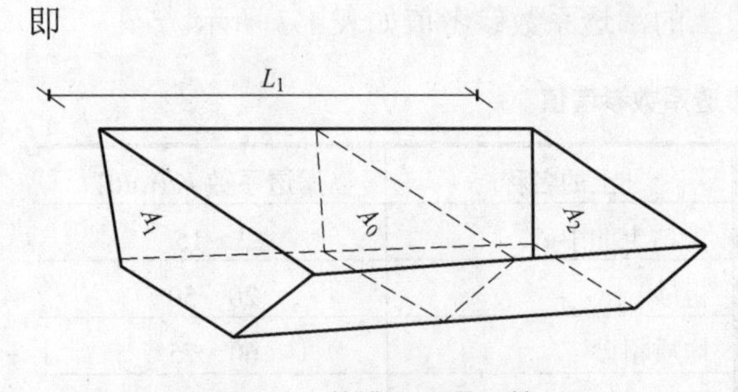

图 1-3 基槽土方量计算

将各段土方量相加，即得总土方量

$$V = V_1 + V_2 + \cdots + V_n \tag{1-10}$$

式中：V_1、V_2、$\cdots$、V_n——各分段的土方量(m^3)。

1.2.2 场地平整土方量计算

对于在地形起伏的山区、丘陵地带修建较大的厂房、体育场、车站等占地广阔工程的平整场地，主要是削凸填凹、移挖方作填方，将自然地面改造平整为场地设计要求的平面。

场地挖填土方量的计算有横截面法(或断面法)和方格网法两种。横截面法是将要计算的场地划分成若干横截面后，用横截面计算公式逐段计算，最后将逐段计算的结果汇总。横截面法计算精度较低，可用于地形起伏变化较大的地区。对于地形较平坦的地区，一般采用方格网法。

在地形起伏变化较大的地区，或挖填深度较大、断面又不规则的地区，采用断面法比较方便。该方法为：沿场地取若干个相互平行的断面，将所取的每个断面划分为若干个三角形和梯形，如图 1-4 所示。

断面面积求出后，即可计算土方体积，设各断面面积分别为 F_1、F_2、…、F_n。

相邻两断面间的距离依次为 L_1、L_2、L_3、…、L_{n-1}，则所求土方体积为

$$V=\frac{1}{2}\left(F_1+F_2\right)L_1+\frac{1}{2}\left(F_2+F_3\right)L_2+\cdots+\frac{1}{2}\left(F_{n-1}+F_n\right)L_{n-1} \tag{1-11}$$

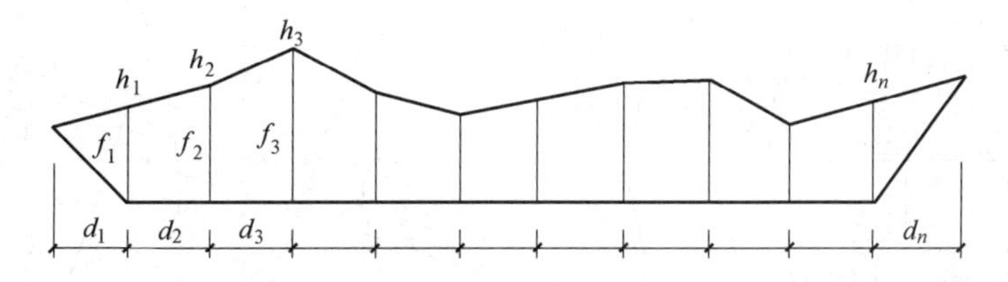

图 1-4　断面法

建筑场地平整的平面位置和标高通常由设计单位在总平面的竖向设计中确定。场地平整通常是挖高填低。计算场地挖方量和填方量，首先要确定场地的设计标高，由设计平面的标高和地面的自然标高之差可以得到场地各角点的施工高度(即填、挖高度)，施工高度为角点设计地面标高与自然地面标高之差，是以角点设计标高为基准的挖方或填方的施工高度。由此可计算场地平整的挖方和填方的工程量。

1. 场地设计标高的确定

场地设计标高是进行场地平整和土方量计算的依据，也是总平面图规划和竖向设计的依据。合理确定场地的设计标高，对减少土方量、加速工程速度都有重要的经济意义，如图 1-5 所示。当场地设计标高为 H_0 时，挖填方基本平衡，可将土方移挖作填、就地处理；当设计标高为 H_1 时，填方大大超过挖方，则需从场外大量取土回填；当设计标高为 H_2 时，挖方大大超过填方，则要向场外大量弃土。因此，在确定场地设计标高时，应结合现场的具体条件，反复进行技术经济比较，选择其中的最优方案。

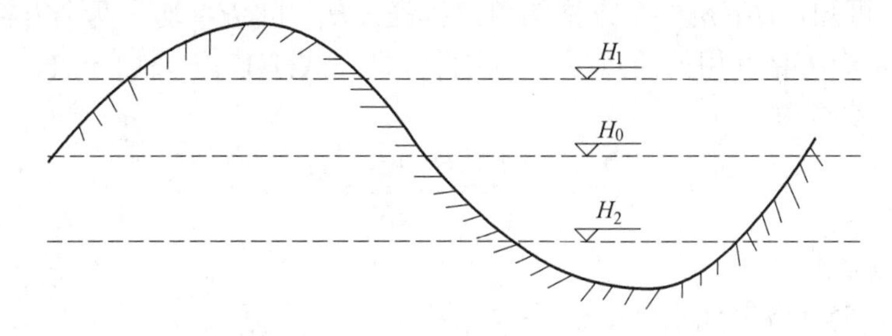

图 1-5　场地不同设计标高的比较

在确定场地设计标高时，应考虑满足生产工艺和运输的要求，充分利用地形，尽量使挖填方平衡，以减少土方量，要有一定的泄水坡度(≥2%)，使其能满足排水要求，还要考虑最高洪水位的影响。

场地设计标高一般应在设计文件上规定，若设计文件对场地设计标高没有规定，则可以按下述步骤来确定场地设计标高。

(1) 初步计算场地设计标高(H_0)。初步计算场地设计标高的原则是场内挖填方平衡，即场内挖方总量等于填方总量($\sum V_{挖}=\sum V_{填}$)。

① 在具有等高线的地形图上将施工区域划分为边长 a=10～40m 的若干方格，如图 1-6 所示。

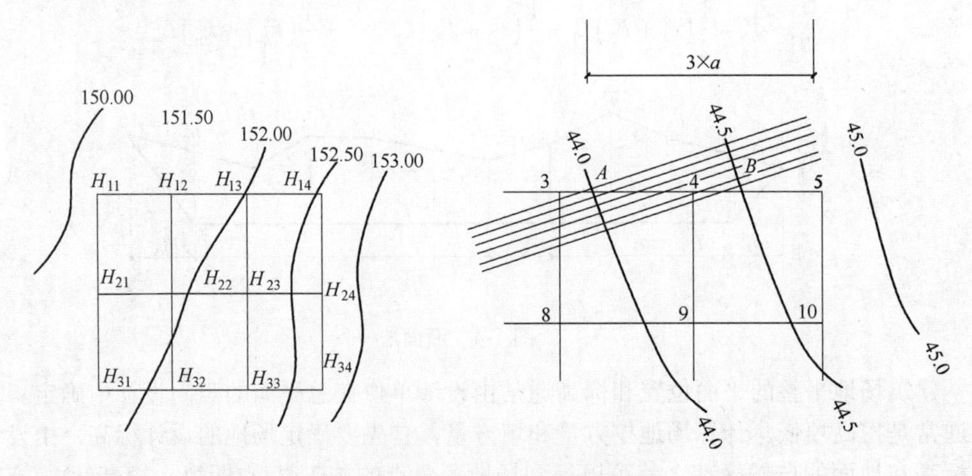

图 1-6 计算场地设计标高的示意图

② 确定各小方格的角点高程。其方法是根据地形图上相邻两等高线的高程，用插入法计算求得，当无地形图或地形不平坦时，可以在地面用木桩打好方格网，然后用仪器测出方格网的角点标高。

③ 按挖填方平衡确定设计标高 H_0 为

$$H_0Na^2=\sum\left(a^2\frac{H_{11}+H_{12}+H_{21}+H_{22}}{4}\right)$$

即

$$H_0=\frac{\sum(H_{11}+H_{12}+H_{21}+H_{22})}{4N} \tag{1-12}$$

由图 1-6 可知，H_{11} 是一个方格的角点标高，H_{12} 和 H_{21} 均是两个方格共用的角点标高，H_{22} 则是 4 个方格共用的角点标高，它们分别在式(1-12)中要加一次、两次、四次。因此，式(1-12)可改写为

$$H_0=\frac{\sum H_1+2\sum H_2+3\sum H_3+4\sum H_4}{4N} \tag{1-13}$$

式中：N——方格数目；

H_1——1 个方格独有的角点标高；

H_2——2 个方格共有的角点标高；

H_3——3 个方格共有的角点标高；

H_4——4 个方格共有的角点标高。

(2) 调整场地设计标高。初步确定的场地设计标高仅为一理论值，实际上还需要考虑以下因素，对初步场地设计标高 H_0 值进行调整。

① 土的可松性影响。由于土具有可松性，会造成填土的多余，需要相应地提高设计标高。

② 场内挖方和填土的影响。由于场地内大型基坑挖出的土方、修筑路堤提高的土方，以及从经济的角度比较将部分挖方就近弃于场外或将部分填方就近取土于场外等，均会引起挖填土方量的变化，必要时需重新调整设计标高。

③ 考虑泄水坡度对设计标高的影响。按调整后的同一设计标高进行场地平整时，整个场地表面均处于同一水平面，但实际上由于排水的要求，场地需有一定的泄水坡度。平整场地的表面坡度应符合设计要求，如果无设计要求，则排水沟方向的坡度不应小于2%。因此，还需要根据场地泄水坡度的要求(单向泄水或双向泄水)，计算出场地内各方格角点实际施工所用的设计标高。

单向泄水时设计标高的计算：是以计算出的设计标高作为场地中心线的标高，如图 1-7 所示，则场地内任意一点的设计标高为

$$H_n = H_0 \pm li \tag{1-14}$$

式中：H_n——场地内任意一点的设计标高；

l——该点至场地中心线的距离；

i——场地单向泄水坡度(不小于 2%)。

双向泄水时设计标高的计算：是以计算出的设计标高作为场地中心线的标高，如图 1-8 所示，则场地内任意一点的设计标高为

$$H_n = H_0 \pm l_x i_x \pm l_y i_y \tag{1-15}$$

式中：H_n——场地内任意一点的设计标高；

l_x，l_y——该点至场地中心线 $x—x$、$y—y$ 的距离；

i_x，i_y——场地 $x—x$、$y—y$ 方向的泄水坡度(不小于 0.2%)。

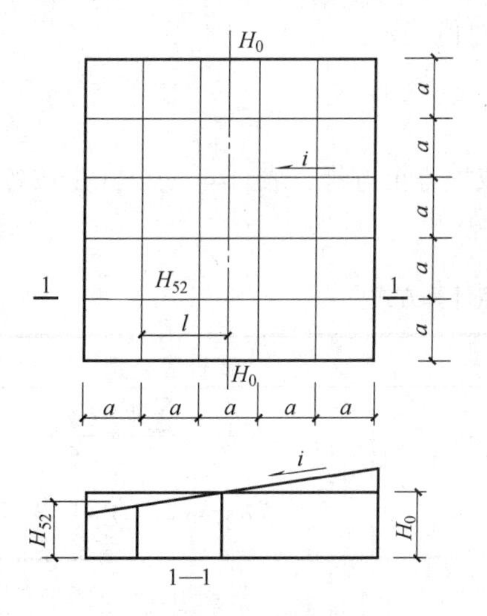

图 1-7　单向泄水坡度场地

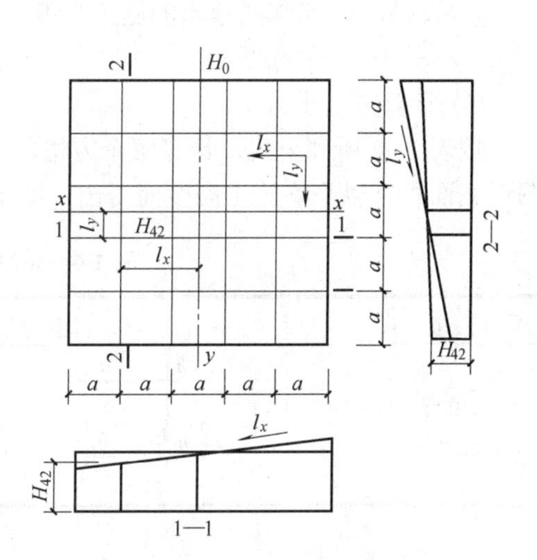

图 1-8　双向泄水坡度场地

2. 场地平整土方量的计算

大面积场地的土方量通常采用方格网法计算，即根据方格网的自然地面标高和实际采用的设计标高，计算出相应的角点填挖高度(即施工高度)，然后计算出每一方格的土方量，并算出场地边坡的土方量，这样便可得整个场地的填、挖土方总量。其计算步骤如下。

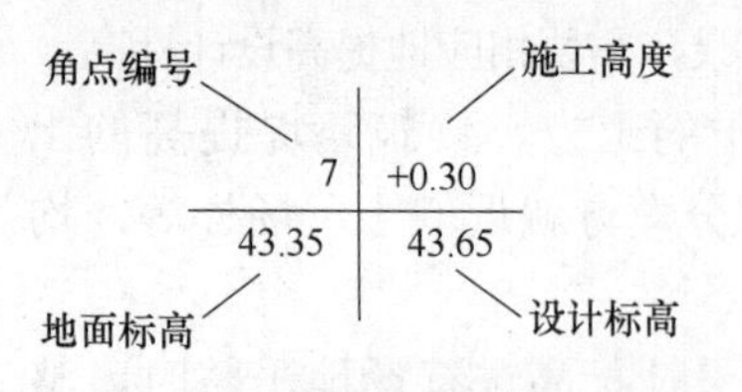

图 1-9　角点标注

(1) 计算场地各方格角点的施工高度。

施工高度是设计地面标高与自然地面标高的差值，将各角点的施工高度填在方格网的右上角，设计标高和自然标高分别标注在方格网的右下角和左下角，角点编号填在左上角，如图 1-9 所示。

各方格角点的施工高度按下式计算，即

$$h_n = H_n - H \tag{1-16}$$

式中：h_n——角点施工高度，即各角点的挖填高度，“+”为填，“−”为挖；

H_n——角点的设计标高；

H——角点的自然标高。

(2) 计算零点位置。

在一个方格网内同时有填方或挖方时，要先算出方格网边的零点位置。零点是指方格网边线上不挖不填的点。把零点位置标注在方格网上，将各相邻边线上的零点连接起来，即为零线。零线是挖方区和填方区的分界线，求出零线后，场地的挖方区和填方区也随之标出。一个场地内的零线不是唯一的，有可能是一条，也可能是多条。当场地起伏较大时，零线可能出现多条。

零点的位置按下式计算，即

$$x_1 = \frac{h_1}{h_1 + h_2} \cdot a ;\quad x_2 = \frac{h_2}{h_1 + h_2} \cdot a \tag{1-17}$$

式中：x_1、x_2——角点至零点的距离；

h_1、h_2——相邻两角点的施工高度，均用绝对值表示；

a——方格网的边长。

(3) 计算方格土方量。

按表 1-4 所列公式，计算每个方格内的挖方或填方土方量。表 1-4 的公式是按各计算图形底面积乘以平均施工高度而得出，即平均高度法。

表 1-4　采用方格网点计算方式

项　目	图　式	计算公式
一点填方或挖方 (三角形)	h_1 h_2 h_3 h_4 b c	$V=\frac{1}{2}bc\frac{\sum h}{3}=\frac{bch_3}{6}$ 当 $b=c=a$ 时，$V=\frac{a^2h_3}{6}$

续表

项　目	图　式	计算公式
二点填方或挖方(梯形)		$V_{+}=\frac{b+c}{2}a\frac{\sum h}{4}=\frac{a}{8}(b+c)(h_1+h_3)$ $V_{-}=\frac{d+e}{2}a\frac{\sum h}{4}=\frac{a}{8}(d+e)(h_2+h_4)$
三点填方或挖方(五角形)		$V=\left(a^2-\frac{bc}{2}\right)\frac{\sum h}{5}$ $=\left(a^2-\frac{bc}{2}\right)\frac{h_1+h_2+h_4}{5}$
四点填方或挖方(正方形)		$V=\frac{a^2}{4}\sum h=\frac{a^2}{4}(h_1+h_2+h_3+h_4)$

注：① a——方格网的边长(m)；

b、c——零点到一角的边长(m)；

h_1、h_2、h_3、h_4——方格网四角点的施工高程(m)，用绝对值代入；

$\sum h$——填方或挖方施工高度的总和(m)，用绝对值代入；

V——挖方或填方(m^3)。

② 本表公式是按各计算图形底面积乘以平均施工高度而得出的。

(4) 计算边坡土方量。

如图 1-10 所示是一场地边坡的平面示意图，从图 1-10 中可以看出，边坡的土方量可以划分为两种近似几何形体计算，一种为三角棱锥体，另一种为三角棱柱体。计算如下。

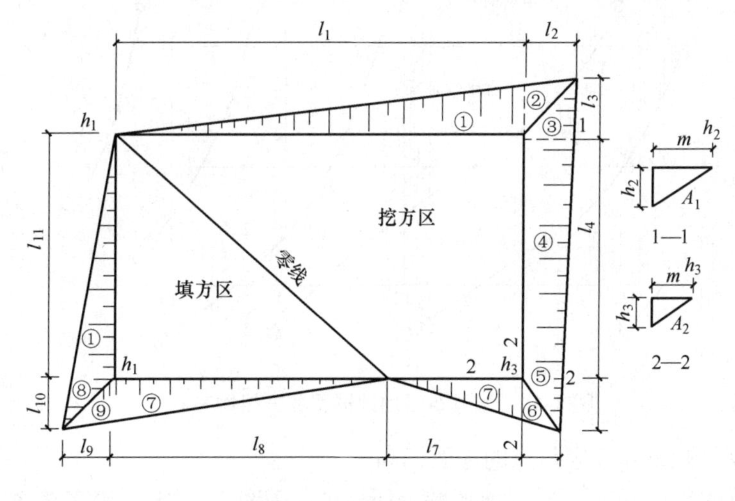

图 1-10　场地边坡平面图

① 三角棱锥体边坡体积。

三角棱锥体边坡体积(图 1-10 中的①)的计算公式如下。

$$V_1 = \frac{1}{3} A_1 l_1 \tag{1-18}$$

式中：l_1——边坡①的长度；

A_1——边坡①的端面积，即

$$A_1 = \frac{h_2(mh_2)}{2} = \frac{mh_2^2}{2} \tag{1-19}$$

h_2——角点的施工高度；

m——边坡的坡度系数。

② 三角棱柱体边坡体积。

三角棱柱体边坡体积(图 1-10 中的④)计算公式如下。

$$V_4 = \frac{A_1 + A_2}{2} l_4 \tag{1-20}$$

当两端横断面面积相差很大的情况下，则

$$V_4 = \frac{l_4}{6}(A_1 + 4A_0 + A_2) \tag{1-21}$$

式中：l_4——边坡④的长度；

A_1、A_2、A_0——边坡两端及中部的横断面面积，算法同上。

(5) 计算挖填土方总量。

将挖方区(或填方区)所有方格的土方量和边坡的土方量汇总，即得场地平整挖方或填方的工程量。

【例 1-1】某建筑场地地形图如图 1-11 所示，方格边长为 20m×20m，场地设计泄水坡度：i_x=0.3%，i_y=0.2%。建筑设计、生产工艺和最高洪水位等方面均无特殊要求。试确定场地设计标高(不考虑土的可松性影响，如有余土，用以加宽边坡)，并计算挖填土方量(不考虑边坡土方量)。

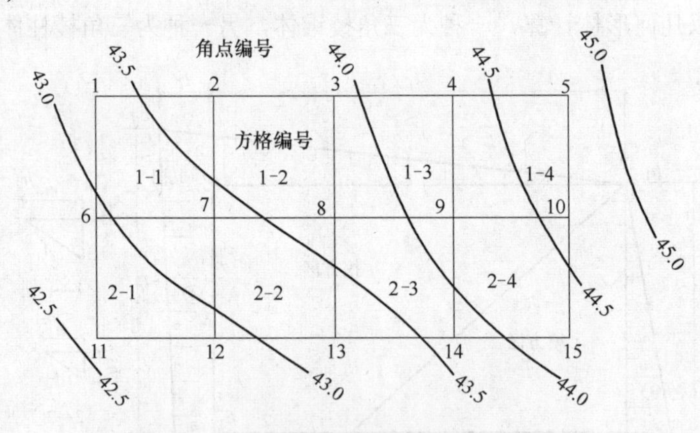

图 1-11　某建筑场地地形图和方格网布置

解：第一步：计算各方格角点的地面标高。

各方格角点的地面标高可根据地形图上所标的等高线，假定两等高线之间的地面坡度按直线变化，用插入法求得。如求角点 4 的地面标高，由图 1-12 所示有

$$h_x : 0.5 = x : l$$

则
$$h_x = \frac{0.5}{l}x，\ h_4 = 44.00 + h_x$$

为了避免烦琐的计算，通常采用图解法(如图 1-13 所示)。用一张透明纸，上面画 6 条等距离的平行线。把该透明纸放到标有方格网的地形图上，将 6 条平行线的最外面两条分别对准 A 点和 B 点，这时 6 条等距的平行线将 A、B 之间的 0.5m 高差分成 5 等份，于是便可直接读得角点 4 的地面标高 H_4=44.34m。其余各点标高均可用图解法求出，如图 1-14 所示。

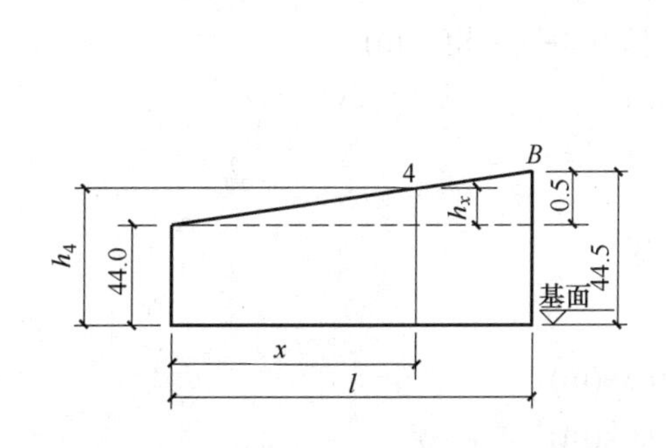

图 1-12　插入法计算简图

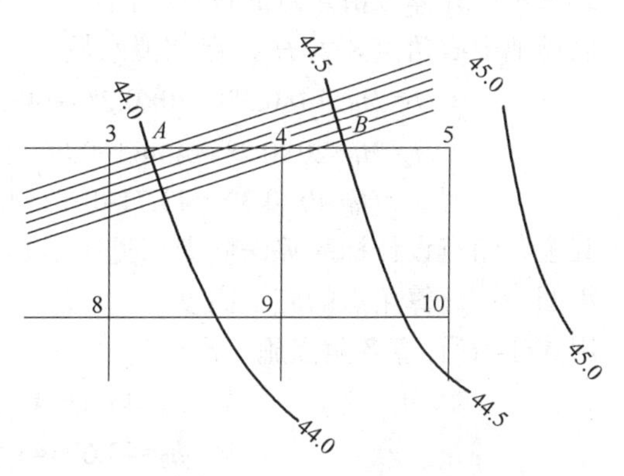

图 1-13　插入法的图解法

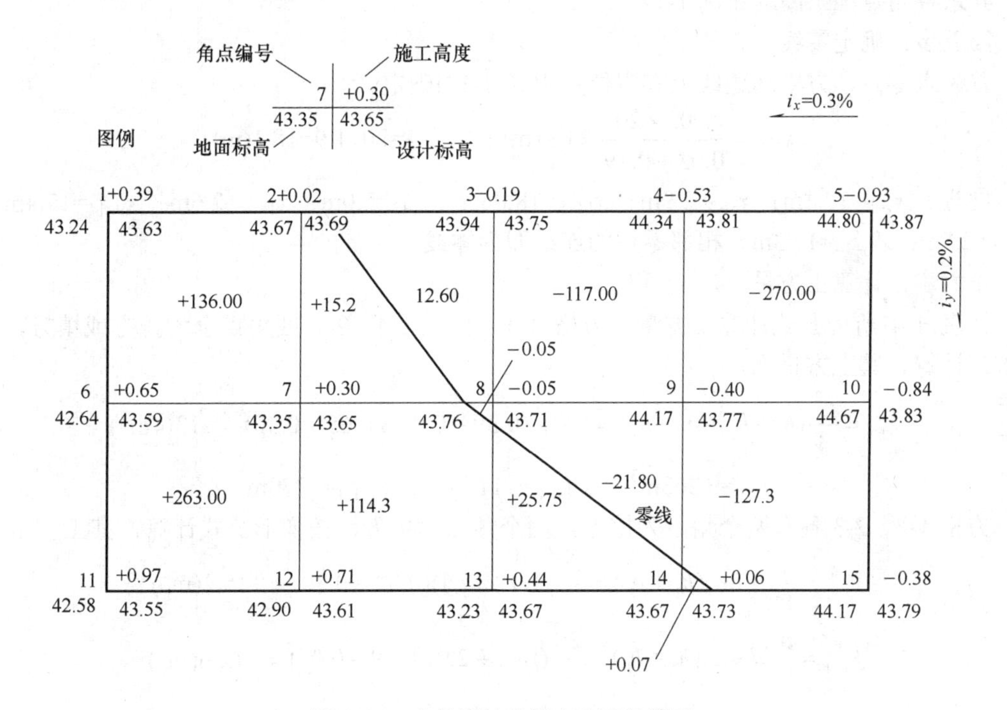

图 1-14　方格网法计算土方工程量图

第二步：计算场地设计标高。

$\sum H_1$ =(43.24+44.80+44.17+42.58)=174.79(m)

$2\sum H_4$ =2(43.67+43.94+44.34+44.67+43.67+43.23+42.90+42.94)=698.72(m)

$3\sum H_3=0$

$4\sum H_4=4(43.35+43.76+44.17)=525.12(\text{m})$

由式(1-13)得：

$$H_0=\frac{\sum H_1+2\sum H_2+3\sum H_3+4\sum H_4}{4N}=\frac{174.79+698.72+525.12}{4\times 8}=43.71(\text{m})$$

第三步：计算方格角点的设计标高。

以场地中心角点 8 为 H_0，已知泄水坡度，各方格角点设计标高按式(1-15)计算。

$$H_1=H_0-40\times 0.3\%+20\times 0.2\%=(43.71-0.12+0.04)=43.63(\text{m})$$

$$H_2=H_0+20\times 0.2\%=43.63+0.06=43.69(\text{m})$$

$$H_6=H_0-40\times 0.3\%=43.71-0.12=43.59(\text{m})$$

其余各角点设计标高算法同上，见图 1-14。

第四步：计算角点的施工高度。

用式(1-16)计算各角点施工高度为

$$h_1=43.63-43.24=+0.39(\text{m})$$

$$h_2=43.69-43.67=+0.02(\text{m})$$

$$h_3=43.75-43.94=-0.19(\text{m})$$

其余各角点施工高度见图 1-14。

第五步：确定零线。

首先求零点，方格网边线上零点位置由式(1-17)确定。

$$x_{2-3}=\frac{0.02\times 20}{0.02+0.19}=1.9(\text{m})；\quad x_{3-2}=20-1.9=18.1(\text{m})$$

同理：$x_{7-8}=17.1\text{m}$；$x_{8-7}=2.9\text{m}$；$x_{13-8}=18.0\text{m}$；$x_{8-13}=2.0\text{m}$；$x_{14-9}=2.6\text{m}$；$x_{9-14}=17.4\text{m}$；$x_{14-15}=2.7\text{m}$; $x_{15-14}=17.3\text{m}$。相邻零点的连线即为零线。

第六步：计算土方量。

按表 1-4 所列公式计算土方量。方格 1-1、1-3、1-4、2-1 四角点全为挖方或填方，按正方形计算，其土方量为

$$V_{1\text{-}1}=\frac{a^2}{4}(h_1+h_2+h_6+h_7)=100\times(0.39+0.02+0.65+0.30)=+136(\text{m}^3)$$

$$V_{2\text{-}1}=+263\text{m}^3；\quad V_{1\text{-}3}=-117\text{m}^3；\quad V_{1\text{-}4}=-270\text{m}^3$$

方格 1-2、2-3 各有两个角点为挖方，两个角点为填方，按梯形公式计算，其土方量为

$$V_{1-2}^{填}=\frac{a}{8}(b+c)(h_2+h_7)=\frac{20}{8}(1.9+17.1)(0.02+0.30)=+15.2(\text{m}^3)$$

$$V_{1-2}^{挖}=\frac{a}{8}(d+e)(h_3+h_8)=\frac{20}{8}(18.1+2.9)(0.19+0.05)=-12.6(\text{m}^3)$$

同理 $\quad V_{2-3}^{填}=+25.75\text{m}^3$；$\quad V_{2-3}^{挖}=-21.8\text{m}^3$

方格网 2-2、2-4 为一个角点挖方(或填方)，三个角点为填方(或挖方)，应分别按三角形和五边形计算，其土方量为

$$V_{2-2}^{填}=\left(a^2-\frac{bc}{2}\right)\left(\frac{h_7+h_{12}+h_{13}}{5}\right)=\left(20^2-\frac{2.9\times2.0}{2}\right)\left(\frac{0.30+0.71+0.44}{5}\right)=+114.3(m^3)$$

$$V_{2-2}^{挖}=\frac{bch_8}{6}=\frac{2.9\times2.0\times0.05}{6}=-0.05(m^3)$$

同理 $V_{2-4}^{填}=+0.07m^3$； $V_{2-4}^{挖}=-127.3m^3$

场地各方格土方量总计：挖方 $548.75m^3$；填方 $554.32m^3$。

1.2.3 土方平衡与调配

土方工程量计算完成后即可进行土方调配。所谓土方调配，就是指对挖方的土需运至何方、填方的土应取自何方进行统筹安排。其目的是在土方运输量最小或土方运输费最小的条件下，确定挖填方区土方的调配方向、数量及平均运距，从而缩短工期，降低成本。

土方调配工作主要包括以下内容：划分调配区、计算土方调配区之间的平均运距、选择最优的调配方案及绘制土方调配图表。

1. 土方平衡与调配的原则

(1) 应力求达到挖、填平衡和运距最短。使挖、填土方量与运距的乘积之和尽可能最小，即使土方运输量或运费最少。

(2) 应考虑近期施工与后期利用相结合及分区与全场结合的原则，以避免重复挖运和场地混乱。

(3) 土方调配还应尽可能与大型地下建筑物的施工相结合。例如，当大型地下建筑物位于填方区时，应将部分填土区予以保留，待基础施工完成后再进行回填。

(4) 合理布置挖、填方分区线，选择恰当的调配方向、运输线路，以充分发挥挖方机械和运输车辆的性能。

2. 土方平衡与调配的步骤和方法

(1) 划分调配区。在场地平面上先画出挖、填方区的分界线，然后在挖、填方区适当地划分出若干调配区。调配区的划分应与建筑物的平面位置及土方工程量计算用的方格网相协调，通常可由若干个方格组成一个调配区，同时还应满足土方及运输机械的技术要求。

(2) 计算各调配区的土方量，并标明在调配图上。

(3) 计算各挖、填方调配区之间的平均运距。平均运距是指挖方区与填方区之间的重心距离。取场地或方格网的纵横两边为坐标轴，计算各调配区的重心位置。

$$x_0=\frac{\sum V_ix_i}{\sum V_i},\qquad y_0=\frac{\sum V_iy_i}{\sum V_i} \tag{1-22}$$

式中：V_i——第 i 个方格的土方量；

x_i、y_i——第 i 个方格的中心坐标。

为简化计算，可假定每个方格上的土方都是均匀分布的，从而用图解法求出形心位置以代替重心位置。

(4) 确定土方调配方案。以挖方区与填方区的土方调配保持平衡为原则，制定出土方调配的初始方案(通常采用“最小元素法”制定)，以初始调配方案为基础，采用“表上作业法”可以求出在保持挖填平衡的条件下，使土方调配总运距最小的最优方案。该方案是土方调配中最经济的方案，即土方调配的最优方案。

(5) 绘制土方调配图。经土方调配最优化求出最佳土方调配后，即可绘制土方调配图以指导土方工程施工，如图 1-15 所示。

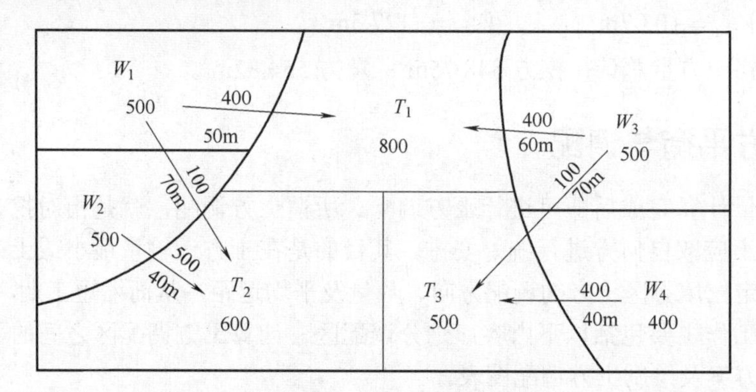

图 1-15　土方调配图

1.3　土方边坡与土壁支撑

1.3.1　施工准备工作

在土方开挖前要做好下列主要准备工作。

1. 学习与审查图纸

施工单位在接到施工图纸后，应组织各专业主要人员对图纸进行学习及综合审查。核对平面尺寸及坑底标高，各专业图之间有无矛盾和差错，熟悉地质水文勘察资料，了解基础形式、工程规模、结构形式、特点、工程量和质量要求，弄清地下管线、建筑物与地基的关系，进行图纸会审，对发现的问题逐条予以解决。

2. 清理场地

清理场地包括拆除施工内的房屋、古墓，拆除或改建通信和电力设备、上下水管道及其他建筑物，迁移树木，清除含有大量有机物的草皮、耕殖土、河塘淤泥等。

3. 修建临时设施与道路

施工现场所需的临时设施主要包括生产性临时设施和生活性临时设施。生产性临时设施主要包括混凝土搅拌站、各种作业棚、建筑材料堆场及仓库等；生活性临时设施主要包括宿舍、食堂、办公室、厕所等。

开工前还应修筑好施工现场内的临时道路，同时做好现场供水、供电、供气等设施。

1.3.2　土方边坡及其稳定

1. 土方边坡

土方边坡的坡度是以高度 H 与底宽 B 之比表示的，即

$$土方边坡的坡度=H/B=1/(B/H)=1:m \tag{1-23}$$

式中：m——边坡系数。

土方开挖或填筑的边坡可以做成直线形、折线形及阶梯形(如图 1-16 所示)。边坡的大小与土质、开挖深度、开挖方法、边坡留置时间的长短、边坡附近的震动和有无荷载、排水情况等有关。土方开挖设置边坡是防止土方坍塌的有效途径，边坡的设置应符合下述要求。

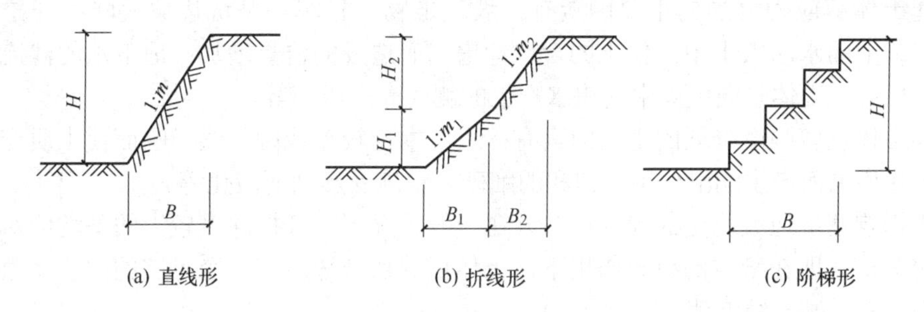

图 1-16　土方开挖或填筑的边坡

当地质条件良好、土质均匀且地下水位低于基坑(槽)或管沟底面标高时，挖方边坡可做成直立壁不加支撑，但不宜超过下列规定。

(1) 密实、中实的砂土和碎石类土(充填物为砂土)不超过 1.0m。

(2) 硬塑、可塑的轻亚粘土不超过 1.25m。

(3) 硬塑、可塑的粘土和碎石类土(充填物为粘性土)不超过 1.5m。

(4) 坚硬的粘土不超过 2.0m。

当挖方深度超过上述规定时，应考虑放坡或直立壁加支撑。当地质条件良好、土质均匀且地下水位低于基坑(槽)或管沟底面标高时，挖方深度在 5m 以内不加支撑边坡的最陡坡度应符合表 1-5 的规定。

表 1-5　深度在 5m 以内基坑(槽)、管沟边坡的最陡坡度(不加支撑)

土的类别	边坡坡度(高：宽)		
	坡顶无荷载	坡顶有静载	坡顶有动载
中密的砂土	1：1.00	1：1.25	1：1.50
中密的碎石类土(充填物为砂土)	1：0.75	1：1.00	1：1.25
硬塑的粉土	1：0.67	1：0.75	1：1.00
中密的碎石类土(充填物为粘性土)	1：0.50	1：0.67	1：0.75
硬塑的粉质粘土、粘土	1：0.33	1：0.50	1：0.67
老黄土	1：0.10	1：0.25	1：0.33
软土(经井点降水后)	1：1.00	—	—

注：静载是指堆土或放材料等，动载是指机械挖土或汽车运输作业等，静载或动载距挖方边缘的距离应保证边坡和直立壁的稳定，应距挖方边缘 0.8m 以外，且高度不超过 1.5m。

2. 边坡失稳的原因

边坡的失稳一般是指土方边坡在一定的范围内整体沿某一滑动面向下和向外移动而丧失其稳定性。边坡失稳往往是在外界不利因素的影响下触发和加剧的。这些外界不利因素往往导致土体剪应力的增加或抗剪强度的降低，使土体中剪应力大于土体的抗剪强度，从而造成滑动失稳。

引起土体剪应力增加的主要因素有：坡顶堆物、行车；基坑边坡太陡；开挖深度过大；雨水或地面水渗入土中，使土的含水量增加而造成的自重增加；地下水的渗流产生一定的动水压力；土体竖向裂纹中的积水产生的侧向静水压力等。

引起土体抗剪强度降低的主要因素有：土质本身较差或因气候影响而使土质变软；土体内含水量增加而产生润滑作用，饱和的细砂、粉砂受震动而液化等。

由于影响基坑边坡稳定的因素很多，在一般情况下，开挖深度较大的基坑应对土方边坡做稳定分析，即在给定的荷载作用下，土体抗剪切破坏应有一个足够的安全系数，而且其变形不应超过某一容许值。

1.3.3 土壁支撑

在基坑(槽)或管沟开挖时，如果土质或周围场地条件允许，采用放坡开挖往往比较经济。但是在建筑物密集的地区施工，有时不允许按规定的坡度进行放坡，或在深基坑开挖时，放坡所增加的土方量过大，这就需要设置支撑或支护的施工方法来保证土方的稳定，保证土方施工的顺利进行和安全，减少对相邻已有建筑物的不利影响。

1. 横撑式支撑

对宽度不大、深 5m 以内的浅沟及槽(坑)，一般宜设置简单的横撑式支撑，其形式根据开挖深度、土质条件、地下水位、施工时间长短、施工季节和当地气候条件、施工方法与相邻建(构)筑物的情况进行选择。横撑式支撑根据挡土板的不同，可分为水平挡土板和垂直挡土板两类，水平挡土板的布置又分为间断式、断续式和连续式 3 种；垂直挡土板的布置分为断续式和连续式两种，如图 1-17 所示。

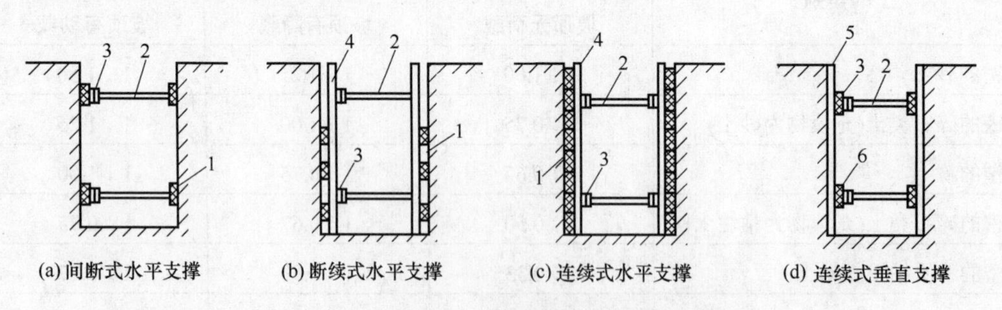

图 1-17　横撑式支撑

1—水平挡土板；2—横撑木；3—木楔；4—竖楞木；5—垂直挡土板；6—横楞木

1) 间断式水平支撑

支撑方法：两侧挡土板水平放置，用工具或横撑木借木楔顶紧，挖一层土支顶一层。

适用条件：适于能保持立壁的干土或天然湿度的粘土类土，地下水很少，深度在 2m 以内。

2) 断续式水平支撑

支撑方法：挡土板水平放置，中间留出间隔，并在两侧同时对称立竖楞木，再用工具或横撑木上下顶紧。

适用条件：适于能保持直立壁的干土或天然湿度的粘土类土，地下水很少，深度为 3m 以内。

3) 连续式水平支撑

支撑方法：挡土板水平连续放置，不留间隙，然后两侧同时对称立竖楞木，上下各一根撑木，端头加木楔顶紧。

适用条件：适于较松散的干土或天然湿度的粘土类土，地下水很少，深度为 3～5m。

4) 连续式或断续式垂直支撑

支撑方法：挡土板垂直放置，连续或留适当间隙，然后每侧上下各水平顶一根楞木，再用横撑顶紧。

适用条件：适于土质较松散或湿度很高的土，地下水较少，深度不限。

在采用横撑式支撑时应随挖随撑，支撑要牢固。施工中应经常检查，如果有松动、变形等现象，应及时加固或更换。支撑拆除应按回填顺序依次进行，多层支撑应自下而上逐层拆除，且随拆随填。

2. 其他支撑

对宽度较大、深度不大的浅基坑，其支撑(护)形式常用的有斜柱支撑、锚拉支撑、短桩横隔板支撑和临时挡土墙支撑等，如图 1-18 所示。

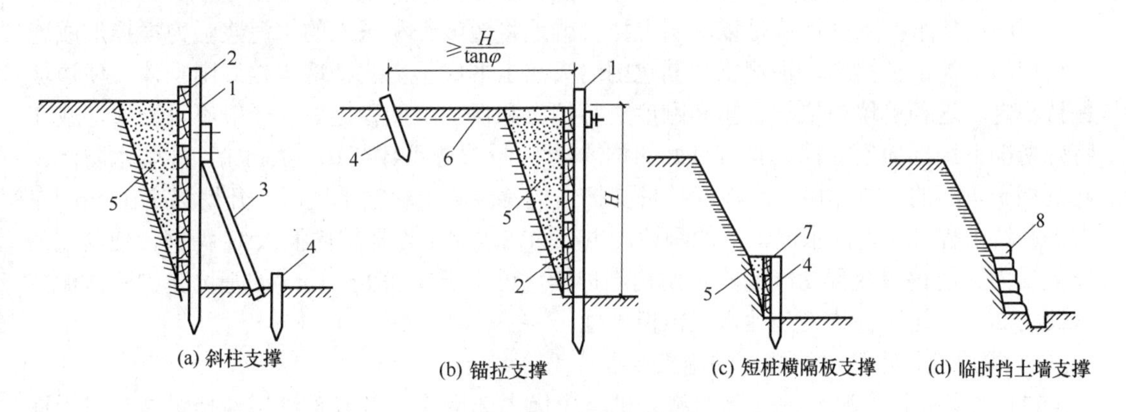

图 1-18　其他支撑

1—柱状；2—挡板；3—斜撑；4—短桩；5—回填土；6—拉杆；

7—横隔板；8—编织袋或草袋装土、砂或干砌、浆砌毛石

1) 斜柱支撑

支撑方法：水平挡土板钉在柱桩内侧，外侧用斜撑支顶，斜撑底端支在木桩上，在挡土板内侧回填土。

适用条件：适于开挖较大型、深度不大的基坑或使用机械挖土时使用。

2) 锚拉支撑

支撑方法：水平挡土板支在柱桩内侧，柱桩一端打入土中，另一端用拉杆与锚桩锚紧，在挡土板内侧回填土。

适用条件：适于开挖较大型、深度不大的基坑或使用机械挖土，不能安设横撑时使用。

3) 短桩横隔板支撑

支撑方法：打入小短木桩，部分打入土中，部分露出地面，钉上水平挡土板，在背面填土夯实。

适用条件：适于开挖宽度大的基坑，部分地段下部放坡不够时使用。

4) 临时挡土墙支撑

支撑方法：沿坡脚用砖、石叠砌或用编织袋、草袋装土、砂堆砌，使坡脚保持稳定。

适用条件：适于开挖宽度大的基坑，当部分地段下部放坡不够时使用。

1.3.4 深基坑支护结构

深基坑支护方案的选择应根据基坑周边环境、土层结构、工程地质、水文情况、基坑形状、开挖深度、施工拟采用的挖方或排水方法、施工作业的设备条件、安全等级和工期要求以及技术经济效果等因素加以综合全面地考虑。深基坑支护虽是一种施工临时性的辅助结构物，但对保证工程顺利进行和邻近地基、已有建(构)筑物的安全影响极大。

1. 重力式支护结构

深基坑的各种支护可分为两类，即重力式支护结构和非重力式支护结构。常用的重力式支护结构是深层搅拌水泥土桩挡墙。其他如钢板桩、钢筋混凝土板桩、钻孔灌注桩挡墙、H 型钢支柱挡墙和地下连续墙等皆属于非重力式支护结构。

深层搅拌水泥土桩挡墙是以深层搅拌机就地将边坡土和压入的水泥浆强力搅拌形成连续搭接的水泥土桩挡墙，水泥土与其包围的天然土形成重力式挡墙支挡周围土体，使边坡保持稳定。这种桩墙是依靠自重和刚度进行挡土和保护坑壁稳定的，一般不设支撑，或在特殊情况下局部加设支撑，具有良好的抗渗透性能(渗透系数≤10～7cm/s)，能防水防渗，起到挡土防渗的双重作用。水泥搅拌桩支护结构常应用于软粘土地区，开挖深度在 6m 左右的基坑工程。为提高水泥土墙的刚性，也有的在水泥土搅拌桩内插入 H 型钢，使其成为既能受力又能抗渗两种功能的支护结构围护墙，可用于较深(8～10m)的基坑支护，水泥掺入比为 20%，这种桩称为劲性水泥土搅拌桩。

1) 深层搅拌水泥土桩挡墙的施工要点

(1) 深层搅拌水泥土桩挡墙的施工机具应优先选用喷浆型双轴深层搅拌机械，在无深层搅拌机械设备时也可采用高压喷射注浆桩(又称旋喷桩)或粉体喷射桩(又称粉喷桩)代替。

(2) 深层搅拌机械在就位时应对中，最大偏差不得大于 20mm，并且调平机械的垂直度，偏差不得大于 1%桩长。深层搅拌单桩的施工应采用搅拌头上下各两次的搅拌工艺。输入水泥浆的水灰比不宜大于 0.5，泵送压力宜大于 0.3MPa，泵送流量应恒定。

(3) 水泥土桩挡墙应采取切割搭接法施工，应在前桩水泥土尚未固化时进行后续搭接桩施工。相邻桩的搭接长度不宜小于 200mm。相邻桩喷浆工艺的施工时间间隔不宜大于 10h。施工开始和结束的头尾搭接处，应采取加强措施以消除搭接缝。

(4) 深层搅拌水泥土桩挡墙在施工前，应进行成桩工艺及水泥掺入量和水泥浆的配合比试验，以确定相应的水泥掺入比或水泥浆水灰比。

(5) 采用高压喷射注浆桩，在施工前应通过试喷试验，确定不同土层旋喷固结体的最小直径、高压喷射施工技术参数等。高压喷射注浆水泥的水灰比宜为1.0～1.5。

(6) 高压喷射注浆应按试喷确定的技术参数施工，切割搭接宽度对旋喷固结体不宜小于150mm；对摆喷固结体不宜小于150mm；对定喷固结体不宜小于200mm。

(7) 深层搅拌桩和高压喷射注浆桩，当设置插筋或H型钢时，桩身插筋应在桩顶搅拌或旋喷完成后及时进行，插入长度和露出长度等均应按计算和构造要求确定，H型钢靠自重下插至设计标高。

(8) 深层搅拌桩和高压喷射桩水泥土墙的桩位偏差不应大于50mm，垂直度偏差不宜大于0.5%。

(9) 水泥土挡墙应有28d以上的龄期，当达到设计强度的要求时，方能进行基坑开挖。

(10) 水泥土墙的质量检验应在施工后一周内进行开挖检查或采用钻孔取芯等手段检查成桩质量，若不符合设计要求应及时调整施工工艺；水泥土墙应在设计开挖龄期内采用钻心法检测墙身的完整性，钻心数量不宜少于总桩数的2%，且不少于5根；并应根据设计要求取样进行单轴抗压强度试验。

2) 深层搅拌水泥土桩挡墙支护的特点

具有挡土挡水双重功能，坑内无支撑，便于机械化挖土作业；施工机具相对较简单，成桩速度快；使用材料单一，节省三材，造价较低。但这种重力式支护相对位移较大，不适宜用于深基坑。当基坑长度大时，要采用中间加墩、起拱等措施，以控制产生过大位移。它适用于淤泥、淤泥质土、粘土、粉质粘土、粉土、具有薄夹砂层的土、素填土等地基承载力特征值不大于150kPa的土层，可作为基坑截水及较浅基坑(不大于6m)的支护工程。

2．非重力式支护结构

1) 型钢桩横挡板支护

型钢桩横挡板支护是沿挡土位置先设型钢桩到预定深度，然后边挖方边将挡土板塞进两型钢桩之间，从而组成型钢桩与挡土板复合而成的挡土壁，如图1-19所示。型钢桩多采用钢轨、工字钢、H型钢等，间距一般为1.0～1.5m，横向挡板采用厚30～80mm的松木板或厚75～100mm的预制混凝土板。

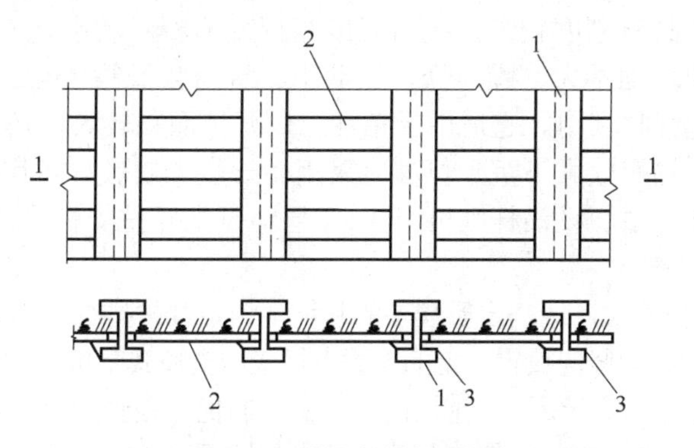

图1-19　型钢桩横挡板支护

1—型钢桩；2—横向挡土板；3—木楔

型钢桩施工可采用打入法，也可采用预先用螺栓钻或普通钻机在桩位处成孔后，再插入型钢桩的埋入法。在施工挖方之后应随即安设横向挡板，并在横向挡板与型钢桩之间用楔子打紧，使横挡板与土体紧密接触。

型钢桩结构简单，成本低，沉桩简单易行，噪声低，振动小，材料可回收重复使用，是最常见的一种较简单经济的支护方法。缺点是不能止水，易导致周边地基产生下沉。它适用于土质较好，地下水位较低，深度不是很大的一般粘性土、砂土基坑。

2) 挡土灌注桩支护

挡土灌注桩支护是在基坑周围用钻机钻孔，吊钢筋笼，现场灌注混凝土成桩，形成桩排作为挡土支护。桩的排列形式有间隔式、双排式和连续式等，如图 1-20 所示。间隔式是每隔一段距离设置一桩，成排设置，在顶部设连续梁连成整体共同工作。双排桩是将桩前后或呈梅花形，按两排布置，桩顶也设有连续梁或门式钢架，以提高抗弯刚度，减少位移。连续式是一桩连一桩，形成一道排状连续，在顶部也设有连续梁连成整体共同工作。

灌注桩的间距、桩径、桩长、埋置深度，根据基坑开挖深度、土质、地下水位高低以及承受的土压力计算确定。挡土桩间距一般为 1～2m，桩直径为 0.5～1.1m，埋深为基坑深的 0.5～1.0 倍。桩配筋根据侧向荷载计算而定，一般主筋直径为 14～32mm；当为构造配筋时，每桩不少于 8 根，箍筋采用 8mm，间距为 100～200mm。灌注桩一般在基坑开挖前施工，成孔方法有机械开挖和人工开挖两种，后者用于桩径不小于 0.8m 的情况。

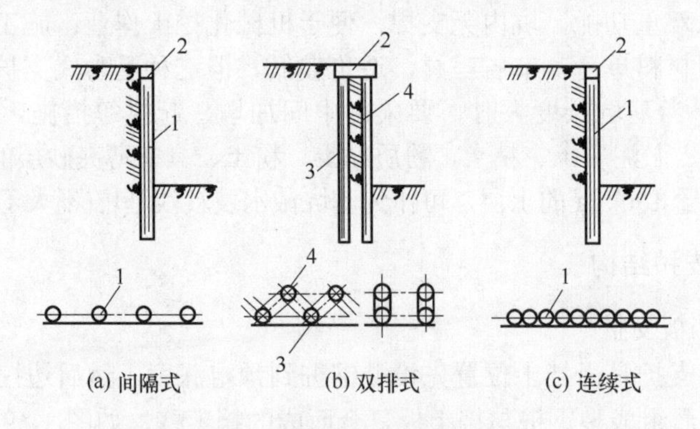

图 1-20　挡土灌注桩支护

1—挡土灌注桩；2—连续梁(圈梁)；3—前排桩；4—后排桩

挡土灌注桩支护具有刚度较大，抗弯强度高，变形相对较小、安全感好、设备简单、施工方便、需要工作场地不大、噪声低、振动小、费用较低等优点。但前两种支护止水性差，这种支护桩不能回收利用。它适用于粘性土、开挖面积较大、较深(大于 6m)的基坑以及在不允许邻近建筑物有较大下沉、位移时采用。一般土质较好可用于悬臂 7～10m 的情况，若在顶部设拉杆，中间设锚杆则可用 3～4 层地下室开挖支护。

3) 排桩内支撑支护

对深度较大、面积不大，地基土质较差的基坑，为使维护排桩受力合理和受力后变形小，常在基坑内沿维护排桩(墙)竖向设置一定的支撑点组成内支撑式基坑支护体系，以减少排桩的无支长度，提高侧向刚度，减小变形。排桩内支撑支护的优点是受力合理、安全可靠、易于控制维护排桩墙的变形。但内支撑的设置给基坑内挖土和地下室结构的施工带来了不便，需要通过不断地换撑来加以克服。它适用于各种不宜设置锚杆的松软土层及软土地基支护。

排桩内支撑结构体系，一般有挡土结构和支撑结构组成，二者构成一体，共同抵挡外力作用。支撑结构一般由围檩(横挡)、水平支撑、八字撑和立柱等组成，如图 1-21 所示。围檩固定在排桩墙上，将排桩承受的侧压力传给纵、横支撑，支撑为受压构件，当长度超过一定限度时其稳定性降低，一般再在中间加设立柱，以承受支撑自重和施工荷载，立柱下端插入工程桩内，当其下无工程桩时再在其下设置专用灌注桩。

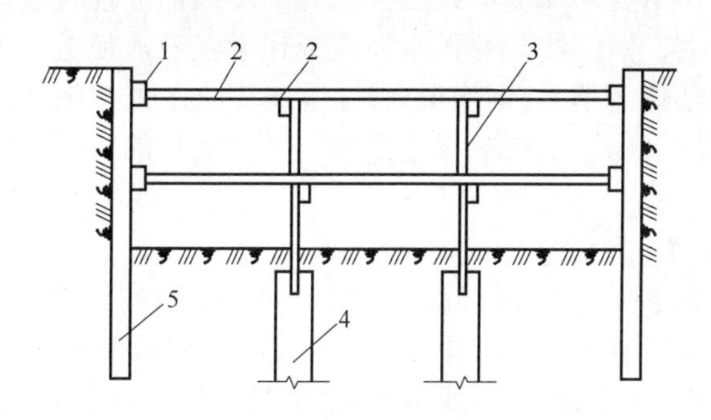

图 1-21　内支撑支护

1—围檩；2—纵、横向水平支撑；3—立柱；4—工程桩或专设桩；5—围护排桩(或墙)

内支撑材料一般有钢支撑和钢筋混凝土两类。钢支撑常用的有钢管和型钢，前者多采用直径为 609mm、580mm、406mm 的钢管，后者多采用 H 型钢。钢支撑的优点是装卸方便、快速，能较快地发挥支撑作用，减小变形，并可回收重复使用，可以租赁，可施加顶紧力，控制围护墙变形发展。

4) 挡土灌注桩与深层搅拌水泥土桩组合支护

挡土灌注桩支护，一般采取每隔一段距离设置，缺乏阻水、抗渗功能，在地下水较大的基坑应用，会造成桩间土的大量流失，桩背土体被掏空，影响支护土体的稳定。为了提高挡土灌注桩的抗渗透功能，一般在挡土排桩的基础上，在桩间再加设水泥土桩，以形成一种挡土灌注桩与水泥土桩相互组合而成的支护体系，如图 1-22 所示。

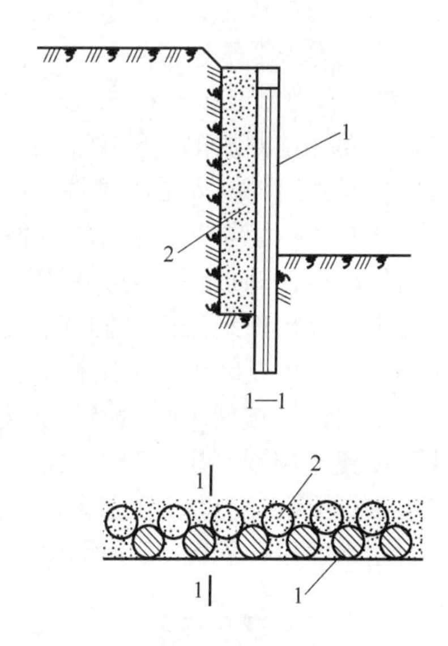

图 1-22　挡土灌注桩与水泥土桩组合支护

1—挡土灌注桩；2—水泥土桩

其具体做法是：先在深基坑的内侧设置直径为 0.6～1.0m 的混凝土灌注桩，间距为 1.2～1.5m；然后在紧靠混凝土灌注桩的内侧，与外桩相切设置直径为 0.8～1.5m 的高压喷射注浆桩，以旋喷水泥浆的方式使其形成一种具有一定强度的水泥土桩与混凝土灌注桩紧密结合，组成一道防渗帷幕。

这种方法的优点是既可挡土又可防渗透，施工比连续排桩支护快速，节省水泥钢材，造价较低。但其多一道施工高压喷射注浆桩程序，适用于土质条件差、地下水位较高、要求既挡土又挡水防渗的支护结构。

5) 钢板桩支护

钢板桩支护是用一种特制的型钢板桩，借打桩机沉入地下构成一道连续的板墙，作为深基坑开挖临时挡土、挡水的围护结构。由于这种支护需用大量的特制钢材，一次性投资较高，现已很少采用。

3．土层锚杆支护结构

土层锚杆又称土锚杆，它的一端插入土层中，另一端与挡土结构拉结，借助锚杆与土层的摩擦阻力产生的水平抗力抵挡土侧压力来维护挡土结构的稳定。土层锚杆的施工是在深基坑侧壁的土层钻孔至要求深度，或在扩大孔的端部形成柱状或球状扩大头，在孔内放入钢筋、钢管或钢丝束、钢绞线，灌入水泥浆或化学浆液，使之与土层结合成为抗拉力强的锚杆。在锚杆的端部通过横撑(钢横梁)借螺母连接或在张拉施加预应力将挡土结构受到的侧压力，通过拉杆传给稳定土层，以达到控制基坑支护的变形，保持基坑土体和坑外建筑物稳定的目的。

1) 土层锚杆的分类

土层锚杆的种类较多，有一般灌浆锚杆、扩孔灌浆锚杆、压力灌浆锚杆、预应力锚杆、重复灌浆锚杆、二次高压灌浆锚杆等多种，最常见的是前 4 种。

(1) 一般灌浆锚杆：用水泥砂浆(或水泥浆)灌入孔中，将拉杆锚固于地层内部，拉杆所承受的拉力通过锚固段传给周围地层中。

(2) 扩孔灌浆锚杆：一般土层锚杆的直径为 90～130mm，若用特制的内部扩孔钻头扩大锚固段的钻孔直径，一般可将直径扩大 3～5 倍，或用炸药爆扩法扩大钻孔端头，均可提高锚杆的抗拔力。这种扩孔锚杆主要用于松软土层中。扩孔灌浆锚杆主要是利用扩孔部分的侧压力来抵抗拉拔力。

(3) 压力灌浆锚杆：它与一般锚杆不同的是灌浆时施加一定的压力，在压力下，水泥砂浆渗入孔壁四周的裂缝中，并在压力下固结，从而使锚杆具有较大的抗拔力。压力灌浆锚杆主要利用锚杆周围的摩擦阻力来抵抗拉拔力。

(4) 预应力锚杆：先对锚固段用快凝水泥砂浆进行一次压力灌浆，然后将锚杆与挡土结构相连接，施加预应力并锚固，最后在非锚固段进行不加压力的二次灌浆。这种锚杆往往用于穿过松软地层而锚固在稳定土层中，并使穿过的地层和砂浆都预加压力，在土压力的作用下，可以减少挡土结构的位移。

土层锚杆按使用时间又可分为永久性和临时性两类。土层锚杆根据支护深度和土质条件可设置一层或多层。当土质较好时，可采用单层锚杆；当基坑深度较大、土质较差时，单层锚杆不能完全保证挡土结构的稳定，需要设置多层锚杆。土层锚杆通常会和排桩支护结合起来使用，如图 1-23 所示。

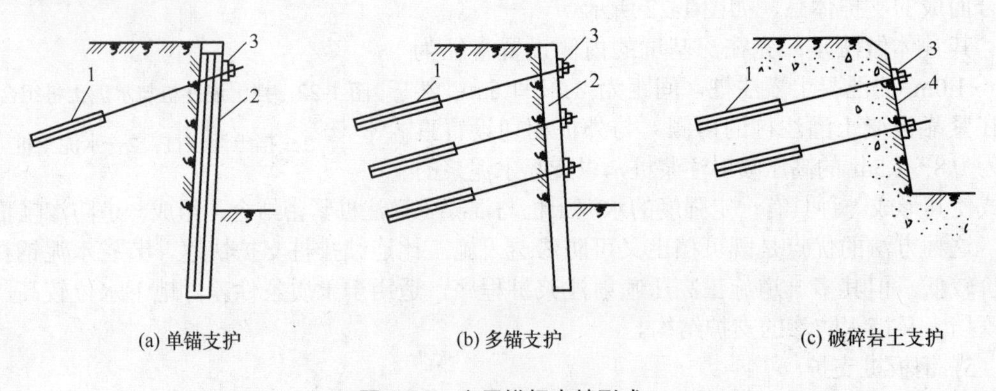

图 1-23　土层锚杆支护形式

1—土层锚杆；2—挡土灌注桩或地下连续墙；3—横梁(撑)；4—破碎岩土层

2) 土层锚杆的构造与布置

(1) 土层锚杆的构造。

土层锚杆由锚头、支护结构、拉杆、锚固体等部分组成，如图1-24所示。土层锚杆根据主动滑动面可分为自由段(非锚固段)和锚固段，如图1-25所示。

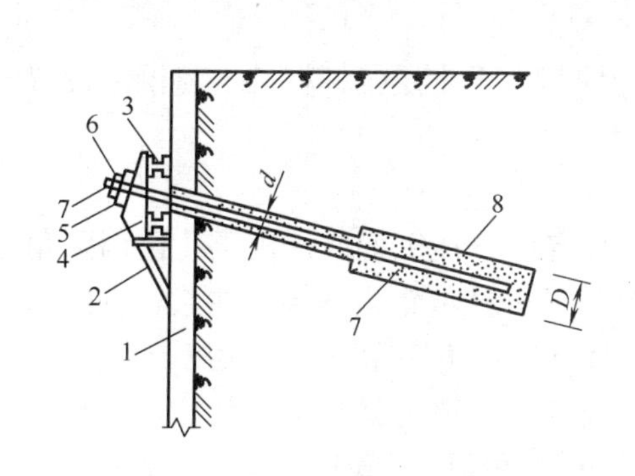

图1-24　土层锚杆的构造

1—挡土灌注桩(支护)；2—支架；3—横梁；
4—台座；5—承压垫板；6—紧固器(螺母)；
7—拉杆；8—锚固体(水泥浆或水泥砂浆)

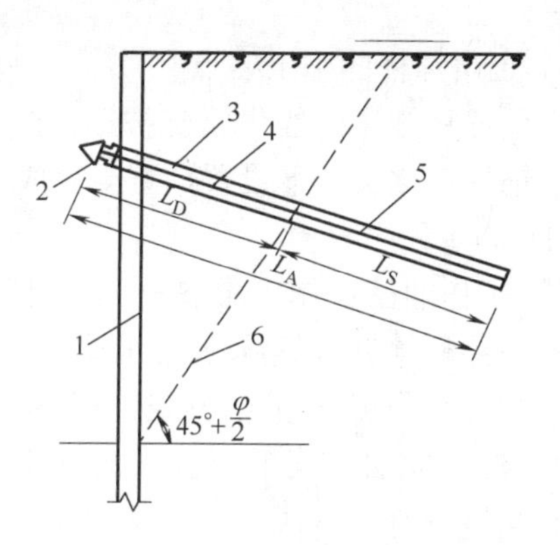

图1-25　土层锚杆长度的划分

1—挡土灌注桩(支护)；2—锚杆头部；3—锚孔；
4—拉杆；5—锚固体；6—主动土压裂面；
L_{fa}—非锚固段长度；L_c—锚固段长度；L_A—锚杆长度

土层锚杆的自由段处于不稳定土层中，要使它与土层尽量脱离，一旦土层有滑动，它便可以伸缩，其作用是将锚头所承受的荷载传送到锚固段上去。锚固段处于稳定土层中，要使它与周围土层牢固结合，通过与土层的紧密接触，将锚杆所受荷载分布到周围的土层中去。锚固段是承载力的主要来源，锚杆锚头的位移主要取决于自由段。

锚头有台座、承压垫板和紧固器等组成，通过钢横梁及支架将来自支护的力牢固地传给拉杆，台座用钢板或C35混凝土做成，应有足够的强度。拉杆可用钢筋、钢管、钢丝束或钢绞线等制成，前两种使用较多，后者主要用于承载力很高的情况。锚固体是由水泥浆在压力下灌浆形成。

(2) 土层锚杆的布置。

土层锚杆的布置包括确定锚杆的尺寸、埋置深度、锚杆层数、锚杆的垂直间距和水平间距、锚杆的倾斜角度等。锚杆的尺寸、埋置深度应保证不使锚杆引起地面隆起和地面不出现地基的剪切破坏。

① 为了不使锚杆引起地面隆起，最上层锚杆的上面要有必要的覆土厚度，即锚杆的向上垂直分力应小于上面的覆土重量。最上层锚杆一般需覆土厚度不小于4～5m；锚杆层数应通过计算确定，一般上下层间距为2.0～5.0m，水平间距为1.5～4.5m，或控制在锚固体直径的10倍。

② 锚杆数应通过计算确定。锚杆间距应不小于2m，否则应考虑锚杆的相互影响，单根锚杆的承载能力应予以降低。

③ 锚杆倾角的确定是锚杆设计中的重要问题。倾角的大小不但影响着锚杆的水平分力与垂直分力的比例，也影响着锚固长度与非锚固长度的划分，还影响整体稳定性，因此施工中应特别重视，同时对施工中是否方便也产生较大的影响。锚杆的倾角不宜小于

12.5°，一般宜与水平成 15°～25° 倾斜角，且不应大于 45°。

④ 锚杆的尺寸。锚杆的长度应使锚固体置于滑动土层外的好土层内，通常长度为 15～25m，其中锚固自由段的长度不宜小于 5m，并应超过潜在滑裂面 1.5m，锚固段长度一般为 5～7m，有效锚固长度不宜小于 4m，在饱和软粘土中锚杆的固定段长度以 20m 左右为宜。

3) 土层锚杆的施工要点

土层锚杆施工一般先将支护结构施工完成，开挖基坑至土层锚杆标高，随挖随设置一层土层锚杆，逐层向下设置，直至完成。

(1) 施工程序。

① 干作业法：施工准备→土方开挖→测量放线定位→移机就位→校正孔位调整角度→钻孔→接螺栓钻杆继续钻孔到预定深度→退螺旋钻杆→插放钢索→插入注浆管→灌水泥浆→养护→上锚头→预应力张拉→紧螺栓或顶紧楔片→锚杆工序完毕，继续挖土。

② 湿作业法：施工准备→土方开挖→测量放线定位→钻机就位→接钻杆→校正孔位→调整角度→打开水源→钻孔→提出内钻杆→冲洗→钻至设计深度→反复提内钻杆、冲洗至孔内出清水→插钢筋→压力灌浆→养护→裸露主筋防锈→上横梁→安装锚具→张拉→锚头锁定。

(2) 成孔机具。

使用较多的有螺旋式钻孔机、气动冲击式钻孔机、旋转冲击式钻孔机、履带全行走全液压万能钻孔机，也可采用改装的普通地质钻孔机等。

(3) 成孔。

① 螺旋钻孔干作业法。当土层锚杆处于地下水位以上，呈非浸水状态时，宜选用不护壁的螺旋钻孔干作业法来成孔。该法对粘土、粉质粘土、密实性和稳定性较好的砂土等土层都适用。该法的缺点是当孔洞较长时，孔洞易向上弯曲，导致土层锚杆在张拉时摩擦损失过大，影响以后锚固力的正常传递，其原因是钻孔时钻削下来的土屑沉积在钻杆下方，造成钻头上抬。

用螺旋钻孔干作业法成孔有两种施工方法：一种是钻孔与插入钢拉杆合为一道工序，钻孔时将钢拉杆插入空心的螺旋钻杆内，随着钻杆的深入，钢拉杆与螺旋钻杆一同达到设计规定的深度，然后边灌浆边退出钻杆，而钢拉杆锚固在钻孔内，这时的钢拉杆不能设置对中定位之架，需用较稠的浆体防止钢拉杆下沉；另一种是钻孔与安放钢拉杆分为两道工序，即钻孔后在螺旋钻杆退出孔洞后再插入钢拉杆。为加快钻孔施工，可采用平行作业法进行钻孔和插入钢拉杆，即钻机连续进行钻孔，后面紧接着进行安放钢拉杆和灌浆。

② 压水钻进成孔法。压水钻进成孔法是土层锚杆施工应用较多的一种钻孔工艺，这种钻孔方式的优点是可以把钻孔过程中的钻进、出渣、固避、清孔等工序一次完成，可以防止塌孔、不留残土，软、硬土都能适用。钻机就位后，先调整钻杆的倾斜角度，在软粘土中钻孔，当不用套管钻进时，应在钻孔孔口处放入 1～2m 的护壁套管，以保证孔口处不坍塌。钻孔时冲洗液(压力水)从钻杆中心流向孔底，在一定水头压力(0.15～0.3MPa)下，水流携带钻削下来的土屑从钻杆与孔壁之间的缝隙处排出孔外。钻进时要不断地供水冲洗，而且要始终保持孔口的水位，待钻到规定深度(大于土层锚杆长 0.5～1.5m)后，继续用压力水冲洗残留在孔里的土屑，直至水流不显浑浊为止。如果用水泥浆做冲洗液，可提高锚固

力的 150%，但成本很高，钻进中如果遇到流砂层，应适当地加快钻进速度，降低冲孔水压力，以保持孔内水头压力。对于杂填土层，应该设置护壁套管钻进。

③ 潜钻成孔法。此法是利用风动冲击式潜孔冲击器成孔，这种工具原来是利用穿越地下电缆的，它长不足 1m，直径为 78～135mm，由压缩空气驱动，内部装有配气阀、气缸和活塞等机械。它是利用活塞的往复运动做定向冲击，使潜孔冲击器挤压土层向前钻进。此法宜用于孔隙率大、含水量较低的土层中。

(4) 安放拉杆和拉杆使用前要除锈和除油污。

孔口附近的拉杆钢筋应先涂一层防锈漆，并用两层沥青玻璃布包扎做好防锈层。成孔后即将长钢拉杆插入孔内，在拉杆表面设置定位器，间距在锚固段为 2m 左右，在非锚固段为 4～5m。在插入拉杆时应将灌浆管与拉杆绑在一起同时插入孔内，放至距孔底 50cm 处。如果钻孔时使用套管，则在插入钢筋拉杆后将套管拔出。为了保证非锚固段拉杆可以自由伸长，可在锚固段与非锚固段之间设置堵浆器，或在非锚固段处不灌水泥浆，而填以干砂、碎石或低强度等级混凝土；或在每根拉杆的自由部分套一根空心塑料管；或在锚杆的全长度均灌水泥浆，但在非锚固段的拉杆上涂以润滑油脂以保证在该段自由变形和保证锚杆的承载能力不降低。在灌浆前将钻管口封闭，接上浆管，即可进行注浆，浇筑锚固体。

(5) 锚杆灌浆。

灌浆的作用：形成锚固段，将锚杆锚固在土层中；防止钢拉杆腐蚀；填充土层中的孔隙和裂缝。

锚杆灌浆材料多用水泥浆，也可采用水泥砂浆，砂用中砂并过筛，砂浆强度等级不宜低于 M10。灌浆方法分为一次灌浆法和二次灌浆法两种。一次灌浆法是指用压浆泵将水泥浆经胶管压入拉杆管内，再由拉杆端注入锚孔，管端保持离底 150mm。随着水泥浆的灌入，逐步将灌浆管向外拔出至孔口。待浆液回流至孔口时，用水泥袋纸等捣入孔内，再用湿粘土封堵孔口，并严密捣实，再以 0.4～0.6MPa 的压力进行补灌，稳压数分钟即完成。二次灌浆法是待第一次灌注的浆液初凝后，进行第二次灌浆。先灌注锚固段，在灌注的水泥浆具备一定的强度后，对锚固段进行张拉，然后再灌注非锚固段，可用低强度等级水泥浆不加压力进行灌注。

(6) 张拉与锚固。

土层锚杆灌浆后，待锚固体强度达到 80%设计强度以上时，即可对锚杆进行张拉和锚固。张拉前先在支护结构上安装围檩，张拉用设备与预应力结构张拉所用的相同。预应力锚杆，要正确估算预应力损失。从我国目前的情况看，钢拉杆为变形钢筋，其端部加焊螺丝端杆，用螺母锚固；钢拉杆为光圆钢筋，可直接在其端部刻丝，用螺母锚固；如果用精轧钢纹钢筋，可直接用螺母锚固。张拉粗钢筋时一般采用千斤顶。钢拉杆为钢丝束，锚具多为墩头锚具，也用千斤顶张拉。

4．土钉墙支护结构

土钉墙支护是在开挖边坡表面铺钢筋网喷射细石混凝土，并每隔一定距离埋设土钉，使之与边坡土体形成复合体，共同工作，从而有效地提高边坡稳定的能力，增强土体破坏的延性，变土体荷载为支护结构的一部分，它与上述被动起挡土作用的维护墙不同，而是对土体起到嵌固作用，对土坡进行加固，增加边坡支护锚固力，使基坑开挖后保持稳定。土钉墙支护为一种边坡稳定式支护结构，适用于淤泥、淤泥质土、粘土、粉质粘土、粉土等地基，地下水位较低，当基坑开挖深度在 2m 以内时采用。

1) 土钉墙支护的构造

土钉墙支护通常与周围土体接触，以群体起作用，与周围土体形成一个组合体，在土体发生变形的条件下，通过与土体接触面上的粘结力或摩擦力，使土钉被动受拉，并主要通过受拉工作给土体以约束加固或使其稳定。土钉墙支护一般由土钉、支护面层和排水系统组成。

(1) 土钉。

① 钻孔注浆钉。此种最常用，即先在土中成孔，置入变形钢筋，然后沿全长注浆填孔，这样整个土钉体由土钉钢筋和外裹的水泥砂浆(细石混凝土或水泥净浆)组成。

② 击入钉。击入钉用角钢、圆钢或钢管作土钉，用振动冲击钻或液压锤击入。这种类型不需预先钻孔，施工极为快速，但不适用于砾石土、硬胶粘土和松散砂土。击入钉在密实砂土中的效果要优于粘性土。

③ 注浆击入钉。它常用周围带孔的钢管，端部密闭，击入后从管内注浆并透过壁孔将浆体渗到周围土体。

④ 高压喷射注浆击入钉。这种土钉中间有纵向小孔，利用高频冲击振动锤将土钉击入土中，同时以 20MPa 的压力，将水泥浆从土钉端部的小孔中射出，或通过焊于土钉上的一个薄壁钢管射出，水泥浆射流在土钉入土的过程中起到润滑作用，并且能透入周围土体，提高与土体之间的粘结力。

⑤ 气动射击钉。它用高压气体作动力，在发射时气体压力作用于钉的扩大端，所以钉子在射入土体过程时受拉。钉径有 25mm 和 38mm 两种，每小时可击入 15 根以上，但其长度仅为 3m 和 6m。

土钉墙支护构造的做法如图 1-26 所示，墙面的坡度不宜大于 1∶0.1；土钉必须和面层有效连接，应设置承压板或加强钢筋与土钉螺栓连接或钢筋焊接连接；土钉钢筋宜采用 HPB235、HRB335 钢筋，钢筋直径宜为 16～32mm，土钉长度宜为开挖深度的 0.5～1.2 倍，间距宜为 1～2m，呈矩形或梅花形布置，与水平夹角宜为 5°～20°，钻孔直径为 70～120mm；注浆材料宜采用水泥浆或水泥砂浆，其强度等级不宜低于 M10。

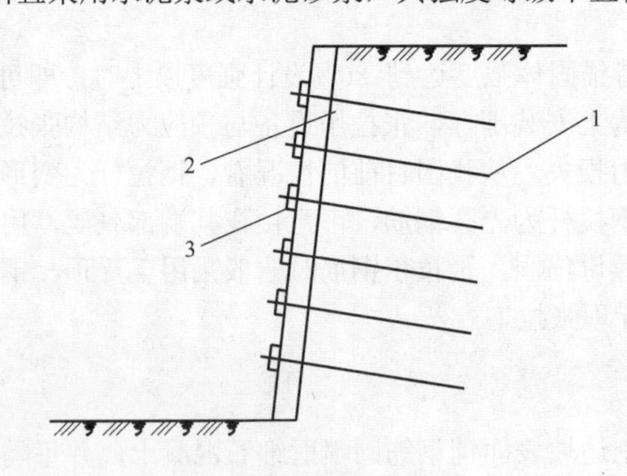

图 1-26　土钉墙支护

1—土钉；2—喷射混凝土面层；3—垫板

(2) 支护面层。

临时性土钉支护的面层通常是喷射混凝土面层，并配置钢筋网，钢筋直径宜为 6～10mm，间距宜为 150～300mm；面层中坡面上下段钢筋的搭接长度应大于 300mm。喷射混凝土的强度等级不宜低于 C20，面层厚度不宜小于 80mm。在土钉墙的顶部应采用砂浆或混凝土护面。喷射混凝土面层施工中要做好施工缝处的钢筋网搭接和喷射混凝土的连接，到达支护底面后，宜将面层插入底面以下 300～400mm。如果土体的自立稳定性不良，也可以在挖土后先做喷射混凝土面层，而后再成孔置入土钉。

(3) 排水系统。

土钉支护在一般情况下都必须有良好的排水系统，在坡顶和坡脚应设排水设施，坡面上可根据具体情况设置泄水孔。施工开挖前要先做好地面排水，设置地面排水沟引走地表水，或设置不透水的混凝土地面以防止近处的地表水向下渗透。沿基坑边缘的地面要垫高，防止地表水注入基坑内。同时，基坑内部还必须人工降低地下水位，有利于基础施工。

2) 土钉墙支护施工方法

(1) 土钉墙的施工顺序为：按设计要求自上而下分段、分层开挖工作面→修整坡面(平整度允许偏差±20mm)→埋设喷射混凝土厚度的控制标志→喷射第一层混凝土→钻孔、安设土钉→注浆、安设连接件→绑扎钢筋网，喷射第二层混凝土→设置坡顶、坡面和坡脚的排水系统。如果土质较好，也可采取开挖工作面、修坡→绑扎钢筋网→成孔→安设土钉→注浆→安设连接件→喷射混凝土面层。

(2) 钻孔方法与土层锚杆方法基本相同，可用螺旋钻、冲击钻、地质钻机和工程钻机。当土质较好，孔深度不大时，也可用洛阳铲成孔。

(3) 土钉钢筋置入孔中后，可采用重力、低压或高压方法注浆填孔。对于下倾的斜孔可采用重力或低压注浆；对于水平钻孔，需用口部压力注浆或分段压力注浆。

(4) 喷射混凝土面层中的钢筋网，应在喷射第一层混凝土后铺设，钢筋的保护层厚度不宜小于 20mm；当采用双层钢筋网时，第二层钢筋网应在第一层钢筋网被混凝土覆盖后铺设。每层钢筋网之间的搭接长度不应小于 300mm。钢筋网用插入土中的钢筋固定，与土钉应连接牢固。

(5) 喷射混凝土面层的混凝土强度等级不宜低于 C20，水泥标号 32.5，石子粒径不大于 15mm，水泥与砂石的比重为 1∶4～4.5，砂率宜为 45%～55%，水灰比为 0.40～0.45。喷射作业应分段进行，同一分段内的喷射顺序应自下而上，一次喷射厚度不宜小于 40mm；喷射混凝土终凝后 2h，应喷水养护，养护时间宜为 3～7h。

1.4 降低地下水位

在土方开挖前，应做好地面排水和降低地下水位工作。在开挖基坑或沟槽时，土的含水层被切断，地下水会不断地渗入基坑。在雨季施工时，地面水也会流入基坑。为了保证施工的正常进行，防止边坡塌方和地基承载力下降，在基坑开挖前和开挖时，必须做好排水、降水工作。基坑排水降水方法，可分为集水井降水法和井点降水法。

1.4.1 集水井降水法

集水井降水法是采用截、疏、抽的方法来进行排水，即在开挖基坑时，沿坑底周围或中央开挖排水沟，再在沟底设置集水井，使基坑内的水经排水沟流向集水井内，然后用水泵抽出坑外，如图 1-27 所示。它适用于降水深度较小且地层为粗粒土层或粘性土。

为了防止基底上的土颗粒随水流失而使土结构受到破坏，集水井应设置于基础范围之外、地下水走向的上游。根据地下水水量、基坑平面形状及水泵的抽水能力，每隔 20～40m 设置一个集水井。集水井的直径或宽度一般为 0.6～0.8m，其深度随着挖土的加深而加深，并保持低于挖土面 0.7～1.0m。井壁可用竹、木等材料简易加固。当基坑挖至设计标高后，井底应低于基坑底 1.0～2.0m，并铺设碎石滤水层(0.3m 厚)或下部砾石(0.1m 厚)、上部粗砂(0.1m 厚)的双层滤水层，以免由于抽水时间较长而将泥砂抽出，并防止井底的土被扰动。

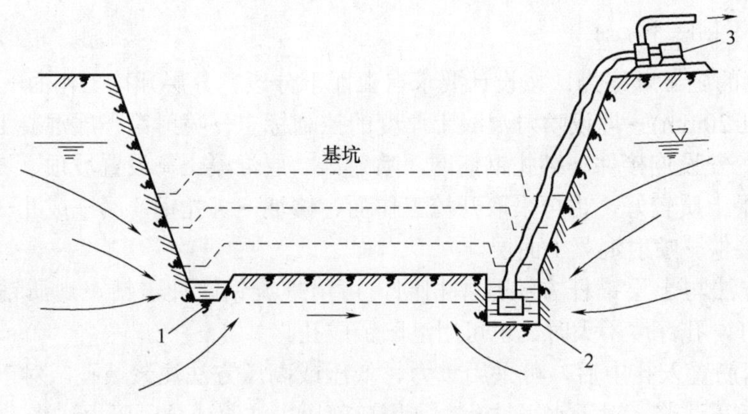

图 1-27 集水井降水

1—排水沟；2—集水坑；3—水泵

集水井降水法设备少，施工简单，应用广泛。但是，当基坑开挖深度较大，地下水的动水压力和土的组成可能引起流砂、管涌、坑底隆起和边坡失稳时，则宜采用井点降水法。

1.4.2 流砂及其防治

当基坑挖土至地下水位以下时，在土质为细砂土或粉砂土的情况下，往往会出现一种被称为“流砂”的现象，即土颗粒不断地从基坑边或基坑底部冒出的现象。一旦出现流砂，土体就会边挖边冒，土完全丧失承载力，致使施工条件恶化，基坑难以挖到设计深度，严重时还会引起基坑边坡塌方。邻近建筑因地基被掏空而出现开裂、下沉、倾斜甚至倒塌。

1. 产生流砂的原因

流砂现象产生的原因是水在土中渗透所产生的动水压力对土体作用的结果。动水压力是地下水的渗透对单位土体内骨架产生的压力，用 G_D 表示，它与单位土体内渗流水受到

土骨架的阻力 T 大小相等，方向相反。动水压力 G_D 的大小与水力坡度成正比，即水位差越大，渗透路径 L 越短，则 G_D 越大。

当动水压力大于或等于土的浸水重度时，而且动水压力方向(与水流方向一致)与土的重力方向相反时，土不仅受水的浮力，而且受动水压力的作用，有向上举的趋势，土颗粒就处于悬浮状态，土颗粒往往会随渗流的水一起流动，涌入基坑内，形成流砂。

2. 流砂的防治

由于产生流砂的主要原因是水在土中渗流所产生的动水压力的大小和方向。当动水压力方向向上且足够大时，土颗粒被带出而形成流砂，而当动水压力方向向下时，如果发生土颗粒的流动，其方向向下，使土体稳定。因此，在基坑开挖中，防治流砂的原则是“治流砂必先治水”。

防治流砂的主要途径是：减少或平衡动水压力；设法使动水压力的方向向下；截断地下水流。

其具体措施有：

(1) 枯水期施工法。枯水期地下水位较低，基坑内外水位差小，动水压力小，就不宜产生流砂。

(2) 抢挖法。分段抢挖土方，使挖土速度超过冒砂速度，在挖至标高后立即铺竹、芦席，并抛大石块，以平衡动水压力，将流砂压住。该法适用于治理局部或轻微的流砂。

(3) 设止水帷幕法。它是将连续的止水支护结构(如连续板桩、深层搅拌桩、密排灌注桩等)打入基坑底面以下一定深度，形成封闭的止水帷幕，从而使地下水只能从支护结构下端向基坑渗透，增加了地下水从坑外流入基坑内的渗流路径，减小了水力坡度，从而减小动水压力，防止流砂产生。

(4) 冻结法。它是将出现流砂区域的土进行冻结，阻止地下水的渗流，以防止流砂发生。

(5) 人工降低地下水位法。它是采用井点降水法(如轻型井点、管井井点、喷射井点等)使地下水位降低至基坑底面以下，地下水的渗流向下，则动水压力的方向也向下，从而使水不能渗流进入基坑内，可以有效地防止流砂的发生。因此，该法应用广泛且较可靠。

1.4.3　井点降水法

井点降水法就是在基坑开挖前，预先在基坑四周埋设一定数量的滤水管，利用抽水设备从中抽水，使地下水位降落在坑底以下，直至施工结束为止。这样可使所挖的土始终保持干燥状态，改善施工条件，同时还可以使动力水压力方向向下，从根本上防止流砂发生，并增加土中的有效应力，提高土的强度或密实度。因此，井点降水法也是一种地基加固的方法，采用井点降水法降低地下水位，可适当改陡边坡以减少挖土数量，但在降水过程中，基坑附近的地基土壤会有一定的沉降，施工时应加以注意。

井点降水法有轻型井点、喷射井点、电渗井点、管井井点及深井井点等。各种方法的选用，视土的渗透系数、降低水位的深度、工程特点、设备条件及技术经济比较等具体条件，参照表 1-6 选用，其中以轻型井点采用较广，下面做重点介绍。

表 1-6 各种井点的适用范围

井点类型	土层渗透系数/(m/d)	降低水位深度/m	适用土质
一级轻型井点	0.1～50	3～6	粉质粘土，砂质粉土，粉砂，含薄层粉砂的粉质粘土
二级轻型井点	0.1～50	6～12	粉质粘土，砂质粉土，粉砂，含薄层粉砂的粉质粘土
喷射井点	0.1～5	8～20	粉质粘土，砂质粉土，粉砂，含薄层粉砂的粉质粘土
电渗井点	＜0.1	根据选用的井点确定	粘土、粉质粘土
管井井点	20～200	3～5	砂质粘土，粉砂，含薄层粉质粘土，各类砂土，砾砂
深井井点	10～250	＞15	粉质粘土，砂质粉土，粉砂，含薄层粉砂的粉质粘土

1. 轻型井点设备

轻型井点降低地下水位是沿基坑周围以一定的间距埋入井点管(下端为滤管)至蓄水层，在地面上用集水总管将各井点管连接起来，并在一定的位置设置抽水设备，利用真空泵和离心泵的真空吸力作用，使地下水经滤管进入井管，然后经总管排出，从而降低地下水位。

轻型井点设备由管路系统和抽水设备组成，如图 1-28 所示。管路系统由滤管、井点管、弯连管及总管等组成。滤管长 1.0～1.2m，直径为 38mm 或 51mm 的无缝钢管，管壁上钻有直径为 12～19mm 的星棋状排列的滤孔，滤孔面积为滤管总表面的 20%～25%。滤管外面包括两层孔径不同的滤网，内层为细滤网，采用 30～40 眼/cm^2 的铜丝布或尼龙丝布；外层为粗滤网，采用 5～10 眼/cm^2 的塑料纱布。为了使流水畅通，管壁与滤网之间用塑料管或铁丝绕成螺旋形隔开，滤管外面再绕一层粗铁丝保护，滤管下端为一铸铁头，如图 1-29 所示。

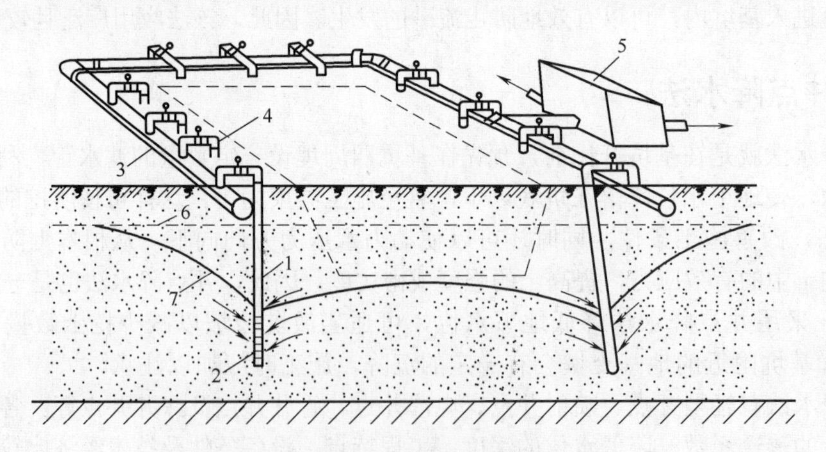

图 1-28 轻型井点降低地下水位全貌图

1—井点管；2—滤管；3—总管；4—弯连管；5—水泵房；6—原有地下水位线；7—降低后地下水位线

井点管直径为 38mm 或 51mm，长为 5～7m 的无缝钢管或焊接钢管制成。下接滤管，上端通过弯连管与总管相连，弯连管一般采用橡胶软管或透明塑料管，后者可以随时观察井点管的出水状况。

集水总管直径为 100～127mm 的无缝钢管，每节长 4m，各节间用橡皮套管连接，并用钢箍拉紧，防止漏水。总管上装有与井点管连接的短接头，间距为 0.8、1.2m、1.6m、2.0m。

抽水设备是由真空泵、离心泵和水气分离器(又称集水箱)等组成。

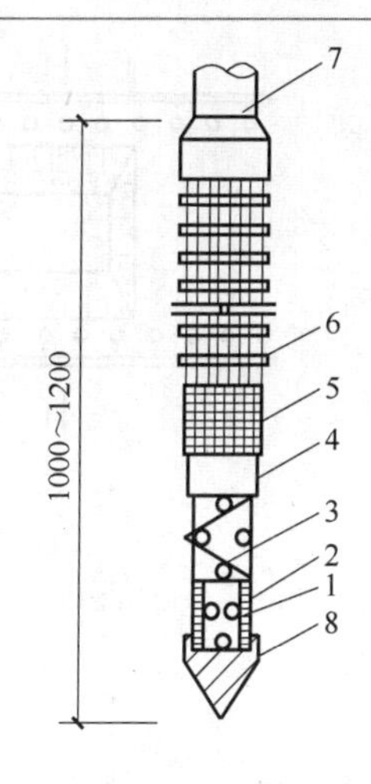

图 1-29　滤管构造

1—滤管；2—管壁上的小孔；3—缠绕的塑料管；4—细滤管；5—粗滤管；6—粗铁丝保护网；7—井点管；8—铸铁头

2. 轻型井点的布置

轻型井点的布置应根据基坑平面的形状及尺寸、基坑深度、土质、地下水位高低与流向、降水深度要求等因素而确定。

1) 平面布置

当基坑或沟槽宽度小于 6m，水位降低值不大于 5m 时，可用单排线状井点，井点管应布置在地下水流的上游一侧，两端延伸长度一般不小于基坑宽度，如图 1-30 所示。如果宽度大于 6m 或土质不良，则用双排线状井点，如图 1-31 所示。面积较大的基坑宜采用环状井点，如图 1-32 所示。有时也可布置为 U 形，以利于挖土机械和运输车辆出入基坑。井点管距离基坑壁一般不小于 0.7～1.0m，以防止局部发生漏气，井点管露出地面 0.2m。井点管间距一般为 0.8m、1.2m、1.6m、2.0m，由计算或经验确定。井点管在总管四角部分应适当加密。

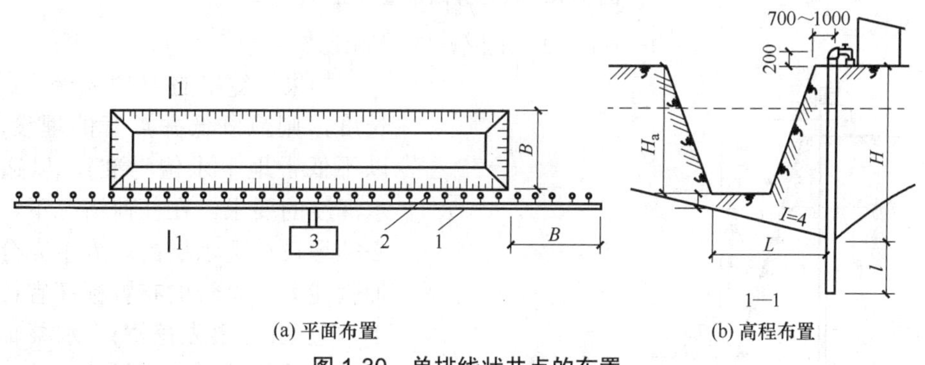

(a) 平面布置　　(b) 高程布置

图 1-30　单排线状井点的布置

1—总管；2—井点管；3—抽水设备

2) 高程布置

井点降水深度在考虑抽水设备的水头损失以后，一般不超过 6m。井点管埋设深度 H(不包括滤管长)按下式计算。

$$H = H_1 + h + IL \tag{1-24}$$

式中：H_1——井点管埋设面至基坑底面的距离(m)；

h——基坑底面至降低后地下水位线的最小距离，一般取 0.5～1.0m；

I——水力坡度，根据实测，双排和环状井点为 1/10，单排井点为 1/4；

L——井点管至基坑中心的水平距离(m)(在单排井点中，为井点管至基坑另一侧的水平距离)。

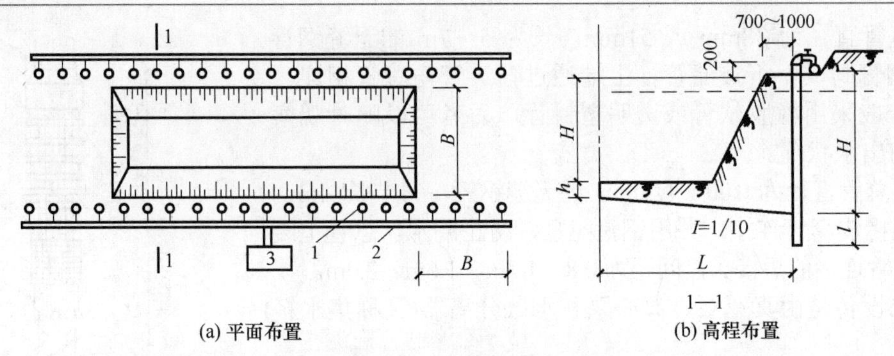

(a) 平面布置　　(b) 高程布置

图 1-31　双排线状井点布置图

1—井点管；2—总管；3—抽水设备

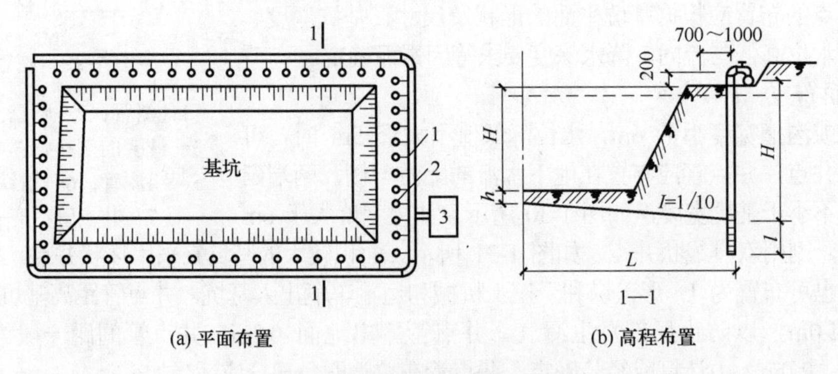

(a) 平面布置　　(b) 高程布置

图 1-32　环形井点布置简图

1—总管；2—井点管；3—抽水设备

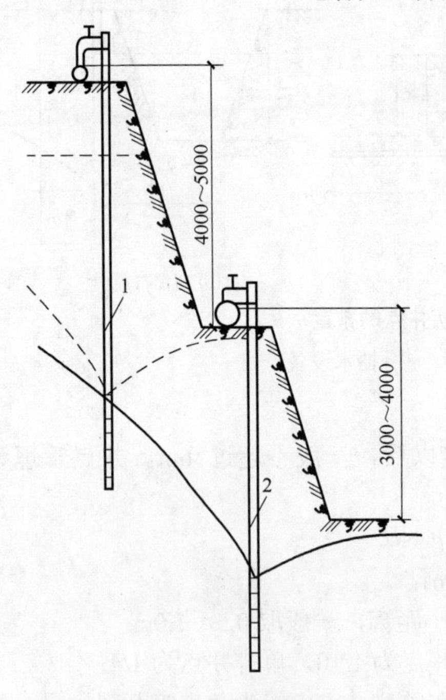

图 1-33　二级轻型井点

1—第一级井点管；2—第二级井点管

如果计算出的 H 值大于井点管的长度，则应降低井点管的埋设面(但以不低于地下水位为准)，以适应降水深度的要求。在任何情况下，滤管必须埋设在透水层内。为了充分利用抽吸能力，总管的布置标高宜接近地下水位线(可事先挖槽)，水泵轴心标高易与总管平行或略低于总管。总管应具有 0.25%～0.5%的坡度(坡向泵房)。各段总管与滤管宜设在同一水平面，不宜高低悬殊。

当一级井点系统达不到降水深度的要求时，可视土质情况采取其他方法降水。如先用集水井降水法挖去一层土，再布置井点系统或采用二级井点(即先挖去第一级井点所疏干的土，然后再布置第二级井点)，使降水深度增加，如图 1-33 所示。

3. 轻型井点的计算

轻型井点的计算包括：根据确定的井点系统平面和竖向布置，计算井点系统涌水量；计算并确定井点管数量与间距；选择抽水设备等。

1) 井点系统涌水量计算

井点系统涌水量是按水井理论进行计算的，根据井底是否达到不透水层，水井可分为完整井和非完整井；凡井底到达含水层下面的不透水层顶面的井称为完整井，否则称为非完整井。根据地下水有无压力，又分为无压井和承压井，如图1-34所示。

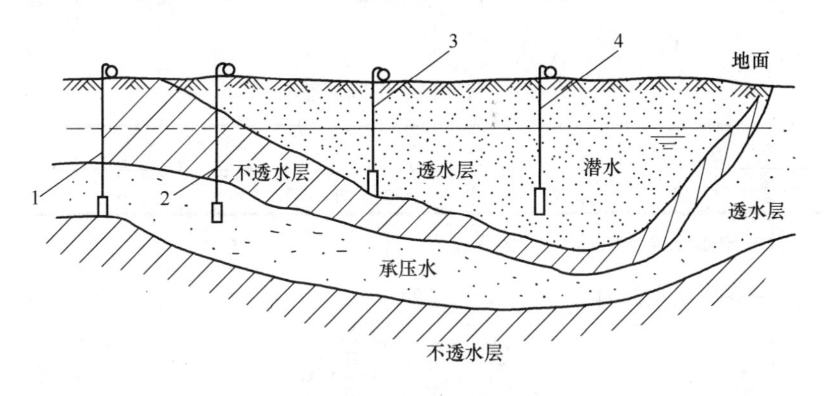

图1-34　水井的分类

1—承压完整井；2—承压非完整井；3—无压完整井；4—无压非完整井

对于无压完整井的环状井点系统(如图1-35(a)所示)，涌水量计算公式为

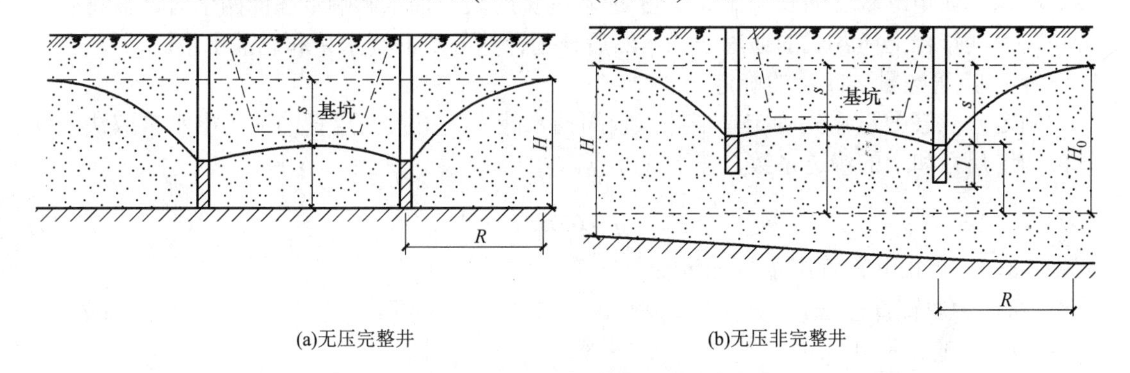

图1-35　环状井点涌水量计算简图

$$Q = 1.366K\frac{(2H - s)s}{\lg R - \lg x_0} \tag{1-25}$$

式中：Q——井点系统涌水量(m^3/d)；

K——土的渗透系数(m/d)，由实验室或现场抽水试验确定；

H——含水层厚度(m)；

s——水位降低值(m)；

R——抽水影响半径(m)，由下式确定：

$$R = 1.95s\sqrt{HK} \tag{1-26}$$

x_0——环状井点系统的假想半径(m)，对于矩形基坑，其长度与宽度之比不大于 5 时，可按下式计算：

$$x_0 = \sqrt{\frac{F}{\pi}} \tag{1-27}$$

式中：F——环状井点系统所包围的面积(m^2)。

对于无压非完整井点系统，如图 1-36(b)所示，地下水不仅从井的侧面流入，还从井点底部渗入，因此涌水量较完整井大。为了简化计算，仍可采用式(1-25)计算。但此时式中 H 应换成有效抽水深度 H_0，H_0 值可按表 1-7 确定，当算的 H_0 大于实际含水层厚度 H 时，仍取 H 值。

表 1-7　有效抽水影响深度 H_0 值

$s'/(s'+l)$	0.2	0.3	0.5	0.8
H_0	$1.3(s'+l)$	$1.5(s'+l)$	$1.7(s'+l)$	$1.85(s'+l)$

注：s'为井点管中水位降落值，l 为滤管长度。

对于承压完整井点系统涌水量计算公式为

$$Q = 2.73\frac{KMs}{\lg R - \lg x_0} \tag{1-28}$$

式中：M——承压含水层厚度(m)。

其他符号同前。

若用以上各式计算轻型井点系统涌水量时，要先确定井点系统的布置方式和基坑计算图形面积。如矩形基坑的长宽比大于 5 或基坑宽度大于抽水影响半径的两倍时，需将基坑分块，使其符合上述各式的适用条件，然后分别计算各块的涌水量和总涌水量。

2) 井点管数量与间距的确定

确定井点管数量需先确定单根井点管的抽水能力。单根井点管的最大出水量取决于滤管的构造尺寸和土的渗透系数，按下式计算。

$$q = 65\pi dlK^{\frac{1}{3}} \tag{1-29}$$

式中：q——单根井点管出水量(m^3/d)；

d——滤管直径(m)；

l——滤管长度(m)；

K——土的渗透系数(m/d)。

井点管的最少根数 n，根据井点系统涌水量 Q 和单根井点管的最大出水量 q，按下式确定。

$$n = 1.1\frac{Q}{q} \tag{1-30}$$

式中：1.1——备用系数(考虑井点管堵塞等因素)。

井点管的间距为

$$D = \frac{L}{n} \tag{1-31}$$

式中：L——总管长度(m)；

n——井点管根数。

井点管间距经计算确定后，布置时还需注意：井点管间距不能过小，否则彼此干扰大，出水量会显著减少，一般可取滤管周长的 5～10 倍；在基坑周围四角和靠近地下水流方向一边的井点管应适当加密；当采用多级井点降水时，下一级井点管的间距应较上一级的小；实际采用的间距，还应与集水总管上接头的间距相适应。

3) 抽水设备的选择

真空泵主要有 W5 型、W6 型，按总管长度选用。当总管长度不大于 100m 时可选用 W5 型，总管长度不大于 200m 时可选用 W6 型。水泵按涌水量的大小选用，要求水泵的抽水能力应大于井点系统的涌水量(增大 10%～20%)。通常一套抽水设备配两台离心泵，既可轮换备用，又可在地下水量较大时同时使用。

4．轻型井点的安装与使用

轻型井点的安装程序是先排放总管，再埋设井点管，然后用弯连管将井点管连通，最后安装抽水设备。轻型井点安装的关键工作是井点管的埋设。

井点管的埋设可利用水冲法进行，分为冲孔与埋管两个过程，如图 1-36 所示。

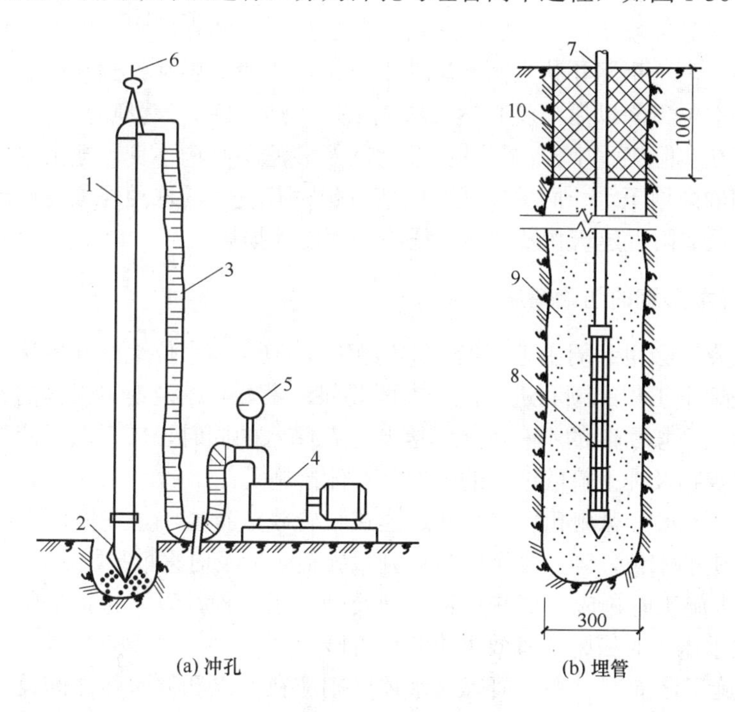

图 1-36　井点的埋设

1—冲管；2—冲嘴；3—胶皮管；4—高压水泵；5—压力表；
6—起重吊钩；7—井点管；8—滤管；9—填砂；10—粘土封口

在冲孔时，先用起重设备将冲管吊起并插在井点的位置上，然后开动高压水泵，利用高压水由冲孔头部的喷水小孔，以急速的射流冲刷土壤，同时使冲孔管上、下、左、右转动，将土冲松，冲管则边冲边沉，逐渐在土中形成孔洞。井孔形成后，随即拔出冲孔管，插入井点管并及时在井点管与孔壁之间填灌砂滤层，防止孔壁塌土。

冲孔直径一般为 300mm，冲孔深度应比滤管底深 0.5m 左右，以防冲管在拔出时部分土颗粒沉于底部，砂滤层的填灌质量是保证轻型井点顺利抽水的关键；宜先用干净粗砂，均匀填灌，并填至滤管顶上至 1.0～1.5m，以保证水流畅通。井内填砂后，在地面以下 0.5～1.0m 的范围内，应用粘土封口，以防止漏气。

井点系统全部安装结束后，应接通总管与抽水设备进行试抽，检查有无漏气、漏水现象。

轻型井点在使用时，应该连续抽水，以免引起滤孔堵塞和边坡塌方等事故。抽吸排水要保持均匀，达到细水长流，正常的出水规律是“先大后小，先浊后清”。在使用中如果发现异常情况，应及时检修完好后再使用。在降水过程中，应按时观测流量、真空度，检查观测井点中水位的下降情况，并做好记录。

1.4.4 井点降水对周围建筑的影响

1. 井点降水的不利影响

在井点管埋设完成开始抽水时，井内水位开始下降，周围含水层的水不断地流向滤管。在无承压水等环境条件下，经过一段时间之后，在井点周围形成漏斗状的弯曲水面，即“井水漏斗”，这个漏斗状水面逐渐趋于稳定，一般需要几天到几周的时间，降水漏斗范围内的地下水位下降以后，就必然会造成土体固结沉降。该影响范围较大，有时影响半径可达百米。在实际工程中，由于井点管滤网及砂滤层结构不良，把土层的粘土颗粒、粉土颗粒甚至细砂同地下水一同抽出地面的情况也时有发生，这种现象会使地面产生的不均匀沉降加剧，造成附近建筑物及地下管线不同程度的损坏。

2. 井点降水影响的防治措施

由于井点降水会引起周围地层的不均匀沉降，但在高水位地区开挖深基坑必须采用降水措施以保证地下工程的顺利进行，一方面要保证土方开挖及地下工程的施工，另一方面又要防范对周围环境引起的不利影响，因此，在降水的同时，应采取相应的措施减少井点降水对周围建筑物及地下管线造成的影响，具体措施是：

(1) 设置地下水位观测孔，并对邻近建筑、管线进行监测，在降水系统运转过程中随时检查观测孔中的水位，当发现沉降量达到报警值时应及时采取措施。

(2) 在降水施工时，应做好井点管滤网及砂滤层结构，以防止抽水带走土层中的细颗粒，当有坑底承压水时应采取有效措施防止流砂。

(3) 如果施工区周围有湖、河等储水体，则应在井点和储水体之间设置止水帷幕，以防抽水造成与储水体穿通，引起大量涌水，甚至带出土颗粒，产生流砂现象。

(4) 在建筑物和地下管线密集区等对地面沉降控制有严格要求的地区开挖深基坑时，应尽可能采取止水帷幕，并进行坑内降水的方法，一方面可疏干坑内的地下水，以利于开挖施工；另一方面，须利用止水帷幕切断坑外地下水的涌入，以减小对周围环境的影响。

(5) 在场地外缘设置回灌系统也是减小降水对周围环境影响的有效方法。回灌井点是在抽水井点设置线外 4～5m 处，以间距 3～5m 插入注水管，将井点中抽取的水经过沉淀后用压力注入管内，形成一道水墙，以防止土体过量脱水，而基坑内仍可保持干燥。这种情况下抽水管的抽水量约增加 10%，可适当增加抽水井点的数量。

【例 1-2】某工程基坑平面尺寸(如图 1-37 所示)，基坑底宽度为 8m，长度为 15m，深度为 4.2m，边坡坡度为 1∶0.5，地下水位在地面以下 1.5m。根据地质勘察资料，在自然地面以下 0.8m 为杂填土，此层下面有 8m 厚的砂砾层，土的渗透系数 K=12m/d，再往下为不透水层的粘土层。现采用轻型井点设备进行人工降低地下水位，机械开挖土方，试对该轻型井点系统进行计算。

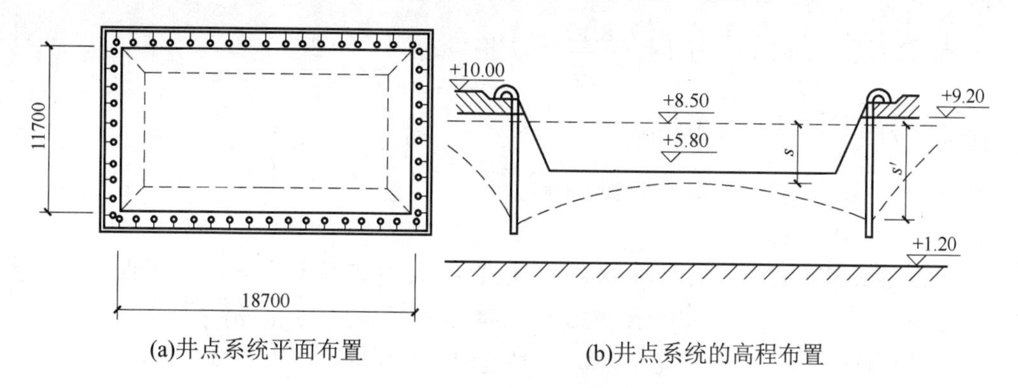

(a)井点系统平面布置　　(b)井点系统的高程布置

图 1-37　基坑平、剖面示意

解：(1) 井点系统的布置。

为使总管接近地下水位和不影响地面交通，将总管埋设在地面以下 0.5m 处，即先挖 0.5m 的沟槽，然后在槽底铺设总管，此时该基坑上口平面尺寸为 11.7m×18.7m，井点管距边坡距离为 1.0m，则井点管所围成的平面面积为 13.7m×20.7m，由于基坑长宽比小于 5，且基坑宽度小于 2 倍抽水影响半径，故按环状井点布置。基坑中心的降水深度为：S=(8.5−5.8+0.5)=3.2m，因此，采用一级轻型井点系统即可满足要求。井点管最小埋设深度为：$H = H_1 + h + IL = 3.7 + 0.5 + \frac{1}{10} \times \frac{13.7}{2} = 4.9(\text{m})$。采用长 6m、直径为 38mm 的井点管，井点管外露 0.2m，作为安装总管用，则井点管埋入土中的实际深度为 6.0−0.2=5.8，大于要求的埋设深度，故高程布置符合要求。

(2) 基坑涌水量计算。

取滤管长度为 1.0m，则井点管和滤管总长 6+1=7m，滤管底部距不透水层为 1.3m，可按无压非完整井系统计算，其涌水量为

$$Q = 1.366K\frac{(2H_0 - s)s}{\lg R - \lg x_0}$$

有效抽水影响深度 H_0 由表 1-7 有：

$$\frac{s'}{s'+l} = \frac{3.9}{3.9+1.0} = 0.8$$

由表 1-7 查得：$H_0 = 1.85(s'+l) = 9.07$ m，由于实际含水层厚度 H=8.5−1.2=7.3m，而 $H_0 > H$，故取 H_0=H=7.3m。抽水影响半径为

$$R = 1.95s\sqrt{H_0 K} = 1.95 \times 3.2\sqrt{7.3 \times 12} = 58.40(\text{m})$$

基坑假想半径：$x_0 = \sqrt{\frac{F}{\pi}} = \sqrt{\frac{13.7 \times 20.7}{3.14}} = 9.50(\text{m})$

涌水量为：$Q=1.366K\dfrac{(2H_0-s)s}{\lg R-\lg x_0}=1.366\times12\dfrac{(2\times7.3-3.2)\times3.2}{\lg58.40-\lg9.5}=758.19(\mathrm{m}^3/\mathrm{d})$

(3) 计算井点管数量及间距。

单根井点管出水量为

$$q=65\pi dlK^{\frac{1}{3}}=65\times3.14\times0.038\times1.0\times12^{\frac{1}{3}}=17.76(\mathrm{m}^3/\mathrm{d})$$

井点管数量：$n=1.1\dfrac{Q}{q}=1.1\times\dfrac{758.19}{17.76}=47$(根)

间距：$D=\dfrac{L}{n}=\dfrac{68.8}{47}=1.46(\mathrm{m})$

取间距 1.2m，井点管实际总根数 58 根。

(4) 选择抽水设备。

抽水设备所带动的总管长度为 68.8m，可选用 W5 型干式真空泵。水泵抽水流量为

$$Q_1=1.1Q=1.1\times758.19=834.01(\mathrm{m}^3/\mathrm{d})=34.75(\mathrm{m}^3/\mathrm{h})$$

水泵吸水扬程：$H_s\geqslant6.0+1.0=7.0\mathrm{m}$，根据 Q_1 及 H_s 查得，选用 3B33 型离心泵。

(5) 井点管埋设。

采用水冲法安装埋设井点管。

1.5 土方机械化施工

1.5.1 常用的土方施工机械

1. 推土机

推土机是土方工程的主要机械之一，是在履带式拖拉机上安装推土铲刀等工作装置而成的机械。按铲刀操作机构的不同，推土机分为索式和液压式两种。索式推土机的铲刀借本身自重切入土中，在硬土中的切土深度较小，液压式推土机由于用液压操纵，所以能使铲刀强制切入土中，切入深度较大，同时，液压式推土机铲刀还可以调整角度，具有更大的灵活性，是目前常用的一种推土机，如图 1-38 所示。

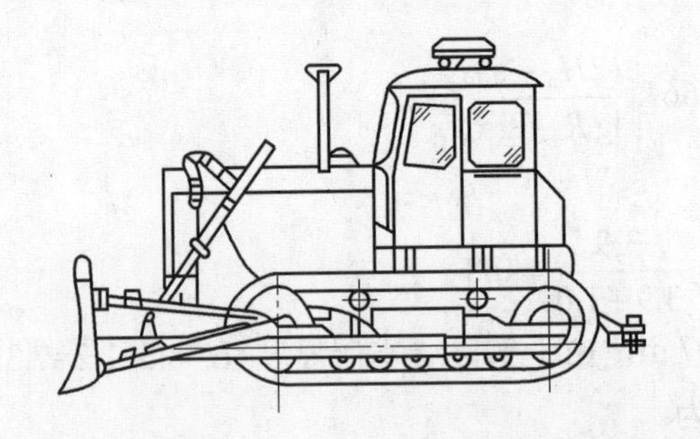

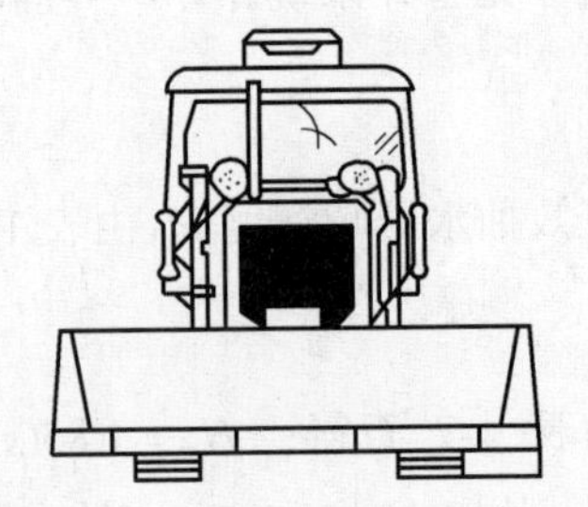

图 1-38　液压式推土机的外形图

1) 推土机的特点

推土机操作灵活、运转方便、所需工作面较小、行驶速度快、易于转移、能爬 30° 左

右的缓坡，因此应用范围较广，适用于开挖一至三类土。它多用于挖土深度不大的场地平整，开挖深度不大于 1.5m 的基坑，回填基坑和沟槽，堆筑高度在 1.5m 以内的路基、堤坝，平整其他机械卸置的土堆，推送松散的硬土、岩石和冻土，配合铲运机进行助产，配合挖土机施工，为挖土机清理余土和创造工作面。此外，将铲刀卸下后，推土机还能牵引其他无动力的土方施工机械，如铲运机、松土机、羊足碾等，进行土方其他施工过程的施工。推土机的运距宜在 100m 以内，效率最高的推运距离为 40～60m。

2) 推土机的作业方法

推土机可以完成铲土、运土和卸土等土方施工。铲土时应根据土质情况，尽量采用最大切土深度在最短距离(6～10m)内完成，以便缩短低速运行时间，然后直接推运到预定地点。回填土和填沟渠时，铲刀不得超出土坡边沿，上下坡坡度不得超过 35°，横坡不得超过 10°。几台推土机同时作业时，前后距离应大于 8m。

推土机的主要作业方法有下坡推土法、槽形推土法、并列推土法、分堆集中一次推送法等。

(1) 下坡推土。

下坡推土(如图 1-39 所示)即推土机顺地面坡势沿下坡方向推土，借助机械向下的重力作用，可增大铲刀的切土深度和运土数量，提高推土机能力和缩短推土时间，一般可提高生产效率 30%～40%，但坡度不宜大于 15°，以免后退时爬坡困难。

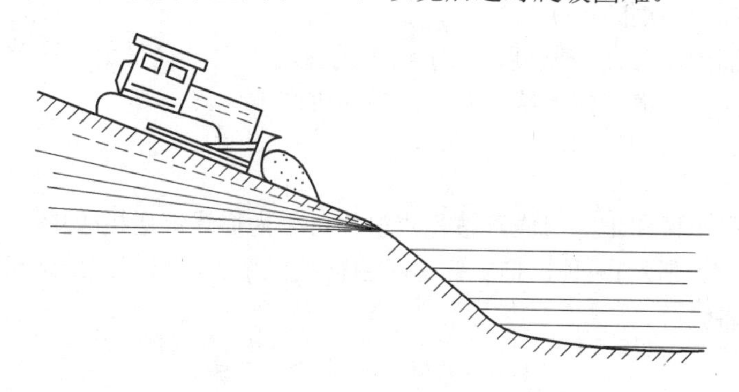

图 1-39　下坡推土法

(2) 槽形推土。

当运距较远，挖土层较厚时，利用已推过的土槽再次推土，可以减少铲刀两侧土的散漏，如图 1-40 所示。这样作业可提高效率 10%～30%，槽深 1m 左右为宜，槽间土埂宽约 0.5m，在推出多条槽后，再将土埂推入槽内，然后运出。因此，对于推运疏松土壤，且当运距较大时，还应在铲刀两侧装置挡板，以增加铲刀前土的体积，减少土向两侧散失。在土层较硬的情况下，则可在铲刀前面装置活动松土齿，当推土机倒退回程时，即可将土翻松，这样便可减少切土时的阻力，从而提高切土运行速度。

(3) 并列推土。

对于大面积的施工区，可用 2～3 台推土机并列推土，如图 1-41 所示。推土时两铲刀相距 15～30cm，这样可以减少土的散失而增大推土量，能提高生产效率 15%～30%。但平均运距不宜超过 50～70m，也不宜小于 20m，且推土机数量不宜超过 3 台，否则倒车不便，行驶不一致，反而影响生产效率的提高。

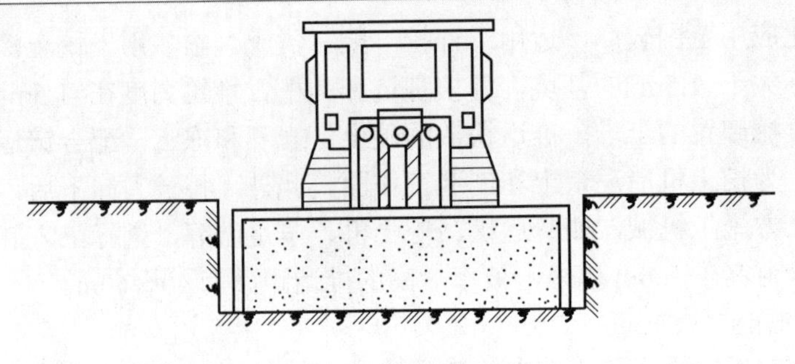

图 1-40　槽形推土法

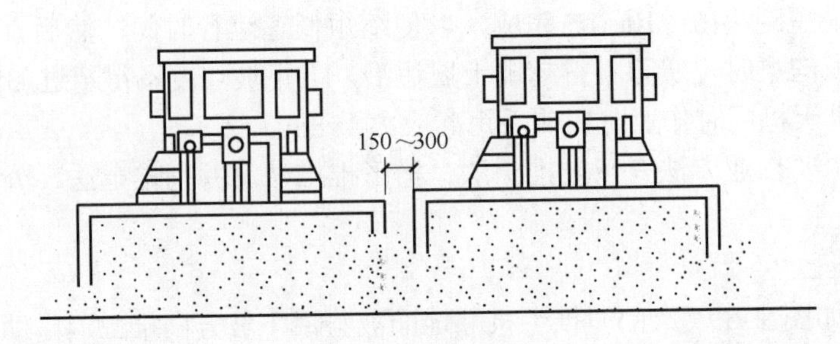

图 1-41　并列推土法

(4) 分批集中、一次推送。

若运距较远而土质又比较坚硬，由于切土的深度不大，宜采用多次铲土、分批集中、再一次推送的方法，使铲刀前保持满载，以提高生产效率。

2. 铲运机

铲运机由牵引机械和土斗组成，按行走机构可分为拖式铲运机(如图 1-42 所示)和自行式铲运机(如图 1-43 所示)两种，拖式铲运机由拖拉机牵引，自行式铲运机的行驶和作业都靠本身的动力设备。

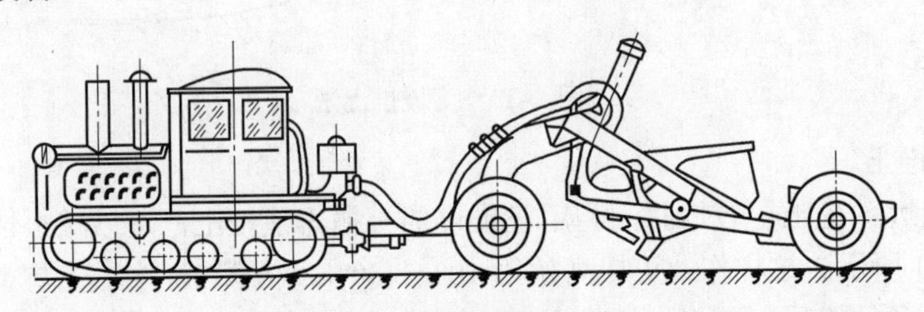

图 1-42　拖式铲运机外形图

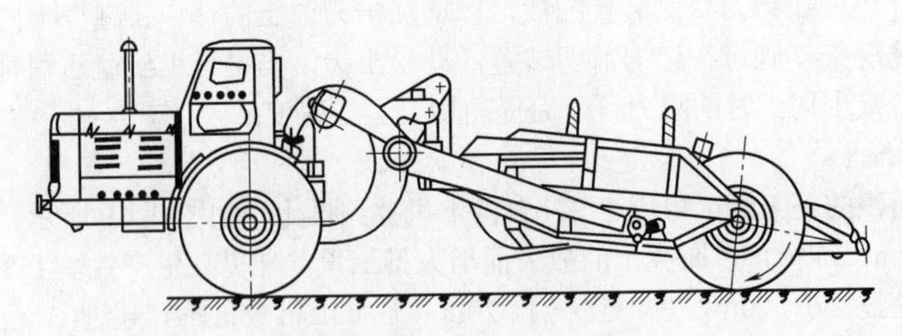

图 1-43　自行式铲运机外形图

1) 铲运机的特点

铲运机是一种能够完成铲土、运土、卸土、填筑、平整等全部土方施工的机械。铲运机对行驶的道路要求较低，操作灵活，生产效率高。可在一至三类土中直接挖、运土，常用于坡度在 20° 以内的大面积土方挖、填、平整和压实，大型基坑、沟槽的开挖，路基和堤坝的填筑，适宜于铲运含水量不大于 27%的松土和普通土，不适于在砾石层、冻土地带及沼泽地区使用，坚硬土开挖时要用推土机助铲或用松土机配合。

铲运机的工作装置是铲斗，铲斗前方有一个能开启的斗门，铲斗前设有切土刀片。在切土时，铲斗门打开，铲斗下降，刀片切入土中。当铲运机前进时，被切入的土挤入铲斗，铲斗装满土后，提起土斗，放下斗门，将土运至卸土地点。

在土方工程施工中，常用铲运机的斗容量为 1.5～7m^3。自行式铲运机的经济运距以 800～1500m 为宜，拖式铲运机的运距以 600m 为宜，当运距为 200～300m 时效率最高。在规划铲运机开行路线时，应力求符合经济运距的要求。在选定铲运机斗容量之后，其生产效率的高低主要取决于机械的开行路线和施工方法。

2) 合理选择铲运机的开行路线

在场地平整施工中，铲运机的开行路线应根据场地挖、填方区分布的具体情况合理选择，这对提高铲运机的生产效率有很大关系。铲运机的开行路线，一般有：

(1) 环形路线。当地形起伏不大、施工地段较短时，多采用环形路线。环形路线的每一循环只完成一次铲土和卸土、挖土和填土交替；当挖填之间的距离较短时，则可采用大循环路线，一个循环能完成多次铲土和卸土，这样可减少铲运机的转弯次数，提高工作效率。

(2)“8”字形路线。当施工地段较长或地形起伏较大时，多采用“8”字形开行路线，如图 1-44(d)所示。这种开行路线，铲运机在上下坡时是斜向行驶，受地形坡度限制小；一个循环中两次转弯的方向不同，可避免机械行驶时的单侧磨损；一个循环完成两次铲土和卸土，减少了转弯次数及空车行驶距离，从而也缩短了运行时间，提高了生产效率。它适用于取土坑较长的路基填筑以及坡度较大的场地平整。

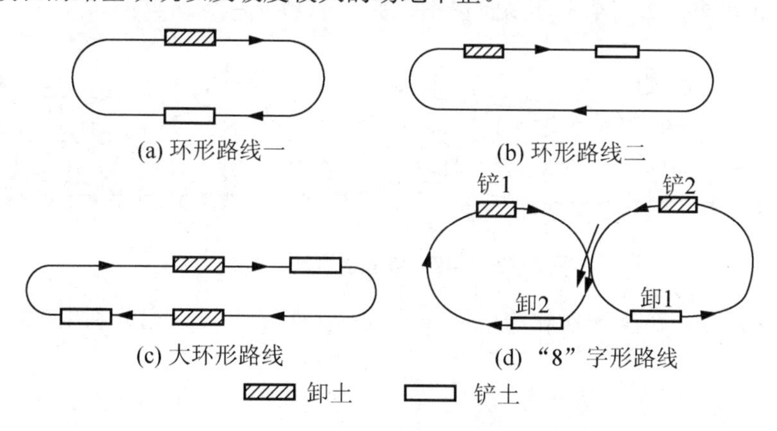

图 1-44　铲运机的开行路线

3) 铲运机的施工方法

为了提高铲运机的生产效率，除了合理确定开行路线外，还应根据施工条件选择施工方法。常用的施工方法有：

(1) 下坡铲土。铲运机利用地形进行下坡推土，借助铲运机的重力加深铲斗的切土深度，缩短铲土时间。但纵坡不得超过 25°，横坡不大于 5°，铲运机不能在陡坡上急转弯，以免翻车。

(2) 跨产法。铲运机间隔铲土，预留土埂，这样在间隔铲土时由于形成一个土槽，可以减少向外的撒土量；铲土埂时，铲土阻力减小，一般土埂高不大于 300mm，宽度不大于拖拉机两履带间的净距，如图 1-45 所示。

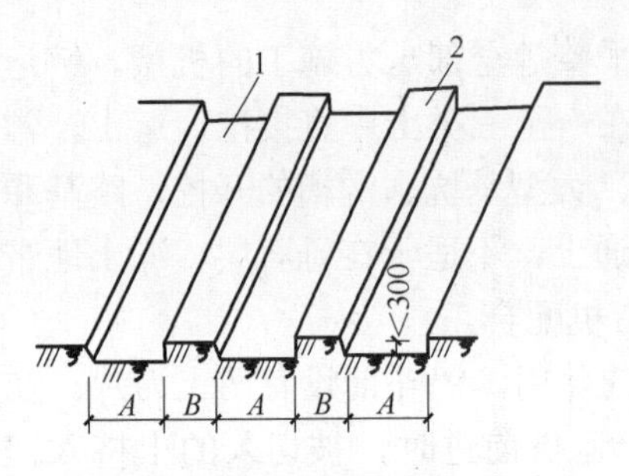

图 1-45　跨产法

1—沟槽；2—土埂；A—铲土宽；B—不大于拖拉机腹带的净距

(3) 推土机助铲。当地势平坦、土质较坚硬时，可用推土机在铲土机后面顶推，以加大铲刀的切土能力，缩短铲土时间，提高生产效率，推土机在助铲的空隙可兼作松土或平整工作，为铲运机创造作业条件，如图 1-46 所示。

图 1-46　推土机助铲

1—铲运机；2—推土机

(4) 双联铲运法。当拖式铲运机的动力有富余时，可在铲运机后面串联两个铲斗进行双联铲运。对坚硬土层，可用双联单铲，即一个土斗铲满后，再铲另一斗土；对松软土层，则可用双联双铲，即两个土斗同时铲土，如图 1-47 所示。

图 1-47　双联铲运法

(5) 挂大斗铲运。在土质松软的地区，可改挂大型铲斗，以充分利用拖拉机的牵引力来提高功效。

3．单斗挖土机

单斗挖土机是基坑(槽)土方开挖常用的一种机械。按其行走装置的不同，可分为履带式和轮胎式两类。依其工作装置的不同，可分为正铲、反铲、拉铲和抓铲等四种。

1) 正铲挖土机

正铲挖土机的挖土特点是“向前向上、强制切土”。它适用于开挖停机面以上的一至三类土，且需与运土汽车配合完成整个挖运任务，其挖掘力大，生产效率高。在开挖大型基坑时需设坡道，挖土机在坑内作业，因此适宜在土质较好、无地下水的地区施工；当地下水位较高时，应采取降低地下水位的措施，将基坑土疏干。

(1) 正铲挖土机的作业方式。正铲挖土机的作业方式根据挖土机的开挖路线与汽车相对位置的不同，可分为正向挖土侧向卸土和正向挖土后方卸土两种。

① 正向挖土，侧向卸土，如图 1-48(a)所示。该方式即挖土机沿前进方向挖土，运输车辆停在侧面装土。该法在挖土机卸土时动臂转角小，运输车辆行驶方便，故生产效率高，应用较广。

② 正向挖土，后方卸土，如图 1-48(c)所示。该方式即挖土机沿前进方向挖土，运输车辆停在挖土机后方装土。该法在挖土机卸土时动臂转角大，生产效率低，运输车辆要倒车进入，一般在基坑窄而深的情况下采用。

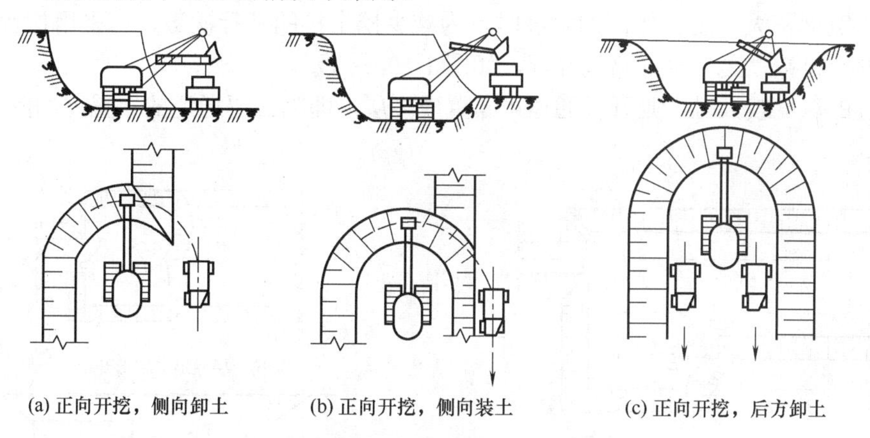

(a) 正向开挖，侧向卸土　　(b) 正向开挖，侧向装土　　(c) 正向开挖，后方卸土

图 1-48　正铲挖土机开挖方式

(2) 正铲挖土机的工作面。

挖土机的工作面是指挖土机在一个停机点进行挖土的工作范围。工作面的形状和尺寸取决于挖土机的性能和卸土方式。根据挖土机作业方式的不同，挖土机的工作面分为侧工作面和正工作面两种。工作面布置原则：保证挖土机生产效率最高，而土方的欠挖数量最少。

挖土机侧向卸土就构成了侧工作面，根据运输车辆与挖土机的停放标高是否相同，又分为高卸侧工作面(车辆停放处高于挖土机停机面)及平卸侧工作面(车辆与挖土机在同一标高)，高卸、平卸侧工作面的形状及尺寸如图 1-49 所示。

挖土机后向卸土则形成正工作面，正工作面的形状和尺寸是左右对称的，其宽度是侧工作面宽度的两倍。

(3) 正铲挖土机的开行通道。

正铲挖土机在开挖大面积基坑时，必须对挖土机作业时的开行路线和工作面进行设计，确定出开行次序和次数，称为开行通道。当基坑开挖深度较小时，可布置一层开行通道。在基坑开挖时，挖土机开行 3 次，第一次开行采用正向挖土、后方卸土的作业方式，为正工作面；挖土机进入基坑要挖坡道，坡道的坡度为 1∶8 左右；第二、第三次开行时采用侧方卸土的侧工作面，如图 1-50(a)所示。

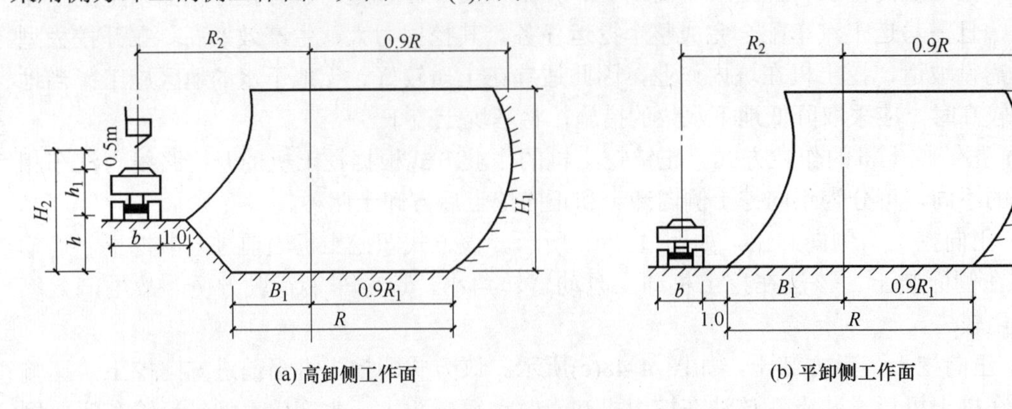

图 1-49　侧工作面尺寸

当基坑宽度稍大于正工作面的宽度时，为减少挖土机的开行次数，可采用加宽工作面的办法，挖土机按“之”字形路线开行，如图 1-50(b)所示。

当基坑的深度较大时，则开行通道可布置成多层，即为三层通道的布置，如图 1-50(c)所示。

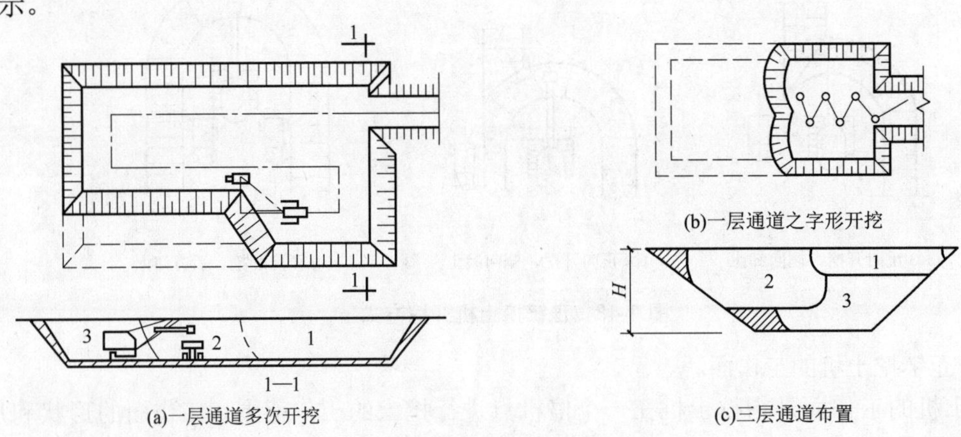

图 1-50　正铲开挖基坑

1，2，3—通道断面及开挖顺序

2) 反铲挖土机

反铲挖土机的挖土特点是“后退向下、强制切土”。其挖掘力比正铲小，能开挖停机面以下的一至三类土，不需设置进出口通道，适用于一次开挖深度在 4m 左右的基坑、基槽、管沟等，也可用于地下水位较高的土方开挖。在深基坑开挖中，依靠止水挡土结构或井点降水，反铲挖土机通过下坡道采用台阶式接力方式挖土也是常用的方法。反铲挖土机可以与自卸汽车配合，装土运走，也可弃土于坑槽附近。反铲挖土机外形如图 1-51 所示。

反铲挖土机的作业方式可分为沟端开挖和沟侧开挖两种，如图 1-52 所示。

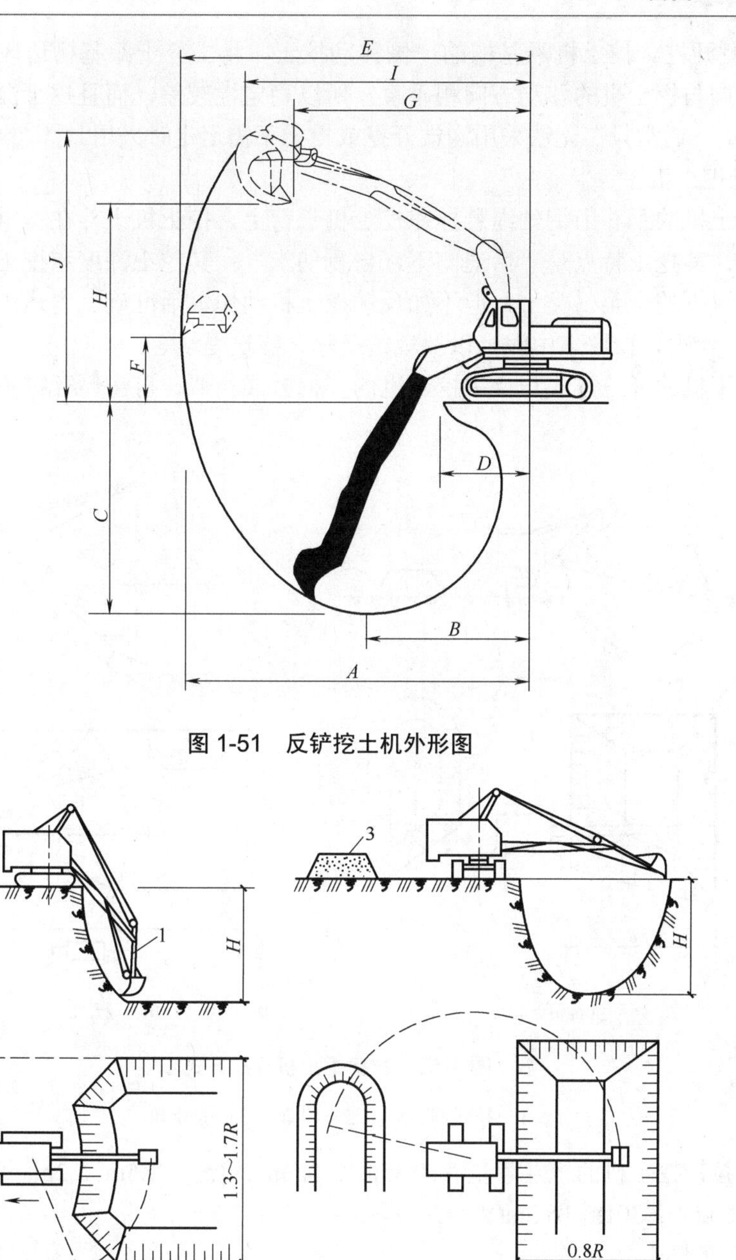

图 1-51　反铲挖土机外形图

(a)沟端开挖　　(b)沟侧开挖

图 1-52　反铲挖土机开挖方式

1—反铲挖土机；2—自卸汽车；3—弃土堆

(1) 沟端开挖。挖土机停在基坑(槽)的端部，向后倒退挖土，汽车停在基槽两侧装土。其优点是挖土机停放平稳，装土或甩土时的回转角度小，挖土效率高，挖土深度和宽度也较大。沟端开挖工作面宽度为：单面装土时为 1.3R，双面装土时为 1.7R。当基坑较宽时，可多次开行开挖或按“之”字形路线开挖。

(2) 沟侧开挖。挖土机沿基槽的一侧移动挖土，将土弃于距基槽边较远处。在沟侧开挖时开挖方向与挖土机的移动方向相垂直，所以稳定性较差，而且挖土深度和宽度均较小(一般为 0.8*R*)，通常只在无法采用沟端开挖或挖土不需运走时采用。

3) 拉铲挖土机

拉铲挖土机的土斗用钢丝绳悬挂在挖土机长臂上，挖土机土斗在自重的作用下落到地面切入土中。其挖土特点是“后退向下，自重切土”；其挖土深度和挖土半径均较大，能开挖停机面以下的一至二类土，但不如反铲挖土机动作灵活准确。它适用于开挖较深较大的基坑(槽)、沟渠，挖取水中泥土以及填筑路基、修筑堤坝等。

拉铲挖土机的开挖方式与反铲挖土机的开挖方式相似，可沟侧开挖也可沟端开挖，如图 1-53 所示。

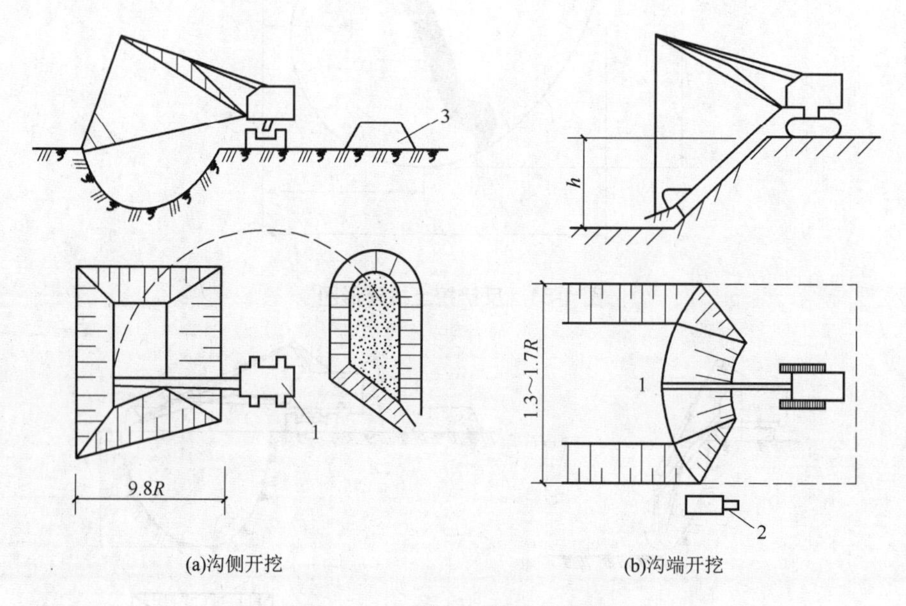

图 1-53　拉铲挖土机开挖方式

1—拉铲挖土机；2—汽车；3—弃土堆

履带式拉铲挖土机的挖斗容量有 $0.35m^3$、$0.5m^3$、$1m^3$、$1.5m^3$、$2m^3$ 等几种，其最大挖土深度由 7.6m(W_3–30)到 16.3m(W_1–200)。

4) 抓铲挖土机

抓铲挖土机是在挖土机臂端用钢丝绳吊装一个抓斗。其挖土特点是“直上直下，自重切土”。其挖掘力较小，能开挖停机面以下的一至二类土。它适用于开挖软土地基基坑，特别是窄而深的基坑、沟槽；深井采用抓铲效果理想，抓铲还可用于疏通旧有渠道以及挖取水中淤泥等，或用于装卸碎石、矿渣等松散材料，如图 1-54 所示。

4．装载机

装载机是用一个装在专用底盘或拖拉机底盘前端的铲斗，来铲、装、运和卸物料的铲土运输机械，如图 1-55 所示。它利用牵引力和工作装置产生的掘起力进行工作，用于装卸松散物料，并可完成短距离运土。如果更换工作装置，还可进行铲土、推土、起重和牵引等多种作业，具有较好的灵活性，在工程上得到广泛应用。

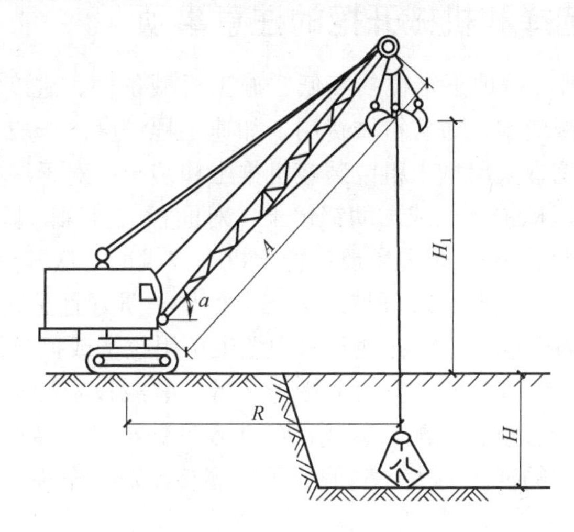

图 1-54　履带式抓铲挖土机

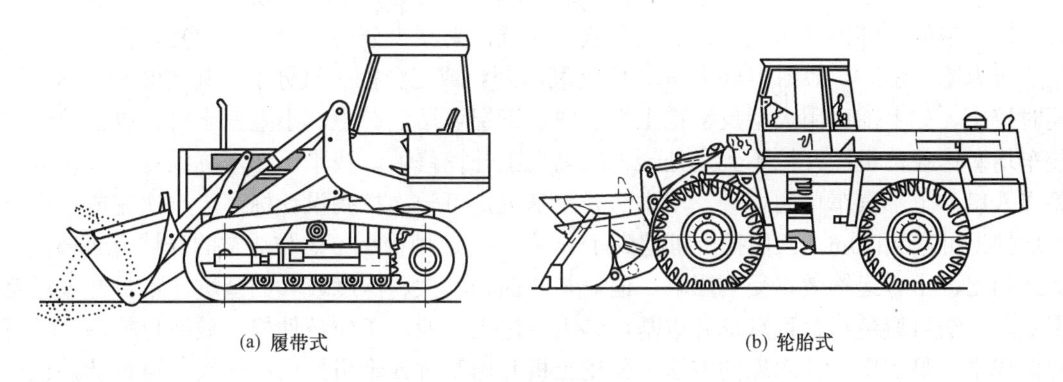

(a) 履带式　　　　(b) 轮胎式

图 1-55　单斗装载机

单斗装载机的作业过程是：机械驶向料堆，放下动臂，铲斗插入料堆，操纵液压缸使铲斗装满，机械倒车退出，举升动臂到运送高度，机械驶向卸料地点，铲斗倾翻卸料，倒车退出并放下动臂，再驶回装料处进行下一循环。单斗装载机一般常与自卸汽车配合作业，可以有较高的工作效率。

5. 自卸汽车

自卸汽车是公路自卸汽车和矿用自卸汽车的总称。在选型时，应根据自卸汽车的类别不同，结合工程特点进行选择。

自卸汽车按总质量可分为轻型(10t 以下)、中型(10～30t)、重型(30～60t)和超重型(60t 以上)；按用途可分为公路自卸汽车、矿用自卸汽车和特种自卸汽车(如运输热矿渣)；按传动方式可分为机械传动、液力传动和电传动；按车身结构可分为刚性自卸汽车和铰接式自卸汽车。

自卸汽车运输机动灵活、调运方便；爬坡能力强，可达 10%～15%；转弯半径小，最小可达 15～20m，可与装载设备密切配合，提高工作效率。

1.5.2 土方机械选择和机械开挖的注意事项

(1) 机械开挖应根据工程地下水位的高低、施工机械条件、进度要求等合理地选用施工机械，以充分发挥机械效率、节省机械费用、加速工程进度。一般当深度为 2m 以内、基坑不太长时的土方开挖宜采用推土机或装载机推土和装土；对于深度在 2m 以内、长度较大的基坑，可采用铲运机铲运土或加助铲铲土；对面积大且深的基坑，且有地下水或土的湿度大，基坑深度不大于 5m，可采用反铲挖土机在停机面一次开挖；当深度为 5m 以上时，通常采用反铲挖土机分层开挖并开坡道运土，如果土质好且无地下水，也可开沟道，用正铲挖土机下入基坑内分层开挖。在地下水中挖土可用拉铲或抓铲，效率较高。

(2) 自卸汽车选型。自卸汽车吨位的选择与运量、装载设备种类及道路条件有关。汽车吨位应与装载设备的斗容量相匹配。装载设备斗容量偏小时，装车时间长，影响汽车效率；斗容过大时，对汽车的冲击力大，装偏后不易调整，对汽车损坏大，一般以 3～5 斗装满汽车为宜。

(3) 使用大型土方机械在坑下作业。如果为软土地基或在雨期施工，在进入基坑行走时需铺垫钢板或铺路基箱垫道。对大型软土基坑，为减少分层挖运土方的复杂性，还可采用“接力挖土法”，如图 1-56 所示。它是利用两台或三台挖土机分别在基坑的不同标高处同时挖土。如上部可用大型反铲挖土机，中、下层可用反铲中、小型挖土机，以便挖土、装车均衡作业，机械开挖不到之处，再配以人工开挖修坡、找平。在基坑纵向两端设有道路出入口，上部汽车单向行驶。用本法开挖基坑，可一次挖到设计标高，一次完成，一般两层挖土可挖到 10m，三层挖土可挖到 15m 左右。这种挖土方法与通常的开坡道运输汽车运土相比，土方运输效率受到影响。但对某些面积不大、深度较大的基坑，本身开坡道有困难，该法可避免将载重汽车开进基坑装土、运土作业，工作条件好，效率也较高，并可降低成本。最后用搭枕木垛的方法，使挖土机开出基坑或牵引拉出；如果坡道过陡，也可用吊车吊运出坑，如图 1-57 所示。

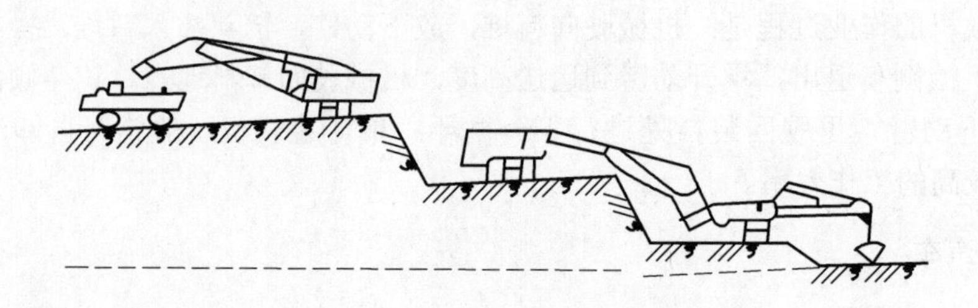

图 1-56　接力式挖土示意

(4) 土方开挖应绘制土方开挖图，确定开挖路线、顺序、范围、基底标高、边坡坡度、排水沟、集水井位置以及挖出的土方堆放地点。绘制土方开挖图应尽可能使机械多挖。

(5) 由于大面积基础群基坑底的标高不一致，机械开挖次序一般采取先整片挖至一平均标高，然后再挖个别较深的部位。当一次开挖深度超过挖土机最大挖掘高度(5m 以上)时，宜分 2～3 层开挖，并修筑 10%～15%的坡道，以便挖土及运输车辆进出。

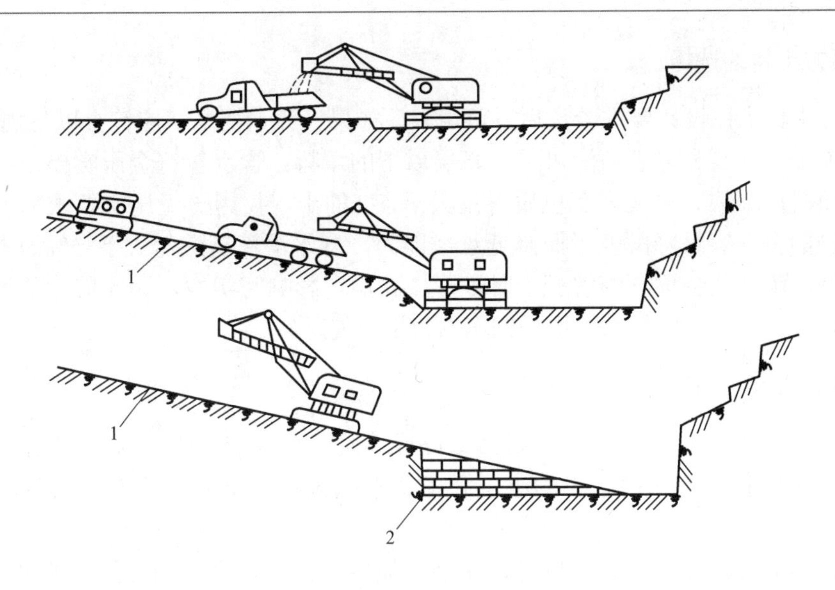

图1-57 挖土机开出基坑

1—坡道；2—枕木垛

(6) 基坑边角部位，即机械开挖不到之处，应用少量工人配合清坡，将松土清至机械作业的半径范围内，再用机械掏取运走。人工清土所占比例一般为1.5%～4%，修坡以厘米作限制误差。大基坑宜另配一台推土机清土、送土、运土。

(7) 挖土机、运土汽车进出基坑的运输道路，应尽量利用基础一侧或两侧相邻的基础即以后需开挖的部位，使它互相贯通作为车道，或利用提前挖除土方后的地下设施部位作为相邻的几个基坑开挖的地下运输通道，以减少挖土量。

(8) 由于机械挖土对土的扰动较大，且不能准确地将地基抄平，容易出现超挖现象，所以要求施工中机械挖土只能挖至基底以上20～30cm，其余20～30cm的土方采用人工或其他方法挖除。

1.6 土方填筑与压实

在土方填筑前，应清除基底上的垃圾、树根等杂物，抽除地下水、淤泥。在建筑物和构筑物地面下的填方或厚度小于0.5m的填方，应清除基底上的草皮、垃圾和软弱土层。在土质较好，地面坡度不陡于1/10的较平坦场地的填方，可不清除基底上的草皮，但应割除长草。在稳定山坡上填方，当山坡坡度为1/10～1/15时，应清除基底上的草皮；坡度陡于1/5时，应将基底挖成阶梯形，阶宽不小于1m。当填方基底为耕植土或松土时，应将基底碾压密实。在水田、沟渠或池塘上填方前，应根据实际情况采取排水疏干、挖除淤泥或抛填块石、砂砾、矿渣等方法处理后再进行填土。填土区如遇有地下水或滞水时，必须设置排水设施，以保证施工的顺利进行。

1.6.1 填方土料的选择与填筑要求

为保证土方工程的填筑质量，必须正确选择填方土料的种类和填筑方法。

1. 填方土料的选择

对填方土料应按设计要求验收后方可填入，如果设计无要求，应符合以下规定。

碎石类土、砂石和爆破石渣可用作表层以下的填料；含水量符合压实要求的粘性土可用作各层填料；碎块、草皮和有机质含量大于 8%的土，仅用于无压实要求的填方；含有大量有机物的土，容易降解变形而降低承载能力，含水溶性硫酸盐大于 5%的土，在地下水的作用下，硫酸盐会逐渐溶解变小时，形成孔洞，影响密实性，因此前述两种土以及淤泥和淤泥质土、冻土、膨胀土等均不应作为回填土使用。

2. 填筑要求

填土应分层进行，并尽量采用同类土进行填筑。如果采用不同类土填筑，则应将透水性较大的土层置于透水性较小的土层之下，不能将各种土混杂使用，以免填方内形成水囊。

用碎石类土或爆破石渣作填料时，其最大粒径不得超过每层铺土厚度的 2/3。在使用振动碾时，不得超过每层铺土厚度的 3/4，铺填时大块料不应集中，且不得填在分段接头或填方与山坡的连接处。当填方位于倾斜的山坡上时，应将斜坡挖成阶梯状，以防填土横向移动。

在回填基坑和管沟时，应从四周或两侧均匀地分层进行，以防基础和管道在土压力作用下产生偏移或变形。

回填以前，应清除填方区的积水和杂物，如遇软土、淤泥等，则必须进行换土回填。在回填时，应防止地面水流入，并预留一定的下沉高度(一般不得超过填方高度的 3%)。

1.6.2 填土压实的方法

填土压实的方法一般有碾压法、夯实法、振动压实法以及利用运土工具压实法等。对于大面积填土工程，多采用碾压法和利用运土工具压实法。对较小面积的填土工程，则易用夯实机具进行夯实。

1. 碾压法

碾压法是利用机械滚轮的压力压实土壤，使之达到所需的密实度。碾压机械有平碾、羊足碾和气胎碾。

(1) 平碾又称光碾压路机(如图 1-58 所示)，是一种以内燃机为动力的自行式压路机，按重量等级分为轻型(30～50kN)、中型(60～90kN)和重型(100～140kN)3 种，适于压实砂类土和粘性土，适用于土类范围较广。轻型平碾压实土层的厚度不大，但土层上部变得较密实，当用轻型平碾初碾后，再用重型平碾碾压松土，就会取得较好的效果。如果直接用重型平碾碾压松土，则由于强烈的起伏现象，其碾压效果较差。

(2) 羊足碾(如图 1-59 所示)无动力的一般靠拖拉机牵引，有单筒、双筒两种，根据碾压要求，又可分为空筒、装砂、注水等 3 种。羊足碾虽然与土的接触面积小，但对单位面积的压力比较大，土的压实效果好。羊足碾只能用来压实粘性土。

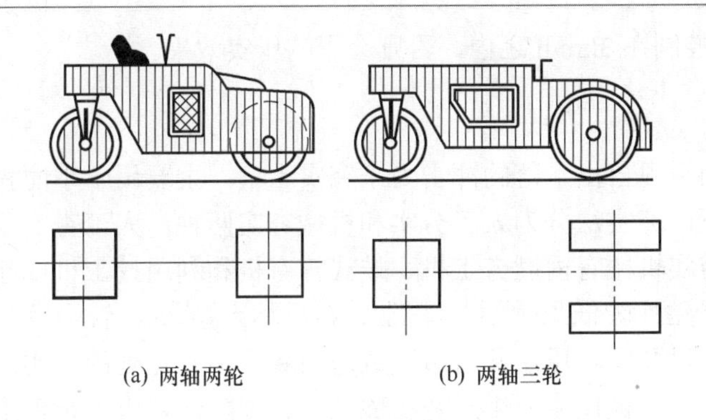

(a) 两轴两轮　　(b) 两轴三轮

图 1-58　光碾压路机

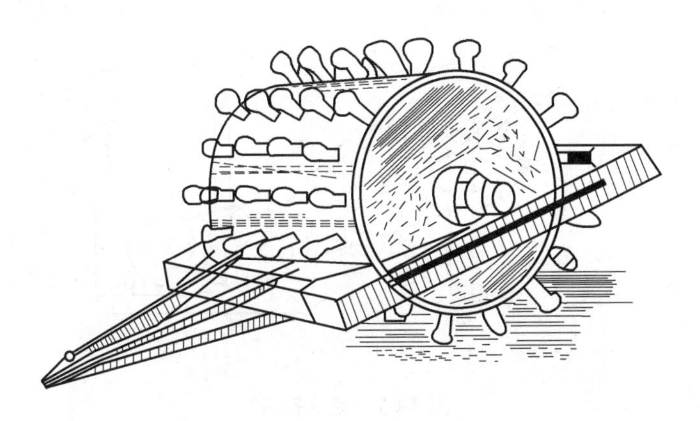

图 1-59　羊足碾

(3) 气胎碾又称轮胎压路机(如图 1-60 所示)，它的前后轮分别密排着 4 个、5 个轮胎，既是行驶轮，也是碾压轮。由于轮胎弹性大，在压实的过程中，土与轮胎都会发生变形，而随着几遍碾压后铺土密实度的提高，沉陷量逐渐减少，因而轮胎与土的接触面积逐渐缩小，但接触应力则逐渐增大，最后使土料得到压实。由于在工作时是弹性体，所以其压力均匀，填土质量较好。

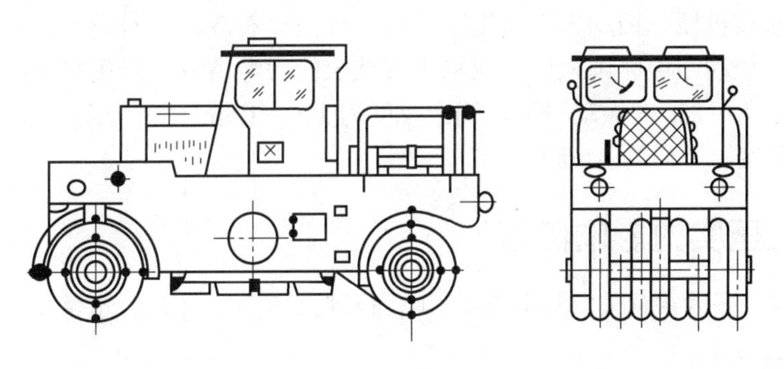

图 1-60　轮胎压路机

碾压法主要用于大面积的填土，如场地平整、路基、堤坝等工程。在用碾压法压实填土时，铺土应均匀一致，碾压遍数要一样，碾压方向应该从填土区的两边逐渐压向中心，每次碾压应有 15～20cm 的重叠；碾压机械的开行速度不宜过快，一般平碾不应超过

2km/h，羊足碾应控制在 3km/h 之内，否则会影响压实效果。

2. 夯实法

夯实法是利用夯锤自由下落的冲击力来夯实土壤，主要用于小面积的回填土或作业面受到限制的环境下。夯实法分为人工夯实和机械夯实两种。人工夯实所用的工具有木夯、石夯等；常用的夯实机械有内燃夯土机、蛙式打夯机和利用挖土机或起重机装上夯板后的夯土机等，适用于粘性较低土(砂土、粉土、粉质粘土)基坑、管沟及各种零星分散、边角部位的填方夯实，以及配合压路机对边线或边角碾压不到之处的夯实。夯锤是借助起重机悬挂一重锤进行夯土的机械，适用于夯实砂性土、湿陷性黄土、杂填土以及含有石块的填土。其中蛙式打夯机(如图 1-61 所示)轻巧灵活、构造简单，在小型土方工程中应用广泛。

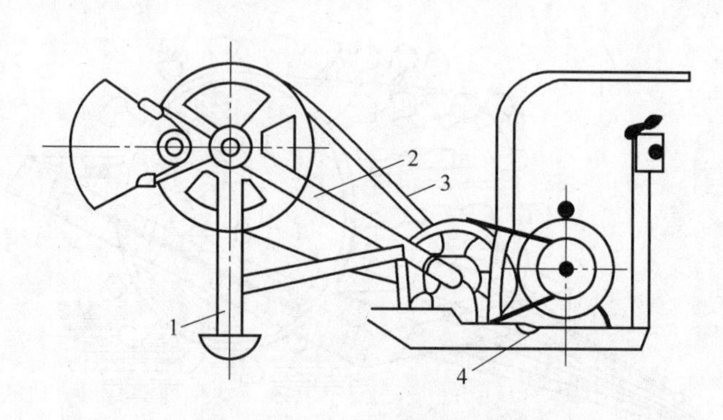

图 1-61　蛙式打夯机

1—夯头；2—夯架；3—三角胶带；4—底盘

3. 振动压实法

振动压实法是将振动压实机放在土层表面，借助振动机械使压实机械振动土颗粒，土颗粒发生相对位移而达到紧密状态。用这种方法振实非粘性土效果较好。

近年来，压实方法又发明了将碾压和振动法结合起来而设计和制造了振动平碾、振动凸块碾等新型压实机械。振动平碾适用于填料为爆破碎石渣、碎石类土、杂填土或轻亚粘土的大型填方；振动凸块碾则适用于亚粘土或粘土的大型填方。当压实爆破石渣或碎石类土时，可选用重 8～15t 的振动平碾，铺土厚度为 0.6～1.5m，先静压后振动碾压，碾压遍数由现场试验确定，一般为 6～8 遍。

1.6.3　填土压实的影响因素

填土压实与许多因素有关，其中主要影响因素为压实功、土的含水量及每层铺土厚度。

1. 压实功的影响

填土压实后的密度与压实机械在其上所施加的功有一定的关系。土的密度与所消耗功的关系如图 1-62 所示。当土的含水量一定，在开始压实时，土的密度急剧增加，待到接近土的最大密度时，压实功虽然增加许多，而土的密度则变化甚小。在实际施工中，对于砂土只需碾压或夯实 2～3 遍，对于粉土只需 3～4 遍，对于亚粘土或粘土只需 5～6 遍。此外，松土不宜用重型碾压机械直接滚压，否则土层有强烈的起伏现象，效率不高。如果先用轻碾压实，再用重碾压实就会取得较好的效果。

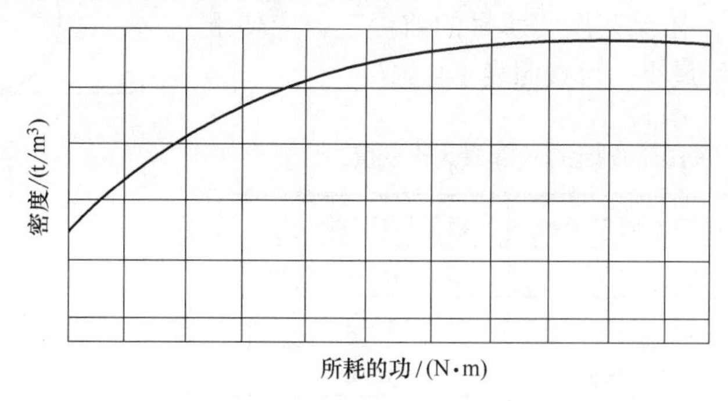

图1-62　土的密度与压实功的关系

2．含水量的影响

在同一压实功的作用下，填土的含水量大小对压实质量有直接影响。含水量过小的土，由于土颗粒之间的摩阻力较大，因而不易压实；含水量过大，则易成橡皮土。当土具有适当的含水量时，水起到了润滑作用，土颗粒之间的摩阻力减小，从而易压实。土在最佳含水量的条件下，使用同样的压实功进行压实，所得到的密度最大(如图1-63所示)。各种土的最佳含水量和最大干密度可参考表1-8。工地简单检验粘性土含水量的方法一般是以土握成团落地开花为宜。为了保证填土在压实过程中处于最佳含水量状态，当土过湿时，应翻松晾干，也可掺入同类干土或吸水性土料；当土过干时，则应预先洒水湿润。

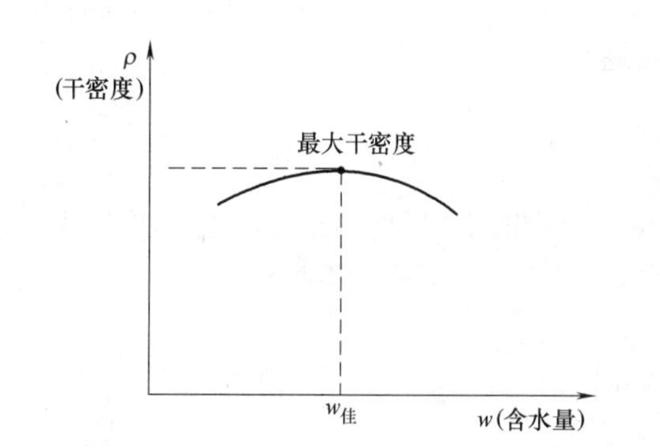

图1-63　土的干密度与含水量的关系

表1-8　土的最佳含水量和最大干密度参考表

项次	土的种类	变动范围		项次	土的种类	变动范围	
		最佳含水量/%(质量比)	最大干密度/(g/m^3)			最佳含水量/%(质量比)	最大干密度/(g/m^3)
1	砂土	8～12	1.80～1.88	3	粉质粘土	12～15	1.85～1.95
2	粘土	19～22	1.58～1.70	4	粉土	16～22	1.61～1.80

注：① 表中土的最大干密度以现场实际达到的数字为准。

② 一般性的回填可不作此测定。

3．铺土厚度的影响

土在压实功的作用下，其应力随深度增加而逐渐减小，如图1-64所示，当超过一定深度后，土的压实功密度与未压实前相差极小。其影响深度与压实机械、土的性质和含水量等有关。铺土厚度应小于压实机械压土时的影响深度。因此，填土压实时，每层铺土厚度的确定应根据所选压实机械和土的性质，在保证压实质量的前提下，应使土方压实机械的功耗费最小，可按照表 1-9 选用。

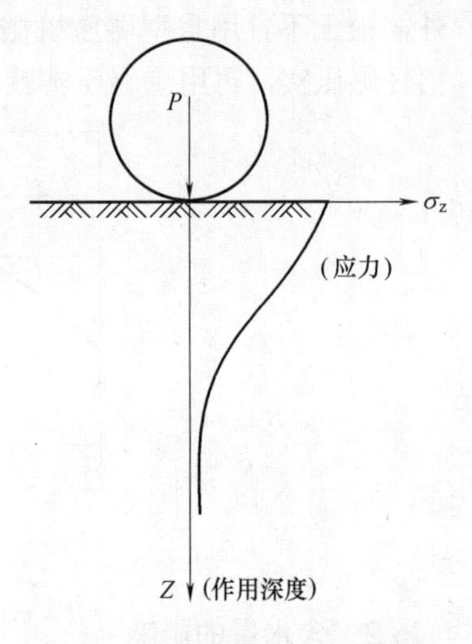

图 1-64　压实作用沿深度的变化

表 1-9　填方每层的铺土厚度和最大干密度

压实机具	每层铺土厚度/mm	每层压实遍数/遍
平碾	250～300	6～8
振动压实机	250～350	3～4
柴油打夯机	200～250	3～4
人工打夯	＜200	3～4

注：人工打夯时，土块粒径不应大于 50mm。

上述三方面因素之间是互相影响的，为了保证压实质量，提高压实机械的生产效率，重要工程应根据土质和所选用的压实机械在施工现场进行压实试验，以确定达到规定密实度所需的压实遍数、铺土厚度和最优含水量。

1.6.4　填土压实的质量检查

填土压实后必须具有一定的密实度，以避免建筑物的不均匀沉陷。填土密实度以设计规定的控制干密度 ρ_d 或规定的压实系数 λ_c 作为检查标准。它们的关系是：

$$\lambda_c = \frac{\rho_d}{\rho_{d\max}} \tag{1-32}$$

式中：λ_c ——土的压实系数；

ρ_d ——土的实际干密度；

$\rho_{d\max}$ ——土的最大干密度。

土的最大干密度 $\rho_{d\max}$ 由实验室击实试验或计算求得，再根据规范规定的压实系数 λ_c 即可算出填土控制干密度 ρ_d 的值。填土压实后的实际干密度，应有 90%以上符合设计要求，其余 10%的最低值与设计值的差，不得大于 0.08g/cm^3，且应分散，不得集中。

检查压实后的实际干密度，通常采用环刀法取样。

1.7　基坑(槽)施工

基坑(槽)的施工，首先应进行房屋定位和标高的引测，然后根据基础的底面尺寸、埋置深度、土质好坏、地下水位的高低及季节性变化等不同情况，考虑施工需要，确定是否需要留置工作面、放坡、增加排水设施和设置支撑，从而确定出挖土边线和进行放灰线工作。

1.7.1　基坑(槽)放线

1. 建筑物定位

建筑物定位是将建筑物外轮廓的轴线交叉点测定到地面上，用木桩标定出来，桩顶钉上小钉指示点位，这些桩叫定位桩，如图 1-65 所示，然后根据定位桩进行细部测设。

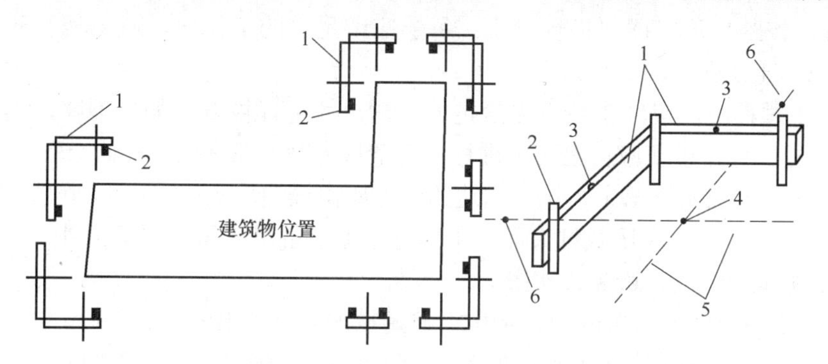

图 1-65　建筑物定位

1—龙门板；2—龙门桩；3—轴线钉；4—角桩；5—轴线；6—控制桩

为方便恢复各轴线位置，要把主要轴线延长到安全地点并做好标志，称为控制桩。为便于开槽后施工各阶段中确定轴线位置，应把轴线位置引测到龙门板上，用轴线钉标定。龙门板顶部标高一般定在±0.000m，主要是便于施工时控制标高。

2. 放线

放线是根据定位确定的轴线位置，用石灰画出开挖的边线。开挖上口尺寸应根据基础的设计尺寸和埋置深度、土壤类别及地下水情况确定，并确定是否留置工作面和放坡等。

3. 开挖中的深度控制

在基坑(槽)开挖时，严禁扰动基层土层，破坏土层结构，降低承载力，要加强测量，以防超挖。控制方法为：在距设计基底标高 300～500mm 时，及时用水准仪抄平，打上水平控制桩，以作为挖基坑(槽)时控制深度的依据。当开挖不深的基坑(槽)时，可在龙门板顶面拉上线，用尺子直接量开挖深度；当开挖较深的基坑(槽)时，用水准仪引测基坑(槽)壁的水平桩，一般距基坑(槽)底 300mm，沿基坑(槽)每 3～4m 钉设一个。

在使用机械挖土时，为防止超挖，可在设计标高以上保留 200～300mm 土层不挖，而改用人工挖土。

1.7.2　基坑(槽)土方开挖

土方开挖应遵循“开槽支撑、先撑后挖、分层开挖、严禁超挖”的原则。基础土方的开挖方法，有人工开挖和机械开挖两种。应根据基础特点、规模、形式、深度以及土质情况和地下水位，结合施工场地条件确定。一般大中型工程基坑的土方量大，宜使用土方机械施工，配合少量人工清槽；小型工程基槽窄、土方量小，宜采用人工或人工配合小型挖土机施工。

1．人工开挖

(1) 在基础土方开挖之前，应检查龙门板、轴线桩有无位移现象，并根据设计图纸校核基础灰线的位置、尺寸、龙门板标高等是否符合要求。

(2) 基础土方开挖应自上而下分步分层下挖，每步开挖深度约为 30cm，每层深度以 60cm 为宜，按踏步形式逐层进行剥土；每层应留足够的工作面，避免相互碰撞发生安全事故；开挖应连续进行，尽快完成。

(3) 挖土过程中，应经常按事先给定的坑槽尺寸进行检查，如果不够，则应对侧壁土及时进行修挖，修挖槽帮应自上而下进行，严禁从坑壁下部掏挖“神仙土”。

(4) 所挖土方应两侧出土，抛于槽边的土方距离槽边应大于 1m，高度不大于 1.5m，以保证边坡稳定，防止因压载过大而产生塌方。除了留足所需的回填土外，多余的土应一次运至用土处或弃土场，避免二次搬运。

(5) 挖至距离槽底约 50cm 时，应配合测量放线人员抄出距槽底 50cm 的水平线，沿槽边每隔 3～4m 钉水平标高小木桩，如图 1-66 所示。应随时依次检查槽底标高，不得低于标高。如果个别处超挖，应用与基土相同的土料填补，并夯实到要求的密实度，或用碎石类土填补，并仔细夯实。如果是在重要部位超挖，则可用低强度等级的混凝土填补。

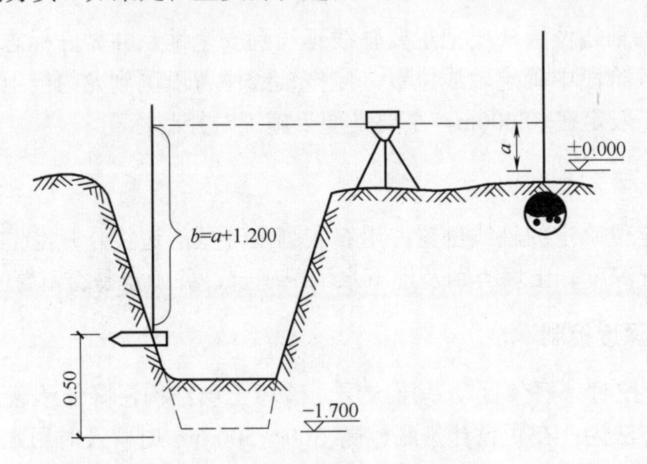

图 1-66　基槽底部抄平示意图

(6) 如果挖方后不能立即进行下一工序或在冬、雨期挖方，则应在槽底标高以上保留 15～30cm 不挖，待下一道工序开始前再挖。冬期挖方每天下班前应挖一步虚土并盖草帘等保温，尤其是挖到槽底标高时，地基土不准受冻。

2．机械开挖

(1) 点式开挖。厂房的柱基或中小型设备基础坑，因挖土量不大、基坑坡度小，机械只能在地面上作业，一般多采用抓铲挖土机和反铲挖土机。抓铲挖土机能挖一至二类土和较深的基坑，反铲挖土机适用于挖一至三类土和深度在 4m 以内的基坑。

(2) 线式开挖。大型厂房的柱列基础和管沟基槽的截面宽度较小，又有一定长度，适用于机械在地面上作业，一般多采用反铲挖土机。如果基槽较浅，又有一定宽度，土质干燥时也可采用推土机直接下到基槽中作业，但基槽需要有一定长度并设上下坡道。

(3) 面式开挖。对有地下室的房屋基础、箱形和筏式基础、设备与柱基础密集，当采取整片开挖的方式，除了可用推土机、铲运机进行场地平整和开挖表层土外，还可采用正铲挖土机、反铲挖土机或拉铲挖土机开挖。用正铲挖土机工效高，但需有上下坡道，以便运输工具驶入坑内，还要求土质干燥；反铲挖土机和拉铲挖土机可在坑上开挖，运输工具可不驶入坑内，坑内土潮湿也可作业，但工效比正铲低。

深基坑应采用“分层开挖、先撑后挖”的开挖方法，在深基坑开挖过程中，随着土的挖除，下层土因逐渐卸载而有可能回弹，尤其是在基坑挖至设计标高后，如搁置时间过久，回弹更为明显。如弹性隆起在基坑开挖和基础工程初期发展很快，它将加大建筑物的后期沉降。因此，对深基坑开挖后的土体回弹，应有适当的估计，如在勘察阶段，土样的压缩试验中应补充卸荷弹性试验等。还可采取结构措施，在基底设置桩基等，或事先对结构下部的土质进行深层地基加固。施工中减少基坑弹性隆起的一个有效方法是把土体中有效应力的改变降低到最少，具体方法有加速建造主体结构，或逐步利用基础的重量来代替被挖去土体的重量。

1.8　土方工程的质量要求及安全施工

1.8.1　土方工程常见的质量缺陷及处理方法

在土方工程施工中，由于施工操作不善或违反操作规程会引起质量事故，其危害程度很大，如造成建筑物(或构筑物)的沉陷、开裂、位移、倾斜，甚至倒塌。因此，对土方工程施工必须特别重视，应按设计和施工质量验收规范要求认真施工，以确保土方工程质量。下面介绍几种土方工程常见的质量缺陷及处理方法。

1. 场地积水

在建筑场地的平整过程中或平整完成后，场地范围内高低不平，局部或大面积出现积水。

1) 原因

(1) 当场地平整的填土面积较大或较深时，未分层回填压(夯)实，土的密实度不均匀或不够，遇水产生不均匀下沉而造成积水。

(2) 场地周围未做排水沟，或场地未做成一定的排水坡度，或存在反向排水坡。

(3) 测量有误，使场地高低不平。

2) 防治

(1) 平整前，应对整个场地的排水坡、排水沟、截水沟和下水道进行有组织的排水系统设计。在施工时，应遵循先地下后地上的原则做好排水设施，使整个场地排水通畅。排水坡度的设置应按设计要求进行，当设计无要求时，对地形平坦的场地，纵横方向应做成不小于 0.2%的坡度，以利于泄水。在场地周围或场地内设置排水沟(截水沟)，其截面、流速和坡度等应符合有关规定。

(2) 场地内的填土应认真分层回填碾压(夯)实，使其密实度不低于设计要求；当设计无要求时，一般也应分层回填、分层压(夯)实，使相对密实度不低于 85%，以免松填。填土压(夯)实的方法应根据土的类别和工程条件合理选用。

(3) 做好测量工作，防止出现标高误差。

3) 处理

已积水的场地应立即疏通排水和采用截水设施，将水排除。如果场地未做排水坡度或坡度过小，则应重新修坡；对局部低洼处，应填土找平，碾压(夯)实至符合要求，避免再次积水。

2. 填方出现沉陷现象

在基坑(槽)回填时，填土局部或大片出现沉陷，从而造成室外散水坡空鼓下陷、积水，甚至引起建筑物不均匀下沉，出现开裂。

1) 原因

(1) 填方基底上的草皮、淤泥、杂物和积水未清除就填方，含有机物过多，腐朽后造成下沉。

(2) 基础两侧用松土回填，未经分层夯实。

(3) 槽边松土落入基坑(槽)，夯填前未认真地进行处理，回填后土受到水的浸泡产生沉陷。

(4) 基槽宽度较窄，采用人工回填夯实，未达到要求的密实度。

(5) 回填土料中夹有大量的干土块，受水浸泡产生沉陷。

(6) 采用含水量大的粘性土、淤泥质土、碎块草皮作土料，回填质量不符合要求。

(7) 在冬期施工时基底土体受冻胀，未经处理就直接在其上方填土。

2) 防治

(1) 基坑(槽)回填前，应将坑槽中的积水排净，将淤泥、松土、杂物清理干净，如果有地下水或地表积水，应有排水措施。

(2) 回填土采取严格的分层回填、分层夯实。每层的铺土厚度不得大于 300mm，土料和含水量应符合规定。回填土的密实度要按规定抽样检查，使其符合要求。

(3) 填土土料中不得含有大于 50mm 直径的土块，也不应有较多的干土块，在急需进行下道工序时，宜用 2∶8 或 3∶7 灰土回填夯实。

3) 处理

基坑(槽)回填土沉陷造成墙角散水空鼓，如果混凝土面层尚未破坏，则可填入碎石，侧向挤压捣实；若面层已经裂缝破坏，则应视面积大小或损坏情况，采取局部或全部返工。局部处理可用锤、凿将空鼓部位打去，填灰土或粘土、碎石混合物夯实后再做面层。当因回填土沉陷引起结构物下沉时，应会同设计部门针对实际情况采取加固措施。

3. 边坡塌方

边坡塌方是指挖方过程中或挖方后，基坑(槽)边坡土方局部或大面积坍塌或滑坡。

1) 原因

(1) 基坑(槽)开挖较深，放坡不够，或挖方尺寸不够，将坡脚挖去。

(2) 在通过不同土层时，没有根据土的特性分别放成不同坡度，致使边坡失稳而造成塌方。

(3) 在有地表水、地下水作用的土层开挖基坑(槽)时，未采取有效的降、排水措施，使土层湿化，粘聚力降低，在重力作用下失稳而引起塌方。

(4) 边坡顶部堆载过大，或受施工设备、车辆等外力振动影响。

(5) 土质松软，开挖次序、方法不当而造成塌方。

2) 防治

(1) 根据土的种类、物理力学性质(土的内摩擦力、粘聚力、湿度、密度、休止角等)确定适当的边坡坡度。经过不同的土层时，其边坡应做成折线形。

(2) 做好地面排水工作，避免在影响边坡的范围内积水，造成边坡塌方。当基坑(槽)开挖范围内有地下水时，应采取降、排水措施，将水位降至基底以下 0.5～1.0m 后方可开挖，并持续到基坑(槽)回填完毕。

(3) 土方开挖应自上而下分段依次进行，防止先挖坡脚，造成坡体失稳。相邻基坑(槽)和管沟开挖时，应遵循先深后浅或同时进行的施工顺序，并及时做好基础或铺管，尽量防止对地基的扰动。

(4) 施工中应避免在坡体上堆放弃土和材料。

(5) 当基坑(槽)或管沟开挖时，在建筑物密集的地区施工，有时不允许按规定的坡度进行放坡，可以采用设置支撑或支护的施工方法来保证土方的稳定。

3) 处理

对基坑(槽)塌方，可将坡脚塌方清除做临时性支护措施，如堆放装土编织袋或草袋、设支撑、砌砖石护坡墙等；对永久性边坡局部塌方，可将塌方清除，用块石填砌或回填 2∶8 或 3∶7 灰土嵌补，与土接触部位做成台阶搭接，防止滑动；将坡顶线后移，将坡度改缓。

土方工程施工中，一旦出现边坡失稳塌方现象，后果非常严重，不但造成安全事故，而且会增加费用、拖延工期等，因此应引起高度重视。

4．填方出现橡皮土

1) 原因

在含水量很大的粘土或粉质粘土、淤泥质土、腐殖土等原状土地基上进行回填，或采用上述土作土料进行回填时，由于原状土被扰动，颗粒之间的毛细孔被破坏，水分不易渗透和散发，当施工气温较高时，对其进行夯实或碾压，表面易形成一层硬壳，更阻止了水分的渗透和散发，使土形成软塑状态的橡皮土。这种土埋藏得越深，水分散发就越慢，长时间内不易消失。

2) 防治

(1) 在夯(压)实填土时，应适当控制填土的含水量。

(2) 避免用含水量过大的粘土、粉质粘土、淤泥质土和腐殖土等原状土进行回填。

(3) 填方区如果有地表水，应设排水沟排水；如果有地下水，地下水水位应降至基底 0.5～1.0m 以下。

3) 处理

(1) 用干土、石灰粉或碎砖等吸水材料均匀掺入橡皮土中，吸收土中的水分，降低土的含水量。

(2) 暂停一段时间再回填，使橡皮土含水量逐渐降低。

(3) 将橡皮土翻松、晾晒、风干至最优含水量范围，再夯实。

(4) 将橡皮土挖除，回填灰土或用级配砂石夯(压)实。

1.8.2 土方工程的质量标准

(1) 柱基、基坑、基槽和管沟基底的土质，必须符合设计要求，并严禁扰动。

(2) 填方的基底处理，必须符合设计要求或施工规范规定。

(3) 填筑柱基、基坑、基槽、管沟回填的土料必须符合设计要求和施工规范。

(4) 填土施工过程中应检查排水设施、每层填筑厚度、含水量控制和压实程度。

(5) 填方和柱基、基坑、基槽、管沟的回填等对有密实度要求的填方，在夯实或压实之后，必须按规定分层夯压密实。取样测定压实后土的干密度，90%以上符合设计要求，其余10%的最低值与设计值的差不应大于0.08g/cm^3，且不应集中。

土的实际干密度可用环刀法(或灌砂法)测定，或用轻便触探仪直接通过锤击数来检验干密度和密实度，符合设计要求后，才能填筑上层。其取样组数：柱基回填取样不少于柱基总数的10%，且不少于5个；基槽、管沟回填每层按长度20～50m取样一组；基坑和室内填土每层按100～500m^{2}取样一组；场地平整填土每层按400～900m^{2}取样一组，取样部位应在每层压实后的下半部。用灌砂法取样应为每层压实后的全部深度。

(6) 土方工程外形尺寸的允许偏差和检验方法，应符合表1-10所示的规定。

(7) 填方施工结束后，应检查标高、边坡坡度、压实程度等，应符合表1-11所示的规定。

表1-10 土方开挖工程质量检查标准

<table>
<tr><th colspan="2" rowspan="3">项 序</th><th rowspan="3">项 目</th><th colspan="5">允许偏差或允许值/mm</th><th rowspan="3">检验方法</th></tr>
<tr><th rowspan="2">柱基
基坑
基槽</th><th colspan="2">挖方场地平整</th><th rowspan="2">管沟</th><th rowspan="2">地(路)面
基层</th></tr>
<tr><th>人工</th><th>机械</th></tr>
<tr><td rowspan="3">主控
项目</td><td>1</td><td>标高</td><td>−50</td><td>±30</td><td>±50</td><td>−50</td><td>−50</td><td>水准仪</td></tr>
<tr><td>2</td><td>长度、宽度(由设计中心线向两边量)</td><td>+200
−50</td><td>+300
−100</td><td>+500
−150</td><td>+100</td><td>—</td><td>经纬仪，用钢尺检查</td></tr>
<tr><td>3</td><td>边坡</td><td colspan="5">按设计要求</td><td>观察或用坡度尺检查</td></tr>
<tr><td rowspan="2">一般
项目</td><td>1</td><td>表面平整度</td><td>20</td><td>20</td><td>50</td><td>20</td><td>20</td><td>用2m靠尺和模型塞尺检查</td></tr>
<tr><td>2</td><td>基底土性</td><td colspan="5">按设计要求</td><td>观察或土样分析</td></tr>
</table>

注：地(路)面基层的偏差只适用于直接在挖、填方上做地(路)面的基层。

表 1-11 填土工程质量检验标准

<table>
<tr><th rowspan="3" colspan="2">项 序</th><th rowspan="3">检查项目</th><th colspan="5">允许偏差或允许值/mm</th><th rowspan="3">检查方法</th></tr>
<tr><th rowspan="2">柱基基坑基槽</th><th colspan="2">场地平整</th><th rowspan="2">管沟</th><th rowspan="2">地(路)面基础层</th></tr>
<tr><th>人工</th><th>机械</th></tr>
<tr><td rowspan="2">主控项目</td><td>1</td><td>标高</td><td>−50</td><td>±30</td><td>±50</td><td>−50</td><td>−50</td><td>水准仪</td></tr>
<tr><td>2</td><td>分层压实系数</td><td colspan="5">按设计要求</td><td>按规定方法</td></tr>
<tr><td rowspan="3">一般项目</td><td>1</td><td>回填土料</td><td colspan="5">按设计要求</td><td>取样检查或直观鉴别</td></tr>
<tr><td>2</td><td>分层厚度及含水量</td><td colspan="5">按设计要求</td><td>水准仪及抽样检查</td></tr>
<tr><td>3</td><td>表面平整度</td><td>20</td><td>20</td><td>30</td><td>20</td><td>20</td><td>用靠尺或水准仪</td></tr>
</table>

1.8.3 土方工程的安全技术及交底

(1) 施工前，应对施工区域内存在的各种障碍物，如建筑物、道路、沟渠、管线、防空洞、旧基础、坟墓、树木等，凡影响施工的均应拆除、清理或迁移，并在施工前妥善处理，确保施工安全。

(2) 对于大型土方和开挖较深的基坑工程，在施工前要认真研究整个施工区域和施工场地内的工程地质和水文资料、邻近建筑物或构筑物的质量和分布状况、挖土和弃土要求、施工环境及气候条件等，编制专项施工组织设计(方案)，制定有针对性的安全技术措施，严禁盲目施工。

(3) 对于山区施工，应事先了解当地的地形地貌、地质构造、地层岩性、水文地质等，如果因土方施工可能产生滑坡，则应采取可靠的安全技术措施。在陡峭的山坡脚下施工，应事先检查山坡坡面的情况，如果有危岩、孤石、崩塌体、古滑坡体等不稳定迹象，则应妥善处理后才能施工。

(4) 施工机械进入施工场地所经过的道路、桥梁和卸车设备等，应事先做好检查和必要加宽、加固工作。在开工前应做好施工场地内机械运行的道路，开辟适当的工作面，以利于安全施工。

(5) 在土方开挖前，应会同有关单位对附近已有建筑物或构筑物、道路、管线等进行检查和鉴定，对可能受开挖和降水影响的邻近建(构)筑物、管线，应制定相应的安全技术措施，并在整个施工期间，加强监测其沉降和位移、开裂等情况，如果发现问题应与设计或建设单位协商采取防护措施，并及时处理。当相邻基坑深浅不等时，一般应按先深后浅的顺序施工，否则应分析后施工的深基坑对先施工的浅基坑可能产生的危害，并应采取必要的保护措施。

(6) 基坑开挖工程应验算边坡或基坑的稳定性，并注意由于土体内应力场的变化和淤泥土的塑性流动而导致周围土体向基坑开挖方向位移，使基坑邻近建筑物等产生相应的位移和下沉。在验算时应考虑地面堆载、地表积水和邻近建筑物的影响等不利因素，决定是否需要支护，并选择合理的支护形式。在基坑开挖期间应加强监测。

(7) 在饱和粘性土、粉土的施工现场不得边打桩边开挖基坑，应待桩全部打完并间隔一段时间后再开挖，以免影响边坡或基坑的稳定性并应防止开挖基坑可能引起的基坑内外的桩产生过大偏移、倾斜或断裂。

(8) 基坑开挖后应及时修筑基础，不得长期暴露。基础施工完毕后，应抓紧基坑的回填工作。在回填基坑时，必须事先清除基坑中不符合回填要求的杂物。在相对的两侧或四周同时均匀进行回填，并且分层夯实。

(9) 基坑开挖深度超过 9m(或地下室超过两层)，或深度虽未超过 9m，但地质条件和周围环境复杂，在施工过程中要加强监测，施工方案必须由单位总工程师审定，报企业上一级主管。

(10) 基坑深度超过 14m、地下室三层或三层以上，地质条件和周围特别复杂及工程影响重大时，对于有关的设计和施工方案，施工单位要协同建设单位组织评审后，报市建设行政主管部门备案。

(11) 夜间施工时，应合理安排施工项目，防止挖方超挖或铺填超厚。施工现场应根据需要安设照明设施，在危险地段应设置红灯警示。

(12) 土方工程、基坑工程在施工过程中，如果发现有文物、古遗迹或化石等，应立即保护现场和报请有关部门处理。

(13) 挖土方前要对周围环境认真检查，不能在危险岩石或建筑物下面进行作业。

(14) 人工开挖时，两人的操作间距应保持 2～3m，并应自上而下挖掘，严禁采用掏洞的挖掘操作方法。

(15) 深基坑上下应先挖好阶梯或设木梯，或开设坡道，采取防滑措施，禁止踩踏土壁及其支撑上下。深基坑四周应设防护栏杆或悬挂危险标志。

(16) 用挖土机施工时，在挖土机的工作范围内，不得有人进行其他工作；如果是多台机械同时开挖，则挖土机的间距应大于 10m，挖土自上而下，逐层进行，严禁先挖坡脚的危险作业。

(17) 基坑开挖应严格按要求放坡，操作时应随时注意边坡的稳定情况，如果发现有裂纹或部分塌落现象，要及时进行支撑或改缓放坡，并注意支撑的稳固和边坡的变化。

(18) 对于机械挖土，当多台阶同时开挖土方时，应验算边坡的稳定，根据规定和验算确定挖土机离边坡的安全距离。

(19) 基坑(槽)挖土深度超过 3m 以上，使用吊装设备吊土时，起吊后，坑内操作人员应立即离开吊点的垂直下方，起吊设备距坑边一般不少于 1.5m，坑内人员应戴安全帽。

(20) 基坑(槽)沟边 1m 以内不得堆土、堆料和停放机具，1m 以外堆土高度不宜超过 1.5m；基坑(槽)、沟与附近建筑物的距离不得小于 1.5m，危险时必须加固。

小　结

本项目包括土方工程量的计算与调配、土方施工机械、土方开挖、填筑与压实、土方工程质量要求以及施工安全等内容。

土方工程施工时，做好排除地面水、降低地下水位、为土方开挖和基础施工提供良好的施工条件，这对加快施工进度、保证土方工程施工质量和安全具有十分重要的作用。

在井点降水方法中，重点介绍了轻型井点降水的布置与施工部分，即轻型井点所用设备及其工作原理，轻型井点施工与使用等内容。

在土方机械化施工中，着重阐述常用土方机械的类型、性能及提高生产效率的措施，提出了一般土方挖运机械的选择方法和注意事项。

采用土方机械进行土方工程的挖、运、填、压施工中，重点介绍了土方的填筑与压实，能正确地选择填方土料和填筑压实方法，能分析影响填土压实的主要因素；分析了土方工程质量缺陷、质量标准和安全技术等。

思考与练习

1. 土的工程分类是按什么划分的？各类土应如何鉴别？
2. 试述土的基本性质及其对土方施工的影响。
3. 试述场地平整土方量的步骤和方法。
4. 什么是集水井降水法？有何特点？
5. 试述轻型井点降水法的设备组成？
6. 轻型井点的平面和高程布置应考虑哪些因素？
7. 试分析土壁塌方的原因和预防措施。
8. 建筑的定位线指的是什么？
9. 人工开挖基坑时，应注意哪些事项？
10. 填土压实有哪些方法？影响填土压实的主要因素有哪些？
11. 试述土方施工的安全预防措施。
12. 某基础的底面尺寸为 36.9m × 13.6m，深度 H=4.8m，基坑坡度系数 m=0.5，最初可松性系数 K_s=1.26，最终可松性系数 K_s'=1.05。基础附近有一个废弃的大坑(体积为 885m^3)。如果用基坑挖出的土填入大坑并进行夯实。问基坑挖出的土能否填满大坑？若有余土，则外运土量是多少？
13. 某施工场地的方格网及角点自然标高如图 1-67 所示，方格网边长 a=30m，设计要求泄水坡度沿长度方向为 2‰，沿宽度方向为 1‰，试确定场地设计标高(不考虑土的可松性影响)，并计算挖填土方量。

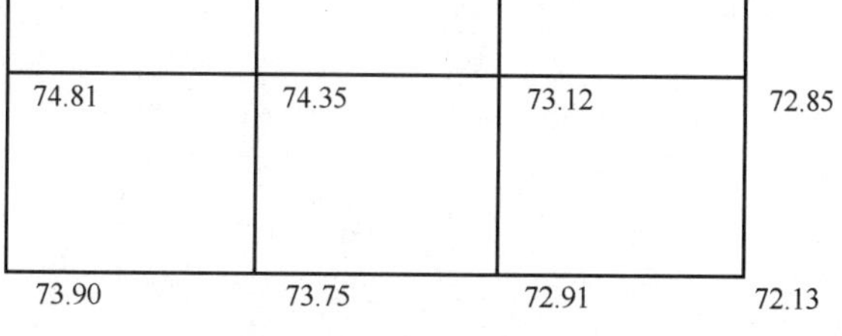

75.60	75.28	74.10	73.65
74.81	74.35	73.12	72.85
73.90	73.75	72.91	72.13

图 1-67 题 13 图

14. 某建筑基坑底面积为30m×25m，深度为5.0m，基坑边坡系数为0.5，设自然地面标高为±0.000，自然地面至-1.0为亚粘土，-1.0～-9.0为砂砾层，下部为粘土层(视为不透水层)，地下水为无压水，渗透系数为25m/d。现拟用轻型井点系统降低地下水位，试求：

(1) 绘制轻型井点系统的平面和高程布置。

(2) 计算涌水量、井点管数量和间距。

项目 2　桩基础工程施工

学习要点及目标

掌握钢筋混凝土预制桩和灌注桩施工方法、注意事项、质量事故产生的原因和预防措施；能处理桩基础施工中常见的质量事故、预防、处理和安全施工措施；了解桩基础质量的检验标准等。

核心概念

预制桩、现浇桩、摩擦桩、端承桩。

引导案例

随着工程建设的发展，各种大型建筑物、构筑物日益增多，规模越来越大，对桩基础工程的要求也越来越高。建筑物为了有效地把结构上部荷载传递到土壤深处且承载力较大的土层上，因此桩基础被广泛应用到工程建设中。

思考：桩基础的类型、施工工艺、质量检验标准等。

一般建筑物都应该充分利用地基土层的承载能力，而尽量采用浅基础。但随着高层建筑的出现，要求基础越来越深，浅基础无法满足施工需要；同时，若浅基层土质不良，无法满足建筑物对地基变形和强度方面的要求时，可以利用下部坚实土层或岩层作为持力层，这就要采取有效的施工方法建造深基础。深基础主要有桩基础、墩基础、沉井和地下连续墙等几种类型，其中以桩基础最为常用。

2.1　桩基础的作用和分类

2.1.1　桩基础的作用

桩基础一般由设置于土中的桩和承接上部结构的承台组成，如图 2-1 所示。桩基础的作用在于将上部建筑物的荷载传递到深处承载力较大的土层上；或使软弱土层挤压，以提高土壤的承载力和密实度，从而保证建筑物的稳定性和减少地基沉降。

绝大多数桩基础的桩数不止一根，而将各根桩在上部(桩顶)通过承台连成一体。根据承台与地面的相对位置不同，承台一般有低承台和高承台之分。前者的承台底面位于地面以下，而后者则高出地面以上。一般来说，采用高承台主要是为了减少水下施工作业和节省基础材料，常用于桥梁和港口工程施工中；而低承台桩基础承受荷载的条件比高承台好，特别在水平荷载作用下，承台周围的土体可以发挥一定的作用，在一般房屋和构筑物工程施工中，大多数都使用低承台桩基础。

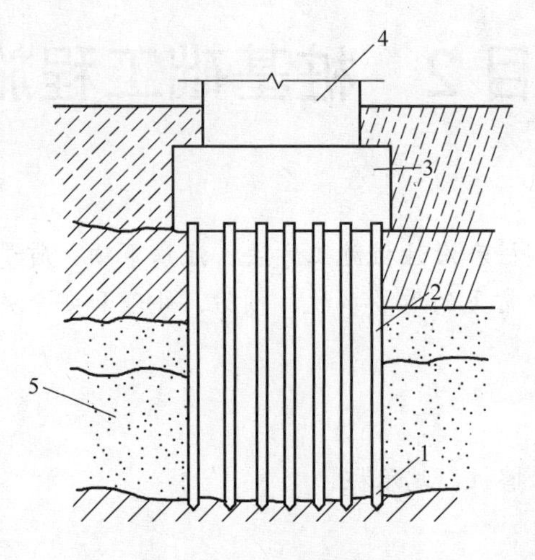

图 2-1　桩基础示意图

1—支持力；2—桩；3—桩基承台；4—上部建筑物；5—软弱层

2.1.2　桩基础的分类

1. 按承载性质分

按桩的传力方式不同，桩基础可分为端承桩和摩擦桩，如图 2-2 所示。

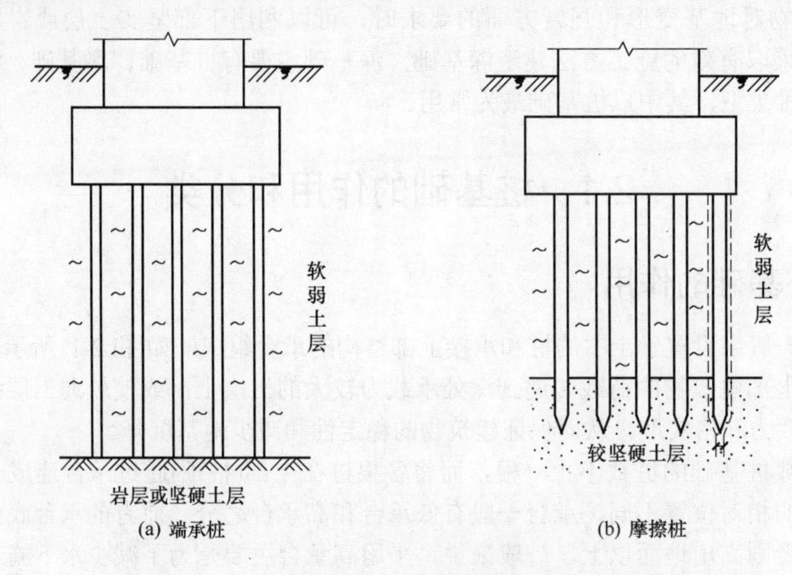

图 2-2　桩按传力及作用性质分类

(1) 端承桩。端承桩是指桩身穿过软土层并将建筑物的荷载直接传递给坚硬土层的桩。根据桩端阻力承担荷载的多少，端承桩又分为纯端承桩和摩擦端承桩。

(2) 摩擦桩。摩擦桩是指将桩沉至软松土层的一定深度，用以挤密软松土层，从而提高土层的密实度和承载能力，上部结构的荷载主要由桩身侧面与土之间的摩擦力承受，桩间阻力也承受少量的荷载。根据桩侧阻力承担荷载的多少，摩擦桩又分为纯摩擦桩和端承摩擦桩。

2．按施工方法分

按桩的施工方法，桩基础可分为预制桩和灌注桩两类。现在使用较多的是现场灌注桩。

预制桩是在工厂或施工现场用不同的建筑材料制成的各种形状的桩，然后再用设备将制好的桩沉入地基土中。按桩沉入土层的方法不同，预制桩又可分为：打入桩、静力压桩、振动沉桩、水冲沉桩等。

灌注桩是在设计桩位上先成孔，然后放入钢筋骨架，再浇筑混凝土而成的桩。灌注桩按成孔方式不同可分为泥浆护壁成孔灌注桩、干作业成孔灌注桩、套管成孔灌注桩、爆破成孔灌注桩、人工挖孔灌注桩等。

3．按桩的使用功能分

按桩的使用功能，桩基础可分为竖向抗压桩、竖向抗拔桩、水平受荷桩、复合受荷桩。

4．按桩身材料分

按桩身材料分，桩基础可分为钢筋混凝土桩、钢桩、组合材料桩。

5．按成桩方法分

按成桩方法分，桩基础可分为非挤土桩(如干作业法桩、泥浆护壁法桩、套筒护壁法桩、人工挖孔法桩等)、部分挤土桩(如部分挤土灌注桩、预钻孔打入式预制桩、打入式开口钢管桩、H 型钢桩、螺旋成孔桩等)、挤土桩(如挤土灌注桩、挤土预制桩等)。

6．按桩径大小分

按桩径大小分，桩基础可分为小桩($d\leqslant$250mm)、中桩(250mm$<d<$800mm)、大桩($d\geqslant$800mm)。

桩的种类繁多，应根据建筑结构类型、荷载性质、桩的使用功能、穿越土层、桩端持力层土类、地下水位、施工设备、施工环境、施工经验、制作桩材料、供应条件等因素，选择经济合理、安全适用的桩型和成桩工艺。

2.2　钢筋混凝土预制桩施工

钢筋混凝土预制桩的施工工艺主要有预制、起吊、运输、堆放、打桩、接桩、截桩等。

2.2.1　桩的预制、起吊、运输和堆放

1．桩的预制

钢筋混凝土预制桩是在预制构件厂或施工现场预制，用沉桩设备在设计位置上将其沉

入土中。其特点是：坚固耐久，不受地下水或潮湿环境影响，能承受较大荷载，施工机械化程度高、进度快，能适应不同土层施工。

钢筋混凝土预制桩有实心桩和管桩两种。

实心桩一般为正方形截面，截面尺寸为 200～500mm，单根桩的最大长度，根据打桩架的高度确定，一般在 27m 以内，如需打设 30m 以上的桩，则将桩预制成几段，在打桩过程中逐段接长。如在工厂制作，每段长度不宜超过 12m。

管桩是预应力混凝土管桩，它是一种细长的空心等截面预制混凝土构件，是在工厂经先张预应力、离心成型、高压蒸汽养护等工艺生产而成。管桩按桩身混凝土强度等级的不同分为 PC 桩(C60、C70)和 PHC 桩(C80)；按桩身抗裂弯矩的大小分为 A 型、AB 型和 B 型；外径有 300mm、400mm、500mm、550mm、600mm，壁厚 65～125mm，常用节长为 7～12m，特殊节长为 4～5m。

(1) 桩的预制场地应平整夯实，并做好排水设施，以避免雨后场地浸水而沉陷。预制桩的混凝土应由桩顶向桩尖连续浇筑，严禁中断。

(2) 现场预制桩多采用重叠法施工，重叠的层数，应根据地面承载力和施工要求来确定，一般不超过四层。相邻两层桩之间要做好隔离层，以免起吊时互相粘接。上层桩或邻桩的混凝土浇筑，应在下层或邻桩的混凝土强度达到设计强度的 30%以上时才可进行。预制完成后应洒水养护不少于 7d。并在每根桩上标明编号和制作日期；如不埋设吊钩，应标明绑扎点位置。

(3) 质量要求：

① 桩的表面应平整、密实，掉角的深度不应超过 10mm，且局部蜂窝和掉角的缺损总面积不得超过桩总表面积的 0.5%，并不得过分集中。

② 混凝土收缩产生的裂缝深度不得大于 20mm，宽度不得大于 0.25mm，横向裂缝长度不得超过 50%的边长(圆桩和多边形桩不得超过直径和对角线的 1/2)。

③ 桩顶和桩尖处不得有过分集中的蜂窝、麻面、裂缝和掉角。

④ 几何尺寸允许偏差：横截面边长±5mm；桩顶对角线±10mm；保护层厚度±5mm；桩尖对中心线位移±10mm；桩身弯曲矢高不大于 0.1%桩长，且不大于 20mm；桩顶平面对桩中心线的倾斜≤30mm。

2. 桩的起吊、运输和堆放

(1) 桩的起吊：预制桩混凝土的强度达到设计强度等级的 70%以上才可以起吊。如需要提前起吊，则必须做强度和抗裂度验算。起吊时，吊点位置必须严格按设计位置绑扎，如无吊环，应按如图 2-3 所示的位置起吊。在吊索与桩间应加衬垫，起吊应平稳提升，采取措施保护桩身质量，防止撞击和受震动。

(2) 桩的运输：预制桩混凝土的强度达到设计强度等级的 100%才能运输和打桩。一般应根据打桩顺序随打随运，以避免二次搬运。当运距不大时，可在桩下面垫以木板，木板下设滚筒，用卷扬机拖运。当运距较长时，可用平板拖车或轻轨平板车运输。桩下宜设活动支座，运输时应做到平稳并不得损坏，经过搬运的桩要进行质量检查。

(3) 桩的堆放：桩的堆放场地应平整夯实，设有排水设施。每根桩下都用垫木架空，垫木间距应与吊点位置相同。各层垫木应在同一垂直线上，最下层垫木应适当加宽。堆放一般不宜超过四层，而且不同规格的桩应分别堆放，以免搞错。

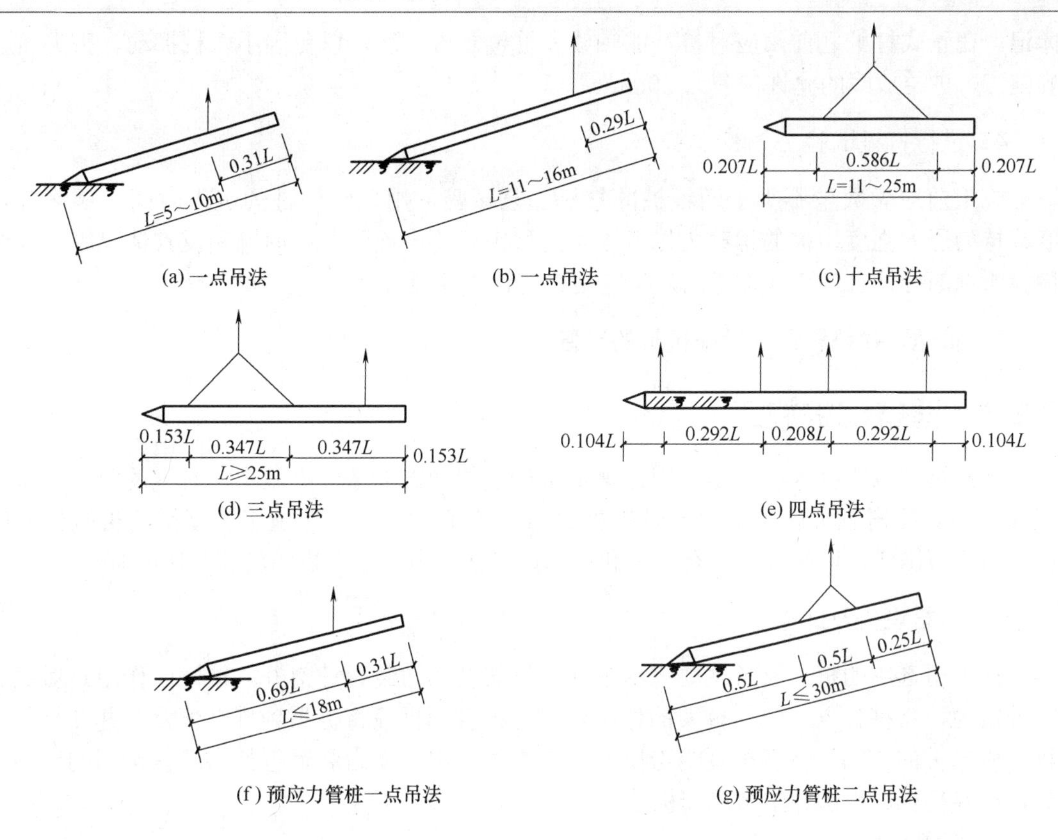

(a) 一点吊法　(b) 一点吊法　(c) 十点吊法

(d) 三点吊法　(e) 四点吊法

(f) 预应力管桩一点吊法　(g) 预应力管桩二点吊法

图 2-3　吊点位置

2.2.2　打桩前的准备工作

桩基础施工前，应根据工程规模的大小和复杂程度来编制整个分部工程施工组织设计或施工方案。在沉桩前，现场准备工作的内容有处理障碍物、平整场地、抄平放线、铺设水电管网、沉桩机械设备的进场和安装以及桩的供应等。

1．处理障碍物

打桩前，宜向城市管理、供水、供电、煤气、电信、房管等有关单位提出要求，认真处理高空、地上和地下的障碍物，然后对现场周围(一般为 10m 以内)的建筑物、驳岸、地下管线等做全面检查，如有危房或危险构筑物，必须予以加固或采取隔振措施或拆除，以免在打桩过程中由于振动的影响而引起倒塌。

2．场地平整

打桩场地必须平整、坚实，必要时宜铺设道路，经压路机碾压密实，场地四周应挖排水沟以利于排水。

3．抄平放线

在打桩现场附近设水准点，其位置应不受打桩影响，数量不得少于两个，用以抄平场地和检查桩的入土深度。要根据建筑物的轴线控制桩定出桩基础的每个桩位，可用小木桩标记。在正式打桩之前，应对桩基的轴线和桩位复查一次，以免因小木桩挪动、丢失而影响施工。桩位放线的允许偏差为20mm。

4．进行打桩试验

施工前应做数量不少于两根桩的打桩工艺试验，用以了解桩的沉入时间、最终沉入度、持力层的强度、桩的承载力以及施工过程中可能出现的各种问题和反常情况等，以便检验所选的打桩设备和施工工艺，确定是否符合设计要求。

5．桩帽、衬垫和送桩设备机具的准备

2.2.3 锤击沉桩施工

锤击沉桩也称打入桩，是利用桩锤下落产生的冲击能量，克服土体对桩的阻力，将桩沉入土中。锤击沉桩法是混凝土预制桩最常用的沉桩法。该法施工速度快，机械化程度高，适应范围广，但在施工时有噪声和振动，对于城市中心和夜间施工有所限制。

1．打桩设备及选择

打桩所选用的机具设备主要包括桩锤、桩架及动力装置三部分。桩锤的作用是对桩施加冲击力，将桩打入土中。桩架的作用是支持桩身和桩锤将桩吊到打桩位置，并在打入过程中引导桩的方向，保证桩锤沿着所要求的方向冲击。动力装置包括启动桩锤用的动力设施，如卷扬机、锅炉、空气压缩机等。

1) 桩锤选择

桩锤是把桩打入土中的主要机具，有落锤、单动汽锤、双动汽锤、柴油桩锤、振动桩锤等。

(1) 落锤：一般由铸铁制成，构造简单、使用方便，能随意调整其落锤高度，适合于普通粘土和含砾石较多的土层中打桩，但打桩速度较慢(每分钟 6～12 次)，效率不高，贯入能力低，对桩的损伤较大。落锤有穿心锤和龙门锤两种，重一般为 0.5～1.5t。它适于打细长尺寸的混凝土桩，在一般土层及粘土、含有砾石的土层中均可使用。

(2) 汽锤：是以高压蒸汽或压缩空气为动力的打桩机械，有单动汽锤和双动汽锤两种。

单动汽锤：结构简单、落距小，对设备和桩头不易损坏，打桩速度及冲击力较落锤大，效率较高，冲击力较大，打桩速度较落锤快，每分钟锤击 60～80 次，一般适用于各种桩在各类土中施工，最适用于套管法灌注混凝土桩，锤重 0.5～15t。

双动汽锤：打桩速度快，冲击频率高，每分钟达 100～120 次，一般打桩工程都可使用，并能用于打钢板桩、水下桩、斜桩和拔桩，但设备笨重、移动较困难，锤重为 0.6～6.0t。

(3) 柴油桩锤：利用燃油爆炸来推动活塞往返运动进行锤击打桩，柴油桩锤与桩架、动力设备配套组成柴油打桩机。柴油桩锤分导杆式和筒式两种。锤重 0.6～7.0t。设备轻便，打桩迅速，每分钟锤击 40～80 次，常用于打木桩、钢板桩和混凝土预制桩。它是目前应用较广的一种桩锤，但在软松土中打桩时易熄火。

(4) 振动桩锤：是利用机械强迫振动，通过桩帽传到桩顶使桩下沉。振动桩锤沉桩速度快，适用性强，施工操作简易安全，能打各种桩，并能帮助卷扬机拔桩，适用于打钢板桩、钢管桩、长度在 15m 以内的灌注桩，但不适于打斜桩。它适于粉质粘土、松散砂土、土和软土，不宜用于岩石、砾石和密实的粘性土地基，在砂土中打桩最有效。

桩锤的类型应根据施工现场的情况、机具设备条件及工作方式和工作效率等条件来选择。

锤重的选择，在做功相同而锤重与落距乘积相等的情况下，宜选用重锤低击，这样可以使桩锤动量大而冲击回弹能量小。如果桩锤过重，所需动力设备大，能源消耗大，不经济；如果桩锤过轻，在施打时必定增大落距，使桩身产生回弹，桩不易沉入土中，常常打坏桩头或使混凝土保护层脱落。轻锤高击所产生的应力，还会使距桩顶 1/3 桩长范围内的薄弱处产生水平裂缝，甚至使桩身断裂。因此，选择稍重的锤、用重锤低击和重锤快击的方法效果较好，一般可根据地质条件、桩型、桩的密集程度、单桩竖向承载力及现有施工条件等决定。

2) 桩架的选择

桩架是支持桩身和桩锤，在打桩过程中引导桩的方向及维持桩的稳定，并保证桩锤沿着所要求的方向冲击的设备。桩架一般由底盘、导向杆、起吊设备、撑杆等组成。根据桩的长度、桩锤的高度及施工条件等选择桩架和确定桩架高度，桩架高度=桩长+桩锤高度+滑轮组高度+桩帽高度+起锤工作高度(1～2m)。

桩架的形式多种多样，常用的桩架有三种基本形式：滚筒式桩架、多功能桩架和履带式桩架。

滚筒式桩架：行走靠两根钢滚筒在垫木上滚动，优点是结构简单，制作容易，但在平面转弯、调头方面不够灵活，操作人员较多，适用于预制桩和灌注桩施工，如图 2-4 所示。

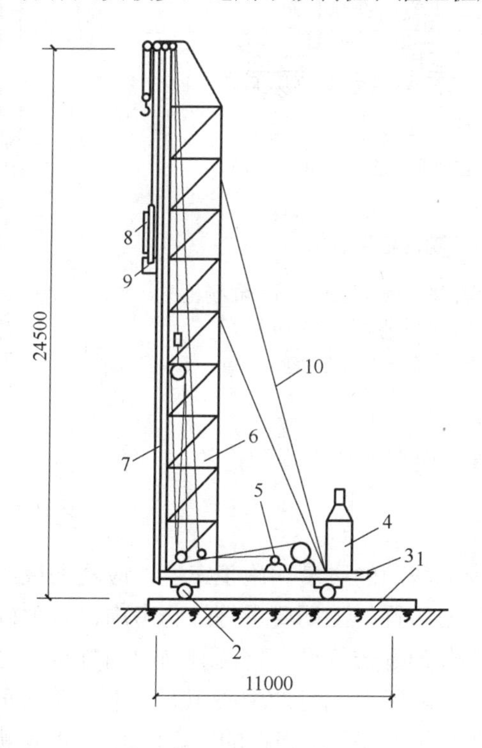

图 2-4　滚筒式桩架

1—枕木；2—滚筒；3—底座；4—锅炉；5—卷扬机；6—桩架；7—龙门；8—蒸汽锤；9—桩帽；10—缆绳

多功能桩架：它是由定柱、斜撑、回转工作台、底盘及传动机构组成。多功能桩架的机动性和适应性很大，在水平方向可做 360° 回转，导架可以伸缩和前后倾斜，底座下装有铁轮，底盘在轨道上行走。这种桩架可适用于各种预制桩及灌注桩施工，其缺点是机构较庞大，现场组装和拆卸比较麻烦，如图 2-5 所示。

履带式桩架：以履带式起重机为底盘，增加导杆和斜撑组成，用以打桩。它操作灵活、移动方便，适用于各种预制桩和灌注桩的施工，如图 2-6 所示。

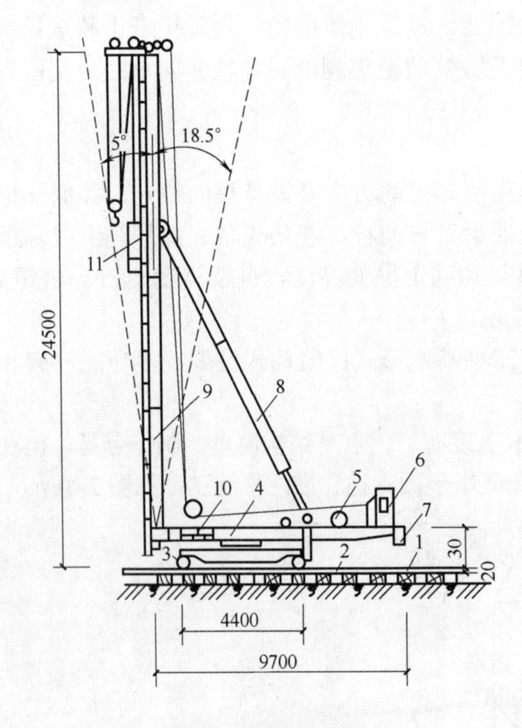

图 2-5 多功能桩架

1—枕木；2—钢轨；3—底盘；4—回转平台；5—卷扬机；
6—司机室；7—平衡重；8—撑杆；9—挺杆；
10—水平调整装置；11—桩锤与桩帽

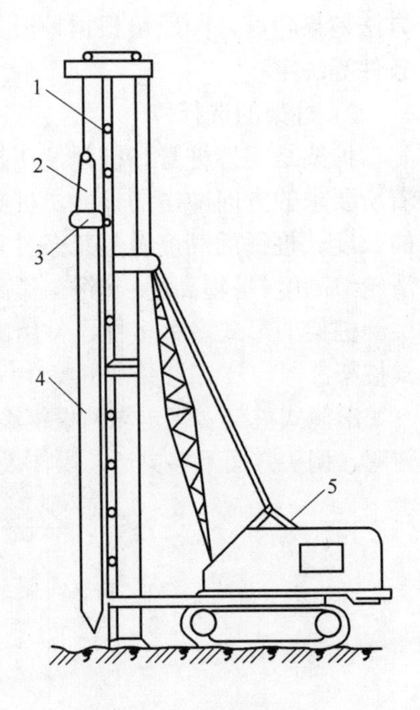

图 2-6 履带式桩架

1—导架；2—桩锤；3—桩帽；
4—桩；5—吊车

3) 动力装置

打桩机械的动力装置是根据所选桩锤而定的。

2. 确定打桩顺序

打桩顺序直接影响到桩基础的质量和施工速度，应根据桩的密集程度、桩的规格、长短、桩的设计标高、工作面布置、工期要求等综合考虑，合理确定打桩的顺序。根据桩的密集程度，打桩顺序一般分为逐排打设、自两侧向中间打设、自中部向四周打设和自中间向两侧打设 4 种，如图 2-7 所示。当桩的中心距不大于 4 倍桩的直径或边长时，应由中间向两侧对称施打或由中间向四周施打；当桩的中心距大于 4 倍桩的直径或边长时，可采用自两侧向中间施打或逐段单向施打。

根据基础的设计标高和桩的规格，宜按先深后浅、先大后小、先长后短的顺序进行打桩。

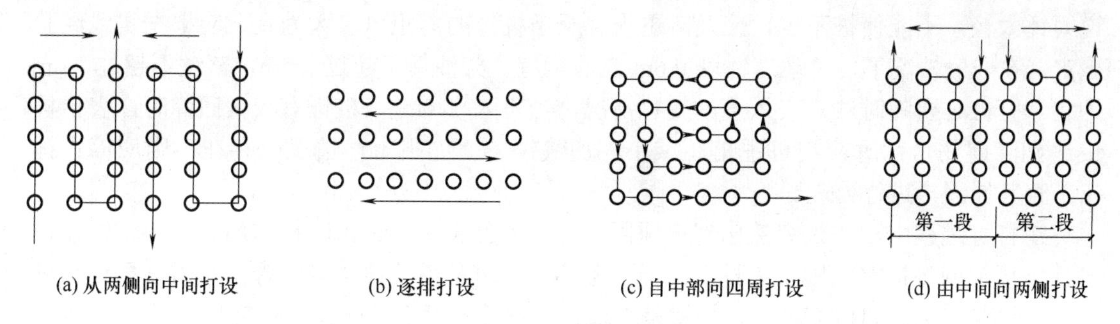

图 2-7　打桩顺序

3．打桩施工工艺

1) 吊桩就位

按既定的打桩顺序，先将桩架移动至桩位处并用缆风绳拉牢，然后将桩运至桩架下，利用桩架上的滑轮组，由卷扬机提升桩。当桩提升至直立状态后，即可将桩送入桩架的龙门导管内，同时把桩尖准确地安放到桩位上，并与桩架导管相连接，以保证打桩过程中不发生倾斜或移动。桩插入时的垂直偏差不得超过 0.5%。桩就位后，为防止击碎桩顶，在桩锤与桩帽、桩帽与桩顶之间应放上硬木、粗草纸或麻袋等桩垫作为缓冲层，桩帽与桩顶四周应留 5～10mm 的间隙(如图 2-8 所示)，然后进行检查，使桩身、桩帽和桩锤在同一轴线上即可开始打桩。

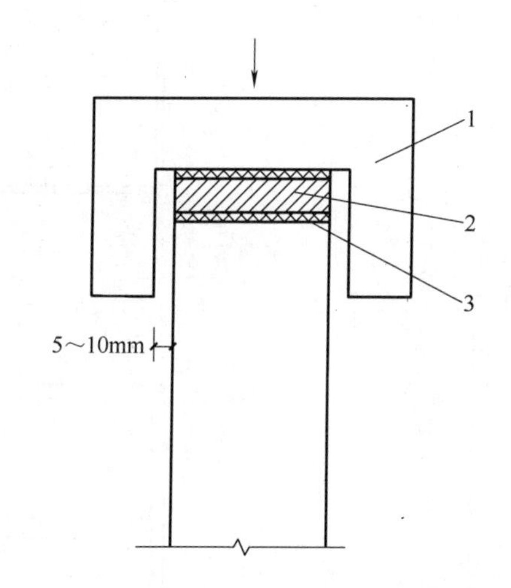

图 2-8　自落锤桩帽的构造示意图

1—桩帽；2—硬垫木；3—草纸(弹性衬垫)

2) 打桩

打桩时用“重锤低击”可取得良好效果，因为这样桩锤对桩头的冲击小，回弹也小，桩头不易损坏，大部分能量都用于克服桩身与土的摩阻力和桩尖阻力上，桩就能较快地沉入土中。

初打时地层软、沉降量较大，宜低锤轻打，随着沉桩加深(1～2m)，速度减慢，再酌情增加起锤高度，要控制锤击应力。打桩时应观察桩锤回弹的情况，如果经常回弹较大则说明锤太轻，不能使桩下沉，应及时更换。至于桩锤的落距以多大为宜，应根据实践经验确定，在一般情况下，单动汽锤以 0.6m 左右为宜，柴油锤不超过 1.5m，落锤不超过 1.0m 为宜。打桩时要随时注意贯入度的变化情况，当贯入度骤减，桩锤有较大回弹时，表示桩尖遇到障碍物，此时应使桩锤落距减小，加快锤击。如果上述情况仍存在，则应停止锤击，查其原因再进行处理。

在打桩过程中，如果突然出现桩锤回弹、贯入度突增、锤击时桩弯曲、倾斜、颤动、桩顶破坏加剧等情况，则表明桩身可能已破坏。打桩最后阶段，当沉降太小时，要避免硬打，如果难沉下，要检查桩垫、桩帽是否适宜，需要时可更换或补充软垫。

3) 接桩

预制桩施工中，由于受到场地、运输及桩机设备等的限制，常将长桩分为多节进行制作。接桩时要注意新接桩节与原桩节的轴线一致。目前预制桩的接桩工艺主要由硫黄胶泥浆锚法、电焊接桩和法兰螺栓接桩等 3 种。前一种适用于软松土层，后两种适用于各类土层。

(1) 当采用焊接法接桩时(如图 2-9 所示)，必须对准下节桩并垂直无误后，用点焊将拼接角钢连接固定，再次检查位置正确后进行焊接。施焊时，应两人同时对称地进行，以防止节点变形不匀而引起桩身歪斜，焊缝要连续饱满。

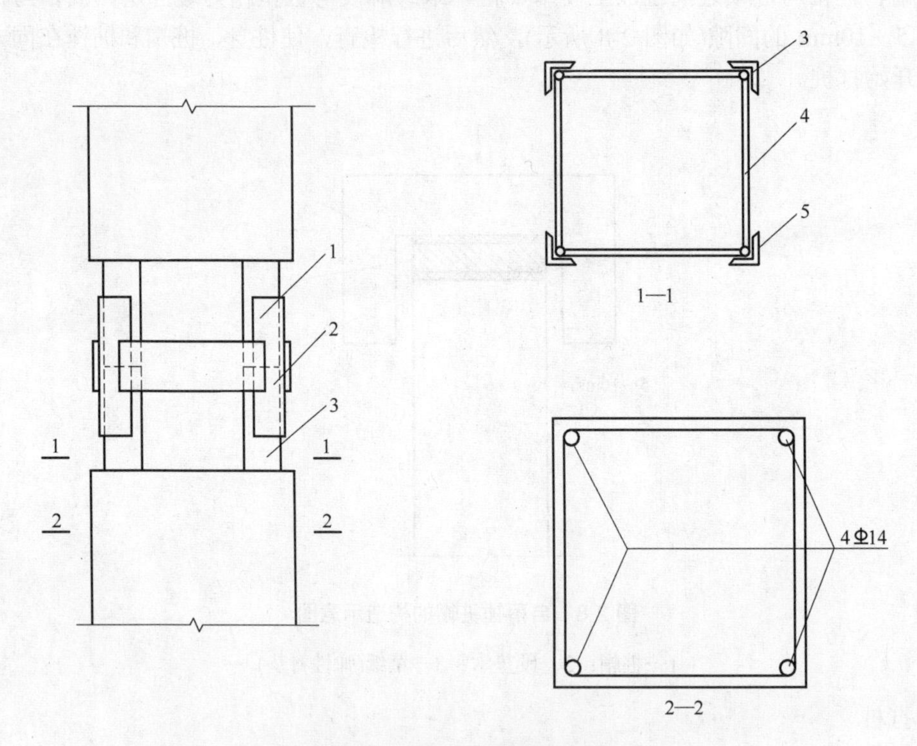

图 2-9　焊接法接桩节点构造

1—4L50×5 长 200(焊接角钢)；2—4-100×300×8(连接钢板)；
3—4L63×8 长 150(与主筋焊接)；4— ϕ12(与 L63×8 焊接)；5—主筋

(2) 当采用浆锚法接桩时(如图 2-10 所示)，首先将上节桩对准下节桩，使 4 根锚筋插入锚筋孔中(直径为锚筋直径的 2.5 倍)，下落压梁并套住桩顶，然后将桩和压梁同时上升约

200mm(以 4 根锚筋不脱离锚筋孔为宜)。此时，安装好施工夹箍(由 4 块木板，内侧用人造革包裹 40mm 厚的树脂海绵块而成)，将熔化的硫黄胶泥注满锚筋孔内和接头平面上，然后将上节桩和压梁同时下落，当硫黄胶泥冷却并拆除施工夹箍后，即可继续加荷施压。

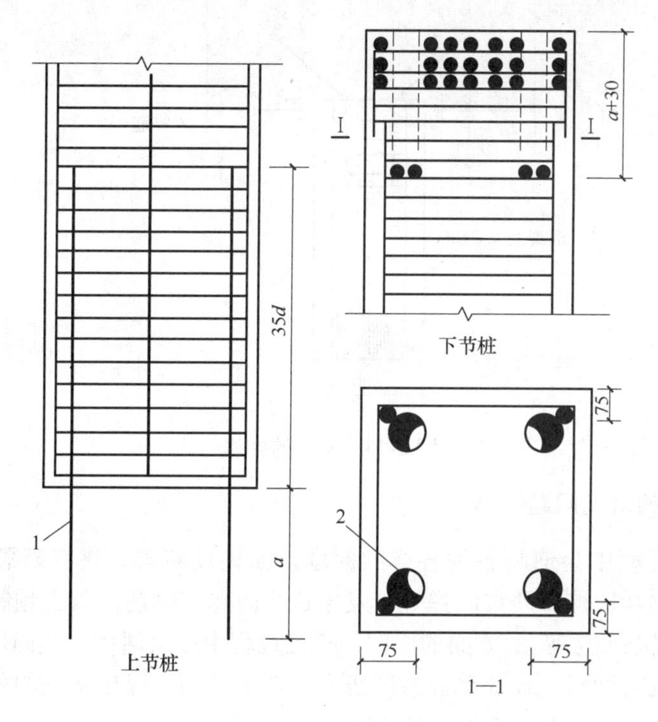

图 2-10　浆锚法接桩节点构造

1—锚筋；2—锚筋孔

为保证锚接桩质量，应做到：锚筋应刷清并调直；锚筋孔内应有完好螺纹，无积水、杂物和油污；接桩时接点的平面和锚筋孔内应灌满胶泥；灌注时间不得超过 2min；灌注后停歇时间应符合有关规定。

4．打桩质量要求

打桩质量包括：一是能否满足贯入度或标高的设计要求；二是打入后的偏差是否在施工及验收规范允许范围以内。

保证打桩的质量，应遵循以下原则：端承桩即桩端达到坚硬土层或岩层，以控制贯入度为主，桩端标高可做参考；摩擦桩即桩端位于一般土层，以控制桩端设计标高为主，桩端标高可做参考。打入桩的桩位偏差必须符合规定。打斜桩时，斜桩倾斜度的允许偏差不得大于倾斜角的正切值 15%。

5．桩头的处理

在打完各种预制桩开挖基坑时，按设计要求的桩顶标高将桩头多余的部分截去。截桩头时不能破坏桩身，要保证桩身的主筋伸入承台，长度应符合要求。当桩顶标高在设计标高以下时，在桩位上挖成喇叭口，凿掉桩头混凝土，剥出主筋并焊接接长至设计要求长度，与承台钢筋绑扎在一起，用桩身同强度等级的混凝土与承台一起浇筑接长桩身，如

图 2-11 所示。

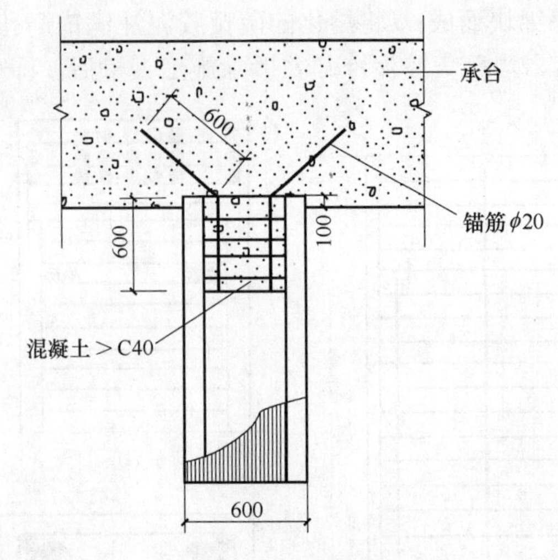

图 2-11　桩头的处理

6．打桩施工的常见问题

在打桩施工过程中会遇见各种各样的问题，如桩顶破碎、桩身断裂、桩身位移、扭转、倾斜、桩锤跳跃、桩身严重回弹等。发生这些问题有钢筋混凝土预制桩的制作质量、沉桩操作工艺和复杂土层等 3 方面的原因。打桩过程中如果遇到上述问题，都应立即暂停打桩，施工单位应与勘察、设计单位共同研究，查明原因，提出明确的处理意见，并采取相应的技术措施后，方可继续施工。

2.2.4　静力压桩施工

1．特点及原理

静力压桩是在软土地基上，利用静力压桩机或液压压桩机用无振动的静力压力将预制桩压入土中的一种新工艺。静力压桩已在我国沿海的软土地基上采用较为广泛。与普通的打桩和振动沉桩相比，它具有施工无噪声、无振动、节约材料、降低成本、提高施工质量、沉桩速度快等特点，故特别适用于扩建工程和城市内桩基工程施工。

静力压桩机的工作原理是：通过安置在压桩机上卷扬机的牵引，由钢丝绳、滑轮及压梁，将整个桩基的自重力(800～1500kN)反压在桩顶上，以克服桩身下沉时与土的摩擦力，迫使预制桩下沉。

2．压桩机械设备

压桩机有两种类型：一种是机械静力压桩机(如图 2-12 所示)，它由压桩架(桩架与底盘)、传动设备(卷扬机、滑轮组、钢丝绳)、平衡设备(铁块)、量测装置(测力计、油压表)及辅助设备(起重设备、送桩)等组成；另一种是液压静力压桩机(如图 2-13 所示)，它由液压吊装机构、液压夹持、压桩机构(千斤顶)、行走及回转机构、液压及配电系统、配铁等组成，该机具有体积轻巧，使用方便等特点。

桩架高度为 10～40m，压入桩的长度已达 37m，桩断面为 400mm×400mm～

500mm×500mm。

近年引进的 WYJ-200 型和 WYJ-400 型压桩机，是液压操纵的先进设备。静压力有2000kN 和 4000kN 两种，单根制桩长度可达 20m。压桩施工一般情况下都采取分段压入、逐段接长的方法。

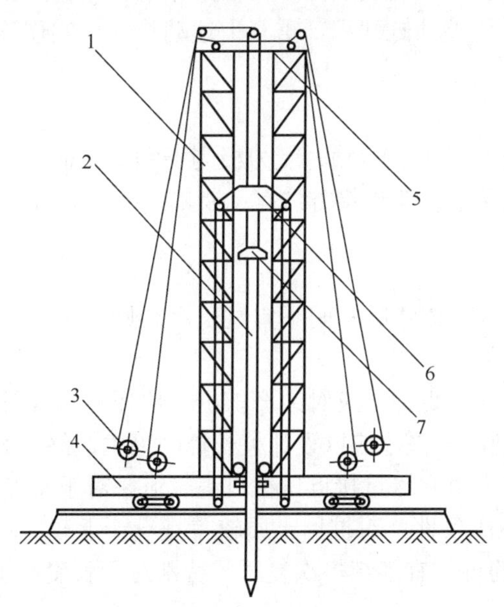

图 2-12 机械静力压桩机

1—桩架；2—桩；3—卷扬机；4—底盘；5—顶梁；6—压梁；7—桩帽

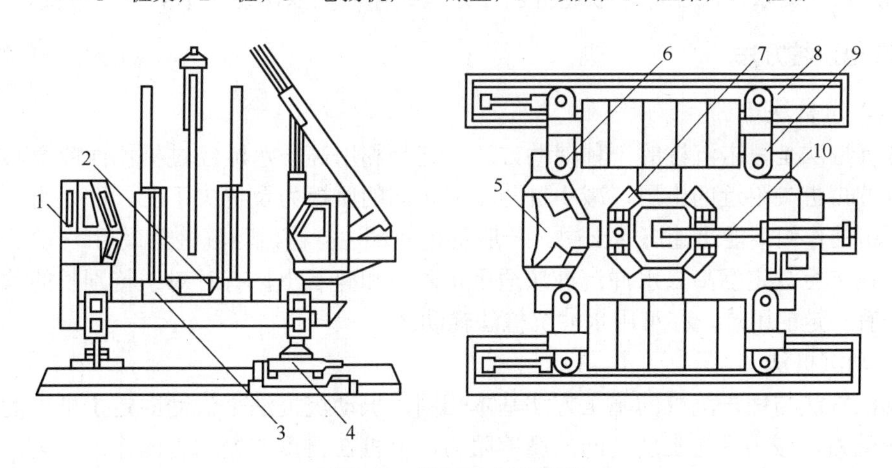

图 2-13 液压静力压桩机

1—操作室；2—夹持与压桩机构；3—配重铁块；4—短船及回转机构；5—电控系统；6—液压系统；7—导向架；8—长船行走机构；9—支腿式底盘结构；10—液压起重机

3. 压桩施工工艺

1) 施工程序

静力压桩的施工程序为：测量定位→桩机就位→吊桩插桩→桩身对中调直→静压沉桩

→接桩→再静压沉桩→终止压桩→切割桩头。

2) 压桩方法

用起重机将预制桩吊运或用汽车运至桩机附近，再利用桩机自身设置的起重机将其吊入夹持器中，夹持油缸将桩从侧面夹紧，压桩油缸作回程动作，把桩压入土层中。伸程完后，夹持油缸回程松夹，压桩油缸回程，重复上述动作，可实现连续压桩操作，直至把桩压入预定深度土层中。

3) 桩拼接的方法

钢筋混凝土预制长桩在起吊、运输时受力极为不利，因而一般先将长桩分段预制后，再在沉桩过程中接长。常用的接头连接方法有：浆锚接头、焊接接头等。

4. 压桩施工要点

(1) 压桩应连续进行，因故停歇时间不宜过长，否则压桩力将大幅度增长而导致桩压不下去或桩机被抬起。

(2) 压桩的终压控制很重要。一般对纯摩擦桩，终压时以设计桩长为控制条件。对长度大于 21m 的端承摩擦型静压桩，应以设计桩长控制为主，终压力值作对照。对一些设计承载力较高的桩基，终压力值宜尽量接近压桩机满载值。对于长度为 14～21m 静压桩，应以终压力值达满载值为终压条件。对桩周土质较差且设计承载力较高的，宜复压 1～2 次为佳，对长度小于 14m 的桩，宜连续多次复压，特别对于长度小于 8m 的短桩，连续复压的次数应适当增加。

(3) 静力压桩单桩竖向承载力可通过桩的终止压力值大致判断。如果判断的终止压力值不能满足设计要求，应立即采取送桩加深处理或补桩，以保证桩基的施工质量。

5. 其他沉桩方法

1) 水冲沉桩法

水冲沉桩法是锤击沉桩的一种辅助方法，它是利用高压水流经过桩侧面或空心桩内部的射水管冲击桩尖附近的土层，减小桩与土层之间的摩擦力及桩尖下土层的阻力，使桩在自重和锤击的作用下能迅速沉入土中。一般是边冲水边打桩，当沉桩至最后 1～2m 时停止冲水，用锤击至规定标高。水冲沉桩法适用于砂土和碎石土，有时对于特别长的预制桩，单靠锤击有一定的困难，亦可用水冲沉桩法辅助之。

2) 振动沉桩法

振动沉桩法与锤击沉桩的施工方法基本相同，振动沉桩法是借助固定于桩顶的振动器产生的振动力，减小桩与土层之间的摩擦阻力，使桩在自重和振动力的作用下沉入土中。振动沉桩法在砂石、黄土、软土中的运用效果较好，对粘土地区效率较差。

3) 钻孔锤击法

钻孔锤击法是钻孔与锤击相结合的一种沉桩方法。当遇到土层坚硬，采用锤击法遇到困难时可以先在桩位上钻孔后，再在孔内插桩，然后锤击沉桩。当钻孔深度距持力层为 1～2m 时停止钻孔，提钻时注入泥浆以防止塌孔，泥浆的作用是护壁。钻孔直径应小于桩径。钻孔完成后吊桩，插入桩孔锤击至持力层深度。

2.3　钢筋混凝土灌注桩施工

钢筋混凝土灌注桩是直接在施工现场的桩位上成孔，然后在孔内安装钢筋笼，浇筑混凝土成桩。与预制桩相比，灌注桩具有不受地层变化的限制，不需要接桩和截桩、节约钢材、振动小、噪声小、挤土影响小、单桩承载力大、设计变化自如等特点，但其施工工艺复杂，速度较慢，影响质量的因素多。灌注桩按成孔方法分为泥浆护壁成孔灌注桩、干作业成孔灌注桩、人工挖孔灌注桩、沉管成孔灌注桩、爆破成孔灌注桩等，近年来还出现了夯扩桩、管内泵压桩、变径桩等新工艺，特别是变径桩，已将信息化技术引进到桩基础中。

2.3.1　灌注桩的施工准备工作

1．定桩位和确定成孔顺序

灌注桩定位放线和预制桩定位放线基本相同，确定桩的成孔顺序时应注意以下几点要求。

(1) 机械成孔灌注桩、干作业成孔灌注桩等，成孔时对土没有挤密作用，一般按现场施工条件和桩机行走最方便的原则确定成孔顺序。

(2) 冲孔灌注桩、振动灌注桩、爆破灌注桩等，成孔时对土有挤密作用和振动影响，一般可结合现场施工条件，采取下列方法确定成孔顺序。

① 间隔1～2个桩位成孔。

② 在邻桩混凝土初凝前或终凝后再成孔。

③ 5根单桩以上的群桩基础，位于中间的桩先成孔，周围的桩后成孔。

④ 同一个承台下的爆破灌注桩，可根据不同的桩距采用单爆或连爆法成孔。

(3) 人工挖孔桩当桩净距小于2倍桩径且小于2.5m时，应采用间隔开挖。排桩跳挖的最小施工净距不得小于4.5m，孔深不宜大于40m。

2．成孔深度的控制

摩擦桩：摩擦桩以设计桩长控制成孔深；端承摩擦桩必须保证设计桩长及桩端进入持力层深度；当采用锤击沉管法成孔时，桩管入土深度以标高为主，以贯入度控制为辅。

端承桩：当采用钻(冲)、挖掘成孔时，必须保证桩孔进入设计持力层的深度；当采用锤击法成孔时，沉管深度控制以贯入度为主，设计持力层标高对照为辅。

3．制作钢筋笼

绑扎钢筋笼时，要求纵向钢筋沿环向均匀布置，箍筋的直径和间距、纵向钢筋的保护层、加劲箍的间距等应符合设计规定。箍筋和纵向钢筋之间采用绑扎时，应在其两端和中部采用焊接，以增加钢筋骨架的牢固程度，便于吊装入孔。分段制作的钢筋笼，其接头宜采用焊接。加劲箍宜设在主筋外侧，主筋一般不设弯钩，根据施工工艺要求所设弯钩不得向内圆伸露，以免妨碍工作。钢筋笼直径除按设计要求外，还应符合下列规定。

① 套管成孔的桩，应比套管内径小 60～80mm。

② 用导管法灌注水下混凝土的桩，应比导管连接处的外径大 100mm 以上。

③ 钢筋笼制作、运输和安装过程中，应采取措施防止变形，并应有保护层垫块。

④ 钢筋笼吊放入孔时，不得碰撞孔壁，浇筑混凝土时，应采取措施，固定钢筋笼的位置，防止上浮和偏移。

钢筋笼主筋保护层允许偏差：水下灌注混凝土桩为±20mm；非水下灌注混凝土桩为±10mm。

4．配制混凝土

配制混凝土时，应选用合适的石子粒径和混凝土坍落度。石子粒径要求：卵石不宜大于 50mm，碎石不宜大于 40mm，配筋的桩不宜大于 30mm，石子最大粒径不得大于钢筋净距的 1/3。坍落度要求：水下灌注的混凝土宜为 160～220mm，干作业成孔的混凝土宜为 80～100mm，套管成孔的混凝土宜为 80～100mm，素混凝土宜为 60～80mm。

灌注桩的混凝土浇筑应连续进行，水下浇筑混凝土时，钢筋笼放入泥浆后 4h 内必须浇筑混凝土，并做好施工记录。桩身混凝土必须留有试块，直径大于 1m 的桩，每根桩应有一组试块，且每个浇筑台班不得少于一组，每组 3 件。

2.3.2 泥浆护壁成孔灌注桩

泥浆护壁成孔灌注桩是利用原土自然造浆或人工造浆进行护壁，通过循环泥浆将被钻头切下的土块携带排出孔外成孔，然后安装扎好的钢筋笼，水下灌注混凝土成桩。此法适用于地下水位较高的粘性土、粉土、砂土、填土、碎石土及风化岩层，也适用于地质情况复杂、夹层较多、风化不均、软硬变化较大的岩层，但在岩溶发育地区要慎用。

1．施工工艺

泥浆护壁成孔灌注桩施工工艺如图 2-14 所示。

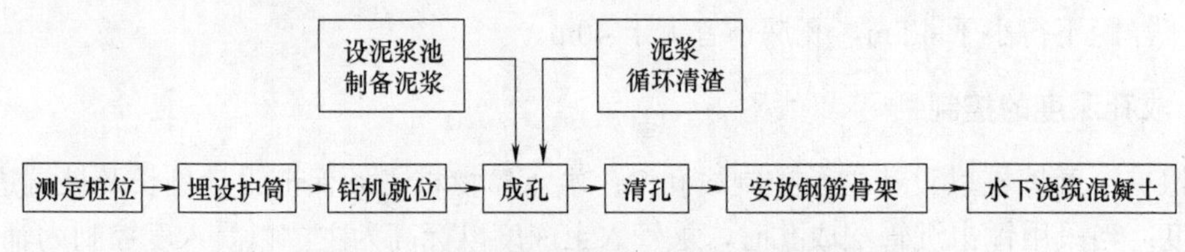

图 2-14　泥浆护壁成孔灌注桩施工工艺流程图

2．埋设护筒

护筒是用 4～8mm 厚的钢板制成的圆筒，其内径应大于钻头直径 100mm，其上部宜开设 1～2 个溢浆孔。

在埋设护筒时，先挖去桩孔处表面土，将护筒埋入土中，保证其准确、稳定。护筒中心与桩中心的偏差不得大于 50mm，护筒与坑壁之间用粘土填实，以防漏水。护筒的埋设深度：在粘土中不宜小于 1.0m，在砂土中不宜小于 1.5m。护筒顶面应高于地面 0.4～0.6m，并应保持孔内泥浆高出地下水位 1m 以上，在受水位涨落影响时，泥浆面应高出最高水位 1.5m 以上。

护筒的作用是固定桩孔位置，防止地面水流入，保护孔口，增高桩孔内水压力，防止塌孔和在成孔时引导钻头方向。

3. 制备泥浆

制备泥浆的方法：在粘性土中成孔时可在孔中注入清水，当钻机旋转时，切削土屑与水旋拌，用原土造浆，泥浆比重应控制在 1.1～1.2；在其他土中成孔时，泥浆制备应选用高塑性粘土或膨润土；在砂土和较厚的夹砂层中成孔时，泥浆比重应控制在 1.1～1.3。施工中应经常测定泥浆比重，并定期测定粘度、含砂率和胶体率等指标。对施工中废弃的泥浆、碴，应按环境保护的有关规定处理。

泥浆在成孔过程中所起的作用是护壁、携渣、冷却和润滑，其中最重要的作用还是护壁。

(1) 护壁。泥浆的相对密度较大，当孔内泥浆液面高于地下水位时，泥浆对孔壁产生的静水压力相当于一种水平方向的液体支撑，可以稳固孔壁、防止塌孔；泥浆在孔壁上形成一层低透水性的泥皮，避免孔内水分漏失，稳定护筒内的泥浆液面，保持孔内壁的静水压力，以达到护壁的目的。

(2) 携渣。泥浆有较高的粘性，通过循环泥浆可将切削破碎的土渣悬浮起来，随同泥浆排出孔外，起到携渣排土的作用。

(3) 冷却和润滑。循环的泥浆对钻具起着冷却和润滑的作用，减轻钻具的磨损。

4. 成孔

泥浆护壁成孔灌注桩的成孔方法按成孔机械分为回旋钻成孔、潜水钻成孔、冲击钻成孔、冲抓锥成孔等。

1) 潜水钻机成孔

潜水钻机成孔如图 2-15 所示。潜水钻机是一种将动力、变速结构、钻头连在一起加以密封，潜入水中工作的一种体积小而轻的钻机。这种钻机的钻头有多种形状，以适应不同桩径和不同土层的需要。钻头可带有合金刀齿，靠电机带动刀齿旋转切削土层或岩层。钻机靠桩架悬吊吊杆定位，钻孔时钻杆不旋转，仅钻头部分放置切削下来的泥渣通过泥浆循环排出孔外。

钻机桩架轻便、移动灵活、钻进速度快、噪声小，钻孔直径为 500～1500mm，钻孔深度可达 50m，甚至更深。

潜水钻机成孔适用于粘性土、淤泥、淤泥质土、砂土等钻进，也可钻入岩层，适用于地下水位较高的土层中成孔。当钻一般粘性土、淤泥、淤泥质土及砂土时，宜用笼式钻头；穿过不厚的砂夹卵石层或在强风化岩上钻进时，可镶焊硬质合金刀头的笼式钻头；遇孤石或旧基础时，应用带硬质合金齿的筒式钻头。

2) 冲击钻机成孔

冲击钻机通过机架、卷扬机把带刃的重钻头提高到一定高度，靠自由下落的冲击力切削破碎岩层或冲击土层成孔，如图 2-16 所示。部分碎渣和泥浆挤压进孔壁，大部分碎渣用掏渣筒掏出。此法设备简单、操作方便，对于有孤石的砂卵石岩、坚质岩、岩层均可成孔。

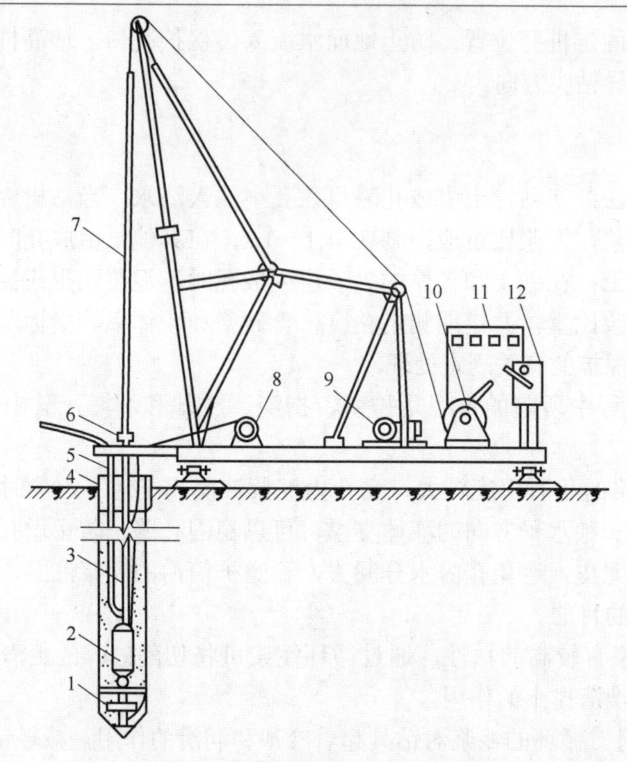

图 2-15 潜水钻机成孔示意图

1—钻头；2—潜水钻机；3—电缆；4—护筒；5—水管；6—滚轮(支点)；7—钻杆；
8—电缆盘；9—5kN 卷扬机；10—10kN 卷扬机；11—电流电压表；12—启动开关

冲击钻头的形式有十字形、工字形、人字形等，一般常用十字形冲击钻头。在钻头锥顶与提升钢丝绳之间设有自动转向装置，冲击锤每冲击一次转动一个角度，从而保证桩孔冲成圆孔。

冲孔前应埋设钢护筒，并准备好护壁材料。若表层为淤泥、细砂等软土，则在筒内加入小块片石、砾石和粘土；若表层为砂砾卵石，则投入小颗粒砂砾石和粘土，以便冲击造浆，并使孔壁挤密实。冲击钻机就位后，校正冲锤中心对准护筒中心，在冲程 0.4～0.8m 的范围内应低提密冲，并及时加入石块与泥浆护壁，直至护筒下沉 3～4m 以后为止，冲程可以提高到 1.5～2.0m，转入正常冲击，随时测定并控制泥浆的相对密度。

施工中，应经常检查钢丝绳的损坏情况，卡机的松紧程度和转向装置是否灵活，以免掉钻。如果冲孔发生偏斜，应回填片石后重新冲孔。

3) 冲抓锥成孔

冲抓锥锥头上有一重铁块和活动抓片，通过机架和卷扬机将冲抓锥提升到一定高度，下落时松开卷筒刹车，抓片张开，锥头便自由下落冲入土中，然后开动卷扬机提升锥头，这时抓片闭合抓土，如图 2-17 所示。冲抓锥整体提升至地面上卸去土渣，依次循环成孔。

冲抓锥的成孔施工过程、护筒安装要求、泥浆护壁循环等与冲击钻机成孔施工的相同。

冲抓锥的成孔直径为 450～600mm，孔深可达 10m，冲抓高度宜控制在 1.0～1.5m。它适用于松软土层(砂土、粘土)中冲孔，但遇到坚硬的土层时宜换用冲击钻机施工。

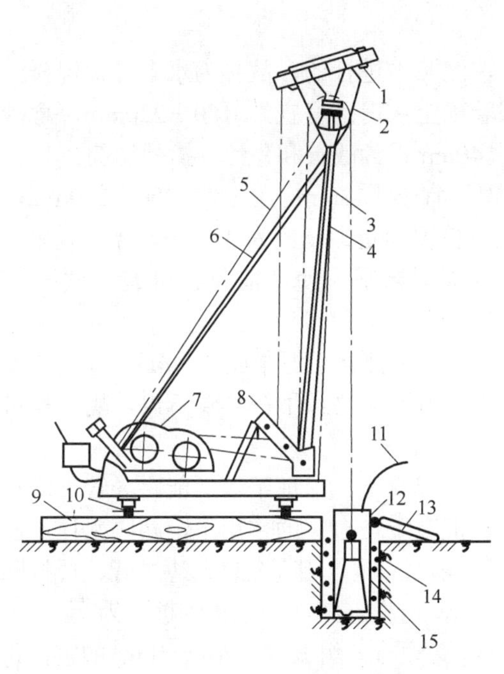

图 2-16　简易冲击钻孔机示意图

1—副滑轮；2—主滑轮；3—主杆；4—前拉索；
5—后拉索；6—斜撑；7—双滚筒卷扬机；8—导向轮；
9—垫木；10—钢管；11—供浆机；12—溢流口；
13—泥浆渡槽；14—护筒回填土；15—钻头

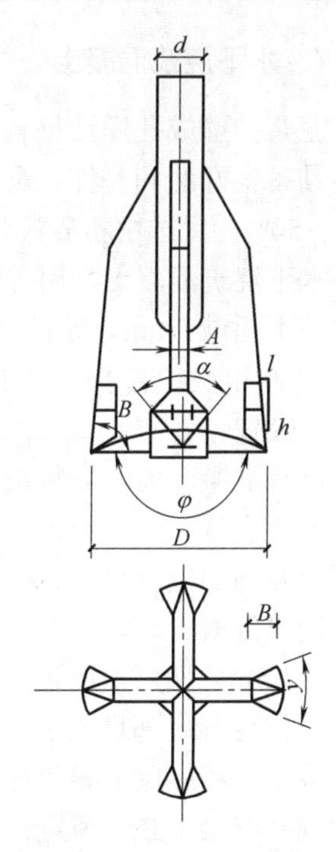

图 2-17　十字形冲击钻头示意图

5. 清孔

成孔后，必须保证桩孔进入设计的持力层深度。当孔达到设计要求后，即进行验孔和清孔。验孔是用探测器检查桩位、直径、深度和孔道情况；清孔即清除孔底沉渣、淤泥浮土，以减少桩基的沉降量，提高承载能力。

清孔时，对于土质较好不易坍塌的桩孔，可用空气吸泥机清孔，气压为 0.5MPa，可使管内形成强大的高压气流向上涌，同时不断地补充清水，被搅动的泥渣随气流上涌从喷口排出，直至喷出清水为止。对于稳定性较差的孔壁应采用泥浆循环法清孔或抽筒排渣，清孔后的泥浆相对密度应控制在 1.15～1.25；对于原土造浆的孔，清孔后泥浆的相对密度应控制在 1.1 左右，在清孔时，必须及时补充足够的泥浆，并保持浆面稳定。

孔底沉渣的厚度应符合下列规定：端承桩＜50mm；摩擦端承桩＜100mm；摩擦桩＜300mm。

6. 安放钢筋骨架

清孔符合要求后，应立即吊放钢筋骨架。吊放时，要防止扭转、弯曲和碰撞，要吊直扶稳，缓缓下落，避免碰撞孔壁。钢筋骨架下放到设计位置后，应立即固定。为保证钢筋骨架位置正确，可在钢筋笼上设置钢筋环或混凝土垫块，以确保保护层的厚度。

7．水下浇筑混凝土

泥浆护壁成孔灌注桩混凝土的浇筑是在泥浆中进行的，故称为水下浇筑混凝土。混凝土要具备良好的和易性，配合比应通过试验确定；坍落度宜为 180～220mm，含砂率宜为40%～50%，宜选中粗砂，骨料最大粒径＜40mm；为改善和易性宜掺外加剂。

水下浇筑混凝土常用导管法，导管壁厚不宜小于 3mm，直径为 200～250mm，直径制作偏差不超过 2mm。导管分节的长度视具体情况而定，一般为 3～4m，接头宜采用法兰和双螺纹方扣快速接头，接口要严密，不漏水不漏浆。使用前应试拼装、试压，压力为0.6～1.0MPa。

浇筑混凝土前，先将桩管吊入桩孔内，导管顶部高于泥浆面 3～4m，并连接漏斗，导管底部距孔底 0.3～0.5m，导管内设隔水栓，用细钢丝悬吊在导管下口，隔水栓可用预制混凝土四周加橡胶封圈、橡胶球胆或软木球。

浇筑混凝土时，先在漏斗内灌入足够量的混凝土，保证下落后能将导管下端埋入混凝土 1～1.5m，然后剪断钢丝，隔水栓下落，混凝土在自重的作用下，随隔水栓冲出导管下口，并把导管底部埋入混凝土内，然后连续浇筑混凝土，边浇筑、边拔管、边拆除上部导管。拔管过程应保证导管埋入混凝土 2～2.5m，这样连续浇筑，直到桩顶为止。

桩身混凝土必须留置试块，每浇筑 50m^3 必须有一组试件，小于 50m^3 的桩，每根桩必须有一组试件。

2.3.3　干作业成孔灌注桩

干作业成孔灌注桩是先用钻机在桩位处进行钻孔，然后在桩孔内放入钢筋骨架，再灌注混凝土而成的桩，如图 2-18 所示。它适用于地下水位以上的各种软硬土层，施工中不需设置护壁而直接钻孔取土形成桩孔。

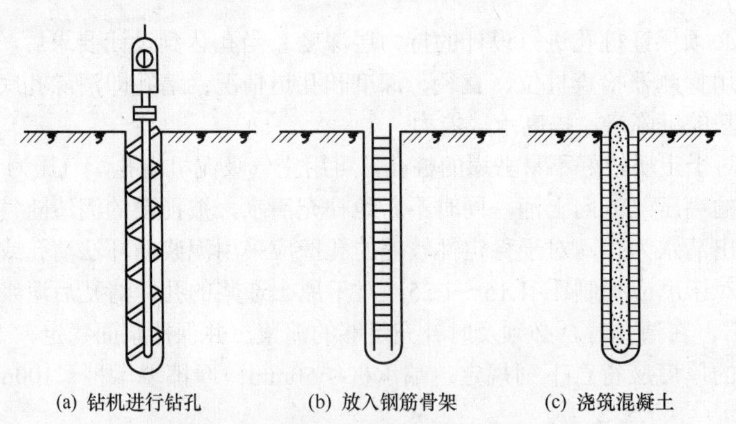

(a) 钻机进行钻孔　(b) 放入钢筋骨架　(c) 浇筑混凝土

图 2-18　干作业钻孔灌注桩的施工过程示意图

干作业成孔灌注桩一般采用螺旋钻机钻孔。螺旋钻机根据钻杆形式不同可分为整体式螺旋、装配式螺旋和短螺旋 3 种。螺旋钻杆是一种动力旋动钻杆，它是使钻头的螺旋叶旋转削土，土块由钻头旋转上升而带出孔外。螺旋钻头的外径分别为 ϕ400mm、ϕ500mm、ϕ600mm，钻孔深度相应为 12m、10m、8m。

1. 施工工艺

干作业成孔灌注桩的施工工艺为：螺旋钻机就位对中→钻进成孔、排土→钻至预定深度、停钻，测孔深、孔斜、孔径→清理孔底虚土→钻机移位→安放钢筋笼→安放混凝土溜筒→浇筑混凝土成桩→桩头养护。

钻机就位后，钻杆垂直对准桩位中心，开钻时先慢后快，减少钻杆的摇晃，及时纠正钻孔的偏斜或位移。在钻孔时，螺旋刀片旋转削土，削下的土沿整个钻杆螺旋叶片上升而涌出孔外，钻杆可逐节接长直至钻到设计要求规定的深度为止。在钻孔过程中，若遇到硬物或软岩，则应减速慢钻或提起钻头反复钻，穿透后再正常进钻。在砂卵石、卵石或淤泥质土夹层中成孔时，这些土层的土壁不能直立，易造成塌孔，这时，钻孔可钻至塌孔下1～2m以内，用低标号混凝土回填至塌孔1m以上，待混凝土初凝后，再钻至设计要求的深度，也可以用3∶7的夯实灰土回填代替混凝土处理。

钻孔至规定要求深度后，孔底一般都有较厚的虚土，需要进行专门处理。清孔的目的是将孔内的浮土、虚土取出，减少桩的沉降。常用的方法是采用25～30kg的重锤对孔底虚土进行夯实，或投入低坍落度素混凝土，再用重锤夯实；或是钻机在原深处空转清土，然后停止旋转，提钻卸土。

钢筋骨架的主筋、箍筋、直径、根数、间距及主筋保护层均应符合设计规定，绑扎牢固，防止变形。用导向钢筋送入孔内，同时防止泥土杂物掉进孔内。钢筋骨架就位后，应立即浇筑混凝土，以防塌孔。灌注时应分层浇筑、分层捣实，每层厚度为500～600mm。

2. 操作要点

(1) 螺旋钻进应根据地层情况，合理选择和调整钻进参数，并可通过电流表来控制进尺速度，电流值增大说明孔内阻力增大，应降低钻进速度。

(2) 在开始钻进及穿过软硬土层交界处时，应缓慢进尺，保持钻具垂直；在钻进含有砖头、瓦块、卵石的土层时，应控制钻杆跳动与机架摇晃。

(3) 在钻进过程中，如果遇不进尺或钻进缓慢，应停机检查，找出原因，采取措施，避免盲目钻进导致桩孔严重倾斜、垮孔甚至卡钻、折断钻具等恶性孔内事故。

(4) 在遇孔内渗水、垮孔、缩径等异常情况时，应立即起钻，采取相应的技术措施；在上述情况不严重时，可调整钻进参数、投入适量粘土球、经常上下活动钻具等，以保持钻进顺畅。

(5) 对冻土层、硬土层施工，宜采用高转速、小给进量、恒钻压。

(6) 对于短螺旋钻进，每次进尺宜控制在钻头长度的2/3左右，砂层、粉土层可控制在0.8～1.2m，粘土、粉质粘土控制在0.6m以下。

(7) 钻至设计深度后，应使钻具在孔内空转数圈清除虚土，然后起钻，盖好孔口盖，防止杂物落入。

2.3.4　沉管成孔灌注桩

沉管成孔灌注桩是利用锤击打桩设备或振动沉桩设备，将带有钢筋混凝土的桩尖(或钢板靴)或带有活瓣式桩靴的钢管沉入土中(钢管直径应与桩的设计尺寸一致)，形成桩孔，然后放入钢筋骨架并浇筑混凝土，随之拔出套管，利用拔管时的振动将混凝土捣实，便形成了所需要的灌注桩。按其施工方法不同可分为：锤击沉管灌注桩、振动沉管灌注桩等。

1. 锤击沉管灌注桩

锤击沉管灌注桩的施工要点。

(1) 桩尖与桩管接口处应垫麻(或草绳)垫圈，以防地下水渗入管内，并做缓冲层。沉管时先用低锤锤击，观察无偏移后，再正常施打。

(2) 拔管前，应先锤击或振动套管，在测得混凝土确已流出套管时方可拔管。

(3) 桩管内混凝土应尽量填满，拔管时要均匀，保持连续密锤轻击，并控制拔管速度，一般土层以不大于 1m/min 为宜，软松土层与软硬土层的交界处应控制在 0.8m/min 以内为宜。

(4) 在管底未拔到桩顶设计标高前，倒打或轻击不得中断，注意使管内的混凝土保持略高于地面，并保持到全管拔出为止。

(5) 当桩的中心距在 5 倍桩管外径以内或小于 2m 时，均应跳打施工；中间空出的桩需待邻桩混凝土达到设计强度的 50%以后，方可施打。

锤击沉管灌注桩适宜于一般粘性土、淤泥质土、砂土和人工填土地基。

2. 振动沉管灌注桩

振动沉管灌注桩的施工要点：

(1) 桩机就位：将桩尖活瓣合拢对准桩位中心，利用振动器及桩管自重，把桩尖压入土中。

(2) 沉管：开动振动器，桩管即在强迫振动下迅速沉入土中。沉管过程中，应经常探测管内有无水或泥浆，如果发现水、泥浆较多，应拔出桩管，用砂回填桩孔后方可重新沉管。

(3) 上料：桩管沉到设计标高后停止振动，放入钢筋笼，再上料斗将混凝土灌入桩管内，一般应灌满桩管或略高于地面。

(4) 拔管：开始拔管时，应先启动振动器 8～10min，并用吊舵测得桩尖活瓣确已张开，混凝土确已从桩管中流出以后，卷扬机方可开始抽拔桩管，边振边拔。拔管速度应控制在 1.5m/min 以内。

振动沉管灌注桩宜用于一般粘性土、淤泥质土及人工填土地基，更适用于砂土、稍密及中密的碎石土地基。

为了提高桩的质量和承载能力，沉管灌注桩常采用单打法、复打法、反插法等。

(1) 单打法(又称一次拔管法)：在拔管时，每提升 0.5～1.0m 振动 5～10s，然后再拔管 0.5～1.0m，这样反复进行，直至全部拔出为止。

(2) 复打法：在同一桩孔内连续进行两次单打，或根据需要进行局部复打。在施工时，应保证前后两次沉管轴线重合，并在混凝土初凝之前进行。

(3) 反插法：钢管每提升 0.5m，再向下插 0.3m，这样反复进行，直至拔出为止。在施工前，注意及时补充套筒内的混凝土，使管内混凝土面保持一定高度并高于地面。

3. 沉管夯扩灌注桩

沉管夯扩灌注桩是在普通沉管灌注桩的基础上加以改进，增加一根内夯管，使桩端扩大的一种桩型。内夯管的作用是在夯扩工序时，将外管混凝土夯出管外，并在桩端形成扩大头；在施工桩身时利用内管和桩锤的自重将桩身混凝土压实。夯扩桩适用于一般粘性土、淤泥、淤泥质土、黄土、硬粘土；也可用于有地下水的情况；桩身直径一般为 400～600mm，可在 20 层以下的高层建筑基础中应用。

沉管夯扩灌注桩施工时，先在桩位处按要求放置干混凝土，然后将内外管套叠对准桩位，再通过柴油锤将双管打入地基土中至设计要求的深度，将内夯管拔出，向外管内灌入一定高度的混凝土，然后将内管放入外管内压实灌入的混凝土，将外管拔起一定高度。通过柴油锤与内夯管夯打管内混凝土，夯打至外管底端深度略小于设计桩底的深度处。此过程为一次夯扩，如果需要第二次夯扩，则重复一次夯扩的步骤即可。

2.3.5　人工挖孔灌注桩

人工挖孔灌注桩是采用人工挖掘方法成孔，然后放置钢筋笼、浇筑混凝上而形成的桩基础。其施工工艺主要包括：人工挖孔→安放钢筋笼→浇筑混凝土。

人工挖孔灌注桩施工的特点是设备简单、无噪声、无振动、不污染环境，对施工现场周围原有建筑物的影响小；施工速度快，可按施工进度要求决定同时开挖桩孔的数量，必要时各桩孔可同时施工；土层情况明确，可直接观察到地质变化，桩底沉渣能清除干净，施工质量可靠。尤其是当高层建筑选用大直径的灌注桩，而施工现场又在狭窄的市区时，采用人工挖孔比机械挖孔具有更大的适用性，但其缺点是人工耗量大、开挖效率低、安全操作条件差等。

1．施工设备

施工设备一般可根据孔径、孔深和现场具体情况加以选用，常用的有电动葫芦、提土桶、潜水泵、鼓风机和输风管、镐、锹、土筐、照明灯、对讲机及电铃等。

2．施工工艺

施工时，为确保挖土成孔施工安全，必须考虑预防孔壁坍塌和流砂现象发生的措施。因此，施工前应根据地质水文资料，拟定出合理的护壁措施和降排水方案，护壁方法很多，可以采用现浇混凝土护壁、沉井护壁、钢套管护壁、喷射混凝土护壁等，如图 2-19 所示。

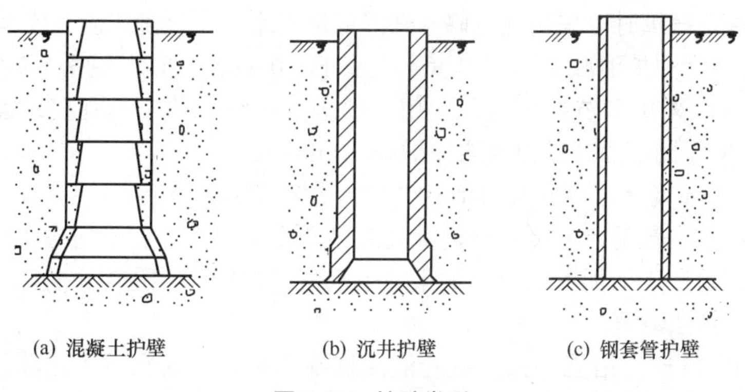

(a) 混凝土护壁　　(b) 沉井护壁　　(c) 钢套管护壁

图 2-19　护壁类型

(1) 现浇混凝土护壁法施工即分段开挖、分段浇筑混凝土护壁，既能防止孔壁坍塌，又能起到防水作用。

桩孔采用分段开挖，每段高度取决于土壁直立状态的能力，一般情况下 0.5～1.0m 为一施工段，开挖的井孔直径为设计桩径加混凝土护壁厚度。

护壁施工段，即支护护壁内模板(工具式活动钢模板)后浇筑混凝土，模板的高度取决于开挖土方施工段的高度，一般为 1m，由 4～8 块活动钢模板组合而成，支成有锥度的内膜。内膜支设后，吊放用角钢和钢板制成的两半圆形合成的操作平台入桩孔内，置于内模板顶部，以放置料具和浇筑混凝土操作之用。混凝土的强度一般不低于 C15，在浇筑混凝土时要注意振捣密实。

当护壁混凝土的强度达到 1MPa(常温下约 24h)时可拆除模板，开挖下段的土方，再支模浇筑护壁混凝土，如此循环，直至挖到设计要求的深度为止。

当桩孔挖到设计深度，并检查孔底土质是否已达到设计要求后，再在孔底挖成扩大头。待桩孔全部成型后，用潜水泵抽出孔底的积水，然后立即浇筑混凝土。当混凝土浇筑至钢筋笼的底面设计标高时，再吊入钢筋笼就位，并继续浇筑桩身混凝土而形成桩基。

(2) 当桩径较大、挖掘深度大、地质复杂、土质差(松软土层)，且地下水位较高时，应采用沉井护壁法挖孔施工。

沉井护壁施工是先在桩位上制作钢筋混凝土井筒，在井筒下捣制钢筋混凝土刃脚，然后在筒内挖土掏空，井筒靠其自重或附加荷载来克服筒壁与土体之间的摩擦阻力，边挖边沉，使其垂直下沉到设计要求的深度。

(3) 施工时应注意以下问题。

① 开挖前，桩定位应准确，在桩位外设置龙门桩安装护壁模板时须用桩心点校正模板位置，并由专人负责。

② 保证桩孔的平面位置和垂直度。桩孔中心线的平面位置偏差不宜超过 50mm，桩的垂直度偏差不超过 0.5%，桩径不得小于设计桩径。为了保证桩孔的平面位置和垂直度符合要求，每开挖一段，安装护壁模板时，可用十字架放在孔口上方，对准预先标定的轴线标记，在十字架交叉点悬吊垂球对中，须使每一段护壁符合轴线要求，以保证桩身的垂直度。

③ 防止土壁坍塌和流砂。在开挖过程中遇有特别松散的土层和流砂层时，为防止土壁坍塌和流砂，可采用钢套管护壁或沉井护壁，或将混凝土护壁的高度减小到 300～500mm。流砂现象严重时可采用井点降水法降低地下水位，以确保施工安全和工程质量。

④ 人工挖孔灌注桩混凝土护壁厚度不宜小于 100mm，混凝土强度等级不得低于桩身混凝土强度等级，采用多节护壁时，应用钢筋进行拉结。第一节井壁顶面应比场地高出 150～200mm，壁厚比下面井壁厚度增加 100～150mm。

⑤ 浇筑桩身混凝土时，应及时清孔并排除井底积水。桩身混凝土宜一次连续浇筑完毕，不留施工缝。浇筑前，应认真地清除孔底的浮土、石渣。在浇筑过程中，要防止地下水流入，保证浇筑层表面无积水层，如果地下水穿过护壁流入孔内，且流入量较大无法抽干时，应采用导管法浇筑。

⑥ 必须制定好安全措施。人工挖孔灌注桩施工时，工人在井下作业，施工安全应特别重视，要严格按操作规程施工，制定安全可靠的技术措施。

2.3.6　爆扩成孔灌注桩

爆扩成孔灌注桩是先在桩位上钻孔或爆扩成孔，然后在孔底放入炸药，再灌注适量的压爆混凝土，引爆炸药，使孔底形成球形扩大头，再放入钢筋骨架，浇筑桩身混凝土而形成的桩。

其施工工艺：成孔→检查修理桩孔→安放炸药→注入压爆混凝土→引爆→检查扩大头→安放钢筋笼→浇筑桩身混凝土→成桩养护。

爆扩成孔灌注桩在粘土层中使用效果较好，但在软土及砂土中不宜成型。桩长一般为3～6m，最大不超过 10m。扩大头直径为 2.5～3.5 倍的桩径。爆扩成孔灌注桩具有成孔简单、节省劳力和成本低等优点，但检查质量不便，施工要求较严格。

2.4　桩基础工程常见的质量缺陷及处理

桩基础是一种能适应各种地质条件、各种建筑物荷载和沉降要求的深基础。其具有承载力高、稳定性好、变形量小、沉降收敛快等特性。近年来，随着设计理论的进步、建筑施工技术水平的提高，对桩的承载力、地基变形、桩基础施工质量提出了更高的要求。

桩基础工程施工是一项技术性十分强的施工工艺，又是属于隐蔽工程，在施工过程中，如果处理不当，就会发生工程质量事故。

2.4.1　预制桩施工常见的质量通病及防治措施

钢筋混凝土预制桩一般采用锤击打入或压桩施工。常见的质量事故有断桩、桩顶破裂、桩倾斜过大、桩顶位移过大、单桩承载力低于设计要求等。

1. 桩顶破裂

打桩时，桩顶出现混凝土掉角、碎裂、坍塌或被打坏、桩顶钢筋局部或全部外露等。

1) 产生的原因

(1) 混凝土强度设计等级偏低。

(2) 混凝土施工质量不良，如混凝土配合比不准确、浇筑振捣不密实、养护不良等。

(3) 桩顶配置钢筋网片不足，主筋端部距桩顶距离太小。

(4) 桩制作外形不符合规范要求，桩顶面倾斜或不平，桩顶混凝土保护层过厚或过薄。

(5) 桩锤选择不当，桩锤重量过小，锤击次数过多，造成桩顶混凝土疲劳损坏；桩锤重量过大，使桩顶撞击应力过大，造成混凝土破碎。

(6) 桩顶与桩帽接触不平，桩帽变形倾斜或桩沉入土中不垂直，造成桩顶局部应力集中而将桩头打坏。

(7) 沉桩时未加入缓冲垫或桩垫损坏，失去缓冲作用，使桩直接承受冲击荷载。

(8) 施工中落锤过高或遇坚硬砂土层、大石块等。

2) 防治措施

(1) 合理设计桩头，保证有足够的强度。

(2) 严格控制桩的制作质量，支模正确、严密，使制作偏差符合规范要求。

(3) 施工中，混凝土配合比应准确，振捣密实，主筋不得超过第一层钢筋网片，浇筑后应有1～3个月的自然养护过程，使其达到100%的设计强度。

(4) 根据桩、土质情况，合理选择桩锤。

(5) 沉桩前，对桩构件进行检查，对有桩顶不平或破碎缺陷的，应修补后才能使用。

(6) 经常检查桩帽与桩的接触面处及桩帽整体是否平整，如果不平整，应进行处理后方能施打，并应及时更换缓冲垫。

(7) 桩顶已破碎时，应更换桩垫；如果破碎严重，可把桩顶剔平补强，必要时可加钢板箍，再重新沉桩。

2．沉桩达不到设计控制要求

桩未达到设计标高或最后贯入度控制指标要求超限。

1) 产生的原因

(1) 桩锤选择不当，桩锤太小或太大，使沉桩不到或超过设计要求的控制标高。

(2) 桩帽、缓冲垫、送桩的选择与使用不当，锤击能量损失太大。

(3) 地质勘探不充分，地质和持力层起伏标高不明，致使设计的桩尖标高与实际不符。

(4) 设计要求过严，打桩超过施工的机械能力和桩身混凝土强度。

(5) 桩距过密或打桩顺序不当，使地基土的密实度增大过多。

(6) 沉桩遇到地下障碍物，如大块石、坚硬土夹层、砂夹层或旧埋置物。

(7) 打桩间歇时间过长，阻力增大。

(8) 桩顶打碎或桩身打断，致使桩不能继续打入。

(9) 桩接头过多，连接质量不好，引起桩锤能量损失过大。

2) 防治措施

(1) 根据地质情况，合理选择施工机械、桩锤大小、施工的最终控制标准。

(2) 检修打桩设备，及时更换缓冲垫。

(3) 详细探明工程地质情况，必要时应做补充勘探。

(4) 正确选择持力层或桩尖标高。

(5) 确定合理打桩顺序。

(6) 探明地下障碍物，并进行清除或钻透处理。

(7) 打桩应连续施打，不宜间歇时间过长。

(8) 保证桩的制作质量，防止桩顶打碎和桩身打断。

3．桩倾斜、偏移

桩身垂直度偏移过大，桩身倾斜。

1) 产生的原因

(1) 桩制作时桩身弯曲超过规定、桩尖偏离桩的纵轴线较大、桩顶不平，致使沉入时发生倾斜，或桩长细比过大，打桩产生桩体压曲破坏。

(2) 施工场地不平、地表松软导致沉桩设备及导杆倾斜，引起桩身倾斜。

(3) 稳桩时桩不垂直，桩帽、桩锤及桩不在同一直线上。

(4) 接桩位置不正，相接的两节桩不在同一直线上，造成歪斜。

(5) 桩入土后，遇到大块孤石或坚硬障碍物，使桩向一侧偏斜。

(6) 采用钻孔，插桩施工时，桩孔倾斜过大，沉桩时桩顺钻孔倾斜而产生偏移。

(7) 桩距太近，邻桩打桩时产生土体挤压。

(8) 基坑上方的开挖方法不当，桩身两侧土压力差值较大，使桩身倾斜。

2) 防治措施

(1) 沉桩前，检查桩身弯曲，超过规范允许偏差的不宜使用；桩的长细比不宜超过40。

(2) 安放桩架的场地应平整、坚实，打桩机底盘应保持水平。

(3) 随时检查、调整桩机及导杆的垂直度，并保证桩锤、桩帽与桩身在同一直线上。

(4) 接桩时，应严格按操作要求接桩，保证上下节桩在同一轴线上。

(5) 施工前用钎或洛阳铲探明地下障碍物，较浅的直接挖除，较深的用钻孔机钻透。

(6) 在钻孔插桩时，钻孔必须垂直，垂直偏差应在1%以内。

(7) 在饱和软粘土施工密集群桩时，宜合理确定打桩顺序；控制打桩速度，采用井点降水、砂井、挖沟降水等排水措施。

(8) 分层开挖基坑土方，避免使桩身两侧出现较大的土压力差。

(9) 若偏移过大，应拔出，移位再打；若偏移不大，则可顶正后再慢锤打入。

4. 桩身断裂

沉桩时，桩身突然倾斜错位，贯入度突然增大，同时当桩锤跳起后，桩身随之出现回弹。

1) 产生的原因

(1) 桩身有较大的弯曲，打桩过程中，在反复集中荷载的作用下，当桩身承受的抗弯强度超过混凝土的抗弯强度时，即产生断裂。其主要情况有：桩制作弯曲度过大；桩尖偏离轴线；接桩不在同一轴线上；桩长细比过大；沉桩时遇到较坚硬土层或障碍物。

(2) 桩身局部的混凝土强度不足或不密实，沉桩时遇到较坚硬的土层或障碍物。

(3) 桩的堆放、起吊、运输过程中操作不当、产生裂纹或断裂。

2) 防治措施

(1) 桩制作时，应保证混凝土的配合比正确，振捣密实，强度均匀。

(2) 桩的堆放、起吊、运输过程中，应严格按操作规程进行操作，如果发现桩超过有关验收规定，则不得使用。

(3) 检查桩的外形尺寸，当发现弯曲超过规定或桩尖不在桩纵轴线上时，不得使用。

(4) 每节桩的长细比应控制在不大于40。

(5) 施工前检查地下障碍物并清除。

(6) 接桩要保持上下节桩在同一轴线上。

(7) 沉桩过程中，如果发现桩不垂直，应及时纠正，或拔出重新沉桩。

(8) 对于断桩，可采取在一旁补桩的办法处理。

5. 接头松脱、开裂

接桩处经锤击出现松脱、开裂等现象。

1) 产生的原因

(1) 接头表面有杂物、油垢、水未清理干净。

(2) 当采用硫黄胶泥接桩时，配合比、配置使用的温度控制不当，造成硫黄胶泥强度达不到要求，在锤击的作用下产生开裂。

(3) 当采用焊接或法兰连接时，焊接件或法兰平面不平，有较大的间隙，造成焊接不牢或螺栓拧不紧；或焊接质量不好，焊接不连续、不饱满，存在夹渣等缺陷。

(4) 接桩时上下节桩不在同一轴线上，在接桩处产生弯曲，锤击时在接桩处局部产生应力集中而破坏连接。

2) 防治措施

(1) 接桩前，清除连接表面的杂物、油污、水等。

(2) 当采用硫黄胶泥接桩时，严格控制配合比、熬制工艺和使用温度，按操作要求进行操作，以保证连接强度。

(3) 连接件必须牢固、平整，如果有问题应修正后再使用，保证焊接质量。

(4) 控制接桩上下中心线在同一直线上。

6．桩顶上涌

在沉桩过程中，桩产生横向位移或桩顶上浮。

1) 产生的原因

在软土地基施工较密集的群桩时，由一侧向另一侧施打，常会使桩向一侧挤压而造成位移或涌起。

2) 防治措施

(1) 在饱和软粘土地基施工密集群桩时，应合理确定打桩顺序，控制打桩速度。

(2) 对于浮起较大的桩应重新打入。

2.4.2 灌注桩施工常见的质量通病及防治措施

1．孔壁塌孔

在成孔过程中，孔壁土层会不同程度坍落。

1) 产生的原因

(1) 护壁泥浆的密实度和浓度不足，在孔壁形成的泥皮质量不好，起不到护壁作用。或者没有及时向孔内加泥浆，孔内泥浆水位低于孔外水位或孔内出现承压水，降低了静水压力。

(2) 护筒埋深不合适，护筒周围未用粘土填封紧密而漏水。

(3) 在提升、下落冲锤、掏渣筒和安放钢筋骨架时碰撞孔壁，破坏了泥皮和孔壁的土体结构。

(4) 在较差土质如软淤泥破碎土层、松散砂层中钻进时，进尺太快或停在某一高度时空转时间太长，或排除较大障碍物形成大空洞而漏水致使孔壁坍塌。

2) 防治措施

(1) 控制成孔速度。成孔速度应根据土质情况选取，在松散砂土或流砂中钻进时，应控制进尺速度，并选用较大密度、粘度、胶体率的优质泥浆。

(2) 护筒埋深要合适，一般埋入粘土中 0.5m 以上，如地下水位变化大，应采取升高护筒、增大水头，或利用虹吸管连接等措施。

(3) 对钢筋笼的绑扎、吊插以及定位垫板设置安装等环节均应予以充分注意。提升、下落冲锤、掏渣筒和安放钢筋骨架时要保持垂直上下。

(4) 发现塌孔，首先应保持孔内水位，如果为轻度塌孔，应先探明坍塌位置，将砂和粘土混合物回填到塌孔位置以上 1～2m；如果塌孔严重，应全部回填，待回填物沉淀密实后再采用低钻速施工。

2. 护筒冒水

护筒外壁冒水，严重的会引起地基下沉、护筒偏斜和位移，以致造成桩孔偏斜，甚至无法施工。

1) 产生的原因

在埋设护筒时，与周围填土不密实或起落钻头时碰撞了护筒。

2) 防治措施

(1) 在埋设护筒时四周的粘土应分层夯实，并且要选用含水量适当的粘土填筑，同时在起落钻头时，要防止碰撞护筒。

(2) 初发现护筒冒水，可用粘土在四周填实加固，如果护筒严重下沉或位移，则应返工重埋。

3. 钻孔偏斜

成孔后，孔位发生倾斜，偏离中心线，超过规范允许值。它的危害除了影响桩基质量外，还会造成施工上的困难，如放不进钢筋骨架等。

1) 产生的原因

(1) 桩架不稳，钻头不直，钻头导向部分太短、导向性差，或钻杆连接不当。

(2) 钻孔时遇有倾斜度的软硬土层交界处或岩石倾斜处，钻头受阻力不均而偏移。

(3) 钻孔时遇较大的孤石、探头石等地下障碍物使钻杆偏移。

(4) 地面不平或不均匀沉降使钻机底座倾斜。

2) 防治措施

(1) 再有倾斜性的软硬土层处钻进时，应吊住钻杆，控制进尺速度并以低速钻进，或在斜面位置处填入片石、卵石，以冲击锤将斜面硬层冲平再钻。

(2) 探明地下障碍物的情况，并预先清除干净。

(3) 如果发现探头石，宜用钻机钻透，在使用冲孔机时用低锤密击，把石块打碎；如果冲击钻也不能将探头石击碎，则应用小直径钻头在探头石上钻孔，或在表面放药包爆破；如果岩基倾斜，应先投入块石，使表面略平，再用锤密打。

(4) 钻杆、接头应逐个检查，及时调整，弯曲的钻杆要及时更换。

(5) 场地要平整、钻架就位后要调整，使转盘与底座水平，钻架顶端的起重滑轮边缘同固定钻杆的卡环和护筒中心三者应在同一轴线上，并注意经常检查和校正。

(6) 如果已出现斜孔，则应在桩孔偏斜处吊住钻头，上下反复扫孔，使孔校直；或在桩孔偏斜处回填砂粘土，待沉淀密实后再钻。

4．钻孔漏浆

成孔过程中或成孔后，泥浆向孔外漏失。

1) 产生的原因

(1) 护筒埋设太浅，回填土不密实或护筒接缝不严密，在护筒刃脚或接缝处跑浆。

(2) 遇到透水性强或有地下水流动的土层。

(3) 水头过高、压力过大使孔壁渗浆。

2) 防治措施

(1) 根据土质情况决定护筒的埋置深度。

(2) 将护筒外壁与孔洞间的缝隙用土填密实，必要时用旧棉絮将护筒底端外壁与孔洞间的接缝堵塞。

(3) 加稠泥浆或倒入粘土，慢速转动，或在回填土内掺片石、卵石，反复冲击，增强护壁。

5．梅花孔

桩孔断面形状不规则，呈梅花形。

1) 产生的原因

(1) 冲孔时转向环失灵，冲锤不能自由转动。

(2) 护臂泥浆稠度过大，使阻力增加。

(3) 提锤太低，冲锤没有充足的转动时间，换不了方向，致使钻孔很难改变冲击位置。

2) 防治措施

经常转动吊环，保持灵活；勤掏渣，必要时辅以入土转动；在用低冲程时，间隔一段时间更换高一些冲程，使冲锤有充足的转动时间。

6．卡锤

在采用冲锤成孔时，有时冲锤会被卡在环内，不能上下运动。

1) 产生的原因

(1) 孔内遇到探头石或冲锤磨损过甚，孔成梅花形，提锤时，锤的大径被孔的小径卡住。

(2) 石块落入孔内，夹在锤与孔壁之间使冲锤难以上下。

2) 防治措施

施工时，如果遇到探头石，可用一个半截冲锤冲打几下，使锤脱落卡点，锤落孔底，然后吊出；如果因为梅花孔产生卡锤，则可用小钢轨焊成 T 字形，将锤一侧拉紧后吊起；当被石块卡住时，亦可用上述方法提出冲锤。

7．流砂

发生流砂时，桩孔内大量冒砂，将孔堵塞。

1) 产生的原因

孔外水压比孔内大，孔壁松散而引起。当遇到粉砂层时，如果泥浆密度不够，孔壁则难以形成泥皮，这也会引起流砂。

2) 防治措施

保证孔内水位高于孔外水位 0.5m 以上，并适当增加泥浆密度；当流砂严重时，可抛入砖、石、粘土，用锤冲入流砂层做成泥浆结块，使其形成坚厚孔壁，阻止流砂涌入。

8. 钢筋笼偏位、变形、上浮

在施工中，经常会出现钢筋笼变形、保护层不够，深度、放置位置不符合设计要求等，这些都会严重影响桩的承载力。另外，在浇筑非全桩长配筋的桩身混凝土时，经常会出现钢筋笼上浮现象，上浮程度的差别对桩使用价值的影响不同，轻微的上浮(不超过 0.5m)一般不至于影响桩的使用价值，但如果上浮大于 1m 而钢筋笼又不长，则会严重影响桩的承载力。

1) 产生的原因

(1) 钢筋笼在堆放、吊起、搬运时没有严格执行规程，支点数量不够或位置不当造成变形。

(2) 在钢筋笼的制作过程中，未设垫块或耳环控制保护层厚度，或钢筋笼过长，未设加劲箍，刚度不够，造成变形。

(3) 桩孔本身偏斜或偏位，致使钢筋笼难以下沉。

(4) 钢筋笼定位措施不力，在二次清孔时受掏渣筒和导管上下碰撞、拖带而移位。

(5) 钢筋笼吊放未垂直缓慢放下，而是斜插入孔内。

(6) 在清孔时，孔底沉渣或泥浆没有清除干净造成实际孔深和设计要求不符，钢筋笼放不到指定的深度；或在初灌混凝土时的冲力使钢筋笼上浮。

(7) 混凝土品质较差，坍落度太小或产生分层离析，使混凝土底面上升至钢筋笼底端，难以下沉。另外，当混凝土面进入钢筋笼内一定高度后，导管埋入太深，也会造成钢筋笼上浮。

2) 防治措施

在钢筋笼过长时，应分为 2～3 节制作，分段吊放、分段焊接或加设加劲箍加强，必要时可在笼内每隔 3～4m 装一个临时十字形加劲架，在钢筋笼安放入孔后拆除；在钢筋笼的部分主筋上，每隔一段距离设置混凝土垫块或焊耳环控制保护层厚度；桩孔本身偏斜、偏位应在下钢筋笼前往复扫孔纠正，孔底沉渣应置换清水或用适当密度泥浆清除，保证实际的有效孔深满足设计要求；钢筋笼应垂直缓慢放入孔内，防止碰撞孔壁，入孔后应将钢筋笼固定在孔壁上或压住；在浇筑混凝土时导管应埋入钢筋笼底面 1.5m 以上，避免钢筋笼上浮。

在施工中，如果已经发生钢筋笼上浮或下沉，对于混凝土质量较好者，可不予处理，但对于承受水平荷载的桩，则应校对核实弯矩是否超标，采取补强措施。

9. 断桩

水下灌注混凝土，如果桩截面上存在泥夹层，会造成断桩现象，这种事故使桩的完整性大受损害，桩身强度和承载力大大降低。

1) 产生的原因

(1) 混凝土坍落度太小，骨料粒径太大，未及时提升导管或导管倾斜，使导管堵塞，形成桩身混凝土中断。

(2) 当混凝土供应不及时，混凝土浇筑中断时间过长，新旧混凝土结合困难。

(3) 提升导管时碰撞钢筋笼，使孔壁土体混入混凝土中。

(4) 导管没扶正，接头法兰挂住钢筋笼。

(5) 当导管上拔时，管口脱离混凝土面或埋入混凝土太浅，泥土挤入桩身。

(6) 测深不准，把沉积在混凝土面上的浓泥浆或泥浆中的泥块误认为是混凝土，错误地判断混凝土面高度，致使导管提离混凝土面成为断桩。

2) 防治措施

(1) 混凝土坍落度应满足设计要求，粗骨料粒径应按规范要求控制，并防止堵管，保证桩身混凝土密实。如果导管堵塞，在混凝土尚未初凝时，可吊起一节钢轨或其他重物在导管内冲击，把堵塞的混凝土冲开；也可迅速提出导管，用高压水冲通导管，重新下隔水栓浇筑，浇筑时当隔水栓冲出导管后，将导管继续下降直至导管不能在插入时再稍许提升，继续浇筑混凝土。

(2) 在土质较差的土层施工时，应选用稠度、粘度较大，胶体率较好的泥浆护壁，同时控制进尺速度，保持孔壁稳定。

(3) 边浇筑混凝土边拔管，并勘测混凝土面高度，随时掌握导管埋深，避免导管拔出混凝土面。

(4) 如果导管接头法兰挂在钢筋笼上，钢筋笼埋入混凝土又不深，则可提起钢筋笼，转动导管使导管与钢筋笼脱离。

(5) 下钢筋笼过程中不得碰撞孔壁。

(6) 如果已发生断桩，对于不严重者可核算其实际承载力；如果比较严重，则应进行补桩。

10. 混凝土的超灌量

混凝土的超灌量一般可达 10%。

1) 产生的原因

钻头在经过松软土层时造成一定程度的扩孔；同时，当混凝土注入桩孔时，有一部分会扩散到软土中去。

2) 防治措施

掌握好各层土的钻进速度；在正常钻孔作业时，中途不要随便停钻，以免形成过大扩孔。

11. 吊脚桩

吊脚桩是指桩成孔后，桩身下部没有混凝土或局部夹有泥土。

1) 产生的原因

(1) 清孔后泥浆密度过低，造成孔壁塌落或孔底漏进泥砂。

(2) 在安放钢筋笼或导管时碰撞孔壁，使孔壁泥土坍塌。

(3) 清渣未净、残留沉渣过厚。

2) 防治措施

(1) 做好清孔工作，清孔应符合设计要求，并立即浇筑混凝土。

(2) 在安放钢筋笼和浇筑混凝土时，注意不要碰撞孔壁。

(3) 注意泥浆浓度，及时清渣。

小 结

由于建筑业的发展，桩基础不仅在高层建筑和工业厂房建筑中使用广泛，而且在多层及其他建筑中应用也日益增加，因此，目前桩基础已成为建筑工程中常用的分项工程之一。

桩可分为预制桩和灌注桩，这两类桩基础的施工方法在施工现场具有同样重要的地位，因此，学习时应同等重视。

对于钢筋混凝土预制桩的施工，应注意学好桩的预制、起吊、运输，正确选择桩锤、桩架和打桩施工方法。对于钢筋混凝土灌注桩的应用已超过预制桩，各种灌注桩都有不同的适用条件，学习时要很好地掌握。如泥浆护壁成孔灌注桩适用于地下水位较高、土质不好的土层施工；振动沉管灌注桩由于噪声、振动等比锤击沉管灌注桩小，故前者更有发展前途。另外还介绍了桩基础施工中常见的质量问题、产生的原因及处理方法等。

思考与练习

1. 试述桩基础的作用及分类。
2. 试述钢筋混凝土预制桩的制作、起吊、运输、堆放等环节的主要工艺要求。
3. 打桩前要做哪些准备工作？打桩设备如何选用？
4. 试述钢筋混凝土预制桩的施工过程及质量要求。
5. 静力压桩有何特点？适用范围及施工时应注意哪些问题？
6. 打桩易出现哪些问题？分析其出现的原因，以及如何避免？
7. 现浇钢筋混凝土灌注桩的成孔方法有哪几种？这些方法的特点及适用范围是什么？
8. 试述泥浆护壁成孔灌注桩的施工过程及注意事项。
9. 水下浇筑混凝土常用的方法是什么？应注意哪些问题？
10. 试述人工挖孔灌注桩的特点和工艺流程。
11. 试述沉管灌注桩的施工过程，以及施工中易出现的质量问题和其处理方法。
12. 灌注桩常发生哪些质量问题？如何预防和处理？

项目 3　砌筑工程施工

学习要点及目标

掌握砌筑工程施工中所用脚手架及垂直运输设施的构造及要求；掌握砌体施工的准备内容和要求；掌握砖砌体、中小型砌块砌体的施工方法和施工工艺；掌握砌筑工程的质量要求及安全防护措施。

核心概念

脚手架、塔式起重机、砌筑方法、砌筑形式、质量标准。

引导案例

某学生公寓，结构形式为砖混结构，基础墙及底层墙采用普通粘土砖砌筑；二层及以上者采用多孔砖砌筑；楼板采用现浇钢筋混凝土楼板，板厚120mm。

思考：应选择何种形式的脚手架及垂直运输机械？墙体的砌筑形式和砌筑方法？如何检验砌体质量？

砌筑工程是指砖、石和各类砌块的砌筑，即用砌筑砂浆将砖、石、砌块等砌成所需形状，如墙、基础等砌体。砌筑工程在我国有着悠久的历史，素有“秦砖汉瓦”之称。这种砖石结构虽然具有就地取材方便、保温、隔热、隔声、耐火等良好性能，且可以节约钢材和水泥，不需大型施工机械，施工组织简单等优点，但它的施工仍以手工操作为主，劳动强度大，生产效率低，而且烧制粘土砖需要占用大量农田，因而采用新型墙体材料代替普通粘土砖，改善砌体施工工艺已经成为砌筑工程改革的重要发展方向。

砌筑工程是一个综合的施工过程，它包括材料的运输、砂浆的配置、脚手架的搭设和砖、石、砌块的砌筑等工序。

3.1　脚手架工程施工

脚手架是建筑工程施工中堆放材料和工人进行操作的临时设施。当砌体砌筑到一定高度时，砌筑质量和效率受到影响时，就需要搭设脚手架。每步架高度一般为1.2～1.5m。对脚手架的基本要求是：脚手架结构要有足够的强度、刚度、稳定性；脚手架的宽度应满足工人操作、堆放材料和运输的要求，一般为1.0～2.0m；脚手架构造简单、装拆方便，并能多次周转使用。

脚手架的种类很多，按其搭设位置可分为外脚手架和里脚手架；按其所用材料可分为木脚手架、竹脚手架和钢管脚手架；按其构造形式可分为多立杆式、门式、悬挑式、吊式、爬升式和桥式等。多立杆式脚手架的应用最广。

3.1.1　外脚手架

外脚手架是在建筑物外侧进行搭设的一种脚手架，既可用于外墙砌筑，又可用于外装饰施工。外脚手架的形式有很多，常用的有多立杆式脚手架和门式脚手架等。多立杆式脚手架可用木、竹和钢管搭设，目前主要采用钢管脚手架，其一次性投入较大，但可多次重复使用，装拆方便，搭设高度大，能适应建筑物平立面的变化。多立杆式脚手架有扣件式和碗扣式两种。

1．多立杆式脚手架

1) 钢管扣件式脚手架

(1) 构造要求。

钢管扣件式脚手架由钢管、扣件、脚手板和底座等组成，如图 3-1 所示。钢管一般用直径 48mm、壁厚 3.5mm 的焊接钢管或无缝钢管，主要用于立杆、大横杆、小横杆、剪刀撑、斜撑等。钢管之间通过扣件进行连接，其形式有三种(如图 3-2 所示)：直角扣件用于两根钢管呈垂直交叉的连接；旋转扣件用于两根钢管成任意角度交叉的连接；对接扣件用于两根钢管的对接连接。立杆底端立于底座上，以传递荷载到地面上(如图 3-3 所示)。脚手板可采用冲压钢脚手板、钢木脚手板、竹脚手板等(如图 3-4 所示)，每块脚手板的重量不宜大于 30kg。钢管扣件式脚手架的基本形式有双排和单排两种。

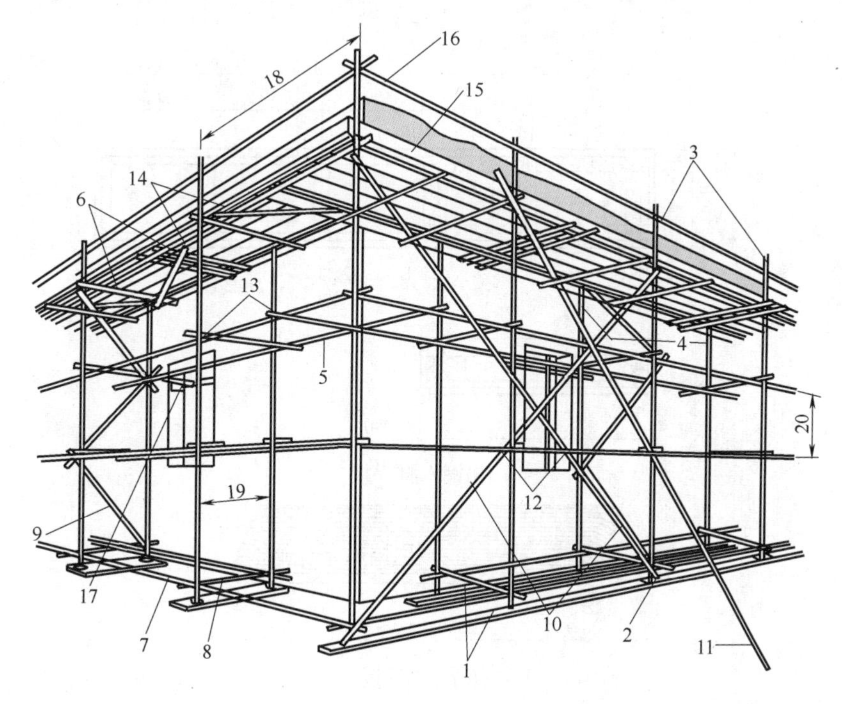

图 3-1　钢管扣件式脚手架构造

1—垫板；2—底座；3—外立柱；4—内立柱；5—纵向水平杆；6—横向水平杆；7—纵向扫地杆；8—横向扫地杆；9—横向斜撑；10—剪刀撑；11—抛撑；12—旋转扣件；13—直角扣件；14—水平斜撑；15—挡脚板；16—防护栏杆；17—连墙固定件；18—柱距；19—排距；20—步距

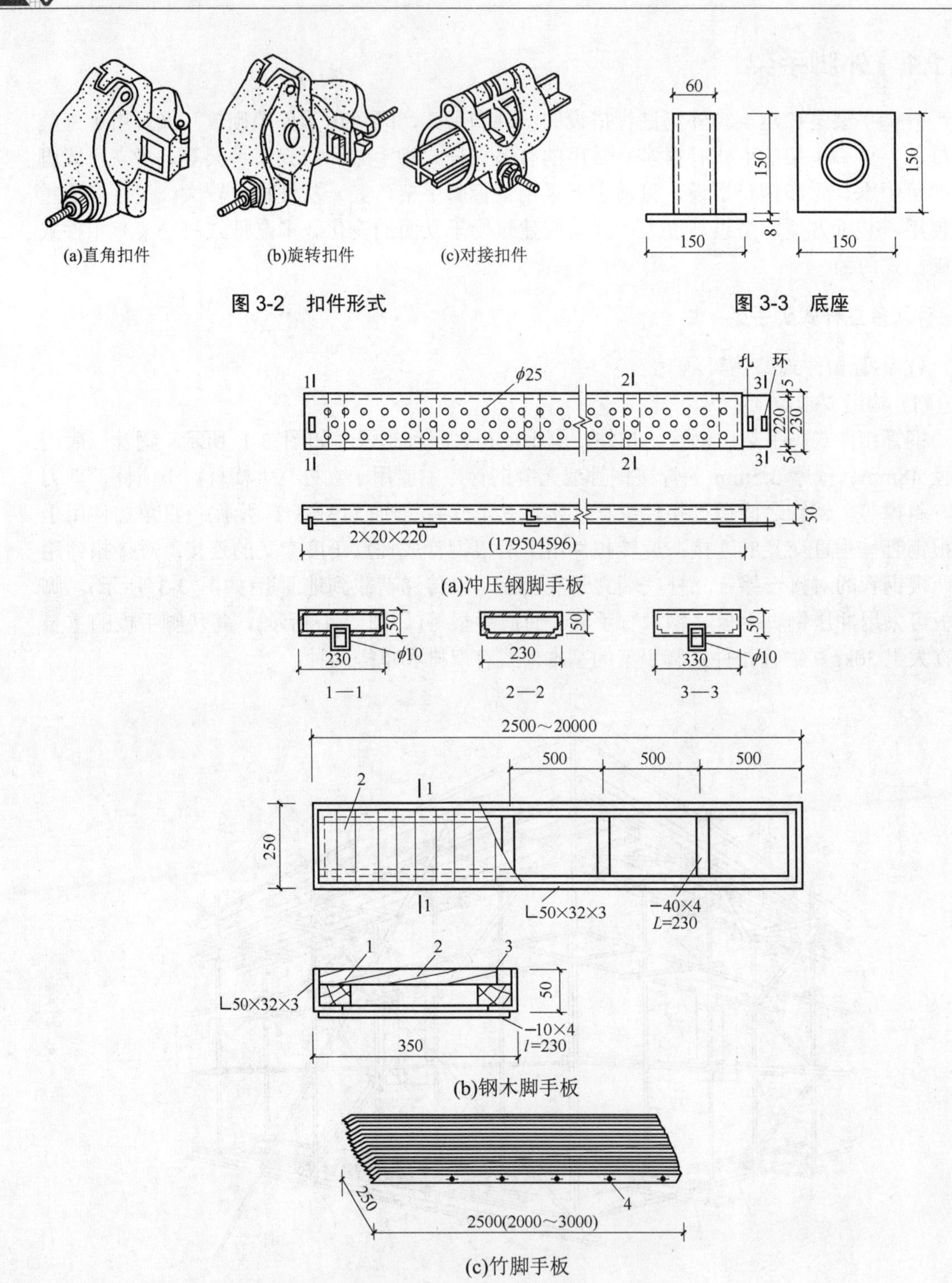

(a)直角扣件 (b)旋转扣件 (c)对接扣件

图 3-2 扣件形式

图 3-3 底座

(a)冲压钢脚手板

(b)钢木脚手板

(c)竹脚手板

图 3-4 脚手板

1—25×40mm 木条；2—20mm 厚木条；3—钉子；4—螺栓

① 脚手板。

脚手板一般应采用三点支撑，当脚手板长度小于 2m 时，可采用两点支撑，但应将两端固定，以防倾覆；脚手板宜采用对接平铺，其外伸长度在 100～150mm 之间；当采用搭接铺设时，其搭接长度应大于 200mm，如图 3-5 所示。

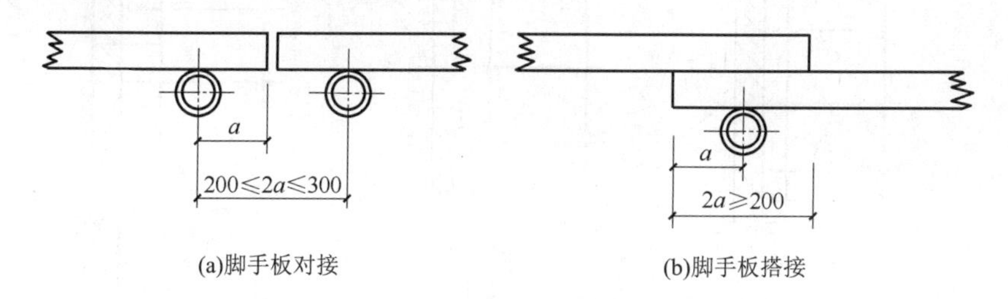

图 3-5　脚手架对接搭接尺寸

② 纵向水平杆。

应水平设置，其长度不应小于 2 跨，两根杆件连接采用对接扣件，接头位置距立杆中心线的距离不宜大于跨度的 1/3；同一步架中，内外两根纵向水平杆的对接接头应尽量错开一跨；上下两根相邻的纵向水平杆的对接接头也应尽量错开一跨，错开的距离不小于 500mm；凡与立杆相交处必须用直角扣件与立杆连接。

③ 横向水平杆。

凡立杆与纵向水平杆相交处必须设置一根横向水平杆，严禁任意拆除；横向水平杆与立杆中心线的距离不应大于 150mm；跨度中间的横向水平杆宜根据支撑脚手板的需要等间距设置；双排脚手架的横向水平杆，其两端均应用直角扣件固定在纵向水平杆上；单排脚手架的横向水平杆一端应用直角扣件固定在纵向水平杆上，另一端插入墙体的长度不应小于 180mm。

④ 立杆。

每根立杆均应设置标准底座；由标准底座向上 200mm 处，必须设置纵、横向水平扫地杆，用直角扣件与立杆固定；立杆接头除顶层可以采用搭接外，其余各层接头必须采用对接扣件连接；立杆搭接长度不应小于 1m，不少于两个旋转扣件固定；立杆上的对接扣件应相互交错布置，两根相邻立杆的对接接头应错开一步架的高度，其错开的垂直距离不小于 500mm；对接扣件应尽量靠近中心节点(立杆、纵向水平杆、横向水平杆三杆交点)，其偏离中心节点的距离宜小于步距的 1/3。

⑤ 连墙杆。

为防止脚手架内外倾覆，必须设置能承受一定压力和拉力的连墙杆。脚手架的稳定性取决于连墙杆的设置，脚手架倒塌事故的原因大多是由于没有设置连墙杆所引起的，所以必须按规范要求牢固设置。一般每 3 跨设一根，每 3 步架设一根，即水平距离小于 4.5～6.0m，垂直距离小于 4.0m。其连接形式如图 3-6 所示。

⑥ 剪刀撑。

脚手架高度在 24m 以下的单、双排脚手架宜每隔 6 跨设置一道剪刀撑，从两端转角处起由底至顶连续设置；脚手架高度在 24m 以上的双排脚手架应在外立面整个长度和高度内连续设置剪刀撑；每副剪刀撑跨越立杆不应超过 7 根，与地面成 45°～60°；顶层以下剪刀撑的接长应采用对接扣件连接，采用旋转扣件固定在立杆上或横向水平杆的伸出端上，固定位置与中心节点的距离不大于 150mm；顶部剪刀撑可采用搭接，搭接长度不应小于 1m，且不少于 2 个旋转扣件固定。

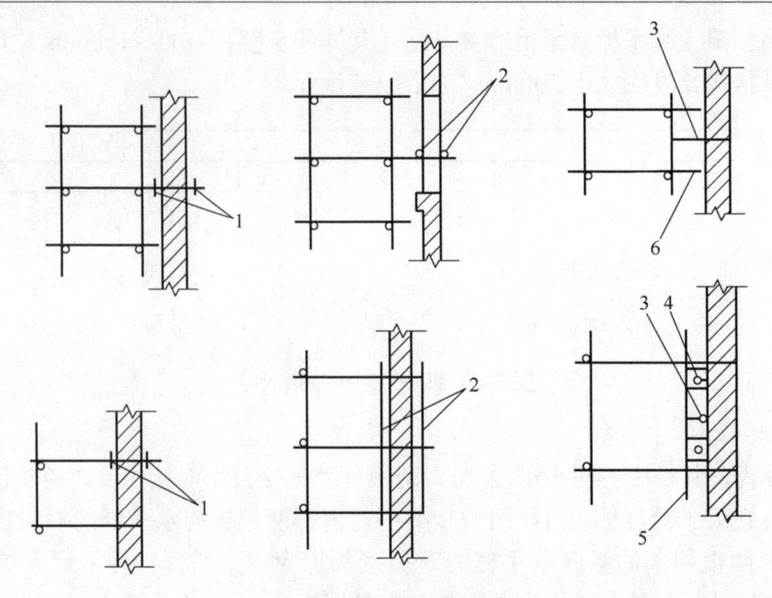

图 3-6　连墙杆的做法

1—扣件；2—两根短管；3—拉结铅丝；4—木楔；5—短管；6—横杆

⑦ 横向斜撑。

横向斜撑的每一斜杆只占一步，由底至顶呈之字形布置，两端用旋转扣件固定在立杆上或纵向水平杆上；一字型、开口型双排脚手架两端头必须设置横向斜撑，中间每隔 6 跨应设置一道；24m 以下的封闭型双排脚手架可不设置横向斜撑；24m 以上的除两端应设置横向斜撑外，中间每隔 6 跨设置一道。

⑧ 抛撑。

高度低于三步架的脚手架，可采用加设抛撑来防止其倾覆，抛撑的间距不超过 6 倍立杆间距，抛撑与地面的夹角为 45°～60°，并应在地面支撑点处铺设垫板。

(2) 搭设要求。

① 地基处理。

为保证脚手架的安全使用，搭设脚手架时必须加设底座或垫板并做好地基处理。脚手架搭设范围的地基，应平整夯实，排水畅通，必要时应设排水沟，防止雨天积水浸泡地基，产生脚手架不均匀下沉，引起脚手架变形。对于高层建筑脚手架基础应进行验算。在底座下应设垫板，不得将底座直接置于土地上，以便均匀分布由立杆传来的荷载。垫板、底座均应准确地放置在定位线上。

② 杆件搭设顺序。

摆放纵向扫地杆→逐根竖立立杆，随即与纵向扫地杆扣紧→安装横向扫地杆，并与立杆或纵向扫地杆扣紧→安装第一步纵向水平杆，并与各立杆扣紧→安装第一步横向水平杆→第二步纵向水平杆→第二步横向水平杆→加设临时抛撑(上端与第二步纵向水平杆扣紧，在装设两道连墙杆后可拆除)→第三、第四步纵向水平杆、横向水平杆→连墙杆→接立杆→加设剪刀撑→铺放脚手板→加设防护栏杆等。

③ 拧紧扣件，设置连墙杆。

搭设时扣件应按要求拧紧，一般扭力矩应在 40～60kN・m 之间，不得过松或过紧。

随着砌墙应随即设置连墙杆与墙锚拉牢固，并应随时校正杆件的垂直偏差与水平偏差，使其符合规范要求。

④ 拆除脚手架注意事项。

画出工作区标志，禁止行人进入；严格遵守拆除顺序：由上而下，后绑的先拆。一般先拆栏杆、脚手板、剪刀撑，后拆小横杆、大横杆、立杆等；统一指挥，上下呼应，动作协调；材料、工具要用滑轮或绳索运送，不得向下乱扔。分段拆除时高差不应大于 2 步架高度，否则应按开口脚手架进行加固。当拆至脚手架下部最后一节立杆时，应先架设临时抛撑加固，然后拆除连墙杆。

2) 钢管碗扣式脚手架

钢管碗扣式脚手架又称为多功能碗扣型脚手架，脚手架的核心部件是碗扣接头，由上下碗扣、横杆接头和上碗扣限位销等组成，如图 3-7 所示。它具有结构简单，杆件全部轴向连接，力学性能好，接头构造合理，工作安全可靠，拆装方便，操作容易，零部件损耗低等特点。其主要部件有立杆、顶杆、横杆、斜杆、底座等。

钢管碗扣式接头可同时连接 4 根横杆，横杆可相互垂直或偏转一定角度，因此，可搭设各种形式脚手架，特别适合于搭设扇形表面及高层建筑施工和装修作业两用外脚手架，还可以作为模板的支撑。

钢管碗扣式脚手架立杆横距为 1.2m，纵距根据脚手架荷载可分为 1.2m、1.5m、1.8m、2.4m，步距为 1.8m、2.4m。其搭设要求与钢管扣件式脚手架类似。

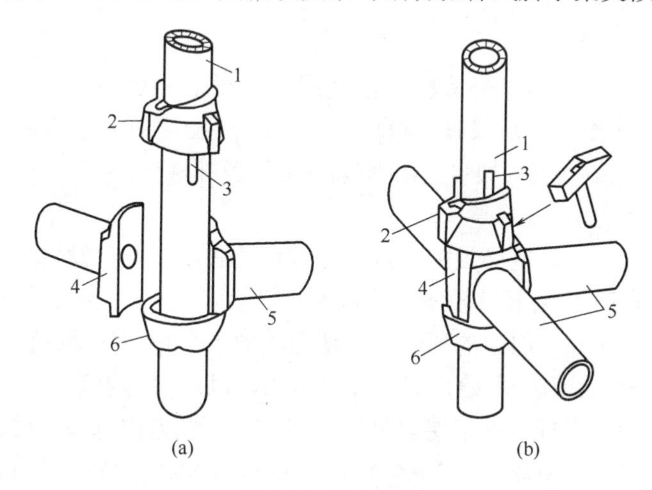

图 3-7　碗口接头

1—立杆；2—上碗扣；3—限位销；4—横杆接头；5—横杆；6—下碗扣

2．门型脚手架

1) 构造要求

门型脚手架又称为多功能门型脚手架，是目前国际上应用最普遍的形式之一。门型脚手架是由基本单元连接起来，再加上梯子、栏杆等构成整片脚手架。其基本单元包括门式框架、剪刀撑、水平梁架或脚手板，如图 3-8 所示。其搭设高度一般在 45m 以内，该脚手架装拆方便，构件规格统一，其宽度有 1.2m、1.5m、1.6m，高度有 1.3m、1.7m、1.8m、

2.0m 等规格，施工时可根据不同要求进行组合。施工荷载限定：均布荷载为 $1.8kN/m^2$，集中荷载为 2.0kN。

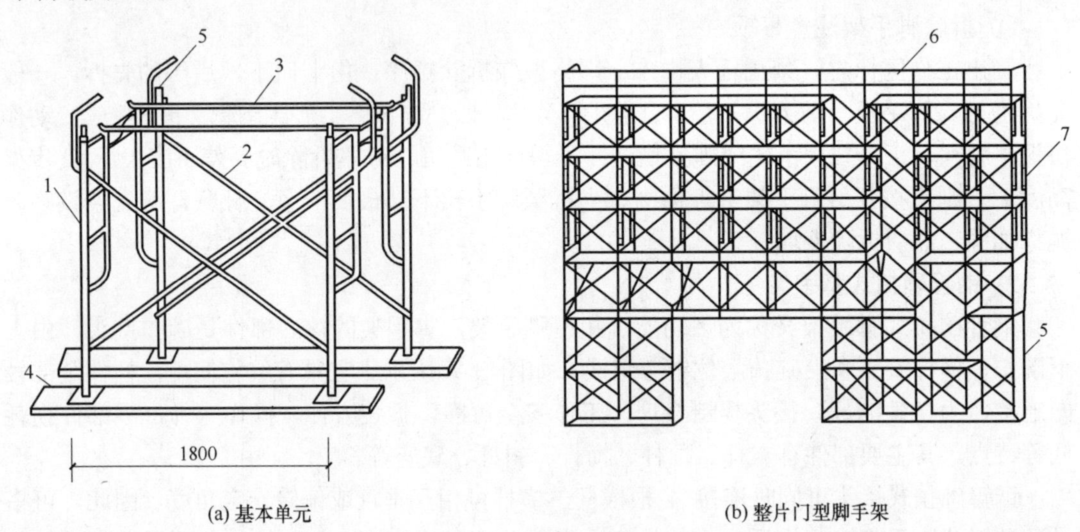

(a) 基本单元　　(b) 整片门型脚手架

图 3-8　门型脚手架

1—门架；2—剪刀撑；3—水平梁架；4—螺旋基脚；5—梯子；6—栏杆；7—脚手架

2) 搭设与拆除要求

(1) 搭设程序。

门型脚手架一般按以下程序搭设：铺放垫木→拉线、放底座线→自一端起立门架，随即安装剪刀撑→安装水平梁架(或脚手板)→安装梯子→必要时安装纵向水平杆→安装连墙杆→逐层向上→安装长剪刀撑(加强整体刚度)→装设顶部栏杆。

(2) 搭设要点。

搭设门型脚手架时，地基必须夯实抄平，铺可调底座，以免发生塌陷和不均匀沉降；首层门型脚手架垂直度(门架竖管轴线的偏移)偏差不大于 2mm，水平度(门架平面方向和水平方向)偏差不大于 5mm。门架的顶部和底部用纵向水平杆和扫地杆固定。门架之间必须设置剪刀撑和水平梁架(或脚手板)，其连接应可靠，以确保脚手架的整体刚度。整片脚手架必须适当设置纵向水平杆，前三层要每层设置，三层以上则每隔三层设一道。在门架外侧设置长剪刀撑，其高度和宽度为 3～4 个步距和柱距，与地面夹角为 45°～60°，相邻长剪刀撑之间相隔 3～5 个柱距，沿全高设置。连墙点的最大间距，在垂直方向为 6m，在水平方向为 8m。高层脚手架应增加连墙点布设密度，脚手架在转角处必须做好连接和与墙拉结，并利用钢管和旋转扣件把处于相交方向的门架连接起来。

(3) 拆除要点。

拆除门架时应自上而下进行，部件拆除顺序与安装顺序相反。不允许将拆除的部件直接从高空抛下，应将拆下的部件按品种分类捆绑后，使用垂直吊运设备将其运至地面，集中堆放保管。

3．吊脚手架

吊脚手架是通过特设的支撑点，利用吊索悬吊吊架或吊篮进行砌筑或装饰工程操作的一种脚手架。其主要组成部分为：吊架(包括桁架式工作台和吊篮)、支撑设施(包括支撑挑梁和挑架)、吊索(包括钢丝绳、铁链、钢筋)及升降装置等，如图 3-9 所示。它适用于高层建筑的外装饰作业和进行维修保养等。

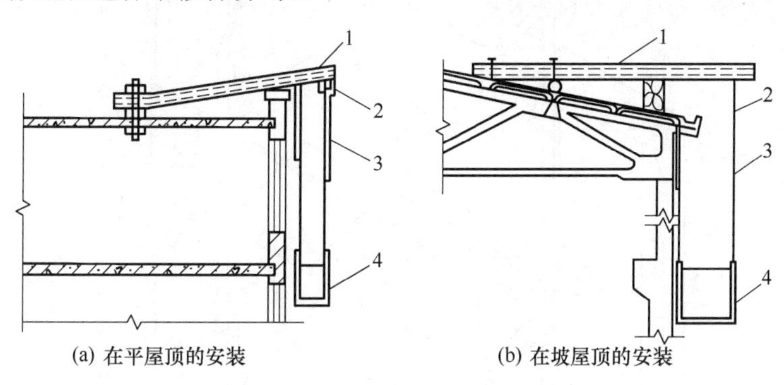

(a) 在平屋顶的安装　　(b) 在坡屋顶的安装

图 3-9　吊挂脚手架

1—挑梁；2—吊环；3—吊索；4—吊篮

4．悬挑脚手架

悬挑脚手架是将外脚手架分段悬挑搭设，即每隔一定的高度，在建筑物四周水平布置支撑架，在支撑架上支设钢管扣件式脚手架或门型脚手架，上部脚手架和施工荷载均由悬挑的支撑架承担。支撑架一般采用三角架形式，如图 3-10 所示。

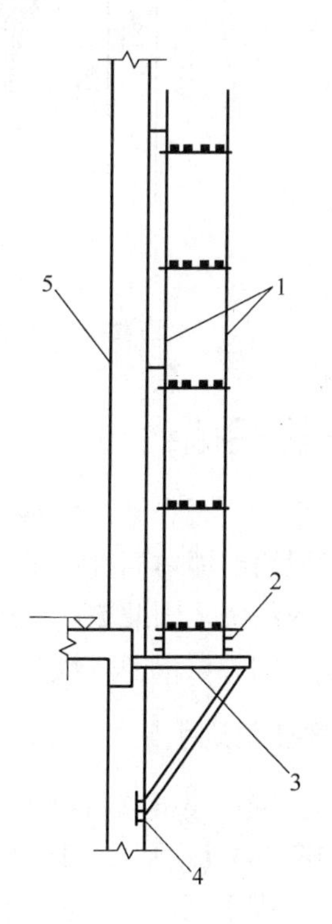

图 3-10　悬挑脚手架

1—钢管脚手架；2—型钢横梁；3—三角支撑架；4—预埋件；5—钢筋混凝土柱(墙)

5．爬升脚手架

爬升脚手架简称爬架(如图 3-11 所示)，它是由承力系统、脚手架系统和提升系统三个部分组成。它仅用少量不落地的附墙脚手架，以钢筋混凝土结构为承力点，利用提升设备沿建筑物的外墙上下移动。这种脚手架吸收了吊脚手架的优点，不但可以附墙升降，而且可以节约大量脚手架材料和人工。它可搭设 3～4 个楼层，适用于高层框架、剪力墙和筒体结构的快速施工。

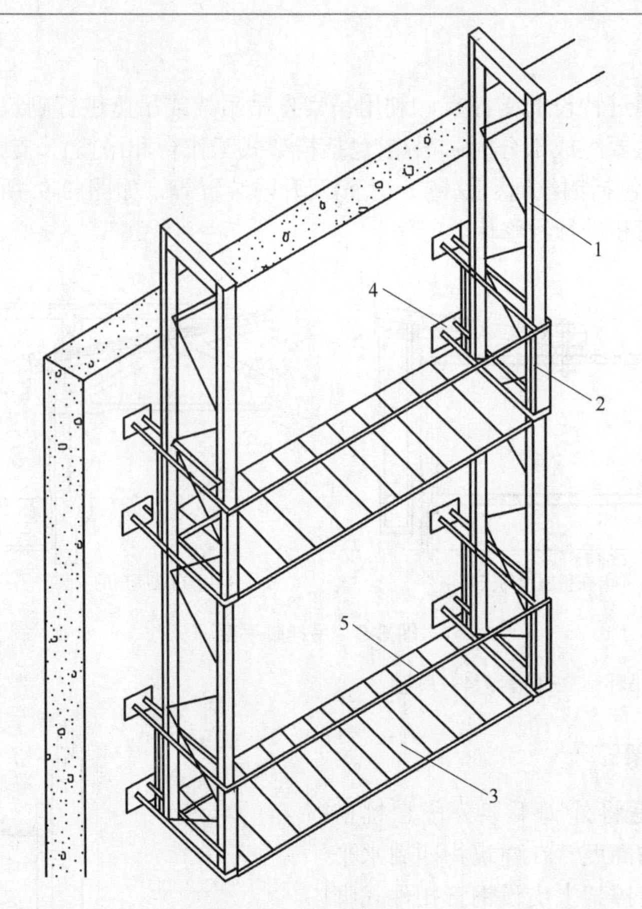

图 3-11 爬升脚手架

1—内套架；2—外套架；3—脚手架；4—附墙装置；5—栏杆

3.1.2 里脚手架

里脚手架是搭设在建筑物内部的一种脚手架，它用于在楼层上砌墙、内部装饰和砌筑围墙等。一般用于墙体高度小于 4m 的房屋，每层可搭设 2～3 步架。由于里脚手架所用工料较少，比较经济，因此被广泛采用。

里脚手架的类型很多，按其构造形式可分为折叠式、支柱式和马凳式等。

1. 折叠式里脚手架

折叠式里脚手架根据材料不同可分为角钢、钢管和钢筋折叠式里脚手架。角钢折叠式里脚手架如图 3-12(a)所示，其架设间距：砌墙时宜为 1.0～2.0m，粉刷时宜为 2.2～2.5m。可以搭设二步脚手架，第一步高约 1.0m，第二步高约 1.6m。钢管和钢筋折叠式里脚手架的架设间距，砌墙时不超过 1.8m，粉刷时不超过 2.2m。

折叠式里脚手架适用于建筑物的内墙砌筑和内墙粉刷，也可用于围墙、平房的外墙砌筑和粉刷等。

2．支柱式里脚手架

支柱式里脚手架由支柱和横杆组成，上铺脚手板，其架设间距为：砌墙时不超过 2.0m；粉刷时不超过 2.5m。支柱式里脚手架的支柱有套管式和承插式两种，如图 3-12(b)所示为套管式支柱，它是将插管插入立管中，以销孔间距来调节高度，再插管顶端的凹形支托内搁置方木横杆，横杆上铺设脚手板。

支柱式里脚手架适用于砌内墙和内粉刷，一般的架设高度为 1.5～2.1m。

3．马凳式里脚手架

木、竹、钢制马凳式里脚手架如图 3-12(c)所示，马凳间距不大于 1.5m，上铺脚手板。

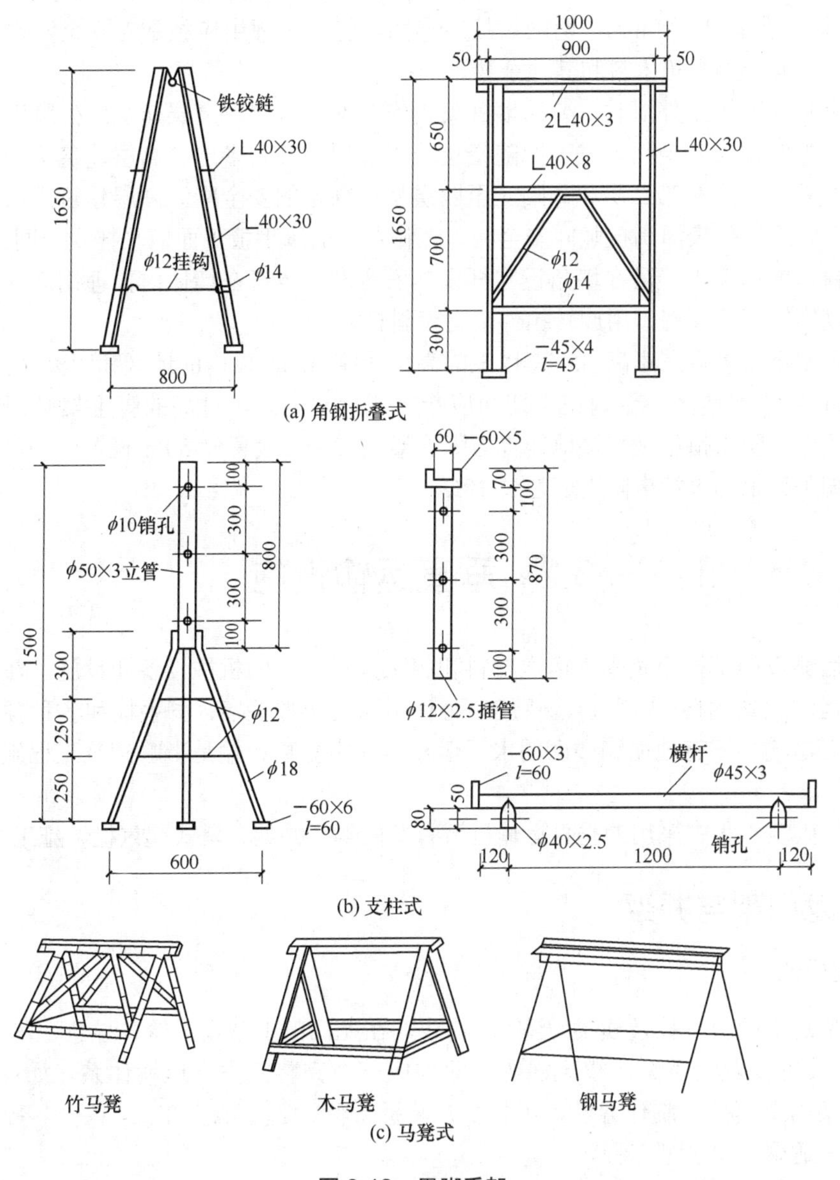

(a) 角钢折叠式

(b) 支柱式

(c) 马凳式

图 3-12　里脚手架

3.1.3 脚手架的安全防护措施

在房屋建筑施工过程中因脚手架出现事故的概率相当高，所以在脚手架的设计、架设、使用和拆卸过程中要十分重视安全防护问题。

为了确保脚手架的安全，脚手架应具备足够的强度、刚度和稳定性。对多立杆式外脚手架，施工荷载规定：维修脚手架为 $1kN/m^2$；装饰脚手架为 $2kN/m^2$；结构脚手架为 $3kN/m^2$。若超载，则应采取相应措施并进行验算。

当外墙砌砖高度超过 4m 或立体交叉作业时，除在作业面正确铺设脚手板、安装防护栏杆、挡脚板以外，还必须设置安全网，以防止材料下落伤人和高空操作人员坠落。每块安全网应能承受不小于 1.6kN 的冲击荷载。架设安全网时，其伸出墙面宽度应不小于 2m，外口要高于里口 500mm，两网搭接应牢固，施工过程中应经常对安全网进行检查和维修，严禁向安全网内扔木料和其他杂物。

当用里脚手架施工外墙时，要沿墙外架设安全网。多层、高层建筑用外脚手架时，也需在脚手架外侧挂设安全网。安全网随楼层施工逐层上升。多层、高层建筑除一道逐步上升的安全网外，还应在第二层和每隔三至四层架设固定的安全网。高层建筑满搭外脚手架时，也可在脚手架外表面满挂竖向安全网，在作业层的脚手板下面应平挂安全网。

在无窗口的山墙上，可在墙角设立杆来挂安全网，也可在墙体内预埋钢筋环以支撑斜杆，还可以用短钢管穿墙，用旋转扣件来支设斜杆。

钢脚手架不得搭设在距离 35kV 以上的高压线路 4.5m 以内的地区和距离 1～10kV 高压线路 2m 以内的地区，否则使用期间应断电或拆除电源。过高的脚手架必须有防雷措施，钢脚手架的防雷措施是用接地装置与脚手架连接，一般每隔 50m 设置一处，最远点到接地装置脚手架上的过渡电阻不应超过 10Ω。

3.2 垂直运输设施

垂直运输设施是指担负垂直运送材料和施工人员上下的机械设备和设施。在砌筑工程中不仅要运送大量的砖(或砌块)、砂浆，而且还要运输脚手架、脚手板和各种预制构件；不仅有垂直运输，还有地面和楼面的水平运输。其中垂直运输是影响砌筑工程施工进度的重要因素。

目前，砌筑工程中采用的垂直运输机械有龙门架、井架、塔式起重机、施工电梯等。

3.2.1 龙门架与井架

1. 龙门架

龙门架是由两根立柱及横梁(天轮梁)构成，在龙门架上装设滑轮、导轨、吊盘(上料平台)、安全装置以及起重索、缆风绳等，即构成一个完整的垂直运输体系，如图 3-13 所示。龙门架构造简单，制作容易，用材少，装拆方便，起重能力在 2t 以内，提升高度在 40m 以内，适用于中小型工程。

龙门架一般单独设置，用外脚手架时，可设在脚手架的外侧或转角部位，其稳定性靠设缆风绳解决；也可设在外脚手架中间，用拉杆将龙门架的立柱与脚手架拉结起来，以确保龙门架与脚手架的稳定，但在垂直于脚手架的方向仍需设置缆风绳并设置附墙拉结，与龙门架相连的脚手架加设必要的剪刀撑予以加强。

2．井架

井架是施工中最常用的一种垂直运输设备，如图 3-14 所示。它的特点是稳定性好，运输量大，可以搭设较大的高度。井架起重能力为 3t 以内，提升高度在 60m 以内。井架可为单孔、双孔和多孔，常用单孔，井架内设吊盘。井架上可根据需要设置拔杆，供吊运长度较大的构件，起重量为 5～15kN，工作幅度可达 10m。为保证井架的稳定性，必须设置缆风绳或附墙拉结。

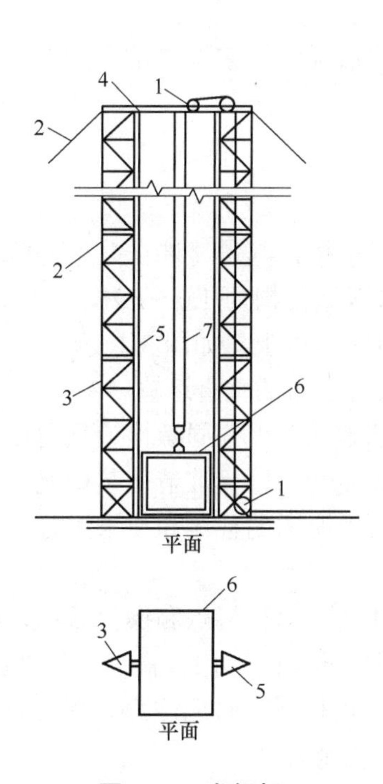

图 3-13　龙门架

1—滑轮；2—缆风绳；3—立柱；4—横梁；5—导轨；6—吊盘；7—钢丝绳

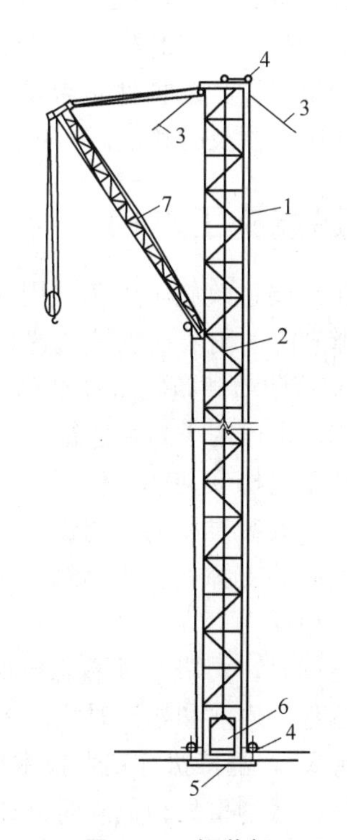

图 3-14　钢井架

1—井架；2—钢丝绳；3—缆风绳；4—滑轮；5—垫梁；6—吊盘；7—辅助吊臂

3．龙门架、井架安装与使用注意事项

龙门架、井架必须有可靠的地基和基座，必要时设置排水设施。如地基土质不好，可用碎砖或碎石夯实，并做 150mm 厚 C15 混凝土垫层，立柱底部应设底座。龙门架、井架高度在 12～15m 以下时设一道缆风绳，15m 以上每增高 5～10m 增设一道。龙门架每道不少于 6 根，井架每道不少于 4 根。缆风绳宜用 7～9mm 的钢丝绳，与地面成 45°夹角。井架杆件安装要准确，垂直度偏差不得超过总高度的 1/600。导轨垂直度及间距尺寸的偏差不得大于±10mm。

在雷雨季节，龙门架、井架高度超过 30m 时，应设置避雷装置，如没有时，应在雷雨季节暂停使用。龙门架、井架自地面 5m 以上的四周应使用安全网或其他遮挡材料进行封闭，避免吊盘上材料坠落伤人。卷扬机司机操作观察吊盘升降的一面只能使用安全网。必须采用限位自停措施，以防止吊盘上升的时候“冒顶”。吊盘应有可靠的安全装置，防止吊盘在运行中和停车装卸料时发生卷扬机制动失灵而跌落等事故。吊盘不得长时间悬于空中，应及时落至地面。吊盘内不要装长杆件，也不宜装凌乱堆放的材料，以免材料坠落或长杆材料卡住井架酿成事故。吊盘内的材料应居中放置，避免载重偏在一边。

应设置安全的卷扬机作业棚。卷扬机的位置应符合以下要求：不受场内运输和其他现场作业的干扰；不设在起重机械工作幅度之内，以免吊物坠落伤人；卷扬机司机能清楚地观察吊盘的升降情况。

卷扬机设备、轨道、锚碇、钢丝绳和安全装置等应经常检查保养，发现问题要及时加以解决，不得在有问题的情况下继续使用。

应经常检查井架的杆件是否发生变形和连接松动的情况，经常观察是否发生地基不均匀沉降的情况，并及时解决。

3.2.2 建筑施工电梯

目前在高层建筑施工中常采用人货两用的建筑施工电梯，其吊笼装在井架外侧，沿着齿条式轨道升降，附着在外墙或建筑物其他结构上，可载重货物为 1.0～1.2t，亦可乘 12～15 人。其高度随着建筑物主体结构施工而接高，可达 100m 以上，如图 3-15 所示。它适用于高层建筑，也可用于高大建筑、多层厂房和一般楼房施工中的垂直运输。

建筑施工电梯安装前先做好混凝土基础，混凝土基础上预埋锚固螺栓或预留螺栓孔以固定底笼。其安装过程为：将部件运至安装地点→装底笼和二层标准节→装梯笼→接高标准节并随设附墙支撑→安平衡箱。电梯的安装应按安装说明书的程序和要求进行，拆卸程序与安装时相反。

使用电梯时，司机必须熟悉电梯的结构、原理、性能、运行特点和操作规程，严禁超载、防止偏重。班前和架设时均应进行电动机制动效果的检查(点动 1m 高度，停 2min，吊笼无下滑现象)。坚持执行定期技术检查和润滑的制度。司机开车时应注意力高度集中，随时注意信号，遇到事故和危险时立即停车，以确保施工安全。

3.2.3 塔式起重机

塔式起重机是指具有竖直的塔身，起重臂安装在塔身顶部与塔身组成“T”形且能做 360° 回转的一种机械。它具有较高的起重高度、工作幅度和起重能力，速度快，效率高，装拆方便等特点，因此，广泛地应用于多层和高层的工业与民用建筑的结构施工上。

塔式起重机按起重能力可分为轻型塔式起重机，起重量为 0.5～3t，一般用于六层以下的民用建筑施工；中型塔式起重机，起重量为 3～15t，适用于一般工业与民用建筑施工；重型塔式起重机，起重量为 20～40t，适用于重工业厂房和高炉等设备的吊装。

塔式起重机的布置应保证其起重高度与起重量满足工程的需要，同时起重臂的工作范围应尽可能地覆盖整个建筑，以使材料运输到位。此外，材料的堆放、搅拌站的布置等尽可能地布置在起重机工作半径之内。

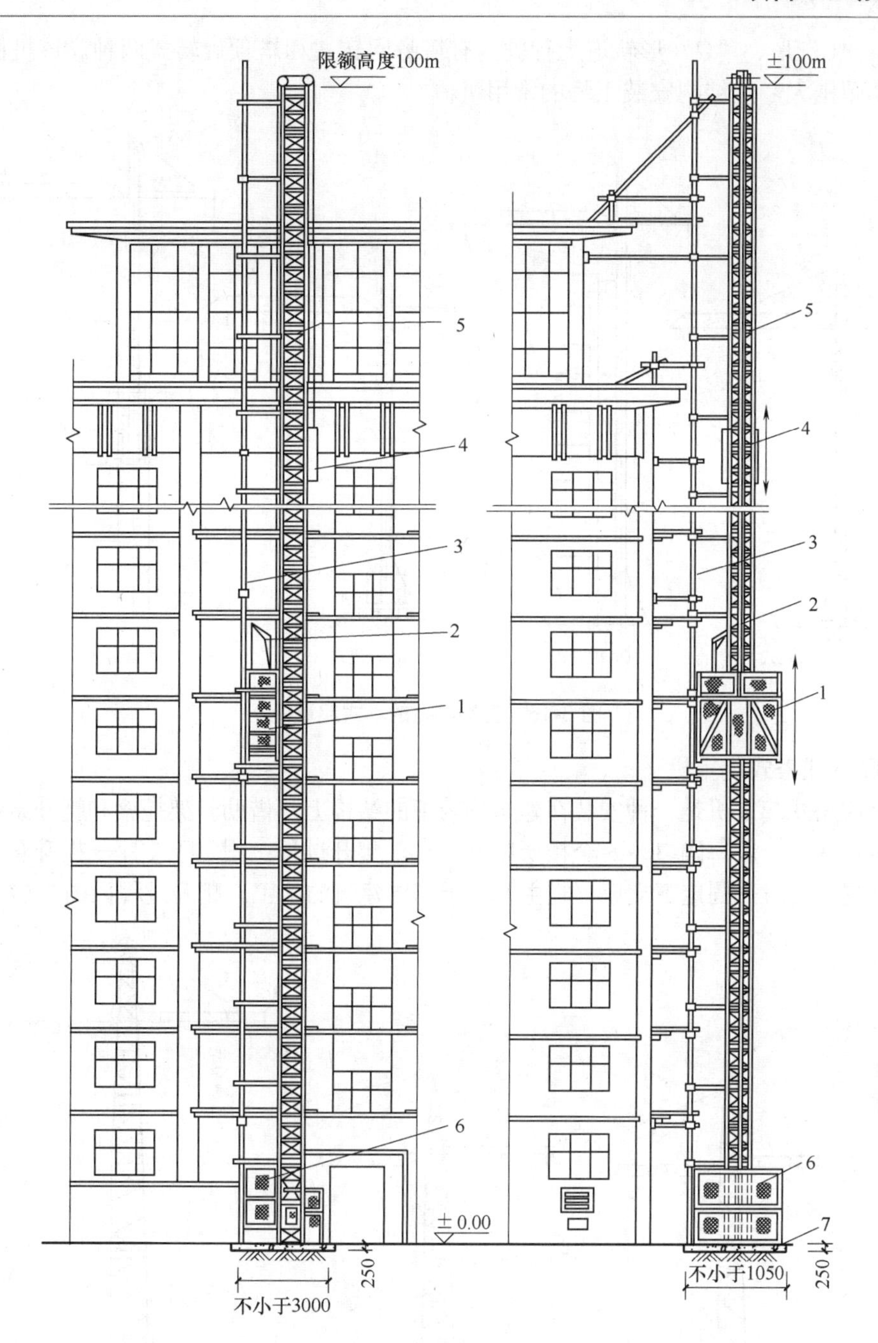

图 3-15 建筑施工电梯

1—吊笼；2—小吊杆；3—架设安装杆；4—平衡箱；5—导轨架；6—底笼；7—混凝土基础

1. 塔式起重机类型

塔式起重机一般分为轨道式、爬升式、附着式、固定式等，如图 3-16 所示。

1) 轨道式塔式起重机

轨道式塔式起重机是一种能在轨道上行驶的起重机。这种起重机可以负载行驶，可在直线型、“L”形、“U”形轨道上行驶，有塔身回转式和塔顶旋转式两种。该机械操作灵活，活动范围大，是结构安装工程的常用机械。

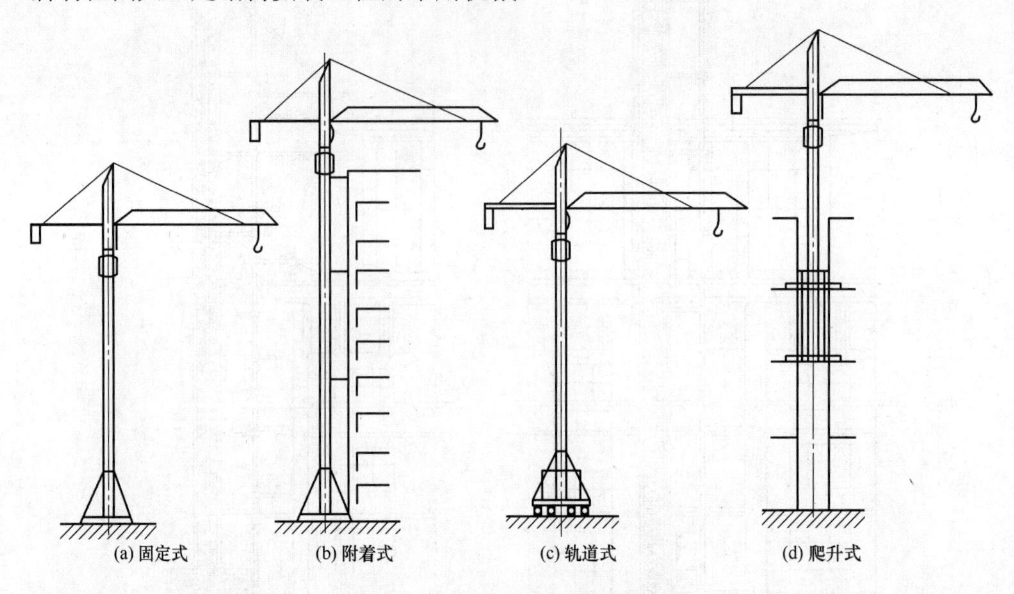

图 3-16　各种类型的塔式起重机

2) 爬升式塔式起重机

爬升式塔式起重机是一种安装在建筑物内部的结构上，借助套架托梁和爬升系统自己爬升的起重机械。一般每隔 1～2 个楼层爬升一次，爬升过程：固定下支座→提升套架→下支座脱空→提升塔身→固定下支座。它主要用于高层建筑的施工。爬升过程如图 3-17 所示。

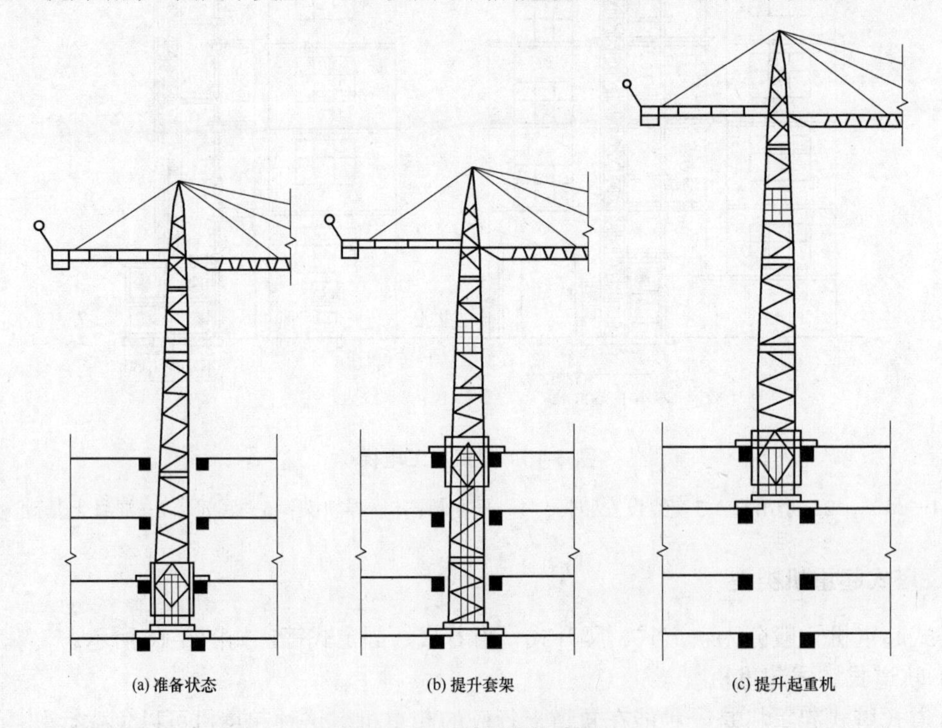

图 3-17　爬升过程示意图

3) 附着式塔式起重机

附着式塔式起重机是固定在建筑物近旁混凝土基础上的一种起重机，它可以借助顶升系统随着建筑施工高度而自行向上接高。为了减少塔身的计算高度，规定每隔 20m 左右将塔身与建筑物用锚固装置连接起来。它适用于高层建筑的施工。顶升过程如图 3-18 所示。

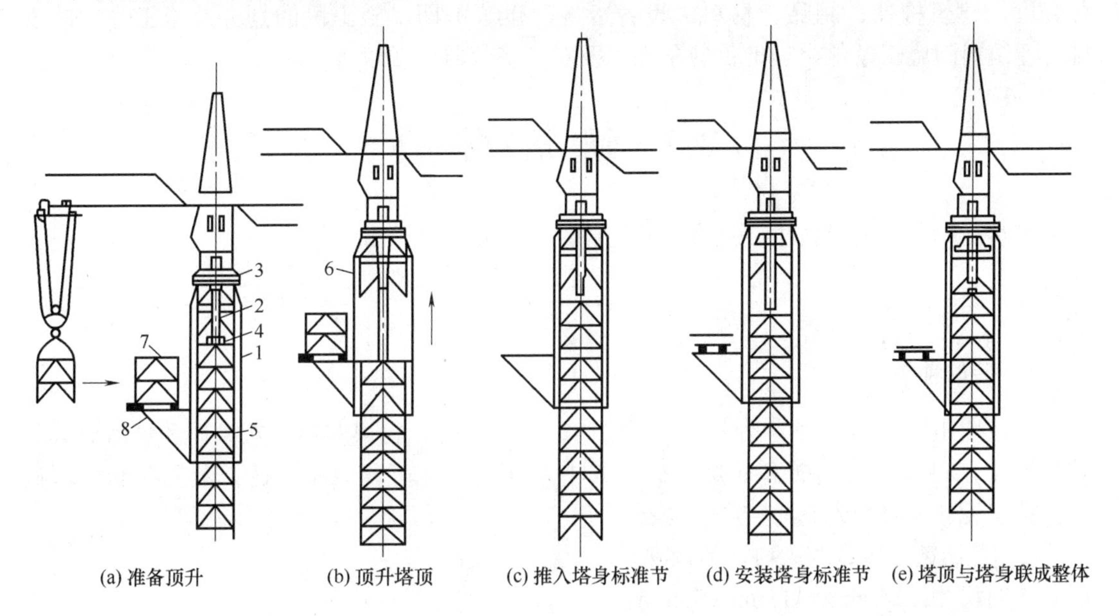

图 3-18　附着式塔式起重机顶升过程

1—顶升套架；2—液压千斤顶；3—承座；4—顶升横梁；
5—定位销；6—过度节；7—标准节；8—摆渡小车

4) 固定式塔式起重机

固定式塔式起重机的底架安装在独立的混凝土基础上，塔身不与建筑物拉结。这种起重机适用于安装大容量的油罐、冷却塔等特殊构筑物。

2. 塔式起重机的工作参数

塔式起重机的主要参数是起重量、起重高度、回转半径等。

1) 起重量

起重量是指所起吊的构件重量与绑扎构件所用索具设备重量的总和。起重量参数又分为最大幅度时的额定起重量和最大起重量，前者是指吊钩滑轮位于臂端头时的起重量，而后者是吊钩滑轮以多倍率(3 绳、4 绳、6 绳、8 绳)工作时的最大额定起重量。对于钢筋混凝土高层及超高层建筑，最大幅度时的额定起重量极为关键；对于全装配式建筑，最大幅度起重量应以最大外墙板重量为依据；对于现浇钢筋混凝土建筑，应按最大混凝土料斗容量确定所需要的最大幅度起重量；对于钢结构高层及超高层建筑，最大起重量应以最重构件的重量为准。

2) 起重高度

起重高度是指起重机停机面至吊钩中心的垂直距离，可通过作图和计算来确定。

3) 回转半径

回转半径是指起重机的工作半径或幅度，是从塔吊回转中心线至吊钩中心线的水平距离。可以通过建筑物外形尺寸，作图确定回转半径。

3．选择塔式起重机的影响因素

影响塔式起重机选择的因素有：建筑物的外形和平面布置，建筑层数、层高和建筑物总高度，建筑构件、制品、材料、设备运输，建筑工期，施工段的划分及施工进度的安排，建筑周围施工条件，当地供应条件以及对经济效益的要求等。

3.3 砌筑材料

砌筑工程所用的材料主要是砖、石、砌块以及砌筑砂浆等。

3.3.1 砖

1．砖的种类

砖按所用原材料可分为粘土砖、页岩砖、煤矸石砖、粉煤灰砖、灰砂砖和炉渣砖等；按生产工艺可分为烧结砖和非烧结砖，其中非烧结砖又可分为压制砖、蒸养砖和蒸压砖等；按有无孔洞可分为空心砖和实心砖。

(1) 普通粘土砖、灰砂砖、粉煤灰砖。

砖的尺寸：240mm×115mm×53mm。

砖的强度等级：MU10、MU15、MU20、MU25、MU30。

(2) 烧结多孔砖(承重)。

砖的尺寸：P 型为 240mm×115mm×90mm；M 型为 190mm×190mm×90mm。

砖的强度等级：MU10、MU15、MU20、MU25、MU30。

(3) 烧结空心砖(非承重)。

砖的尺寸：240mm×240mm×115mm、300mm×240mm×115mm。

砖的强度等级：MU2.5、MU3.5、MU5.0、MU7.5、MU10。

2．砖的准备

(1) 选砖：砖的品种、强度等级必须符合设计要求，并应规格一致；用于清水墙、柱表面的砖，外观要求应尺寸准确、边角整齐、色泽均匀，无裂纹、掉角、缺棱和翘曲等严重现象。

(2) 砖浇水：为避免砖吸收砂浆中过多水分而影响粘结力，砖应提前 1～2d 浇水湿润，并可除去砖面上的粉末。烧结普通砖的含水率宜为 10%～15%，但浇水过多会产生砌体走样或滑动。当气候干燥时，灰砂砖、粉煤灰砖不宜浇水过多，其含水率控制在 5%～8%为宜。

3.3.2 石材

1．石材的分类

砌筑用石分为毛石和料石两类。毛石又称片石或块石，是由爆破直接获得的石块。砌筑用石是毛石未经加工，厚不小于 150mm，体积不小于 $0.01m^3$ 的石料。毛石根据平整程度分为刮毛石和平毛石。刮毛石是指形状不规则的石块。常用于砌筑毛石基础、勒脚、墙身、挡土墙。平毛石是指形状不规则，但有两个平面大致平行的石块。常用于砌筑基础、勒脚、墙身。

料石又称条石，经加工，外观规则，尺寸均≥200mm，按其加工面的平整程度可分为细料石、半细料石、粗料石和毛料石 4 种。

石料按其质量密度大小分为轻石和重石两类：质量密度不大于 $18kN/m^3$ 者为轻石，质量密度大于 $18kN/m^3$ 者为重石。

2. 石材的等级

根据石料的抗压强度值，将石料分为 MU10、MU15、MU20、MU30、MU40、MU50、MU60、MU80、MU100 共 9 个强度等级。

3. 石材的准备

毛石砌体所用的石材应质地坚实、无风化剥落和裂纹。用于清水墙、柱表面的石材，应色泽均匀。石材表面的泥垢、水锈等杂质，砌筑前应清除干净，以利于砂浆和石材的粘接。毛石应呈块状，其中部厚度不宜小于 150mm，其强度应满足设计要求。

3.3.3 砌块

1. 砌块的种类

砌块代替粘土砖作为墙体材料，是墙体改革的一个重要途径。它具有自重轻、机械化和工业化程度高、施工速度快、生产工艺和施工方法简单、可利用工业废料等优点。砌块按形状可分为实心砌块和空心砌块两种；按制作原材料可分为粉煤灰、加砌混凝土、混凝土、硅酸盐、石膏砌块等数种；按规格可分为小型砌块、中型砌块和大型砌块。砌块高度在 115～380mm 之间的称为小型砌块，高度在 380～980mm 之间的称为中型砌块，高度大于 980mm 的称为大型砌块。目前在工程上多采用中小型砌块，各地区生产的砌块规格不一，砌块的外观、尺寸和强度应符合设计要求。

2. 砌块的规格

砌块的规格、型号与建筑的层高、开间和进度有关。由于建筑的功能要求、平面布置和立面体形各不相同，这就必须选择一组符合统一模数的标准砌块，以适应不同建筑平面的变化。

由于砌块的规格、型号的多少与砌块幅面尺寸的大小有关，即砌块幅面尺寸大，规格、型号就多；砌块幅面尺寸小，规格、型号就少。因此，合理地制定砌块的规格，有助于促进砌块生产发展、加速施工进度、保证工程质量。

普通混凝土小型空心砌块的主规格尺寸为 390mm×190mm×190mm，辅助规格尺寸为 290mm×190mm×190mm。

3．砌块的等级

普通混凝土小型空心砌块按其强度分为 MU3.5、MU5、MU7.5、MU10、MU15、MU20。轻骨料混凝土小型空心砌块按其强度分为 MU2.5、MU3.5、MU5、MU7.5、MU10。

3.3.4 砌筑砂浆

1．砂浆的种类

砂浆是由胶结材料、细骨料和水组成的混合物。按照胶结材料的不同，砂浆可分为水泥砂浆、水泥粉煤灰砂浆和水泥混合砂浆。

2．砂浆的强度等级

砌筑所用砂浆的强度等级有 M5、M7.5、M10、M15、M20、M25 和 M30 共 7 种。

3．砂浆的选择

应根据设计要求选择砂浆的种类及其强度等级。水泥砂浆和水泥混合砂浆可用于砌筑潮湿环境和强度要求较高的砌体，但对于一般基础砌筑可采用水泥砂浆。石灰砂浆宜用于干燥环境中的砌筑以及强度要求不高的砌体，不宜用于潮湿环境的砌体及基础，因为石灰属于气硬性胶凝材料，在潮湿环境中，石灰膏不但难以结硬，而且会出现溶解流散现象。

4．材料要求

(1) 砌筑砂浆使用的水泥品种、标号及强度等级，应根据砌体部位和所处环境来选择；水泥进场使用前，应分批对其强度、安全性进行复验。检验批应以同一生产厂家、同一编号为一批；水泥应保持干燥，储存时间不应超过三个月，否则重新试验确定强度等级；不同品种不能混合使用。

(2) 砂浆用砂的含泥量应满足下列要求：对水泥砂浆和强度等级不小于 M5 的水泥混合砂浆，不应超过 5%；对强度等级小于 M5 的水泥混合砂浆，不应超过 10%；人工砂、山砂及特细砂，应经试配能满足砌筑砂浆的技术条件要求。

5．砂浆制备与使用

砌筑砂浆应符合设计规定的种类和强度等级，稠度也必须适应操作要求，并且要具有良好的保水性，拌合应均匀。砌筑砂浆的配合比应在施工前由试验适配确定，配料是采用各种材料的重量比。

搅拌砂浆用水，水质应符合国家的现行标准《混凝土拌合用水标准》的规定。砂浆在现场搅拌时，各组分材料应采用质量计算。砌筑砂浆应采用机械搅拌，自投料完算起，搅拌时间应符合下列规定：水泥砂浆和水泥混合砂浆不得少于 2min；水泥粉煤灰砂浆和掺用外加剂的砂浆不得少于 3min；掺用有机塑化剂的砂浆应为 3～5min。

砌筑砂浆应随拌随用，水泥砂浆应在拌成后 3h 内用完(当气温超过 30° 时，应为 2h

用完)；混合砂浆应在拌成后4h内用完(当气温超过30°时，应为3h用完)。

6．砂浆的强度检验

在进行砌筑砂浆试块的强度验收时，其强度合格标准必须符合下列规定。

(1) 同一验收批砂浆试块的抗压强度平均值必须大于或等于设计强度等级的1.10倍。

(2) 同一验收批砂浆试块抗压强度的最小一组平均值必须大于或等于设计强度等级的85%。

(3) 砂浆强度应以标准养护龄期为28d的试块抗压试验结果为准。

(4) 抽检数量：每一检验批且不超过250m³砌体中各种类型及强度等级的砌筑砂浆，每台搅拌机应至少抽检一次。

(5) 检验方法：在砂浆搅拌机出料口随机取样制作砂浆试块(同盘砂浆只应制作一组试块)，最后检查试块强度的实验报告单。其强度应符合表3-1的规定。

表3-1　砌筑砂浆试块强度验收时的合格标准

设计强度等级	同一验收批砂浆试块28d抗压强度/MPa	
	平均值不小于	最小一组平均值不小于
M20	22.0	17.00
M15	16.5	12.75
M10	11.0	0.85
M7.5	8.25	6.38
M5	5.5	4.25
M2.5	2.75	2.13

3.4　砌筑施工

3.4.1　石砌体施工

1．材料要求

石砌体所用石材应质地坚实、无风化剥落和裂纹。用于清水墙、柱表面的石材，应色泽均匀。石材表面的泥垢、水锈等杂质，砌筑前应清除干净。毛石中部的厚度不宜小于150mm。

砌筑砂浆的品种和强度等级应符合设计要求。砂浆稠度宜为30～50mm，雨期或冬期稠度应小一些，在暑期或干燥气候的情况下，稠度可大一些。

2．石砌体施工

毛石砌体是用毛石和砂浆砌筑而成。毛石用乱毛石和平毛石，砂浆用水泥砂浆或混合砂浆，一般采用铺浆法砌筑。灰缝厚度宜为20～30mm，砂浆应饱满。毛石砌体宜分皮卧砌，并应上下错缝，内外搭接。不得采用外面侧立石块，中间填心的砌筑方法。每日砌筑高度不宜超过1.2m。在转角处及交接处应同时砌筑，如不能同时砌筑，应留斜槎。

1) 毛石基础施工

毛石基础的断面形式有阶梯形和梯形(如图 3-19 所示)，基础顶面宽度应比墙厚大200mm，即每边宽出 100mm，每阶高度一般为 300～400mm，并至少砌两皮毛石。上一阶梯的石块应至少压砌下一阶梯的 1/2。相邻阶梯的毛石应相互错缝搭砌。砌第一层石块时，基底要做浆，石块大面向下，基础最上一层石块，宜选用较大的毛石砌筑。基础第一层及转角处、交接处和洞口处选用较大的平毛石砌筑。

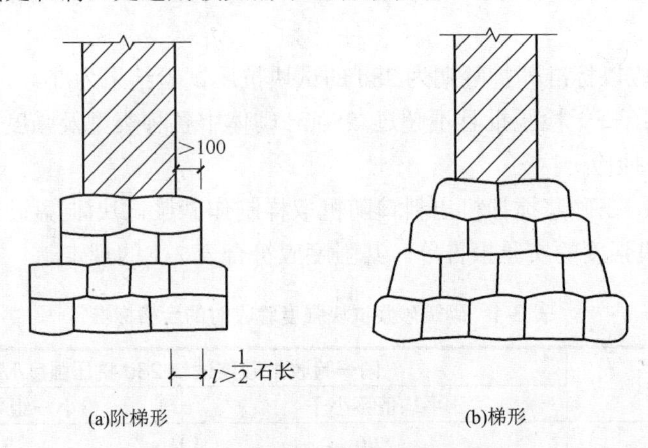

图 3-19　毛石基础

2) 毛石墙施工

毛石墙一般采用交错组砌，灰缝不规则。外观要求整齐的墙面，其外皮石材可适当加工。毛石墙的转角应用料石或修整的平毛石砌筑。墙角部分纵横宽度至少为 0.8m。毛石墙在转角处，应采用有直角边的石料砌在墙角一面，据长短形状纵横搭接砌入墙内；丁字接头处，要选用较为平整的长方形石块，长短纵横砌入墙内，使其在纵横墙中上下皮能相互搭砌，如图 3-20 所示。

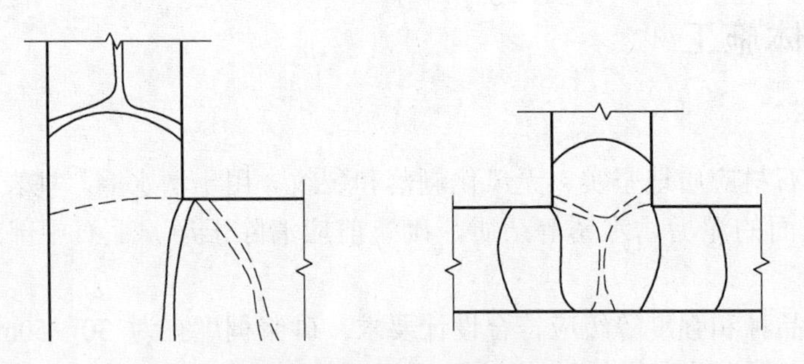

图 3-20　转角处和交接处

毛石墙第一皮石块及最上一皮石块应选用较大平毛石砌筑，第一皮大面向下，以后各皮上下错缝，内外搭接，墙中不应放铲口石和对合石，如图 3-21 所示。毛石墙必须设置拉结石，拉结石均匀分布，相互错开，一般每 $0.7m^2$ 墙面至少设置一块，且同皮内的中距不大于 2m。拉结石长度：墙厚等于或小于 400mm，应等于墙厚；墙厚大于 400mm，可用两块拉结石内外搭接，搭接长度不小于 150mm，且其中一块长度不小于墙厚的 2/3。

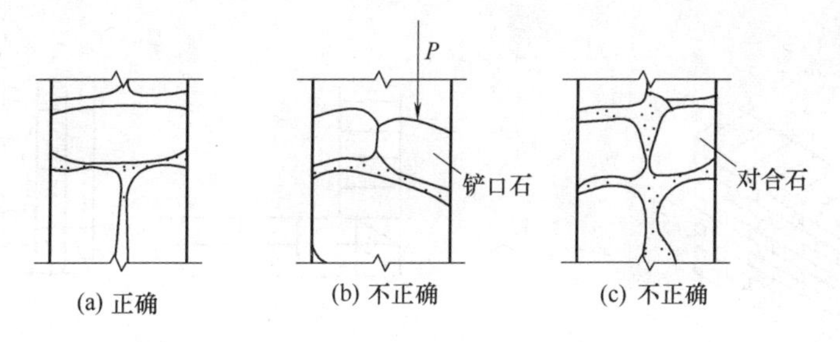

图 3-21　毛石墙砌筑

3.4.2　砖砌体施工

1．砖砌体的组砌形式

1) 砖墙的组砌形式

(1) 一顺一丁。

一顺一丁是指一皮中全部顺砖与一皮中全部丁砖相互间隔砌成，上下皮间的竖缝相互错开 1/4 砖长，如图 3-22(a)所示。这种砌法效率较高，但当砖规格不一致时，竖缝就难以整齐。

(2) 三顺一丁。

三顺一丁是指三皮中全部顺砖与一皮中全部丁砖间隔砌成，上下皮顺砖间竖缝错开 1/2 砖长，上下皮顺砖与丁砖间的竖缝错开 1/4 砖长，如图 3-22(b)所示。这种砌筑方法，由于顺砖较多，砌筑效率较高，适用于砌筑一砖或一砖以上的墙体。

(3) 梅花丁。

梅花丁又称沙包式、十字式，梅花丁是指每皮中丁砖与顺砖相隔，上皮丁砖坐中于下皮顺砖，上下皮间的竖缝相互错开 1/4 砖长，如图 3-22(c)所示。这种砌法内外竖缝每皮都能错开，故整体性较好，灰缝整齐、美观，但砌筑效率较低，砌筑清水墙或当砖的规格不一致时，采用这种砌法较好。

为了使砖墙转角处各皮砖间竖缝相互错开，必须在转角处砌七分头砖(即 3/4 砖长)。当采用一顺一丁组砌时，七分头的顺面方向依次砌顺砖，丁面方向依次砌丁砖，如图 3-23(a)所示。

砖墙的丁字接头处，应分皮相互砌通，内角相交处竖缝应错开 1/4 砖长，并在横墙端头处加砌七分砖头，如图 3-23(b)所示。

砖墙的十字接头处，应分皮相互砌通，交角处的竖缝相互错开 1/4 砖长，如图 3-23(c)所示。

2) 砖基础组砌形式

砖基础有带形基础和独立基础，基础下部扩大称为大放脚。大方脚有等高式和不等高式两种，如图 3-24 所示。等高式大放脚是两皮一收，两边各收 1/4 砖长；不等高式大放脚是两皮一收和一皮一收相间隔，两边各收 1/4 砖长。大放脚的底宽应根据计算而定，各层大放脚的宽度应为半砖长的整数倍。大放脚一般采用一顺一丁的砌法。竖缝要错开，要注意十字及丁字接头处砖块的搭接，在这些交接处，纵横墙要隔皮砌通。大放脚最下一皮及每层的最上面一皮应以丁砌为主。

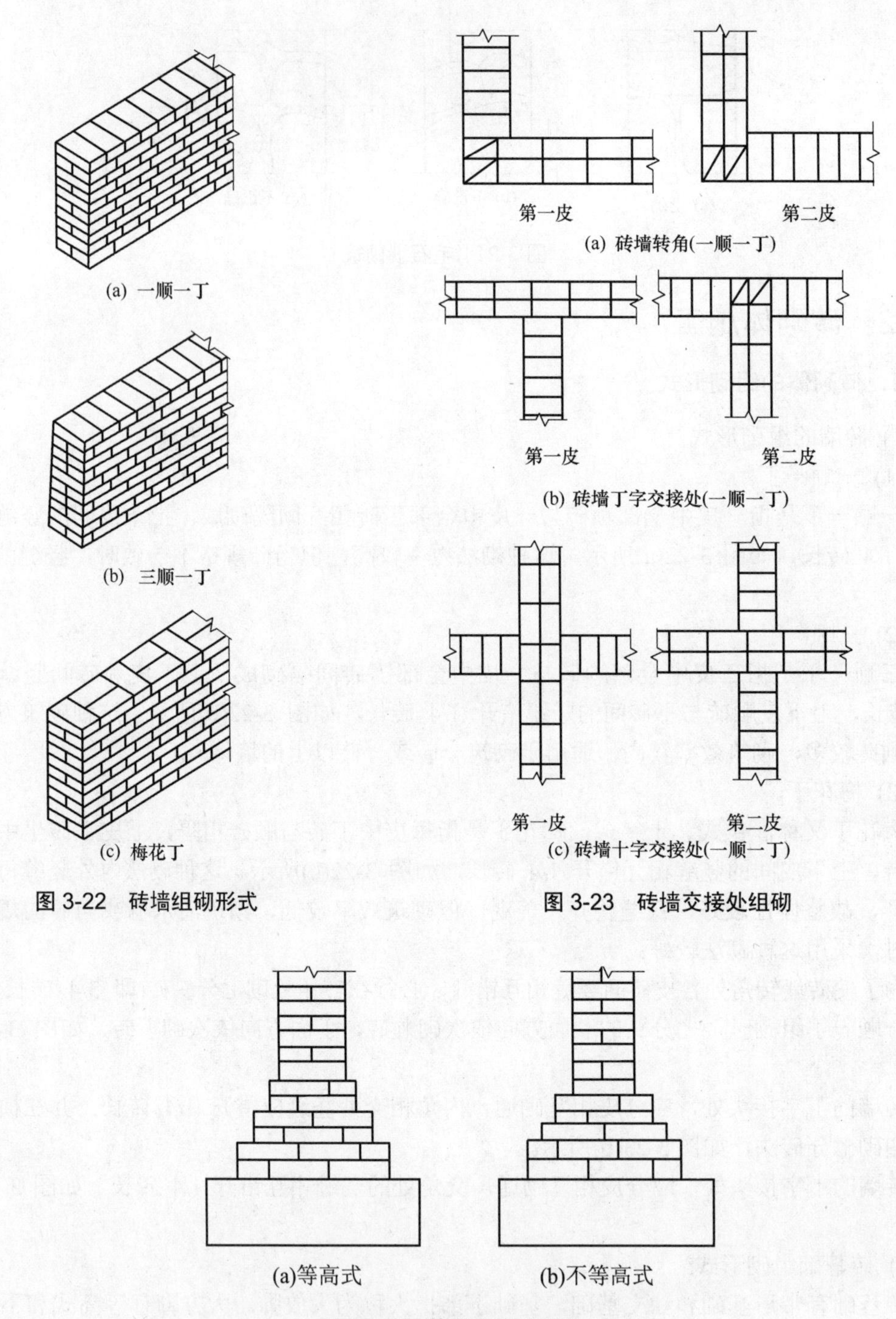

图 3-22　砖墙组砌形式

图 3-23　砖墙交接处组砌

图 3-24　基础大放脚形式

3) 砖柱组砌形式

砖柱组砌形式应使柱面上下皮的竖缝相互错开 1/2 砖长或 1/4 砖长，在柱心无通天缝，少砍砖，并尽量利用二分头砖(即 1/4 砖长)，严禁采用包心砌筑，如图 3-25 所示。

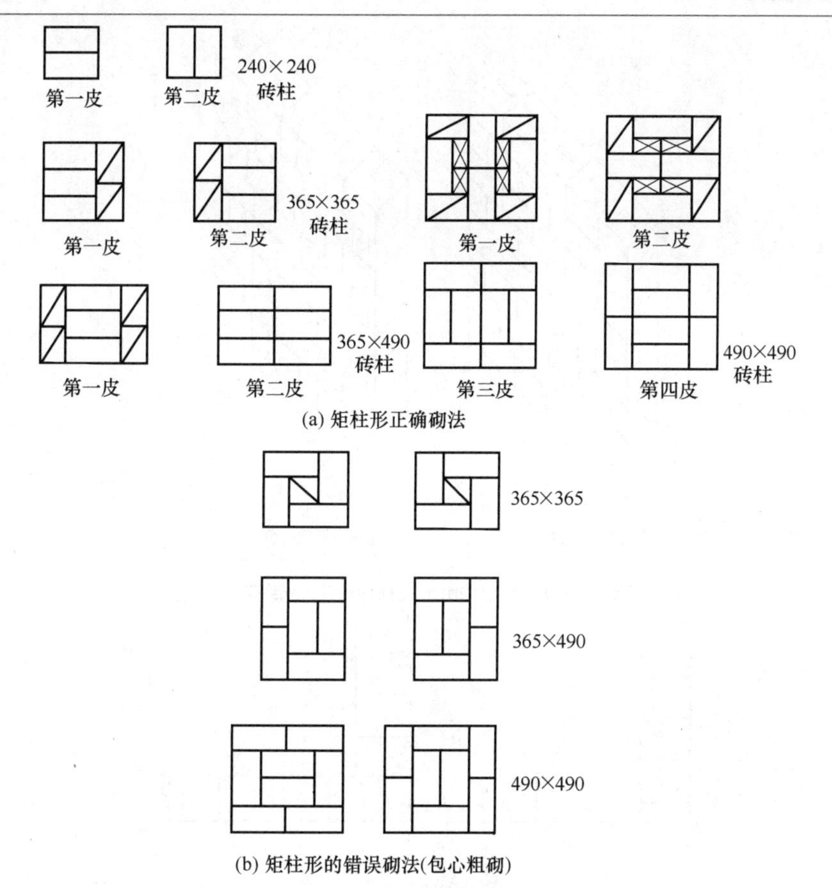

(a) 矩柱形正确砌法

(b) 矩柱形的错误砌法(包心粗砌)

图 3-25　砖柱组砌

4) 空心砖墙组砌形式

规格为 190×190×90mm 的承重空心砖一般是整砖顺砌，上下皮竖缝相互错开 1/2 砖长。如有半砖规格，也可采用每皮中整砖与半砖相隔的梅花丁形式砌筑，如图 3-26 所示。

规格为 240×115×90mm 的承重空心砖一般采用一顺一丁或梅花丁形式砌筑。规格为 240×180×115mm 的承重空心砖一般采用全顺或全丁形式砌筑。非承重空心砖一般是侧砌，上下皮竖缝相互错开 1/2 砖长。

空心砖墙的转角及丁字交接处，应加砌半砖使灰缝错开，转角处半砖砌在外角上，丁字交接处半砖砌在横墙端头，如图 3-27 所示。

5) 砖平拱过梁组砌形式

砖平拱过梁用普通砖侧砌，其高度有 240、300、370mm，厚度等于墙厚。砌筑时在拱脚两边的墙端应砌成斜面，斜面的斜度为 1/4～1/6。侧砌砖的块数要求为单数，灰缝成楔形缝，过梁底的灰缝宽度不应小于 5mm，过梁顶面的灰缝宽度不应大于 15mm，拱脚下面应伸入墙内 20～30mm，如图 3-28 所示。

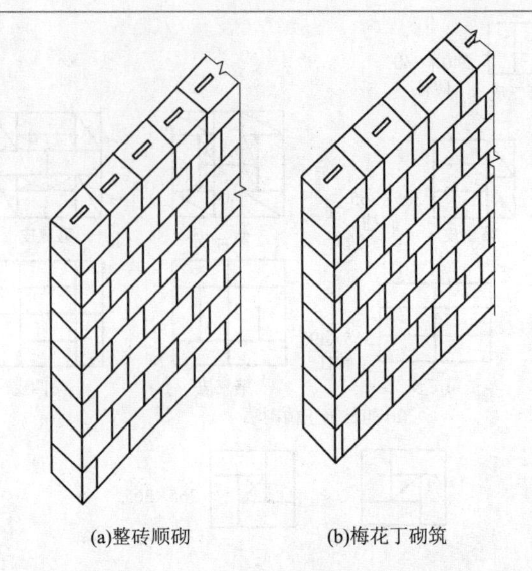

(a)整砖顺砌　　(b)梅花丁砌筑

图 3-26　190mm×190mm×90mm 空心砖砌筑形式

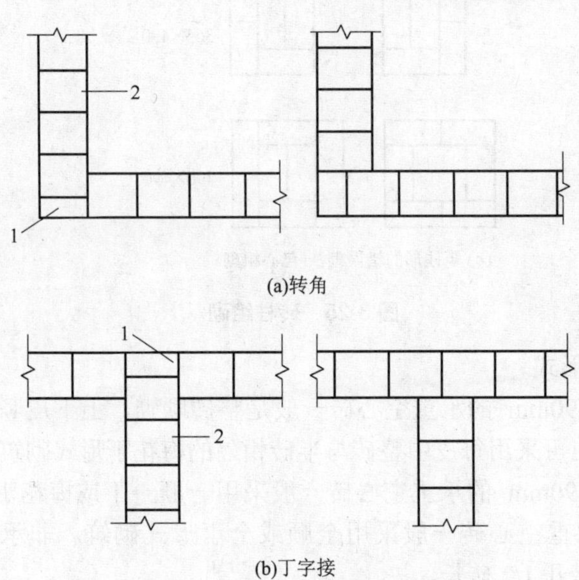

图 3-27　空心砖墙转角及丁字交接

1—半砖；2—整砖

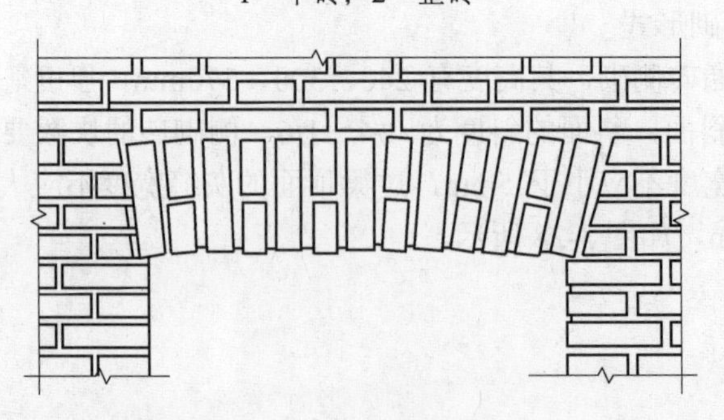

图 3-28　平拱式过梁

6) 空斗墙组砌形式

空斗墙与实心砌体相比具有节约材料、自重轻、保暖及隔声性能好的优点，但同时也存在整体性差、抗剪能力差、砌筑工效低等缺点。一般东北地区的火墙就是空斗墙。

空斗墙组砌形式有：一眠一斗、一眠两斗、一眠三斗、无眠斗墙等。

2．砖砌体的砌筑方法

砖砌体的砌筑方法有“三一”砌筑法、挤浆法、刮浆法和满口灰法四种，其中最常用的是“三一”砌筑法和挤浆法。

1)“三一”砌筑法

“三一”砌筑法即是一块砖、一铲灰、一揉压并随手将挤出的砂浆刮去的砌筑方法。这种方法的优点：灰缝容易饱满，粘结性好，墙面整洁。故实心砖砌体宜采用“三一”砌筑法。

2) 挤浆法

挤浆法即用灰勺、大铲或铺灰器在墙顶上铺一段砂浆，然后双手拿砖或单手拿砖，用砖挤入砂浆中一定厚度之后把砖放平，达到下齐边、上齐线、横平竖直的要求。这种方法的优点：可以连续挤砌几块砖，减少烦琐的动作；平推平挤可使灰缝饱满；效率高；保证砌筑质量。

3．砖砌体的施工工艺

1) 砖基础施工工艺

砖基础施工包括垫层施工、基础弹线和基础砌筑三部分。

(1) 垫层施工。

垫层根据材料不同，常用的有灰土垫层、砂垫层、碎砖三合土垫层等。

(2) 基础弹线。

在垫层施工完成后，砖基础砌筑前必须在垫层上弹出轴线和基础边线。弹线可使用经纬仪根据龙门板上的轴线钉或引桩直接把墙体轴线投测到垫层上，然后在垫层上用墨线弹出轴线和基础边线。或者不用经纬仪，而利用紧绷在龙门板轴线钉上的麻线吊一个线锤找到轴线在垫层上的投影点，然后弹线(后者误差大)。

(3) 砖基础砌筑。

砖基础砌筑前必须用皮数杆检查垫层面标高是否合适。如果第一层砖下水平缝超过20mm 时，应先用细石混凝土找平。当基础垫层标高不等时，应从最低处开始砌筑。砌筑时需经常拉通线检查，防止位移或同皮砖标高不等。当砌筑到防潮层标高时，应扫清砌体表面，浇水湿润后，按图纸设计要求进行防潮层施工。如果没有具体要求，可采用一毡二油，也可采用 1∶2.5 水泥砂浆掺水泥重 5%的防水粉制成防水砂浆，但有抗震设防要求时，不能用油毡。

2) 砖墙施工工艺

砖墙砌筑的施工过程一般有抄平、放线、摆样砖、立皮数杆、挂准线、砌砖、勾缝、清理等工序。

(1) 抄平。

基础砌筑完毕或每层墙体砌筑完毕均需抄平。抄平时，在基础墙身防潮层或楼面上按标准水准点引测出各层标高，然后用 M7.5 水泥砂浆或 C10 细石混凝土找平，使各段砖墙底部的标高符合设计要求，并应使上下两层外墙间不至于出现明显的接缝。

(2) 放线。

根据龙门板上给定的轴线及图纸上标注的墙体尺寸，在基础顶面上用墨线弹出墙的轴线和墙的宽度线定出门窗洞口位置线。

(3) 摆样砖。

摆样砖是指在放线的基础顶面按选定的组砌形式用干砖试摆。一般在房屋外纵墙方向摆顺砖，在山墙方向摆丁砖，要求丁头灰缝均匀，减少砍砖次数。横墙及楼板下一皮砖应摆丁砖。摆砖应从一个大角摆到另一个大角，砖竖缝留 10mm。

摆样砖的目的是核对所放的墨线在门窗洞口、附墙垛等处是否符合砖的模数，以尽可能减少砍砖次数，并使灰缝均匀。若试摆后赶不上砖的模数，但偏差较小，可以适当调整竖缝的宽度，这样既保证灰缝均匀，同时又减少了砍砖次数，提高了砌筑效率。

(4) 立皮数杆、挂准线。

皮数杆是指在其上画有每皮砖和砖缝厚度以及门窗洞口、过梁、楼板、底梁、预埋件等标高位置的一种木质标杆，如图 3-29 所示。它是砌筑时控制砌体竖向尺寸及各部位构件的竖向标高，同时还可以保证砌体的垂直度。

皮数杆一般应立在墙体的转角处、纵横墙交接处、楼梯间及洞口多的地方，每隔 10～15m 立一根。皮数杆设立应由两个方向斜撑或锚钉加以固定，以保证皮数杆的牢固和垂直，一般每次开始砌砖前都应检查一遍皮数杆的垂直度和牢固程度。

为保证砌体垂直平整，在砌筑时必须挂线，一般一砖墙可单面挂线，一砖半墙及以上的墙则应双面挂线。

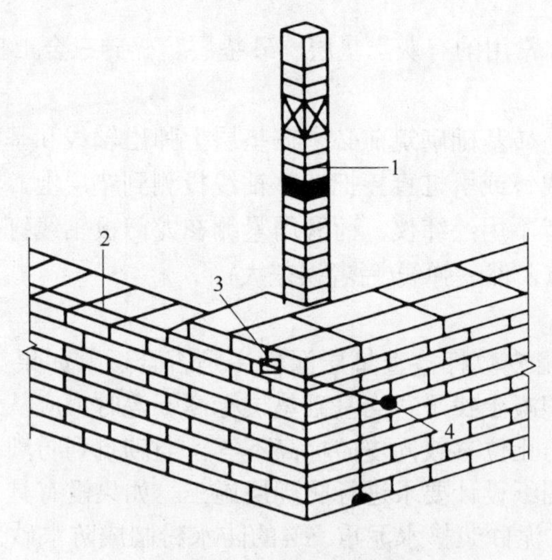

图 3-29　皮数杆示意图

1—皮数杆；2—准线；3—竹片；4—圆铁钉

(5) 砌砖。

砌砖的操作方法很多，常用的是“三一”砌砖法和挤浆法。砌砖时，先挂上通线，按所排的干砖位置把第一皮砖砌好，然后盘角。盘角又称立头角，是指在砌墙时先砌墙角，然后从墙角处拉准线，再按准线砌中间的墙，砌筑过程中应三皮一吊、五皮一靠，尽量消除误差，以保证墙面垂直平整。

(6) 勾缝、清理。

清水墙砌完后，要进行墙面修正及勾缝。墙面勾缝应横平竖直、深浅一致、搭接平整，不得有丢缝、开裂和粘接不牢等现象。砖墙勾缝宜采用凹缝或平缝，凹缝深度一般为4～5mm。勾缝完毕后，应进行墙面、柱面和落地灰的清理。

4. 砖砌体的技术要求

1) 砖墙的技术要求

(1) 首层墙体砌筑前及各层墙体砌筑后必须校对一次水平、轴线和标高。在允许的偏差范围内，其偏差值应在基础或楼板顶面调整。

(2) 砖砌体的水平灰缝厚度和竖缝厚度为 8～12mm，一般为 10mm。

(3) 水平灰缝砂浆饱满度应不小于 80%，砂浆饱满度用百格网检查。竖向灰缝宜用挤浆或加浆方法，使其砂浆饱满，严禁用水冲浆灌缝。

(4) 砖砌体的转角和交接处应同时砌筑，不能同时砌筑时，应砌成斜槎，斜槎长度不应小于高度的 2/3，如图 3-30(a)所示。如临时间断处留斜槎有困难，除转角处外，也可以留直槎，但必须做成阳槎，并加设拉结筋。拉结筋的数量为每 120mm 墙厚设置一根直径为 6mm 的钢筋，间距沿墙高不得超过 500mm，埋入长度从墙的留槎处算起，每边均不应小于 500mm，末端应有 90° 弯钩，如图 3-30(b)所示。抗震设防地区建筑物的临时间断处不得留直槎。

(5) 在墙上留置的临时施工洞口，其侧边离交接处的墙面不应小于 500mm，洞口净宽度不应超过 1m，顶部宜设置过梁。

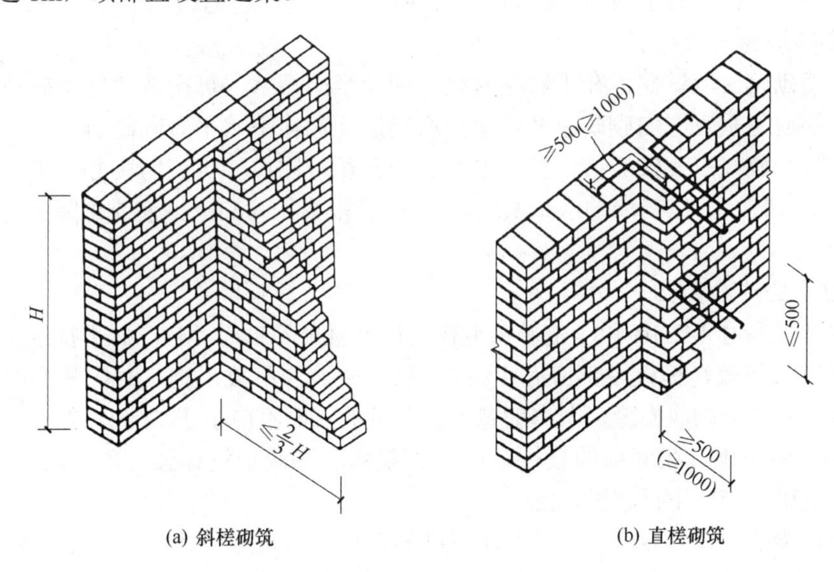

(a) 斜槎砌筑　　(b) 直槎砌筑

图 3-30　接槎

(6) 不得在下列墙体或部位中设置脚手眼。

① 空斗墙、半砖墙和砖柱。

② 砖过梁上与过梁成60°角的三角形范围内及过梁净跨度1/2的高度范围内。

③ 宽度小于1m的窗间墙。

④ 梁或梁垫下及其左右各500mm的范围内。

⑤ 砖砌体的门窗洞口两侧200mm(石砌体为300mm)和转角处450mm(石砌体为600mm)范围内。

⑥ 设计不允许设置脚手眼的地方。

(7) 每层承重墙最上的面一皮砖、梁或梁垫下面的砖应采用丁砖砌筑。隔墙与填充墙的顶面与上层结构的接触处，宜用侧砖或立砖斜砌挤紧。

(8) 砌体相邻工作段的高度差，不得超过一个楼层的高度，也不宜大于4m。工作段的分段位置宜设在伸缩缝、沉降缝、防震缝或门窗洞口处。砌体临时间断处的高度差不得超过一步架的高度。

(9) 尚未施工楼板或屋面的墙或柱，当可能遇到大风时，其允许的自由高度不得超过规范的要求。

(10) 设有钢筋混凝土构造柱的抗震多层房屋，应先绑扎钢筋，后砌墙体，最后浇筑混凝土。构造柱与墙体的连接处应砌成马牙槎，马牙槎应先退后进，墙与柱应沿高度方向每500mm设2Φ6水平拉结筋，每边伸入墙内不应少于1m，预留的拉结钢筋应位置正确，施工中不得任意弯折。

2) 砖基础的技术要求

砖基础砌筑前，应先检查垫层施工是否符合质量要求，然后清扫垫层表面，将浮土及垃圾清除干净。砌基础时可依皮数杆先砌几皮转角及交接处部分的砖，然后在其间拉准线砌中间部分。若砖基础不在同一深度，则应先由底往上砌筑，在砖基础高低台阶接头处，下面台阶要砌一定长度的实砌体，砌到上面后和上面的砖一起退台。

3) 空心砖墙的技术要求

空心砖墙砌筑前应试摆，在不够整砖处，如无半砖规格，可用普通粘土砖补砌。承重空心砖的孔洞应呈垂直方向砌筑，非承重空心砖的孔洞应呈水平方向砌筑。非承重空心砖墙其底部应至少砌筑三皮实心砖，在门洞两侧一砖长范围内，也应用实心砖砌筑。半砖厚的空心砖墙如墙较高，应在墙的水平灰缝中加设2根直径8mm钢筋或每隔一定高度砌几皮实心砖带。

4) 砖过梁的技术要求

砖平拱过梁应用MU10以上的整砖侧砌，砂浆强度不低于M5。砖平拱过梁砌筑时，应在其底部支设模板，模板中部应有1%的起拱。砖数为单数，砌筑时应从平拱两端同时向中间进行。灰缝应砌成楔形，灰缝的宽度在平拱的底面不应小于5mm；在平拱顶面不应大于15mm。砖平拱过梁底部的模板，应在砂浆强度不低于设计强度的50%时，方可拆除。砖平拱过梁的跨度不得超过1.2m。

钢筋砖过梁的底面为砂浆层，砂浆层厚度不宜小于30mm。砂浆层中应配置3根直径6～8mm的钢筋，其间距不宜大于120mm，钢筋两端伸入墙体内的长度不宜小于240mm，并有直角弯钩，如图3-31所示。钢筋砖过梁砌筑前，应先支设模板，模板中部应略有起拱。砌筑时，宜先铺15mm厚的砂浆层，把钢筋放在砂浆层上，使其弯钩向上，然后在铺15mm厚砂浆层，使钢筋位于30mm厚的砂浆层中间，之后，按墙体砌筑形式与墙体同时砌筑。钢筋砖过梁截面计算高度内(7 皮砖高)的砂浆强度不宜低于 M5。钢筋砖过梁的跨度不应超过 1.5m。模板应在砂浆强度不低于设计强度的 50%时，方可拆除。

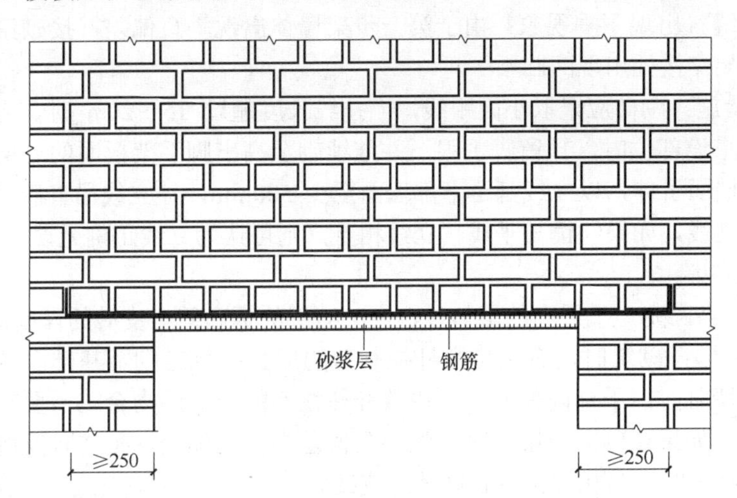

图 3-31　钢筋砖过梁

5．砖砌体工程的质量通病与防治措施

1) 砂浆强度不稳定

(1) 现象：砂浆强度低于设计强度标准值，有时砂浆强度波动较大，匀质性差。

(2) 主要原因：材料计量不准确；砂浆中的塑化材料或微末剂掺量过多；砂浆搅拌不均；砂浆使用时间超过规定；水泥分布不均匀等。

(3) 预防措施：建立材料的计量制度和计量工具校验、维修、保管制度，减少计量误差；对塑化材料(石灰膏等)宜调成标准稠度(120mm)进行称量，再折算成标准容积；砂浆尽量采用机械搅拌，分两次投料(先加入部分砂子、水和全部塑化材料，拌匀后再投入其余砂子和全部水泥进行搅拌，以保证搅拌均匀)；砂浆应按需要搅拌，宜在当班用完。

2) 砖墙墙面游丁走缝

(1) 现象：砖墙墙面上下皮砖之间的竖缝产生错位，丁砖竖缝歪斜，宽窄不匀，丁不压中；清水墙窗台部位与窗间墙部位的上下竖缝错位、搬家。

(2) 主要原因：砖的规格不统一，每块砖的长、宽尺寸误差大；操作中未掌握控制砖缝的标准，在开始砌墙摆砖时，没有考虑窗口位置对砖竖缝的影响，当砌至窗台处分窗口尺寸时，窗的边线不在竖缝位置上。

(3) 预防措施：砌砖时用同一规格的砖，如果规格不统一，则应弄清现场用砖情况，统一摆砖确定组砌方法，调整竖缝宽度；提高操作人员的技术水平，强调丁压中即丁砖的中线与下层条砖的中线重合；在摆砖时应将窗口位置引出，使窗的竖缝尽量与窗口边线相齐，如果窗口宽度不符合砖的模数，在砌砖时要打好七分头，排匀立缝，以保持窗间墙处的上下竖缝不错位。

3) 清水墙水平灰缝不直、墙面凹凸不平

(1) 现象：同一条水平灰缝的宽度不一致，个别砖层冒线砌筑；水平灰缝下垂；墙体中部(两步脚手架交接处)凹凸不平。

(2) 主要原因：砖的两个条面大小不等，使灰缝的宽度不一致，个别砖条面偏大较多，不易将灰缝砂浆压薄，从而出现冒线砌筑；所砌墙体长度超过 20m，挂线不紧，挂线产生下垂，灰缝就出现下垂现象；由于第一步架墙体出现垂直偏差，接砌第二步架时进行了调整，两步架交接处出现凹凸不平。

(3) 预防措施：砌砖应采取小面跟线，当挂线长度超过 15～20m 时，应加垫线；当墙面砌至脚手架搭设部位时，预留脚手眼，并继续砌至高出脚手架板面的一层砖，挂立线应由下面一步架墙面引伸，以立线延至下部墙面至少 500mm，挂立线吊直后，拉紧平线，用线锤吊平线和立线，如果线锤与平线、立线相重，则可认为立线正确无误。

4) “螺丝”墙

(1) 现象：当砌完一个层高的墙体时，同一砖层的标高差一皮砖的厚度而不能咬圈。

(2) 主要原因：砌筑时没有按皮数杆控制砖的层数；每当砌至基础面和预制混凝土楼板上的接砌砖墙时，由于标高偏差大，皮数杆往往不能与砖层吻合，需要在砌筑中用灰缝厚度逐步调整；如果在砌同一层砖时，误将负偏差当作正偏差，砌砖时反而压薄灰缝，在砌至层高皮数杆上时，与相邻位置正好差一皮砖。

(3) 预防措施：砌筑前应先测定所砌部位基面的标高误差，通过调整灰缝厚度来调整墙体标高；标高误差宜分配在一步架的各皮砖缝中，逐皮调整；在操作时挂线两端应相互呼应，并经常检查与皮数杆的砌层号是否相符。

3.4.3 砌块砌体施工

1. 小型砌块施工

(1) 施工时所用的小型砌块的产品龄期不应小于 28d。

(2) 在砌筑时，应清除表面污物和芯柱及小砌块孔洞底部的毛边，剔除外观质量不合格的小砌块。

(3) 在天气炎热的情况下，可提前洒水湿润小砌块；对轻骨料混凝土小砌块，可提前浇水湿润，当小砌块表面有浮水时，不得施工。

(4) 小砌块应底面朝上反砌与墙上。承重墙严禁使用断裂的小砌块。

(5) 小砌块应从转角或定位处开始，内外墙同时砌筑，纵横墙交错搭接。外墙转角处应使小砌块隔皮露端面；T 字交接处应使小砌块隔皮露端面，纵墙在交接处改砌两块辅助规格小砌块(尺寸为 290mm×190mm×190mm，一端开口)，所有露端面用水泥砂浆抹平，如图 3-32 所示。

(6) 小砌块墙体应对孔错缝搭砌，搭接长度不应小于 90mm。当墙体的个别部位不能满足上述要求时，应在灰缝中设置拉结钢筋或钢筋网片，但竖向通缝不能超过两皮小砌块。

(7) 小砌块砌体的灰缝应横平竖直，全部灰缝均应铺填砂浆；水平灰缝的砂浆饱满度不得低于 90%；竖向灰缝的砂浆饱满度不得低于 60%；砌筑中不得出现瞎缝、透明缝；水平灰缝厚度和竖向的宽度应控制在 8～12mm。

(8) 在小砌块砌体临时间断处应砌成斜槎，斜槎长度不应小于斜槎高度的 2/3(一般按一步脚手架高度控制)。如果留斜槎有困难，除外墙转角处及抗震设防地区，砌体的临时间断处不应留直槎外，其他的从砌体面伸出 200mm 砌成阴阳槎，并沿砌体高度每三皮砌块

(600mm)设拉结筋或钢筋网片，接槎部位宜延至门窗洞口，如图 3-33 所示。

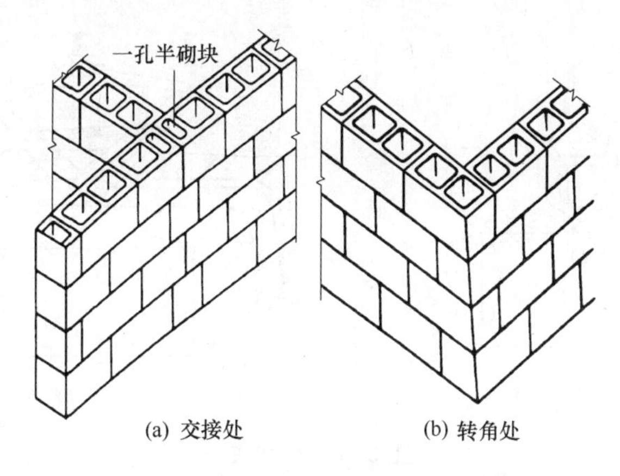

图 3-32　小砌块墙转角处及 T 字交接处搭接

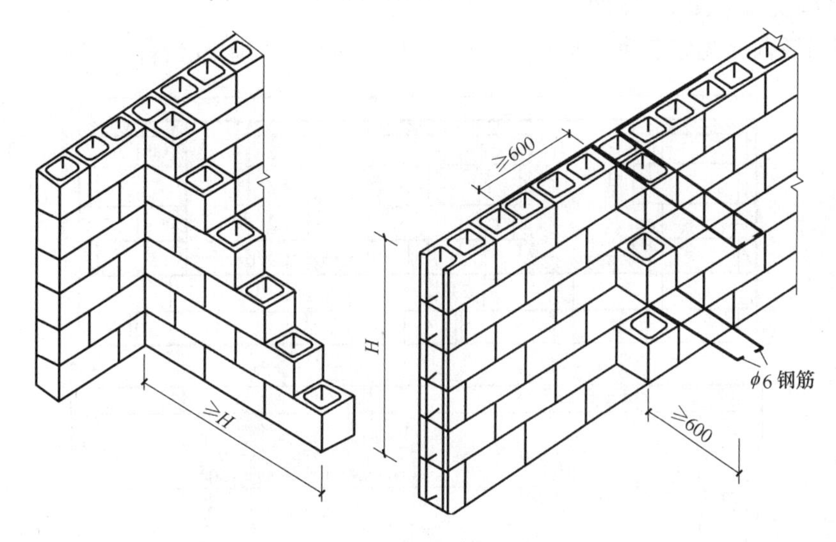

图 3-33　小砌块砌体的斜槎与直槎

2. 中型砌块施工

1) 现场平面布置

(1) 砌块堆置场地应平整夯实，有一定泄水坡度，必要时设置排水沟。

(2) 砌块不宜直接堆放在地面上，应堆在草袋、煤渣垫层或其他垫层上，以免砌块底部被污染。

(3) 砌块的规格、数量必须配套。不同类型的砌块应分别堆放，堆放要稳定，通常采用上下皮交错堆放，堆放高度不宜超过 3m，堆放一皮至二皮后宜堆成踏步形。

(4) 现场应储存足够数量的砌块，以保证施工顺利进行，砌块堆放应使场内运输路线最短。

2) 机具准备

砌块的装卸可用桅杆式起重机、汽车式起重机、履带式起重机和塔式起重机。砌块的水平运输可用专用砌块小车、普通平板车等。另外，还有安装砌块的专用夹具，如图 3-34

所示。

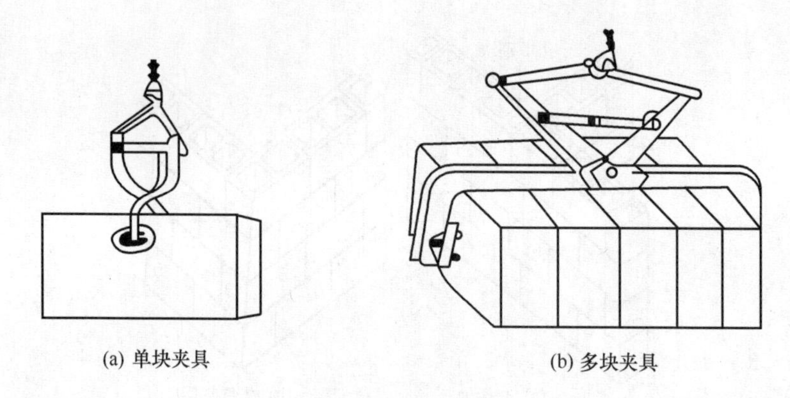

(a) 单块夹具　　(b) 多块夹具

图 3-34　砌块夹具

3) 绘制砌块排列图

砌块在吊装前应先绘制砌块排列图，以指导吊装施工和砌块准备，如图 3-35 所示。

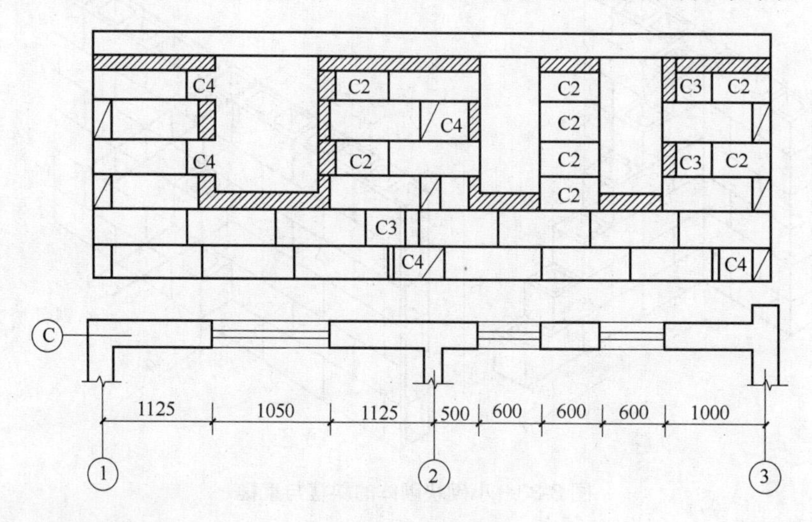

图 3-35　砌块排列图

(1) 砌块排列图的绘制方法。

在立面上用 1∶50 或 1∶30 的比例绘制出纵横墙面，然后将过梁、平板、大梁、楼梯、混凝土垫块等在图上标出，再将管道等孔洞标出。

由纵横墙高度计算皮数，画出水平灰缝线，按砌块错缝搭接的构造要求和竖缝的大小，尽量以主砌块为主，其他各种型号砌块为辅进行排列。在需要镶砖时，应尽量分散对称布置。

(2) 砌块排列的技术要求。

上下皮砌块错缝的搭接长度一般为砌块长度的 1/2(较短的砌块必须满足这个要求)，或不得小于砌块高度的 1/3，以保证砌块牢固搭接。外墙转角处及纵横墙交接处应用砌块相互搭接，如果纵横墙不能互相搭接，则应每二皮设置一道钢筋网片。

4) 选择砌块安装方案

常用的砌块安装方案有两种。

(1) 用台灵架安装砌块，用附设起重拔杆的井架进行砌块、楼板的垂直运输，台灵架安装砌块时的吊装路线有后退法、合拢法及循环法。

(2) 用台灵架安装砌块，用塔式起重机进行砌块和预制构件的水平、垂直运输及楼板安装，如图3-36所示。

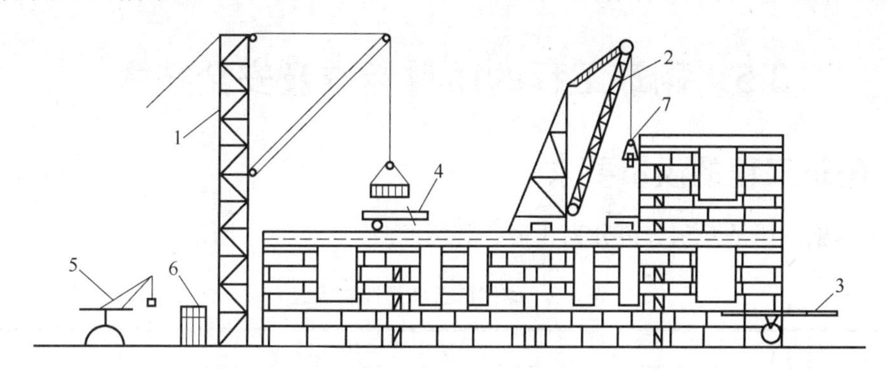

图3-36 中型砌块吊装示意图

1—井架；2—台灵架；3—杠杆车；4—砌块车；5—少先吊；6—砌块；7—砌块夹

5) 砌块施工工艺

砌块施工的主要工序有：铺灰→砌块吊装就位→校正→灌缝→镶砖。

(1) 铺灰。

砌块墙体所采用的砂浆，应具有较好的和易性；砂浆稠度宜为50～70mm；铺灰应均匀平整饱满，长度一般不超过5m，炎热天气及严寒季节应适当缩短。

(2) 砌块吊装就位。

砌块吊装一般按施工段依次进行，宜先外后内，先远后近，先下后上，在相邻施工段之间留阶梯形斜槎。吊装时应从转角处或砌块定位处开始，采用摩擦式夹具，按砌块排列图将砌块吊装就位。夹砌块时应避免偏心。当砌块就位时，应使夹具中心尽可能与墙身中心线在同一垂直线上，对准位置徐徐下落至砂浆层上，待砌块安放稳定后，方可松开夹具。

(3) 校正。

砌块吊装就位后，用锤球或托线板检查砌块的垂直度，用拉准线的方法检查砌块的水平度，并用撬棍、楔块调整偏差。

(4) 灌缝。

可用夹板在墙体内外夹住砌块，然后灌筑砂浆，用竹片插或用铁棒捣，使其密实。当砂浆吸水后用刮缝板把竖缝和水平缝刮齐。灌缝后不应再撬动砌块，以防损坏砂浆粘结力。

(5) 镶砖。

当砌块间出现较大竖缝或过梁找平时，应镶砖。镶砖砌体的竖缝和水平缝应控制在15～30mm以内。镶砖工作应在砌块校正后进行，镶砖时应注意使砖的竖缝灌密实。

3. 砌块砌体质量检查

(1) 砌块砌体砌筑的基本要求与砖砌体相同，但搭接长度不应小于150mm。

(2) 外观检查应达到：墙面清洁，勾缝密实，深浅一致，交接平整。

(3) 经试验检查，在每一楼层或 $250m^3$ 砌体中，一组试块同强度等级的砂浆或细石混凝土的强度应符合要求。

(4) 预埋件、预留孔洞的位置应符合设计要求。

3.5　砌筑工程的质量标准及安全技术

3.5.1　砌筑工程的质量要求

(1) 砌体施工质量控制等级分为 3 级，其标准应符合表 3-2 所示的要求。

表 3-2　砌体施工质量控制等级

项　目	施工质量控制等级		
	A	B	C
现场质量管理	制度健全，并严格执行；非施工方质量监督人员经常到现场，或现场设有常驻代表；施工方有在岗专业技术管理人员，人员齐全，并持证上岗	制度基本健全，并能执行；非施工方质量监督人员间断地到现场进行质量控制，施工方有在岗专业技术管理人员，并持证上岗	有制度；非施工方质量监督人员很少作现场质量控制；施工方有在岗专业技术管理人员
砂浆、混凝土强度	试块按规定制作，强度满足验收规定，离散性小	试块按规定制作，强度满足验收规定，离散性小	试块强度满足验收规定，离散性大
砂浆拌合方式	机械拌合；配合比计量控制严格	机械拌合；配合比计量控制一般	机械或人工拌合；配合比计量控制较差
砌筑工人	中级工以上，其中高级工不少于 30%	高、中级工不少于 70%	初级工以上

注：① 砂浆、混凝土强度离散性大小根据强度标准差确定。

② 配筋砌体不得为 C 级施工。

(2) 砌体结构工程检验批验收时，其主控项目应全部符合规范规定；一般项目应有 80%及以上的抽检处符合规范规定；有允许偏差的项目，最大超差值为允许偏差值的 1.5 倍。

(3) 砌体工程所用的材料应有产品的合格证书、产品性能检测报告。水泥进场时应对其品种、等级、包装或散装仓号、出厂日期等进行检查，并对其强度、安定性进行复检，其质量必须符合现行国家标准的有关规定。

(4) 同一验收批砂浆试块强度平均值≥设计强度等级值的 1.10 倍；同一验收批砂浆试块抗压强度的最小一组平均值≥设计强度等级值的 85%。

(5) 基础放线尺寸的允许偏差应符合表 3-3 所示的规定。

表 3-3　放线尺寸的允许偏差

长度 L、宽度 B/m	允许偏差/mm	长度 L、宽度 B/m	允许偏差/mm
L(或 B)≤30	±5	60<L(或 B)≤90	±15
30<L(或 B)≤60	±10	L(或 B)>90	±20

(6) 砖砌体应横平竖直、砂浆饱满、上下错缝、内外搭接。

(7) 砖、小型砌块砌体的允许偏差、检查方法和抽检数量应符合表 3-4 所示的规定。

表 3-4　砖、小型砌块体的允许偏差及检验方法、抽检数量

项　目			允许偏差/mm	检查方法	抽检数量
轴线位移			10	用经纬仪和尺或其他测量仪器检查	承重墙、柱全数检查
基础、墙、柱顶面标高			±15	用水平仪和尺检查	不应少于 5 处
垂直度	每层		5	用 2m 托线板检查	不应少于 5 处
	全高	≤10m	10	用经纬仪、吊线和尺或其他测量仪器检查	外墙全部阳角
		>10m	20		
表面平整度	清水墙、柱		5	用 2m 直尺和楔形塞尺检查	不应少于 5 处
	混水墙、柱		8		
水平灰缝平直度	清水墙		7	拉 5m 线和尺检查	不应少于 5 处
	混水墙		10		
门窗洞口高、宽(后塞框)			±10	用尺检查	不应少于 5 处
外墙上下窗口偏移			20	以底层窗口为准，用经纬仪吊线检查	不应少于 5 处
清水墙面游丁走缝(中型砌块)			20	以每层第一皮砖为准，用吊线和尺检查	不应少于 5 处

(8) 配筋砌体的构造柱位置及垂直度的允许偏差、检查方法和抽检数量应符合表 3-5 所示的规定。

表 3-5　配筋砌体的构造柱位置及垂直度的允许偏差

项次	项　目			允许偏差/mm	检查方法	抽检数量
1	柱中心线位置			10	用经纬仪和尺或其他测量仪器检查	每检验批抽查不应少于 5 处
2	柱层间错位			8	用经纬仪和尺或其他测量仪器检查	
3	柱垂直度	每层		10	用 2m 托线板检查	
		全高	≤10m	15	用经纬仪、吊线和尺检查，或其他测量仪器检查	
			>10m	20		

(9) 填充墙砌体一般尺寸的允许偏差、检查方法和抽检数量应符合表 3-6 所示的规定。

表 3-6 填充墙砌体一般尺寸的允许偏差及检验方法、抽检数量

<table>
<tr><th>项 次</th><th colspan="2">项 目</th><th>允许偏差/mm</th><th>检验方法</th><th>抽检数量</th></tr>
<tr><td rowspan="3">1</td><td colspan="2">轴线位移</td><td>10</td><td>用尺检查</td><td rowspan="6">每检验批抽查不应少于 5 处</td></tr>
<tr><td rowspan="2">垂直度
(每层)</td><td>≤3m</td><td>5</td><td rowspan="2">用 2m 托线板或吊线、尺检查</td></tr>
<tr><td>>3m</td><td>10</td></tr>
<tr><td>2</td><td colspan="2">表面平整度</td><td>8</td><td>用 2m 靠尺和楔形塞尺检查</td></tr>
<tr><td>3</td><td colspan="2">门窗洞口高、宽
(后塞口)</td><td>±10</td><td>用尺检查</td></tr>
<tr><td>4</td><td colspan="2">外墙上、下窗口偏移</td><td>20</td><td>用经纬仪或吊线检查</td></tr>
</table>

(10) 填充墙砌体的砂浆饱满度、检查方法和抽检数量应符合表 3-7 所示的规定。

表 3-7 填充墙砌体的砂浆饱满度及检验方法、抽检数量

<table>
<tr><th>砌体分类</th><th>灰缝</th><th>饱满度及要求</th><th>检验方法</th><th>抽检数量</th></tr>
<tr><td rowspan="2">空心砖砌体</td><td>水平</td><td>≥80%</td><td rowspan="4">采用百格网检查块材底面砂浆的粘结痕迹面积</td><td rowspan="4">每检验批抽查不应少于 5 处</td></tr>
<tr><td>垂直</td><td>填满砂浆，不得有透明缝、瞎缝、假缝</td></tr>
<tr><td rowspan="2">蒸压加气混凝土砌块和轻骨料混凝土小砌块砌体</td><td>水平</td><td>≥80%</td></tr>
<tr><td>垂直</td><td>≥80%</td></tr>
</table>

3.5.2 砌筑工程的安全技术

(1) 砌筑操作前必须检查操作是否符合安全要求，道路是否畅通，机具是否完好牢固，安全设施和防护用品是否齐全，经检查符合要求后方可施工。

(2) 在砌基础时，应检查和经常注意基槽(坑)土质的变化情况。堆放砖、石材应离槽(坑)边 1m 以上。

(3) 严禁站在墙顶上做挂线、刮缝及清扫墙面或检查大角垂直等工作。不准用不稳固的工具或物体在脚手板上垫高操作。

(4) 砍砖时应面向墙体，避免碎砖飞出伤人。

(5) 不准在超过胸部的墙体上进行砌筑，以免将墙体碰撞倒塌造成安全事故。

(6) 不准在墙顶或架子上修整石材，以免震动墙体影响质量或石片掉下伤人。

(7) 不准起吊有部分破裂和脱落危险的砌块。

(8) 墙身砌筑高度超过 1.2m 时应搭设脚手架，脚手架上堆放材料不得超过规定的荷载。

(9) 严禁在刚砌好的墙体上行走或向下抛东西。

(10) 脚手架的搭设应符合规范要求，过高的脚手架必须有防雷措施，马道和脚手板应有防滑措施。

(11) 垂直运输机械必须满足负荷要求，吊运时应随时检查，不得超载，对不符合规定

的应及时采取措施。

(12) 钢管脚手架所用扣件必须符合规范要求，不得使用铅丝或其他材料进行绑扎。

小 结

本项目内容包括：砌筑用脚手架的分类、构造形式、技术要求；垂直运输机械的类型、构造组成、使用要求；砌筑材料的种类、使用要求；砌体的组砌形式、施工工艺、质量标准与检测方法；砌体工程施工的安全技术。

脚手架必须满足使用要求，同时要安全可靠、构造简单、装拆方便。在砌筑过程中材料的垂直运输量非常大，要正确合理地选择垂直运输设施，合理地布置施工平面，使每一吊次尽可能满载，保证施工能连续均衡地进行。在砌体施工中主要了解砌筑材料的要求、砌体的组砌形式和施工工艺，熟悉对砌体的施工质量要求、检查方法及技术要点。

思考与练习

1. 简述砌筑用脚手架的作用及要求？
2. 简述外脚手架的类型、构造各有何特点？适用范围？在搭设和使用时应注意哪些问题？
3. 脚手架的支撑体系包括哪些？如何设置？
4. 脚手架的安全防护措施有哪些内容？
5. 砌筑工程中的垂直运输机械有哪些？
6. 砌筑用砂浆有哪些种类？对砂浆制备和使用有什么要求？砂浆强度检验如何规定？
7. 砌体工程质量有哪些要求？影响其质量的因素有哪些？
8. 砖墙砌体主要有哪几种砌筑形式？各有何特点？
9. 简述砖墙砌筑的施工工艺和施工要点？
10. 皮数杆有何作用？如何布置？
11. 如何绘制砌块排列图？简述砌块的施工工艺？
12. 砌筑工程中的安全防护措施有哪些？

项目 4　钢筋混凝土结构工程施工

学习要点及目标

了解模板的种类、构造，掌握模板的安装、拆除方法，具有模板设计的能力；了解钢筋的种类、性能及验收要求；掌握钢筋的配料、代换的计算方法；掌握混凝土的施工工艺、工程质量的检查和评定及质量事故的处理。

核心概念

模板工程、钢筋工程、混凝土工程。

引导案例

某现浇框剪结构，基础采用桩基础，墙柱混凝土采用 C35，梁板混凝土采用 C30，围护结构构造柱混凝土采用 C25。采用 6 度抗震设防，抗震等级为 3 级。地下结构混凝土采用防水混凝土，抗渗等级为 S6。

思考：模板的种类及支设方式有哪些？钢筋加工安装方法有哪些？混凝土浇筑、振捣、养护的方法有哪些？如何处理施工缝？

钢筋混凝土工程是建筑工程施工的主要工种之一，由于钢筋混凝土结构是我国应用最广的一种结构形式，所以在建筑施工领域中，钢筋混凝土工程无论在人力、物资消耗和对工期的影响方面都占有极其重要的地位。

钢筋混凝土是由钢筋和混凝土两种力学性能不同的材料组成的共同受力的一种复合建筑材料。混凝土是由水泥、粗细骨料(石子、砂)和水按一定的比例配合经搅拌、成型、养护而成的材料。由于混凝土的成型是用模板作为成型工具，所以，实际上钢筋混凝土工程是由模板工程、钢筋工程和混凝土工程所组成的。

在施工中，模板工程、钢筋工程、混凝土工程三者是密切配合的，其施工工艺如图 4-1 所示。

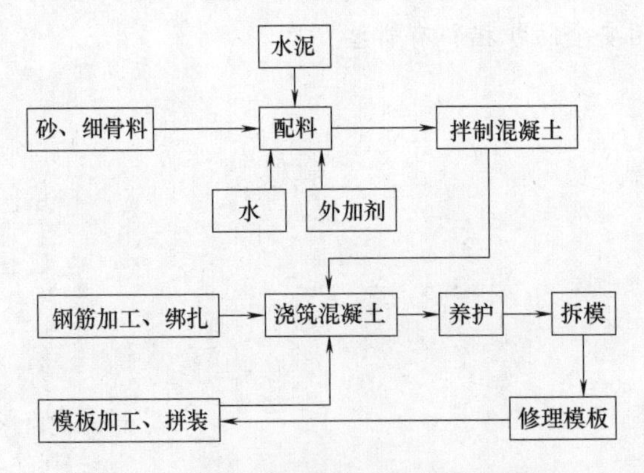

图 4-1　钢筋混凝结构工程施工流程图

钢筋混凝土工程按施工方法分为现浇钢筋混凝土工程和预制装配式钢筋混凝土工程。

现浇钢筋混凝土工程是在施工现场，在结构构件的设计位置上，支设模板、绑扎钢筋、浇筑混凝土、振捣成型，经过养护使混凝土达到拆模强度要求后拆除模板，制成结构构件的工程。它的优点是：结构整体性好，抗震性好，节约钢材，而且不需要大型的安装用起重机械。它的缺点是：模板消耗量大，现场运输量大，劳动强度高，施工受气候条件影响等。

预制装配式钢筋混凝土工程是指结构的全部或大部分构件在预制构件厂制作(对于一些运输有困难的大型构件也可以在施工现场预先制好)，施工时把构件运到施工现场，用起重设备把预制构件安装到设计位置上，在构件之间用电焊、预应力或现浇等各种手段把构件连接成整体的工程。它的优点是：由于大量构件是在工厂内制作，实行了工厂化、机械化生产，节约了大量的模板，提高了质量，而且还降低了劳动强度，提高了劳动生产率。它的缺点是：耗钢量较大，需要大型起重设备以及增加了构件运输费用，成本较高等。

4.1　模板工程

模板工程的施工工艺包括模板的选材、选型、设计、制作、安装、拆除和周转等过程。模板工程是钢筋混凝土工程的重要组成部分，模板工程占钢筋混凝土工程总价的20%～30%，占劳动量的30%～40%，占工期的50%左右，决定着施工方法和施工机械的选择，直接影响工期和造价。模板是使新拌混凝土在浇筑过程中保持实际要求的位置尺寸和几何形状，是使之硬化成为钢筋混凝土结构或构件的模型。

4.1.1　模板的组成、作用和基本要求

1．模板的组成

模板工程包括模板、支架和紧固件3个部分。模板又称模型板，是新浇混凝土成型用的模型。支撑模板及承受作用在模板上荷载的结构(如支柱、行架等)均称为支架。模板及其支架应根据工程结构形式、荷载大小、地基土类别、施工设备和材料供应等条件进行设计。

2．模板的作用

模板在钢筋混凝土工程中，是保证混凝土在浇筑过程中保持正确的形状和尺寸，以及混凝土在硬化过程中进行防护和养护的工具。模板就是使钢筋混凝土结构或构件成型的模型。

3．模板的基本要求

模板结构是施工时的临时结构物，它对钢筋混凝土工程的施工质量和工程成本有着重要的影响，所以模板应符合规范规定的要求。

(1) 保证工程结构和构件各部分形状、尺寸和相互位置的正确。

(2) 具有足够的强度、刚度和稳定性，能可靠地承受新浇筑混凝土的自重、侧压力以

及施工过程中所产生的荷载。

(3) 构造简单，装拆方便，能多次周转，便于钢筋的绑扎与安装、混凝土的浇筑与养护等工艺要求。

(4) 接缝严密，不得漏浆。

(5) 所用材料受潮后不易变形。

(6) 就地取材，用料经济，降低成本。

4.1.2 模板的种类

模板按其所用的材料不同可分为木模板、钢模板、钢木模板、钢竹模板、胶合板模板、塑料模板、铝合金模板、玻璃钢模板等。

模板按其结构构件的类型不同可分为基础模板、柱模板、梁模板、楼板模板、墙模板、壳模板和烟囱模板等。

模板按其形式不同可分为整体式模板、定型模板、工具式模板、滑升模板、胎模等。

模板结构随着建筑新结构、新技术、新工艺的不断出现而发展，发展方向是：构造上向定型发展；材料上向多种形式发展；功能上向多功能发展。近年来，结构施工体系中采用了大模板和滑模两种现浇工业化体系的新型模板，有力地推动了高层建筑的发展。

4.1.3 模板的构造与安装

1. 木模板

木模板及其支架系统一般在加工厂或现场木工棚制成基本元件(拼板)，然后在现场拼装而成。

木模板的基本元件——拼板(如图 4-2 所示)，是由板条和拼条组成。板条厚度一般为25～50mm，宽度宜为≤200mm，以保证干缩时缝隙均匀，浇水后板缝严密而又不翘曲；拼条间距应根据施工荷载的大小以及板条厚度而定，一般取400～500mm。

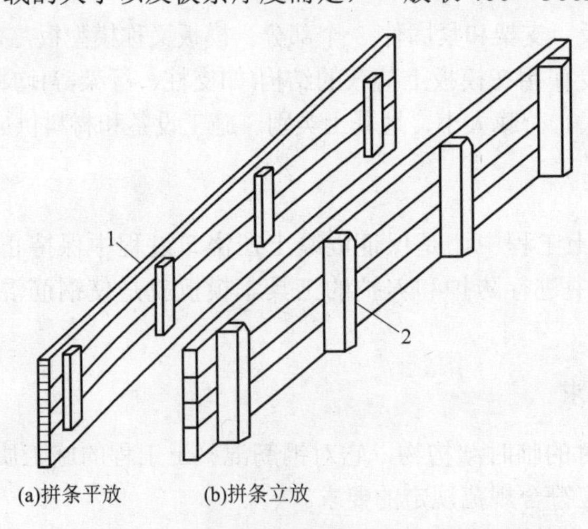

图 4-2 拼板的构造

1—板条；2—拼条

1) 基础模板

基础的特点是高度不大而体积较大，基础模板一般利用地基或基槽(坑)进行支撑。当土质较好时，基础最下一个台阶可以不设模板进行原槽浇筑，也称土模。对于阶梯形基础，要保持上下模板不发生相对位移。如果为杯形基础，则还要在其中放入杯口模板。阶梯形基础模板如图 4-3 所示。

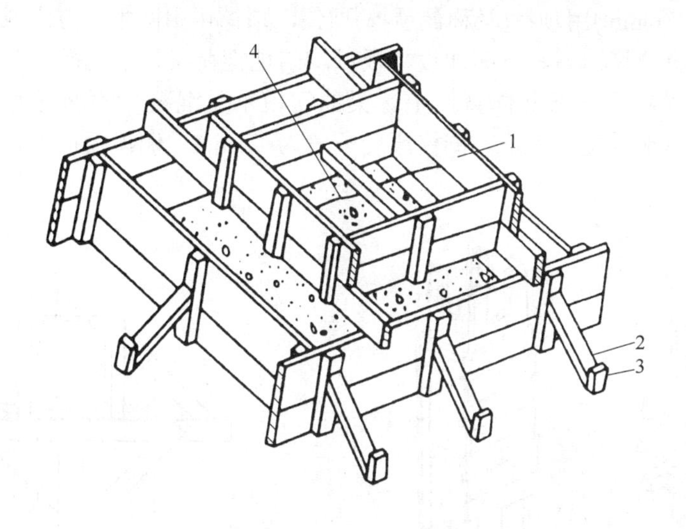

图 4-3　阶梯型基础模板

1—拼板；2—斜撑；3—木桩；4—铁丝

基础支模前必须先复查垫层标高及中心线位置，弹出基础边线，以保证模板的位置和标高符合设计图纸的要求。浇筑混凝土时要注意模板受荷载作用后的情况，如有模板位移、支撑松动、地基下沉等现象，应及时采取措施。

2) 柱模板

由于柱的特点是截面尺寸较小而高度大，所以，对于柱模板来说，主要应考虑模板的垂直度和抵抗浇筑混凝土的侧压力问题。此外，还应考虑混凝土浇筑方便，清理垃圾，绑扎钢筋等。

柱模板由两块相对的内拼板夹在两块相对的外拼板之内组成，亦可用短横板代替外拼板钉在内拼板上，如图 4-4 所示。为了抵抗混凝土的侧压力并使四块拼板固定保持柱的形状，必须在拼板外侧设置柱箍。柱箍可以是木制的、钢制的或钢木的，柱箍的间距与混凝土的侧压力大小及拼板厚度有关，一般为 300～500mm。

柱模板顶部开有与梁模板连接的缺口，底部开有清理口。当柱子高度较大时，沿柱模板高度每隔 2m 开有浇筑口。柱模板底部设有木框，用来固定柱模板的水平位置。

柱模板安装前，应先绑扎好钢筋，测出标高并标在钢筋上，同时在已浇筑好的基础顶面或楼面上固定好柱模板底部的木框，在内外拼板上弹出中心线，根据柱边线及木框位置竖立内外拼板，并用斜撑临时固定，然后由顶部用垂球校正其垂直度，检查无误后，将斜撑钉牢固定，柱模板之间，用水平支撑及剪刀撑相互拉结牢固。

注意柱模板校正垂直度时，对于同一轴线上的各柱，应先校正两端的柱模板，无误后再由两端柱模板上口中心线拉一铁丝来校正中间的柱模板。

3) 梁模板

梁的特点是跨度大而宽度小，且梁底一般是架空的。因此，新浇筑的混凝土对梁模板既有侧压力，又有竖向混凝土自重及施工垂直荷载。

梁模板主要由底模、侧模、夹木及支架系统组成。底模用长条模板加拼条拼成，或用整块板条，如图 4-5 所示。底模承受垂直荷载，一般较厚，为 40～50mm，在底模下每隔一定间距(800～1200mm)用顶撑(又称琵琶撑)顶住，顶撑可用圆木、方木或钢管制成。顶撑底部用一对木楔块调整标高，下面加设垫板以均匀地把荷载传给地面。多层建筑施工中，应使上下层的顶撑在同一条竖向直线上。梁的侧模承受混凝土的侧压力，底面用夹木固定，上部由斜撑与水平拉杆固定。侧模厚度一般为 25mm。侧模板拆除较早，应包在底模板的外面。

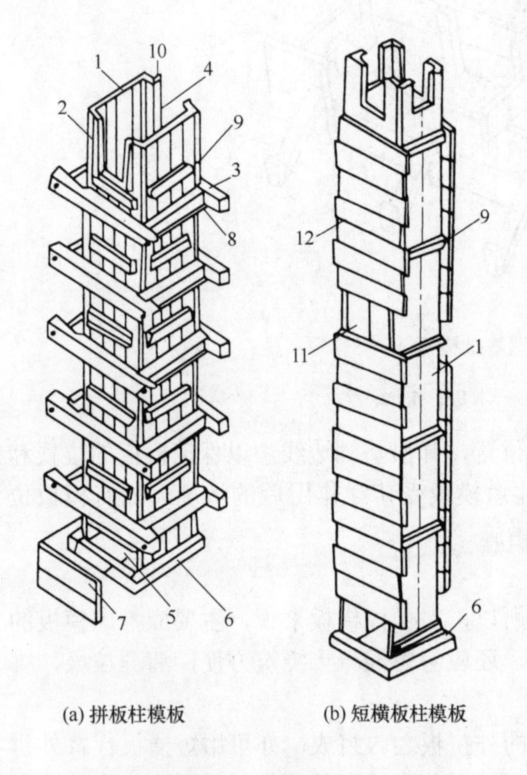

(a) 拼板柱模板　　(b) 短横板柱模板

图 4-4　柱模板

1—内拼板；2—外拼板；3—柱箍；
4—梁缺口；5—清理孔；6—木框；
7—盖板；8—拉紧螺栓；9—拼条；
10—三角木条；11—浇筑孔；12—短横板

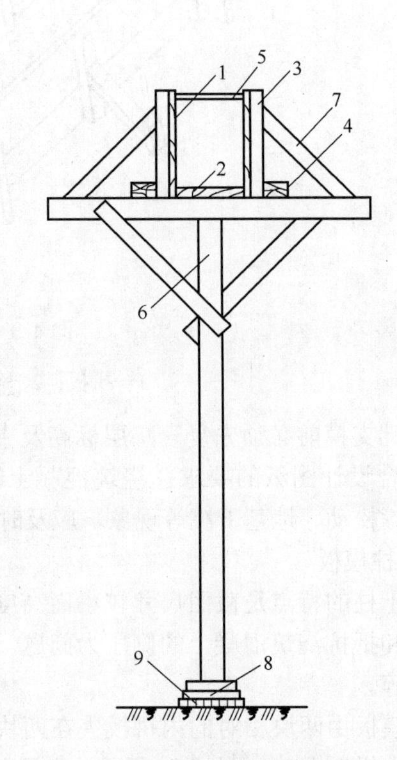

图 4-5　单梁模板

1—侧模板；2—底模板；3—侧模拼条；
4—夹木；5—水平拉条；6—顶撑(支架)；
7—斜撑；8—木楔；9—木垫板

安装梁模板时，在楼地面上先铺垫板；然后在柱模板缺口处钉衬口档，将底模搁置在衬口档上；在底模下面立顶撑，先立靠近墙或柱的，再立梁模板中间部分的，顶撑底打入木楔，以调整标高；放置侧模，在侧模底部外侧钉夹木，上部用斜撑和水平拉杆固定。有主次梁模板时，要待主梁模板安装并校正后才能进行次梁模板的安装。梁模板安装后再拉中线检查、复合各梁模板中心线位置是否正确。

若梁或板的跨度等于或大于 4m，则应使梁底模板中部略起拱，防止由于混凝土的重力作用使跨中下垂。当设计无规定时，起拱高度宜为全跨长度 1/1000～3/1000(木模板为1.5～3/1000；钢模板为 1～2/1000)。

4) 楼板模板

楼板的特点是面积大而厚度比较薄，侧向压力小。楼板模板及其支架系统主要承受钢筋、混凝土的自重及其他施工垂直荷载，应保证模板不变形，如图 4-6 所示。楼板模板的底模用木板条或定型模板或胶合板模板拼成，铺设在楞木上。楞木搁置在梁侧模板外侧的托木上，若楞木面不平，可以加木楔调整。当楞木跨度较大时，中间加设立柱，立柱上钉通长的杠木。底模板应垂直于楞木方向铺设，并适当地调整楞木间距以适应定型模板的规格。另外，楼板底模、楞木及托木需在主次梁模板安装完毕后进行安装。

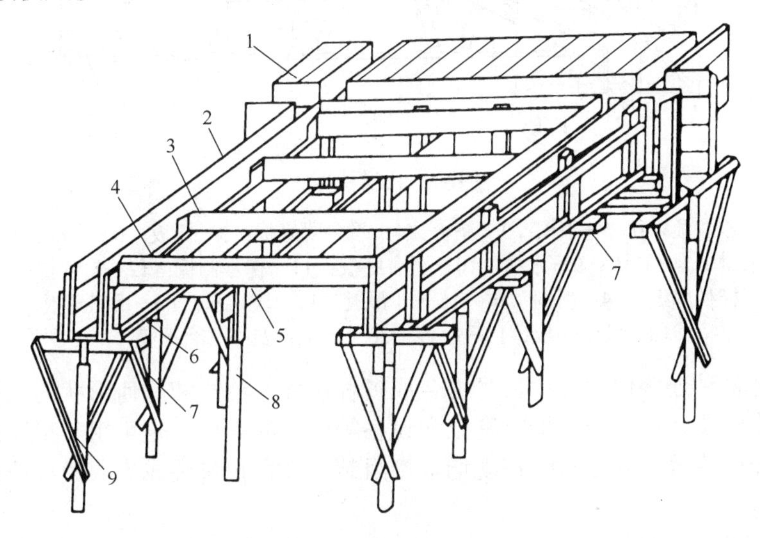

图 4-6　有梁楼板模板

1—楼板模板；2—梁侧模板；3—楞木；4—托木；
5—杠木；6—夹木；7—短撑木；8—立柱；9—顶撑

5) 楼梯模板

楼梯为倾斜放置的带有踏步构件的结构。楼梯模板要倾斜支设，且要能形成踏步。楼梯模板的构造如图 4-7 所示。

楼梯模板安装时，先按图纸放样，以确定各部件尺寸。楼梯模板安装的顺序为：先安装上下平台及平台梁→再安装楼梯斜梁及楼梯底模→安装外侧板等。

在楼梯模板放线时，要注意每层楼梯第一步与最后一个踏步的高度，常因疏忽楼地面面层厚度的不同，而造成高低不同的现象，影响使用。

2．定型组合钢模板

定型组合钢模板是一种工具式定型模板，由钢模板和配件组成，配件包括连接件和支撑件。它与木模板相比具有强度高、刚度大、组装灵活、装拆方便、通用性强、周转次数多(50～100 次)、加工精度高、浇筑混凝土的质量好、成型后的混凝土尺寸准确、棱角整齐、表面光滑、可以节省装修用工等特点。

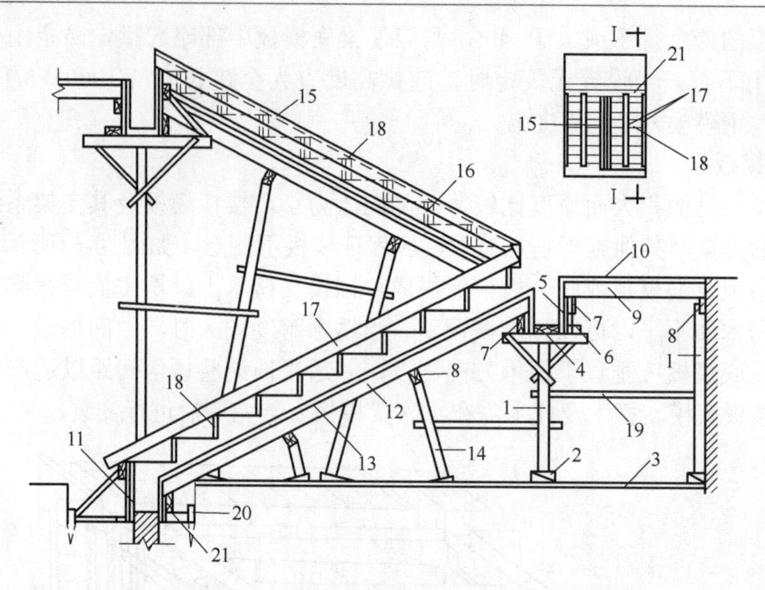

图 4-7　楼梯模板

1—支柱(顶撑)；2—木楔；3—垫板；4—平台梁底板；5—侧板；6—夹板；
7—托木；8—杠木；9—木楞；10—平台底板；11—梯基侧板；12—斜木楞；
13—楼梯底板；14—斜向顶撑；15—外帮板；16—横档木；17—反三角板；
18—踏步侧板；19—拉杆；20—木桩；21—平台梁模

钢模板通过各种连接件和支撑件可组合成多种尺寸、结构和几何形状的模板，以适应各种类型建筑物的梁、柱、板、墙、基础和设备等施工的需要，也可用其拼装成大模板、滑模、隧道模和胎模等。施工时可在现场直接组装，亦可预拼装成大块模板或构件模板用起重机吊运安装。

1) 组合钢模板的组成

组合钢模板是由钢模板、连接件和支撑件组成。

(1) 钢模板。

钢模板包括平面模板、阴角模板、阳角模板和连接角模。

钢模板采用模数制设计，宽度模数以 50mm 进级(共有 100mm、150mm、200mm、250mm、300mm、350mm、400mm、450mm、500mm、550mm、600mm 等 11 种规格)，长度为 150mm 进级(共有 450mm、600mm、750mm、900mm、1200mm、1500mm、1800mm，共 7 种规格)，可以适应横竖拼装成以 50mm 进级的任何尺寸的模板。若拼装时出现不足模数的空缺，则用镶嵌木条补缺，用钉子或螺栓将木条与钢模板边框上的孔洞连接。

① 平面模板。

平面模板用于基础、墙体、梁、板、柱等各种结构的平面部位，它由面板和肋组成，肋上设有 U 形卡孔和插销孔，利用 U 形卡和 L 形插销等拼装成大块模板，如图 4-8(a)所示。

② 阳角模板。

阳角模板主要用于混凝土构件阳角，如图 4-8(b)所示。

③ 阴角模板。

阴角模板用于混凝土构件阴角，如内墙角、水池内角及梁板交接处阴角等，如图 4-8(c)

所示。

④ 连接角模。

连接角模用于平面模板作垂直连接构成阳角，如图 4-8(d)所示。

(2) 连接件。

定型组合钢模板的连接件包括 U 形卡、L 形插销、钩头螺栓、对拉螺栓、紧固螺栓和扣件等，如图 4-9 所示。

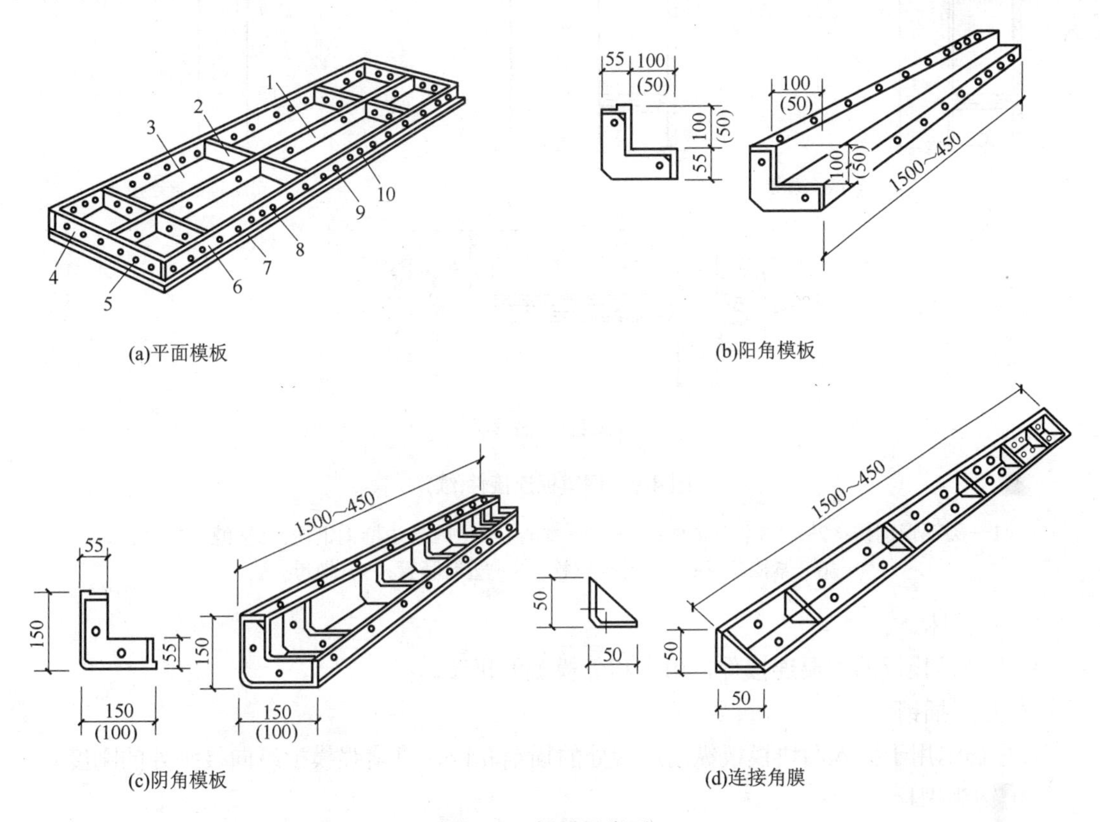

(a)平面模板　(b)阳角模板

(c)阴角模板　(d)连接角膜

图 4-8　钢模板类型

1—中纵肋；2—中横肋；3—面板；4—横肋；5—插销孔；
6—纵肋；7—凸棱；8—凸鼓；9—U 形卡孔；10—钉子孔

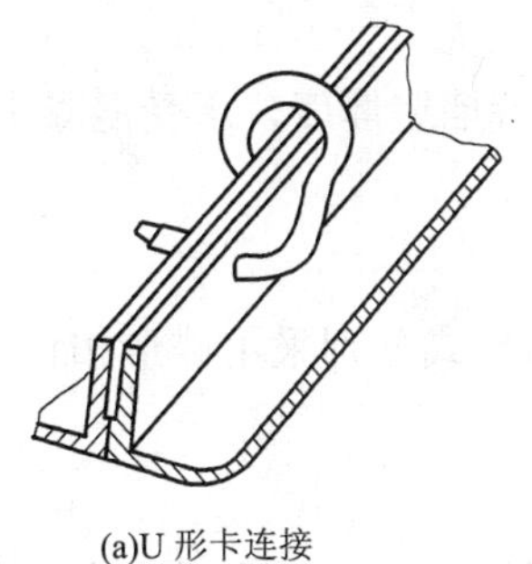

(a)U 形卡连接

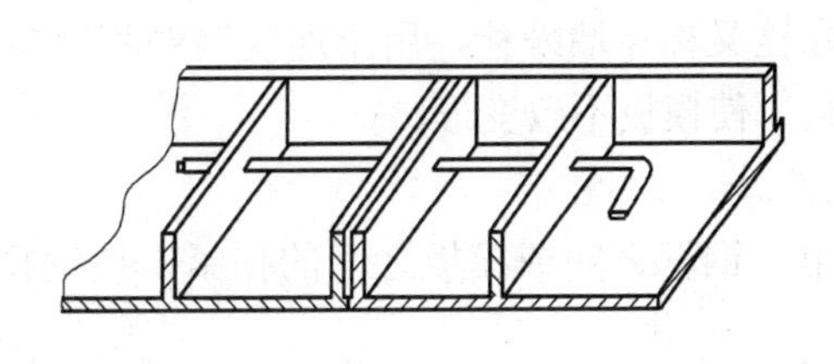

(b)L 形插销连接

图 4-9　钢模板连接件

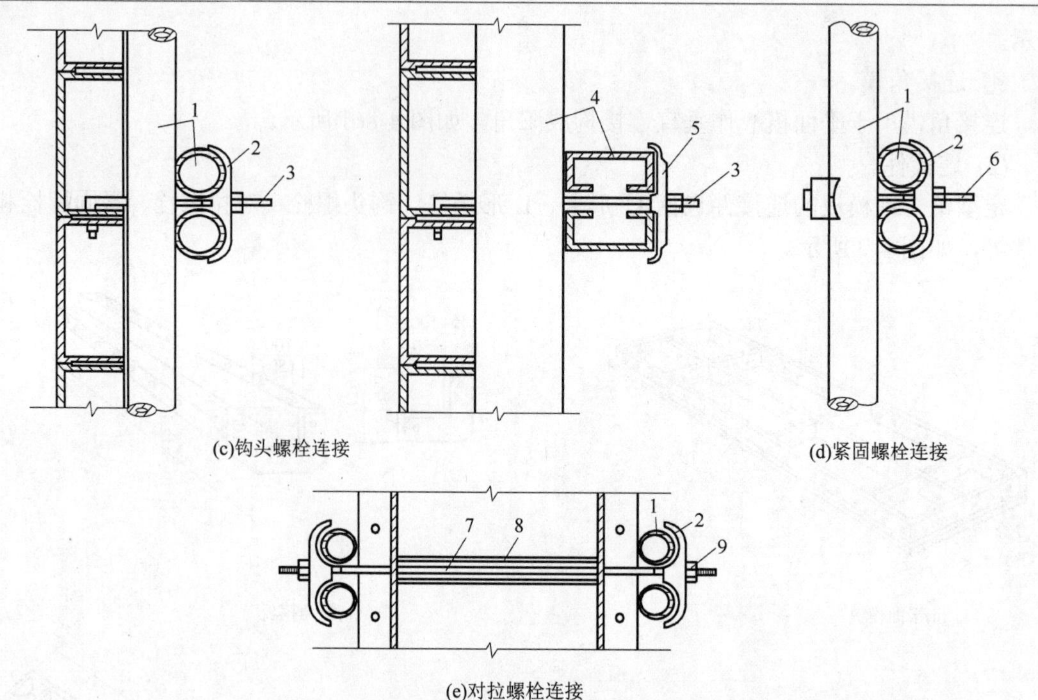

(c)钩头螺栓连接

(d)紧固螺栓连接

(e)对拉螺栓连接

图 4-9　钢模板连接件(续)

1—圆钢管钢楞；2—“3”形扣件；3—钩头螺栓；4—内卷边槽钢钢楞；5—蝶形扣件；6—紧固螺栓；7—对拉螺栓；8—塑料套管；9—螺母

① U 形卡。

U 形卡是模板的主要连接件，用于相邻模板的拼装。

② L 形插销。

L 形插销用于插入两块模板纵向连接处的插销孔内，以增强模板纵向接头处的刚度。

③ 钩头螺栓。

钩头螺栓用于连接模板与支撑系统的连接件。

④ 紧固螺栓。

紧固螺栓用于内、外钢楞之间的连接件。

⑤ 对拉螺栓。

对拉螺栓又称穿墙螺栓，用于连接墙壁两侧模板，保持墙壁厚度，承受混凝土侧压力及水平荷载，使模板不致变形。

⑥ 扣件。

扣件用于钢楞之间或模板之间的扣紧，按钢楞的不同形式分别采用碟形扣件和“3”形扣件。

(3) 支承件。

定型组合模板的支承件包括柱箍、钢楞、钢支架、斜撑、梁卡具及钢桁架等。

① 钢楞。

钢楞即模板的横挡和竖挡，分内钢楞与外钢楞。内钢楞的配置方向一般应与钢模板垂直，直接承受钢模板传来的荷载，其间距一般为 700～900mm。外钢楞承受内钢楞传来的荷载，或用来加强模板结构的整体刚度和调整平直度。

钢楞一般用圆钢管、矩形钢管、槽钢或内卷边槽钢，而以钢管用得较多。

② 柱箍。

柱模板四角设角钢柱箍。角钢柱箍由两根弧线焊成直角的角钢组成，用弯角螺栓及螺母拉紧。

③ 钢支架。

常用的钢支架如图 4-10(a)所示，它是由内外两节钢管制成，高低调节距模数为 100mm；支架底部除垫板外，均用木楔调整标高，以利于拆卸。另一种钢支架本身装有调节螺杆，能调节一个孔距的高度，使用方便，但成本略高，如图 4-10(b)所示。当荷载较大单根支架承载力不足时，可用组合钢支架或钢管井架，如图 4-10(c)所示。还可用扣件式钢管脚手架、门型脚手架做支架，如图 4-10(d)所示。

④ 斜撑。

由组合钢模板拼成的整片墙模或柱模，在吊装就位后，应由斜撑调整和固定其垂直位置，如图 4-11 所示。

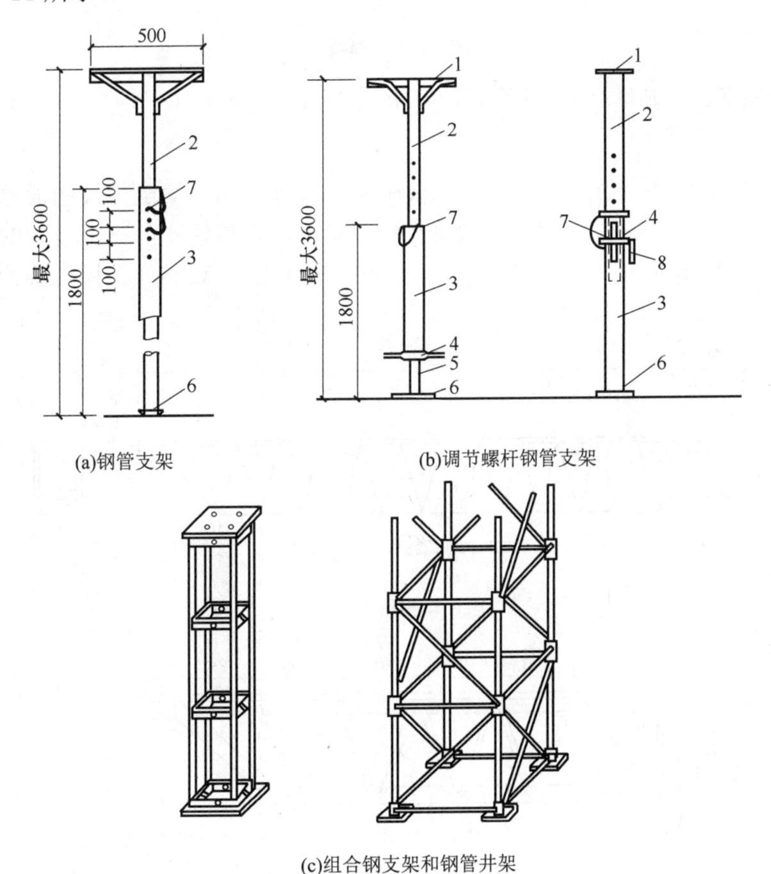

图 4-10　钢支架

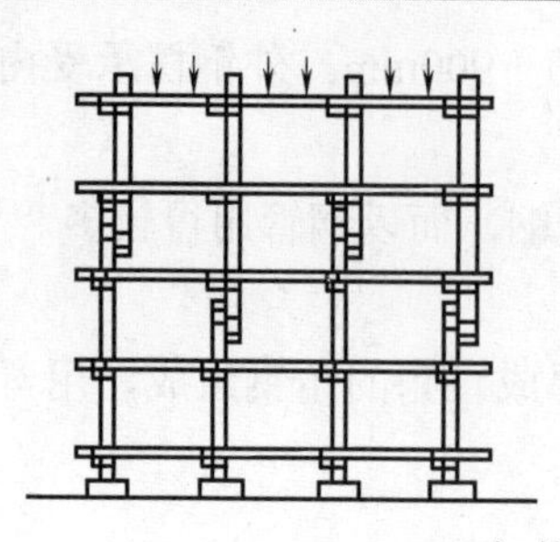

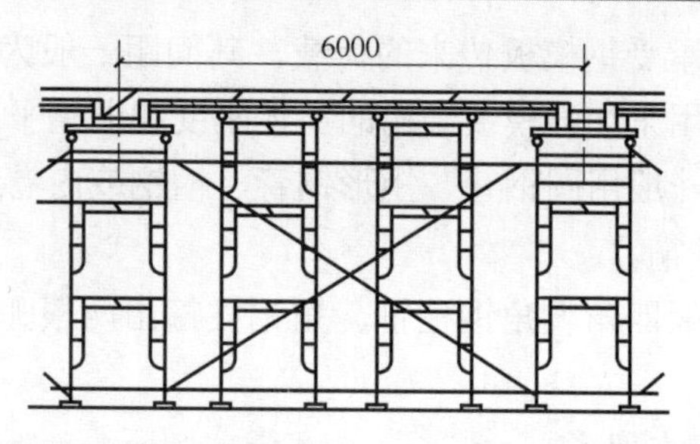

(d)扣件式钢管和门型脚手架支架

图 4-10 钢支架(续)

1—模板；2—插管；3-套管；4—转盘；5—螺杆；6—底板；7—插销；8—转动手柄

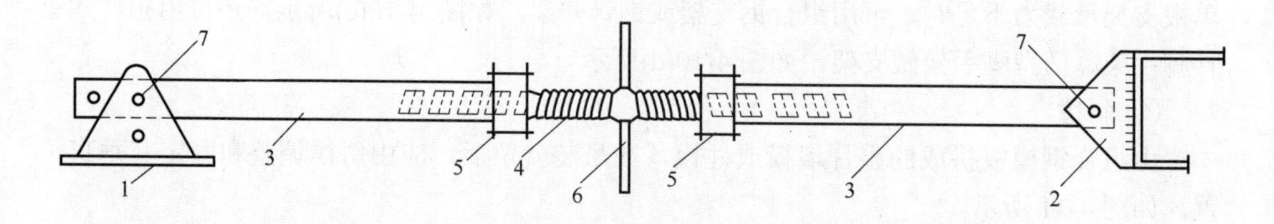

图 4-11 斜撑

1—底座；2—顶撑；3—钢管斜撑；4—花篮螺丝；5—螺母；6—旋杆；7—销钉

⑤ 钢桁架。

钢桁架(如图 4-12 所示)，其两端可支承在钢筋托具、墙、梁侧模板的横挡以及柱顶梁底的横挡上，以支承梁或板的底模板。如图 4-12(a)所示为整榀式，一个桁架的承载能力约为 30kN；如图 4-12(b)所示为组合式桁架，可调范围为 2.5～3.5m，一榀桁架的承载能力约为 20kN。

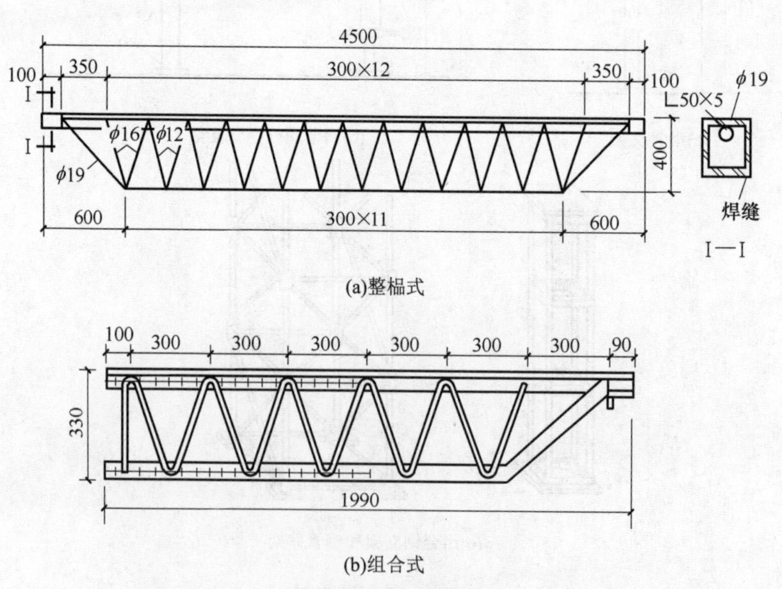

(a)整榀式

(b)组合式

图 4-12 钢桁架示意图

⑥ 梁卡具。

梁卡具又称梁托架，用于固定矩形梁、圈梁等模板的侧模板，可节约斜撑等材料，也可用于侧模板上口的卡固定位，如图 4-13 所示。

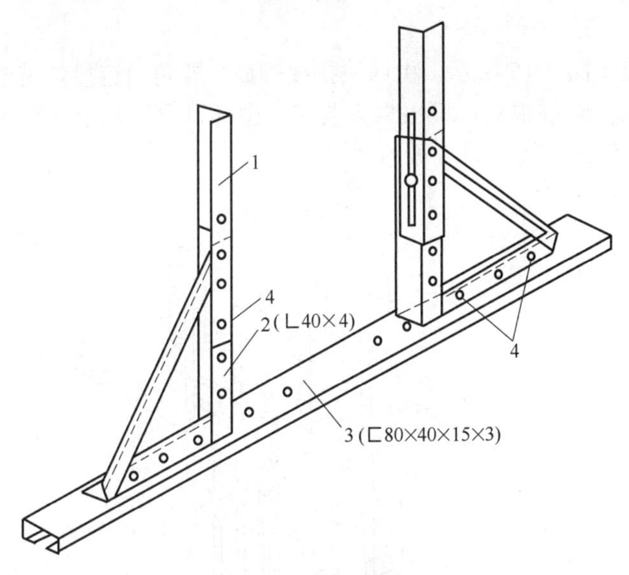

图 4-13　组合梁卡具

1—调节杆；2—三角架；3—底座；4—螺栓

2) 组合钢模板的安装

(1) 基础模板。

阶梯式基础模板的构造如图 4-14 所示，上层阶梯外侧模板较长，需两块钢模板拼接，拼接处除用两根 L 形插销外，上下可加扁钢并用 U 形卡连接。上层阶梯内侧模板长度应与阶梯等长，与外侧模板拼接处，上下应加 T 形扁钢板连接。下层阶梯钢模板的长度宜于下层阶梯等长，四角用连接角模拼接。

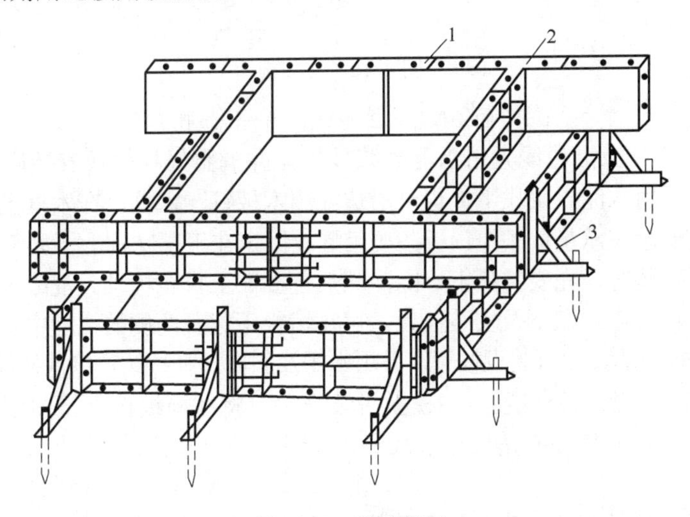

图 4-14　基础模板

1—扁钢连接件；2—T 形连接件；3—角钢三角撑

基础模板一般在现场拼装，拼装时先依照边线安装下层阶梯模板，用角钢三角撑或其他设备撑牢箍紧，然后在下层阶梯模板上安装上层阶梯钢模板，并在上层阶梯钢模板下方垫以混凝土垫块或钢筋支架作为附加支撑点。

(2) 柱模板。

柱模板的构造如图 4-15 所示，由四块拼板围成，四角由连接角模连接。每块拼板都由若干块钢模板组成。若柱很高，可根据需要在柱中部设置混凝土浇筑孔，浇筑孔的盖板，可用钢模板或木板镶拼，可留设垃圾清理口。

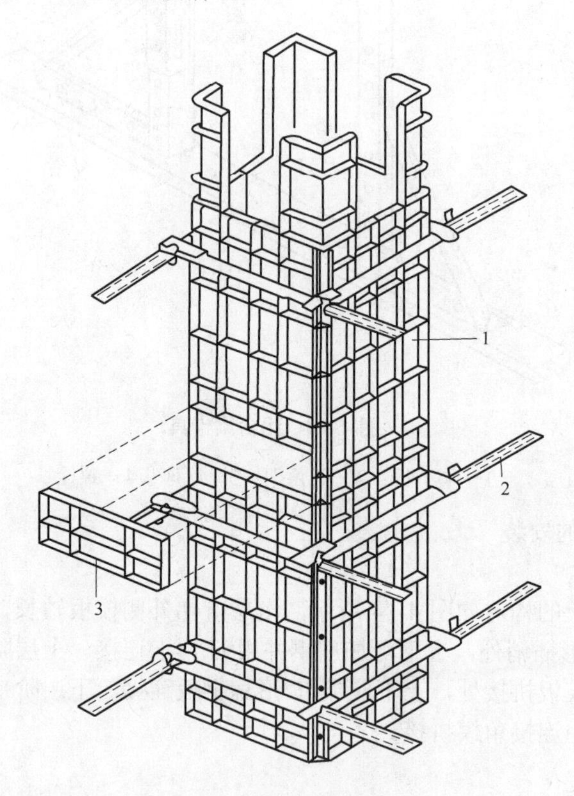

图 4-15　柱模板

1—平面钢模板；2—柱箍；3—浇筑孔盖板

柱模板安装前，应沿边线先用水泥砂浆抄平，并调整好柱模板安装底面的标高，如图 4-16(a)所示。若不用水泥砂浆找平，也可沿边线用木板钉一木框，在木框上安装钢模板。边柱的外侧模板需支承在承垫板条上，板条要用螺栓固定在下层结构上，如图 4-16(b)所示。

柱模板现场拼装时，先安装最下一圈，然后逐圈而上直至柱顶。混凝土浇筑孔的盖板也同时安装，为了便于以后取下及安装盖板，可在盖板下边及两侧的拼缝中夹一薄铁片。钢模板拼完经垂直度校正后，便可装设柱箍，并用水平及斜向拉杆拉结，以保持柱模板的稳定。

场外预拼装时，在场外设置一钢模板拼装平台，将柱模板按配置图预拼成四片，然后运至现场安装就位，并用连接角模连接成整体，最后装上柱箍。

(3) 梁模板。

梁模板由三片模板组成，底模板及两侧模板用连接角模连接，如图 4-17 所示。梁侧模板顶部用阴角模板与楼板模板相接。整个梁模板用支架支承，支架应支设在垫板上，垫板厚 5mm，长度应至少能连接支承三个支架，垫板下的地基必须坚实。

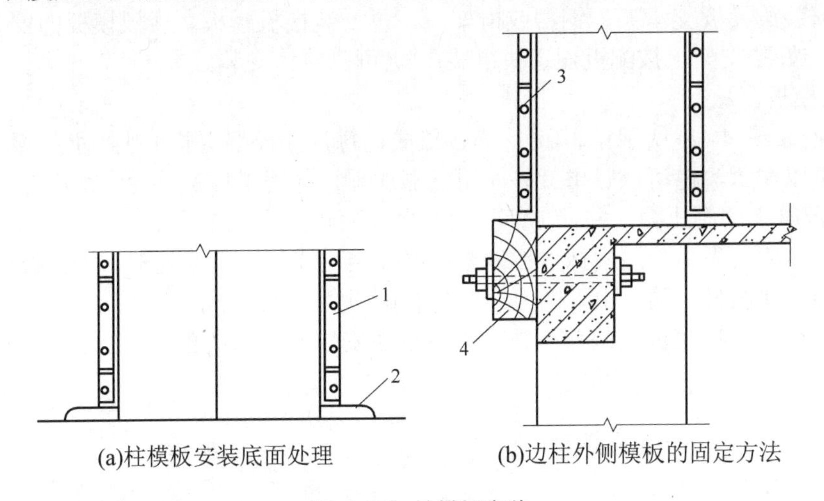

(a)柱模板安装底面处理　(b)边柱外侧模板的固定方法

图 4-16　柱模板安装

1—柱模板；2—砂浆找平层；3—边柱外侧模板；4—承垫板条

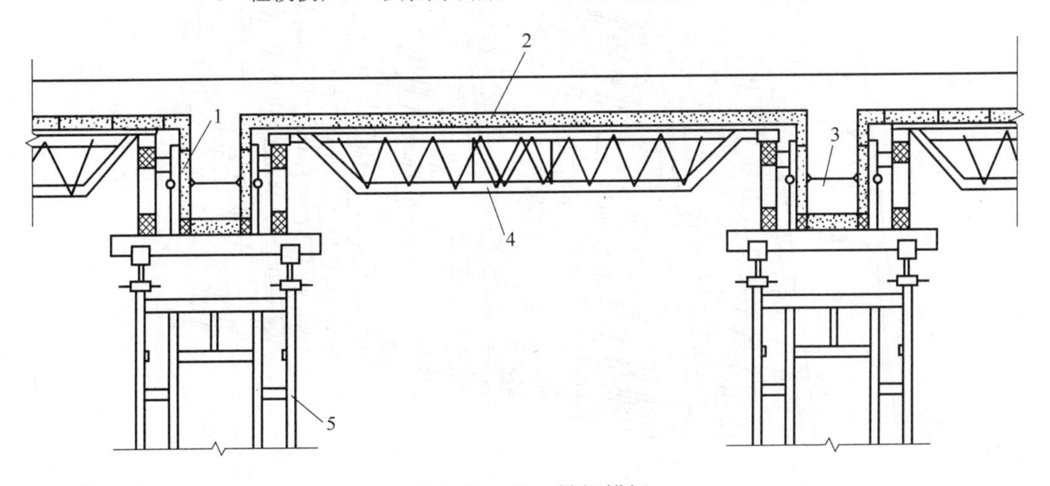

图 4-17　梁、楼板模板

1— 梁模板；2—楼板模板；3—对拉螺栓；4—伸缩式桁架；5—门型支架

为了抵抗浇筑混凝土时的侧压力，并保持一定的梁宽，两侧模板之间应根据需要设置对拉螺栓。

梁模板一般在钢模板拼装平台上按配板图拼成三片，用钢楞加固后运往现场安装。安装底模前，应先立好支架，调整好支架顶端的标高，跨度大于或等于 4m 的梁要起拱，起拱高度宜为全跨长度的 1/1000～2/1000。支架用水平拉杆及斜向拉杆加固后，再将梁底模板安装在支架顶上，最后安装梁侧模板。

梁模板也可以采用整体安装的方法，即在钢模拼装平台上，将三片钢模用钢楞及对拉螺栓等加固稳定后放入梁的钢筋，运往工地后用起重机吊装就位。

(4) 楼板模板。

楼板模板由平面钢模板拼装而成，其周边用阴角模板与梁或墙模板连接。楼板模板用钢楞及支架支承。为了减少支架用量、增加板下施工空间，宜用伸缩式桁架支撑，如图 4-17

所示。

应先安装梁模板支承架、钢楞或桁架后，再安装楼板模板。楼板模板的安装可以散拼(即在已安装好的支架上按配板图逐块拼装)，也可以整体安装。

(5) 墙模板。

墙模板(如图 4-18 所示)，由两片模板组成，每片模板都由若干块平面模板拼成。这些平面模板可以横拼，也可以竖拼。外面用钢楞加固，并用斜撑保持稳定，用对拉螺栓(或钢拉杆)抵抗混凝土的侧压力，并保持两片模板之间的距离(墙厚)。

安装时，应首先沿着边线抹水泥砂浆做好安装墙模板的基底处理。钢模板可以散拼(即按配板图由一端向另一端，由下向上逐层拼装)，也可以拼装成整片安装。

墙的钢筋可以在模板安装前绑扎，也可以在安装好一边的模板后绑扎，再安装另一边的模板。

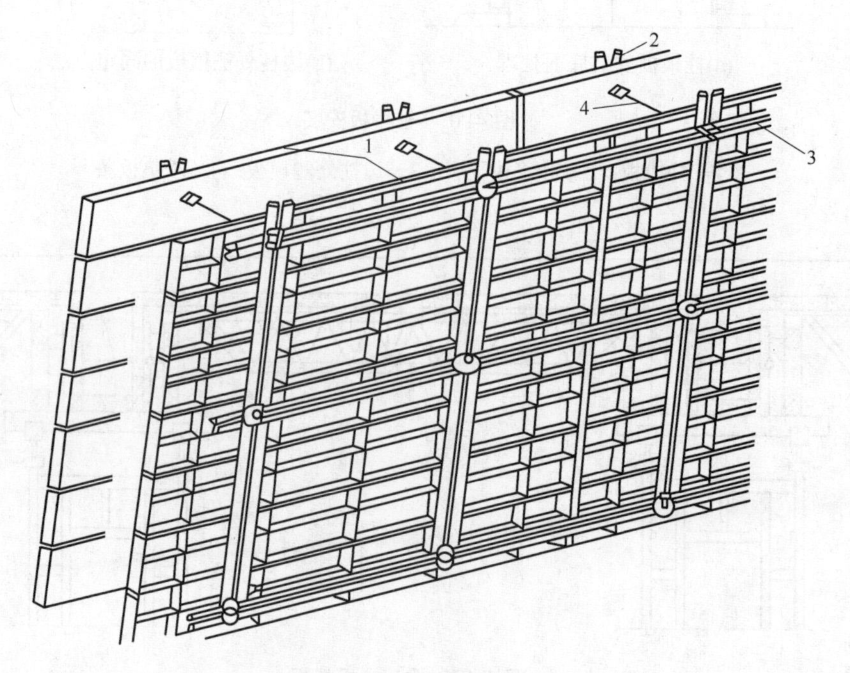

图 4-18　墙模板

1—墙模板；2—竖楞；3—横楞；4—对拉螺栓

3) 组合钢模板的配板

钢模板有很多规格型号，对同一面积的模板可用不同规格型号的钢模板做多种方式的排列组合，应从多方面对比分析选出最佳方案。为了提高效率、保证质量，一般应考虑以下原则。

(1) 应使钢模板数量尽可能少。应优先采用最通用的规格，尽量采用大规格的模板，其他规格的钢模板只作为拼凑面积时使用。

(2) 应使木材拼镶补量最少。

(3) 合理使用转角模板。对于构造上无特殊要求的转角，可不用阳角模板，一般可用连接角模代替。阴角模板宜用于长度大的转角处、柱头、梁口及其他短边转角部位。如无合适的阴角模板，也可用 55mm 的木方代替。

(4) 应使支承件的布置尽可能简单并受力合理。一般应将钢模板的长度方向沿着墙或板的长度方向、柱子的高度方向及梁的长度方向，这样能充分利用长度较大的钢模板，应使每块钢模板都有两处钢楞支承。在条件允许时，钢模板端头接缝宜错开布置，以提高模板的整体刚度。

(5) 钢模板应尽量采用横排或竖排，尽量不用横竖兼排的方式，以利于支撑系统的布置。

定型组合钢模板的配板设计应绘制配板图。在配板图上应标出钢模板的位置、规格型号和数量。对于预组装的整体模板，应标绘出其分界线。有特殊构造时，应加以标明。在配板图上还应标明预埋件和预留孔洞的位置，并注明其固定方法。为了减少差错，可在绘制配板图前先绘制出模板放线图。模板放线图是模板安装完毕后的平面图和剖面图，是根据施工所用模板的需要，将各有关图纸中对模板施工有指导意义的尺寸综合起来绘制而成。

3. 胶合板模板

胶合板模板有木胶合板和竹胶合板。胶合板用作混凝土模板具有以下优点。

① 板幅大，自重轻，板面平整。既可减少安装工作量，节省现场人工费用，又可减少混凝土外露表面的装饰及磨去接缝的费用。

② 承载能力大，特别是经表面处理后耐磨性好，能多次重复使用。

③ 材质轻，厚 18mm 的木胶合板，单位面积重量为 50kg，模板的运输、堆放、使用和管理等都较为方便。

④ 保温性能好，能防止温度变化过快，冬期施工有助于混凝土的保温。

⑤ 锯截方便，易加工成各种形状的模板。

⑥ 便于按工程的需要弯曲成型，用作曲面模板。

⑦ 用于清水混凝土模板，最为理想。

1) 木胶合板模板

木胶合板从材种分类可分为软木胶合板(材种为马尾松、黄花松、落叶松、红松等)及硬木胶合板(材种为锻木、桦木、水曲柳、黄杨木、泡桐木等)。从耐水性能划分，胶合板分为四类。

Ⅰ类——具有高耐水性，耐沸水性良好，所用胶粘剂为酚醛树脂胶粘剂(PF)，主要用于室外。

Ⅱ类——耐水防潮胶合板，所用胶粘剂为三聚氰胺改性脲醛树脂胶粘剂(MUF)，可用于高潮湿的条件下和室外。

Ⅲ类——防潮胶合板，胶粘剂为脲醛树脂胶粘剂(OF)，用于室内。

Ⅳ类——不耐水，不耐潮，用血粉或豆粉粘合，近年已停产。

混凝土模板用的木胶合板属于具有高耐气候、耐水性的Ⅰ类胶合板，胶粘剂为酚醛树脂胶。

(1) 构造。

模板用的木胶合板通常由 5、7、9、11 层等奇数层单板经热压固化而胶合成型。相邻层的纹理方向相互垂直，通常最外层表板的纹理方向和胶合板板面的长向平行，因此，整张胶合板的长向为强方向，短向为弱方向，使用时必须加以注意。

(2) 使用注意事项。

① 必须选用经过板面处理的胶合板。

未经板面处理的胶合板用作模板时，因混凝土硬化过程中，胶合板与混凝土界面上存在水泥——木材之间的结合力，使板面与混凝土粘结较牢，脱模时易将板面木纤维撕破，影响混凝土的表面质量。这种现象随胶合板使用次数的增加而逐渐加重。

经覆膜罩面处理后的胶合板，增加了板面耐久性，脱模性能良好，外观平整光滑，最适用于有特殊要求的、混凝土外表面不加装饰处理的清水混凝土工程，如混凝土桥墩、立交桥、筒仓、烟囱以及塔等。

② 未经板面处理的胶合板(亦称白环板或素板)，在使用前应对板面进行处理。处理的方法为冷涂刷涂料，把常温下固化的涂料胶涂刷在胶合板表面，构成保护膜。

③ 经表面处理的胶合板，施工现场使用时一般应注意：脱模后立即清洗板面浮浆，堆放整齐；模板拆除时，严禁抛扔，以免损伤板面处理层；胶合板边角应涂有封边胶，故应及时清除水泥浆。为了保护模板边角的封边胶，最好在支模时在模板拼缝处粘贴防水胶带或水泥纸袋，加以保护，防止漏浆；胶合板板面尽量不钻孔洞。遇有预留孔洞，可用普通木板拼补；现场应备有修补材料，以便对损伤的面板及时进行修补；使用前必须涂刷脱模剂。

2) 竹胶合板模板

我国竹材资源丰富，且竹材具有生长快、生产周期短(一般 2～3 年成材)的特点。另外，一般竹材顺纹抗拉强度为 18N/mm^2，为松木的 2.5 倍，红松的 1.5 倍；横纹抗压强度为 6～8N/mm^2，是杉木的 1.5 倍，红松的 2.5 倍；静弯曲强度为 15～16N/mm^2。因此，在我国木材资源短缺的情况下，以竹材为原料，制作混凝土模板用竹胶合板，具有收缩率小、膨胀率和吸水率低，以及承载能力大的特点，是一种具有发展前途的新型建筑模板。

混凝土模板用竹胶合板，其面板与芯板所用材料既有不同，又有相同。不同的材料是芯板将竹子劈成竹条(称竹帘单板)，宽 14～17mm，厚 3～5mm，在软化池中进行高温软化处理后，做烤青、烤黄、去竹衣及干燥等进一步处理。竹帘的编织可用人工或编织机编织。面板通常为编席单板，做法是竹子劈成篾片，由编工编成竹席。表面板采用薄木胶合板。这样既可利用竹材资源，又可兼有木胶合板的表面平整度。另外，也有采用竹编席作面板的，这种板材表面平整度较差，且胶粘剂用量较多。

为了提高竹胶合板的耐水性、耐磨性和耐碱性，经试验证明，竹胶合板表面进行环氧树脂涂面的耐碱性较好，进行瓷釉涂料涂面的综合效果最佳。

由于各地所产竹材的材质不同，同时又与胶粘剂的胶种、胶层厚度、涂胶均匀程度以及热固化压力等生产工艺有关，因此，竹胶合板的物理力学性能差异较大，其弹性模量变化范围为 $2～10\times10^3$N/mm^2。一般认为，密度大的竹胶合板，相应的静弯曲强度和弹性模量值也高。

3) 胶合板模板的配制方法和要求

(1) 配制方法。

① 按设计图纸尺寸直接配制模板。

形体简单的结构构件，可根据结构施工图纸直接按尺寸列出模板规格和数量进行配制。模板厚度、横挡及楞木的断面和间距，以及支撑系统的配置，都可按支承要求通过计算选用。

② 采用放大样方法配制模板。

形体复杂的结构构件，如楼梯、圆形水池等，可在平整的地坪上，按结构图的尺寸画出结构构件的实样，量出各部分模板的准确尺寸或套制样板，同时确定模板及其安装的节点构造，进行模板的制作。

③ 用计算方法配制模板。

形体复杂不易采用放大样方法，但有一定几何形体规律的构件，可用计算方法结合放大样的方法，进行模板的配制。

④ 采用结构表面展开法配制模板。

一些形体复杂且又由各种不同形体组成的复杂体型结构构件，如设备基础，其模板的配制，可采用先画出模板平面图和展开图，再进行配模设计和模板制作。

(2) 配制要求。

① 应整张直接使用，尽量减少随意锯截，造成胶合板的浪费。

② 木胶合板常用的厚度一般为 12mm 或 18mm，竹胶合板常用厚度一般为 12mm，内、外楞的间距，可随胶合板的厚度，通过设计计算进行调整。

③ 支撑系统可以选用钢管脚手，也可采用木材。采用木支撑时，不得选用脆性、严重扭曲和受潮容易变形的木材。

④ 钉子长度应为胶合板厚度的 1.5～2.5 倍，每块胶合板与木楞相叠处至少钉两个钉子。第二块板的钉子要转向第一块模板方向斜钉，使拼缝严密。

⑤ 配制好的模板应在反面编号并写明规格，分别堆放保管，以免错用。

4．其他形式的模板

1) 台模

台模是一种大型工具模板，用于浇筑楼板。台模由面板、纵梁、横梁和台架等组成的一个空间组合体。台架下装有轮子，以便移动。有的台模没有轮子，使用专用运模车移动。台模尺寸应与房间单位相适应，一般是一个房间一个台模。施工时，先施工内墙墙体，然后吊入台模，浇筑楼板混凝土。脱模时只要将台架下降，将台模推出墙面放在临时挑台上，用起重机吊至下一单元使用，楼板施工后再安装预制外墙板。

利用台模浇筑楼板可以省去模板的装拆时间，能节约模板材料和降低劳动力消耗，但一次性投入较大，需大型起重机配合施工。

2) 隧道模

隧道模采用由墙面模板和楼板模板组合可以同时浇筑墙体和楼板混凝土的大型工具式模板，能将各开间沿水平方向逐间整体浇筑，因此建筑物整体性好、抗震性好、节约模板材料、施工方便。但模板用钢量大、笨重、一次性投资大，故较少采用。

3) 永久性模板

永久性模板在钢筋混凝土结构施工时起模板作用，当浇筑的混凝土凝结后模板不再取出而成为结构本身的组成部分。各种形式的压型钢板、预应力钢筋混凝土薄板作为永久性模板，已在一些高层建筑楼板施工中推广应用。薄板铺设后稍加支撑，然后在其上铺放钢筋，浇筑混凝土形成楼板，施工简便，效果较好。

4) 大模板

大模板是一种大尺寸的工具式定型模板(如图 4-19 所示)，一般墙面用 1～2 块大模板，其重量大，需要起重机配合装拆进行施工。

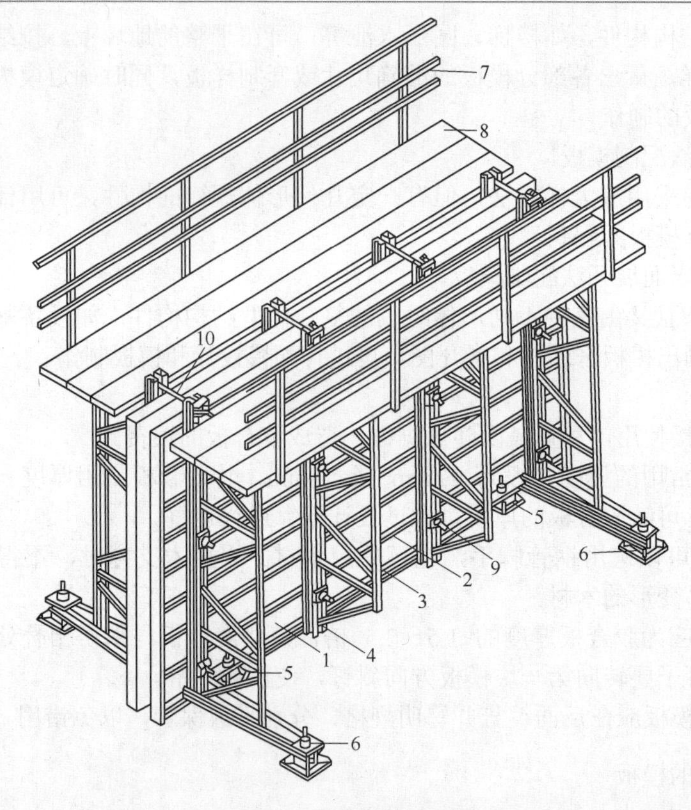

图 4-19　大模板构造示意图

1—面板；2—水平加劲肋；3—支撑桁架；4—竖楞；5—调整水平度的螺旋千斤顶；
6—调整垂直度的螺旋千斤顶；7—栏杆；8—脚手板；9—穿墙螺栓；10—固定卡具

一块大模板由面板、加劲肋、竖楞、支撑桁架、稳定机构及附件组成。面板要求平整、刚度好。平整度按中级抹灰质量要求确定。面板多用钢板和多层板组成，用钢板做面板的优点是刚度大和强度高，表面平滑，浇筑混凝土墙面外观好，不需再抹灰，可以直接粉面，模板可重复使用 200 次以上。其缺点是耗钢量大、自重大、易生锈、不保温、损坏后不易修复等。钢面板的厚度根据加劲肋的布置确定，一般为 4～6mm。用 12～18mm 厚多层板做面板，用树脂处理后可重复使用 50 次，重量轻，制作安装、更换容易，规格灵活，对于非标准尺寸的大模板工程更为适用。

加劲肋的作用是固定面板，阻止其变形并把混凝土传来的侧压力传递到竖楞上。加劲肋可用 6 号或 8 号槽钢，间距一般为 300～500mm。

竖楞是与加劲肋相连接的竖直部件，它的作用是加强模板刚度，保证模板的几何形状，并作为穿墙螺栓的固定支点，承受由模板传来的水平力和垂直力。竖楞可用 6 号或 8 号槽钢，间距一般为 1～1.2m。

支撑机构主要承受风荷载和偶然的水平力，防止模板倾覆。用螺栓或竖楞连接在一起以加强模板的刚度。每块大模板采用 2～4 榀桁架作为支撑机构，兼做搭设操作平台的支座，承受施工活荷载，也可用大型型钢代替桁架结构。

大模板的附件有操作平台、穿墙螺栓和其他附属连接件。大模板也可用组合钢模板拼成，用后拆卸可用于其他构件。

5) 滑升模板

滑升模板是一种工具式模板，适用于现场浇筑高耸的圆形、矩形、筒壁结构、剪力墙，也可用于变截面结构。

滑升模板施工特点是在建筑物或构筑物底部，沿其墙、柱、梁等构件的周边组装高1.2m 左右的模板，随着模板内浇筑混凝土和绑扎钢筋不断向上的同时，利用一套提升设备，将模板装置不断向上提升，使混凝土连续成型，直到需要高度为止。

用滑升模板可以节约大量的模板和脚手架，节省劳动力，施工速度快，工程费用低，结构整体性好。但模板一次投资大，耗钢量大，对建筑的立面和造型都有一定的限制。

滑升模板是由模板系统、操作平台系统和提升系统组成。模板系统包括模板、围圈和提升架等，它的作用是成型混凝土。操作平台系统包括操作平台、辅助平台和外吊脚手架等，是施工操作的场所。提升系统包括支撑杆、千斤顶和提升操作装置等，是滑升的动力。这三部分通过提升架连成整体，构成整套滑升模板装置，如图 4-20 所示。

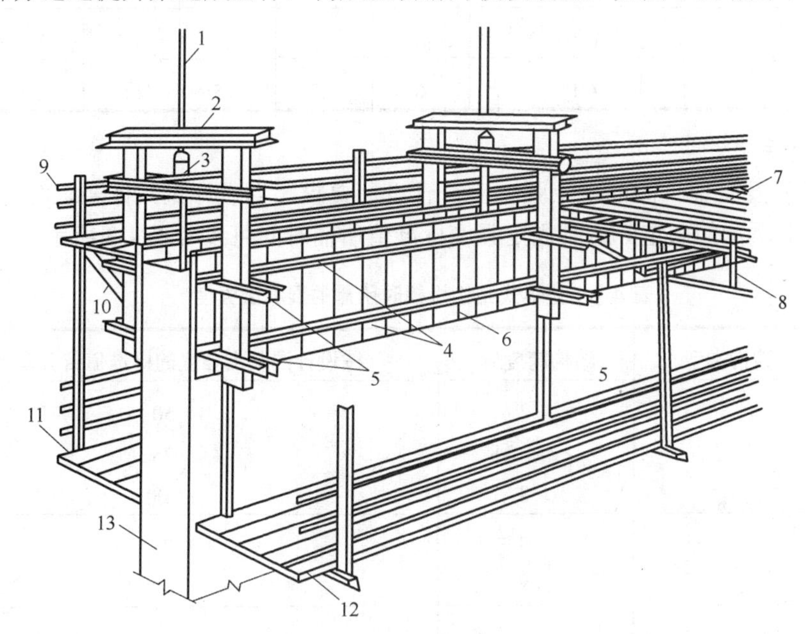

图 4-20　滑式模板组成示意图

1—支承杆；2—提升架；3—液压千斤顶；4—围圈；5—围圈支托；6—模板；7—操作平台；8—平台桁架；9—栏杆；10—外排三角架；11—外吊脚手；12—内吊脚手；13—混凝土墙体

4.1.4　模板的拆除

1. 现浇结构模板的拆除

模板的拆除日期取决于现浇结构的性质、混凝土的强度、模板的用途、混凝土硬化时的气温等。及时拆模可以提高模板的周转率，为后续工作创造条件。但过早拆模，混凝土会因强度不足难而以承担自身重量，或受到外力作用而变形甚至断裂，造成重大的质量事故。

1) 侧模板拆除

拆除侧模板应在混凝土强度能保证其表面及棱角不因拆除模板而受到损坏时，方可拆除。具体拆除时间可参照表 4-1 所示。

表 4-1　侧模板的拆除时间

水泥品种	混凝土强度等级	混凝土凝固的平均温度/℃					
		5	10	15	20	25	30
		混凝土强度达到 2.5MPa 所需天数					
普通水泥	C10	5	4	3	2	1.5	1
	C15	4.5	3	2.5	2	1.5	1
	≥C20	3	2.5	2	1.5	1.0	1
矿渣及火山灰质水泥	C10	8	6	4.5	3.5	2.5	2
	C15	6	4.5	3.5	2.5	2	1.5

2) 底模板拆除

拆除底模板及支架时的混凝土强度应符合设计要求，当设计无具体要求时，混凝土强度应符合表 4-2 所示的规定。达到规定强度标准值所需时间可参考表 4-3 所示。

表 4-2　整体式结构拆模时所需的混凝土强度

项　次	结构类型	结构跨度/m	按设计混凝土强度的标准值百分率计/%
1	板	≤2	50
		>2，≤8	75
		>8	100
2	梁、拱、壳	≤8	75
		>8	100
3	悬臂梁构件		100

表 4-3　拆除底模板的时间参考表　(单位：天)

水泥的强度等级及品种	混凝土达到设计强度标准值的百分率/%	硬化时昼夜平均温度/℃					
		5	10	15	20	25	30
32.5MPa 普通水泥	50	12	8	6	4	3	2
	75	26	18	14	9	7	6
	100	55	45	35	28	21	18
42.5MPa 普通水泥	50	10	7	6	5	4	3
	75	50	14	11	8	7	6
	100	50	40	30	28	20	18

续表

水泥的强度等级及品种	混凝土达到设计强度标准值的百分率/%	硬化时昼夜平均温度/℃					
		5	10	15	20	25	30
32.5MPa 矿渣或火山灰质水泥	50	18	12	10	8	7	6
	75	32	25	17	14	12	10
	100	60	50	40	28	24	20
42.5MPa 矿渣或火山灰质水泥	50	16	11	9	8	7	6
	75	30	20	15	13	12	10
	100	60	50	40	28	24	20

3) 拆模顺序

一般是先支后拆，后支先拆，先拆除侧模板，后拆除底模板。对于肋形楼板的拆模顺序，首先拆除柱模板，然后拆除楼板底模板、梁侧模板，最后拆除梁底模板。

多层楼板模板支架的拆除，应按下列要求进行：上层楼板正在浇筑混凝土时，下一层楼板的模板支架不得拆除，再下一层楼板模板的支架，仅可拆除一部分；跨度大于或等于4米的梁下均应保留支架，其间距不得大于3米。

4) 拆模应注意的事项

(1) 模板拆除时不应对楼层形成冲击荷载。

(2) 拆除的模板和支架宜分散堆放并及时清运。

(3) 拆模时应尽量避免混凝土表面或模板受到损坏。

(4) 拆下的模板，应及时加以清理、修理，按尺寸和种类分别堆放，以便下次使用。

(5) 若定型组合钢模板面层油漆脱落，应及时补刷防锈漆。

(6) 已拆除模板及支架的结构，应在混凝土达到设计的混凝土强度标准后，才可以承受全部使用荷载。

(7) 当承受施工荷载产生的效应比使用荷载更为不利时，必须经过核算，并加设临时支撑。

2．早拆模板体系

早拆模板是利用柱头、立柱和可调支座组成竖向支撑，支撑在上下层楼板之间，使原设计的楼板跨度处于短跨(立柱间距＜2m)受力状态，混凝土楼板的强度达到规定标准强度的 50%(常温下 3～4d)即可拆除梁、板模板及部分支撑。柱头、立柱及可调支座仍保持支撑状态。当混凝土强度增大到足以在全跨条件下承受自重和施工荷载时，再拆除全部竖向支撑。

1) 早拆模板体系构件

(1) 柱头。

早拆模板体系柱头为铸钢件，如图 4-21(a)所示，柱头顶板(50×150mm)可直接与混凝土接触，两侧梁托可挂住梁头，梁托附着在方形管上，方形管可上下移动 115mm，方形管在上方时可通过支撑板锁住，用锤敲击支撑板则梁托随方形管下落。

(2) 主梁。

模板主梁是薄壁空腹结构，上端带有 70mm 的凸起，与混凝土直接接触，如图 4-21b 所示。当梁的两端梁头挂在柱头的梁托上时，将梁支起，即可自锁而不脱落。模板梁的悬臂部分，如图 4-21(c)所示，挂在柱头的梁托上支起后，能自锁而不脱落。

(3) 可调支座

可调支座插入立柱的下端，与地面(楼面)接触，用于调节立柱的高度，可调范围为 0～50mm，如图 4-21(d)所示。

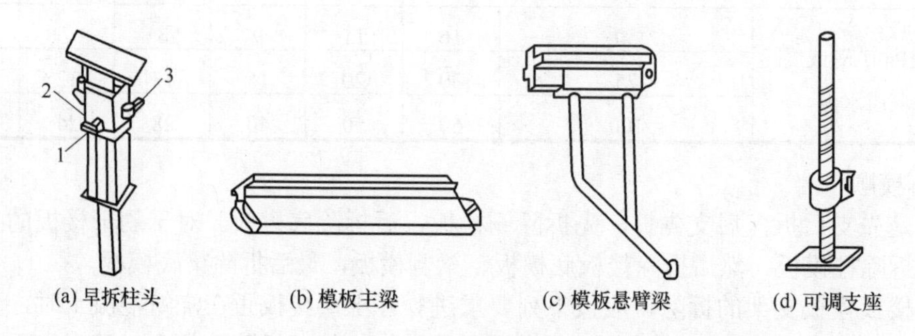

图 4-21　早拆模板体系构件

1—支承板；2—方形管；3—梁托

支撑可采用碗扣式或扣件式脚手支撑，模板可用胶合板模板或其他模板。

2) 早拆模板体系的安装与拆除

先立两根立柱，套上早拆柱头和可调支座，加上一根主梁架起一拱，然后再架起另一拱，用横撑临时固定，依次把周围的梁和立柱架起来，再调整立柱高度和垂直度，并锁紧碗扣接头，最后在模板主梁间铺放模板即可，如图 4-22 所示。

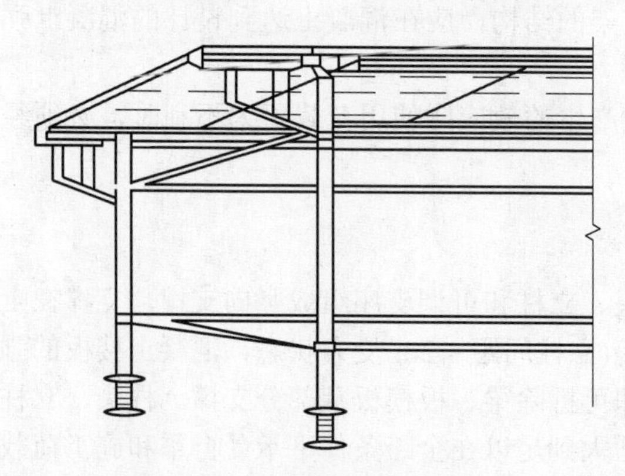

图 4-22　早拆模板体系示意图

模板拆除时，只需用锤子敲击早拆柱头上的支撑板，则模板和模板梁将随同方形管下落 115mm，模板和模板梁便可卸下来，保留立柱支撑梁板结构，如图 4-23 所示。当混凝土强度达到后，调低可调支座，解开碗扣接头，即可拆除立柱和柱头。

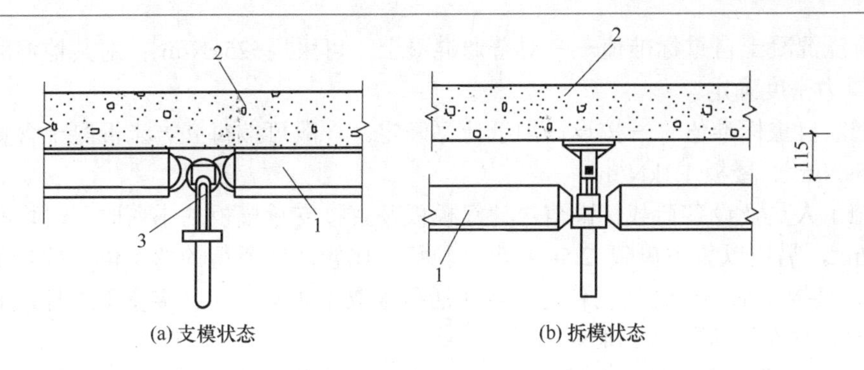

图 4-23　早期拆模方法

1—模板主梁；2—现浇楼板；3—早拆柱头

4.1.5　现浇混凝土结构模板的设计

1．模板设计内容与原则

1) 设计内容

模板设计内容主要包括选型、选材、配板、荷载计算、结构设计和绘制模板施工图等。各项设计的内容和详尽程度，可根据工程的具体情况和施工条件确定。

2) 设计原则

(1) 实用性：主要应确保混凝土结构的质量。其具体要求是：接缝严密，不漏浆；保证构件的形状尺寸和相互位置的正确；模板的构造简单，支拆方便。

(2) 安全性：保证在施工过程中不变形，不破坏，不倒塌。

(3) 经济性：针对工程结构的具体情况，因地制宜，就地取材，在确保工期、质量的前体下，尽量减少一次性投入，增加模板周转，减少支拆用工，实现文明施工。

2．模板设计的基本内容

1) 荷载及荷载组合

(1) 荷载。

计算模板及其支架的荷载，分为荷载标准值和荷载设计值，后者应以荷载标准值乘以相应的荷载分项系数。

① 荷载标准值。

A．模板及支架自重标准值——应根据设计图纸确定。对肋形楼板及无梁楼板模板的自重标准值如表 4-4 所示。

表 4-4　模板及支架自重标准值

模板构件的名称	木模板	组合钢模板	钢框胶合板模板
平板的模板及小楞	0.30	0.50	0.40
楼板模板(其中包括梁的模板)	0.50	0.75	0.60
楼板模板及其支架(楼层高度为 4m 以下)	0.75	1.10	0.95

B．新浇混凝土自重标准值——对普通混凝土，可采用 $25kN/m^3$；对其他混凝土，可根据实际重力密度确定。

C．钢筋自重标准值——按设计图纸计算确定。一般可按每立方米混凝土含量计算：框架梁 $1.5kN/m^3$、楼板 $1.1kN/m^3$。

D．施工人员及设备荷载标准值：计算模板及直接支承模板的小楞时，对均布活荷载取 $2.5kN/m^2$，另应以集中荷载 2.5kN 再行验算，比较两者所得的弯矩值，按其中较大者采用；计算直接支承小楞结构构件时，均布活荷载取 $1.5kN/m^2$；计算支架立柱及其他支承结构构件时，均布活荷载取 $1.0kN/m^2$。

说明：对大型浇筑设备如上料平台、混凝土输送泵等，按实际情况计算；混凝土堆集料高度超过 100mm 以上者，按实际高度计算；模板单块宽度小于 150mm 时，集中荷载可分布在相邻的两块板上。

E．振捣混凝土时产生的荷载标准值——对水平面模板可采用 $2.0kN/m^2$；对垂直面模板可采用 $4.0kN/m^2$(作用范围在新浇筑混凝土侧压力的有效压头高度以内)。

F．新浇筑混凝土对模板侧面的压力标准值——采用内部振捣器时，可按以下两式计算，并取其较小值。

$$F = 0.22 r_c t_0 \beta_1 \beta_2 V^{1/2} \tag{4-1}$$

$$F = r_c H \tag{4-2}$$

式中：F——新浇筑混凝土对模板的最大侧压力(kN/m^2)；

r_c——混凝土的重力密度(kN/m^3)；

t_0——新浇筑混凝土的初凝时间(h)，可按实测确定。当缺乏试验资料时，可采用 $t_0=200/(T+15)$计算(T为混凝土的温度℃)；

V——混凝土的浇筑速度(m/h)；

H——混凝土侧压力计算位置处至新浇筑混凝土顶面的总高度(m)；

β_1——外加剂影响修正系数，不掺外加剂时取 1.0；掺具有缓凝作用的外加剂时取 1.2；

β_2——混凝土坍落度影响修正系数，当坍落度小于 30mm 时，取 0.85；50～90mm 时，取 1.0；110～150mm 时，取 1.15。

G．倾倒混凝土时产生的荷载标准值——倾倒混凝土时对垂直面模板产生的水平荷载标准值，可按表 4-5 采用。

除上述 7 项荷载外，当水平模板支撑结构的上部继续浇筑混凝土时，还应考虑由上部传递下来的荷载。

表 4-5　倾倒混凝土时产生的水平荷载标准值　(单位：kN/m^2)

向模板内供料方法	水平荷载	向模板内供料方法	水平荷载
溜槽、串筒或导管	2	容积为 $0.2\sim0.8m^3$ 的运输器具	4
容积小于 $0.2m^3$ 的运输器具	2	容积为大于 $0.8m^3$ 的运输器具	6

注：作用范围在有效压头高度以内。

② 荷载设计值。

计算模板及其支架的荷载设计值，应为荷载标准值乘以相应的荷载分项系数。分项系数如表 4-6 所示。

表 4-6　模板及支架荷载分项系数

项　次	荷载类别	γ_i
1	模板及支架自重	1.35
2	新浇筑混凝土自重	
3	钢筋自重	
4	施工人员及施工设备荷载	1.4
5	振捣混凝土时产生的荷载	
6	新浇筑混凝土对模板侧面的压力	1.35
7	倾倒混凝土时产生的荷载	1.4

(2) 荷载组合如表 4-7 和表 4-8 所示。

表 4-7 荷载类别及编号

名　称	类　别	编　号
模板结构自重	恒载	㊀
新浇筑混凝土自重	恒载	㊁
钢筋自重	恒载	㊂
施工人员及施工设备荷载	活载	㊃
振捣混凝土时产生的荷载	活载	㊄
新浇筑混凝土对模板侧面的压力	恒载	㊅
倾倒混凝土时产生的荷载	活载	㊆

表 4-8　荷载组合

项　次	项　　目	荷载组合	
		计算承载能力	验算刚度
1	平板及薄壳的模板及支架	㊀+㊁+㊂+㊃	㊀+㊁+㊂
2	梁和拱模板的底板及支架	㊀+㊁+㊂+㊄	㊀+㊁+㊂
3	梁、拱、柱(边长≤300mm)、墙(厚≤100mm)的侧面模板	㊄+㊅	㊅
4	大体积结构、柱(边长＞300mm)、墙(厚＞100mm)的侧面模板	㊅+㊆	㊅

2) 模板结构的挠度要求

模板结构除了必须保证足够的承载能力外，还应保证有足够的刚度。因此，应验算模板及其支架的挠度，其最大变形值不得超过下列允许值。

(1) 对结构表面外露(不做装修)的模板，为模板构件计算跨度的 1/400。

(2) 对结构表面隐蔽(做装修)的模板，为模板构件计算跨度的 1/250。

(3) 支架的压缩变形值或弹性挠度，为相应的结构计算跨度的 1/1000。

(4) 根据《组合钢模板技术规范》(GB 50214—2001)规定：

① 模板结构允许挠度按表 4-9 执行。

表 4-9 模板结构允许挠度

名 称	允许挠度/mm	名 称	允许挠度/mm
钢模板的面板	1.5	柱箍	B/500
单块钢模板	1.5	桁架	L/1000
钢楞	L/500	支承系统累计	4.0

注：L 为计算跨度，B 为柱宽。

② 当验算模板及支架在自重和风荷载作用下的抗倾覆稳定性时，其抗倾倒系数不小于 1.15。

(5) 根据《钢框胶合板模板技术规程》(JGJ96—1995)规定：

① 模板面板各跨的挠度计算值不宜大于面板相应跨度的 l/300，且不宜大于 1mm。

② 钢楞各跨的挠度计算值，不宜大于钢楞相应跨度的 1/1000，且不宜大于 1mm。

4.1.6 模板工程施工质量检查验收方法

在浇筑混凝土之前，应对模板工程进行验收。模板及其支架应具有足够的承载能力、刚度和稳定性，能可靠地承受浇筑混凝土的重量、侧压力以及施工荷载。模板安装和浇筑混凝土时，应对模板及其支架进行观察和维护。当发生异常情况时，应按施工技术方案及时进行处理。模板工程的施工质量检验应按主控项目、一般项目按规定的检验方法进行检验。检验批合格质量应符合下列规定：主控项目的质量经抽样检验合格；一般项目的质量经抽样检验合格；当采用计数检验时，除有专门要求外，一般项目的合格点率应达到 80%及以上，且不得有严重的缺陷；具有完整的施工操作依据和质量验收记录。

1. 主控项目

(1) 安装现浇结构的上层模板及其支架时，下层楼板应具有承受上层荷载的承载能力，或加设支架；上、下层支架的立柱应对准，并铺设垫板。

检查数量：全数检查。

检验方法：对照模板设计文件和施工技术方案观察。

(2) 在涂刷模板隔离剂时，不得沾污钢筋和混凝土的接槎处。

检查数量：全数检查。

检验方法：观察。

(3) 底模及其支架拆除时混凝土强度应符合规范的要求。

检查数量：全数检查。

检验方法：检查同条件养护试件强度试验报告。

(4) 后浇带模板的拆除和支顶应按施工技术方案执行。

检查数量：全数检查。

检验方法：观察。

2. 一般项目

(1) 模板安装应满足下列要求：模板的接缝不应漏浆；在浇筑混凝土前，木模板应浇水湿润，但模板内不应有积水；模板与混凝土的接触面应清理干净并涂刷隔离剂，但不得采用影响结构性能或妨碍装饰工程施工的隔离剂；浇筑混凝土前，模板内的杂物应清理干净；对清水混凝土工程及装饰混凝土工程，应使用能达到设计效果的模板。

检查数量：全数检查。

检验方法：观察。

(2) 用作模板的地坪、胎模等应平整光洁，不得产生影响构件质量的下沉、裂缝、起砂或起鼓。

检查数量：全数检查。

检验方法：观察。

(3) 对跨度不小于 4m 的现浇钢筋混凝土梁、板，其模板应按设计要求起拱；当设计无具体要求时，起拱高度宜为跨度的 1/1000～3 /1000。

检查数量：在同一检验批内，梁应抽查构件数量的 10%，且不少于 3 件；板应按有代表性的自然间抽查 10%，且不少于 3 间；大空间结构，板可按纵、横轴线划分检查面，抽查 10%，且不少于 3 面。

检验方法：水准仪或拉线、钢尺检查。

(4) 固定在模板上的预埋件、预留孔和预留洞均不得遗漏，且应安装牢固，其偏差应符合表 4-10 所示的规定。现浇结构模板安装的偏差及检查方法应符合表 4-11 所示的规定。

检查数量：在同一检验批内，对梁、柱和独立基础，应抽查构件数量 10%，且不少于 3 件；对墙和板，应按有代表性的自然间抽查 10%，且不少于 3 间；对大空间结构，墙可按相邻轴线间高度 5m 左右划分检查面，板可按纵横轴线划分检查面，抽查 10%，且均不少于 3 面。

检验方法：钢尺检查。

表 4-10　预埋件和预留孔洞的允许偏差

项　目		允许偏差/mm
预埋钢板中心线位置		3
预埋管、预留孔中心线位置		3
插筋	中心线位置	5
	外露长度	+10.0
预埋螺栓	中心线位置	2
	外露长度	+10.0
预留孔	中心线位置	10
	尺寸	+10.0

注：检查中心线位置时，应沿纵、横两个方向量测，并取其中的较大值。

表 4-11　现浇结构模板安装的允许偏差及检验方法

项　目	允许偏差/mm	检查方法
轴线位移	5	钢尺检查
底模上表面标高	±5	水准仪或拉线、钢尺检查

续表

项目		允许偏差/mm	检查方法
截面内部尺寸	基础	±10	钢尺检查
	柱、墙、梁	+4，−5	钢尺检查
层高垂直度	≤5m	6	经纬仪或吊线、钢尺检查
	＞5m	8	
相邻两板表面高低差		2	钢尺检查
表面平整度		5	2m 靠尺和塞尺检查

注：检查轴线位置时，应沿纵、横两个方向量测，并取其中的较大值。

(5) 预制构件模板安装的偏差应符合表 4-12 所示的规定。

表 4-12　预制构件模板安装的允许偏差及检验方法

项目		允许偏差/mm	检验方法
长度	板、梁	±5	钢尺量两角边，取其中较大值
	薄腹梁、桁架	±10	
	柱	0，−10	
	墙板	0，−5	
宽度	板、墙板	0，−5	钢尺量一端及中部，取其中较大值
	梁、薄腹梁、桁架、柱	+2，−5	
高(厚)度	板	+2，−3	钢尺量一端及中部，取其中较大值
	墙板	0，−5	
	梁、薄腹梁、桁架、柱	+2，−5	
侧向弯曲	梁、板、柱	l/1000 且≤15	拉线、钢尺量最大弯曲处
	墙板、薄腹梁、桁架	l/1500 且≤15	
板的表面平整度		3	2m 靠尺和塞尺检查
相邻两板表面高低差		1	钢尺检查
对角线差	板	7	钢尺量两个对角线
	墙板	5	
翘曲	板、墙板	l/1500	调平尺在两端量测
设计起拱	梁、薄腹梁、桁架、柱	±3	拉线、钢尺量跨中

注：l 为构件长度(mm)。

检查数量：首次使用及大修后的模板应全数检查；使用中的模板应定期检查，并根据使用情况不定期抽查。

(6) 侧模拆除时的混凝土强度应能保证其表面及棱角不受损伤。模板拆除时，不应对楼层形成冲击荷载。拆除的模板和支架宜分散堆放并及时清运。

检查数量：全数检查。

检验方法：观察。

4.2 钢 筋 工 程

4.2.1 钢筋的分类、验收和存放

1. 钢筋的分类

钢筋混凝土结构所用钢筋的种类很多，按不同的方式可以进行不同的分类。钢筋按化学成分分为：碳素钢钢筋和普通低合金钢钢筋等；按生产工艺分为：热轧钢筋、冷拉钢筋、冷拔钢丝、热处理钢筋、碳素钢丝、刻痕钢丝和钢绞线等；按力学性能分为：HPB300 级(相当原Ⅰ级)、HRB335(HRBF335)级(相当原Ⅱ级)、HRB400(HRBF400、RRB400)级(相当原Ⅲ级)、HRB500(HRBF500)级(相当原Ⅳ级)；按轧制外形分为：光圆钢筋和变形钢筋(月牙形、螺纹形、人字纹形)；按钢筋直径大小分为：钢丝(直径＜6mm)、细钢筋(直径 6～10mm)、中粗钢筋(直径 12～20mm)、粗钢筋(直径＞20mm)。一般直径10mm 以下的钢筋卷成圆盘，直径大于 12mm 钢筋则轧成 6～12m 长的直条。

2. 钢筋的验收

钢筋的质量合格与否，直接影响混凝土结构的使用安全，故应重视钢筋进厂验收和质量检查工作。

进场钢筋应有出厂质量证明书或实验报告单(合格证)。每捆(盘)钢筋均应有标牌，并按品种、批号与直径分批检查和验收。钢筋进场验收的内容有查对标牌、外观检查以及按有关规定抽取试样进行机械性能试验，合格后方可使用。

热轧钢筋进场时每批由同一牌号、同一炉罐号、同一规格的钢筋组成，重量不大于60t。允许由同一牌号、同一冶炼方法、同一浇筑方法的不同炉罐号组成混合批，但各炉罐号含碳量之差不得大于 0.02%，含锰量之差不大于 0.15%。

1) 外观检查

从每批钢筋中抽取 5%进行外观检查。钢筋表面不得有裂纹、结疤和折叠。钢筋表面允许有凸块，但不得超过横肋的高度，钢筋表面上其他缺陷的深度和高度不得大于所在部位尺寸的允许偏差。钢筋可按实际重量或公称重量交货。当钢筋按实际重量交货时，应随机抽取 10 根(6m 长)的钢筋称重，如重量偏差大于允许偏差，则应与生产厂家交涉，以免损害用户的利益。

2) 力学性能试验

钢筋抽样检验(二次复试)时，从每批钢筋中任选两根钢筋，每根取两个试件分别进行拉伸试验(包括屈服点、抗拉强度和伸长率)和冷弯试验。

如有一项试验结果不符合规范的要求，则从同一批中另取双倍数量的试件重做各项试验。如仍有一个试件不合格，则该批钢筋为不合格品。

在钢筋加工过程中，如发现脆断、焊接性能不良或机械性能异常时，则应进行钢筋的化学成分检验或其他专项检验。

3. 钢筋的存放

运入施工现场的钢筋，必须严格按批分等级、牌号、直径、长度挂牌存放，并注明数量，不得混淆。钢筋应尽量堆入仓库或料棚内；条件不具备时，应选择地势较高、土质坚实、平坦的露天场地存放。在仓库或场地周围挖排水沟，以利于泄水。堆放时钢筋下面要

加垫木，距离地面不宜少于 200mm，以防钢筋锈蚀和污染。

钢筋成品要分工程名称和构件名称，按号码顺序存放。同一项工程与同一构件的钢筋要存放在一起，按号挂牌排列，牌上注明构件名称、部位、钢筋类型、尺寸、钢号、直径、根数，不能将几项工程的钢筋混放在一起，同时不要和产生有害气体的车间靠近，以免污染和腐蚀钢筋。

4.2.2 钢筋的冷加工

钢筋的冷加工有冷拉和冷拔，用以提高钢筋强度设计值，节约钢材，满足预应力钢筋的需要。

1. 钢筋的冷拉

钢筋冷拉即在常温下对钢筋进行强力拉伸，拉应力超过钢筋的屈服强度，使钢筋产生塑性变形，以达到调直钢筋、提高强度的目的。

1) 冷拉原理

钢筋的冷拉原理，如图 4-24 所示。图 4-24 中，*oabcde* 为钢筋的拉伸特性曲线。冷拉时，拉应力超过屈服点 *b* 达到 *c* 点，然后卸荷。由于钢筋已产生塑性变形，卸荷过程中应力-应变曲线将沿 o_1cde 变化，并在 *c* 点附近出现新的屈服点，该屈服点明显高于冷拉前的屈服点 *b*，这种现象称为“变形硬化”。冷拉后的新屈服点并非保持不变，而是随时间延长提高至 *c'*点，这种现象称为“时效硬化”。由于变形硬化和时效硬化的结果，其新的应力-应变曲线则为 $o_1c'd'e'$，此时，钢筋的强度提高了，但脆性也增加了，这是因为在冷拉过程中，钢筋内部的晶体沿着结合力最差的结晶面产生相对滑移，使滑移面上的晶格歪扭变形，晶格遭到破碎成滑移面的不平，阻碍着晶体的继续滑移，使钢筋内部组织发生变化。由于设计中不利用时效后提高的屈服强度，因此施工中一般不做时效处理。图 4-24 中 *c* 点对应的应力即为冷拉钢筋的控制应力，oo_2 即为相应的冷拉率。钢筋的冷拉应力(控制应力)和冷拉率是钢筋冷拉的两个主要参数。

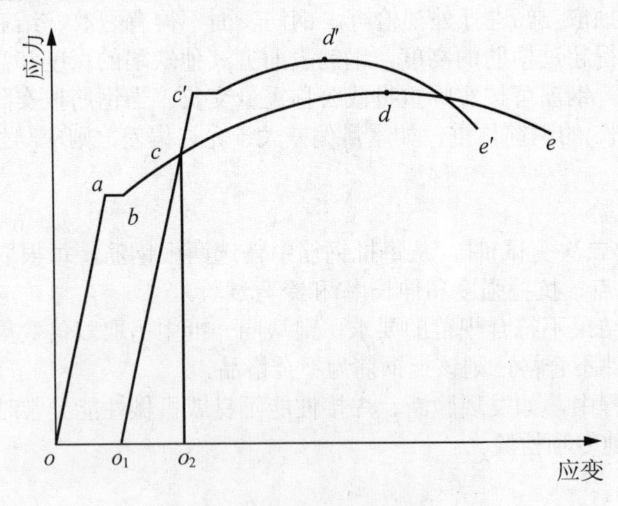

图 4-24 钢筋拉冷原理

2) 冷拉控制

(1) 钢筋冷拉控制可以用控制冷拉应力或冷拉率的方法。

(2) 冷拉控制的应力值如表 4-13 所示。

表 4-13　冷拉控制应力及最大冷拉率

<table>
<tr><th colspan="2">钢筋级别</th><th>冷拉控制应力
/(N/mm²)</th><th>最大冷拉率/%</th></tr>
<tr><td colspan="2">HPB300 级 d≤12</td><td>280</td><td>10.0</td></tr>
<tr><td rowspan="2">HRB335 级</td><td>d≤25</td><td>450</td><td rowspan="2">5.5</td></tr>
<tr><td>d=28～40</td><td>430</td></tr>
<tr><td colspan="2">HRB400 级 d=8～40</td><td>500</td><td>5.0</td></tr>
</table>

(3) 冷拉后检查钢筋的冷拉率，如果超过表中规定的数值，则应进行钢筋力学性能试验。

(4) 用做预应力混凝土结构的预应力钢筋，宜采用冷拉应力来控制。

(5) 对同炉批钢筋，试件不宜少于 4 个，每个试件都按表 4-14 规定的冷拉应力值在万能试验机上测定相应的冷拉率，取平均值作为该炉批钢筋的实际冷拉率。

表 4-14　测定冷拉率时钢筋的冷拉应力

<table>
<tr><th colspan="2">钢筋级别</th><th>冷拉控制应力/(N/mm²)</th></tr>
<tr><td colspan="2">HPB300 级 d≤12</td><td>320</td></tr>
<tr><td rowspan="2">HRB335 级</td><td>d≤25</td><td>480</td></tr>
<tr><td>d=28～40</td><td>460</td></tr>
<tr><td colspan="2">HRB400 级 d=8～40</td><td>530</td></tr>
</table>

(6) 不同炉批的钢筋，不宜用控制冷拉率的方法进行钢筋冷拉。

3) 冷拉设备

冷拉设备由拉力设备、承力结构、测量设备和钢筋夹具等部分组成，如图 4-25 所示。拉力设备可采用卷扬机或长行程液压千斤顶；承力结构可采用地锚；测力装置可采用弹簧测力计、电子秤或附带油表的液压千斤顶。

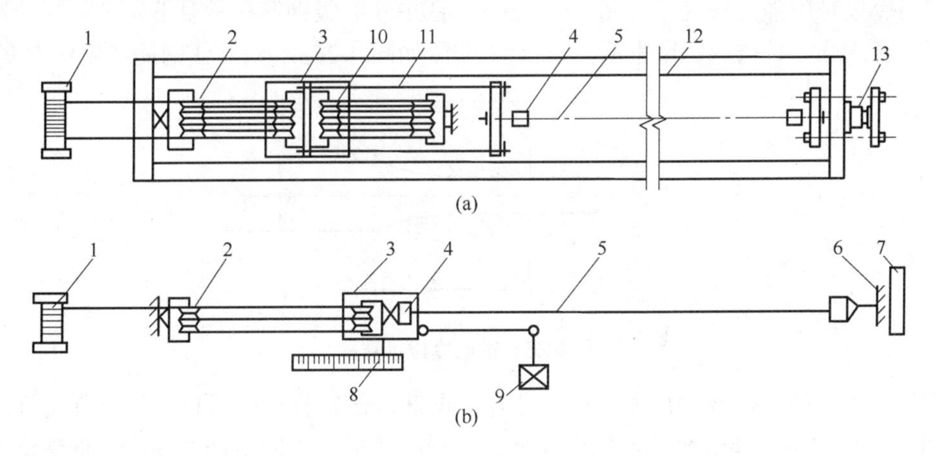

图 4-25　冷拉设备

1—卷扬机；2—钳轮机；3—冷拉小车；4—夹具；5—被冷拉的钢筋；6—地锚；7—防护壁；8—标尺；9—回程荷重架；10—回程滑轮组；11—传力架；12—槽式台座；13—液压千斤顶

4) 钢筋的冷拉计算

钢筋的冷拉计算包括冷拉力、拉长值、弹性回缩值和冷拉设备选择计算。

(1) 冷拉力(Ncon)计算。

冷拉力计算的作用：一是确定按控制应力冷拉时的油压表读数；二是作为选择卷扬机的依据。冷拉力应等于钢筋冷拉前截面积 A_s 乘以冷拉时的控制应力 σ_{con}，即：

$$\mathrm{Ncon}=A_s\times\sigma_{con} \tag{4-3}$$

(2) 计算拉长值ΔL。

钢筋的拉长值应等于冷拉前钢筋的长度 L 与钢筋冷拉率 δ 的乘积，即：

$$\Delta L=L\times\delta \tag{4-4}$$

(3) 计算钢筋的弹性回缩值ΔL_1。

根据钢筋的弹性回缩率 δ_1(一般为 0.3%左右)计算，即：

$$\Delta L_1=(L+\Delta L)\times\delta_1 \tag{4-5}$$

则钢筋冷拉完毕后的实际长度为

$$L'=L+\Delta L-\Delta L_1 \tag{4-6}$$

(4) 冷拉设备的选择及计算。

冷拉设备主要选择卷扬机，计算确定冷拉时油压表的读数。冷拉时油压表读数为

$$P=\mathrm{Ncon}/F \tag{4-7}$$

式中：Ncon——钢筋按控制应力计算求得的冷拉力(N)；

F——千斤顶的活塞缸面积(mm^2)；

P——油压表的读数(N/mm^2)。

冷拉钢筋应分批进行验收，每批由不大于 20t 的同级别、同直径冷拉钢筋组成，验收方法与热轧钢筋相同。

2．钢筋的冷拔

钢筋冷拔是用强力将直径为 6～10mm 的 HPB300 级钢筋在常温下通过特制的钨合金拔丝模，多次强力拉拔成比原钢筋直径小的钢丝(如图 4-26 所示)，使钢筋产生塑性变形。

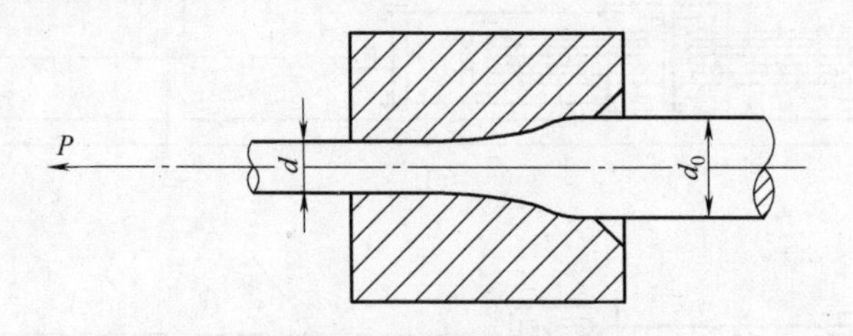

图 4-26　钢筋冷拔示意图

钢筋经过冷拔后，横向压缩、纵向拉伸，钢筋内部晶格产生滑移，抗拉强度标准值可提高 50%～90%。但塑性降低，硬度提高。这种经冷拔加工的钢筋称为冷拔低碳钢丝。冷拔低碳钢丝分为甲、乙级，甲级钢丝主要用于预应力混凝土构件的预应力筋，乙级钢丝用于焊接网片和焊接骨架、架立筋、箍筋和构造钢筋。钢筋冷拔的工艺过程是：轧头→剥皮→通过润滑剂→进入拔丝模。

冷拔设备由拔丝机、拔丝模、剥皮装置、轧头机等组成。常用拔丝机有立式和卧

式两种。

冷拔低碳钢丝的质量要求为：表面不得有裂纹和机械损伤，并应按施工规范要求进行拉力试验和反复弯曲试验，甲级钢丝应逐盘取样检查，乙级钢丝可按批抽样检查，其力学性能应符合《混凝土结构工程施工质量验收规范》(GB50204—2002)的规定。

4.2.3　钢筋的连接

钢筋连接方法有焊接连接、机械连接和绑扎连接。焊接连接的方法较多，成本较低，质量可靠，宜优先选用。机械连接无明火作业，设备简单，节约能源，不受气候条件影响，可全天候施工，连接可靠，技术易于掌握，适用范围广，尤其适用于现场焊接有困难的场合。绑扎连接需要较长的搭接长度，浪费钢筋，连接不可靠，宜限制使用。

1. 钢筋焊接连接

钢筋常用的焊接方法有闪光对焊、电弧焊、电渣压力焊、电阻点焊、埋弧压力焊和气压焊等。

1) 闪光对焊

钢筋闪光对焊的原理(如图 4-27 所示)是利用对焊机使两段钢筋接触，通过低电压的强电流，待钢筋被加热到一定温度变软后，进行轴向加压顶锻，形成对焊接头。

闪光对焊应用于钢筋接长及预应力钢筋与螺丝端杆的焊接。热轧钢筋的接长宜优先选用闪光对焊，不可能时才用电弧焊。

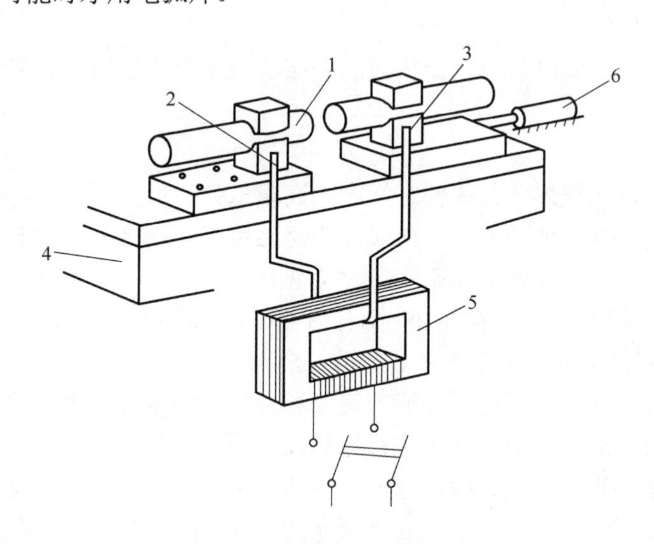

图 4-27　钢筋闪光对焊的原理

1—焊接的钢筋；2—固定电极；3—可动电极；4—机座；5—变压器；6—手动顶压机构

根据钢筋级别、直径和所用焊机的功率，闪光对焊工艺可分为连续闪光焊、预热闪光焊、闪光一预热一闪光焊三种。

(1) 连续闪光焊。

连续闪光焊的工艺过程是待钢筋夹紧在电极钳口上后，闭合电源使两钢筋端面轻微接触，此时端面接触点很快熔化并产生金属蒸汽飞溅，形成闪光现象；接着徐徐移动钢筋，形成连续闪光过程，同时接头被加热；待接头烧平、筛去杂质和氧化膜、白热熔化时，立即施加轴向压力迅速进行顶锻，使两根钢筋焊牢。

连续闪光焊宜用于焊接直径为 25mm 以内的 HPB300、HRB335 和 HRB400 级钢筋。焊接直径较小的钢筋最适宜。

(2) 预热闪光焊。

预热闪光焊与连续闪光焊不同之处，在于前面增加一个预热时间，先使大直径钢筋预热后再连续闪光烧化进行加压顶锻。钢筋直径较大，端面较平整时宜用预热闪光焊。

(3) 闪光—预热—闪光焊。

闪光—预热—闪光焊即在预热闪光焊前面增加了一次闪光过程，使不平整的钢筋端面烧化平整，预热均匀，最后进行加压顶锻。它适宜焊接直径大于 25mm 且端部不平整的钢筋。

(4) 闪光对焊接头的质量检验。

在同一台班内，由同一焊工，按同一焊接参数完成的 300 个同级别、同直径钢筋焊接接头应作为一批。当同一台班内焊接的接头数量较少，可在一周之内累计计算；如果累计仍不足 300 个接头，应按一批计算。外观检查的接头数量，应从每批中抽查 10%，且不得少于 10 个。在进行力学性能试验时，应从每批接头中随机切取 6 个试件，其中 3 个做拉伸试验，3 个做弯曲试验。

接头处不得有横向裂纹；与电极接触处的钢筋表面不得有明显烧伤；接头处的弯折角不得大于 4°；接头处的轴线偏移，不得大于钢筋直径的 0.1 倍，且不得大于 2mm。

3 个试件的抗拉强度均不得小于该级别钢筋规定的抗拉强度；应至少有 2 个试件断于焊缝之外，并呈塑性断裂。

闪光对焊接头弯曲试验时，应将受压面的金属毛刺和镦粗变形部分消除，且与母材的外表齐平。

2) 电弧焊

电弧焊是利用弧焊机使焊条与焊件之间产生高温电弧，焊条和电弧燃烧范围内的焊件熔化，待其凝固后便形成焊缝或接头。电弧焊广泛应用于钢筋接头与钢筋骨架焊接、装配式结构接头焊接、钢筋与钢板焊接及各种钢结构焊接等。

钢筋电弧焊的接头形式(如图 4-28 所示)有 3 种：搭接接头(单面焊缝或双面焊缝)、帮条接头(单面焊缝或双面焊缝)及坡口接头(平焊或立焊)。

搭接接头的长度、帮条的长度、焊缝的宽度和高度，均应符合规范的规定。在进行电弧焊接头外观检查时，应在清渣后逐个进行目测或量测。焊缝表面应平整，不得有凹陷或焊瘤；焊接接头区域不得有裂纹；咬边深度、气孔、夹渣等缺陷允许值及接头尺寸的允许偏差，应符合相关的规定；坡口焊、熔槽帮条焊和窄间隙焊接头的焊缝余高不得大于 3mm。钢筋电弧焊接头 3 个接头试件的拉伸试验抗拉强度均不得小于该级别钢筋规定的抗拉强度；3 个接头试件均应断于焊缝之外，并应至少有 2 个试件呈延性断裂。

3) 电渣压力焊

电渣压力焊是利用电流通过渣池产生的电阻热将钢筋端部熔化，然后施加压力使钢筋焊合。在施工中，多应用于现浇钢筋混凝土结构构件竖向或倾斜(倾斜度在 4∶1 范围内)钢筋的焊接接长。有自动和手动电渣压力焊，它功效高、成本低，在工程中应用较普遍，如图 4-29 所示。

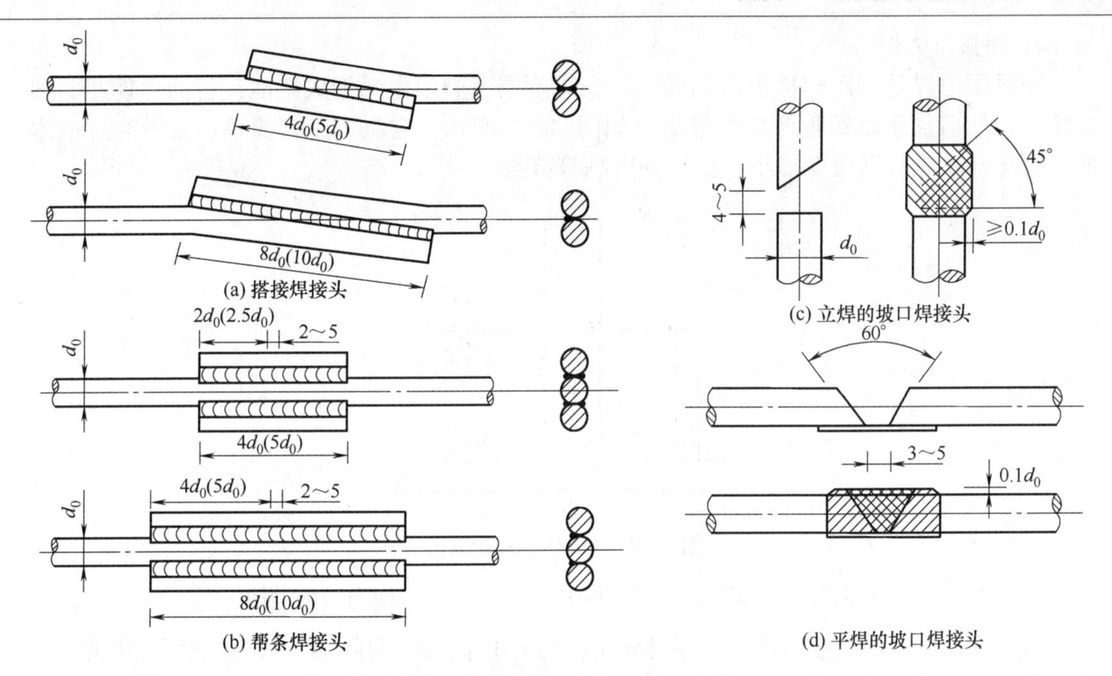

图 4-28　钢筋电弧焊的接头形式

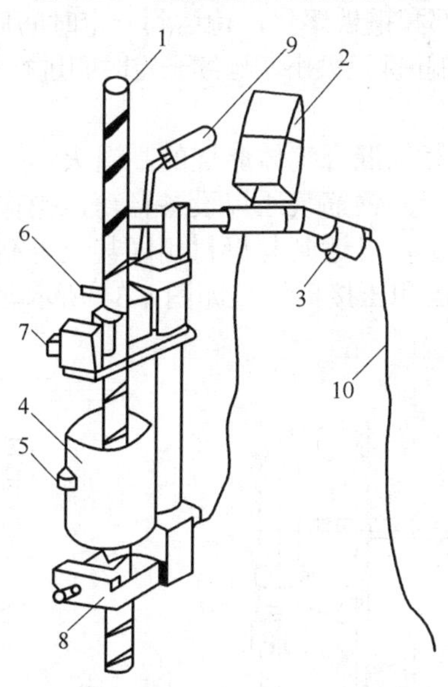

图 4-29　电渣压力焊构造原理图

1—钢筋；2—监控仪表；3—电源开关；4—焊剂盒；5—焊剂盒扣环；
6—电缆插座；7—活动夹具；8—固定夹具；9—操作手柄；10—控制电缆

电渣压力焊的接头应按规范规定的方法检查外观质量和进行试样拉伸试验。应逐个检查电渣压力焊接头的外观。电渣压力焊接头的外观检查结果应符合下列要求：四周焊包凸出钢筋表面的高度应大于或等于 4mm；钢筋与电极接触处应无烧伤缺陷；接头处的弯折角不得大于 4°；接头处的轴线偏移不得大于钢筋直径的 0.1，且不得大于 2mm。

电渣压力焊接头的拉伸试验结果，3 个试件的抗拉强度均不得小于该级别钢筋规定的抗拉强度值。

4) 埋弧压力焊

埋弧压力焊是利用焊接电流的通过，在焊剂层下产生电弧形成熔池，将两焊件相邻部位熔化，然后加压顶锻使两焊件焊牢，如图 4-30 所示。它具有工艺简单、工效高、成本低、质量好、焊后钢板变形小、抗拉强度高等特点。

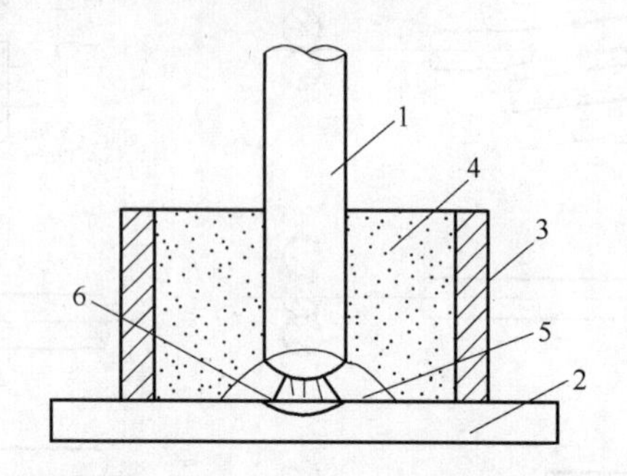

图 4-30 埋弧压力焊示意图

1—钢筋；2—钢板；3—焊剂盒；4—焊剂；5—电弧柱；6—弧焰

施焊前钢筋、钢板应清洁，必要时除锈。当采用手工埋弧压力焊时，接通焊接电源后，立即将钢筋上提 2.5～4.0mm 引燃电弧，根据钢筋直径大小，适当延时或继续缓慢提升 3～4mm，再渐渐下送，使钢筋端部和钢板熔化，待达到一定时间后迅速顶压。当采用自动埋弧压力焊时，在引弧之后，根据钢筋直径大小，延续一定时间进行熔化，随后及时顶压。

5) 钢筋气压焊

钢筋气压焊是利用乙炔、氧气混合气体燃烧的高温火焰，加热钢筋结合端部，不待钢筋熔融就使其在高温下加压接合。钢筋气压焊设备轻巧，操作简便，施工效率高，耗费材料少，价格便宜。压接后的接头可以达到与母材相同甚至更高的强度。钢筋气压焊的设备包括供气装置、加热器、加压器和压接器等，如图 4-31 所示。

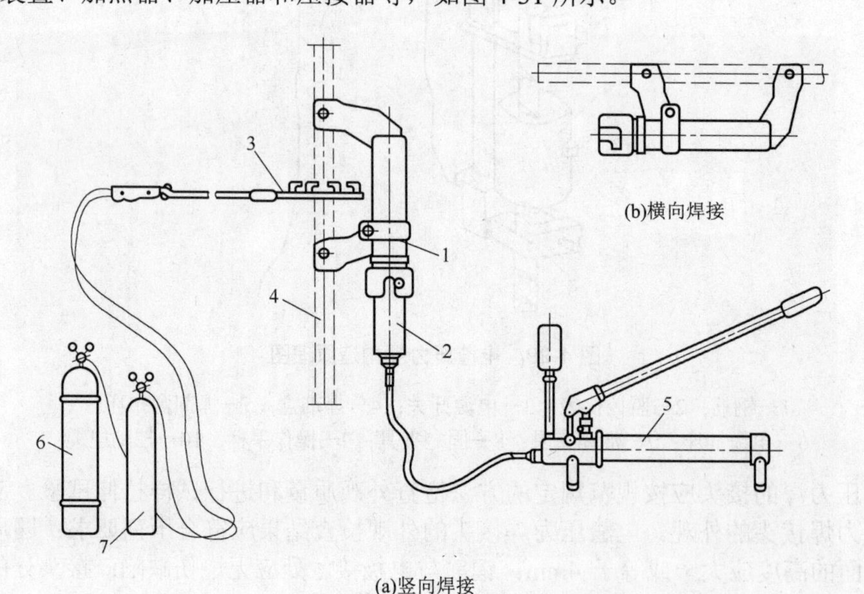

图 4-31 气压焊装置系统图

1—压接器；2—顶头油缸；3—加热器；4—钢筋；5—加压器(手动)；6—氧气；7—乙炔

气压焊的操作工艺是在施焊前，钢筋端头用切割机切齐，压接面应与钢筋轴线垂直，如稍有偏斜，两钢筋的间距不得大于 3mm；钢筋切平后，端头周边用砂轮磨成小八字角，并将端头附近 50～100mm 范围内钢筋表面上的铁锈、油渍和水泥清除干净；施焊时先将钢筋固定于压接器上，并加以适当的压力使钢筋接触，然后将火钳火口对准钢筋接缝处，加热钢筋端部至 1100℃～1300℃，当表面呈深红色时，当即加压油泵，对钢筋施以 40MPa 以上的压力；压接部分的膨鼓直径为钢筋直径的 1.4 倍以上，其形状呈平滑的圆球形；待钢筋加热部分火色退消后，即可拆除压接器。

6) 电阻点焊

电阻点焊是当钢筋交叉点焊时，接触点只有一点，接触处接触电阻较大，在接触的瞬间电流产生的全部热量都集中在一点上，使金属受热而熔化，同时在电极加压下使焊点金属得到焊合，如图 4-32 所示。

电阻点焊主要用于钢筋的交叉连接，用来焊接钢筋网片、钢筋骨架等。其生产效率高，节约材料，应用广泛。

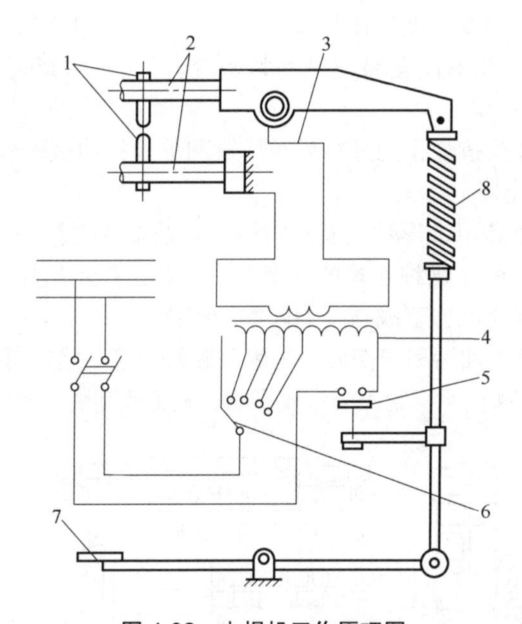

图 4-32 电焊机工作原理图

1—电极；2—电极臂；3—变压器的次级线圈；4—变压器的初级线圈；
5—断路器；6—变压器的调节开关；7—踏板；8—压紧机构

焊点应进行外观检查和强度试验，热轧钢筋的焊点应进行抗剪试验，冷处理钢筋的焊点除进行抗剪试验外，还应进行拉伸试验。

2. 钢筋机械连接

钢筋机械连接的种类很多，如钢筋套筒挤压连接、锥螺纹套筒连接等。机械连接大部分是利用钢筋表面特制的螺纹或横肋和连接套筒之间的机械咬合作用来传递钢筋中的拉力或压力。它不受钢筋化学成分、可焊性及气候条件等影响，质量稳定、操作简便、施工速度快、无明火作业等特点。

1) 钢筋套筒挤压连接

钢筋套筒挤压连接时把两根待接钢筋的端头先插入一个优质的钢套筒中，然后用挤压机在侧向挤压钢套筒，使套筒产生塑性变形后即与带肋钢筋紧密咬合达到连接的目的。它适用于竖向、横向及其他方向的较大直径钢筋的连接，如图 4-33 所示。

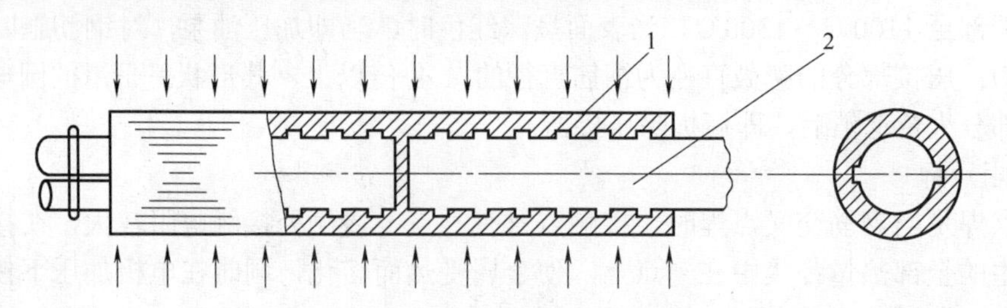

图 4-33　钢筋套筒挤压连接原理图

1—钢套筒；2—被连接的钢筋

钢筋挤压连接的工艺参数主要有压接顺序、压接力和压接道数。压接顺序应从中间逐道向两端压接。压接力要能保证套筒与钢筋紧密咬合，压接力和压接道数取决于钢筋直径、套筒型号和挤压机型号。

钢筋套筒挤压连接接头按验收批进行外观质量和单向拉伸试验检验。

2) 钢筋锥螺纹套筒连接

钢筋锥螺纹套筒连接是用锥形螺纹套筒将两根钢筋端头对接在一起，利用螺纹的机械咬合力传递拉力或压力。用于这种连接的钢套筒内壁在工厂用机床加工成锥螺纹，钢筋的对接端头在施工现场用套丝机加工成与套筒匹配的锥螺纹。

连接时在对螺纹检查无油污和损伤后，先用手旋入钢筋，然后用扭矩扳手紧固至规定的扭矩即完成连接，如图 4-34 所示。它不受气候影响、施工速度快、质量稳定、对中性好等。

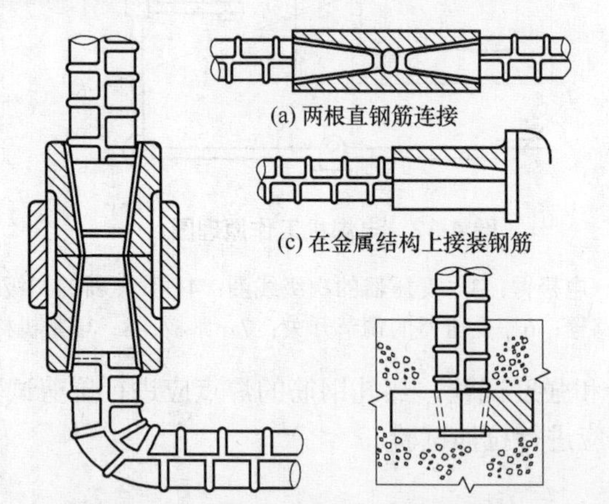

图 4-34　钢筋锥螺纹套管连接示意图

3) 钢筋直螺纹套筒连接

钢筋直螺纹套筒连接是近年来开发的一种新的螺纹连接方式。它是将钢筋待连接的端头加工成规整的直螺纹，再用相配套的直螺纹套筒将两根钢筋相对拧紧，实现连接。根据钢材冷作硬化的原理，钢筋上滚轧出的直螺纹强度大幅度提高，从而使直螺纹接头的抗拉强度一般均高于母材的抗拉强度。

钢筋直螺纹套筒接头具有加工的钢筋直螺纹质量好、强度高、连接方便、速度快、应用范围广、经济、便于管理等特点。在施工时连接钢筋不用电、不用气、无明火作业、可全天候施工；套丝可在钢筋加工场地预制、不占工期；可用于水平、竖向等各种不同位置的钢筋连接。

钢筋直螺纹套筒连接的工艺为：钢筋平头→钢筋滚压或挤压(剥肋)→螺纹成型→丝头检验→套筒检验→钢筋就位→拧下钢筋保护帽和套筒保护帽→接头拧紧→做标记→施工质量检验。

3. 钢筋绑扎连接

钢筋绑扎安装前，应先熟悉施工图纸，核对钢筋配料单和料牌，研究钢筋安装和与有关工种配合的顺序，准备绑扎用的铁丝(18～22号)、绑扎工具、绑扎架等。

钢筋绑扎时应用铁丝将钢筋交叉点扎牢；板和墙的钢筋网，除外围两行钢筋的相交点全部扎牢外，中间部分交叉点可相隔交错扎牢，保证受力钢筋位置不产生偏移；柱、梁的箍筋，除设计有特殊要求外，应与受力钢筋垂直，箍筋弯钩叠合处，应沿钢筋方向错开设置；钢筋绑扎搭接接头的末端与钢筋弯起点的距离，不得小于钢筋直径的10倍，接头宜设在构件受力较小处；钢筋搭接处应在中部和两端用铁丝扎牢；受拉钢筋和受压钢筋的搭接长度及接头位置应符合《混凝土结构工程施工质量验收标准》GB50204—2002的规定。

4.2.4　钢筋的配料计算

钢筋配料是根据结构施工图，先绘出各种形状和规格的单根钢筋简图并加以编号，然后分别计算钢筋的下料长度、根数及质量，填写配料单，申请加工。

1. 钢筋下料长度的计算

1) 钢筋长度

结构施工图中所指的钢筋长度是钢筋外缘至外缘之间的长度，即外包尺寸，这是施工中量度钢筋长度的基本依据。

2) 混凝土保护层厚度

混凝土结构的耐久性，应依据表4-15所列的环境类别和设计使用年限进行设计。混凝土保护层厚度是指钢筋外缘至混凝土构件表面的距离，其作用是保护钢筋在混凝土结构中不受锈蚀，无设计要求时应符合表4-16所示的规定。

表4-15　混凝土结构的环境类别

环境类别		条　件
一		室内正常环境
二	a	室内潮湿环境；非严寒和非寒冷地区的露天环境，与无侵蚀性的水或土壤直接接触的环境
	b	严寒和寒冷地区的露天环境、与无侵蚀性的水或土壤直接接触的环境

续表

环境类别	条 件
三	使用除冰盐的环境；严寒和寒冷地区冬季水位变动的环境；滨海室外环境
四	海水环境
五	受人为或自然的侵蚀性物质影响的环境

表 4-16　纵向受力钢筋的混凝土保护层最小厚度　(单位：mm)

环境类别		板、墙、壳			梁			柱		
		≤C20	C20～C45	≥C50	≤C20	C25～C45	≥C50	≤C20	C25～C45	≥C50
一		20	15	15	30	25	25	30	30	30
二	a	—	20	20	—	30	30	—	30	30
	b	—	25	20	—	35	30	—	35	30
三		—	30	25	—	40	35	—	40	35

说明：基础中纵向受力钢筋的混凝土保护层厚度不应小于 40mm；当无垫层时不应小于 70mm。

混凝土的保护层厚度，一般用水泥砂浆垫块或塑料卡垫在钢筋与模板之间来控制。塑料卡的形状有塑料垫块和塑料环圈两种。塑料垫块用于水平构件，塑料环圈用于垂直构件。

3) 弯曲量度差值

钢筋弯曲后外边缘伸长，内边缘缩短，而中心线没有变化。但钢筋长度的度量方法是指外包尺寸，因此钢筋弯曲以后，存在一个量度差值，在计算下料长度时必须加以扣除。否则形成下料太长，造成浪费或弯曲成型后钢筋尺寸大于要求，造成保护层不够，甚至钢筋尺寸大于模板尺寸而造成返工。根据理论和实践经验，弯曲量度差值如表 4-17 所示。

表 4-17　钢筋弯曲量度差值

钢筋弯起角度	30°	45°	60°	90°	135°
钢筋弯曲量度差值	$0.35d$	$0.5d$	$0.85d$	$2d$	$2.5d$

注：d 为钢筋直径。

4) 钢筋弯钩增加值

HPB300 钢筋为了增加与混凝土锚固的能力，一般在其两端应做 180° 弯钩，其弯弧内直径不应小于钢筋直径的 2.5 倍，弯钩弯后平直部分的长度不应小于钢筋直径的 3 倍；用于轻骨料混凝土结构时，其弯曲直径不应小于钢筋直径的 3.5 倍。经计算每一个 180° 弯钩的增长值为 $6.25d$。

HRB335、HRB400 钢筋是变形钢筋，与混凝土粘结性较好，一般在两端不设 180° 弯钩；但由于锚固长度原因钢筋末端需做 90° 或 135° 弯钩时，HRB335 钢筋的弯弧内直径不应小于钢筋直径的 4 倍，HRB400 钢筋不宜小于钢筋直径的 5 倍，弯钩弯后平直部分的长度应符合设计要求。

除焊接封闭环式箍筋外，箍筋的末端应做弯钩，其弯曲直径不应小于箍筋直径的 2.5 倍，箍筋弯后平直部分的长度：对一般结构不宜小于箍筋直径的 5 倍；对于有抗震要求的结构，不应小于箍筋直径的 10 倍。箍筋弯钩形式如图 4-35 所示。

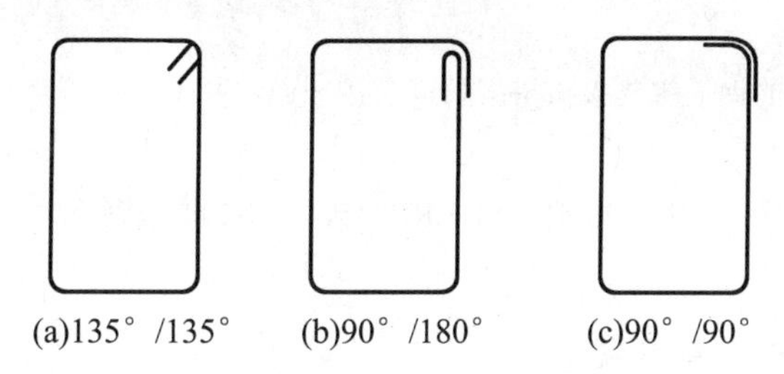

图 4-35　箍筋示意图

5) 箍筋调整值

为了箍筋计算方便，一般将箍筋弯钩的增长值和度量差值两项合并成一项为箍筋调整值，如表 4-18 所示。在计算时，将箍筋外包尺寸或内包尺寸加上箍筋调整值即为箍筋的下料长度。

表 4-18　箍筋的调整值

箍筋量度方法	箍筋直径/mm			
	4～5	6	8	10～12
量外包尺寸	40	50	60	70
量内包尺寸	80	100	120	150～170

6) 钢筋下料长度计算公式

(1) 直钢筋下料长度=构件长度-保护层厚度+弯钩增加长度

(2) 弯起钢筋下料长度=直段长度+斜段长度-弯折量度差值+弯钩增加长度

(3) 箍筋下料长度=直段长度+弯钩增加长度-弯折量度差值(或箍筋下料长度=箍筋周长+箍筋调整值)。

上述钢筋采用绑扎接头搭接时，还应增加钢筋的搭接长度，受拉钢筋绑扎接头的搭接长度应符合表 4-19 所示的要求，受压钢筋的绑扎接头搭接长度为表 4-19 中数值的 0.7 倍。

表 4-19　受拉钢筋绑扎接头的搭接长度

项　次	钢筋类型	混凝土强度等级		
		C20	C25	≥C30
1	HPB300 级钢筋	35*d*	30*d*	25*d*
2	HRB335 级钢筋	45*d*	40*d*	35*d*
3	HPB400 级钢筋	55*d*	50*d*	45*d*
4	低碳冷拔钢丝	300mm		

注：① 当 HRB335、HRB400 级钢筋直径 $d>25$mm 时，其受拉钢筋的搭接长度应按表中数值增加 5*d* 采用。

② 当螺纹钢筋直径 d≤25mm 时，其受拉钢筋的搭接长度应按表中数值减少 5d 采用。

③ 当混凝土在凝固过程中易受扰动时(如滑模施工)，受力钢筋的搭接长度宜适当增加。

④ 在任何情况下，纵向受拉钢筋的搭接长度不应小于 300mm，受拉钢筋的搭接长度不应小于 200mm。

⑤ 轻骨料混凝土的钢筋绑扎接头搭接长度应按普通混凝土搭接长度增加 5d(低碳冷拔钢丝增加 50mm)。

⑥ 当混凝土强度等级低于 C20 时，对 HRB335、HRB400 级钢筋最小搭接长度应按表中 C20 的相应数值。

2．钢筋下料计算的注意事项

(1) 在设计图纸中，当钢筋配置的细节问题没有注明时，一般可按构造要求处理。

(2) 配料计算时，要考虑钢筋的形状和尺寸在满足设计要求的前提下要有利于加工和安装。

(3) 配料时还要考虑施工需要的附加钢筋。如后张预应力构件预留孔道定位用的钢筋井字架、基础双层钢筋网中保证上层钢筋网位置用的钢筋撑脚、墙板双层钢筋网中固定钢筋间距用的钢筋撑铁、柱钢筋骨架增加四面斜筋撑等。

3．钢筋配料单的编制

各钢筋下料长度计算完成后应汇总起来编制出钢筋配料单。在配料单中必须反映出工程名称、构件名称、钢筋编号、钢筋简图及尺寸、钢筋直径、数量、级别、下料长度及钢筋重量，以便进行备料加工。

根据配料单，每一编号的钢筋都要做一块料牌，牌中注明工程名称、构件名称等，钢筋加工完毕后，应将料牌绑扎在钢筋上，以便识别，如图 4-36 所示。

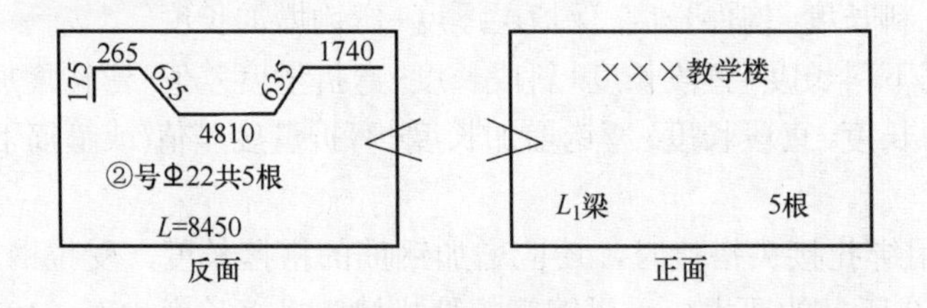

图 4-36 钢筋料牌

4．钢筋配料计算实例

【例 4-1】某教学楼第一层共有 10 根 L_1 梁，梁的配筋如图 4-37 所示，试计算各钢筋下料长度 (钢筋保护层厚度取 25mm)。

解：绘出各种钢筋简图如表 4-20 所示。

①号钢筋下料长度为

$$l = 6240 - 2\times 25 + 2\times 200 + 2\times 6.25\times 25 - 2\times 2\times 25 = 6802.5(\text{mm})$$

②号钢筋下料长度为

$$l = 6240 - 2\times 25 + 2\times 6.25\times 12 = 6340(\text{mm})$$

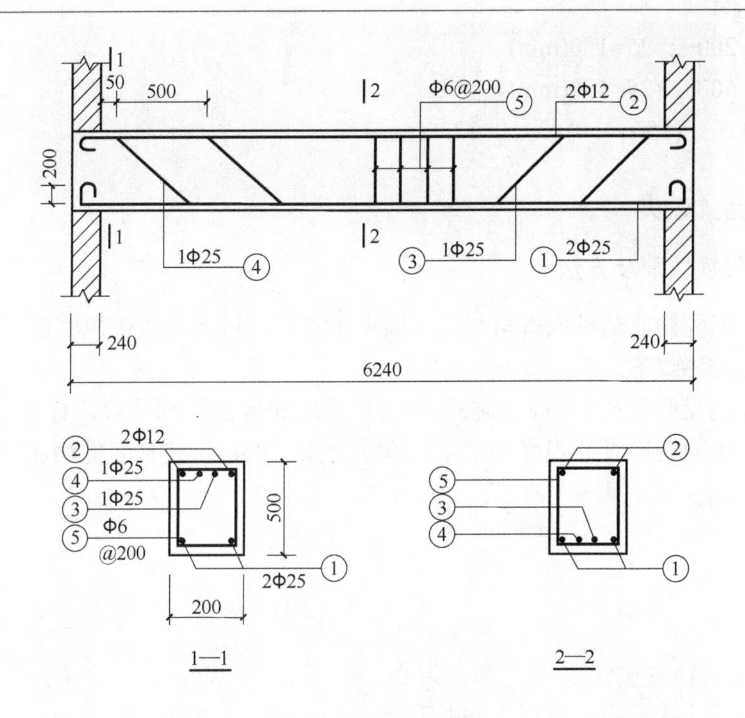

图 4-37　某建筑物简支梁配筋图(单位：mm)

表 4-20　钢筋配料单

构件名称	钢筋编号	简　图	钢号	直径/mm	下料长度/mm	单根根数	合计根数	质量/kg
L_1梁 (共 10 根)	①	200　6190	Φ	25	6802	2	20	523.75
	②	6190	Φ	12	6340	2	20	112.60
	③	765　636　3760	Φ	25	6824	1	10	262.72
	④	265　636　4760	Φ	25	6824	1	10	262.72
	⑤	162　462	Φ	6	1298	32	320	91.78
	合计	Φ6：91.78kg；Φ12：112.60kg；Φ25：1049.19kg						

③号弯起钢筋下料长度为

上直段钢筋长度为　　　　240+50+500−25=765(mm)

斜段钢筋长度为　　　(500−2×25−2×6)×1.414=619.3(mm)

中间直段长度为　　　6240−2×(240+50+500+438)=3784(mm)

下料长度为　(765+619.3)×2+3784−4×0.5×25+2×6.25×25=6815.3(mm)

④号钢筋下料长度计算同③号钢筋为 6815.3mm。

⑤号钢筋下料长度为

宽度：　200−2×25=150(mm)

高度：　500−2×25=450(mm)

下料长度：　(150+450)×2+50=1250(mm)

4.2.5　钢筋代换

1. 钢筋代换原则及方法

当施工中遇到钢筋品种或规格与设计要求不符时，可参照以下原则进行钢筋代换。

1) 等强度代换方法

当构件配筋受强度控制时，可按代换前后强度相等的原则代换，称为等强度代换。如果设计图中所用的钢筋设计强度为 f_{y1}，钢筋总面积为 A_{s1}，代换后的钢筋设计强度为 f_{y2}，钢筋总面积为 A_{s2}，则应使：

$$f_{y1} \times A_{s1} \leqslant f_{y2} \times A_{s2} \tag{4-8}$$

即：

$$n_2 = \frac{n_1 d_1^2 f_{y1}}{d_2^2 f_{y2}} \tag{4-9}$$

2) 等面积代换方法

当构件按最小配筋率配筋时，可按代换前后面积相等的原则进行代换，称为等面积代换。代换时应满足下列要求：

$$A_{S1} \leqslant A_{S2} \tag{4-10}$$

则：

$$n_2 \geqslant n_1 \times \frac{d_1^2}{d_2^2} \tag{4-11}$$

3) 裂缝宽度或挠度验算方法

当构件配筋受裂缝宽度或挠度控制时，代换后应进行裂缝宽度或挠度验算。代换后还应满足构造方面的要求(如钢筋间距、最小直径、最少根数、锚固长度、对称性等)及设计中提出的其他要求。

2. 代换注意事项

钢筋代换时应办理设计变更文件，并符合下列规定。

(1) 重要受力构件(如吊车梁、薄腹梁、桁架下弦等)不宜用 HPB300 钢筋代换变形钢筋，以免裂缝开展过大。

(2) 钢筋代换后，应满足混凝土结构设计规范中所规定的钢筋间距、锚固长度、最小钢筋直径、根数等配筋构造要求。

(3) 梁的纵向受力钢筋与弯起钢筋分别代换，以保证正截面与斜截面强度。偏心受压构件或偏心受拉构件做钢筋代换时，不取整个截面配筋量计算，应按受力面(受拉或受压)分别代换。

(4) 有抗震要求的梁、柱和框架，不宜以强度等级较高的钢筋代换原设计中的钢筋；如果必须代换，那么其代换的钢筋检验所得的实际强度，尚应符合抗震钢筋的要求。

(5) 预制构件的吊环，必须采用未经冷拉的 HPB300 钢筋制作，严禁以其他钢筋代换。

(6) 当构件受裂缝宽度或挠度控制时，钢筋代换后应进行刚度、裂缝验算。

4.2.6　钢筋的加工与安装

1．钢筋的加工

钢筋的加工有调直、除锈、下料剪切、接长及弯曲成型。钢筋加工的形状、尺寸应符合设计要求，其允许偏差应符合规范的规定。

1) 钢筋的调直

钢筋调直宜采用机械方法，也可以采用冷拉的方法。冷拉调直时，HPB300 钢筋冷拉率应≤4%；HRB335、HRB400 钢筋的冷拉率应≤1%；直径为 4～14mm 的钢筋还可以用调直机进行调直；粗钢筋可以采用锤直和拔直的方法。冷拔低碳钢丝在调直机上调直后，其表面不得有明显的擦伤，抗拉强度不得低于设计要求。对局部曲折、弯曲或成盘的钢筋在使用前应加以调直，常用的方法是使用卷扬机拉直和用调直机调直。调直机具有使钢筋调直、除锈和切断的功能。

2) 钢筋的除锈

钢筋的表面应洁净，油渍、漆污、浮皮、铁锈等应在使用前清除干净。在焊接前，焊点的水锈应清除干净。大量钢筋除锈可以通过钢筋冷拉或钢筋调直机的调直过程来完成；少量的钢筋局部除锈可采用电动除锈机或人工用钢丝刷、砂盘以及喷砂和酸洗等方法进行。

3) 钢筋下料剪切

下料剪切前，应将同规格的钢筋长短搭配，统筹安排，一般先断长料、后断短料，以减少短头和损耗。钢筋下料剪切可用钢筋切断机或手动剪切器。手动剪切器一般只用于直径小于 12mm 的钢筋；钢筋切断机可用于切断直径小于 40mm 的钢筋；直径大于 40mm 的钢筋需用氧-乙炔焰或电弧切割。

4) 钢筋的接长

在钢筋加工中，由于长度不够或为了合理用料，长短搭配，对钢筋需要接长。其方法有搭接绑扎、焊接、机械连接等。

5) 钢筋的弯曲成型

钢筋弯曲的顺序是画线、试弯、弯曲成型。画线主要根据不同的弯曲角在钢筋上标出弯折的部位，以外包尺寸为依据，扣除弯曲量度差值。钢筋弯曲成型一般用钢筋弯曲机(直径 6～40mm 的钢筋)或板钩弯曲(直径＜25mm 的钢筋)。为了提高工效，工地也常自制多头弯曲机以弯曲细钢筋。

钢筋加工允许的偏差：受力钢筋顺长度方向全长的净尺寸偏差不应超过±10mm；弯起筋的弯折位置偏差不应超过±20mm；箍筋内净尺寸偏差不应超过±5mm。

2．钢筋的安装

钢筋安装或现场绑扎应与模板安装相配合。柱钢筋现场绑扎时，一般在模板安装前进行，柱钢筋采用预制安装时，可先安装钢筋骨架，然后安装柱模板，或先安装三面模板，待钢筋骨架安装后，再安装第四面模板。梁的钢筋一般在梁模板安装后，再安装或绑扎；断面高度较大(＞600mm)或跨度较大、钢筋较密的大梁，可留一面侧模，待钢筋安装或绑扎完后再钉侧模。楼板钢筋绑扎应在楼板模板安装后进行，并应按设计先画线，然后摆料、绑扎。

钢筋保护层应按设计或规范要求确定，工地常用预制水泥垫块垫在钢筋与模板之间，以控制保护层厚度。垫块应布置成梅花形，其间距不大于 1m，上下层钢筋之间的尺寸可通过绑扎短钢筋或设置撑脚来控制。

4.2.7 钢筋工程施工质量检查验收方法

钢筋工程属于隐蔽工程，在浇筑混凝土前应对钢筋及预埋件进行隐蔽工程验收，并按规定记好隐蔽工程记录，以便检查。其内容包括：纵向受力钢筋的品种、规格、数量、位置是否正确，特别是要注意检查负筋的位置；钢筋的连接方式、接头位置、接头数量、接头面积百分率是否符合规定；箍筋、横向钢筋的品种、规格、数量、间距等；预埋件的规格、数量、位置等。检查钢筋绑扎是否牢固，有无变形、松脱和开焊。

钢筋工程的施工质量检验应按主控项目、一般项目按规定的检验方法进行检验。检验批合格质量应符合下列规定：主控项目的质量经抽样检验合格；一般项目的质量经抽样检验合格；当采用计数检验时，除有专门要求外，一般项目的合格点率应达到 80%及以上，且不得有严重缺陷；具有完整的施工操作依据和质量验收记录。

1. 主控项目

(1) 进场的钢筋应按规定抽取试件做力学性能检验，其质量必须符合相关标准的规定。

检查数量：按进场的批次和产品的抽样检验方案确定。

检查方法：检查产品合格证、出厂检验报告和进场复检报告。

(2) 对有抗震设防要求的框架结构，其纵向受力钢筋的强度应满足设计要求；当设计无具体要求时，对一、二级抗震等级，检验所得的强度实测值应符合下列规定。

① 钢筋的抗拉强度实测值与屈服强度实测值的比值不应小于 1.25。

② 钢筋的屈服强度实测值与强度标准值的比值不应大于 1.3。

检查数量：按进场的批次和产品的抽样检验方案确定。

检查方法：检查进场复验报告。

(3) 受力钢筋的弯钩与弯折应符合下列规定：HPB300 级钢筋末端应做 180° 弯钩，其弯弧内直径不应小于钢筋直径的 2.5 倍，弯钩的平直部分长度不应小于钢筋直径的 3 倍；当设计要求钢筋末端做 135° 弯钩时，HRB335 级、HRB400 级钢筋的弯弧内直径不应小于钢筋直径 4 倍，弯钩的平直部分长度应符合设计要求；钢筋做不大于 90° 的弯折时，弯折处的弯弧内直径不应小于钢筋直径的 5 倍。

除焊接封闭环式箍筋外，箍筋的末端应做弯钩。弯钩形式应符合设计要求，当设计无具体要求时，应符合下列规定：箍筋弯钩的弯弧内直径除应满足本条前述的规定外，尚应不小于受力钢筋的直径。箍筋弯钩的弯折角度：对一般结构，不应小于 90°；对有抗震等要求的结构，应为 135°；箍筋弯后平直部分长度：对一般结构，不宜小于箍筋直径的 5 倍；对有抗震等要求的结构，不应小于箍筋直径的 10 倍。

检查数量：每工作班同一类型钢筋、同一加工设备抽查不应少于 3 件。

检验方法：金属直尺检查。

(4) 纵向受力钢筋的连接方式应符合设计要求。

检查数量：全数检查。

检查方法：观察。

(5) 钢筋机械连接接头、焊接接头应按国家现行标准的规定抽取试件做力学性能检验，其质量应符合有关规范的规定。

检查数量：按有关规范确定。

检查方法：检查产品合格证、接头力学性能试验报告。

(6) 钢筋安装时，受力钢筋的品种、级别、规格、数量必须符合设计要求。

检查数量：全数检查。

检查方法：观察，金属钢尺检查。

2. 一般项目

(1) 钢筋应平直、无损伤，表面不得有裂纹、油污、颗粒状或片状老锈。

检查数量：进场时和使用前全数检查。

检查方法：观察。

(2) 钢筋调直宜采用机械方法，当采用冷拉方法调直钢筋时，钢筋的冷拉率应符合规范的要求。

检查数量：按每工作班同一类型钢筋、同一加工设备抽查不应少于 3 件。

检查方法：观察，金属直尺检查。

(3) 钢筋加工的形状、尺寸应符合设计要求，其偏差应符合表 4-21 所示的规定。

检查数量：按每工作班同一类型钢筋、同一加工设备抽查不应少于 3 件。

检查方法：金属直尺检查。

表 4-21　钢筋加工的允许偏差

项　　目	允许偏差/mm
受力钢筋顺长度方向全长的净尺寸	±10
弯起钢筋的弯折位置	±20
箍筋内净尺寸	±5

(4) 钢筋的接头宜设置在受力较小处，同一纵向受力钢筋不宜设置两个或两个以上接头。接头末端至钢筋弯起点的距离不应小于钢筋直径的 10 倍。

检查数量：全数检查。

检查方法：观察，金属直尺检查。

(5) 施工现场应按国家标准《钢筋机械连接通用技术规程》(JGJ107—2003)、《钢筋焊接及验收规程》(JGJ18—2003)的规定对钢筋机械连接接头、焊接接头的外观进行检查，其质量应符合有关规范的规定。

检查数量：全数检查。

检查方法：观察。

(6) 当受力钢筋采用机械连接接头或焊接接头时，设置在同一构件内的接头宜相互错开。纵向受力钢筋机械连接接头及焊接接头连接区段的长度为 35d(d 为纵向受力钢筋的较大直径)且不小于 500mm，凡接头中点位于该连接区段长度内的接头均属于同一连接区段。同一连接区段内，纵向受力钢筋的接头面积百分率应符合设计要求；当设计无具体要求时，在受拉区不宜大于 50%；接头不宜设置在有抗震设防要求的框架梁端、柱端的箍筋加密区；当无法避开时，对等强度高质量机械连接接头不应大于 50%；直接承受动力荷载的结构构件中，不宜采用焊接接头；当采用机械连接接头时不应大于 50%。

同一构件中相邻纵向受力钢筋的绑扎搭接接头宜相互错开，绑扎搭接接头中钢筋的横向净距不应小于钢筋直径，且不应小于 25mm。钢筋绑扎搭接接头连接区段的长度为 $1.3l_1$；凡搭接接头中点位于该连接区段长度内的搭接接头均属于同一连接区段。同一连接区段内，纵向钢筋搭接接头面积百分率应符合设计要求；当设计无具体要求时，对梁、板、墙类构件，不宜大于 25%；对柱类构件不宜大于 50%；当工程中确有必要增大接头面积百分率时，对梁类构件不应大于 50%；对其他构件，可根据实际情况放宽。

检查数量：在同一检验批内，对梁、柱和独立基础，应抽查构件数量的 10%，且不少于 3 件；对墙和板，应按有代表性的自然间抽查 10%，且不少于 3 间；对大空间结构，墙可按相邻轴线间高度 5m 左右划分检查面，板可按纵横轴线划分检查面，抽查 10%，且均不少于 3 面。

检查方法：观察，金属直尺检查。

(7) 在梁、柱类构件的纵向受力钢筋搭接长度范围内，应按设计要求配置箍筋。当设计无具体要求时，箍筋直径不应小于搭接钢筋较大直径的 25%；受拉搭接区段的箍筋间距不应大于搭接钢筋较小直径的 5 倍，且不应大于 100mm；受压搭接区段的箍筋间距不应大于搭接钢筋较小直径的 10 倍，且不应大于 200mm；当柱中纵向受力钢筋直径大于 25mm 时，应在搭接接头两个端面外 100mm 范围内各设置两个箍筋，其间距宜为 50mm。

检查数量：在同一检验批内，对梁、柱、独立基础，应抽查构件数量的 10%，且不少于 3 件；对墙和板，应按有代表性的自然间抽查 10%，且不少于 3 间；对大空间结构，墙可按相邻轴线间高度 5m 左右划分检查面，板可按纵横轴线划分检查面，抽查 10%，且均不少于 3 面。

检查方法：金属直尺检查。

(8) 钢筋安装位置的偏差应符合表 4-22 所示的规定。

表 4-22　钢筋安装位置的允许偏差和检验方法

<table>
<tr><th colspan="3">项　目</th><th>允许偏差/mm</th><th>检验方法</th></tr>
<tr><td rowspan="2">绑扎钢筋网</td><td colspan="2">长、宽</td><td>±10</td><td>金属直尺检查</td></tr>
<tr><td colspan="2">网眼尺寸</td><td>±20</td><td>金属直尺量连续三挡，取其最大值</td></tr>
<tr><td rowspan="2">绑扎钢筋骨架</td><td colspan="2">长</td><td>±10</td><td>金属直尺检查</td></tr>
<tr><td colspan="2">宽、高</td><td>±5</td><td>金属直尺检查</td></tr>
<tr><td rowspan="5">受力钢筋</td><td colspan="2">间距</td><td>±10</td><td rowspan="2">金属直尺量两端、中间各一点取其最大值</td></tr>
<tr><td colspan="2">排距</td><td>±5</td></tr>
<tr><td rowspan="3">保护层厚度</td><td>基础</td><td>±10</td><td>金属直尺检查</td></tr>
<tr><td>梁柱</td><td>±5</td><td>金属直尺检查</td></tr>
<tr><td>墙、板、壳</td><td>±3</td><td>金属直尺检查</td></tr>
</table>

续表

<table>
<tr><th colspan="2">项　目</th><th>允许偏差/mm</th><th>检验方法</th></tr>
<tr><td colspan="2">绑扎钢筋、横向钢筋间距</td><td>±20</td><td>金属直尺量连续三挡，取其最大值</td></tr>
<tr><td colspan="2">钢筋弯起点位置</td><td>±20</td><td>金属直尺检查</td></tr>
<tr><td rowspan="2">预埋件</td><td>中心线位置</td><td>5</td><td>金属直尺检查</td></tr>
<tr><td>水平高差</td><td>+3.0</td><td>金属直尺和塞尺检查</td></tr>
</table>

注：① 检查中心线位置时，应沿纵、横两个方向测量，并取其中的较大值。

② 表中梁、板类构件上部纵向受力钢筋保护层厚度的合格点率应达到 90%及以上，且不得超过表中数值 1.5 倍的尺寸偏差。

检查数量：在同一检验批内，对梁、柱、独立基础，应抽查构件数量的 10%，且不少于 3 件；对墙和板，应按有代表性的自然间抽查 10%，且不少于 3 间；对大空间结构，墙可按相邻轴线间高度 5m 左右划分检查面，板可按纵横轴线划分检查面，抽查 10%，且均不少于 3 面。

检查方法：如表 4-22 所示。

4.3　混凝土工程

混凝土工程施工包括配料、搅拌、运输、浇筑、振捣、养护等施工过程。各个施工过程紧密联系而又相互影响，任一施工过程处理不当，都会影响混凝土的最终质量。而混凝土工程一般是建筑物的承重结构，因此，确保混凝土工程质量非常重要。要求混凝土构件不但要有正确的外形，而且要获得良好的强度、密实度和整体性。

4.3.1　混凝土工程施工前的准备工作

(1) 检查模板。主要检查模板的位置、标高、截面尺寸、垂直度是否正确，接缝是否严密，预埋件位置和数量是否符合设计图纸要求，支撑是否牢固。此外，还要清除模板内的木屑、垃圾等杂物。混凝土浇筑前木模板需浇水湿润，在浇筑混凝土过程中要安排专人配合进行模板的检查和修整工作。

(2) 检查钢筋。主要是对钢筋的规格、数量、位置、接头是否正确，是否沾有油污等进行检查，并填写隐蔽工程验收单，要安排专人配合混凝土浇筑过程中的钢筋修整工作。

(3) 检查材料、机具、道路。对材料主要检查其品种、规格、数量与质量；对机具主要检查其数量、运转是否正常；对地面与楼面运输道路主要检查其是否平坦，运输工具能否直接到达各个浇筑部位。

(4) 与水电供应部门联系，防止水电供应中断；了解天气预报，准备好防雨、防冻等措施；对机械故障做好修理和更换的准备；夜间施工准备好照明设施。

(5) 做好安全设施检查，安全与技术交底，劳动力的分工以及其他组织工作。

4.3.2　混凝土的配料

混凝土由水泥、粗、细骨料和水组成，有时根据需要掺入外加剂、矿物掺合料。保证原材料的质量是保证混凝土质量的前提。

1. 混凝土施工配置强度的确定

混凝土配合比应根据混凝土强度等级、耐久性和工作性能等执行国家现行标准《普通混凝土配合比设计规程》(JGJ55—2000)，必要时，还需满足抗渗性、抗冻性、水化热低等要求。

混凝土的强度等级分为 C15、C20、C25、C30、C35、C40、C45、C50、C55、C60、C65、C70、C75、C80。C50 及其以下为普通混凝土；C55～C80 为高强混凝土。混凝土制备前应按下式确定混凝土的施工配制强度，以达到95%的保证率。

$$f_{cu,o} \geqslant f_{cu,k} + 1.645\sigma \tag{4-12}$$

式中：$f_{cu,o}$——混凝土的施工配置强度(N/mm²)；

$F_{cu,k}$——设计的混凝土强度标准值(N/mm²)；

σ——施工单位的混凝土强度标准差(N/mm²)。

当施工单位具有近期的同一品种混凝土强度的统计资料时，σ 可按下式计算：

$$\sigma = \sqrt{\frac{\sum_{i=1}^{n} f_{cu,i}^2 - n f_{cu,m}^2}{n-1}} \tag{4-13}$$

式中：$f_{cu,i}$——第 i 组混凝土试件强度(N/mm²)；

$F_{cu,m}$——m 组混凝土试件强度的平均值(N/mm²)；

n——统计周期内相同混凝土强度等级的试件组数，$n \geqslant 25$。

当混凝土强度等级为 C20 或 C25 时，如计算得到的 $\sigma < 2.5\text{N/mm}^2$ 时，取 $\sigma = 2.5\text{N/mm}^2$；当混凝土强度高于 C25 时，如计算得到的 $\sigma < 3.0\text{N/mm}^2$ 时，取 $\sigma = 3.0\text{N/mm}^2$。

对预拌混凝土厂和预制混凝土的构件厂，其统计周期可取一个月；对现场拌制混凝土的施工单位，其统计周期可根据实际情况确定，但不宜超过三个月。

施工单位如无近期同一品种混凝土强度统计资料时，σ 可按表 4-23 所示取值。

表 4-23 混凝土强度标准差 σ

混凝土强度等级	低于 C20	C20～C35	高于 C35
σ /(N/mm)	4.0	5.0	6.0

注：表中值，反映我国施工单位的混凝土施工技术和管理的平均水平，采用时可根据本单位情况做适当调整。

2. 混凝土的施工配料

施工配料是保证混凝土质量的重要环节之一，必须严格控制。施工配料时影响混凝土质量的因素主要有两方面：一是称量不准；二是未按砂石骨料实际含水率的变化进行施工配合比的换算。这样必然会改变原理论配合比的水灰比、砂石比(含砂率)和浆骨比。当水灰比增大时，混凝土粘聚性、保水性差，而且硬化后多余的水分残留在混凝土中形成水泡或水分蒸发留下气孔，使混凝土密实性差，强度低。若水灰比减小时，混凝土流动性差，甚至影响成型后的密实，造成混凝土结构内部松散，表面产生蜂窝、麻面等现象。同样，含砂率减小时，砂浆量不足，不仅会降低混凝土的流动性，更严重的是将影响其粘聚性及保水性，产生粗骨料离析，水泥浆流失，甚至溃散等不良现象。而浆骨比是反映混凝土中水泥浆的用量多少(即每立方米混凝土的用水量和水泥用量)，如控制不准，也直接影响混凝土的水灰比和流动性。所以，为了确保混凝土的质量，在施工中必须及时进行施工配合比的换算和严格控制称量。

1) 施工配合比换算

混凝土实验室配合比是根据完全干燥的砂、石骨料配置的，但实际使用的砂、石骨料一般都含有一些水分，而且含水量又会随气候条件发生变化。所以施工时应及时测定砂、石骨料的含水量，并将混凝土实验室配合比换算成在实际含水量情况下的施工配合比。

设实验室配合比为：水泥∶砂子∶石子=1∶x∶y，并测得砂子的含水量为 w_x，石子的含水量为 w_y，则施工配合比为：1∶$x(1+w_x)$：$y(1+w_y)$。

按实验室配合比 1 立方米混凝土水泥用量为 C(kg)，计算时确保混凝土水灰比 W/C 不变，则换算后材料用量为

水泥：$C'=C$

砂子：$G_{砂}=C \cdot x \cdot (1+w_x)$

石子：$G_{石}=C \cdot x \cdot (1+w_y)$

水：$W'=W-C \cdot x \cdot w_x-C \cdot y \cdot w_y$

设混凝土实验室配合比为：1∶2.56∶5.5，水灰比为 0.64，每一立方米混凝土的水泥用量为 251kg，测得砂子含水量为 4%，石子含水量为 2%，则施工配合比为

$$1∶2.56(1+4\%)∶5.5(1+2\%)=1:2.66:5.61$$

每 1m^3 混凝土材料用量为

水泥：251kg

砂子：251×2.66=667.66(kg)

石子：251×5.61=1408.11(kg)

水：251×0.64−251×2.56×4%−251×5.5×2%=107.33(kg)

2) 施工配料

求出每立方米混凝土材料用量后，还必须根据工地现有的搅拌机出料容量确定每次需用水泥用量，然后按水泥用量来计算砂石的每次搅拌用量。如采用 JZ250 型搅拌机，出料容量为 0.25m^3，则每搅拌一次的装料数量为

水泥：251×0.25=62.75(kg)(取一袋水泥，即 50kg)

砂子：50×2.66=133(kg)

石子：50×5.61=280.5(kg)

水：50×0.64−50×2.56×4%−50×5.5×2%=21.38(kg)

为严格控制混凝土的配合比，原材料的数量应采用重量计量，必须准确。其重量偏差不得超过以下规定：水泥、混合材料为±2%；细骨料为±3%；水、外加剂溶液为±2%。各种衡量器应定期校验，经常保持准确。骨料含水量应经常测定，雨天施工时，应增加测定次数。

3. 掺合外加剂和混合料

在混凝土施工过程中，经常掺入一定数量的外加剂或混合料，以改善混凝土某些方面的性能。混凝土外加剂有：

(1) 改善新拌混凝土流变性能的外加剂，包括减水剂(如木质素类、萘类、糖蜜类、水溶性树脂类)和引气剂(如松香热聚物、松香皂)。

(2) 调节混凝土凝结硬化性能的外加剂，包括早强剂(如氯盐类、硫酸盐类、三乙醇胺)、缓凝剂和促凝剂等。

(3) 改善混凝土耐久性的外加剂，包括引气剂、防水剂和阻锈剂等。

(4) 为混凝土提供其他特殊性能的外加剂，包括加气剂、发泡剂、膨胀剂、胶粘剂、抗冻剂和着色剂等。

混凝土混合料常用的有：粉煤灰、炉渣等。

由于外加剂或混合料的形态不同，使用方法也不相同，因此，在混凝土配料中，要采用合理的掺合方法，保证掺合均匀，掺量准确，才能达到预期的效果。

外加剂或混合料的掺合方法：

(1) 外加剂直接掺入水泥中，如塑化水泥、加气水泥等，施工中采用这种水泥拌制混凝土或砂浆，就可以达到预定的目的。该法目前使用较少。

(2) 把外加剂先用水配制成一定浓度的水溶液，搅拌混凝土时取规定的掺量，直接加入搅拌机中进行拌合。该法目前使用较多。

(3) 把外加剂直接投入搅拌机内的混凝土拌合料中，通过混凝土搅拌机拌合均匀。

(4) 以外加剂为基料，以粉煤灰、石粉为载体，经过烘干、配料、研磨、计量、装袋等工序生产形成干掺料。搅拌混凝土时，用干掺料按规定数量掺入混凝土干料中，一块投料搅拌均匀。

混凝土中掺入的外加剂应符合下列规定。

(1) 外加剂的质量应符合现行国家标准的要求。

(2) 外加剂的品种及掺量必须根据对混凝土性能的要求、施工及气候条件、混凝土所采用的原材料及配合比等因素经试验确定。

(3) 在蒸汽养护的混凝土和预应力混凝土中，不宜掺用引气剂或引气减水剂。

(4) 掺用含氯盐的外加剂时，对素混凝土氯盐掺量不得大于水泥重量的 3%；在钢筋混凝土中做防冻剂时，氯盐掺量按无水状态计算不得超过水泥重量的 1%，且应用范围应符合规范的规定。

在硅酸盐水泥或普通硅酸盐水泥拌制的混凝土中，可掺用混合料，混合料的质量应符合国家现行标准的规定，其掺量应通过试验确定。

4.3.3　混凝土的搅拌

混凝土搅拌就是将水泥、砂子、石子、水进行均匀拌合及混合的过程。同时，通过搅拌还要使材料达到强化、塑化的作用。

1. 搅拌方法

混凝土有人工搅拌和机械搅拌两种。人工拌合质量差，水泥耗量多，只有在工程量很少时采用。人工拌合一般用“三干三湿”法，即先将水泥加入砂中干拌两遍，再加入石子拌合一遍，此后，边缓慢加水，边反复湿拌三遍。

2. 混凝土搅拌机

混凝土搅拌机按搅拌原理分为自落式和强制式两类。根据其构造的不同，又分为若干种，如见表 4-24 所示。

表 4-24　混凝土搅拌机类型

自落式			强制式			
鼓筒式	双锥式		立轴式			卧轴式 (单轴、双轴)
	反转出料	倾翻出料	涡浆式	行星式		
				定盘式	盘转式	

自落式搅拌机(如图 4-38 所示)搅拌筒内壁装有叶片，搅拌筒旋转，叶片将物料提升一定高度后自由下落，各物料颗粒分散拌合均匀，是重力拌合原理。它多用于搅拌塑性混凝土和低流动性混凝土。

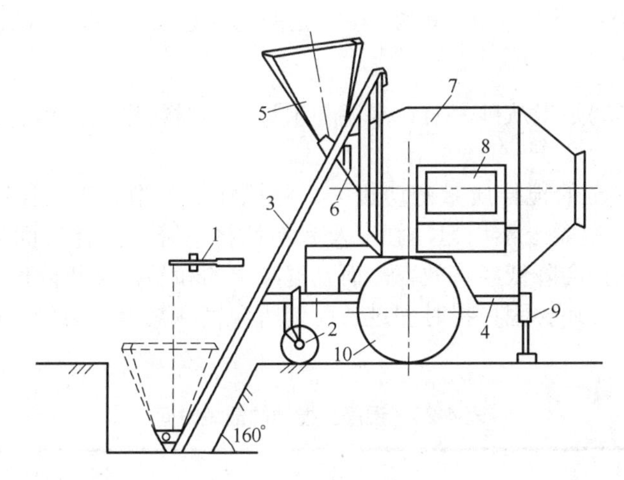

图 4-38　自落式搅拌机

1—牵引架；2—前支轮；3—上料架；4—底盘；5—料斗；
6—中间料斗；7—锥形搅拌筒；8—电器箱；9—支腿；10—行走轮

强制式搅拌机(如图 4-39 所示)分立轴和卧轴两类，是在轴上装有叶片，通过叶片强制搅拌装在搅拌筒中的物料，使物料沿环向、径向和竖向运动，使物料均匀，是剪切拌合原理。它多用于搅拌干硬性混凝土和轻骨料混凝土，也可以搅拌低流动性混凝土。

混凝土搅拌机以其出料容量(m^3)×1000 标定规格。现行混凝土搅拌机的系列为：50L、150L、250L、350L、500L、750L、1000L、1500L 和 3000L 等。选择搅拌机时，要根据工程量的大小、混凝土的坍落度、骨料尺寸等确定，既要满足技术上的要求，也要考虑经济效果和节约能源。

3．搅拌制度的确定

为了获得均匀优质的混凝土拌合料，除合理选择搅拌机的型号以外，还必须正确地确定搅拌制度，即搅拌时间、进料容量以及投料顺序等。

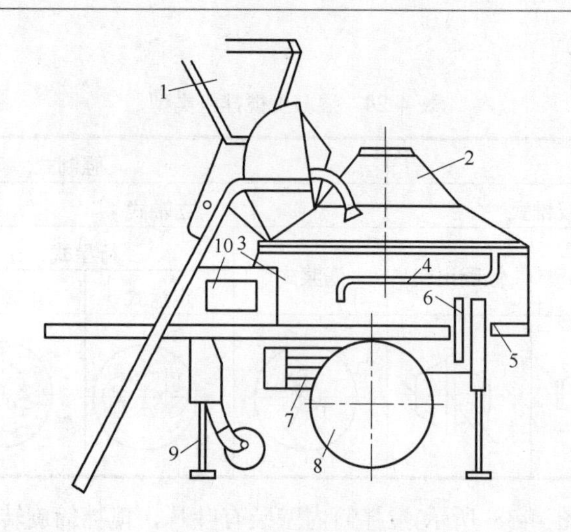

图 4-39　强制式搅拌机

1—进料斗；2—拌筒罩；3—搅拌筒；4—水表；5—出料口；
6—操纵手柄；7—传动机构；8—行走轮；9—支腿；10—电器工具箱

1) 搅拌时间

混凝土的搅拌时间是指从砂、石、水泥和水等全部材料投入搅拌筒开始，到开始卸料为止所经历的时间。

搅拌时间与混凝土的搅拌质量密切相关，随搅拌机类型和混凝土的和易性不同而变化。搅拌时间过短，混凝土不均匀，强度及和易性将下降；搅拌时间过长，强度有所提高，但过长时间的搅拌会降低经济效率，而且混凝土的和易性又将降低，影响混凝土的质量。对于加气混凝土，还会因搅拌时间过长而使所含气泡减少。混凝土搅拌的最短时间可按表 4-25 采用。

表 4-25　混凝土搅拌的最短时间　(单位：s)

混凝土坍落度/cm	搅拌机机型	搅拌机容量/L		
		＜250	250～500	＞500
≤3	自落式	90	120	150
	强制式	60	90	120
＞3	自落式	90	90	120
	强制式	60	60	90

注：① 掺有外加剂时，搅拌时间应适当延长。

② 全轻混凝土宜采用强制式搅拌机搅拌，砂轻混凝土可用自落式搅拌机搅拌，但搅拌时间应延长 60～90s。

③ 轻骨料宜在搅拌前预湿，采用强制式搅拌机搅拌的加料顺序是先加粗细骨料和水泥搅拌 60s，再加水继续搅拌；采用自落式搅拌机的加料顺序是先加 1/2 的用水量，然后加粗细骨料和水泥，均匀搅拌 60s，再加剩余用水量继续搅拌。

④ 当采用其他形式的搅拌设备时，搅拌的最短时间应按设备说明书的规定或经试验确定。

2) 投料顺序

投料顺序应从提高搅拌质量，减少叶片、衬板的磨损，减少拌合物与搅拌筒的粘结，减少水泥飞扬，改善工作环境，提高混凝土强度及节约水泥等方面综合考虑确定。

(1) 一次投料法：是在上料斗中先装石子，再加水泥和砂，然后一次投入搅拌筒中进行搅拌。自落式搅拌机要在搅拌筒内先加部分水，投料时砂压住水泥，使水泥不飞扬，而且水泥和砂先进搅拌筒形成水泥砂浆，可缩短水泥包裹石子的时间。强制式搅拌机的出料口在下部，不能先加水，应在投入原材料的同时，缓慢均匀分散地加水。

(2) 二次投料法：是先向搅拌机内投入水和水泥(和砂)，待其搅拌后再投入石子和砂继续搅拌到规定时间。这种投料方法，能改善混凝土性能，提高混凝土的强度，在保证规定混凝土强度的前提下节约了水泥。

目前常用的方法有两种：预拌水泥砂浆法和预拌水泥净浆法。预拌水泥砂浆法是指先将水泥、砂和水加入搅拌筒内进行充分搅拌，成为均匀的水泥砂浆后，再加入石子搅拌成均匀的混凝土。预拌水泥净浆法是先将水泥和水充分搅拌成均匀的水泥净浆后，再加入砂和石子搅拌成均匀混凝土。

与一次投料法相比，二次投料法可使混凝土强度提高 10%～15%，节约水泥 15%～20%。

(3) 水泥裹砂法：又称 SEC 法，采用水泥裹砂法的搅拌工艺拌制的混凝土称为造壳混凝土(又称 SEC 混凝土)。其搅拌程序是先加一定量的水，将砂表面的含水量调节到某一规定数值后，再将石子加入与湿砂拌匀，然后将全部水泥投入，与湿润后的砂、石拌合，使水泥在砂石表面形成一层低水灰比的水泥浆壳(该过程称为造壳)，最后将剩余的水和外加剂加入，搅拌成混凝土。采用 SEC 法制备的混凝土与一次投料法比较，强度可提高 20%～30%，混凝土不易产生离析现象，泌水少，工作性能好。

3) 进料容量

进料容量是将搅拌前各种材料的体积累加起来的容量，又称干料容量。进料容量与搅拌机搅拌筒的几何容量有一定的比例关系。进料容量约为出料容量的 1.4～1.8 倍(通常取 1.5 倍)，如果任意超载 10%以上，就会使材料在搅拌筒内无充分的空间进行拌合，影响混凝土拌合物的均匀性。反之，如装料过少，又不能充分发挥搅拌机的效能。

4) 搅拌要求

(1) 严格控制混凝土施工配合比，砂石必须严格过磅，不得随意加减用水量。

(2) 在搅拌混凝土前，搅拌机应加适量水运转，使搅拌筒表面湿润，然后将多余水排干。

(3) 搅拌第一盘混凝土时，考虑到筒壁上粘附砂浆的损失，石子用量按配合比规定减半。

(4) 搅拌好的混凝土要卸干净，在混凝土全部卸出之前，不得再投入拌合料，更不得采取边出料边进料的方法。

(5) 混凝土搅拌完毕或预计停歇 1h 以上时，应将混凝土全部卸出，倒入石子和清水，搅拌 5～10min，把粘在料筒上的砂浆冲洗干净后全部卸出。料筒内不得有积水，以免料筒和叶片生锈，同时还应清理搅拌筒以外积灰，使机械保持清洁完好。

4．现场混凝土搅拌站布置

现场混凝土搅拌站由于使用期限不长，一般采用简易形式，以减少投资。为了减轻工人的劳动强度，改善劳动条件，提高生产效率，现场混凝土搅拌站也正逐步向机械化和自动化的方向发展。

4.3.4 混凝土的运输

1. 混凝土运输的要求

混凝土自搅拌机中卸出后，应及时运至浇筑地点，为保证混凝土的质量，对混凝土运输的要求是：

(1) 运输中应保持匀质性，不应产生分层、离析现象。

(2) 保证设计所规定的流动性。

(3) 应使混凝土在初凝前浇筑并振捣完毕。

(4) 运输工作应保证混凝土的浇筑工作连续进行。

(5) 混凝土的运输应以最少的运转次数、最短的时间从搅拌地点运至浇筑地点。

(6) 运输工具应严密，不吸水，不漏浆。

2. 混凝土的运输工具

混凝土运输分为地面水平运输、楼面水平运输和垂直运输 3 种。

1) 地面水平运输工具

地面运输时，短距离多用双轮手推车、机动翻斗车；长距离宜采用自卸汽车、混凝土搅拌运输车，如图 4-40 所示。

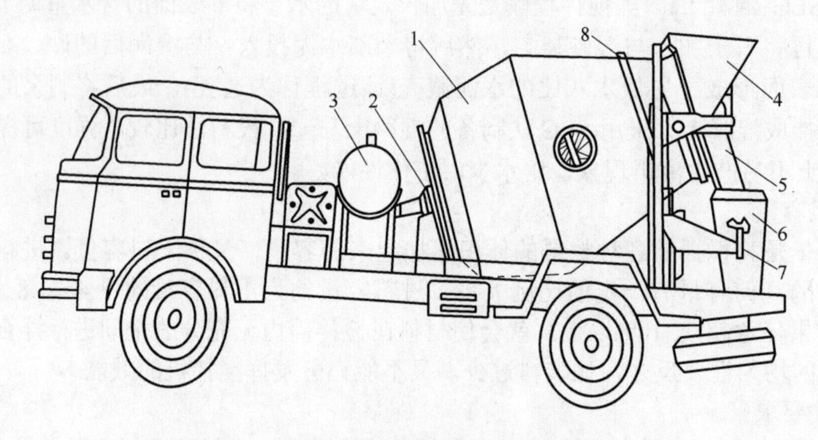

图 4-40 混凝土搅拌运输车外形示意图

1—搅拌筒；2—轴承座；3—水箱；4—进料斗；5—卸料槽；6—引料槽；7—托轮；8—轮圈

2) 楼面水平运输工具

楼面运输可用双轮手推车、皮带运输机，也可用塔式起重机、混凝土泵等。楼面运输应采取措施保证模板和钢筋位置，防止混凝土离析等。

3) 垂直运输工具

垂直运输可采用各种井架、龙门架和塔式起重机加料斗(如图 4-41 所示)、混凝土泵作为垂直运输工具。对于浇筑量大、浇筑速度比较稳定的大型设备基础和高层建筑，宜采用混凝土泵，也可采用自升式塔式起重机或爬升式塔式起重机运输。

4) 混凝土泵

混凝土用混凝土泵运输，通常称为泵送混凝土。常用的混凝土泵有液压柱塞泵和挤压泵两种。

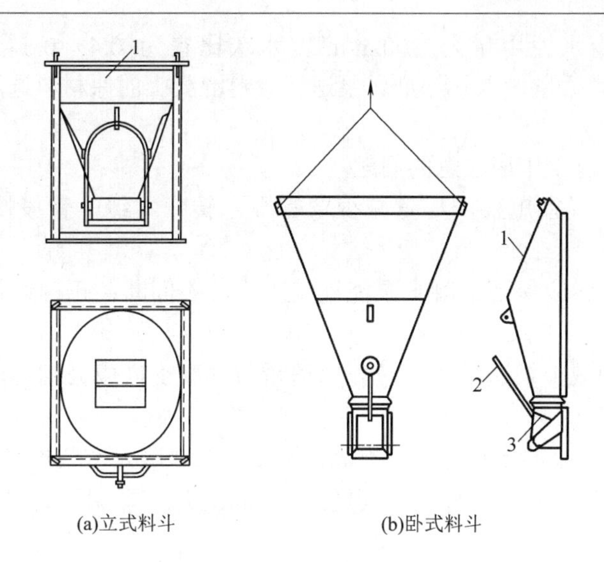

图 4-41　混凝土浇筑料斗

1—入料口；2—手柄；3—卸料口的扇形门

(1) 液压柱塞泵。

液压柱塞泵如图 4-42 所示。它是利用柱塞的往复运动将混凝土吸入和排出。混凝土输送管有直管、弯管、锥形管和浇筑软管等，一般由合金钢、橡胶、塑料等材料制成，常用混凝土输送管的管径为 100～150mm。一般混凝土泵排量为 30～90m^3/h，水平运距为 200～900m，垂直运距为 50～400m。

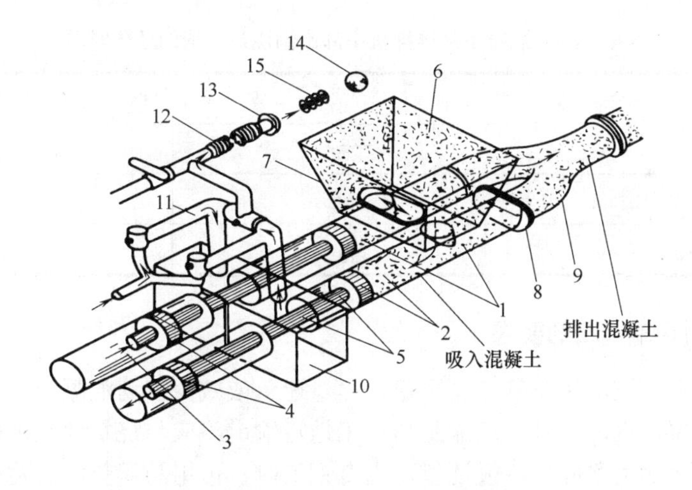

图 4-42　液压活塞式混凝土泵

1—混凝土缸；2—推压混凝土活塞；3—液压缸；4—液压活塞；5—活塞杆；6—料斗；
7—控制吸入的水平分配阀；8—控制排出的竖向分配阀；9—Y 形输送管；10—水箱；
11—水洗装置换向阀；12—水洗用高压软管；13—水洗用法兰；14—海绵球；15—清洗活塞

(2) 泵送混凝土对原材料的要求。

① 粗骨料：碎石最大粒径与输送管内径之比不宜大于 1∶3；卵石不宜大于 1∶2.5。

② 砂：以天然砂为宜，砂率宜控制在 40%～50%，通过 0.315rnm 筛孔的砂不少于 15%。

③ 水泥：最少水泥用量为 300kg/m^3，水灰比宜为 0.4～0.6。坍落度宜为 100～200mm，混凝土内宜适量掺入外加剂。泵送轻骨料混凝土的原材料选用及配合比，应通过试验确定。

(3) 泵送混凝土施工中应注意的问题

① 输送管的布置宜短直，尽量减少弯管数，转弯宜缓，管段接头要严密，少用锥形管。

② 混凝土的供料应保证混凝土泵能连续工作，不间断；正确选择骨料级配，严格控制配合比。

③ 泵送前，为减少泵送阻力，应先用适量与混凝土内成分相同的水泥浆或水泥砂浆润滑输送管内壁。

④ 泵送过程中，泵的上料斗内应充满混凝土，防止吸入空气形成阻塞。

⑤ 防止停歇时间过长，若停歇时间超过 45min，应立即用压力或其他方法冲洗管内残留的混凝土。

⑥ 泵送结束后，要及时清洗泵体和管道。

⑦ 用混凝土泵浇筑的建筑物，要加强养护，防止龟裂。

3．混凝土运输时间

混凝土运输时间有一定的限制，混凝土应以最少的转运次数和最短的时间，从搅拌地点运至浇筑地点，并在初凝之前浇筑完毕。普通混凝土从搅拌机中卸出后到浇筑完毕的延续时间不宜超过表 4-26 所示的规定。

表 4-26　混凝土从搅拌机中卸出到浇筑完毕的延续时间　(单位：min)

混凝土强度等级	气　温	
	≤25°	＞25°
≤C30	120	90
＞C30	90	60

4．混凝土对运输道路的要求

运输道路要求平坦，使车辆行驶平稳，尽量避免或减少震动混凝土，以免产生离析现象。运输线路要短、直，以减少运输距离。工地运输道路应与浇筑地点形成回路，避免交通堵塞。楼层上运输道路应用跳板铺垫，当有钢筋时，可用马凳垫起。跳板布置应与混凝土浇筑方向配合，一面浇筑一面拆迁，直到整个楼面浇筑完为止。

运输容器应不吸水、不漏浆，以防止和易性改变。气温炎热时，容器宜用不吸水的材料遮盖，防止阳光直射引起水分蒸发。

4.3.5　混凝土的浇筑与振捣

混凝土的浇筑与振捣工作包括布料摊平、捣实和抹面修整等工序。它对混凝土的密实性和耐久性、结构的整体性和外形正确性等都有重要影响。

1. 混凝土浇筑前的准备工作

(1) 混凝土浇筑前，应对模板、钢筋、支架及预埋件进行检查。

(2) 检查模板的位置、标高、尺寸、强度和刚度是否符合要求，接缝是否严密，预埋件位置和数量是否符合设计图纸要求。

(3) 检查钢筋的规格、数量、位置、接头和保护层厚度是否正确。

(4) 清理模板上的垃圾和钢筋上的油污，浇水湿润木模板。

(5) 填写隐蔽工程记录。

2. 混凝土浇筑

1) 混凝土浇筑的一般规定

(1) 混凝土浇筑前不应发生离析或初凝现象，如果已发生，必须重新搅拌。混凝土运至现场后，其坍落度应满足表 4-27 所示的要求。混凝土坍落度试验如图 4-43 所示。

表 4-27　混凝土浇筑时的坍落度

结构种类	坍落度/mm
基础或地面的垫层、无配筋的厚大结构(挡土墙、基础)或配筋稀疏的结构	10～30
板、梁和大型及中型截面的柱子等	30～50
配筋密集的结构(薄壁、斗仓、筒仓、细柱等)	50～70
配筋特密的结构	70～90

注：① 本表是指采用机械振捣的坍落度，采用人工振捣时可适当增大。
② 需要配置大坍落度混凝土时，应掺用外加剂。
③ 曲面或斜面结构混凝土，其坍落度值应根据实际需要另行选定。
④ 轻骨料混凝土的坍落度宜比表中数值减少 10～20mm。

(2) 混凝土自高处倾落时，其自由倾落高度不宜超过 2m；若混凝土的自由下落高度超过 2m(竖向结构 3m)，应设串筒、斜槽、溜管或振动溜管等，如图 4-44 所示。

(3) 混凝土的浇筑应分段、分层连续进行，随浇随捣。混凝土浇筑层厚度应符合表 4-28 所示的规定。

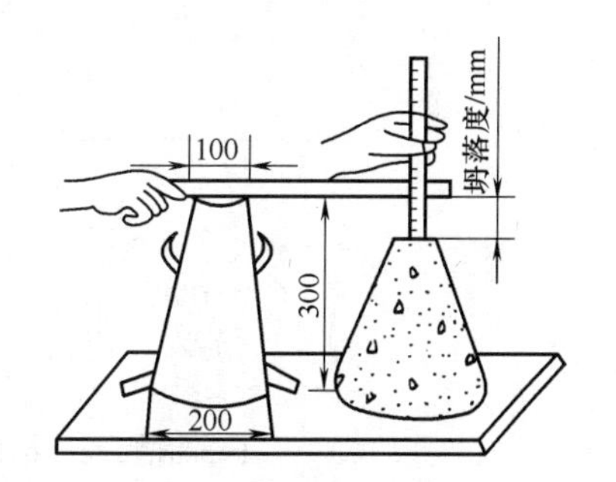

图 4-43　混凝土坍落度试验

(4) 混凝土的浇筑工作，应尽可能连续进行。如必须间歇，其间歇时间应尽量缩短，并要在前层混凝土凝结前，将后一层混凝土浇筑完毕。间歇的最长时间应按所用水泥品种及混凝土凝结条件确定。即混凝土从搅拌机中卸出，经运输、浇筑及间歇的全部延续时间不得超过表 4-29 所示的规定，当超过时应留置施工缝。

(5) 在竖向结构(墙、柱)中浇筑混凝土时，若浇筑高度超过 3m 时，应采用溜槽或串筒。浇筑竖向结构混凝土前，应先在底部填筑一层 50～100mm 厚与混凝土内砂浆成分相同的水泥砂浆，然后再浇筑混凝土，这样使新旧混凝土结合良好，又可避免蜂窝麻面现象。混凝土的水灰比和坍落度，宜随浇筑高度的上升酌予递减。

2) 施工缝的留设与处理

如果由于技术或施工组织上的原因，不能对混凝土结构一次连续浇筑完毕，而必须停歇较长的时间，其停歇时间已超过混凝土的初凝时间，致使混凝土已初凝，当继续浇筑混凝土时，形成了接缝，即为施工缝。留置施工缝的位置应事先确定，由于新旧混凝土的结合力较差，是构件中的薄弱环节，如果位置不当或处理不好，就会引起质量事故，轻则开裂、漏水，影响使用寿命；重则危及安全，不能使用，故施工缝一般宜留在结构受力(剪力)较小且便于施工的部位。

表 4-28　混凝土浇筑层厚度

项次		捣实混凝土的方法	浇筑层厚度/mm
1		插入式振捣	振捣器作用部分长度的 1.25 倍
2		表面振动	200
3	人工捣固	在基础、无筋混凝土或配筋稀疏的结构中	250
		在梁、墙板、柱结构中	200
		在配筋密列的结构中	150
4	轻骨料混凝土	插入式振捣器	300
		表面振动(振动时须加荷)	200

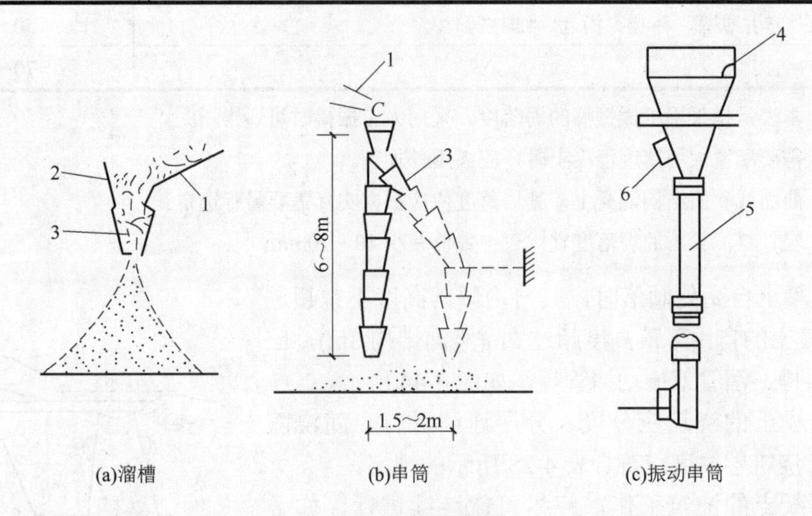

图 4-44　溜槽与串筒

1—溜槽；2—挡板；3—串筒；4—漏斗；5—节管；6—振动器

表 4-29　混凝土浇筑中最大间歇时间　(单位：min)

混凝土强度等级	气温	
	低于 25℃	高于 25℃
≤C30	210	180
＞C30	180	150

(1) 施工缝留设位置：柱子的施工缝宜留在基础与柱子交接处的水平面上，或梁的下

面，或吊车梁牛腿的下面、吊车梁的上面、无梁楼盖柱帽的下面，如图 4-45 所示。

高度大于 1m 的钢筋混凝土梁的水平施工缝，应留在楼板底面下 20～30mm 处，当板下有梁托时，应留在梁托下部；单向平板的施工缝，可留在平行于短边的任何位置处；对于有主次梁的楼板结构，宜顺着次梁方向浇筑，施工缝应留在次梁跨度中间的 1/3 范围内，如图 4-46 所示。楼梯施工缝应在梯段长度中间的 1/3 范围内。栏板施工缝与梯段施工缝相对应，栏板混凝土与踏步板一起浇筑。墙的施工缝留置在门窗洞口过梁跨中的 1/3 范围内，也可留在纵横墙交接处。

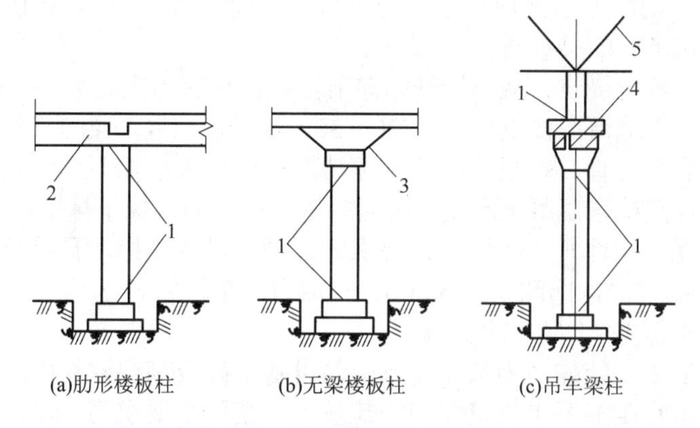

图 4-45　柱子施工缝的位置

1—施工缝；2—梁；3—柱帽；4—吊车梁；5—屋架

施工缝的表面应与构件的纵向轴线垂直，即柱与梁的施工缝表面垂直其轴线，板和墙的施工缝应与其表面垂直。

(2) 施工缝的处理。

① 在施工缝处继续浇筑混凝土时，应待混凝土的抗压强度不小于 1.2MPa 时方可进行。混凝土达到这一强度的时间决定于水泥的标号、混凝土强度等级、气温等。

② 在施工缝处浇筑混凝土之前，应除去施工缝表面的水泥薄膜、松动石子和软弱的混凝土层，并加以充分湿润和冲洗干净，不得有积水。

③ 在浇筑混凝土前，施工缝处宜先铺水泥浆(水泥∶水=1∶0.4)或与混凝土成分相同的水泥砂浆一层，厚度为 10～15mm，以保证接缝的质量。

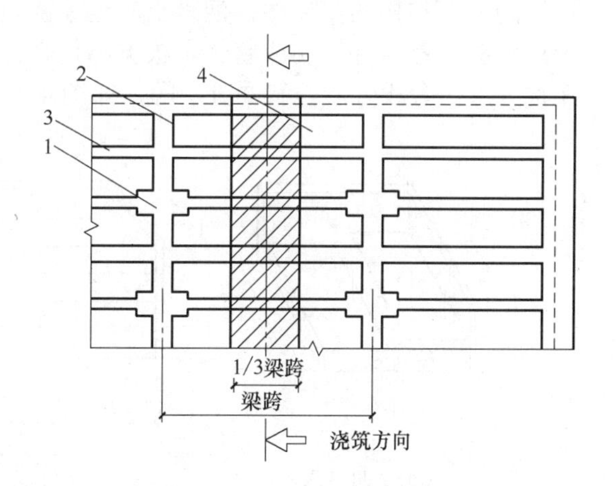

图 4-46　有梁板的施工缝位置

1—柱；2—主梁；3—次梁；4—板

④ 在浇筑混凝土的过程中，施工缝处的混凝土应细致捣实，使其紧密结合。

3) 混凝土的浇筑方法

(1) 多层钢筋混凝土框架结构的浇筑。

浇筑框架结构首先要划分施工层和施工段，施工层一般按结构层划分，而每一施工层的施工段划分，则要考虑工序数量、技术要求、结构特点等。要做到木工在第一施工层安装完模板，准备转移到第二施工层的第一施工段上时，该施工段所浇筑的混凝土强度应达到允许工人在上面操作的强度。

在浇筑柱子混凝土时，施工段内的每排柱子应由外向内对称的顺序浇筑，不要由一端向另一端推进，预防柱子模板因湿涨造成受推倾斜而误差积累难以纠正。截面在400×400mm以内或有交叉箍筋的柱子，应在柱子模板侧面开孔用溜槽分段浇筑，每段高度不超过2m；截面在400×400mm以上或无交叉箍筋的柱子，如柱高不超过4m，可从柱顶浇筑；如用轻骨料混凝土从柱顶浇筑，则柱高不得超过3.5m。柱子开始浇筑时，底部应先浇筑一层厚50～100mm与所浇筑混凝土成分相同的水泥砂浆。浇筑完毕，如柱顶处有较大厚度的砂浆层，则应加以处理。柱子浇筑后，应间隔1～1.5h，待所浇筑混凝土拌合物初步沉实，再浇捣上面的梁板结构。

梁和板一般应同时浇筑，从一端开始向前推进。只有当梁高大于1m时才允许将梁单独浇筑，此时的施工缝留在楼板板面下20～30mm处。梁底与梁侧面注意振实，振动器不要直接触动钢筋和预埋件。楼板混凝土的虚铺厚度应略大于板厚，用表面振动器或内部振动器振实，用铁插尺检查混凝土厚度，振捣完毕后用长的木抹子抹平。

浇筑叠合式受弯构件时，应按设计要求确定是否设置支撑，且叠合面应根据设计要求预留凸凹差(当无要求时，凸凹差为6mm)，形成自然粗糙面。

(2) 大体积钢筋混凝土结构的浇筑。

大体积钢筋混凝土结构多为工业建筑中的设备基础及高层建筑中厚大的桩基承台或基础底板等。它的特点是混凝土浇筑面和浇筑量大，整体性要求高，不能留施工缝，要求一次连续浇筑完毕，以及浇筑后水泥的水化热量大且聚集在构件内部，形成较大的内外温差，易造成混凝土表面产生收缩裂缝等。

为保证结构的整体性，混凝土应连续浇筑，要求每一处的混凝土在初凝前就被后一部分的混凝土覆盖并捣实成整体。根据结构特点的不同，大体积混凝土结构浇筑方案可分为全面分层、分段分层、斜面分层等，如图4-47所示。

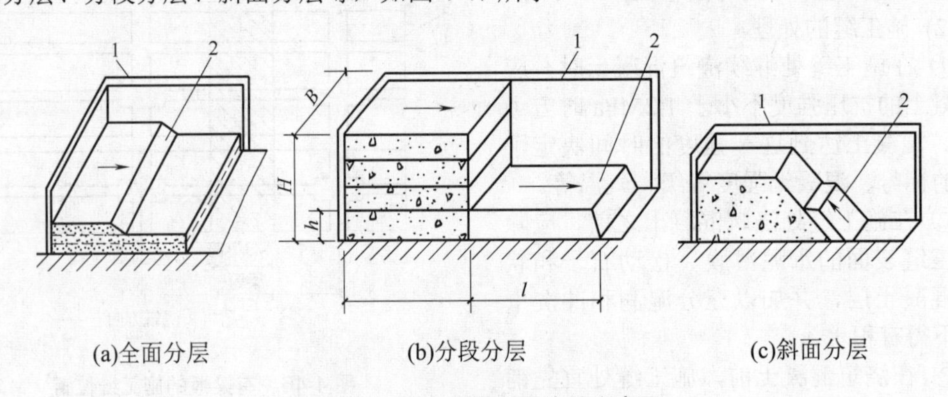

图4-47　大体积混凝土浇筑方案图

1—模板；2—新浇筑的混凝土

① 全面分层。

当结构平面面积不大时，可将整个结构分为若干层进行浇筑，即在第一层浇筑完毕后，再回头浇筑第二层，如此逐层浇筑，直至完工为止。为了保证结构的整体性，要求次层混凝土在前层混凝土初凝前浇筑完毕。

② 分段分层。

当结构平面面积较大时，全面分层已不适应，这时可采用分段分层浇筑方案，即将结构分为若干段，每段又分为若干层，先浇筑第一段各层，然后浇筑第二段各层，如此逐段逐层连续浇筑，直至结束。

③ 斜面分层。

结构长度超过厚度的 3 倍时，可采用斜面分层的浇筑方案。它要求斜坡坡度不大于 1/3，振捣工作应从浇筑层斜面下端开始，逐渐上移，且振动器应与斜面垂直。

钢筋混凝土结构由于体积大，水泥水化热聚集在内部不易散发，内部温度升高，外表散热快，形成较大的内外温差，内部产生压应力，外表产生拉应力，如内外温差过大(25℃以上)，则混凝土表面将产生裂缝。当混凝土内部逐渐散热冷却，产生收缩，由于受到基底或已硬化混凝土的约束，不能自由收缩，而产生拉应力。温差越大，约束程度越高，结构长度越大，拉应力越大。当拉应力超过混凝土的抗拉强度时即产生裂缝，裂缝从基底向上发展，甚至贯穿整个基础。要防止混凝土早期产生温度裂缝，就要降低混凝土的温度应力。控制混凝土的内外温差，使其不超过 25℃，以防止表面开裂。控制混凝土冷却过程中的总温差和降温速度，以防止基底开裂。

早期温度裂缝的预防措施有：优先采用水化热低的水泥、减少水泥用量、掺入适量的粉煤灰或在浇筑时投入适量的毛石、放慢浇筑速度和减少浇筑厚度、采用人工降温措施、浇筑后应及时覆盖，以控制内外温差，减缓降温速度，尤其应注意寒潮的影响。必要时取得设计单位同意后，可分块浇筑，每块之间预留 1m 宽后浇带，待各分块混凝土干缩后，再浇筑后浇带。当结构厚度在 1m 以内时，分块长度一般为 20～30m。

大体积混凝土上、下浇筑层施工间隔时间较长，各分层之间易产生泌水层，使混凝土产生强度降低、酥软、脱皮、起砂等不良后果。采用自流方式和抽吸方法排除泌水，会带走一部分水泥浆，影响混凝土的质量。

泌水处理措施主要有同一结构中使用两种不同坍落度的混凝土，或在混凝土拌合物中掺减水剂，都可以减少泌水现象。

3．混凝土的振捣

混凝土浇入模板后，由于内部骨料之间的摩擦力、水泥净浆的粘结力、拌合物与模板之间的摩擦力，使混凝土处于不稳定的平衡状态。其内部是疏松的，空洞与气泡含量占混凝土体积的 5%～20%。而混凝土的强度、抗冻性、抗渗性、耐久性等都与混凝土的密实度有关。因此必须采取适当的方法在混凝土初凝之前对其进行振捣，以保证其密实度。

1) 振捣方法

振捣方法分为人工振捣和机械振捣两种。人工振捣是利用捣锤或插钎等工具的冲击力来使混凝土密实成型，其效率低、效果差。机械振捣是将振动器的振动力传给混凝土，使之发生强迫振动而密实成型，其效率高、质量好。

2) 振动机械

混凝土的振动机械按其工作方式分为内部振动器、表面振动器、外部振动器和振动台，如图 4-48 所示。这些振动机械的构造原理，主要是利用偏心轴或偏心块的高速旋转，使振动器因离心力的作用而振动。

(1) 内部振动器。

内部振动器又称插入式振动器，其构造如图 4-49 所示。它适用于振捣梁、柱、墙等构件和大体积混凝土。

插入式振动器的操作要点：

① 插入式振动器的振捣方法有两种：一是垂直振捣，即振动棒与混凝土表面垂直，该法宜掌握插点距离，不宜漏振，容易控制插入深度，不易触及钢筋和模板，混凝土受振后能自然沉实，均匀密实；二是斜向振捣，即振动棒与混凝土表面成 40°～45° 角。斜向振捣的特点是操作省力，效率高，出浆快，宜排出空气，不会发生严重的离析现象，振捣棒拔出时不会形成孔洞。

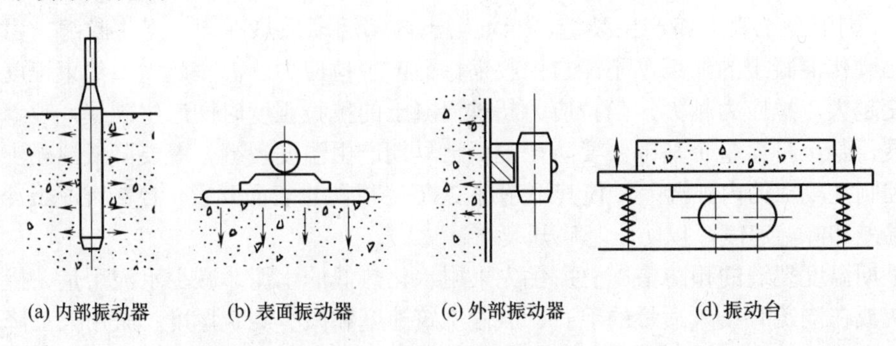

图 4-48 振动机械示意图

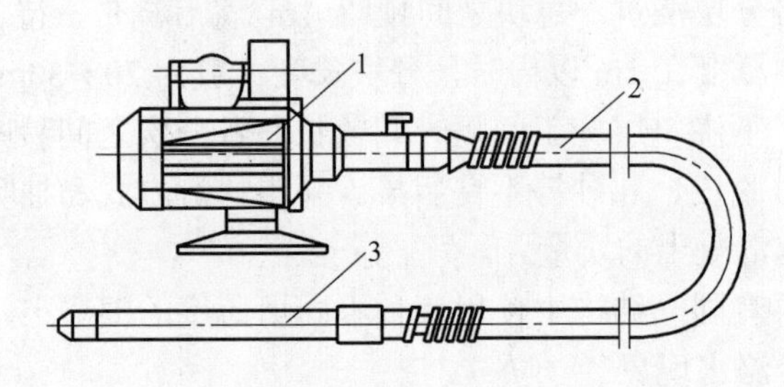

图 4-49 插入式振动器

1—电动机；2—软轴；3—振动棒

② 振动器的操作要做到快插慢拔，插点要均匀，逐点移动，顺序进行，不得遗漏，达到均匀振实的效果。振动棒的移动，可采用行列式或交错式，如图 4-50 所示。

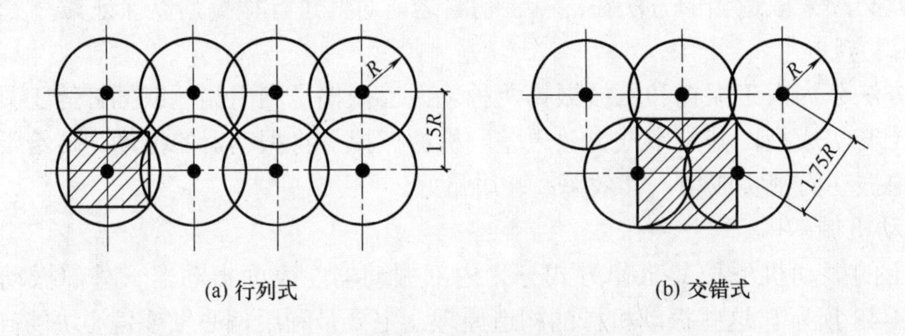

图 4-50 振捣点的布置

R—振动棒的有效作用半径

③ 当混凝土分层浇筑时，应将振动棒上下来回抽动 50～100mm，同时还应将振动棒插入下层混凝土中 50mm 左右，如图 4-51 所示，以保证上下层混凝土紧密结合。

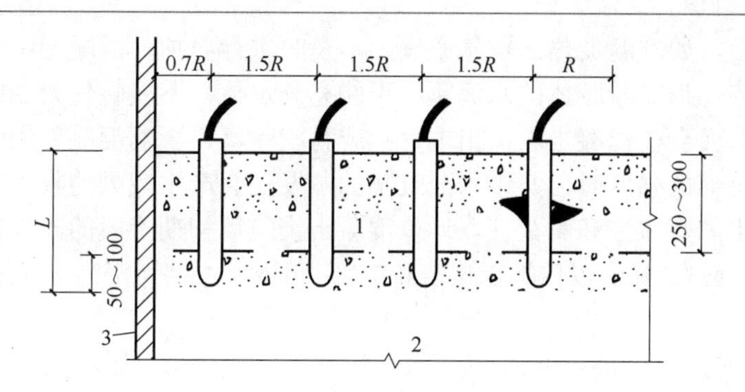

图 4-51　插入式振动器的插入深度

1—新浇筑的混凝土；2—下层已振捣但尚未初凝的混凝土；3—模板；
R—有效作用半径；L—振动棒长度

④ 每一振捣点的振捣时间一般为 20～30s，以振至混凝土不再沉落，气泡不在排出，表面开始泛浆并基本平坦为止。

⑤ 使用振捣器时，不允许将其支承在结构钢筋上或碰撞钢筋，不宜紧靠模板振捣。

(2) 表面振动器。

表面振动器又称平板振动器，是在电动机轴上装有左右两个偏心块的振动器固定在一块平板上而成。其振动作用可直接传递到混凝土表面层上。这种振动器适用于振捣楼板、空心板、地面和薄壳等薄壁结构。

这种振动器在无筋或单层钢筋结构中，每次振实的厚度不大于 250mm；在双层钢筋结构中，每次振实的厚度不大于 120mm。在每一位置上连续振动的时间为 25～40s，以混凝土表面均匀出现浆液为准。移动时应成排依次振捣前进，前后位置和排与排之间相互搭接 100mm，避免漏振。宜进行两遍，第一遍和第二遍的方向要互相垂直，第一遍主要使混凝土密实，第二遍使其表面平整。

(3) 外部振动器。

外部振动器又称附着式振动器，它是直接安装在模板上进行振捣，利用偏心块旋转时产生的振动力通过模板传给混凝土，以达到振实的目的。它适用于振捣断面较小(≤250mm)或钢筋较密的柱、梁、板等构件。振动深度最大为 300mm 左右，当断面尺寸较大时，需在两侧同时安装振动器振实。附着式振动器的振动时间和有效作用半径随结构形状、模板坚固程度、混凝土的坍落度及振动器功率的大小等决定。一般要求混凝土的水灰比应比内部振捣时大一些。在一般情况下，可以间隔 1～1.5m 距离设置一个振动器，振动时，当混凝土呈一水平表面，且不出现气泡时，即可停止振动。

(4) 振动台。

振动台一般在预制厂用于振实干硬性混凝土和轻骨料混凝土。宜采用加压振动的方法。加压力为 1～3kN/m^2。

4.3.6　混凝土的养护

混凝土浇捣后能逐渐凝结硬化，主要是因为水泥水化作用的结果，而水化作用需要适当的温度和湿度。

混凝土浇捣后，如气温炎热，空气干燥，不及时进行养护，混凝土中水分蒸发过快，出现脱水现象，使已形成凝胶体的水泥颗粒不能充分水化，不能转化为稳定的结晶，缺乏足够的粘结力，从而会在混凝土表面出现片状或粉状剥落，影响混凝土的强度。此外，在混凝土尚未具备足够的强度时，其中水分过早的蒸发还会产生较大的收缩变形，出现干缩裂缝，影响混凝土的整体性和耐久性。所以混凝土浇筑后初期阶段的养护非常重要。在混凝土浇筑完毕后，应在 12h 以内加以覆盖和浇水；干硬性混凝土应于浇筑完毕后立即进行养护。

混凝土的养护方法有自然养护法和蒸汽养护法。

1. 自然养护法

混凝土的自然养护是指在平均气温高于+5℃的条件下于一定时间内使混凝土保持湿润状态。自然养护法又可分为洒水养护法和喷洒塑料薄膜养护法两种。

洒水养护是用吸水保温能力较强的材料(如草帘、芦席、麻袋、锯末等)将混凝土覆盖，经常洒水使其保持湿润。养护时间长短取决于水泥品种，普通硅酸盐水泥和矿渣硅酸盐水泥拌制的混凝土不少于 7d；火山灰质硅酸盐水泥和粉煤灰硅酸盐水泥拌制的混凝土不少于 14d；有抗渗要求的混凝土不少于 14d。洒水次数以能保持混凝土具有足够的湿润状态为宜。

喷洒塑料薄膜养生液养护适用于不易洒水养护的高耸构筑物和大面积混凝土结构及缺水地区。它是将养生液用喷枪喷洒在混凝土表面上，溶液挥发后在混凝土表面形成一层塑料薄膜，使混凝土与空气隔绝，阻止其中的水分蒸发，以保证水化作用的正常进行。在夏季薄膜成型后要防晒，否则易产生裂纹。

对于表面积大的混凝土构件(如地坪、楼板、屋面、路面)，也可用湿土、湿砂覆盖或沿构件周边用粘土等围住，在构件中间蓄水进行养护。

混凝土必须养护至其强度达到 $1.2N/mm^2$ 以上，才准在上面行人和架设支架、安装模板，但不得冲击混凝土。

2. 蒸汽养护法

蒸汽养护是将构件放置在有饱和蒸汽或蒸汽空气混合物的养护室内，在较高的温度和相对湿度的环境中进行养护，以加速混凝土的硬化，使混凝土在较短的时间内达到规定的强度标准值。蒸汽养护分为静停、升温、恒温、降温等四个阶段。

静停阶段是指混凝土构件成型后在室温下停放养护，时间为 2～6h，以防止构件表面产生裂缝和疏松现象。

升温阶段是指构件的吸热阶段，升温速度不宜过快，以免构件表面和内部产生过大温差而出现裂纹。对薄壁构件(多肋楼板、多孔楼板)每小时不得超过 25℃；其他构件不得超过 20℃；用干硬性混凝土制作的构件不得超过 40℃。

恒温阶段是指升温后温度保持不变的时间。此时强度增长最快，这个阶段应保持 90～100%的相对湿度，最高温度不得大于 95℃，时间为 3～8h。

降温阶段是指构件散热过程。降温速度不宜过快，每小时不得超过 10℃，出池后，构件表面与外界温差不得大于 20℃。

4.3.7　混凝土的质量检查与缺陷防治

1. 混凝土的质量检查

混凝土的质量检查包括施工过程中的质量检查和养护后的质量检查。施工过程中的质量检查，即在混凝土制备和浇筑过程中对原材料的质量、配合比、坍落度等的检查，每一工作班至少检查两次，如果遇特殊情况还应及时进行抽查。混凝土的搅拌时间应随时检查。

混凝土养护后的质量检查，主要包括混凝土的强度、表面外观质量和结构构件的轴线、标高、截面尺寸和垂直度的偏差，如设计有特殊要求时，还需对其抗冻性、抗渗性等进行检查。

混凝土强度的检查主要是指抗压强度的检查。混凝土的抗压强度应以标准立方体试件(边长 150mm)，在标准条件下(温度为 20℃±3℃和相对湿度 90%以上的温润环境或水中)养护 28d 后测得的具有 95%保证率的抗压强度。

混凝土的表面外观质量要求：不应有蜂窝、麻面、孔洞、露筋、缝隙及夹层、缺棱掉角和裂缝等。混凝土的强度等级必须符合设计要求。现浇混凝土结构的允许偏差应符合表 4-30 所示的规定；当有专门的规定时，也应符合相应的规定。

表 4-30　现浇结构尺寸的允许偏差和检验方法

<table>
<tr><th colspan="3">项　目</th><th>允许偏差/mm</th><th>检查方法</th></tr>
<tr><td rowspan="4">轴线位移</td><td colspan="2">基础</td><td>15</td><td rowspan="4">尺量检查</td></tr>
<tr><td colspan="2">独立基础</td><td>10</td></tr>
<tr><td colspan="2">柱、墙、梁</td><td>8</td></tr>
<tr><td colspan="2">剪力墙</td><td>5</td></tr>
<tr><td rowspan="2">标高</td><td colspan="2">层高</td><td>±10</td><td rowspan="2">用水准仪或拉线，金属直尺检查</td></tr>
<tr><td colspan="2">全高</td><td>±30</td></tr>
<tr><td colspan="3">截面尺寸</td><td>+8，−5</td><td>金属直尺检查</td></tr>
<tr><td rowspan="3">垂直度</td><td rowspan="2">层高</td><td>≤5mm</td><td>8</td><td rowspan="2">用经线仪或吊线，金属直尺检查</td></tr>
<tr><td>＞5mm</td><td>10</td></tr>
<tr><td colspan="2">全高(H)</td><td>H/1000，且≤30</td><td>用经纬仪或吊线和尺量检查</td></tr>
<tr><td colspan="3">表面平整度</td><td>8</td><td>用 2m 靠尺和塞尺检查</td></tr>
<tr><td rowspan="3">预埋设施
中心线位置</td><td colspan="2">预埋件</td><td>10</td><td rowspan="3">金属直尺检查</td></tr>
<tr><td colspan="2">预埋螺栓</td><td>5</td></tr>
<tr><td colspan="2">预埋管</td><td>5</td></tr>
<tr><td colspan="3">预留洞中心线位置</td><td>15</td><td>金属直尺检查</td></tr>
<tr><td rowspan="2">电梯井</td><td colspan="2">井筒长、宽对定位中心线</td><td>+25，0</td><td>金属直尺检查</td></tr>
<tr><td colspan="2">井筒全高(H)垂直线</td><td>H/1000 且≤30</td><td>经纬仪，金属直尺检查</td></tr>
</table>

注：检查轴线、中心线位置时，应沿纵、横两个方向量测，并取其中的较大值。

2．现浇混凝土结构质量缺陷产生的原因

1) 蜂窝

蜂窝是结构构件中形成有蜂窝状的窟窿，骨料间有空隙存在。这种现象主要是由于混凝土配合比不准确，浆少而石子多，或搅拌不均造成砂浆与石子分离，或浇筑方法不当，或振捣不足，以及模板严重漏浆等造成的。

2) 麻面

麻面是结构构件表面上呈现无数小凹点，而无钢筋暴露的现象。它一般是由于模板表面粗糙不平滑、模板湿润不够、接缝不严密、振捣时发生漏浆，或振捣不足，气泡没排出，以及捣实后没有很好养护而生成的。

3) 露筋

露筋是钢筋暴露在混凝土外面。它产生的原因是浇筑时垫块移位，甚至漏放，钢筋紧贴模板，或者因混凝土保护层厚度不够，或因保护层的混凝土漏振或振捣不密实，或模板湿润不够，吸水过多造成掉角而露筋。

4) 孔洞

孔洞是指混凝土结构内存在空隙，局部或全部没有混凝土。它主要是由于混凝土捣空，砂浆严重分离，石子成堆，砂子和水泥分离形成的，另外，混凝土受冻、有泥块等杂物掺入也会形成孔洞。

5) 缝隙及夹层

缝隙及夹层是将结构分隔成几个不相连接的部分。它主要是混凝土内部处理不当的施工缝、温度缝和收缩缝，以及混凝土内有外来杂物而造成的夹层。

6) 裂缝

构件制作时受到剧烈振动，混凝土浇筑后模板变形或沉陷，混凝土表面水分蒸发过快，养护不及时，以及构件堆放、运输、吊装时位置不当或受到碰撞等均会导致裂缝。

7) 缺棱掉角

缺棱掉角是指梁柱墙板和孔洞处直角边上的混凝土局部掉落。其原因主要是混凝土浇筑前模板未充分湿润，造成棱角处混凝土中水分被模板吸取，水化不充分，强度降低，拆模时棱角损坏；拆模过早或拆模后保护不好也会造成棱角损坏。

8) 混凝土强度不足

产生混凝土强度不足主要是由于混凝土配合比设计、搅拌、现场浇筑和养护等 4 个方面的原因造成的。

配合比设计方面有时不能及时测定水泥的实际活性，影响了混凝土配合比设计的正确性；另外，套用混凝土配合比时选用不当及外加剂用量控制不准等，都有可能导致混凝土强度不足。砂浆石子分离，或浇筑方法不当，或振捣不足，以及模板严重漏浆等也会导致混凝土强度不足。

搅拌方面任意增加用水量，配合比称料不准，搅拌时颠倒加料顺序及搅拌时间过短等造成搅拌不均匀，导致混凝土强度降低。

现场浇捣方面主要是施工中振捣不实，以及发现混凝土有离析现象时，未能及时采取有效措施来纠正。

养护方面主要是不按规定的方法、时间对混凝土进行妥善养护，以至造成混凝土强度降低。

3. 混凝土质量缺陷的防治与处理

1) 表面抹浆修补

对数量不多的小蜂窝、麻面、露筋、露石的混凝土表面，主要是保护钢筋和混凝土不受侵蚀，可用 1∶2～1∶2.5 的水泥砂浆抹面修整。在抹砂浆前，需用钢丝刷或加压力的水清洗湿润，抹浆初凝后要加强养护。

对结构构件承载能力无影响的细小裂缝，可将裂缝处加以冲洗，用水泥浆抹补。如裂缝较大较深时，应将裂缝处附近的混凝土表面凿毛，或沿裂缝方向凿成深为 15～20mm、宽为 100～200mm 的 V 形凹槽，扫净并洒水湿润，先刷水泥浆一遍，然后用 1∶2～2.5 水泥砂浆分 2～3 层涂抹，总厚度控制在 10～20mm，并压实抹光。

2) 细石混凝土填补

当蜂窝比较严重或露筋较深时，应去掉不密实的混凝土和突出的骨料颗粒，用清水洗净并充分湿润后，再用比原强度等级高一级的细石混凝土填补并仔细捣实。

对孔洞的补强，可在旧混凝土表面采用处理施工缝的方法处理，将孔洞处疏松的混凝土和突出的石子凿掉，孔洞顶部要凿成斜面，避免形成死角，用水冲洗干净，保持湿润 72h 后，用比原来混凝土强度等级高一级的细石混凝土捣实。水灰比宜控制在 0.5 以内，并掺入水泥用量万分之一的铝粉，分层捣实，以免新旧混凝土接触面上出现裂缝。

3) 水泥灌浆与化学灌浆

对于影响结构承载力，或防水、防渗性能的裂缝，为恢复结构整体性和抗渗性，应根据裂缝宽度、性质和施工条件等，采用该法予以修补。对于宽度大于 0.5mm 的裂缝，宜采用水泥灌浆；对于宽度小于 0.5mm 的裂缝，宜采用化学灌浆。化学灌浆所用的材料，应根据裂缝性质、缝宽和干燥情况选用。作为补强用的灌浆材料，常用的有环氧树脂浆液(修补缝宽 0.2mm 以上的干燥裂缝)和甲凝(修补 0.05mm 以上的干燥细微裂缝)。作为防渗堵漏用的灌浆材料，常用的有丙凝(能灌入 0.01mm 以上的裂缝)和聚氨酯(能灌入 0.015mm 以上的裂缝)。

4.4　预制钢筋混凝土构件施工

钢筋混凝土结构包括现浇整体式钢筋混凝土结构和预制装配整体式钢筋混凝土结构两大类。

预制装配整体式结构是将各种钢筋混凝土预制构件用机械进行安装，并按设计要求进行装配的一种结构形式。

预制构件制作过程包括模板的制作与安装，钢筋的制作与安装，混凝土的制备、运输，构件的浇筑振捣和养护、脱模与堆放等。

4.5　钢筋混凝土工程的安全技术

在现场安装模板时，所用工具应装在工具包内，当上下交叉作业时，应戴安全帽。在垂直运输模板或其他材料时，应有统一指挥和统一信号。拆模时应有专人负责安全监督，设立警戒标志。高空作业人员应经过体格检查，不合格者不得进行高空作业。高空作业应穿防滑鞋，挂好安全带。模板在安全系统未钉牢固之前，不得上下；未安装好的梁底板或挑檐等模板的安装与拆除，必须有可靠的技术措施，确保安全。非拆模人员不准在拆模区域内通行。拆除后的模板应将朝天钉向下，并及时运至指定的堆放地点，然后拔除钉子，分类堆放整齐。

在高空绑扎和安装钢筋时，必须注意不要将钢筋集中堆放在模板或脚手架的某一部位，以确保安全，特别是悬臂构件，还要检查支撑是否牢固。在脚手架上不要随意放置工具、箍筋或短钢筋，避免放置不稳滑下伤人。焊接或绑扎竖向钢筋骨架时，不得站在已绑扎或焊接好的箍筋上作业。搬运钢筋的工人必须带帆布垫脚、围裙及手套；除锈工人应戴口罩及风镜；电焊工应戴防护镜并穿工作服。300～500mm 的钢筋短头禁止用机器切割。吊装高处钢筋骨架时，在高空作业的工人应系安全带并穿防滑鞋。在有电线通过的地方安装钢筋时，必须特别小心谨慎，勿使钢筋碰到电线。

在进行混凝土施工前，应仔细检查脚手架、工作台和马道是否绑扎牢固，如果有空头板，应及时搭好，脚手架应设防护栏杆。搅拌机、卷扬机、皮带运输机和振动器等接电要安全可靠，绝缘接地装置良好，并应进行试运转。搅拌机应由专人操作，当中途发生故障时，应立即切断电源进行修理；运转时不得将铁锹伸入搅拌机内卸料；其外露装置应加保护罩。在采用井字架和拨杆运输时，应设专人指挥；井字架上的卸料人员不能将头或脚伸入井字架内，起吊时禁止在拨杆下站人。振动器操作人员必须穿胶鞋，振动器必须设专门防护性接地装置，避免火线漏电发生危险，如发生故障应立即切断电源进行修理。夜间施工应设置足够的照明设施，深坑和潮湿地点施工，应使用 36V 以下低电压安全照明。

小　结

本项目包括：模板的作用、分类、组成、构造及安装要求，模板设计与模板拆除，施工质量检查验收；钢筋验收与存放，常用的钢筋加工机械，钢筋连接方法与规定，钢筋配料与代换计算，钢筋的加工、绑扎与安装，施工质量的检查验收方法；混凝土制备、运输、浇筑、养护，施工质量的验收与评定方法，混凝土结构工程的质量通病及防治措施、施工安全技术等。

思考与练习

1. 什么是钢筋冷拉？冷拉的作用和目的有哪些？影响冷拉质量的主要因素是什么？
2. 试述钢筋冷拔工艺。冷拔与冷拉相比有何区别？
3. 钢筋闪光对焊接头的质量检查包括哪些内容？
4. 电弧焊接头有哪几种形式？如何选用？质量检查的内容有哪些？
5. 怎样计算钢筋下料长度及编制钢筋配料单？
6. 工程检查验收包括哪几个方面？应注意哪些问题？

7. 简述模板的作用。对模板及其支架的基本要求有哪些？模板有哪些类型？各有何特点？适用范围怎样？

8. 基础、柱、梁、楼板结构的模板构造及安装要求有哪些？

9. 混凝土工程施工包括哪几个施工过程？

10. 基础、柱、梁、楼板结构的施工缝宜留设在哪些部位？施工缝如何处理？

11. 混凝土浇筑前对模板钢筋应做哪些检查？

12. 什么是施工缝？留设位置怎样？继续浇筑混凝土时对施工缝有何要求？如何处理？

13. 试述多层钢筋混凝土框架结构的施工顺序、施工过程和柱、梁、板的浇筑方法。

14. 厚大体积混凝土的施工特点有哪些？如何确定浇筑方案？其温度裂缝有哪几种类型？防止开裂有哪些措施？

15. 混凝土质量检查包括哪些内容？对试块制作有哪些规定？

16. 计算如图4-52所示钢筋的下料长度。

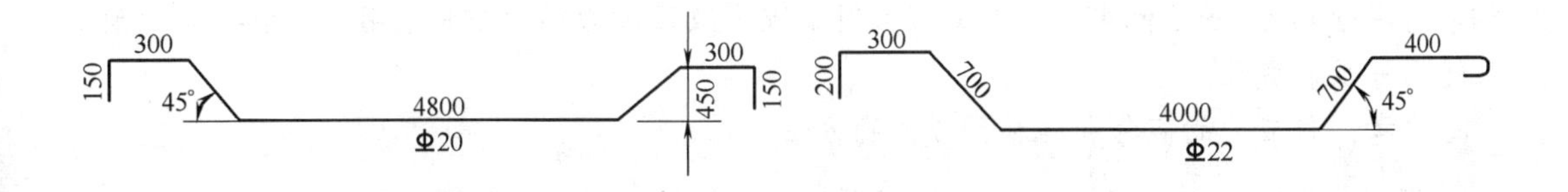

图4-52　习题16附图

17. 某梁设计主筋为4根HRB400级直径20mm的钢筋(f_{y1}=340N/mm^2)，今现场无HRB400级直径20mm的钢筋，拟用直径25mm钢筋(f_{y1}=340N/mm^2)代换，试计算需几根钢筋？若用直径18mm的钢筋替换，当梁宽为250mm时，钢筋按一排布置能否排下？

18. 某混凝土实验室的配合比为1∶2.12∶4.37，W/C=0.62，混凝土水泥用量为290kg/m^3，实测现场砂含水率为3%，石含水率为1%。

试求：

(1) 施工配合比？

(2) 当用250L(出料容量)搅拌机搅拌时，每拌一次的投料水泥、砂、石、水各是多少？

项目 5　预应力混凝土工程施工

学习要点及目标

了解预应力混凝土的基本原理；掌握预应力混凝土先张法、后张法、无粘结预应力的施工工艺及质量控制方法；掌握预应力混凝土的施工质量验收标准及检测方法。

核心概念

先张法、后张法、无粘结预应力。

引导案例

某工程为二层框架结构，屋面为网架，建筑面积为 8000m^2。二层框架梁采用预应力结构，跨度分别为 36m 和 42m。本工程采用钢绞线做预应力筋，锚具采用 JM 型锚具，预留孔道用波纹管成孔。

思考：预应力的概念和施加预应力的方法。

预应力混凝土工程是一门新兴的科学技术，1928 年由法国弗莱西奈研究成功，我国 1950 年开始采用预应力混凝土结构，如无粘结预应力现浇平板结构、装配式整体预应力板柱结构、预应力薄板叠合板结构、大跨度部分预应力框架结构等。

普通钢筋混凝土构件的抗拉极限应变值只有 0.0001～0.00015，即相当于每米只允许拉长 0.1～0.15mm，超过此值，混凝土就会开裂。如果混凝土不开裂，构件内的受拉钢筋应力只能达到 20～30N/mm^2。如果允许构件开裂，裂缝宽度限制在 0.2～0.3mm 时，构件内的受拉钢筋应力也只能达到 150～250N/mm^2。因此，在普通钢筋混凝土构件中采用高强钢材却不能发挥其作用，预应力混凝土则是解决这一矛盾的有效方法。

预应力混凝土是在结构构件的受拉区，预先施加压力使其产生预压应力，这样当结构构件在使用荷载的作用下产生拉应力时必须先抵消事先施加的预压应力，然后才能随着荷载的增加，使受拉区的混凝土受拉开裂，从而推迟了裂缝的出现和限制了裂缝的开展，提高了结构构件的抗裂度和刚度。这种施加预压应力的钢筋混凝土就称为预应力混凝土。

预应力混凝土与普通钢筋混凝土比较，具有构件截面小、自重轻、刚度大、抗裂度高、耐久性好、省材料等优点，在大开间、大跨度与重荷载的结构中，采用预应力混凝土结构，可减少材料用量，扩大使用功能，综合经济效益好，在现代建筑结构中拥有广阔的发展前景。其缺点是构件制作过程增加了张拉工序，技术要求高，并需求专用的张拉设备、锚具、夹具和台座等。

在预应力混凝土结构中，混凝土强度等级不宜低于 C30；当采用碳素钢丝、钢绞线、热处理钢筋做预应力筋时，混凝土强度等级不宜低于 C40。预应力混凝土结构的钢筋有非预应力筋和预应力筋。预应力筋宜采用甲级冷拔低碳钢丝、碳素钢丝、钢绞线以及热处理钢筋等；非预应力筋可采用 HRB400 级、HRB335 级、HPB300 级钢筋和乙级冷拔低碳钢丝等。

预应力混凝土按施工方法的不同，可分为先张法和后张法。

5.1 先 张 法

先张法是在浇筑混凝土构件之前张拉预应力筋，将其临时锚固在台座或钢模上，然后浇筑混凝土构件，待混凝土达到一定的强度(一般不低于混凝土强度标准值的 75%)，并使预应力筋与混凝土之间有足够的粘结力时，放松预应力筋，预应力筋弹性回缩，借助于混凝土与预应力筋之间的粘结力，对混凝土产生预压应力。先张法多用于预制构件厂生产定型的中小型构件，如图 5-1 所示。

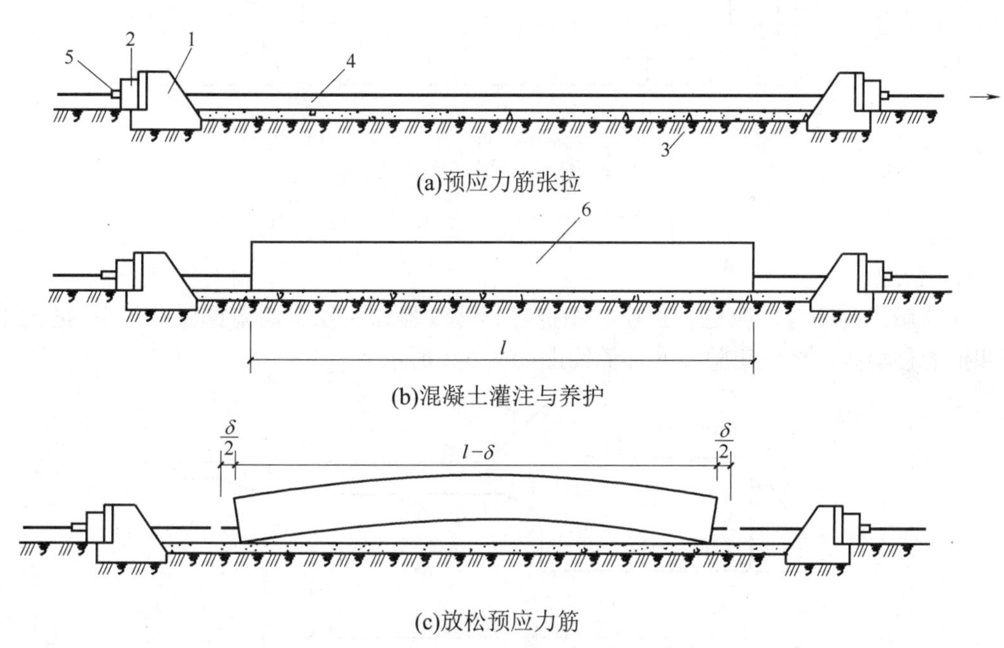

图 5-1　先张法台座示意图

1—台座承力结构；2—横梁；3—台面；4—预应力筋；5—锚固夹具；6—混凝土构件

5.1.1　先张法施工设备

1. 台座

台座是先张法生产的主要设备之一，它承受预应力筋的全部拉力。因此，台座应有足够的强度、刚度和稳定性。

台座的长度以 100～150m 为宜，一般应每隔 10～15m 设置一道伸缩缝，最好按几种主要产品宽度组合模数考虑，缝宽 30～50mm；宽度主要取决于构件的布筋宽度、张拉与浇筑混凝土是否方便，一般 2～4m。这样既可以利用钢丝长的特点，张拉一次可以生产多根(块)构件，又可以减少因钢丝滑动或台座横梁变形引起的预应力损失。

台座按构造形式可分为墩式和槽式两类。

1) 墩式台座

墩式台座是由承力台墩、台面与横梁组成，如图 5-2 所示。目前，常用的是承力台墩与台面共同受力的墩式台座。

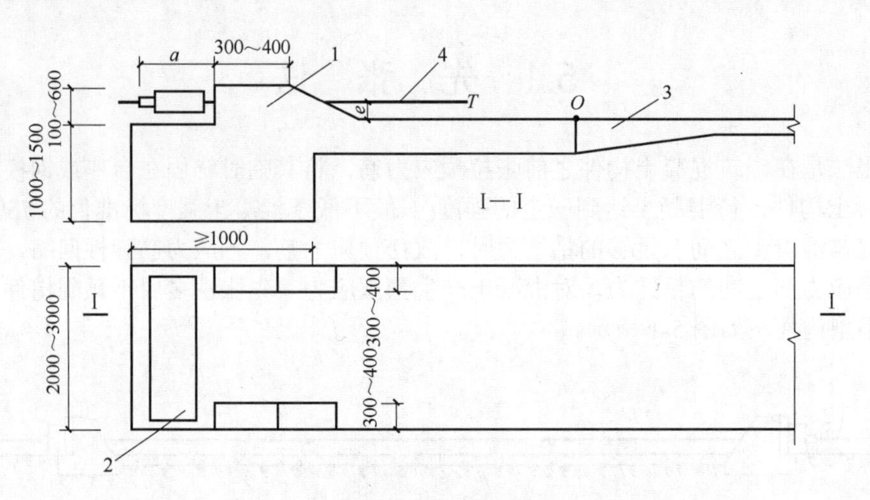

图 5-2 墩式台座

1—台墩；2—横梁；3—台面；4—预应力筋

(1) 台墩。

设计墩式台座时，应进行台座的稳定性和强度验算。稳定性验算包括台座的抗倾覆验算和抗滑移验算。抗倾覆验算的计算简图如图 5-3 所示。

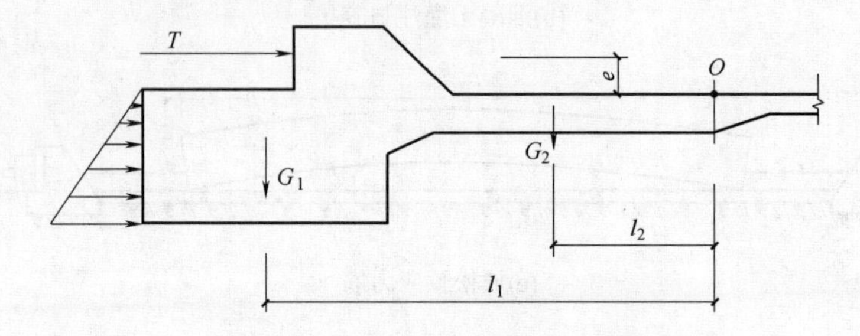

图 5-3 墩式台座抗倾覆验算简图

钢筋混凝土台墩绕台面 O 点倾覆，其埋深较小，当气温变化，土质干缩时，土与台墩分离，土压力小而不稳定，故忽略土压力对 O 点产生的平衡力矩。台座的抗倾覆按下式验算：

$$K_1=\frac{M'}{M}=\frac{G_1l_1+G_2l_2}{Te}\geqslant 1.50 \tag{5-1}$$

式中：K_1——台座的抗倾覆安全系数；

M——由张拉力产生的倾覆力矩；

M'——抗倾覆力矩；

T——预应力筋张拉力；

e——张拉力合力 T 的作用点到倾覆点的力臂；

G_1——承力台墩的自重；

l_1——台墩中心至倾覆点的力臂；

G_2——承力台墩外伸台面局部加厚部分的自重；

l_2——承力台墩外伸台面局部加厚部分的重心至倾覆转动点的力臂。

台墩倾覆点的位置：对与台面共同工作的台墩，按理论计算倾覆点应在混凝土台面的表面处；但考虑到台墩的倾覆趋势，使得台面端部顶点出现局部应力集中和混凝土抹面层的施工质量，因此倾覆点的位置宜取在混凝土台面往下 40～50mm 处。

抗滑移验算按下式：

$$K_2 = \frac{T_1}{T} \geqslant 1.3 \tag{5-2}$$

式中：K_2——抗滑移安全系数；

T——张拉力合力；

T_1——抗滑移的力，对独立的台墩，由侧壁上压力和底部摩阻力等产生，对与台面共同工作的台墩，其水平推力几乎全部传给台面，不存在滑移问题，可不做抗滑移计算，此时应验算台面的强度。

为了增加台墩的稳定性，减少台墩的自重，可采用锚杆式台墩。

台墩的牛腿和延伸部分，分别按钢筋混凝土结构的牛腿和偏心受压构件计算。

台墩横梁的挠度不应大于 2mm，并不得产生翘曲。预应力筋的定位板必须安装准确，其挠度不大于 1mm。

(2) 台面。

台面一般是在夯实的碎石垫层上浇筑一层厚度为 60～100mm 的混凝土而成。其水平承载力 P 可按下式计算：

$$P = \frac{\psi A f_c}{\gamma_0 \gamma_Q K'} \tag{5-3}$$

式中：ψ——轴心受压纵向弯曲系数，取 $\psi=1$；

A——台面截面面积；

f_c——混凝土轴心抗压强度设计值；

γ_0——构件重要性系数，按二级考虑，取 $\gamma_0=1.0$；

γ_Q——荷载分项系数，取 $\gamma_Q=1.4$；

K'——考虑台面面积不均匀和其他影响因素的附加安全系数，取 $K'=1.5$。

台面伸缩缝可根据当地温差和经验设置，一般约 10m 设置一条，也可采用预应力混凝土滑动台面，不留施工缝。

2) 槽式台座

槽式台座由端柱、传力柱、柱垫、横梁和台面等组成，如图 5-4 所示，既可承受张拉力，又可作为蒸汽养护槽，适用于张拉吨位较高的大型构件，如吊车梁、屋架、薄腹梁等。

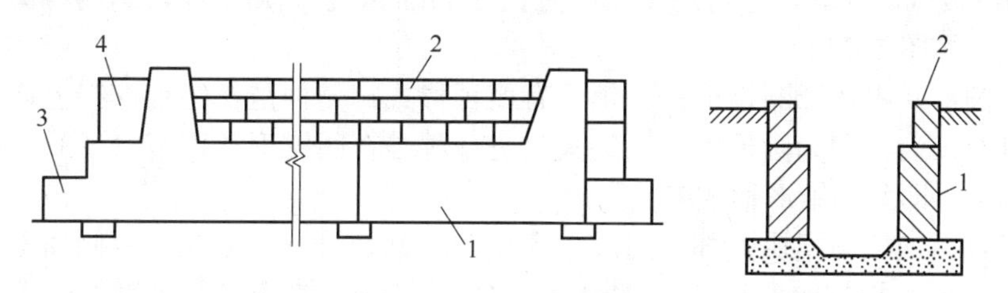

图 5-4　槽式台座

1—传力柱；2—砖坪；3—下横梁；4—上横梁

(1) 槽式台座的构造。

台座的长度一般为 45m(可生产 6 根 6m 吊车梁)～76m(可生产 10 根 6m 吊车梁或 3 榀 24m 屋架或 4 榀 18m 屋架)，宽度随构件外形及制作方法而定，一般不小于 1m。槽式台座一般与地面相平，以便运送混凝土和蒸汽养护，但需考虑地下水位和排水等问题；端柱、传力柱的端面必须平整，对接接头必须紧密，柱与柱垫连接必须牢靠。

(2) 槽式台座的计算要点。

槽式台座亦需进行强度和稳定性验算。端柱和传力柱的强度按钢筋混凝土结构偏心受压构件计算。槽式台座端柱抗倾覆力矩由端柱、横梁自重力及部分张拉力组成。

3) 钢模台座。

钢模台座是将制作构件的模板作为预应力筋的锚固支座的一种台座，如图 5-5 所示。将钢模板做成具有相当刚度的结构，将钢筋直接放置在模板上进行张拉。这种模板主要在流水线构件生产中应用。

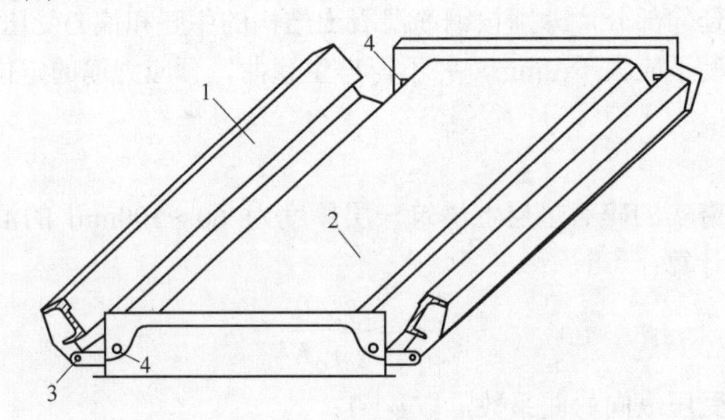

图 5-5　钢模台座

1—侧模；2—底模；3—活动铰；4—预应力筋锚固孔

2．夹具

夹具是用于临时锚固预应力筋，待混凝土构件制作完毕后，可以取下重复使用的工具。按其作用可分为锚固夹具和张拉夹具。夹具必须安全可靠，加工尺寸准确；使用中不应发生变形和滑移，且预应力损失要小，构件要简单，省材料，成本低，拆卸方便，张拉迅速，适应性、通用性强。

1) 钢丝夹具

锚固夹具：圆锥形槽式及齿板式夹具是常用的两种单根钢丝夹具，适用于锚固直径 3～5mm 的冷拔低碳钢丝，也可用于锚固直径 5mm 的碳素刻痕钢丝，这两种夹具均有套筒与销子组成，如图 5-6 所示。

套筒为圆形，中间开圆锥形孔。销子有两种形式：一种是在圆锥形销上切去一块，在切削面上刻有细齿，即为圆形齿板式夹具；另一种是在圆锥形上留有 1～3 个凹槽，在凹槽内刻有细齿，即为圆锥形槽式夹具。

楔形夹具由锚板与楔块两部分组成，楔块的坡度为 1/15～1/20，两侧面刻倒齿，每个楔块可锚固 1～2 根钢丝，适用于锚固直径为 3～5mm 的冷拔低碳钢丝及碳素钢丝。另外，钢丝的锚固除可采用锚固夹具外，还可以采用镦头锚具。

钢丝的张拉夹具主要有钳式、偏心式、楔块夹具等，如图 5-7 所示。

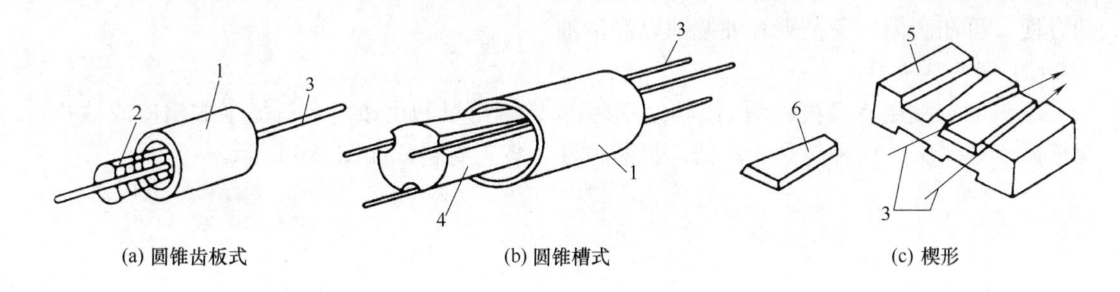

图 5-6　钢丝锚具夹具

1—套筒；2—齿板；3—钢丝；4—锥塞；5—锚板；6—楔块

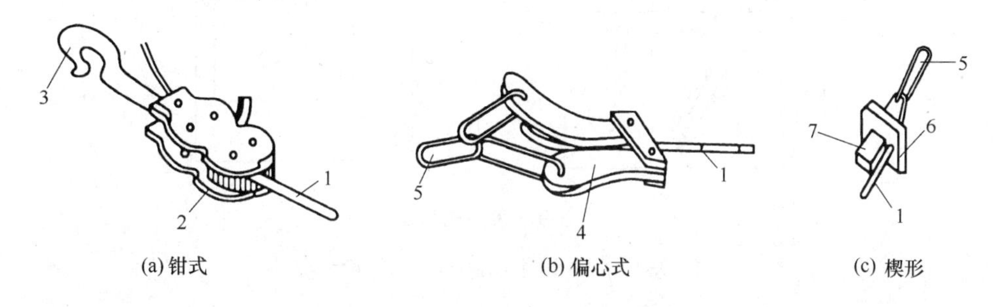

图 5-7　钢丝的张拉夹具

1—钢丝；2—钳齿；3—拉钩；4—偏心齿条；5—拉环；6—锚板；7—楔块

2) 钢筋夹具

张拉钢筋时，其临时锚固可采用穿心式夹具或镦头夹具等。

(1) 圆锥形二片式夹具。

圆锥形二片式夹具由圆形套筒与圆锥形夹片组成，如图 5-8 所示。圆形套筒内壁呈圆锥形，与夹片锥度吻合，圆锥形夹片为两个半圆片，半圆片的圆心部分开成半圆形凹槽，并刻有细齿，钢筋就夹紧在夹片中的凹槽内。

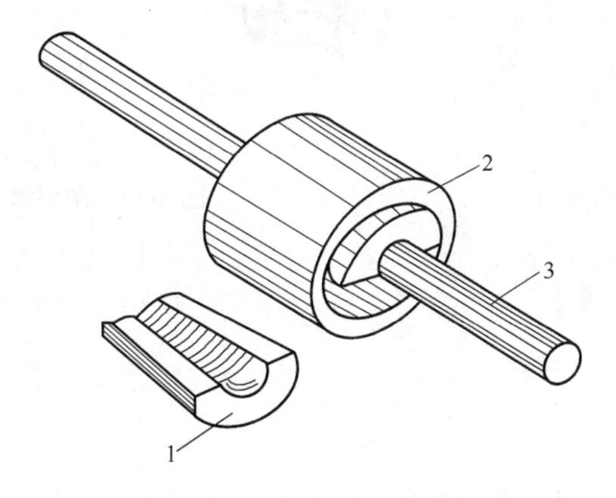

图 5-8　圆锥形二片式夹具

1—销片；2—套筒；3—预应力筋

这种夹具适用于锚固直径为 12～16mm 的单根冷拉钢筋。两夹片要同时打入，为了拆卸方便，可在套筒内壁及夹片外壁涂以润滑油。

(2) 镦头式夹具。

镦头固定端用冷镦机将钢筋镦头，镦头固定端可以利用边角余料加工成槽口或钻孔，穿筋后卡住镦头。这种夹具成本低，拆装方便，省工省料，如图 5-9 所示。

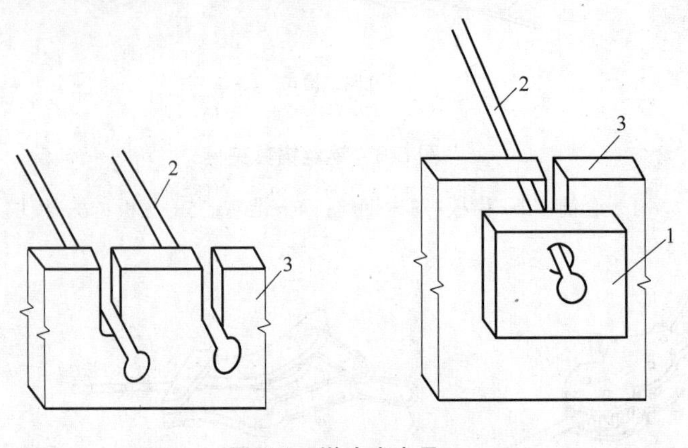

图 5-9　镦头式夹具

1—垫片；2—镦头钢筋(丝)；3—承力板

钢筋的张拉夹具主要有压销式张拉夹具(如图 5-10 所示)，还有钳式、偏心式、楔形夹具(如图 5-7 所示)以及单根镦头钢筋夹具(如图 5-11 所示)等。

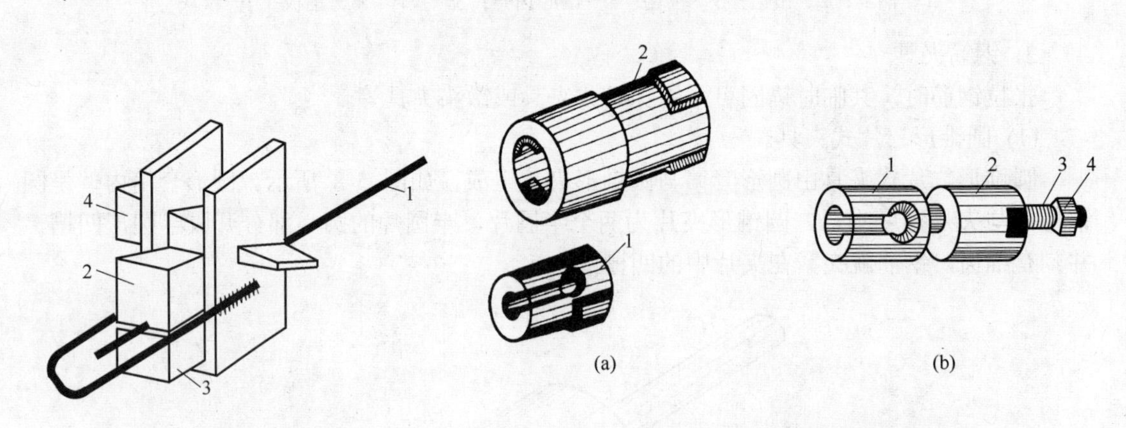

图 5-10　压销式张拉夹具

1—钢筋；2—销片(楔)；3—销片；4—压销

图 5-11　单根镦粗头钢筋夹具

1—镦头夹具；2—张拉套筒；3—拉头；4—张拉螺杆；5—螺母

3. 张拉设备

1) 钢丝的张拉机具

用钢台模以机组流水法或传送带法生产构件一般进行多根张拉，如图 5-12 所示，用油压千斤顶进行张拉，要求钢丝的长度相等，事先需调整初应力。

在台座上生产构件所进行单根张拉，由于张拉力小，一般用小型卷扬机张拉，以弹簧、杠杆等简易设备测力。用弹簧测力时宜设置行程开关，以便拉到规定的拉力时能自行停车。如图 5-13 所示为电动卷扬机张拉长线台座上的钢丝。

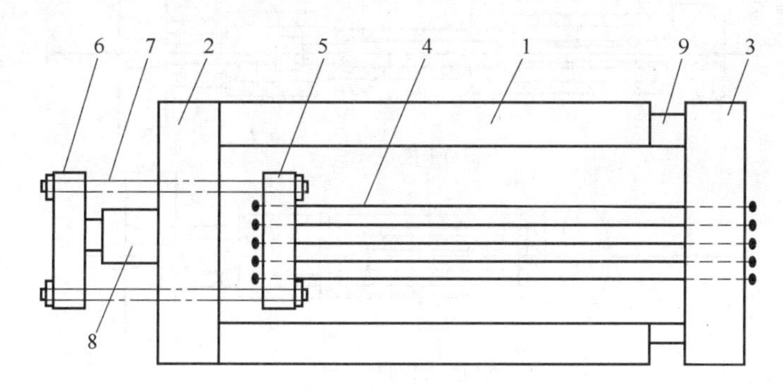

图 5-12　油压千斤顶张拉装置

1—台座；2—前横梁；3—后横梁；4—预应力筋；5，6—拉力架横梁；
7—大螺栓杆；8—油压千斤顶；9—放张装置

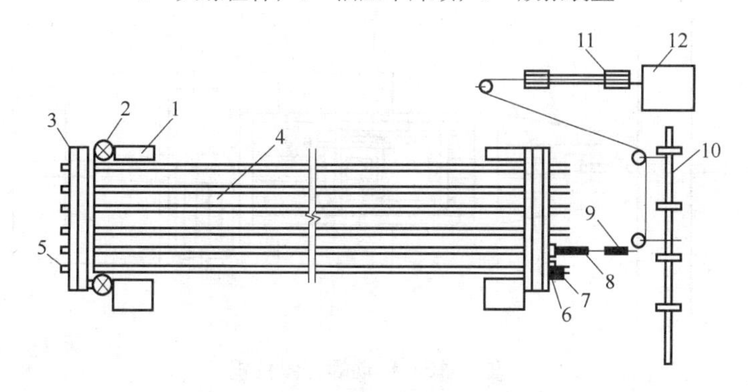

图 5-13　用卷扬机张拉的设备布置

1—台座；2—放张装置；3—横梁；4—钢筋；5—镦头；6—垫块；7—穿心式夹具；
8—张拉机具；9—弹簧测力计；10—固定梁；11—滑轮组；12—卷扬机

选择张拉机具时，为了保证设备、人身安全和张拉力准确，张拉机具的张拉力应不小于预应力筋张拉力的 1.5 倍，张拉机具的行程应不小于预应力筋张拉伸长值的 1.1～1.3 倍。

2) 钢筋的张拉机具

先张法钢筋的张拉，分单根钢筋和多根钢筋成组张拉。由于在长线台座上预应力筋张拉的伸长值较大，一般千斤顶行程多不能满足，故张拉较小直径钢筋可用卷扬机。测力计采用行程开关控制，当张拉力达到设计要求的拉力值时，卷扬机可自动断电停车。

张拉直径 12～20mm 的单根钢筋、钢绞线或小型钢丝束，可用 YC-20 型穿心式千斤顶，如图 5-14 所示。张拉时，前油嘴回油、后油嘴进油，被偏心夹具夹紧的钢筋随着油缸的伸出而被拉长。如油缸已接近最大行程而钢筋尚未达到控制应力时，可使千斤顶卸载、油缸复位，然后继续张拉。

另外，还可以采用电动螺杆张拉机(如图 5-15 所示)，该类张拉机是工具螺旋推动原理制成的，即将螺母的位置固定，由电动机通过变速箱变速后，使设置在大齿轮或涡轮内的螺母旋转，迫使螺杆在水平方向产生移动，因而使与螺杆相连的预应力筋受到张拉。拉力控制一般采用弹簧测力计，上面设有行程开关，当张拉到规定的拉力时能自行停车。

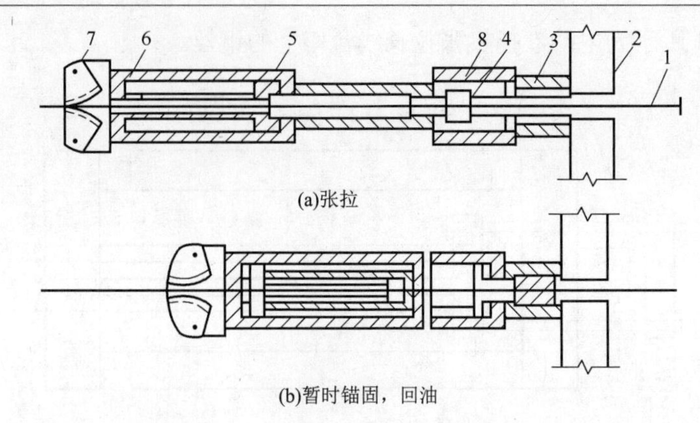

图 5-14　YC-20 型穿心式千斤顶张拉过程示意图

1—钢筋；2—台座；3—穿心式夹具；4—弹性顶压头；5，6—油嘴；7—偏心式夹具；8—弹簧

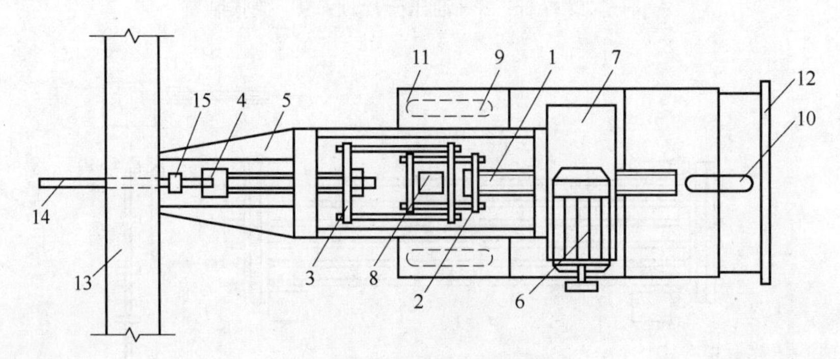

图 5-15　电动螺杆张拉机

1—螺杆；2，3—拉力架；4—张拉夹具；5—顶杆；6—电动机；7—齿轮减速箱；
8—测力计；9，10—车轮；11—底盘；12—手把；13—横梁；14—钢筋；15—锚固夹具

5.1.2　先张法施工工艺

先张法预应力混凝土构件在台座上生产时，其工艺流程如图 5-16 所示，施工中可按具体情况适当调整，这里主要阐述几个预应力混凝土的施工问题。

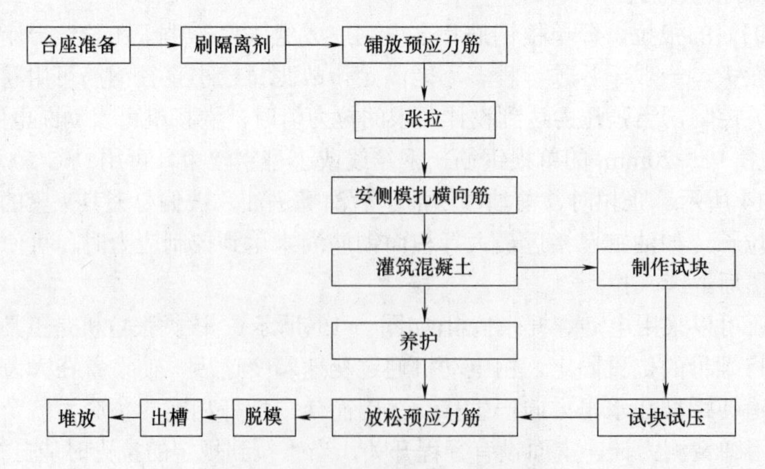

图 5-16　先张法施工工艺流程图

1．预应力筋的铺设

预应力筋铺设前先做好台面的隔离层，应选用非油类模板隔离剂，隔离剂不得污染预应力筋，以免影响预应力筋与混凝土的粘结。碳素钢丝强度高，表面光滑，与混凝土粘结力较差，因此必要时可采取表面刻痕和压波措施，以提高钢丝与混凝土的粘结力。钢丝接长可借助钢丝拼接器用 20～22 号铁丝密排绑扎，如图 5-17 所示。钢筋铺设时，钢筋之间的连接或钢筋与螺杆之间的连接，采用连接器。

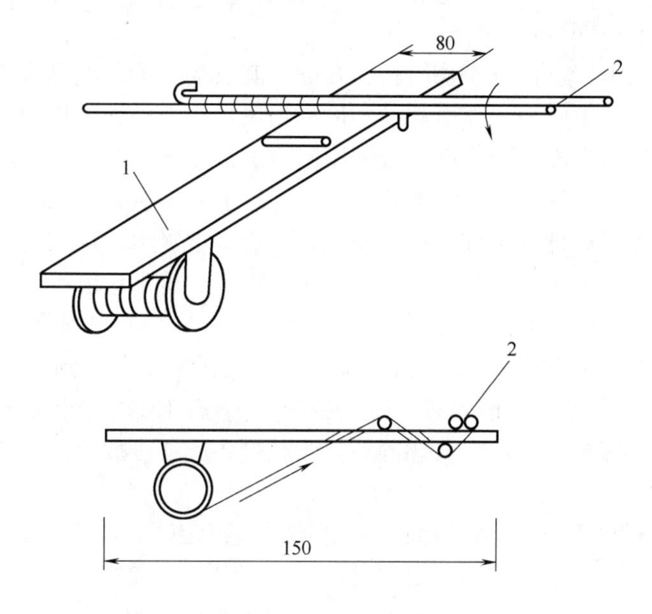

图 5-17　钢丝拼接器

1—拼接器；2—钢丝

2．预应力筋的张拉

1) 预应力筋张拉应力的确定

预应力筋的张拉控制应力，应符合设计要求。施工如采用超张拉，可比设计要求提高 5%，但其最大张拉控制应力不得超过表 5-1 所示的规定。

表 5-1　最大张拉控制应力值

钢　种	张拉方法	
	先 张 法	后 张 法
消除应力钢丝、钢绞线	$0.8f_{ptk}$	$0.8f_{ptk}$
热处理钢筋	$0.75f_{ptk}$	$0.70f_{ptk}$

注：f_{ptk} 为预应力筋极限抗拉强度标准值。

2) 预应力筋张拉力的计算

预应力筋张拉力 P 按下式计算：

$$P=(1+m)\sigma_{con}\times A_p \tag{5-4}$$

式中：m——超张拉百分率；

σ_{con}——张拉控制应力；

A_p——预应力筋截面面积。

3) 张拉程序

预应力筋张拉程序可按下列程序之一进行：

$$0 \to 1.05\sigma_{con}\ (\text{持荷 2min}) \to \sigma_{con}$$

或

$$0 \to 1.03\sigma_{con}$$

式中：σ_{con}——预应力筋的张拉控制应力。

第一种张拉程序中，超张拉5%并持荷 2min，其目的是为了在高应力状态下加速预应力松弛早期发展，以减少应力松弛引起的预应力损失。应力松弛是指钢筋或钢丝在常温和高应力状态下，虽然长度没有变化而变形却不断增加，使得钢筋的应力降低的现象。第二种张拉程序中，超张拉 3%，其目的是为了弥补设计中遇见不到的或考虑不够的某些因素所造成的预应力损失，这种张拉程序施工简单，一般多被采用。以上两种张拉程序是等效的，可根据构件类型、预应力筋与锚具种类、张拉方法、施工速度等选用。当采用第一种张拉程序时，千斤顶回油至稍低于σ_{con}，再进油至σ_{con}，以建立准确的预应力值。

张拉应力应在稳定的速率下逐渐加大拉力，并保证使拉力传到台座或钢横梁上，而不应使钢丝夹具产生次应力。锚固时，敲击锚塞用力应均匀，防止由于用力大小不同而使各钢丝应力不同。张拉完毕用夹具锚固后，张拉设备应逐步放松，以免冲击张拉设备或夹具。

另外，施工中应注意安全。张拉时正对钢筋两端禁止站人，防止钢筋(钢丝)被拉断后从两端冲出伤人。敲击锚塞时也不应用力过猛，当气温低于 2℃时，应考虑钢丝易脆断的危险。

4) 预应力筋的检验

张拉预应力筋可以单根进行，也可以多根成组同时进行。当同时张拉多根预应力筋时，应预先调整初应力，使各根预应力筋张拉完毕应力一致。先张法预应力筋张拉后与设计位置的偏差不得大于 5mm，且不得大于构件截面最短边长的 4%。

当采用应力控制方法张拉时，应校核预应力筋的伸长值。实际伸长值与设计理论伸长值的相对允许偏差为±6%。预应力筋的实际伸长值受许多因素的影响，如钢材弹性模量变异、量测误差、千斤顶张拉力误差、孔道摩阻力等。

对多根同时张拉的预应力钢丝，应进行预应力值的抽查，其偏差不得超过规定预应力值的±5%；断丝和滑脱钢丝的数量不得大于钢丝总数的 3%，一束钢丝中只允许断丝一根。构件在浇筑混凝土前发生断丝或滑脱的预应力钢丝必须予以更换。

3. 混凝土的浇筑与养护

预应力筋张拉完毕后即应浇筑混凝土。混凝土的浇筑应一次完成，不允许留设施工缝。

混凝土的用水量和水泥用量必须严格控制，以减少混凝土由于收缩和徐变而引起的预应力损失。预应力混凝土构件在浇筑时必须振捣密实(特别是在构件的端部)，以保证预应力筋和混凝土之间的粘结力。预应力混凝土的强度等级一般不低于 C30；当采用碳素钢丝、钢绞线、热处理钢筋做预应力筋时，混凝土的强度等级不宜低于 C40。

构件应避开台面的温度缝，当不可能避开时，在温度缝上可先铺薄钢板或垫油毡，然后再浇筑混凝土，在浇筑时，振捣器不应碰撞预应力筋，混凝土未达到一定强度前，不允许碰撞或踩动钢筋。

在采用平卧叠浇法制作预应力混凝土构件时，其下层构件混凝土的强度需达到5MPa后，方可浇筑上层构件混凝土，并应有隔离措施。

混凝土可采用自然养护或蒸汽养护。但应注意，在台座上用蒸汽养护时，温度升高后，预应力筋膨胀而台座的长度并无变化，因而引起预应力筋应力减小，这就是温差引起的预应力损失。为减少这种温差应力损失，应保证混凝土在达到一定强度之前，温差不能太大(一般不超过20℃)，故在台座上采用蒸汽养护时，其最高允许温度应根据设计要求的允许温差(张拉钢筋时的温度与台座温度的差)经计算确定。当混凝土强度养护至7.5MPa(配粗钢筋)或10MPa(钢丝、钢绞线配筋)以上时，则可不受设计要求的温差限制，按一般构件的蒸汽养护规定进行即可。这种养护方法又称为二次升温养护法。在采用机组流水法用钢模制作、蒸汽养护时，由于钢模和预应力筋同样伸缩，所以不存在因温差而引起的预应力损失，可采用一般的加热养护制度。

4．预应力筋的放张

预应力筋的放张过程是预应力的传递过程，是先张法构件能否获得良好质量的一个重要生产过程。应根据放张要求确定合理的放张顺序、放张方法及相应的技术措施。

1) 放张要求

在放张预应力筋时，混凝土强度必须符合设计要求。当设计无要求时，不得低于设计混凝土强度标准值的75%。对于重叠生产的构件，要求最上一层构件的混凝土强度不低于设计强度标准值的75%时，方可进行预应力筋的放张。过早放张预应力筋会引起较大的预应力损失或产生预应力筋滑动。预应力混凝土构件在预应力筋放张前要对混凝土试块进行试压，以确定混凝土的实际强度。

2) 放张顺序

预应力筋的放张顺序应符合设计要求。当设计无要求时，应符合下列规定。

(1) 对承受轴心预压应力的构件(如压杆、桩等)，所有预应力筋应同时放张。

(2) 对承受偏心预压应力的构件(如梁)，应先同时放张预压应力较小区域的预应力筋，再同时放张预压应力较大区域的预应力筋。

(3) 当不能满足上述放张要求时，应分阶段、对称、相互交错地放张，以防止放张过程中构件发生翘曲、裂纹及预应力筋断裂等现象。

3) 放张方法

配筋不多的中小型钢筋混凝土构件，预应力钢丝放张可采用剪切、割断和熔断的方法自中间向两侧逐根进行，以减少回弹量，利于脱模；配筋较多的钢筋混凝土构件，预应力钢丝放张采用同时放张的方法，如逐根放张，最后几根的预应力钢丝因应力突然增大而断裂或使构件端部开裂。放张后预应力筋的切断顺序，一般由放张端开始，逐次切向另一端。

对于预应力钢筋混凝土构件，放张应缓慢进行。对于配筋不多的预应力钢筋，可采用剪切、割断或加热熔断逐根放张。对于配筋较多的预应力钢筋，所有钢筋应同时放张，可采用楔块、油压千斤顶或砂箱等装置进行缓慢放张，如图5-18所示。

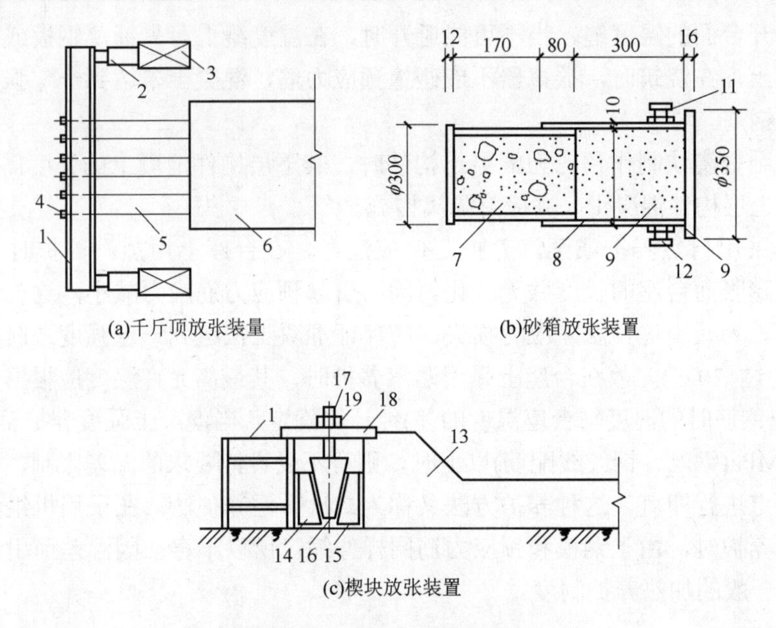

图 5-18　预应力筋放张装置

1—横梁；2—千斤顶；3—承力架；4—夹具；5—钢丝；6—构件；7—活塞；
8—套箱；9—套箱底板；10—砂；11—井砂口；12—出砂口；13—台座；
14，15—固定楔块；16—滑动楔块；17—螺杆；18—承力板；19—螺母

5.2　后　张　法

后张法是在构件制作成型时，在设计放置预应力筋的部位预留孔道，待混凝土达到规定强度后，在孔道内穿入预应力筋并进行张拉，然后借助锚具将预应力筋锚固在预制构件的端部，最后进行孔道灌浆，这种施工方法称为后张法。

后张法的特点是直接在构件上张拉预应力筋，不需要专门的台座和大型场地；适于现场生产大型构件(如薄腹梁、吊车梁、屋架等)；构件在张拉过程中完成混凝土的弹性压缩，因此不直接影响预应力筋有效预应力值的建立；预应力的建立和传递是靠构件两端的工作锚具。锚具是预应力构件的一个组成部分，永久留在构件上，不能重复使用，如图 5-19 所示。

后张法施工分为有粘结预应力施工和无粘结预应力施工。

5.2.1　锚具与张拉设备

1. 锚具

在后张法中，预应力筋、锚具和张拉机具是配套的。在后张法预应力混凝土结构中，钢筋(或钢丝)张拉后，需采取一定的措施锚固在构件两端，以维持其预加应力。这种用于锚固预应力筋的工具称为锚具。它与先张法中使用的夹具不同，使用时将永远保留在构件上不再取下，故而后张法构件上使用的锚具又称工作锚。按锚具的工作特点可分为张拉锚具和固定锚具。

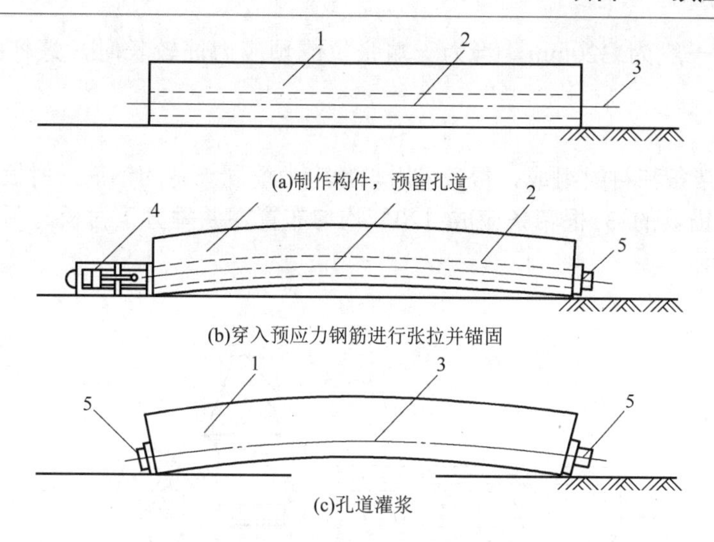

图 5-19　后张法施工顺序

1—混凝土构件；2—预留孔道；3—预应力筋；4—千斤顶；5—锚具

后张法构件中所使用的预应力筋，可分为单根粗钢筋、钢筋束(或钢绞线束)和钢丝束三类。

1) 单根粗钢筋的锚具

根据构件的长度和张拉工艺的要求，单根预应力钢筋可在一端或两端张拉。一般张拉端均采用螺丝端杆锚具；而固定端除了使用螺丝端杆锚具外，还可以采用帮条锚具或镦头锚具。

(1) 螺丝端杆锚具。

螺丝端杆锚具是由螺丝端杆、螺母和垫板三部分组成，适用于直径为 18～36mm 的 HRB335、HRB400 级预应力钢筋，如图 5-20 所示。使用时将螺丝端杆与预应力筋对焊连接成一体，用张拉设备张拉螺丝端杆，用螺母锚固预应力筋，预应力筋的对焊长度以及其与螺丝端杆的对焊，均应在冷拉前进行完毕。经冷拉后，螺丝端杆不得发生塑性变形。

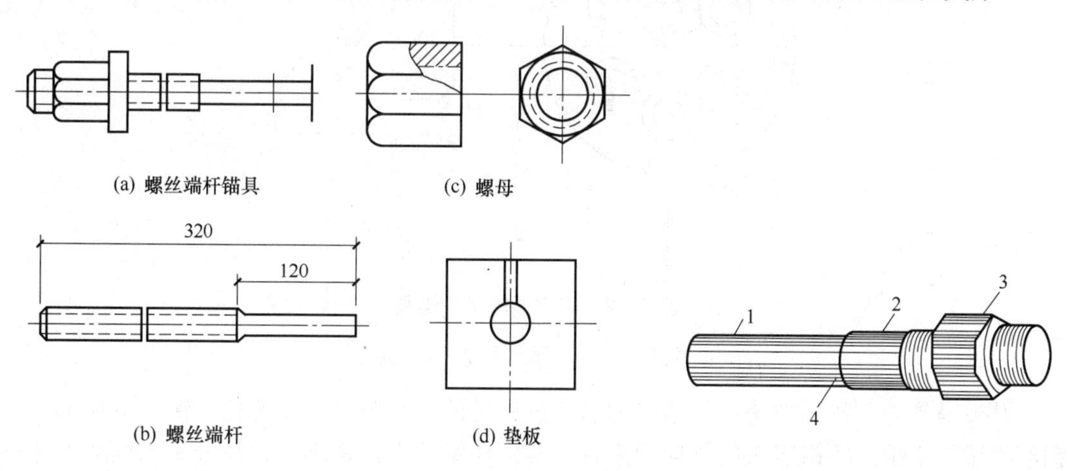

图 5-20　螺丝端杆锚具

1—钢筋；2—螺丝端杆；3—螺母；4—焊接接头

锚具的长度一般为 320mm，当为一端张拉或预应力筋较长时，螺杆的长度应增加30～50mm。

(2) 帮条锚具。

帮条锚具由帮条和衬板组成。帮条采用与预应力筋同级别的钢筋，衬板采用普通低碳钢的钢板。帮条锚具的 3 根帮条应成 120° 均匀布置，并垂直于衬板与预应力筋焊接牢固，如图 5-21 所示。

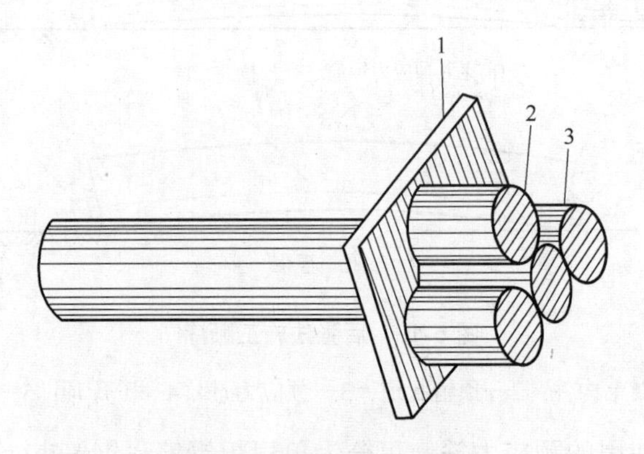

图 5-21 帮条锚具大样图

1—衬板；2—帮条；3—预应力筋

(3) 镦头锚具。

用于单根粗钢筋的镦头锚具一般直接在预应力筋端部热镦、冷镦或锻打成型，用于非张拉端，如图 5-22 所示。镦头锚具也适用于锚固多根钢丝束。

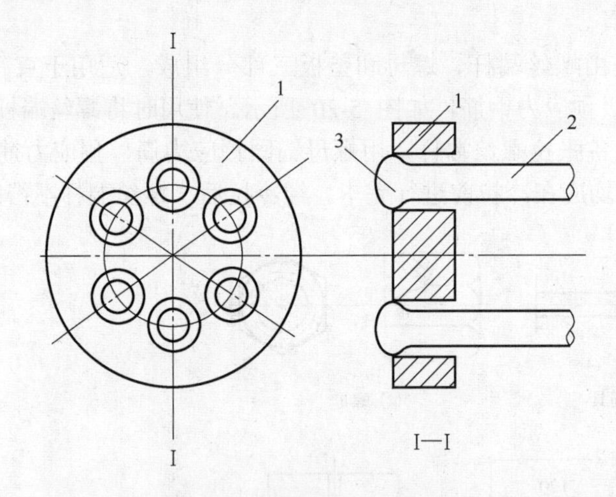

图 5-22 固定端用镦头锚具

1—锚固板；2—预应力筋；3—镦头

镦头锚具的工作原理是：将预应力筋穿过锚环的蜂窝眼后，用专门的镦头机将钢筋或钢丝的端头镦粗，将镦粗头的预应力束直接锚固在锚环上，待千斤顶拉杆旋入锚环内螺纹后即可进行张拉，锚环带动钢筋或螺纹旋紧顶在构件表面，于是锚环通过支承垫板将预压应力传到混凝土上。

镦头锚具用 YC-60 千斤顶(穿心式千斤顶)或拉杆式千斤顶张拉。

2) 钢筋束和钢绞线束锚具

钢筋束和钢绞线束具有强度高、柔性好的优点，目前常用的锚具有 JM 型、KT-Z 型、XM 型、握裹式锚具、QM 型和镦头锚具等。

(1) JM 型锚具。

JM 型锚具由锚环和夹片组成，如图 5-23 所示。JM 型锚具性能好，锚固时钢筋束或钢绞线束被单根夹紧，不受直径误差的影响，且预应力筋是在呈直线状态下被张拉和锚固，受力性能好。因此近年来为适应小吨位高强钢丝束的锚固，还发展了锚固 6～7 根直径为 5mm 碳素钢丝的锚具，其原理完全相同。JM 型锚具用于锚固钢筋束时的滑移值不应大于 3mm；用于锚固钢绞线时滑移值不应大于 5mm。

JM 型锚具是一种利用楔块原理锚固多根预应力筋的锚具，它既可作为张拉端的锚具，亦可作为固定端的锚具，或作为重复使用的工具锚。

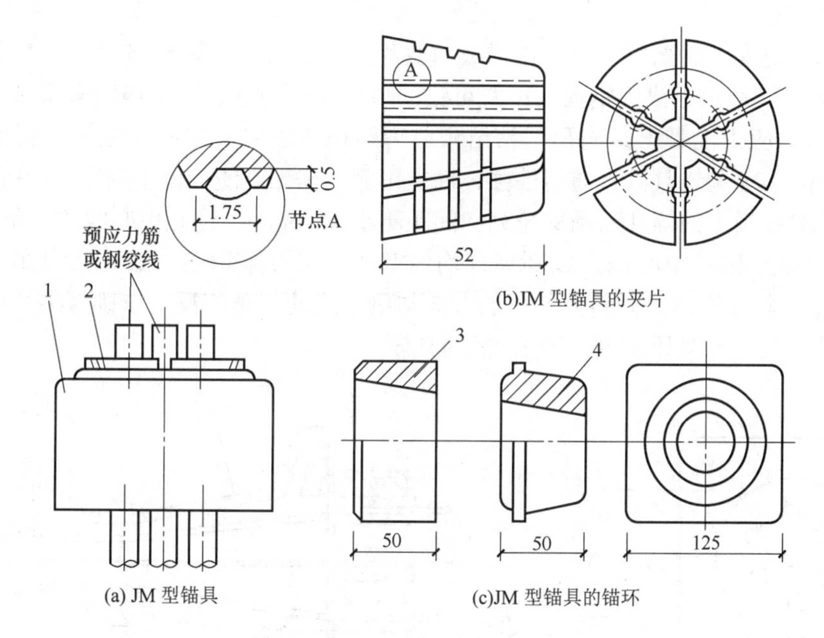

图 5-23　JM 型锚具

1—锚环；2—夹片；3—圆锚环；4—方锚环

(2) KT-Z 型锚具。

KT-Z 型锚具这是一种可锻铸锥形锚具，如图 5-24 所示。它可用于锚固钢筋束和钢绞线束，并可用于锚固 3～6 根直径为 12mm 钢筋束和钢绞线束。KT-Z 型锚具由锚塞和锚环组成。该锚具为半埋式，使用时先将锚环小头潜入承压钢板中，并用断续焊缝焊牢，然后共同预埋在构件端部。预应力筋的锚固需借千斤顶将锚塞顶入锚环，其顶压力为预应力筋张拉力的 50%～60%。

使用该锚具时，预应力筋在锚环小口处形成弯折，因而产生摩擦损失，该损失值，对钢筋束约为控制应力 σ_{con} 的 4%；对钢绞线束则约为控制应力 σ_{con} 的 2%。

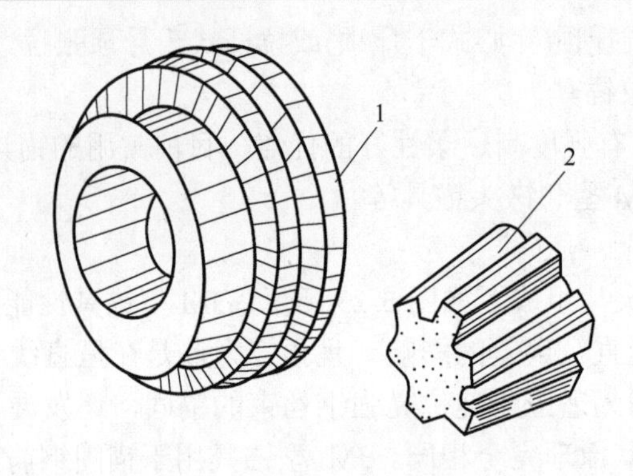

图 5-24　KT-Z 型锚具

1—锚环；2—锚塞

(3) XM 型锚具。

XM 型锚具这是一种新型锚具，由锚板与散片夹片组成，如图 5-25 所示。它既适用于锚固钢绞线束，又适用于锚固钢丝束；既可锚固单根预应力筋，又可锚固多根预应力筋。近年来，随着预应力混凝土结构和无粘结预应力结构的发展，XM 型锚具已得到广泛应用。实践证明，XM 型锚具具有通用性强、性能可靠、施工方便、便于高空作业等特点。

XM 型锚具锚板上的锚孔沿圆周排列，间距不小于 36mm，锚孔中心线的倾角 1∶20。锚板顶面应垂直于锚孔中心线，以利夹片均匀塞入。夹片采用三片式，按 120°均分开缝、沿轴向有倾斜偏转角，倾斜偏转角的方向与钢绞线的扭角相反，以确保夹片能夹紧钢绞线或钢丝束的每一根外围钢丝，形成可靠的锚固。

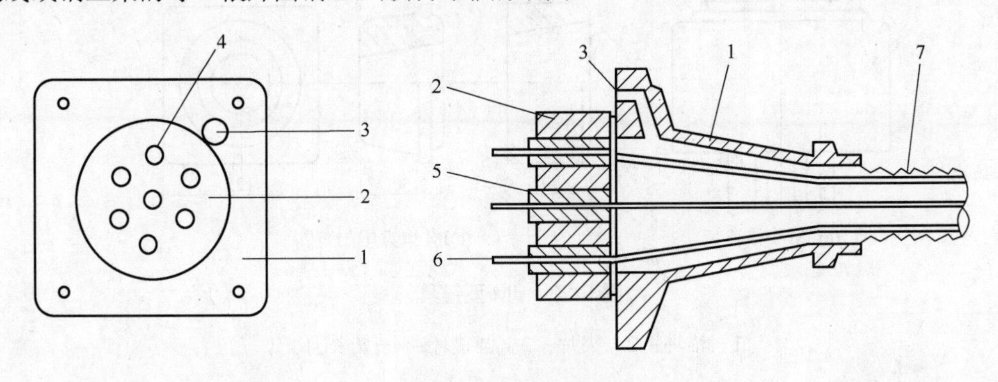

图 5-25　XM 型锚具

1—喇叭管；2—锚环；3—灌浆孔；4—圆锥孔；5—夹片；6—钢绞线；7—波纹管

(4) 握裹式锚具。

钢绞线束固定端的锚具除了可以采用与张拉端相同的锚具外，还可以采用握裹式锚具。握裹式锚具有挤压锚具和压花锚具两类。

① 挤压锚具。

挤压锚具是利用液压压头机将套筒挤紧在钢绞线端头的锚具，如图 5-26 所示。套筒内衬有硬钢丝螺旋圈，在挤压后硬钢丝全部脆断，一半嵌入外钢套，一半压入钢绞线，从而增加了钢套筒与钢绞线间的摩擦阻力。锚具下设钢垫板与螺旋筋。这种锚具适用于构件端部的设计力大或端部尺寸受到限制的情况。

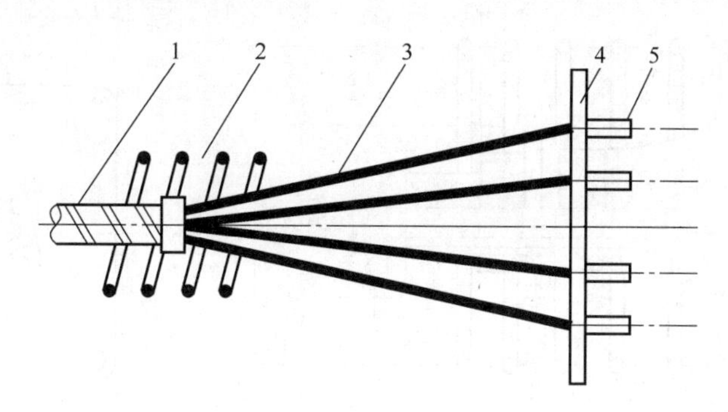

图5-26 挤压锚具的构造

1—波纹管；2—螺旋筋；3—钢绞线；4—钢垫板；5—挤压锚具

② 压花锚具。

压花锚具是利用液压压花机将钢绞线端头压成梨形散花状的一种锚具，如图5-27所示。梨形头的尺寸对于ϕ15mm的钢绞线不小于ϕ95mm×150mm。多根钢绞线梨形头应分排埋置在混凝土内。为提高压花锚具四周混凝土散花根部混凝土抗裂强度，在散花头的头部配置构造筋，在散花头的根部配置旋筋，压花锚跨构件截面边缘不小于30cm。第一排压花锚的锚固长度，对直径15mm钢绞线不小于95cm，每排相隔至少30cm。

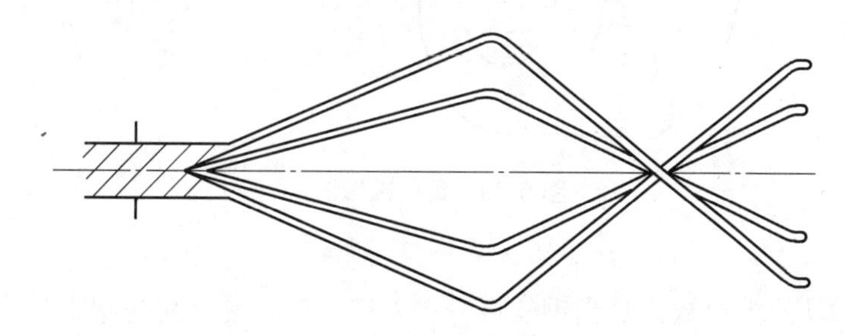

图5-27 压花锚具

(5) QM型锚具。

QM型锚具由锚板与夹片组成，如图5-28所示。锚孔是直的，锚板顶面是平的，夹片是垂直开缝。它适用于锚固4～31根直径为12mm和3～19根直径为15mm钢绞线束。QM型锚具锚固体系配有专门的工具锚，以保证每次张拉后退楔方便，减少安装工具锚所花费的时间。

3) 钢丝束锚具

钢丝束一般由几根到几十根直径为3～5mm平行的碳素钢丝组成。目前常用的锚具有钢质锥形锚具、锥形螺杆锚具、钢丝束镦头锚具、XM型锚具和QM型锚具。

(1) 钢质锥形锚具。

钢质锥形锚具由锚环和锚塞组成(如图5-29所示)，用于锚固以锥锚式双作用千斤顶张拉的钢丝束。钢丝分布在锚环锥孔内侧，由锚塞塞紧锚固。锚环内孔的锥度与锚塞的锥度一致。锚塞上刻有细齿槽，以夹紧钢丝防止滑落。

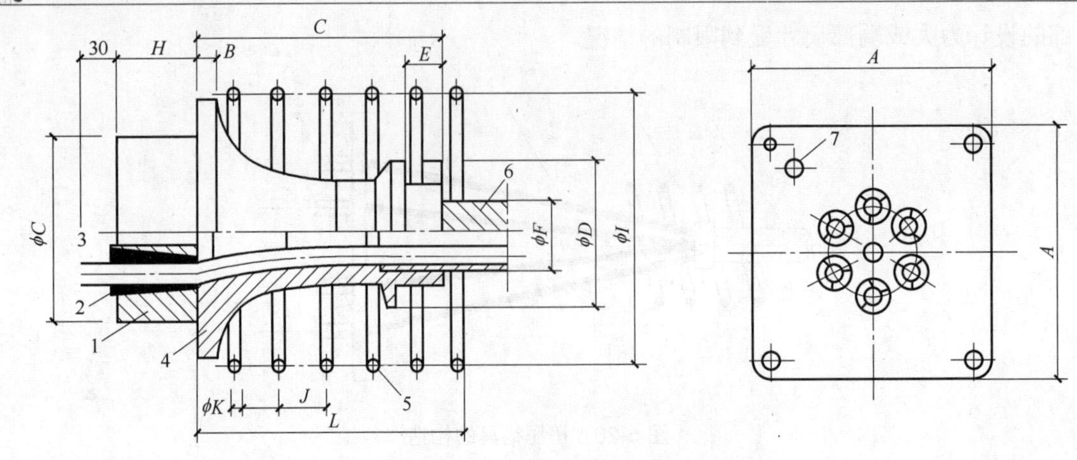

图 5-28　QM 型锚具及配件

1—锚板；2—夹片；3—钢绞线；4—喇叭形铸铁垫板；
5—弹簧圈；6—预留孔道用的波纹管；7—灌浆孔

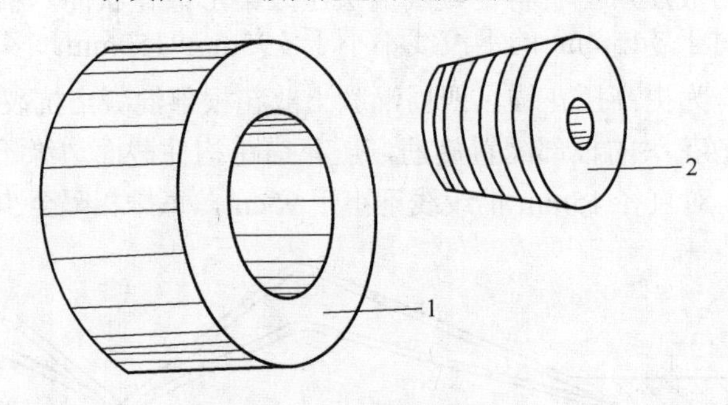

图 5-29　钢质锥形锚具

1—锚环；2—锚塞

钢质锥形锚具的主要缺点是当钢丝直径误差较大时，易产生单根滑丝现象，并且滑丝后很难补救，如用加大顶锚力的办法来防止滑丝，过大的顶锚力易使钢丝咬伤。另外钢丝锚固时，呈辐射状态，弯折处受力较大，目前已很少使用。

(2) 锥形螺杆锚具。

锥形螺杆锚具适用于锚固 14～28 根直径为 5mm 的钢丝束。它是由螺杆、套筒、螺母、垫板等组成，如图 5-30 所示。锥形螺杆锚具与 YL-60、YL-90 拉杆式千斤顶配套使用，YC-60、YC-90 穿心式千斤顶亦可使用。

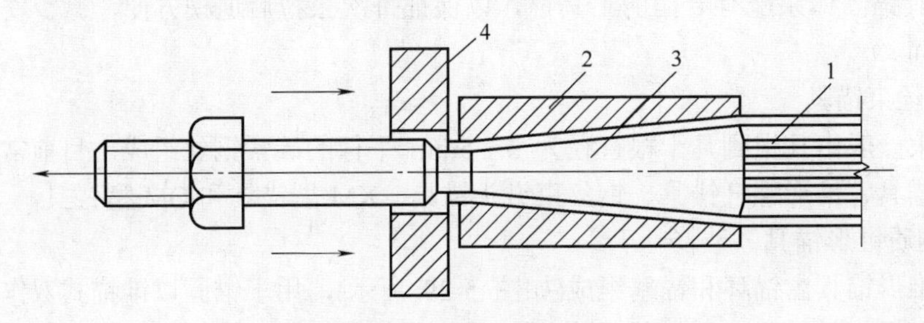

图 5-30　锥形螺杆锚具

1—钢丝；2—套筒；3—锥形螺杆；4—垫板

(3) 钢丝束镦头锚具。

钢丝束镦头锚具适用于锚固 12～54 根直径为 5mm 碳素钢丝的钢丝束，分为 DM5A 型和 DM5B 型两种，DM5A 型用于张拉端，由锚环和螺母组成；DM5B 型用于固定端，仅有一块锚板，如图 5-31 所示。镦头锚具的滑移值不应大于 1mm。镦头锚具的镦头强度，不得低于钢丝规定抗拉强度的 98%。

锚环的内外壁均有螺纹，内螺纹用于连接张拉螺丝端杆，外螺纹用于拧紧螺母锚固钢丝束。锚环和锚板四周钻孔，以固定镦头的钢丝，孔数和间距由钢丝根数而定。钢丝用 LD-10 型液压冷镦器进行镦头。钢丝束一端可在制束时将头镦好，另一端则穿束后镦头，故构件孔道端部要设置扩孔。

张拉时，张拉螺丝端杆一端与锚环内螺纹连接，另一端与拉杆式千斤顶的拉头连接，当张拉到控制应力时，锚环被拉出，则拧紧锚环外螺纹上的螺母加以锚固。

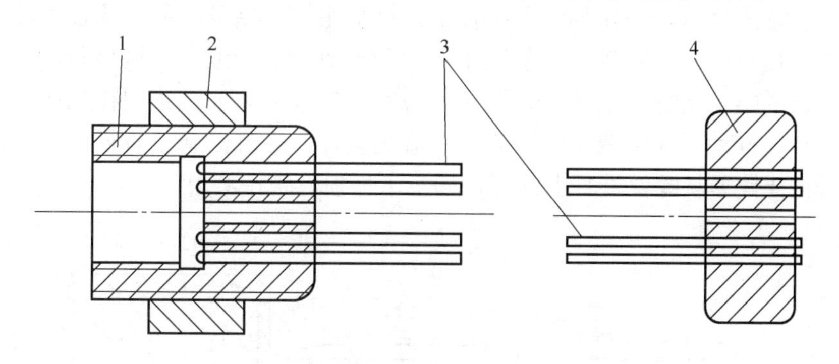

图 5-31　钢丝束镦头锚具

1—A 型锚环；2—螺母；3—钢丝束；4—锚板

4) 锚具的性能与要求

锚具是进行张拉预应力筋和永久固定在预应力混凝土构件上传递预应力的工具。锚具工作可靠，构造简单，施工方便，预应力损失小，成本低，它按锚固性能不同可分为以下两类。

Ⅰ类：适用于承受动载、静载的预应力混凝土结构。

Ⅱ类：仅适用于有粘结预应力混凝土结构，且锚具只能处于预应力筋应力变化不大的部位。

锚具还应满足下列要求。

(1) 当预应力筋锚具组装件达到实测极限拉力时，除锚具设计允许的现象外，全部零件不得出现肉眼可见的裂缝或破坏。

(2) 除能满足分级张拉及补张拉工艺外，具有能放松预应力筋的性能。锚具或其附件宜设灌浆孔和排气孔。锚具具有自锁、自锚的性能。

5) 锚具检查

锚具进场时，除应按出场证明文件核对其锚固性能类别、型号、规格及数量外，还应进行下列检查。

(1) 外观检查。应从每批中抽取 10%试件，且不少于 10 套，检查外观尺寸，如果有一套不合格，则双倍取样，如果仍有不合格，则应逐套检查。

(2) 硬度检验。每批中抽取 5%试件，且不少于 5 套，对其中有硬度要求的零件做硬度测试，每个零件测三遍，如果有一个不合格，则双倍取样，如果仍有不合格，则逐个检查。

(3) 静载锚固性能试验。经上述两项试验后，从同批中取 6 套组装成 3 个预应力筋锚具组装件进行试验，如果不合格则双倍取样，如果仍有不合格，则该批不合格。

2．张拉设备

1) 拉杆式千斤顶(YL 型)

拉杆式千斤顶用于螺丝端杆锚具、锥形螺杆锚具、钢丝镦头锚具等。它由主油缸、主缸活塞、回油缸、回油活塞、连接器、传力架、活塞拉杆等组成，如图 5-32 所示。张拉前，先将连接器旋在预应力筋的螺丝端杆上，相互连接牢固，千斤顶由传力架支撑在构件端部的钢板上。张拉时，高压油进入主油缸，推动主缸活塞及拉杆，通过连接器和螺丝端杆，预应力筋被拉伸。千斤顶拉力的大小可由油泵压力表的读数直接显示。当张拉力达到规定值时，拧紧螺丝端杆上的螺母，此时张拉完成的预应力筋被锚固在构件的端部。锚固后回油缸进油，推动回油活塞工作，千斤顶脱离构件，主缸活塞、拉杆和连接器回到原始位置。最后将连接器从螺丝端杆上卸掉，卸下千斤顶，张拉结束。

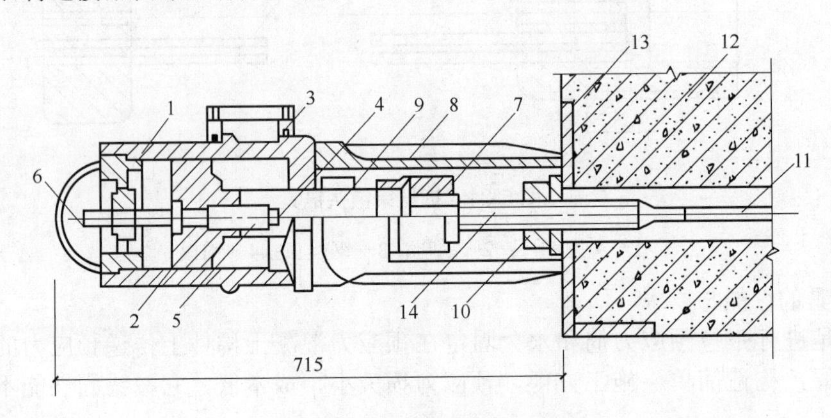

图 5-32　拉伸机构造示意图

1—主缸；2—主缸活塞；3—主缸油嘴；4—副缸；5—副缸活塞；
6—副缸油嘴；7—连接器；8—顶杆；9—拉杆；10—螺母；
11—预应力筋；12—混凝土构件；13—预埋钢板；14-螺丝端杆

2) 穿心式千斤顶(YC 型)

穿心式千斤顶适用于张拉各种形式的预应力筋，是目前我国预应力混凝土构件施工中应用最为广泛的张拉机械，如图 5-33 所示。穿心式千斤顶加装撑脚、张拉杆和连接器后，就可以张拉以螺丝端杆锚具为张拉锚具的单根粗钢筋，张拉以锥形螺杆锚具和 DM5A 型镦头锚具为张拉锚具的钢丝束。

穿心式千斤顶沿千斤顶的轴线有一直通的中心孔道，供穿过预应力筋之用。沿千斤顶的径向，分内外两层工作油缸，外层为张拉油缸，工作时张拉预应力筋，内层为顶压油缸，工作时进行锚具的顶压锚固，既能张拉预应力筋，又能锚固预应力筋，故又称为穿心式双作用千斤顶。

张拉过程：首先将安装好锚具的预应力筋穿过千斤顶的中心孔道，利用工具式锚具将预应力筋锚固在张拉油缸的端部。高压油进入张拉油室，张拉活塞顶住构件端部的垫板，使张拉油缸向左移动，从而对预应力筋进行张拉。

顶压过程：当预应力筋张拉到规定的张拉力时，关闭张拉油缸油嘴，高压油由顶压油缸油嘴经油孔进入顶压工作油室，由于张拉活塞即顶压油缸顶住构件端部的垫板，使顶压活塞向左移动，顶住锚具的夹片或锚塞端面，将其压入到锚环内锚固预应力筋。

张拉回程：张拉回程在完成张拉和顶压工作后进行，开启张拉油缸油嘴，继续向顶压油缸油嘴进油，使张拉工作油室回油。由于顶压活塞仍然顶压着夹片或锚塞，顶压工作油室容积不变，这样，张拉回程油室容积逐渐增大，使张拉油缸在液压回程力的作用下，向右移动恢复到原来的初始位置。张拉回程完成后即开始顶压回程，停止高压油泵工作，开启顶压油缸油嘴，在弹簧力的作用下，使顶压活塞回程，并使顶压工作油缸回油卸荷。

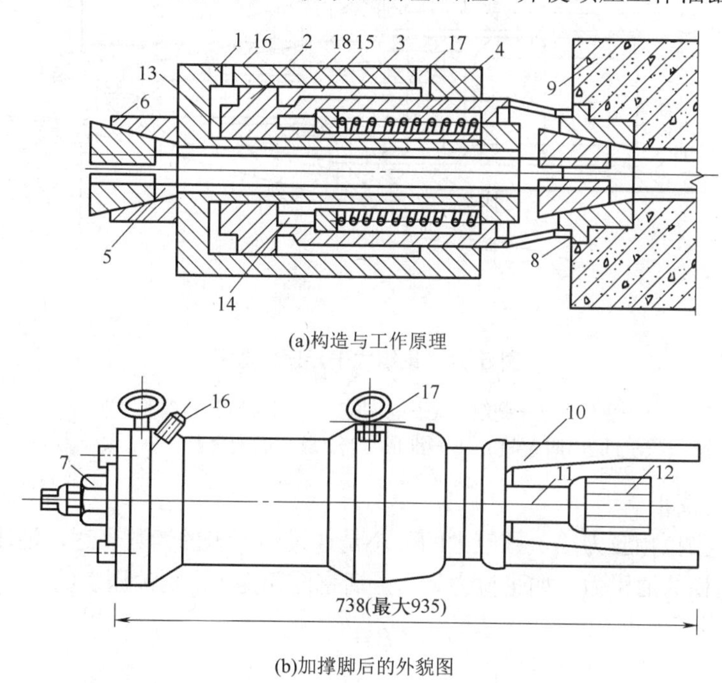

(a)构造与工作原理

(b)加撑脚后的外貌图

图 5-33　YC-60 型千斤顶

1—张拉油缸；2—顶压油缸(即张拉活塞)；3—顶压活塞；4—弹簧；5—预应力筋；6—工具锚；7—螺母；8—锚环；9—构件；10—撑脚；11—张拉杆；12—连接器；13—张拉工作油室；14—顶压工作油室；15—张拉回程油室；16—张拉缸油嘴；17—顶压缸油嘴；18—油孔

3) 锥锚式千斤顶(YZ 型)

锥锚式千斤顶适用于张拉以 KT-Z 型锚具为张拉锚具的钢筋束和钢绞线束，张拉以钢质锥形锚具为张拉锚具的钢丝束，如图 5-34 所示。

锥锚式千斤顶的主缸及主缸活塞用于张拉预应力筋，主缸前端缸体上有卡环和销片，用于锚固预应力筋，主缸活塞为一中空筒状活塞，中空部分设有拉力弹簧。副缸和副缸活塞用于顶压锚塞，将预应力筋锚固在构件的端部，设有复位弹簧。

张拉过程：将预应力筋用楔块锚固在锥形卡环上，使高压油经主缸油嘴进入主缸，主缸带动锚固在锥形卡环上的预应力筋向左移动，进行预应力筋的张拉。

顶压过程：张拉工作完成后，关闭主缸油嘴，开启副缸油嘴使高压油进入副缸，由于主缸仍保持一定的油压，故副缸活塞和顶压头向右移动，顶压锚塞锚固预应力筋。

张拉回程：预应力筋张拉锚固后，主、副缸回油，主缸通过本身拉力弹簧的回缩，副缸通过其本身压力弹簧的伸长，将主缸和副缸恢复到原来的初始位置。放松楔块即可拆移千斤顶。

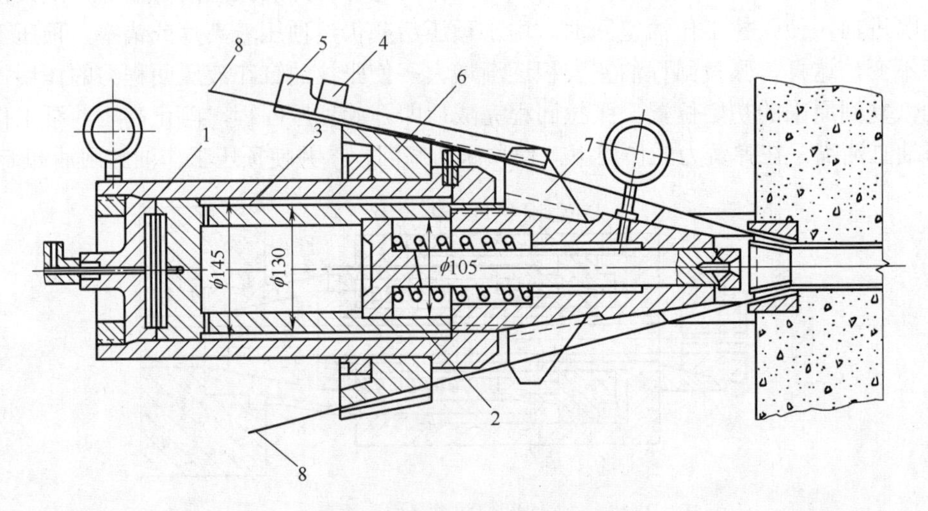

图 5-34　锥锚式千斤顶构造图

1—主缸；2—副缸；3—退楔缸；4—楔块(张拉时位置)；
5—楔块(退出时位置)；6—锥形卡环；7—退楔翼片；8—预应力筋

4) 千斤顶的校正

采用千斤顶张拉预应力筋，预应力的大小是通过油压表的读数表达，油压表读数表示千斤顶活塞单位面积的油压力。如张拉力为 N，活塞面积为 F，则油压表的相应读数为 P，即

$$P = \frac{N}{F} \tag{5-5}$$

由于千斤顶活塞与油缸之间存在着一定的摩阻力，所以实际张拉力往往比式(5-5)计算得小。为保证预应力筋张拉应力的准确性，应定期校验千斤顶与油压表读数的关系，制成表格或绘制 P 与 N 的关系曲线，供施工中直接查用。校验时千斤顶活塞方向应与实际张拉时的活塞运行方向一致，校验期不应超过半年。如在使用过程中，张拉设备出现反常现象，应重新校验。

千斤顶校正的方法有：标准测力计校正、压力机校正及用两台千斤顶互相校正等方法。

5) 高压油泵

高压油泵与千斤顶配套使用，其作用是向千斤顶各个油缸供油，使其活塞按照一定的速度伸出或回缩。

高压油泵按驱动方式分为手动和电动两种，一般采用电动高压油泵。油泵型号有：$ZB_{0.8}/500$、$ZB_{0.6}/630$、$ZB_4/500$、$ZB_{10}/500$(分数线上数字表示每分钟的流量，分数线下数字表示工作油压 kg/cm^2)等，选用时，应使油泵的额定压力等于或大于千斤顶的额定压力。

5.2.2　预应力筋的制作

1. 单根预应力筋的制作

单根预应力钢筋一般采用热处理钢筋，其制作包括配料、对焊、冷拉等工序。为了保证质量，宜采用控制应力的方法进行冷拉，钢筋配料时，应根据钢筋的品种测定冷拉率。如果在一批钢筋中冷拉率变化较大时，应尽可能把冷拉率相近的钢筋对焊在一起进行冷拉，以保证钢筋冷拉力的均匀性。钢筋对焊接长应在钢筋冷拉前进行。钢筋的下料长度由计算确定。

当构件两端均采用螺丝端杆锚具时(如图 5-35 所示)，预应力筋下料长度为

$$L = \frac{l + 2l_2 - 2l_1}{1 + \gamma - \delta} + n\Delta \tag{5-6}$$

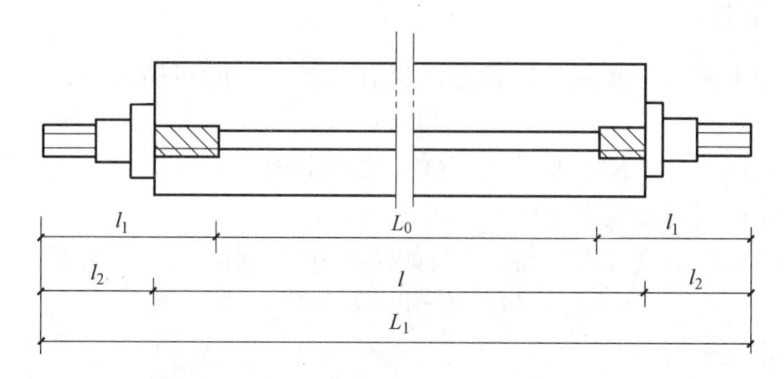

图 5-35　预应力筋下料长度计算图

当一端采用螺丝端杆锚具，另一端采用帮条锚具或镦头锚具时，预应力筋下料长度为

$$L = \frac{l + l_2 + l_3 - l_1}{1 + \gamma - \delta} + n\Delta \tag{5-7}$$

式中：l——构件的孔道长度；

l_1——螺丝端杆长度，一般为 320mm；

l_2——螺丝端杆伸出构件外的长度，一般为 120～150mm 或按下式计算：

张拉端：$l_2=2H+h+5\text{mm}$

固定端：$l_2=H+h+10\text{mm}$

l_3——帮条或镦头锚具所需钢筋长度；

γ——预应力筋的冷拉率；

δ——预应力筋的冷拉回弹率，一般为 0.4%～0.6%；

n——对焊接头数量；

Δ——每个对焊接头的压缩量，取一个钢筋直径；

H——螺母高度；

h——垫板厚度。

2. 钢筋束和钢绞线束的制作

钢筋束由直径为 10mm 的热处理钢筋编束而成，钢绞线束由直径为 12mm 或 15mm 的钢绞线编束而成。钢筋束和钢绞线束是呈盘状供应，长度较长，不需要对焊接长。其制作

工序是：开盘→下料→编束等。

下料时，宜采用切断机或砂轮切割机，不得采用电弧切割。钢绞线在切断前，在切口两侧各 50mm 处，应用铅丝绑扎，以免钢绞线松散。编束是将预应力筋理顺后，用铅丝每隔 1.0m 左右绑扎成束，在穿筋时应注意防止扭结。

预应力筋的下料长度可按下式计算：

一端张拉时：
$$L=l+a+b \tag{5-8}$$

两端张拉时：
$$L=l+2a \tag{5-9}$$

式中：l——构件孔道长度；

a——张拉端留量，与锚具和张拉千斤顶尺寸有关；

b——固定端留量，一般为 80mm。

3．钢丝束的制作

随锚具形式的不同，钢丝束的制作方法也有差异，一般包括调直、下料、编束和安装锚具等工序。

当采用钢质锥形锚具、XM 型锚具、QM 型锚具时，预应力钢丝束的制作和下料长度计算基本上同钢筋束和钢绞线束相同。

当采用镦头锚具时，钢丝束下料长度 (如图 5-36 所示)可按下式计算：

$$L=L_0+2a+2b-0.5(H-H_1)-\Delta L-C \tag{5-10}$$

式中：L_0——孔道长度；

a——锚板厚度；

b——钢丝镦头留量，取钢丝直径的两倍；

H——锚环高度；

H_1——螺母高度；

ΔL——张拉时钢丝伸长值；

C——混凝土弹性压缩量(若很小可忽略不计)。

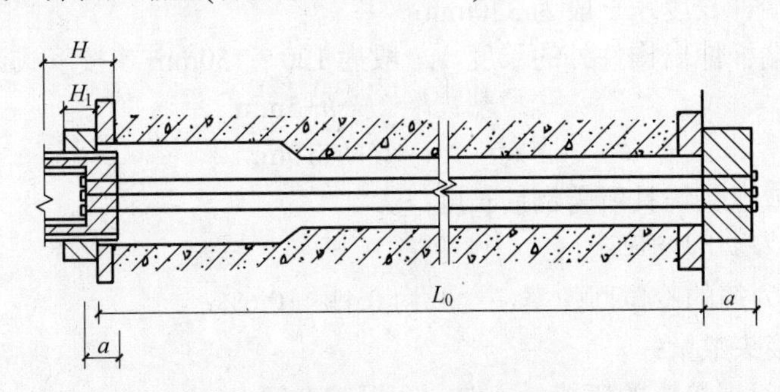

图 5-36　用镦头锚具时钢丝下料长度计算简图

锚固的钢丝束，其下料长度应力求精确，对直的或一般曲率的钢丝束，下料长度的相对误差要控制在 $L/5000$ 以内，并且不大于 5mm。为此，要求钢丝在应力状态下切断下料，下料的控制应力为 300MPa。用锥形螺杆锚固的钢丝束，经过调直的钢丝可以在非应力状态下下料。

为防止钢丝扭结，必须进行编束。在平整场地先把钢丝理顺平放，然后在其全长中每隔 1m 左右用 18～22 号铅丝编成帘子状，再每隔 1m 放一个螺纹衬圈，并将编好的钢丝帘绕衬圈围成束绑扎牢固，如图 5-37 所示。

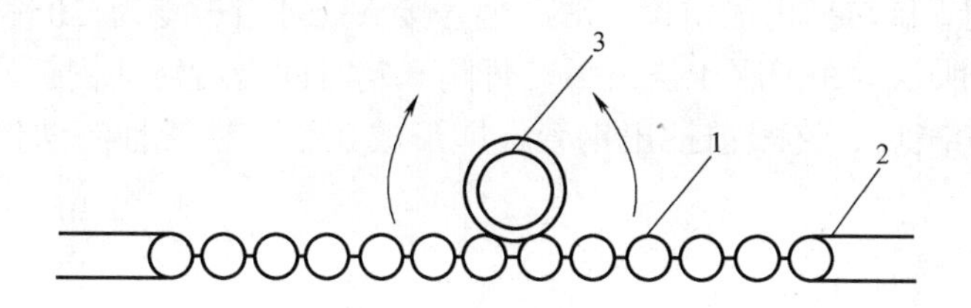

图 5-37　钢丝束的编束

1—钢丝；2—铅丝；3—衬圈

5.2.3　后张法施工工艺

后张法施工步骤是先制作混凝土构件，预留孔道；待混凝土达到规定强度后，在孔道内穿放预应力筋，预应力筋张拉和锚固后进行孔道灌浆。其制作工艺流程如图 5-38 所示。

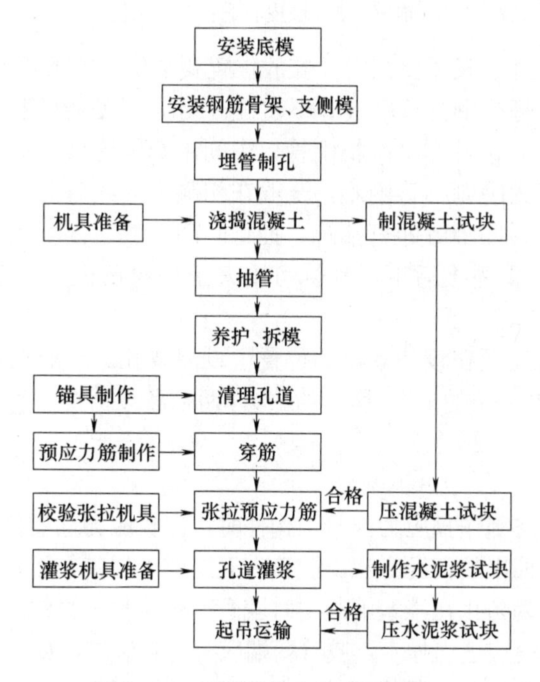

图 5-38　后张法施工工艺流程图

1. 孔道留设

孔道留设是后张法构件制作中的关键工作。所留孔道的尺寸与位置应正确，孔道要平顺，端部的预埋钢板应垂直于孔道中心线。预应力筋的孔道形状有直线、曲线和折线三种。孔道直径一般应比预应力筋或锚具的外径大 10～15mm，以利于穿入预应力筋。孔道留设方法有钢管抽芯法、胶管抽芯法和预埋波纹管法。

1) 钢管抽芯法

钢管抽芯法是后张法制作预应力混凝土构件时，在预应力筋位置预先埋设钢管，待混凝土初凝后再将钢管旋转抽出的留设方法。钢管接头处可用长度为 30～40cm 的铁皮套管连接，如图 5-39 所示。在混凝土浇筑后，每隔一定时间慢慢转动钢管，使之不与混凝土粘结；待混凝土初凝后、终凝前抽出钢管，即形成孔道。钢管抽芯法仅适用于留设直线孔道。

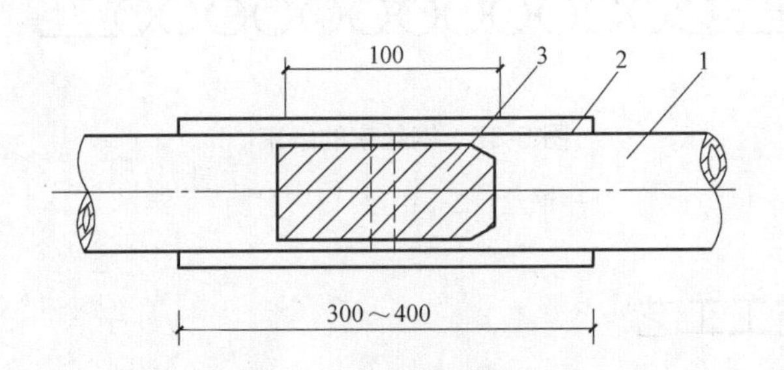

图 5-39　钢管连接方式

1—钢管；2—铁皮套筒；3—硬木塞

预埋的钢管要求平直，表面要光滑，安放位置要准确，一般用间距不大于 1m 的钢筋井字架固定钢管位置。每根钢管长度最好不超过 15m，以便旋转和抽管，钢管两端应伸出构件 500mm 左右，较长构件则用两根钢管，中间用套筒连接。恰当地掌握抽管时间很重要，过早会造成塌孔，太晚则抽管困难。一般在初凝后、终凝前，施工现场一般以手指按压混凝土不粘浆又无明显印痕时即可抽管。抽管时间一般在混凝土浇筑后 3～6h，为保证顺利抽管，抽管的顺序宜先上后下，抽管可用人工或卷扬机，抽管要边抽边转，速度均匀，与孔道成一直线。

在留设孔道的同时还要在设计规定的位置留设灌浆孔。一般在构件的两端和中间每隔 12m 留设一个直径为 20mm 的灌浆孔，并在构件两端各设一个排气孔，可用木塞或白铁皮管成孔。

2) 胶管抽芯法

胶管抽芯法是后张法制作预应力混凝土构件时，在预应力筋的位置处预先埋设胶管，待混凝土结硬后再将胶管抽出的留孔方法。胶管有五层或七层夹布胶管或钢丝网胶管两种。夹布胶管质软，施工时，为防止在浇筑混凝土时胶管产生位移，直线段每隔 0.5m 左右用钢筋井子架固定牢靠，曲线段应适当加密。胶管两端应有密封装置，如图 5-40 和图 5-41 所示。在浇筑混凝土前，胶管内充入压力为 0.6～0.8MPa 的压缩空气或压力水，管径增大约 3mm。待浇筑的混凝土初凝后，放出压缩空气或压缩水，管径缩小，胶管与混凝土脱离，随即拔出胶管。钢丝网胶管质地硬，具有一定的弹性，留孔方法与钢管一样，只是浇筑混凝土后不需要转动，由于具有一定的弹性，抽管时在拉力的作用下断面缩小易拔出。胶管抽芯法适用于留设直线与曲线孔道。抽管时间一般可参照气温和浇筑后小时数乘积达 200 度小时左右后，进行抽管。抽管顺序一般为先上后下，先曲后直。

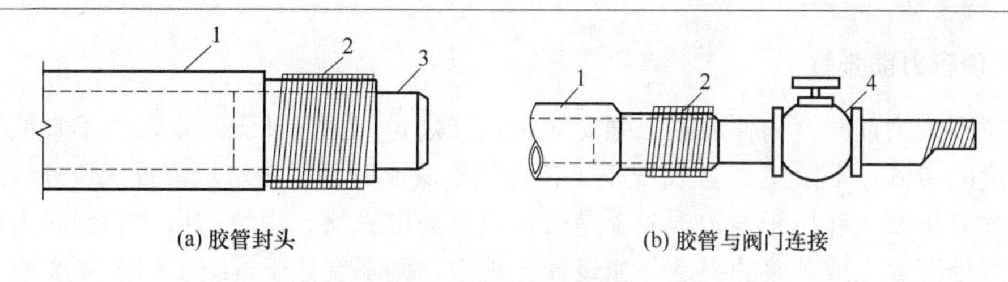

图 5-40 胶管密封装置

1—胶管；2—铁丝密缠；3—钢管堵头；4—阀门

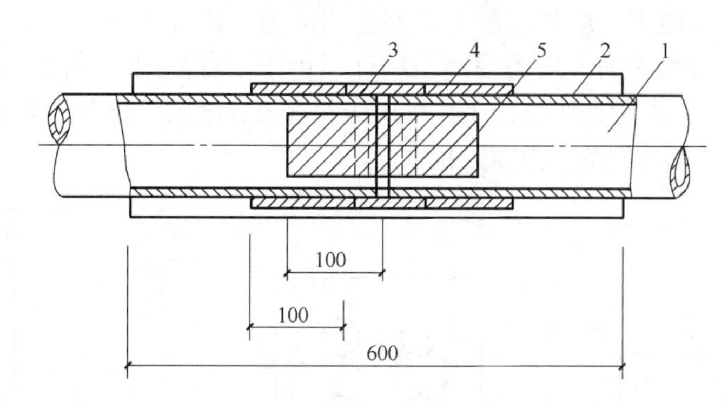

图 5-41 胶管接头

1—胶管；2—白铁皮套筒；3—钉子；4—1mm 的钢管；5—硬木塞

3) 预埋波纹管法

预埋波纹管法是利用与预留孔道直径相同的波纹管埋在构件中，无须抽出，一般采用的波纹管有金属管和塑料管。预埋波纹管法因省去抽管工作，且孔道留设的位置、尺寸易保证，故目前应用较为普遍。金属波纹管重量轻、刚度好、弯折方便且与混凝土粘结好。

金属波纹管每根长 4～6m，也可根据需要现场制作，其长度不限。波纹管在 1kN 径向力的作用下不变形，使用前应灌水试验，检查有无渗漏现象。金属波纹管的连接，采用大一号同型波纹管，接头管的长度为 200～300mm，其两端用密封胶带或塑料热缩管封裹，如图 5-42 所示。金属波纹管的固定，采用钢筋支架，间距不大于 0.8m，曲线孔应加密，并用铁线绑牢。

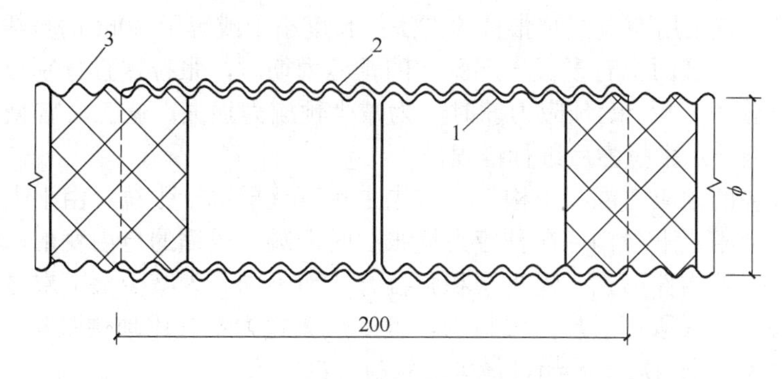

图 5-42 金属波纹管的连接

1—波纹管；2—接头管；3—密封胶带

2．预应力筋张拉

张拉预应力筋时，构件混凝土强度应按设计规定，如设计无规定，则不宜低于混凝土标准强度的 75%。因此，一般情况下，在浇筑混凝土时除了按常规留置试块外，还应该留置同条件养护试块和用于判定混凝土是否可以张拉的试块。用块体拼装的预应力构件，其拼装立缝处混凝土或砂浆的强度，如设计无规定，则不宜低于混凝土标准强度的 40%，且不低于 15MPa。

1) 张拉顺序

预应力筋的张拉顺序，应使混凝土不产生超应力、构件不扭转与侧弯、结构不变位等，对配有多根预应力筋的预应力混凝土构件，由于不可能同时一次张拉完所有预应力筋，应分批、分阶段、对称地张拉，张拉顺序应符合设计要求。如图 5-43 所示为预应力混凝土屋架下弦杆与吊车梁的预应力筋张拉顺序。

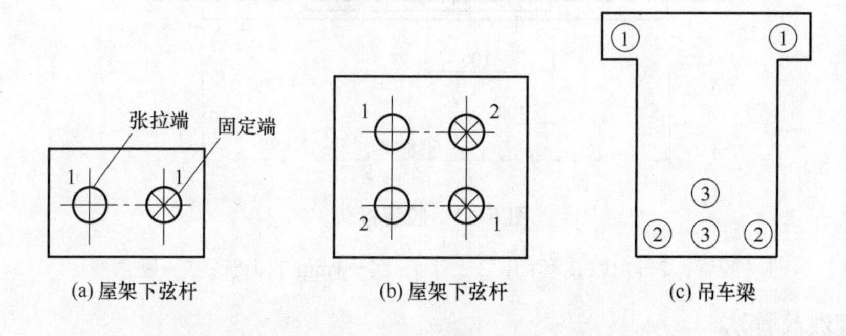

图 5-43　预应力筋的张拉顺序

采用分批张拉时，要考虑后批预应力筋张拉时对混凝土产生的弹性压缩，从而引起前批张拉的预应力筋应力值降低，所以对前批张拉的预应力筋的张拉应力应增加弹性压缩造成的预应力损失值，或采用同一张拉值逐根复位补足。

2) 张拉方法

为了减少预应力筋与预留孔道摩擦引起的损失，对于抽芯成形孔道：曲线形预应力筋和长度大于 24m 的直线形预应力筋，应采取两端同时张拉的方法。长度小于或等于 24m 的直线形预应力筋，可一端张拉。对预埋波纹管孔道，曲线形预应力筋和长度大于 30m 的直线形预应力筋，宜采用两端同时张拉的方法；长度小于或等于 30m 的直线形预应力筋，可一端张拉。在同一截面中有多根一端张拉的预应力筋时，张拉端宜分别设置在构件的两端，当两端同时张拉一根(束)预应力筋时，为减少预应力损失，施工时宜采用张拉一端锚固后，再在另一端补足张拉力后进行锚固。

对于平卧叠浇的预应力混凝土构件，宜先上后下逐层进行张拉。由于上层构件的重量产生的摩阻力，会阻止下层构件在预应力筋张拉时混凝土压缩的自由变形，从而引起预应力损失。该损失值随构件形式、隔离层和张拉方式而不同。为减少上下层之间因摩阻力引起的预应力损失，可采取逐层加大张拉力，但底层张拉力不宜比顶层张拉力大 5%，并且要保证加大张拉控制应力后不要超过最大超张拉力的规定。

3) 张拉程序

预应力筋的张拉程序主要根据构件类型、张锚体系、松弛损失值等因素确定。用超张

拉方法减少预应力筋的松弛损失时，预应力筋的张拉程序宜为

$$0 \rightarrow 1.05\sigma_{con}\text{(持荷 2min)} \rightarrow \sigma_{con}$$

如果预应力筋的张拉吨位不大、根数很多，而设计中又要求采取超张拉以减少应力松弛损失，则其张拉程序可为

$$0 \rightarrow 1.03\sigma_{con}$$

克服叠层摩阻力损失的超张拉值与减少松弛损失的超张拉值可以结合起来，不必叠加。在张拉过程中，预应力筋断裂或滑脱的数量，对后张法构件，严禁超过结构同一截面预应力筋总根数的 3%，且一束钢丝只允许一根。锚固阶段，张拉端预应力筋的内缩量不宜大于规范的规定。

4) 预应力值的校核和伸长值的测定

预应力筋在张拉之前，应按设计张拉控制应力和施工所需的超张拉要求计算总张拉力，即：

$$F_P = (1+P)(\sigma_{con} + \sigma_P)A_P \tag{5-11}$$

式中：F_P——预应力筋的总张拉力；

P——超张拉百分率；

σ_{con}——张拉控制应力；

σ_P——分批张拉时，考虑后批张拉对先批张拉的混凝土产生弹性回缩影响所增加的应力值。

A_P——同一批张拉的预应力筋面积。

预应力筋张拉时，应尽量减少张拉机具的摩阻力，摩阻力的数值应由试验确定，将其加在预应力筋的总张拉力中去，然后折算成油压表读数，作为施工时的控制数值。

为了解预应力值建立的可靠性，需对预应力筋的应力及损失进行检验和测定，以便在张拉时补足和调整预应力值。检验应力损失的方法是在后张法中将钢筋张拉 24h 后，未进行孔道灌浆之前，重复拉一次，测读前后两次应力值之差，即为钢筋预应力损失。预应力筋张拉锚固后，实际预应力值与工程设计规定检验值的相对允许偏差为±5%。

用应力控制方法张拉时，还应测定预应力筋的实际伸长值，以对预应力筋的预应力值进行校核。

3. 孔道灌浆

预应力筋张拉锚固后，孔道应及时灌浆以防止预应力筋锈蚀，增加结构的整体性和耐久性。但采用电热法时，孔道灌浆应在钢筋冷却后进行。

孔道灌浆应采用标号不低于 32.5 号普通硅酸盐水泥或矿渣硅酸盐水泥配置的水泥浆；对孔隙大的孔道，水泥浆可掺适量的细砂，但水泥浆和水泥砂浆强度均不应低于 20MPa，且应有较大的流动性和较小的干缩性、泌水性，搅拌后 3h 泌水率宜控制在 2%，最大不超过 3%，纯水泥浆的收缩性较大，为了增加孔道灌浆的密实性，在水泥砂浆中可掺入水泥用量 0.25%的木质素磺酸钙或占水泥重量 0.05%的铝粉，但不得掺入氯化物或其他对预应力筋有腐蚀作用的外加剂，灌浆用水泥浆的水灰比宜为 0.40～0.45。

灌浆前混凝土孔道应用压力水冲刷干净并湿润孔壁。灌浆顺序应先下后上，以避免上层孔道漏浆而把下层孔道堵塞。孔道灌浆可采用电动灰浆泵，灌浆应缓慢均匀地进行，不

得中断，灌满孔道并封闭排气孔后，宜再继续加压至 0.5～0.6MPa，并稳压一定时间，以确保孔道灌浆的密实性。对于不掺外加剂的水泥浆可采用二次灌浆法，以提高孔道灌浆的密实性。

灌浆后孔道内水泥浆或水泥砂浆强度达到 $15N/mm^2$ 时，预应力混凝土构件才可以进行移动，达到 100%设计强度时才允许安装。最后把露在构件端部外面的预应力筋及锚具，用封端混凝土保护起来。

5.3 无粘结预应力混凝土施工工艺

无粘结预应力筋由单根钢绞线涂抹建筑油脂外包塑料套管组成，它可像普通钢筋一样配置在混凝土结构内，待混凝土硬化达到一定强度后，通过张拉预应力筋并采用专业锚具将预应力筋永久锚固在结构中。其技术内容主要包括材料及设计技术、预应力筋安装及单根钢绞线张拉锚固技术、锚头保护技术等。

这种预应力工艺的优点是不需要预留孔道和灌浆，施工简单，张拉时摩阻力小，预应力筋易弯曲呈曲线形状，适用于曲线钢筋的结构。在双向连续平板和密肋板中应用无粘结预应力比较经济合理，在多跨连续梁中也有很好的发展前途。

5.3.1 无粘结预应力筋的制作

无粘结预应力筋由预应力钢材、防腐涂料层和外包层以及锚具组成，如图 5-44 所示。

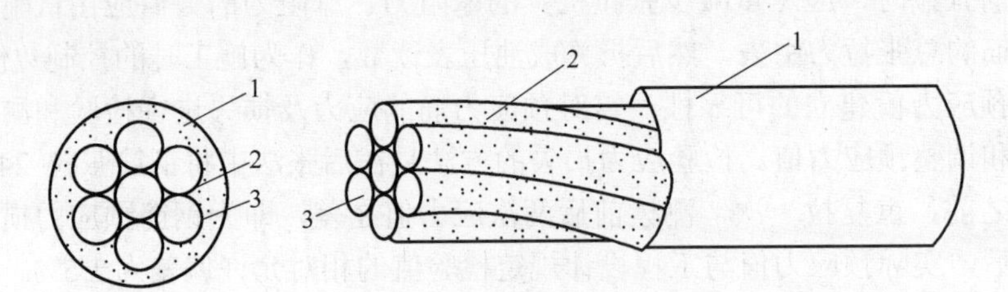

图 5-44 无粘结预应力筋

1—塑料外包层；2—防腐润滑脂；3—钢绞线(或碳素钢丝束)

1. 原材料的准备

无粘结预应力筋是一种在施加预应力后沿全长与周围混凝土不粘结的预应力筋。它由预应力钢材、涂料层和包裹层组成。无粘结预应力筋的高强度钢材和有粘结的要求完全一样，常用的钢材为 7 根直径为 5mm 的碳素钢丝束或由 7 根直径为 5mm 或 4mm 的钢丝绞合而成的钢绞线。

无粘结预应力筋涂料层的作用是使预应力筋与混凝土隔离，减少张拉时的摩擦损失，防止预应力筋腐蚀等。应采用专用防腐油脂或防腐沥青，其性能应符合在-20℃～+70℃温度范围内，不流淌、不裂缝、不变脆，并有一定的韧性；使用期内，化学稳定性好；对周围材料无侵蚀作用；不透水、不吸湿、防水性好、防腐蚀性能好、润滑性能好、摩擦阻力小等。

无粘结预应力筋外包层材料可用高压聚乙烯塑料或塑料布制作。外包层的作用是使无粘结预应力筋在运输、储存、铺设和浇筑混凝土等过程中不会发生不可修复的破坏，因此要求外包层应符合在-20℃～+70℃温度范围内，低温不脆化，高温化学稳定性好；必须具有足够的韧性，抗破损性强；对周围材料无侵蚀作用；防水性强。

在制作单根无粘结预应力筋时，宜优先选用防腐油脂做涂料层，其塑料外包层应用塑料注塑机注塑而成，防腐油脂应填充饱满，外包层应松紧适度。成束无粘结预应力筋可用防腐沥青或防腐蚀油脂做涂料，当使用防腐沥青时，应用密缠塑料带做外包层，塑料带各圈之间的搭接宽度应不小于带宽的 1/2，缠绕层数不小于 4 层。要求防腐油脂涂料层无粘结预应力筋的张拉摩擦系数不应大于 0.12；防腐沥青涂料层无粘结预应力筋的张拉摩擦系数不应大于 0.25。

2. 无粘结预应力筋的制作

无粘结预应力筋一般采用缠纸工艺和挤压涂层工艺两种制作方法。

1) 缠纸工艺

无粘结预应力筋制作的缠纸工艺是在缠纸机上连续作业，完成编束、涂油、镦头、缠塑料布和切断等工序，如图 5-45 所示。

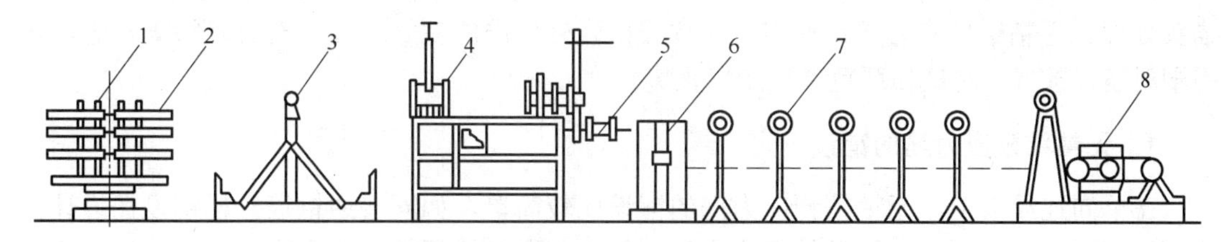

图 5-45　无粘结预应力筋缠纸工艺流程图

1—放线盘；2—盘圆钢丝；3—梳子板；4—油枪；
5—塑料布卷；6—切断机；7—滚道台；8—牵引装置

制作时，钢丝放在放线盘上，穿过梳子板汇集成束，成束钢丝通过油枪均匀涂油，涂油钢丝穿入锚环用冷镦机冷镦锚头，带有锚环的成束钢丝用牵引机牵引向前，与此同时开动装有塑料布条的缠纸转盘，钢丝束边前进边缠绕塑料布条。塑料布条的宽度根据钢丝束直径的大小而定，一般宽度为 50mm。当钢丝束达到需要的长度后，进行切割成为完整的无粘结预应力筋。

2) 挤压涂层工艺

挤压涂层工艺主要是钢丝通过涂油装置涂油，涂油钢丝束通过塑料挤压机涂刷塑料薄膜，再经冷却筒模成型塑料套管，这种无粘结筋挤压涂层工艺与电线、电缆包裹塑料套管的工艺相似，并具有效率高、质量好、设备性能稳定的特点，如图 5-46 所示。

3. 锚具

在无粘结预应力构件中，锚具是把预应力筋的张拉力传递给混凝土的工具，外荷载引起预应力筋内力的变化全部由锚具承担。因此，无粘结预应力筋的锚具不仅受力比有粘结预应力筋的锚具大，而且承受的是重复荷载。因而无粘结预应力筋的锚具应有更高的要求，必须采用Ⅰ类锚具。一般要求无粘结预应力筋的锚具至少应能承受预应力筋最小规定极限强度的 95%，而不超过预期的滑动值。钢丝束作为无粘结预应力筋时可使用镦头锚具，钢绞线作为无粘结预应力筋时可使用 XM 型、JM 型锚具。

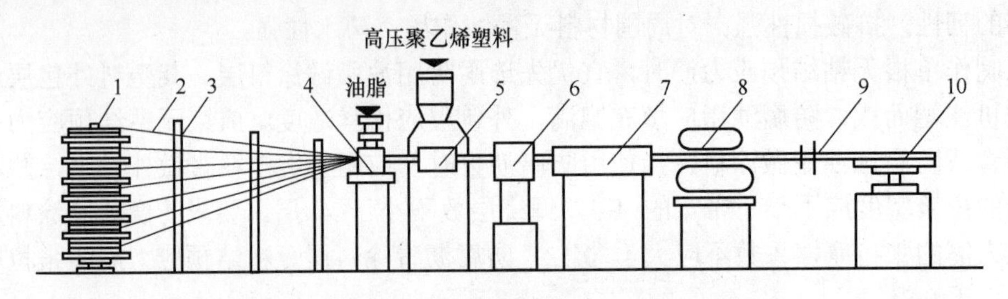

图 5-46　挤压涂层工艺流水线图

1—放线盘；2—钢丝；3—梳子板；4—给油装置；5—塑料挤压机机头；
6—风冷装置；7—水冷装置；8—牵引机；9—定位支架；10—收线盘

5.3.2　无粘结预应力施工工艺

无粘结预应力混凝土结构在施工中，主要问题是无粘结预应力筋的铺设、张拉和端部锚头处理。无粘结预应力筋在使用前应逐根检查外包层的完好程度，对有轻微破损者，可用塑料袋包补好；对破损严重者应予以报废。

1．无粘结预应力筋的铺设

在单向连续板中，无粘结预应力筋的铺设比较简单，如同普通钢筋一样铺设在设计位置上。在双向连续板中，无粘结预应力筋一般为双向曲线配筋，两个方向的无粘结预应力筋互相穿插，给施工操作带来困难，因此确定铺设顺序很重要。在铺设双向配筋的无粘结预应力筋时，应先铺设标高低的无粘结预应力筋，再铺设标高较高的无粘结预应力筋，并尽量避免两个方向的无粘结预应力筋相互穿插编结。

无粘结预应力筋应严格按设计要求的曲线形状就位并固定牢固。在铺设无粘结预应力筋时，无粘结预应力筋的曲率可垫铁马凳控制。铁马凳高度应根据设计要求的无粘结预应力筋曲率确定，铁马凳的间隔不宜大于 2m，并应用铁丝将其与无粘结预应力筋扎紧。也可以用铁丝将无粘结预应力筋与非预应力钢筋绑扎牢固，以防止无粘结预应力筋在浇筑混凝土过程中发生位移，绑扎点的间距为 0.7～1.0m。无粘结预应力筋控制点的安装偏差：矢高方向为±5mm，水平方向为±30mm。

2．无粘结预应力筋的张拉

预应力筋张拉时，混凝土强度应符合设计要求，当设计无要求时，混凝土的强度应达到设计强度的 75%方可开始张拉。

张拉程序一般采用 0～103%σ_{con} 以减少无粘结预应力筋的松弛损失。

无粘结预应力筋的张拉顺序，应根据其铺设顺序，先铺设的先张拉，后铺设的后张拉。

当预应力筋的长度小于 25m 时，宜采用一端张拉；当长度大于 25m 时，宜采用两端张拉；当长度超过 50m，宜采取分段张拉。

无粘结预应力筋张拉前，应清理锚垫板表面，并检查锚垫板后面的混凝土质量。如有空鼓现象，应在无粘结预应力筋张拉前修补。

无粘结预应力混凝土楼盖结构的张拉顺序，宜先张拉楼板，后张拉楼面梁。板中的无粘结预应力筋，可依次张拉。梁中的无粘结预应力筋宜对称张拉。板中的无粘结预应力筋一般采用单根张拉，并用单孔夹片锚具锚固。如遇到摩擦损失较大时，预先松动一次再张拉。在梁板顶面或墙壁侧面的斜槽内张拉无粘结预应力筋时，宜采用变角张拉装置。

无粘结预应力筋张拉伸长值校核与有粘结预应力筋相同；对于超长无粘结预应力筋，由于张拉初期阻力大，初拉力以下的伸长值比常规推算的伸长值小，应通过试验修正。张拉时，无粘结预应力筋的实际伸长值宜在初应力为张拉控制预应力 10%左右时开始测量，测量得到的伸长值，必须加上初应力以下的推算伸长值，并扣除混凝土构件在张拉过程中的弹性压缩值。

无粘结预应力筋一般长度大，有时又呈曲线形布置，如何减少其摩阻损失值的主要因素是一个重要问题。影响摩阻损失值的主要因素是润滑介质、外包层和预应力筋截面形式。摩阻损失值可用标准测力计或传感器等测力装置进行测定。施工时，为降低摩阻损失值，宜采用多次重复张拉工艺。

无粘结预应力筋在张拉过程中，当有个别钢丝发生滑脱或断裂时，可相应地降低张拉力，但滑脱或断裂的根数，不应超过结构同一截面钢丝总根数的 2%。对于多跨双向连续板，其同一截面应按每跨计算。

3. 预应力筋端部处理

无粘结预应力筋张拉完毕后，应及时对锚固区进行保护。锚固区必须有严格的密封防护措施，严防水汽进入，锈蚀预应力筋。无粘结预应力筋锚固后的外露长度不小于 30mm，多余部分宜用手提砂轮锯切断，在锚具与承压板表面涂以防水涂料。为了使无粘结预应力筋端头全封闭，在锚具端头涂防腐润滑油脂后，罩上封端塑料盖帽。

无粘结预应力筋束锚头的端部处理主要有凸出式和凹入式两种，对于凸出式锚头端部处理常采用两种方法：第一种方法是在孔道中注入油脂并加以封闭(如图 5-47 所示)；第二种方法是在两端留设的孔道内注入环氧树脂水泥砂浆，其抗压强度不低于 35MPa。灌浆同时将锚头封闭，如图 5-48 所示。

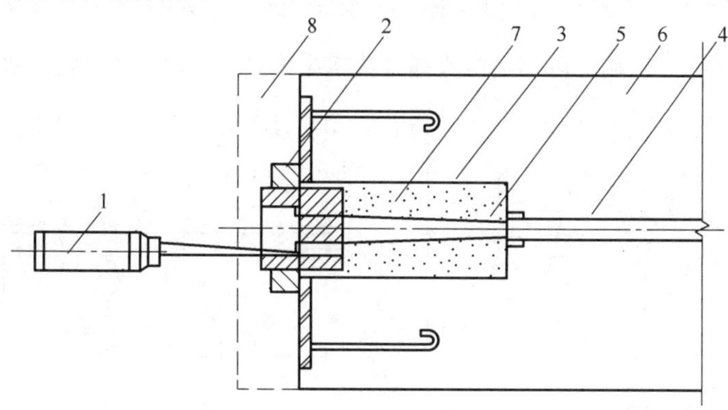

图 5-47　锚头端部处理方法之一

1—油枪；2—锚具；3—端部孔道；4—有涂层的无粘结预应力筋束；
5—无涂层的端部钢丝；6—构件；7—注入孔道的油脂；8—混凝土封闭

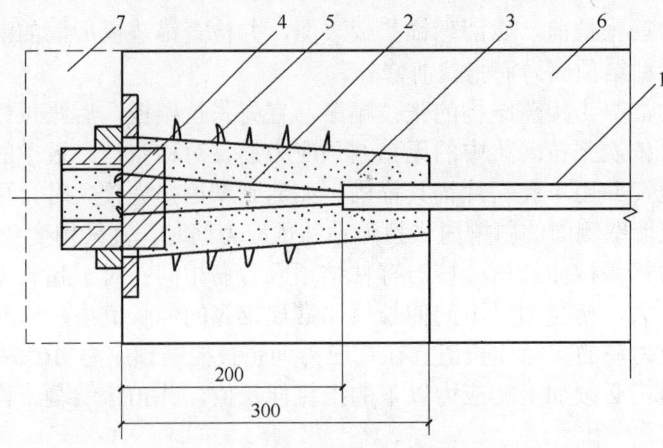

图 5-48　锚头端部处理方法之二

1—无粘结预应力筋束；2—无涂层的端部钢丝；3—环氧树脂水泥砂浆；
4—锚具；5—端部加固螺旋钢筋；6—构件；7—混凝土封闭

对于凹入式锚头端部，锚具表面经涂防腐润滑油脂处理，再用微胀混凝土或低收缩防水砂浆密封，如图 5-49 所示。

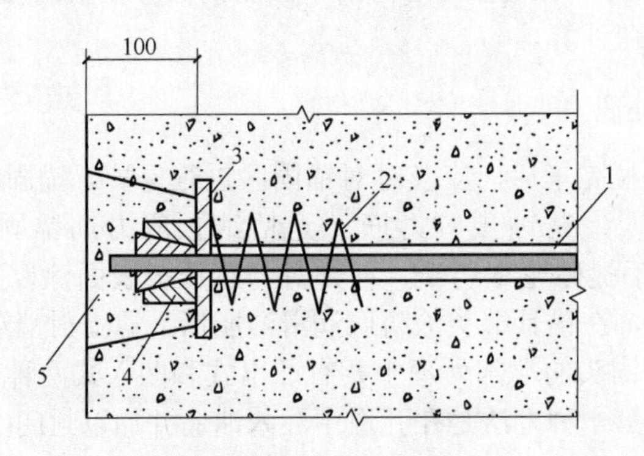

图 5-49　张拉端凹入式构造

1—无粘结预应力筋；2—螺旋筋；3—承压钢板；4—夹片锚具；5—砂浆

无粘结预应力筋的固定端也可利用镦头锚板或挤压锚具采取内埋式做法，如图 5-50 所示。

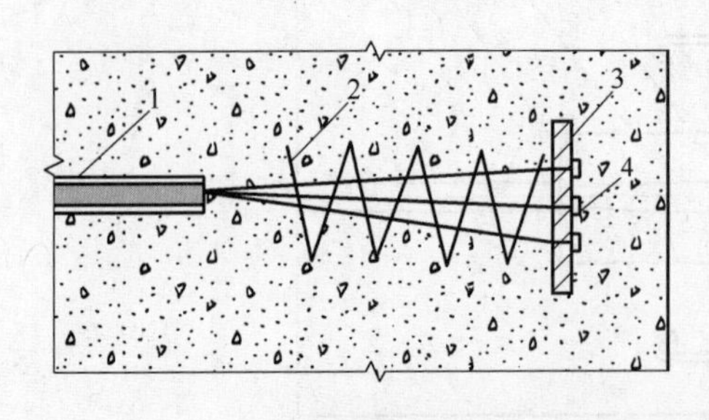

(a) 钢丝束镦头锚板

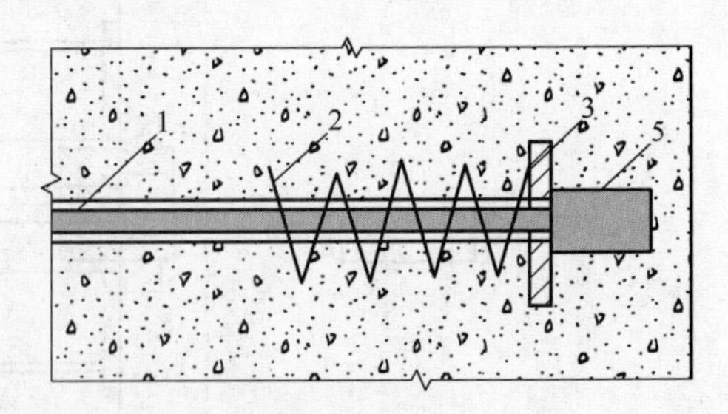

(b) 钢绞线挤压锚具

图 5-50　无粘结预应力筋固定端内埋式构造

1—无粘结预应力筋；2—螺旋筋；3—承压钢板；4—冷镦头；5—挤压锚具

5.4　预应力混凝土工程常见的质量缺陷及处理

5.4.1　先张法预应力混凝土施工中常见的质量事故及处理

先张法施工中常发生预应力钢丝滑动(钢丝向构件内收缩)、构件翘曲、刚度差及脆性破坏等质量事故。

1. 钢丝滑动

(1) 原因分析：

① 钢丝表面被油污污染。

② 钢丝与混凝土之间的粘结力遭到破坏。

③ 放松钢丝的速度过快。

④ 超张拉值过大。

(2) 防治方法：

① 保持钢丝表面洁净。

② 振捣混凝土一定要密实。

③ 待混凝土的强度达到 75%以上才放松钢丝。

2. 构件刚度差

(1) 原因分析：

① 构件混凝土强度低于设计强度。

② 台座或钢模板受张拉力变形大，导致预应力损失过大。

③ 张拉力不足，使构件建立的预应力低。

④ 台座过长，预应力筋的摩阻损失大。

(2) 防治方法：

① 放张预应力筋时，混凝土强度必须达到设计规定的数值。

② 保证台座有足够强度、刚度、稳定性，以防止产生倾覆、滑移、变形过大等情况。

③ 减少摩阻力损失值。

④ 蒸汽养护应分两阶段进行。

⑤ 测力装置要经常检查和维护，以保证计量准确。

⑥ 经常测定预应力损失值。

⑦ 检查张拉设备，油压表读数是否正常，指针是否弯曲变形，无压时不能归零。

3. 构件脆断

(1) 原因分析：

① 钢丝应力、应变能力差。

② 配筋率低，张拉控制应力过高。

(2) 防治方法：

① 严格控制冷拔钢丝截面的总压缩率，以改善冷拔钢丝应力、应变性能。

② 必须满足截面最小配筋率的要求。

③ 适当地提高设计强度安全系数，使构件有较大的安全储备。

④ 降低张拉控制应力。

4．构件翘曲

(1) 原因分析：

① 台座或钢模板不平，预应力筋位置不准，保护层不一致。

② 张拉应力不一致，放张后对构件产生偏心荷载。

(2) 防治方法：

① 保证台面平整，钢模板要有足够的刚度。

② 确保预应力筋的保护层均匀一致。

③ 成组张拉时要确保预应力筋的长度一致。

④ 放张预应力筋时要对称进行，避免构件受偏心荷载冲击。

5.4.2 后张法预应力混凝土施工中常见的质量事故及处理

在后张法施工中，常发生的质量事故有孔道位置不正确(孔道位置偏斜，引起构件在施加应力时，发生侧弯或开裂)，孔道塌陷、堵塞(后张法构件的预留孔道坍塌或堵塞，使预应力筋不能顺利穿过，不能保证灌浆质量)，预应力值不足(重叠生产构件，如屋架等张拉后，常出现应力值不足的情况，对Ⅱ级冷拉钢丝的应力损失，最大可达10%以上)，孔道灌浆不通畅、不密实(孔道灌浆不饱满，强度低)，无粘结预应力混凝土的摩阻力损失大，张拉后，构件产生弯曲变形等。

1．孔道位置不正

(1) 原因分析：

① 芯管未与钢筋固定牢，井字架间距过大。

② 浇筑混凝土时振动棒碰撞芯管偏移。

(2) 防治方法：

① 在浇筑混凝土前，应检查预埋件及芯管位置是否正确。

② 芯管应用钢筋井字架支垫，井字架尺寸应正确，并应绑扎在钢筋骨架上，其间距不得大于1.0m。

③ 在灌注混凝土时，防止振动棒碰撞芯管偏移。

④ 需要起拱的构件，芯管应同时起拱，以保证保护层厚度。

2．孔道塌陷、堵塞

(1) 原因分析：

① 抽管过早，混凝土尚未凝固。

② 孔壁受外力和振动影响，如抽管时，因方向不正而产生的挤压或附加振动等。

③ 抽管速度过快或过晚。

④ 芯管表面不平整光洁。

(2) 防治方法：

① 钢管抽芯宜在混凝土初凝后、终凝前进行。

② 浇筑混凝土后，钢管每隔 10～15min 转动一次，转动应始终顺同一个方向。

③ 用两根钢管对接的管子，两根管子的旋转方向应相反。

④ 抽管程序宜先上后下，先曲后直。

⑤ 抽管速度要均匀，其方向应与孔道方向保持一致。

⑥ 芯管抽出后，应及时检查孔道的成型质量，局部塌陷处可用特制长杆及时加以疏通。

3．预应力值不足

(1) 原因分析：

后张法构件在施加预应力时，混凝土弹性压缩损失值在张拉过程中同时完成，在结构设计时，可不必考虑；在采用重叠方法生产构件时，由于上层构件重量和层间粘结力，将阻止下层构件张拉时的混凝土弹性压缩，当构件起吊后，层间摩阻力消除，从而产生附加预应力损失。

(2) 防治方法：

① 采取自上而下分层进行张拉，并逐层加大张拉力。

② 底层张拉力不宜超过顶层张拉力的 5%。

③ 做好隔离层(用石灰膏加废机油或铺油毡、塑料薄膜等)。

④ 浇捣上层混凝土时，应防止振动棒触及下层构件，以免增加层间摩阻力。

4．孔道灌浆不密实

(1) 原因分析：

① 灌浆的水泥强度过低，或过期、受潮、失效。

② 灌浆顺序不当，宜先灌下层后灌上层，避免将下层孔道堵住。

③ 灌浆压力过小。

④ 未设排气孔，部分孔道被空气堵塞。

⑤ 灌浆应连续进行，部分孔道被堵。

(2) 防治方法：

① 灌浆水泥强度采用 32.5MPa 以上的普通水泥或矿渣水泥。

② 灰浆水灰比宜控制在 0.4～0.45，为减少收缩，可掺入水泥重量的 0.05%铝粉或 0.25%减水剂。

③ 铝粉应先和水泥拌匀使用。

④ 灌浆前用压力水冲洗孔道，灌浆顺序应先下后上。

⑤ 直线孔道灌浆，可从构件一端到另一端，曲线孔道应从最低点开始向两端进行。

⑥ 孔道末端应设排气孔，灌浆压力以 0.3～0.5MPa 为宜，每个孔道一次灌成，中途不应停顿。

⑦ 对于重要预应力构件可进行二次灌浆，应在第一次灌浆初凝后进行。

5. 孔道裂缝

(1) 原因分析：

① 抽管、灌浆操作不当，产生裂缝。

② 冬季施工灰浆受冻膨胀，将孔道胀裂。

(2) 防治方法：

① 混凝土应振捣密实，特别应保证孔道下部的混凝土密实。

② 尽量避免在冬季进行孔道灌浆，如果必须在冬季施工，则应在孔道中通入蒸汽或热水预热，灌浆后做好构件的养护和保温工作。

③ 防止抽管、灌浆操作不当产生裂缝的措施参见“孔道塌陷、堵塞”的部分。

小　结

在先张法施工中，应了解台座类型及作用、验算方法、夹具及张拉设备的正确选用。掌握先张法施工工艺及其特点，预应力的建立和传递原理，预应力筋张拉后对张拉力进行检验的方法。

在后张法施工中，应了解常用锚具的类型、性能、受力特点，正确分析锚具的可靠性和使用要求，要使锚具本身满足自锚和自锁的条件。预应力筋的种类不同，采用的锚具类型也不同，所用的千斤顶也不同。张拉控制应力应严格按设计规定取值，一般多采用超张拉。

无粘结预应力混凝土可用于多、高层房屋建筑的楼盖结构、基础底板、地下室墙板等，以抵抗大跨度或超长度混凝土结构在荷载、温度或收缩等效应下产生的裂缝，提高结构的性能，降低造价。

思考与练习

1. 解释预应力混凝土、先张法、后张法、夹具、锚具等概念？
2. 先张法的施工工艺主要包括哪些？如何保障各施工环节的质量？
3. 试述后张法的工艺流程、主要施工设备的组成。
4. 钢丝常用的张拉夹具和锚固夹具有哪些？
5. 钢筋常用的张拉夹具和锚固夹具有哪些？
6. 先张法中常用的张拉机具有哪些？各有什么特点？适用于张拉何种构件？
7. 后张法中使用的预应力筋主要分哪几类？与之配套使用的锚具有哪些？
8. 后张法常用的张拉设备有哪些？各适用于何种锚具和预应力筋？
9. 什么是超张拉？为什么要超张拉？
10. 后张法构件的预应力筋一般到何时才能放松？怎样放松？
11. 后张法施工时预留孔道的方法有哪些？简述其成孔的工艺过程？
12. 后张法构件的预应力筋什么时候才可以张拉？如何张拉？

13. 重叠法施工的后张法构件(如房屋)在张拉时将遇到什么问题？一般采用怎样的张拉方法？

14. 后张法预应力构件的孔道为什么要灌浆？一般应采用怎样的灌浆顺序？对灌浆材料有何要求？

15. 什么是无粘结预应力？无粘结预应力和有粘结预应力有哪些优缺点？其适用范围如何？

16. 无粘结预应力筋的张拉端和锚固端的构造如何？铺设无粘结预应力筋时应注意哪些问题？

项目6　结构安装工程施工

学习要点及目标

要求熟悉常用索具设备的种类、选用及相关计算；能合理地选择起重机械，确定结构安装方案和构件安装工艺；确定起重机械的布置方法，掌握预制构件接头的处理方法，熟悉结构安装工程的质量标准和安全技术措施。

核心概念

起重机械类型、构件安装工艺、结构安装方案、构件平面布置。

引导案例

某铸工车间为两跨各18m的单层厂房，长84m，柱距6m，共有14个节间，建筑面积为3024m^2。主要承重构件采用钢筋混凝土工字形柱、预应力混凝土折线形屋架、T形吊车梁、1.5m × 6.0m大型屋面板等预制钢筋混凝土构件。

思考：结构安装方案以及构件吊装工艺。

结构安装工程是利用起重机械将在现场或预制厂制作的预制构件，按照设计图纸的要求，安装成一幢建筑物或构筑物。

在装配式厂房施工中，结构安装工程是主要工序，它直接影响整个工程的施工进度、劳动生产率、工程质量、施工安全和工程成本。

6.1　索 具 设 备

6.1.1　钢丝绳

钢丝绳是吊装工作中常用的绳索，具有强度高、韧性好、耐磨性好等优点。钢丝绳磨损后表面产生毛刺，检查容易发现，便于预防事故的发生。

1. 钢丝绳的构造

在结构吊装中常用的钢丝绳是由直径相同的光面钢丝捻成钢丝股，再由六股钢丝股和一股绳芯搓捻而成。钢丝绳按每股钢丝的根数可分为三种规格。

(1) 6×19+1　即6股钢丝股，每股19根钢丝，中间加一根绳芯，钢丝粗、硬而且耐磨，不易弯曲，一般用作缆风绳。

(2) 6×37+1　即6股钢丝股，每股37根钢丝，中间加一根绳芯，钢丝细、较柔软，用于穿滑轮组和作吊索。

(3) 6×61+1　即6股钢丝股，每股61根钢丝，中间加一根绳芯，质地软，用于起重机械。

2．钢丝绳种类

钢丝绳种类很多，按其捻制方法的不同有右交互捻、左交互捻、右同向捻、左同向捻四种，如图 6-1 所示。

(1) 顺捻绳：每股钢丝的搓捻方向与钢丝股的搓捻方向相同。它柔性好、表面平整、不易磨损，但易松散和扭结卷曲，吊重物时，易使重物旋转，一般用于拖拉或牵引装置。

(2) 反捻绳：每股钢丝的搓捻方向与钢丝股的搓捻方向相反。它较硬，不易松散，吊重物不扭结旋转，多用于吊装工作。

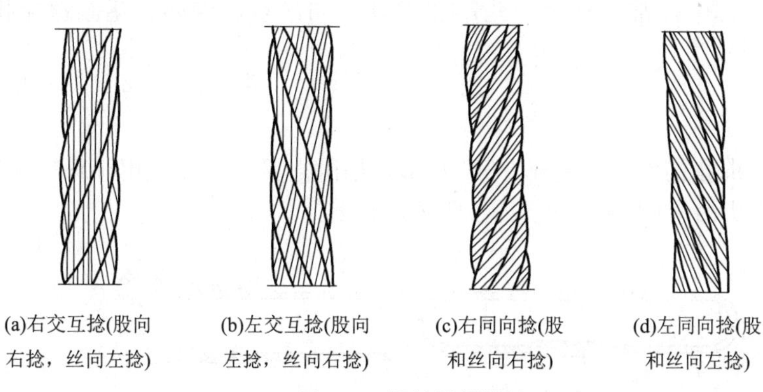

图 6-1　钢丝绳的捻法

钢丝绳按抗拉强度的不同分为 1400、1550、1700、1850、2000N/mm^2 五种。

3．钢丝绳的安全检查和使用注意事项

1) 钢丝绳的安全检查

钢丝绳使用一定时间后，就会产生断丝、腐蚀和磨损现象，其承载能力降低。钢丝绳经检验有下列情况之一者，应予以报废。

(1) 钢丝绳磨损或锈蚀达直径的 40%以上。

(2) 钢丝绳整股破断。

(3) 在使用时断丝数目增加得很快。

(4) 钢丝绳每一节距长度范围内的断丝根数超过了规定的数值。一个节距是指某一股钢丝绕绳芯一周的长度，约为钢丝绳直径的 8 倍，如图 6-2 所示。

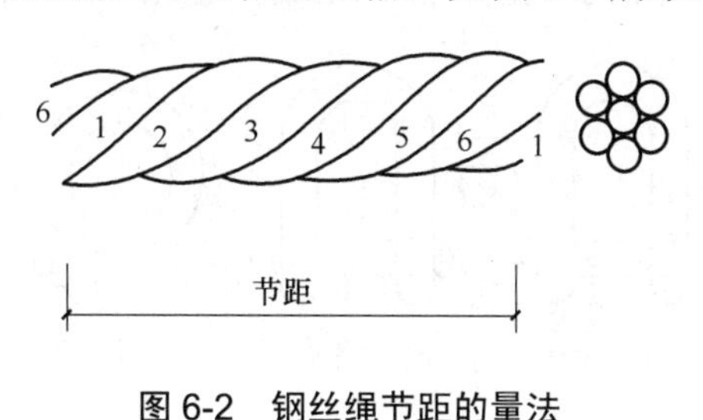

图 6-2　钢丝绳节距的量法

1～6—为钢丝绳绳股的编号

2) 钢丝绳的使用注意事项

(1) 钢丝绳在使用中不准超载，当在吊重的情况下，绳股间有大量的油挤出时，说明

荷载过大，必须立即检查。

(2) 当钢丝绳穿过滑轮时，滑轮槽的直径应比绳的直径大1～2.5mm。

(3) 为了减少钢丝绳的腐蚀和磨损，应定期加润滑剂(一般以工作时间 4 个月左右加一次)。在存放时，应保持干燥，并成卷排列，不得堆压。

(4) 使用旧钢丝绳，应事先进行检查。

6.1.2 吊具

在构件安装过程中，常要使用一些吊装工具，如吊索、卡环、花篮螺栓和钢丝绳卡扣等。

1. 吊索

吊索主要用来绑扎构件以便起吊，可分为环状吊索(又称为万能用锁)和开口吊索(又称为轻便吊索或 8 股头吊索)两种，如图 6-3 所示。

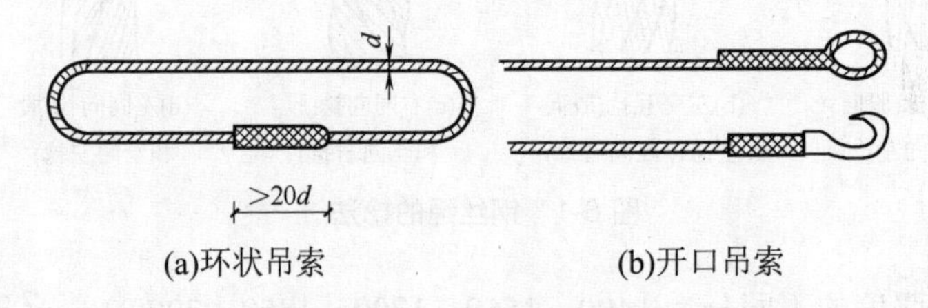

图 6-3 吊索

吊索是用钢丝绳制成的，要求质地软，易弯曲。钢丝绳的允许拉力即为吊索的允许拉力。在吊装中，吊索的拉力不应超过其允许拉力。吊索拉力取决于所吊构件的重量及吊索的水平夹角，水平夹角应该不小于 30°，一般为 45～60°。

2. 卡环

卡环用于吊索与吊索或吊索与构件吊环之间的连接。它由弯环和销子两部分组成，如图 6-4 所示。按销子与弯环的连接形式的不同可分为螺栓卡环和活络卡环，活络卡环的销子端头和弯环孔眼无螺纹，可直接抽出，常用于柱子吊装。它的优点是在柱子就位后，在地面用系在销子尾部的绳子将销子拉出，解开吊索，避免了高空作业。

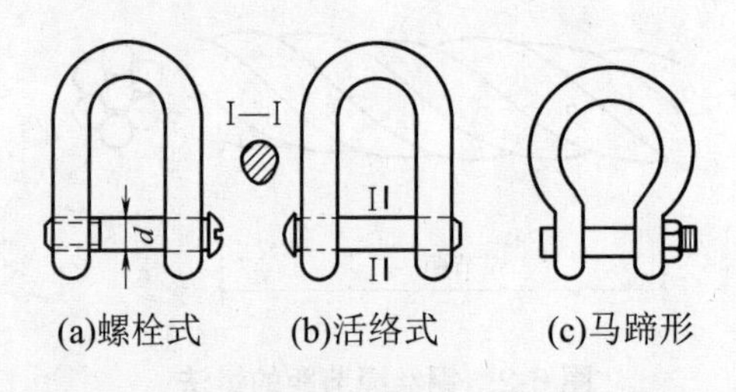

图 6-4 卡环

在使用活络卡环吊装柱子时应注意以下几点。

(1) 绑扎时应使柱子起吊后销子尾部朝下，以便拉出销子。同时要注意，吊索在受力后要压紧销子，销子因为受力，在弯环销孔中产生摩擦力，这样销子才不会掉下来，若吊索没有压紧销子而滑到边上去，就会形成弯环受力，销子很可能会自动掉下来，这样是很危险的。

(2) 在构件起吊前要用白棕绳将销子与吊索的 8 股头连在一起，用铅丝将弯环与 8 股头捆在一起。

(3) 拉绳人应选择适当的位置和起重机落钩过程中的有利时机拉出销子，如图 6-5 所示。

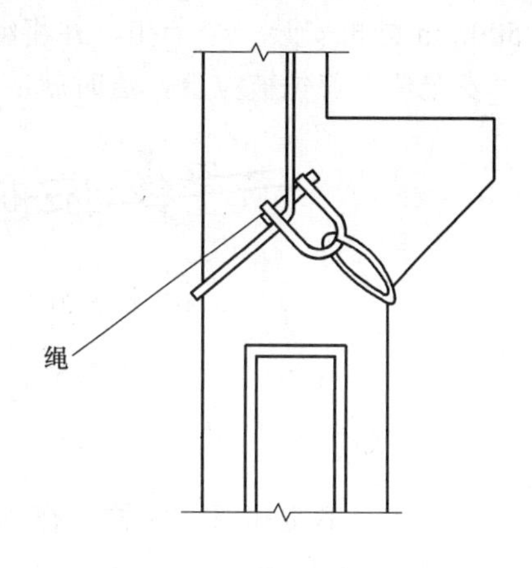

图 6-5　活络卡环绑扎柱子

3．花篮螺栓

花篮螺栓利用丝杠进行伸缩，能调节钢丝绳的松紧，可在构件运输中捆绑构件，在安装校正中松、紧缆风绳，如图 6-6 所示。

4．钢丝绳卡扣

钢丝绳卡扣是用来连接两根钢丝绳的。钢丝绳卡扣的连接方法和要求如下。

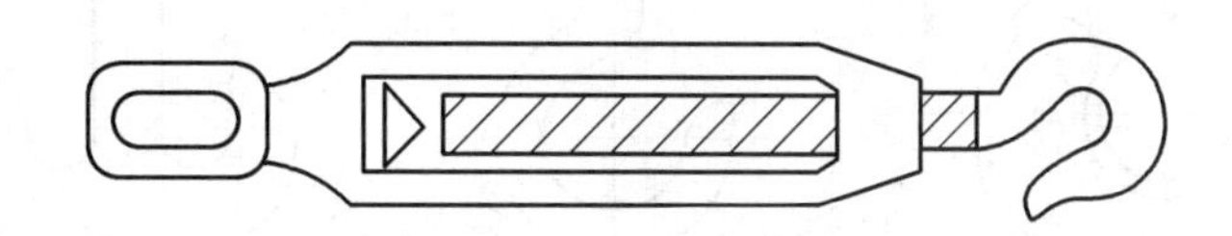

图 6-6　花篮螺栓

(1) 钢丝绳卡扣的连接法一般常用夹头固定法。通常用的钢丝绳卡扣有骑马式、压板式和拳握式三种，其中骑马式连接力最强，应用也最广泛，压板式次之，拳握式由于没有底座，容易损坏钢丝绳，连接也差，因此，只用于次要的地方，如图 6-7 所示。

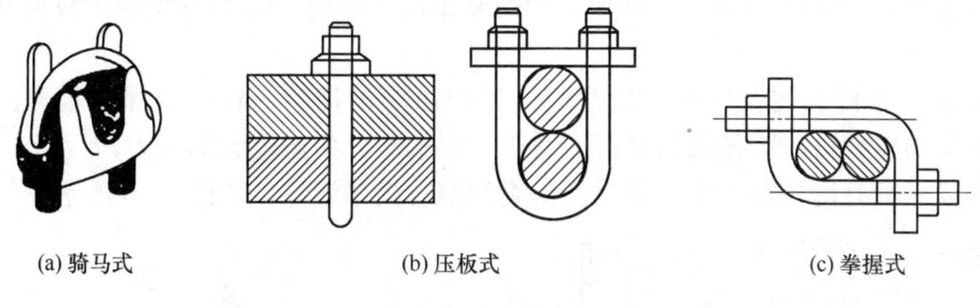

图 6-7　钢丝绳卡扣

(2) 钢丝绳卡扣在使用时应注意以下几点。

① 在选用卡扣时，应使其 U 形环的内侧净距比钢丝绳直径大 1～3mm，太大的卡扣连接不紧，容易发生事故。

② 在上卡扣时一定要将螺栓拧紧，直到绳被压扁 1/4～1/3 直径时为止，并在绳受力后，再将卡扣螺栓拧紧一次，以保证接头牢固可靠。

③ 卡扣要依次排列，U 形部分与绳头接触，不能与主绳接触，如果 U 形部分与主绳接触，主绳被压扁后，在受力时容易断丝。

④ 为便于检查接头是否可靠和发现钢丝绳是否滑动，可在最后一个卡扣后面大约500mm处再安装一个卡扣，并将绳头放出一个“安全弯”，当接头的钢丝绳发生滑动时，“安全弯”首先被拉直，这时就应该立即采取措施进行处理，如图6-8所示。

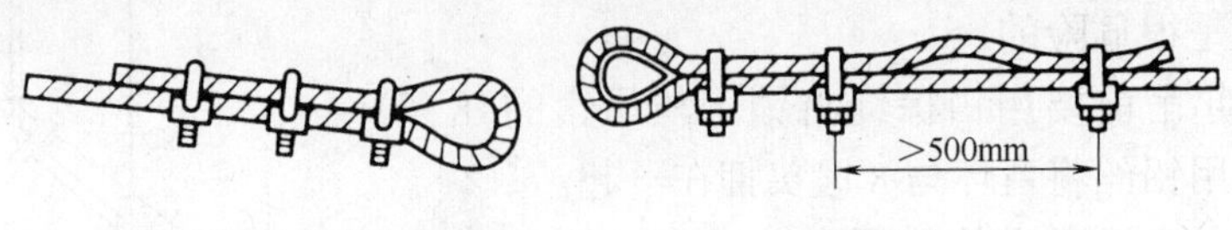

(a) 钢丝绳卡扣的安装方法　　(b) 留安全弯的方法

图6-8　安装钢丝绳卡扣

5. 吊钩

吊钩有单钩和双钩两种，在吊装施工中常用的是单钩，双钩多用于桥式和塔式起重机上，如图6-9所示。

图6-9　吊钩

6. 横吊梁

横吊梁又称铁扁担或平衡梁。其作用一是减少吊索高度；二是减少吊索对构件的横向压力。

横吊梁常用于柱和屋架等构件的吊装。用横吊梁吊柱容易使柱身保持垂直，便于安装；用横吊梁吊屋架可以降低起吊高度，减少吊索水平分力对屋架的压力。

常用的横吊梁有滑轮横吊梁、钢板横吊梁和钢管横吊梁等，如图6-10所示。

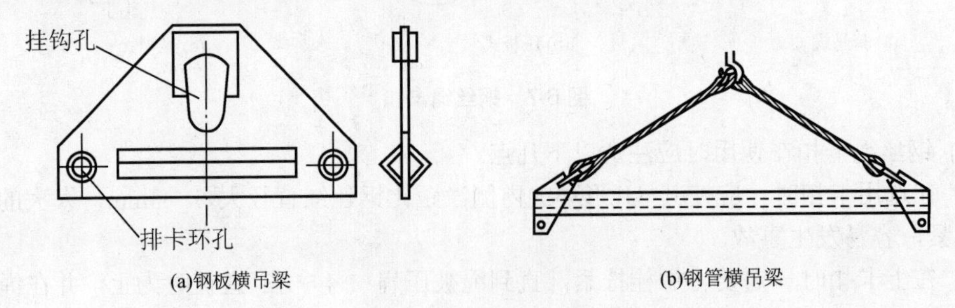

(a)钢板横吊梁　　(b)钢管横吊梁

图6-10　钢板横吊梁

6.1.3　滑轮组

滑轮组是由一定数量的定滑轮和动滑轮及绕过它们的绳索组成的起重工具。它既能省力，又能改变力的方向。

滑轮组中共同负担构件重量的绳索根数称为工作线数，也就是在滑轮上穿绕的绳索根数。滑轮组起重省力的多少，主要取决于工作线数和滑轮轴承的摩阻力的大小。滑轮组可分为绳索跑头从定滑轮上引出(如图 6-11 所示)和从动滑轮上引出(如图 6-12 所示)两种。

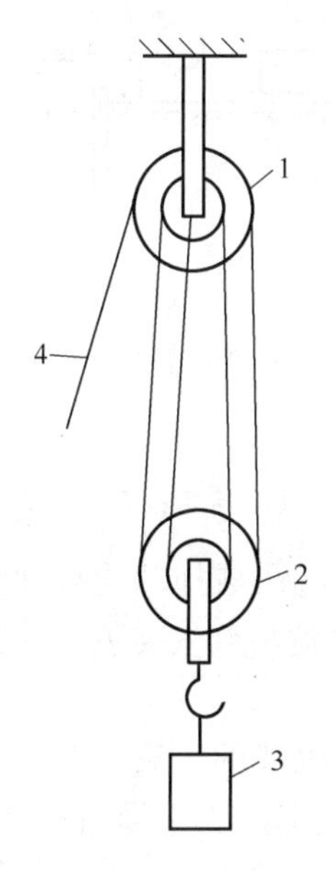

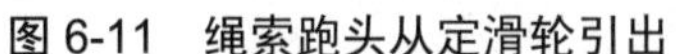
图 6-11　绳索跑头从定滑轮引出

1—定滑轮；2—动滑轮；3—重物；4—绳索跑头

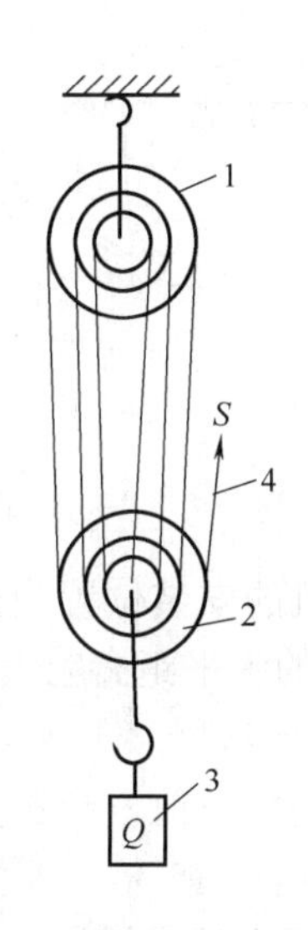

图 6-12　绳索跑头从动滑轮引出

1—定滑轮；2—动滑轮；3—重物；4—绳索跑头

6.1.4　卷扬机

卷扬机起重能力大，速度快且操作方便，因此，在建筑工程施工中应用广泛。

1. 卷扬机的种类

(1) 快速卷扬机(JJK 型)：主要用于垂直、水平运输及打桩作业。牵引力为 5～50kN。

(2) 慢速卷扬机(JJM 型)：主要用于结构安装、钢筋冷拉和预应力钢筋张拉。牵引力为 30～120kN。

2. 卷扬机的固定

卷扬机在使用时必须有可靠的锚固，以防止在工作时产生滑移或倾覆。根据牵引力的大小，卷扬机的固定方法有四种，如图 6-13 所示。

3. 卷扬机的布置

(1) 卷扬机安装位置周围必须排水畅通并应搭设工作棚，安装位置一般应选择在地势稍高、地基坚实之处。

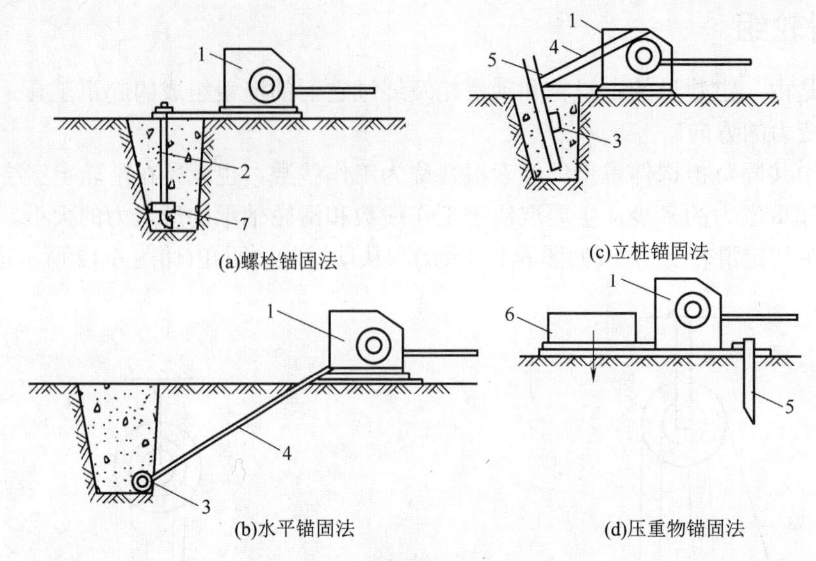

图 6-13　卷扬机的锚固方法

1—卷扬机；2—地脚螺栓；3—横木；4—拉索；5—木桩；6—压重；7—压板

(2) 卷扬机的安装位置应能使操作人员看清指挥人员和起吊或拖动的构件。卷扬机至构件安装位置的水平距离应大于构件的安装高度，即当构件被吊到安装位置时，操作者的视线仰角应小于45°。

(3) 在卷扬机正前方应设置导向滑车，导向滑车至卷筒轴线的距离，对于带槽卷筒应不小于卷筒宽度的 15 倍，即倾斜角不大于 2°，对于无槽卷筒应大于卷筒宽度的 20 倍，以免钢丝绳与导向滑车槽缘产生过分的磨损。

(4) 钢丝绳绕入卷筒的方向应与卷筒轴线垂直，其垂直度的允许偏差为 6°。这样能使钢丝绳全排列整齐，不致斜绕和互相错叠挤压，如图 6-14 所示。

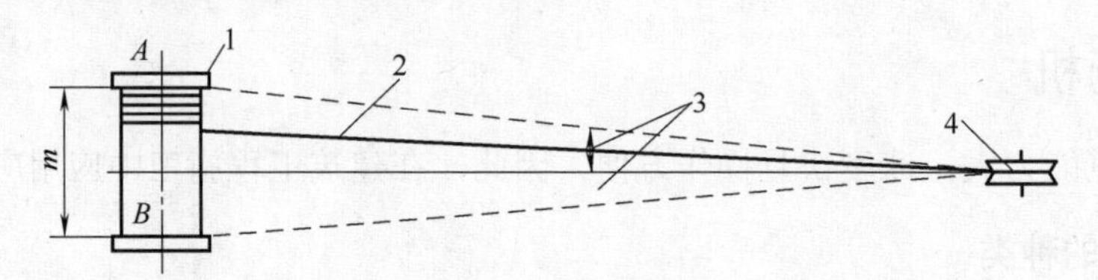

图 6-14　卷扬机的布置

1—卷筒；2—钢丝绳；3—倾斜角 α；4—导向滑车

4．卷扬机的使用注意事项

(1) 卷扬机必须有良好的接地或接零装置，接地电阻不得大于 10 欧姆。在一个供电电路上，接地或接零不得混用。

(2) 卷扬机使用前要先空运转，作空载正、反转试验 5 次，检查运转是否平稳，有无不正常响声；传动制动机构是否灵活可靠；各紧固件及连接部位有无松动现象；润滑是否良好，有无漏油现象。

(3) 钢丝绳的选用应符合原厂说明书的规定。当卷筒上的钢丝绳全部放出时应留有不少于 3 圈钢丝绳；钢丝绳的末端应固定牢靠；卷筒外边缘至最外层钢丝绳的距离应不小于钢丝绳直径的 1.5 倍。

(4) 钢丝绳应与卷筒及吊笼连接牢固，不得与机架或地面摩擦，在通过道路时，应设过路保护装置。

(5) 卷筒上的钢丝绳应排列整齐，当重叠或斜绕时，应停机重新排列，严禁在转动中用手拉脚踩钢丝绳。

(6) 作业中，任何人不得跨越正在作业的卷扬机钢丝绳。构件提升后，操作人员不得离开卷扬机，构件或吊笼下面严禁人员停留或通过。休息时应将构件或吊笼降至地面。

6.1.5　地锚

地锚又称锚碇，用来固定缆风绳、卷扬机、导向滑车、拔杆的平衡绳索等。常用的地锚有桩式地锚和水平地锚两种。

1. 桩式地锚

桩式地锚是将圆木打入土中承担拉力，多用于固定受力不大的缆风绳。圆木直径为 180～300mm，桩入土深度为 1.2～1.5m，根据受力大小的不同，可打成单排、双排或三排。桩前一般埋有水平圆木，以加强锚固。这种地锚的承载力为 10～15kN。

2. 水平地锚

水平地锚是用一根或几根圆木绑扎在一起，水平埋入土中而成。钢丝绳系在横木的一点或两点，成 30°～50° 斜度引出地面，然后用土石回填夯实。水平地锚一般埋入地下 1.5～3.5m，为防止地锚被拔出，当拉力大于 75kN 时，应在地锚上加压板；当拉力大于 150KN 时，还要在地锚前加立柱及垫板，以加强土坑侧壁的耐压力，如图 6-15 所示。

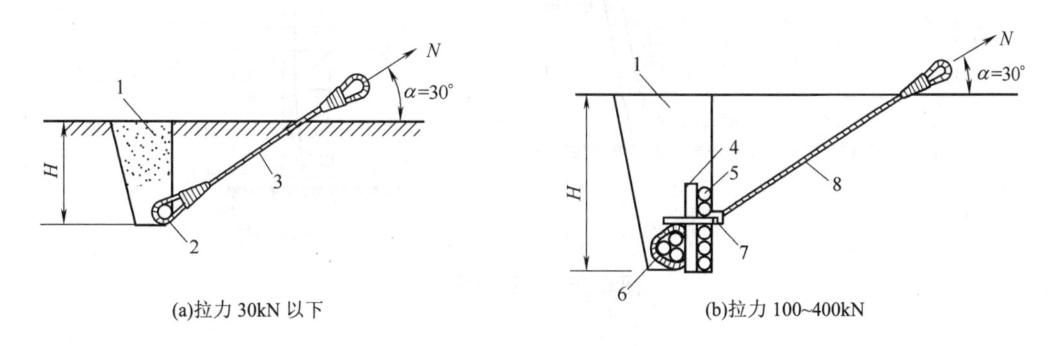

图 6-15　水平锚碇构造示意图

1—回填土逐层夯实；2—地龙木 1 根；3—钢丝绳或钢筋；4—柱木；
5—挡木；6—地龙木 3 根；7—压板；8—钢丝绳或钢筋环

6.2　起 重 机 械

在结构安装中使用的起重机械主要有桅杆式起重机、自行式起重机和塔式起重机。

6.2.1 桅杆式起重机

桅杆式起重机是用木材或金属制作的起重设备。它制作简单，装拆方便，能在比较狭窄的现场使用；其重量较大，可达 1000kN；在无电源时可用人工绞盘；能安装其他起重机械不能安装的特殊工程和重大工程。但服务半径小，移动困难，需要较多的缆风绳，施工速度慢，故一般用于结构安装工程量集中的工程。

桅杆式起重机可分为独脚拔杆、人字拔杆、悬臂拔杆和牵缆式桅杆起重机等。

1. 独脚拔杆

独脚拔杆一般是用圆木、钢管或金属格构式制作，由拔杆、起重滑轮组、卷扬机、缆风绳和锚定等组成，如图 6-16 所示。使用时，为防止起吊的构件碰撞拔杆，拔杆应保持不大于 10° 的倾斜角，底部应设拖子，便于移动。拔杆稳定采用缆风绳，缆风绳设置数量一般为 6～12 根，最少不少于 4 根，且缆风绳与地面夹角一般取 30° ～45° ，角度过大则对拔杆产生过大的压力。

木独脚拔杆一般采用圆木制成，圆木梢径为 200～300mm，起重高度一般在 15m 以内，起重量在 100kN 以下；钢管独脚拔杆，一般起重高度在 20m 以内，起重量可达 300kN；金属格构式拔杆，起重高度可达 70m，起重量可达 1000kN 以上。

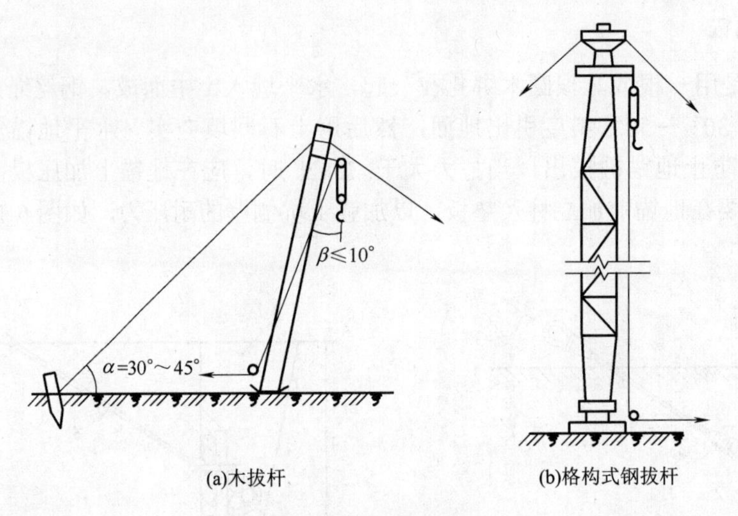

图 6-16 独脚拔杆

2. 人字拔杆

人字拔杆是由两根圆木或钢管用钢丝绳绑扎或铁件胶结而成，下挂起重滑轮组，底部设置拉杆或拉绳，以平衡拔杆本身的水平推力。两杆的夹角一般为 20° ～30° ，其下端两脚的距离为高度的 1/3～1/2，侧向稳定性好，缆风绳较少，但构件起吊后活动范围小。适用于吊装柱子等重型构件，如图 6-17 所示。

圆木人字拔杆一般采用圆木稍径为 200～340mm，拔杆长 6～13，起重量在 40～140kN；钢管人字拔杆有两种规格：一种规格是钢管外径 325mm，壁厚 10mm，起重量 100kN，拔杆长20m；另一种规格是管径373mm，壁厚10mm，起重量200kN，拔杆长16.7m。

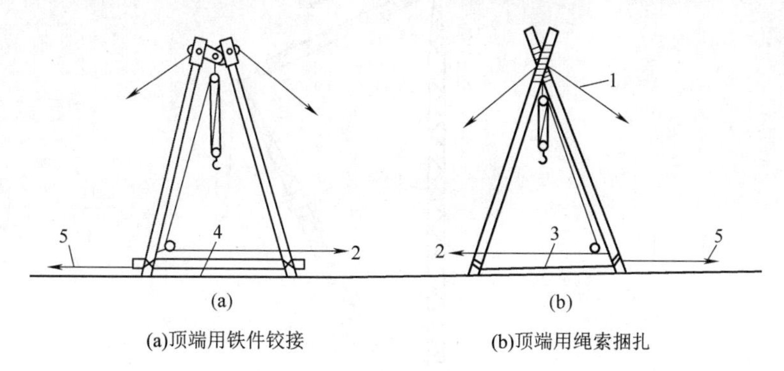

图6-17 人字拔杆

1—缆风绳；2—卷扬机；3—拉绳；4—拉杆；5—锚锭

3. 悬臂拔杆

悬臂拔杆是在独角拔杆的中部或 2/3 高度处装一根起重臂而成。其特点是起重高度和起重半径都较大，起重臂左右摆动的角度也较大(120°～270°)，但起重量较小，多用于轻型构件的吊装，如图6-18所示。

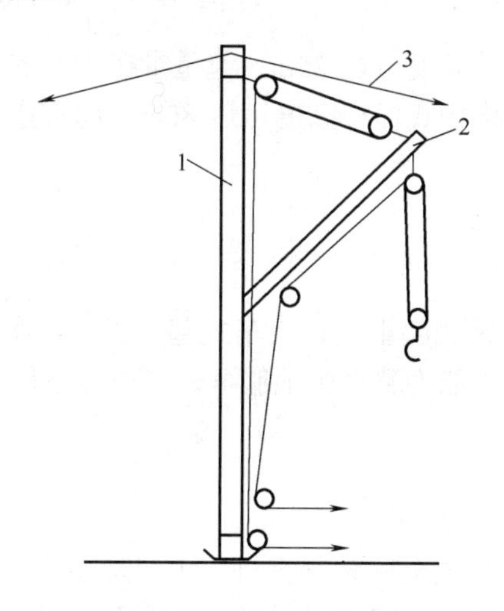

图6-18 悬臂拔杆

1—拔杆；2—起重臂；3—缆风绳

4. 牵缆式桅杆起重机

牵缆式桅杆起重机是在独脚拔杆下端装一根可以回转和起伏的起重臂而成。起重臂可以起伏，机身可回转 360°，可以在起重半径范围内把构件吊装到任何位置，起重量、起重半径均较大，但使用缆风绳较多，移动困难，适用于构件比较多且集中的建筑安装工程，如图6-19所示。

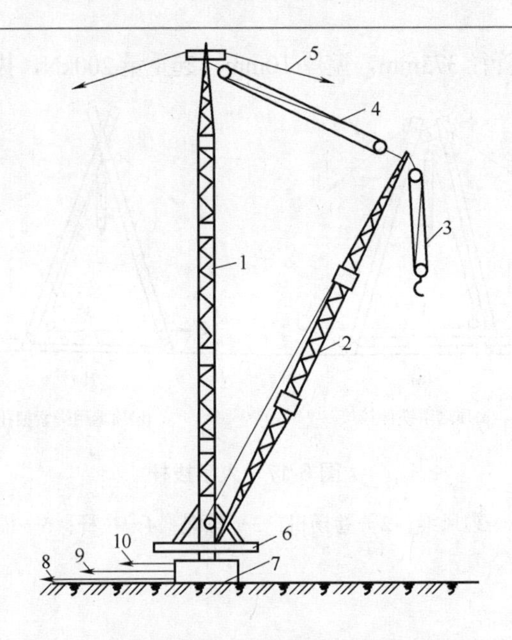

图 6-19 牵揽式桅杆起重机

1—桅杆；2—起重臂；3—起重滑轮组；4—变幅滑轮组；5—缆风绳；
6—回转盘；7—底座；8—回转索；9—起重索；10—变幅索

用无缝钢管制作的拔杆其高度可达 25m，起重量在 100kN 左右，多用于一般工业厂房的结构安装；用角钢组成的格构式桅杆高度可达 80m，起重量在 600kN 左右，用于重型厂房结构吊装或高炉安装。

6.2.2 自行式起重机

自行式起重机可分为履带式起重机、汽车式起重机和轮胎式起重机。自行式起重机的优点是灵活性大，移动方便，能为整个工地服务。其缺点是稳定性差。

1. 履带式起重机

1) 履带式起重机的构造及特点

履带式起重机是一种自行式全回转起重机，由行走装置、回转机构、机身以及起重臂等组成，如图 6-20 所示。履带式起重机自身有行走装置，位移及转场方便；操纵灵活，本身可以原地作 360° 回转；在起重时不需设支腿，在平坦坚实的地面上可以负载行驶，臂长可接长；由于履带的面积较大，故对地面的压强较低，开行时一般不超过 0.2MPa，起重时不超过 0.4MPa，因此它可以在较为坎坷不平的松软地面上进行吊装作业。目前，在装配式结构工程施工中，特别是在单层工业厂房结构安装中，履带式起重机得到广泛应用。

履带式起重机的缺点是稳定性较差，对地面破坏性较大，不能超负荷吊装，行驶速度慢且履带易损坏路面，因而，转移时多用平板拖车装运。

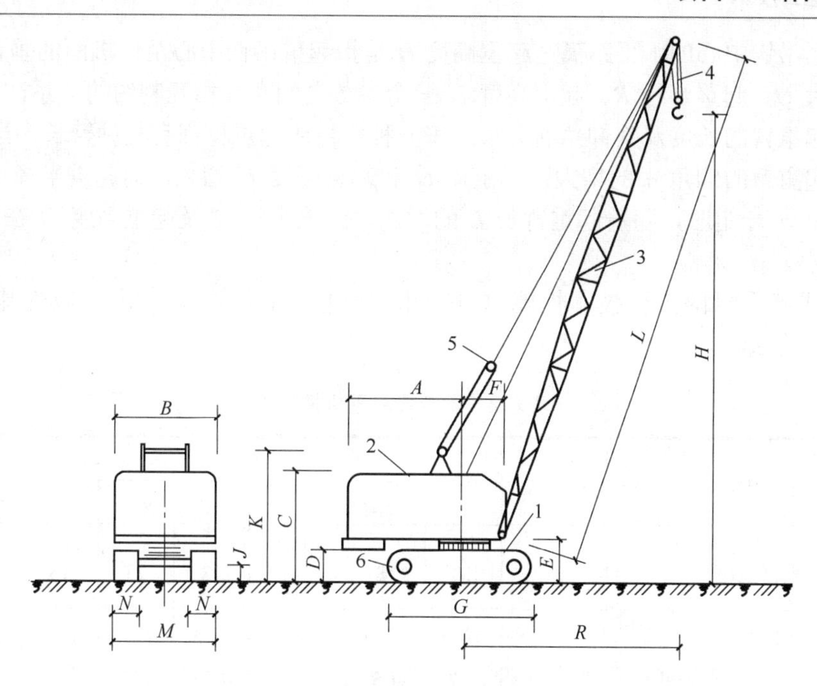

图 6-20　履带式起重机

1—底盘；2—机棚；3—起重臂；4—起重滑轮组；5—变幅滑轮组；6—履带
A，B—外形尺寸符号；L—起重臂长度；H—起升高度；R—工作幅度

在结构安装过程中常用的国产履带式起重机，主要型号有：W_1-50、W_1-100、W_1-200 型等。此外还有一些进口机型。履带式起重机的外形尺寸如表 6-1 所示。

表 6-1　履带式起重机外形尺寸　(单位：mm)

符　号	名　称	型　号		
		W_1-50	W_1-100	W_1-200
A	机棚尾部到回转中心距离	2900	3300	4500
B	机棚宽度	2700	3120	3200
C	机棚顶部距地面高度	3220	3675	4125
D	回转平台底面距地面高度	1000	1045	1190
E	起重臂枢轴中心距地面高度	1555	1700	2100
F	起重臂枢轴中心至回转中心的距离	1000	1300	1600
G	履带长度	3420	4005	4950
M	履带架宽度	2850	3200	4050
N	履带板宽度	550	675	800
J	行走底架距地面高度	300	275	390
K	双足支架顶部距地面高度	3480	4170	4300

2) 履带式起重机的技术性能

履带式起重机的主要技术性能包括三个参数：起重量 *Q*、起重半径 *R* 及起重高度 *H*。其中，起重量 *Q* 是指起重机安全工作所允许的最大起重物的质量；起重半径 *R* 是指起重机回转轴线至吊钩中心的水平距离；起重高度 H 是指起重吊钩中心至停机面的垂直距离。

起重量 Q、起重半径 R、起重高度 H 三个参数之间存在相互制约的关系，其数值的变化取决于起重臂的长度及其仰角的大小。每一种型号的起重机都有几种臂长，当臂长 L 一定时，随起重臂的仰角 a 的增大，起重量 Q 和起重高度 H 增大，而起重半径 R 减小；当起重臂仰角 a 一定时，随着起重臂长 L 的增加，起重半径 R 及起重高度 H 在增加，而起重量 Q 减小。

履带式起重机的主要技术性能可查起重机性能表(如表 6-2 所示)或性能曲线(如图 6-21～6-23 所示)。

表 6-2　履带式起重机性能表

参　数		单　位	型　号							
			W_1-50			W_1-100		W_1-200		
起重臂长度		m	10	18	18 带鸟嘴	13	23	15	30	40
起重半径	最大工作幅度	m	10.0	17.0	10.0	12.5	17.0	15.5	22.5	30.0
	最小工作幅度		3.7	4.5	6.0	4.23	6.5	4.5	8.0	10.0
起重量	最小工作幅度时	t	10.0	7.5	2.0	15.0	8.0	50.0	20.0	8.0
	最大工作幅度时	t	2.6	1.0	1.0	3.5	1.7	8.2	4.3	1.5
起升高度	最小工作幅度时	m	9.2	17.2	17.2	11.0	19.0	12.0	26.8	36.0
	最大工作幅度时	m	3.7	7.6	14.0	5.8	16.0	3.0	19.0	25.0

注：表中数据所对应的起重臂倾角为：$\alpha_{min}=30°$，$\alpha_{max}=77°$。

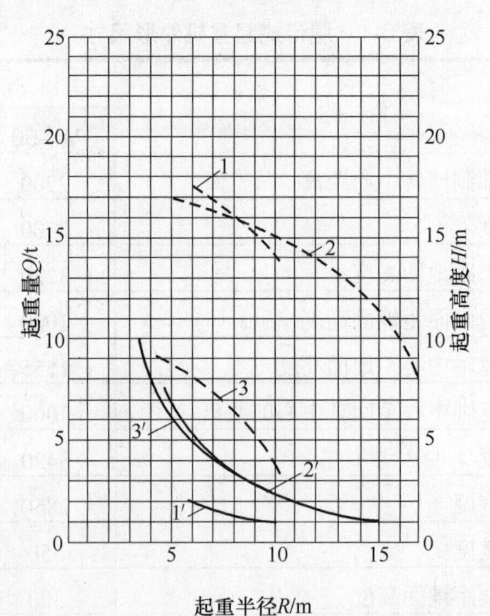

图 6-21　W_1-50 型履带式起重机性能曲线

1—L=18m 有鸟嘴时 R-H 曲线；2—L=18m 时 R-H 曲线；3—L=10m 时 R=H 曲线；1′—L=18m 有鸟嘴时 Q-R 曲线；2′—L=18m 时 Q-R 曲线；3′—L=10m 时 Q-R 曲线

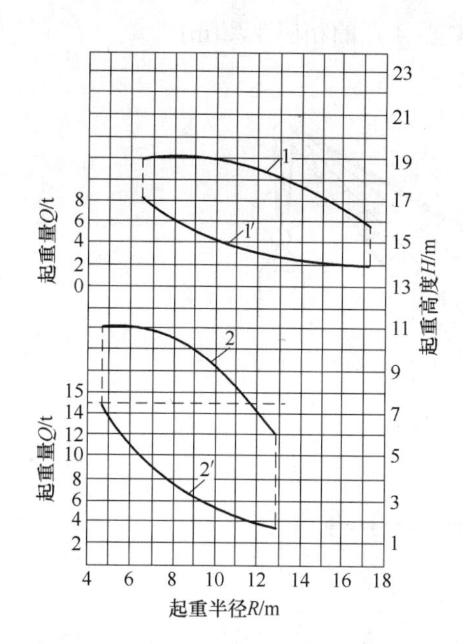

图 6-22　W_1-100 型履带式起重机性能曲线

1—L=23m 时 R-H 曲线；1′—L=23m 时 Q-R 曲线；
2—L=13 时 R-H 曲线；2′—L=13m 时 Q-R 曲线

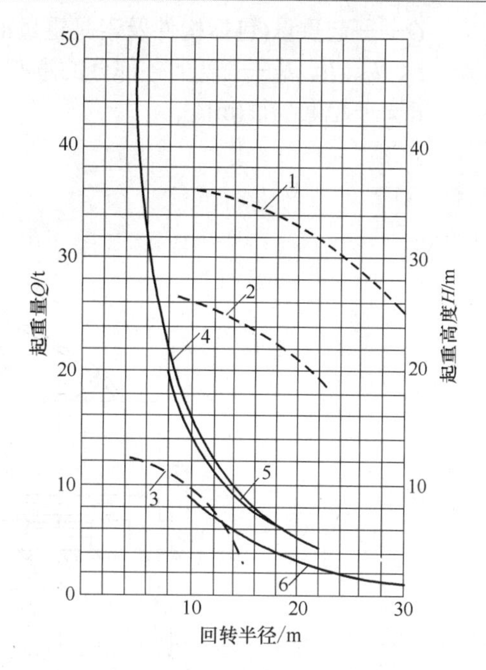

图 6-23　W_1-200 型履带式起重机性能曲线

1—L=40m 时 R-H 曲线；2—L=30m 时 R-H 曲线；
3—L=15m 时 R—H 曲线；
4—L=40m 时 Q-R 曲线；5—L=30m 时 Q-R 曲线；6—L=15m 时 Q-R 曲线

3) 履带式起重机的稳定性验算

履带式起重机在正常条件下，一般可以保持机身的稳定。但在超载吊装时或由于施工需要而接长起重臂时，为保证起重机的稳定性，保证在吊装中不发生倾覆事故，需进行整个机身在作业时的稳定性验算。验算后，若不能满足要求，则应采用增加配重等措施。

履带式起重机稳定性应在起重机处于最不利的工作状态下，即车身与行驶方向垂直的位置进行验算，如图 6-24 所示的情况下进行验算(起重机的稳定性最差)。此时，应以履带中心 A 点为倾覆中心点验算起重机的稳定性。

当不考虑附加荷载(风荷载、刹车惯性力和回转离心力等)时，有：

$$K=\frac{\text{稳定力矩}(M_{\text{稳}})}{\text{倾覆力矩}(M_{\text{倾}})}\geqslant 1.4 \tag{6-1}$$

应当考虑附加荷载时：$K\geqslant 1.15$。

为了简化计算，在验算起重机稳定性时，一般不考虑附加荷载，由图 6-24 可知：

$$K=\frac{G_1l_1+G_2l_2+G_0l_0-G_3l_3}{Q(R-l_2)}\geqslant 1.4 \tag{6-2}$$

式中：G_0——原机身平衡重(t)；

G_1——起重机身可转动部分的重量(t)；

G_2——起重机身不可转动部分的重量(t)；

G_3——起重臂重量(t)，为起重机重量的 4%～7%(起重臂接长时，为接长后的重量)；

Q——起重量(包括构件及索具重量)(t)；

l_1、l_2、l_3、l_0——以上各部分的重心至倾覆中心 A 点的相应距离(m)；

R——起重半径(m)。

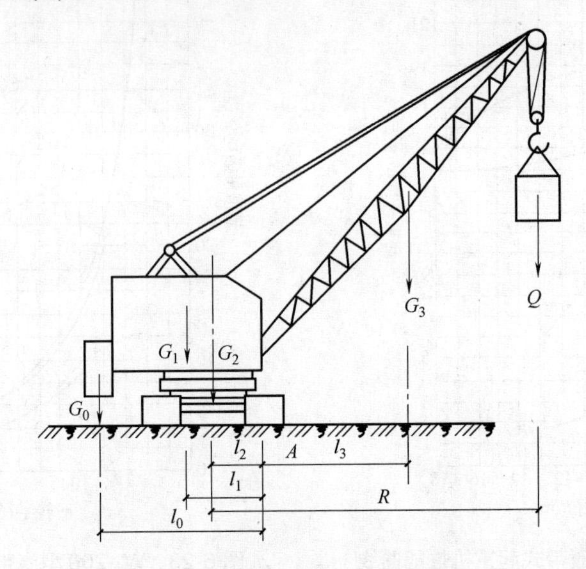

图 6-24　履带式起重机受力简图

在验算时，如果 $K<1.4$，则应采取增加配重等措施解决。必要时还需对起重臂的强度和稳定性进行验算。

4) 起重臂接长验算

当起重机的起重高度或起重半径不足时，在起重臂的强度和稳定性得到保证的前提下，可将起重臂接长，接长后的起重量 Q' 按图 6-25 计算。

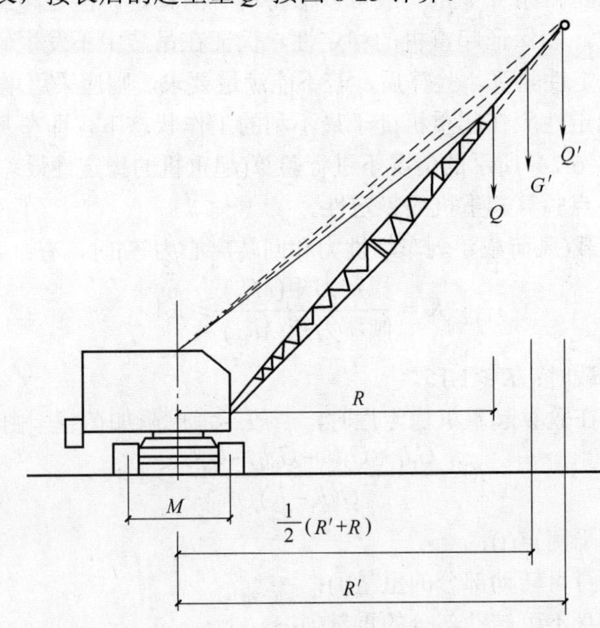

图 6-25　起重臂接长计算简图

根据力矩等量换算的原理得

$$Q'\left(R'-\frac{M}{2}\right)+G'\left(\frac{R'+R}{2}-\frac{M}{2}\right)=Q\left(R-\frac{M}{2}\right)$$

整理后得

$$Q'=\frac{1}{2R'-M}\left[Q(2R-M)-G'(R'+R-M)\right] \tag{6-3}$$

式中：R'——接长起重臂后的工作幅度(m)；

G'——起重杆接长部分的重量(t)。

其他符号同前。

当算得的 Q' 小于所吊构件重量时，必须用式(6-2)进行稳定性验算，并采取相应的措施解决，如在起重臂顶端拉设缆风绳，以加强起重机的稳定性。

2. 汽车式起重机

汽车式起重机是将起重机安装在普通汽车或专用汽车底盘上的一种自行式全回转起重机，如图 6-26 所示。设有可伸缩的支腿，起重时支腿落地。它的特点是行驶速度快、移动迅速、对路面破坏小，适用流动性大、经常变换地点的作业。它不能负荷行驶，也不能在松软或泥泞的地面上行驶，在进行作业时稳定性较差，机身长，行驶时转弯半径较大。

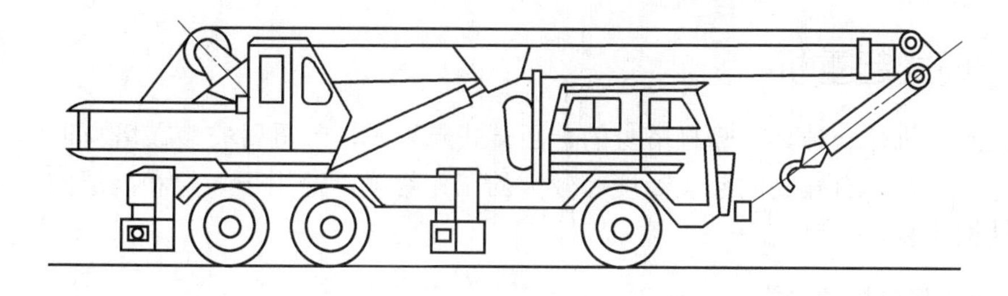

图 6-26　汽车起重机

目前国产汽车式起重机的最大起重量可达 650kN，引进日本的 NK-800 型起重机的起重量可达 800kN，德国的 GMT 型起重机的最大起重量可达 1200kN，最大起重高度可达 75.6m，能满足吊装重型构件的需要。我国生产的汽车式起重机有 Q_2、QY 系列等，常用的型号有 Q_2-8、Q_2-12、Q_2-16、Q_2-32、QY5、QY8、QY12、QY16、QY32、QY40 等。

3. 轮胎式起重机

轮胎式起重机是将起重机安装在加重轮胎和轮轴组成的特制底盘上的一种自行式全回转起重机，如图 6-27 所示。其设有四个可伸缩的支腿，在起重时利用支腿增加机身的稳定性。它与汽车式起重机相比，其优点是轮距较宽、稳定性好、车身短、转弯半径小、可在 360° 范围内工作；但其行驶时对路面要求较高，行驶速度较汽车式慢，不适合在松软泥泞的地面上工作。其常用的型号有 QL_2-8、QL_3-16、QL_3-25、QL_3-40、QL_1-16，一般用于工业厂房的结构吊装。

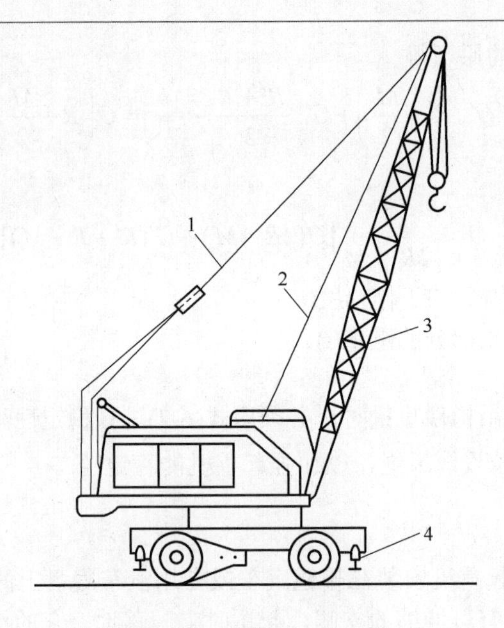

图 6-27　轮胎起重机

1—变幅索；2—起重索；3—起重杆；4—支腿

6.2.3　塔式起重机

塔式起重机是一种具有竖直塔身的全回转式起重机，起重臂安装在塔身顶部，形成 T 形的工作空间，具有较高的起重高度和较大的工作幅度，适用于多层和高层的工业与民用建筑的结构安装。

1. 塔式起重机的种类

(1) 按起重能力的不同可分为轻型、中型、重型塔式起重机。

① 轻型塔式起重机：起重量为 0.5～3t，一般用于六层以下的民用建筑施工。

② 中型塔式起重机：起重量为 3～15t，适用于一般工业与民用建筑施工。

③ 重型塔式起重机：起重量为 20～40t，一般用于大型工业厂房和高炉等设备的安装。

(2) 按结构与性能特点的不同可分为轨道式、爬升式、附着式和固定式塔式起重机。

① 轨道式塔式起重机。塔式起重机安装在轨道上，起重机能在直线和曲线轨道上行走，能同时完成水平和垂直运输，使用安全、生产效率高，但因需要铺设轨道，装拆及转移耗费工时较多，台班费用较高，如图 6-28 所示。

② 爬升式塔式起重机。爬升式塔式起重机是一种安装在建筑物内部结构上的，借助套架托梁和爬升系统自行爬升的起重机。它每隔 1～2 层爬升一次。其特点是机身体积小，安装简单，特别适用于施工现场狭窄的高层建筑结构安装。

爬升式塔式起重机由底座、塔身、塔顶、行走式起重臂、平衡臂等组成，如图 6-29 所示。爬升过程如图 6-30 所示，即固定下支座→提升套架→下支座脱空→提升塔身→固定下支座。

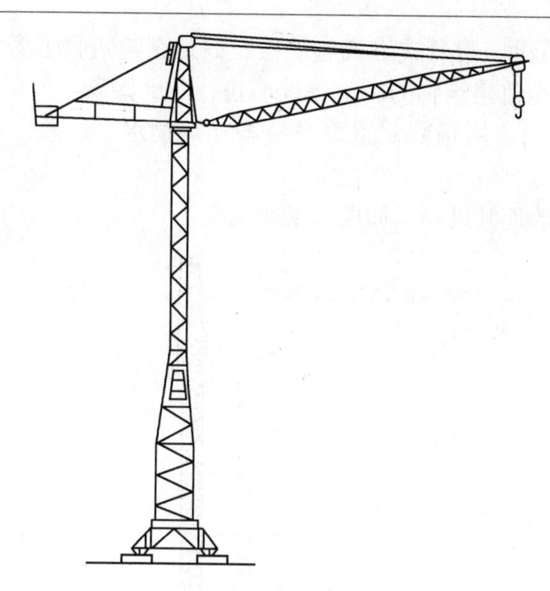

图 6-28　轨道式塔式起重机

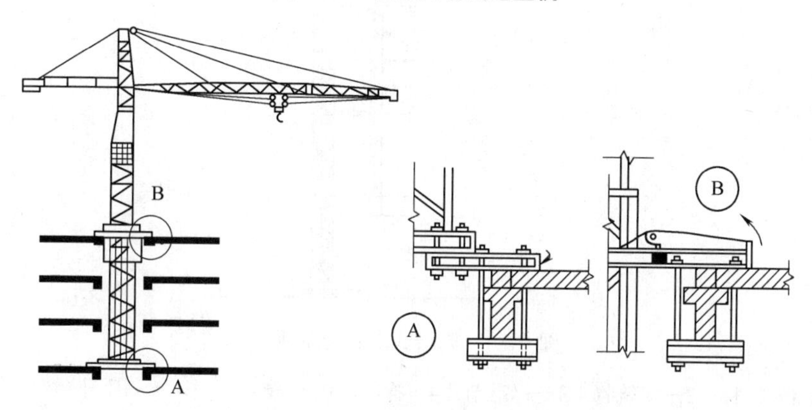

图 6-29　爬升式塔式起重机

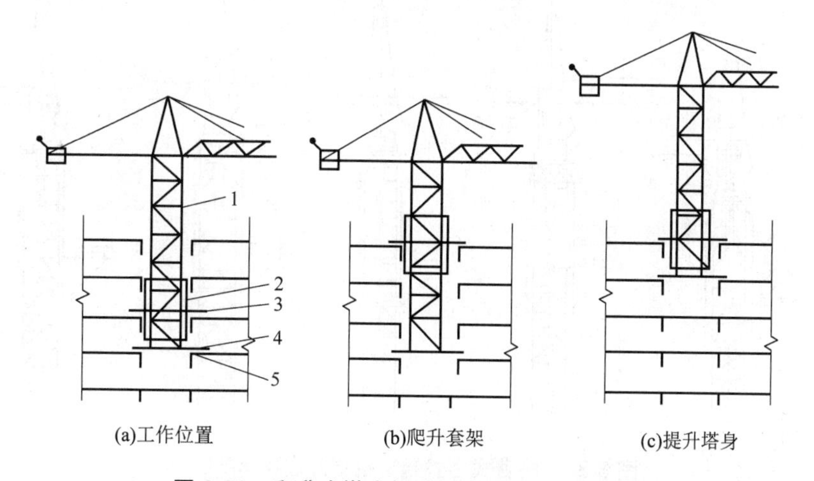

图 6-30　爬升式塔式起重机的爬升过程示意图

1—塔身；2—套架；3—套架梁；4—塔身底座梁；5—建筑物楼盖梁

③ 附着式塔式起重机。附着式塔式起重机是固定在建筑物近旁混凝土基础上的起重机，它借助液压顶升系统随建筑物的施工进程而自行向上接高。为保证塔身的稳定，每隔一定的距离(一般为 20m)，用锚固装置将塔身与建筑物水平连接，使塔身依附在建筑物上，如图 6-31 所示。

附着式塔式起重机的顶升过程，如图 6-32 所示。

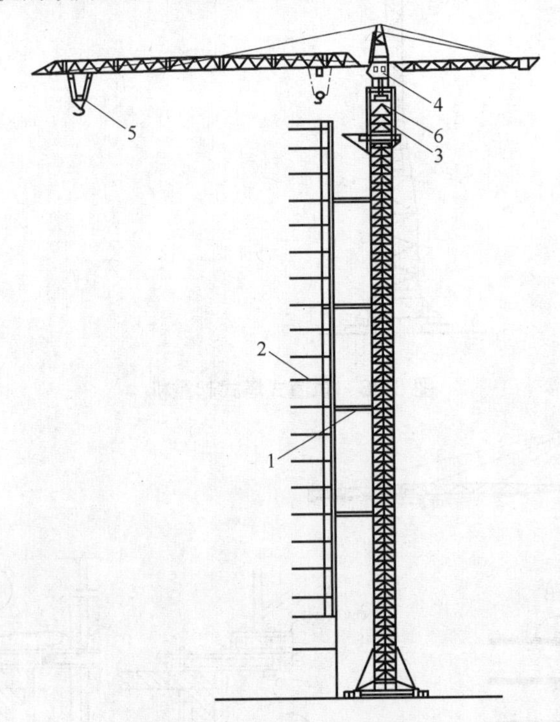

图 6-31　附着式塔式起重机

1—撑杆；2—建筑物；3—标准节；4—操纵室；5—起重小车；6—顶升套架

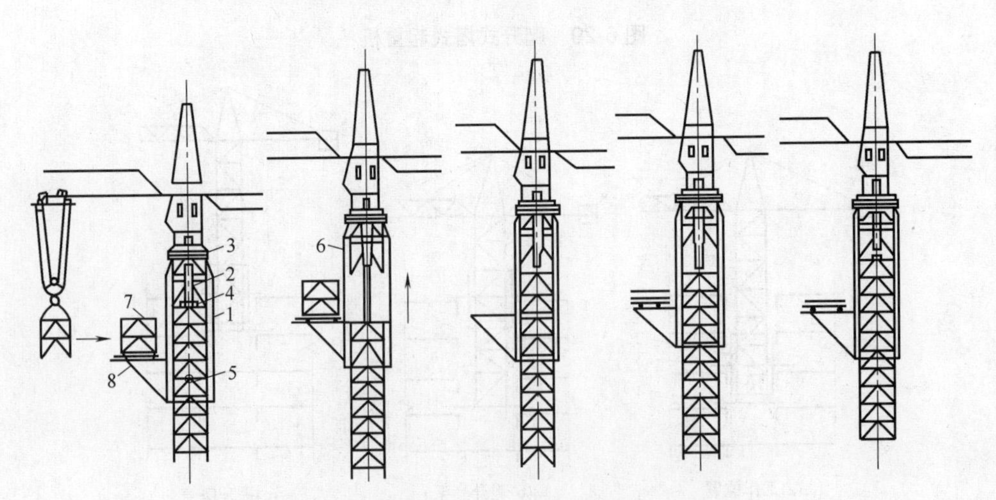

图 6-32　附着式塔式起重机爬升过程示意图

1—顶升套架；2—液压千斤顶；3—承座；4—顶升横梁；
5—定位销；6—过渡节；7—标准节；8—摆渡小车

2．塔式起重机的布置

塔式起重机的布置方案主要根据建筑物的平面形状、构件重量、起重机性能及施工现场地形条件确定，如图 6-33 所示。

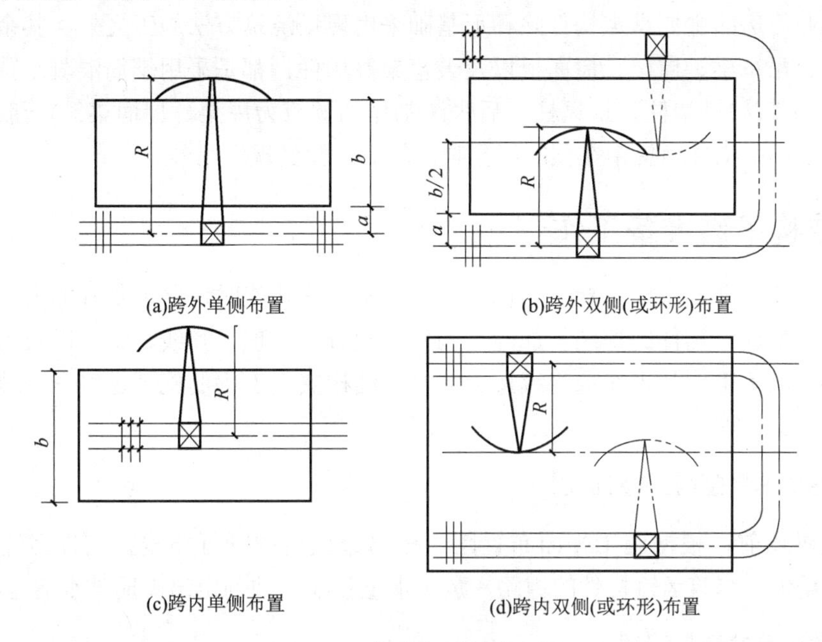

图 6-33　塔式起重机的布置

1) 跨外单侧布置

跨外单侧布置适用于建筑物宽度较小(15m 左右)，构件重量较轻(20kN 左右)的情况，此时起重半径应满足

$$R \geqslant b + a \tag{6-4}$$

式中：R——塔式起重机吊装最远构件时的起重半径(m)；

b——建筑物宽度(m)；

a——建筑物外侧至塔机轨道中心距离(m)，一般为 3～5m。

2) 跨外双侧布置或环形布置

跨外双侧布置或环形布置适用于建筑物宽度较大(大于 17m)或构件较重，起重机不能满足最远构件的吊装要求。双侧布置时起重半径应满足

$$R \geqslant b/2 + a \tag{6-5}$$

3) 跨内单侧布置

跨内单侧布置适用于建筑场地狭窄不能布置在外侧或布置在外侧不能满足构件吊装要求的情况。

4) 跨内双侧布置

它适用于构件较重，在跨内单侧布置不能满足构件的吊装要求，同时起重机又不可能跨外双侧布置时。

6.3 单层工业厂房结构安装

单层工业厂房的主要承重构件除杯形基础采用现场浇筑方法施工之外，其余构件包括柱、基础梁、吊车梁、屋架、屋面板以及天窗架等构件，都是采用钢筋混凝土预制构件。其中，大型构件(如排架柱、抗风柱、后张法制作的预应力屋架、屋面梁等)一般在现场就地预制；中、小型构件则集中在预制厂预制，然后运输到现场吊装。

6.3.1 结构吊装准备工作

构件安装前的准备工作包括：场地清理与平整、修建临时道路、基础的准备、构件的运输、就位、堆放、构件的拼装与加固、构件的检查、清理、弹线、编号以及起重吊装机械的安装等。准备工作是否充分将直接影响整个结构安装工程的施工进度、安装质量、安全生产和文明施工等。

1. 场地清理平整与道路铺设

起重机进场前，根据施工平面布置图，标出起重机的开行路线，构件运输及堆放位置，清理好场地，修筑运输构件的道路，敷设水电管线，并制定出雨期排水措施。

2. 构件质量检查与清理

为保证工程质量，在结构安装前，应对所有构件进行全面质量检查。

(1) 构件强度检查。构件安装时，混凝土强度不应低于设计规定的强度，当设计无要求时，一般不低于设计强度等级的 75%，对后张法预应力混凝土构件，孔道灌浆的砂浆强度等级不低于 15MPa。对大型构件，混凝土强度则应达到 100%设计强度等级方可安装。

(2) 构件的外形尺寸、预埋件的位置及大小等是否满足设计要求。

(3) 构件的外观有无缺陷、损伤、变形、裂缝等，不合格构件不允许使用。

(4) 检查吊环位置，吊环有无变形损伤。

3. 杯形基础准备

钢筋混凝土柱一般为杯形基础。考虑预制钢筋混凝土柱长度时存在误差，浇筑基础时，杯底标高一般比设计标高降低 50mm，使柱子长度的误差在安装时能够调整。杯形基础在现场浇筑时应保证定位轴线及杯口尺寸准确。柱子安装之前，对杯底标高要抄平，以保证柱子牛腿面标高符合设计要求。测量杯底标高时，先在杯口内弹出比杯口顶面设计标高低 100mm 的水平线，然后用金属直尺对杯底标高进行测量，小柱测中间一点，大柱测四个角点，得出杯底的实际标高，再量出柱底面至牛腿面的实际长度，根据制作长度的误差，计算出杯底标高调整值，在杯口内做出标志，用水泥砂浆或细石混凝土将杯底垫平至标志处。标高的允许误差为±5mm。例如：实测杯底实际标高-1.20m，柱牛腿面设计标高+7.80m，量得柱底至牛腿面的实际长度为 8.95m，则杯底标高的调整值为[(7.80+1.20)-

8.95]m=+0.05m。

为便于柱的安装与校正，在杯形基础顶面应弹出建筑物的纵横轴线和柱子的吊装准线，作为柱在平面位置安装时对位及校正的依据。

钢柱在安装前，应保证基础顶面与锚栓位置准确，其误差在±2mm 以内；基础顶面要垂直，倾斜度小于 1/1000；锚栓在支座范围内的误差为±5mm，施工时，锚栓应安设在固定架上，以保证其位置准确。

4．构件的弹线与编号

构件经过检查，质量合格后，在构件表面弹出安装中心线，作为构件安装、对位、校正的依据。对形状复杂的构件，要标出其重心的绑扎点位置。

1) 柱子弹线

在柱身的三面弹出安装中心线(两个小面，一个大面)。矩形截面柱，按几何中心弹线；工字形截面柱，除在矩形截面部位弹出中心线外，还应在工字形柱的两翼缘部位各弹出一条与中心线平行的线，以便于观测及避免误差。在柱顶与牛腿面上还要弹出屋架及吊车梁的安装中心线。

2) 屋架弹线

屋架上弦顶面弹出几何中心线，并从跨中向两端分别弹出天窗架、屋面板或檩条的安装定位线，在屋架的两端弹出安装中心线。

3) 梁弹线

梁的两端及顶面应弹出安装中心线。

4) 编号

按设计图纸要求将构件进行编号。

5．构件预制

预制构件如柱、梁、屋架、屋面板等一般在现场预制或工厂预制。在允许的条件下，预制时尽可能采用叠浇法，重叠层数由地基承载能力和施工条件确定，一般不超过 4 层，上下层间应做好隔离层，上层构件的浇筑应等到下层构件混凝土达到设计强度的 30%以后才可进行，整个预制场地应平整夯实，不可因受荷载、浸水而产生不均匀沉陷。

6．构件运输

对构件运输时混凝土强度的要求是：如设计无规定时，不应低于设计混凝土强度标准值的 75%。在运输过程中构件的支承位置和方法，应根据设计的吊(垫)点设置，不能引起超应力或使构件变形、损伤。叠放运输构件之间必须用隔板或垫木隔开。上、下垫木应保持在同一垂直线上，支垫数量应符合设计要求，以免构件受损；运输道路尽量平坦，要有足够的宽度和转弯半径。

7．构件堆放

预制构件的堆放应考虑便于吊升后的就位，特别是大型构件，如房屋建筑中的柱、屋架等，应做好构件堆放的布置图，以便一次吊升就位，减少起重设备负荷开行。对于小型构件，则可考虑布置在大型构件之间，也应以便于吊装，减少二次搬运为原则。但小型构件常采用随吊随运的方法，以减少对施工场地的占用。

小型构件运至现场后，按平面布置图安排的部位，依编号、吊装顺序进行就位和集中堆放。小型构件就位位置，一般在其安装位置附近，有时也可从运输车上直接起吊。采用重叠放置时，梁可放 2～3 层，屋面板不超过 6 层，空心板不超过 8 层等。构件吊环要向上，标志要向外。

6.2.2 构件的吊装工艺

单层工业厂房结构的主要构件有柱、吊车梁、屋架、天窗架、屋面板、连系梁等。其吊装过程包括绑扎、起吊、对位、临时固定、校正及最后固定等工序。

1. 柱的吊装

1) 柱的绑扎

柱一般均在现场就地预制，用砖或土作为底模平卧生产，侧模可用木模或组合钢模。在制作底模和浇筑混凝土之前，就要确定绑扎方法、绑扎点数目和位置，并在绑扎点预埋吊环或预留孔洞，以便在绑扎时穿钢丝绳。柱的绑扎方法、绑扎点数目和位置，要根据柱的形状、断面、长度、配筋以及起重机的起重性能确定。绑扎柱子的吊具有吊索、卡环、横吊梁等，应尽量采用活络式卡环(在高空中脱钩方便)，柱子与吊索之间垫以麻袋等，避免起吊时磨损柱子表面。

柱的绑扎点数目与位置应按起吊时由自重产生的正负弯矩绝对值基本相等且不超过柱允许值的原则确定，以保证柱在吊装过程中不折断、不产生过大的变形。中、小型柱大多可绑扎一点，对于有牛腿的柱，吊点一般在牛腿下 200mm 处。重型柱或配筋少而细长的柱(如抗风柱)，为防止起吊过程中柱身断裂，需绑扎两点，且吊索的合力点应偏向柱重心上部。必要时，需验算吊装应力和裂缝宽度后确定绑扎点数目与位置。工字形截面柱和双肢柱的绑扎点应选在实心处，否则应在绑扎位置用方木垫平。

(1) 一点绑扎斜吊法。当柱平卧起吊的抗弯强度满足要求时，可采用一点绑扎斜吊法，如图 6-34 所示。使用该方法起吊柱子时不需翻身直接从底模上起吊；起吊后，柱呈倾斜状态，吊索在柱宽面一侧，起重钩可低于柱顶，起吊高度比较小，起重机的起重臂可短一些；但对位不方便，宽面要有足够的抗弯能力。

(2) 一点绑扎直吊法。当柱平卧起吊的抗弯强度不满足要求时，可在吊装前，先将柱翻身成侧立，然后起吊，柱翻身后刚度大，抗弯能力强，不易产生裂缝；起吊后柱身与基础杯口垂直，容易对位，但需用横吊梁，起重吊钩要超过柱顶，需要的起重高度比斜吊法大，起重臂比斜吊法长，如图 6-35 所示。

(3) 两点绑扎法。当柱较长时，一点绑扎时柱的抗弯强度不足时可用两点绑扎，如图 6-36 所示。

(4) 柱子有三面牛腿的绑扎法。采用直吊绑扎法，用两根吊索分别沿柱角吊起，如图 6-37 所示。

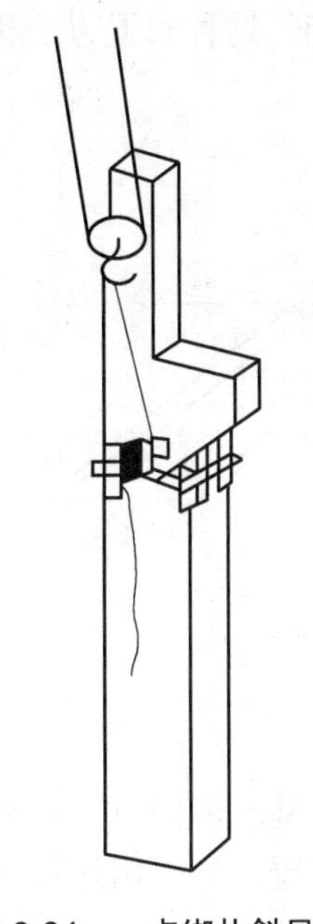

图 6-34　一点绑扎斜吊法

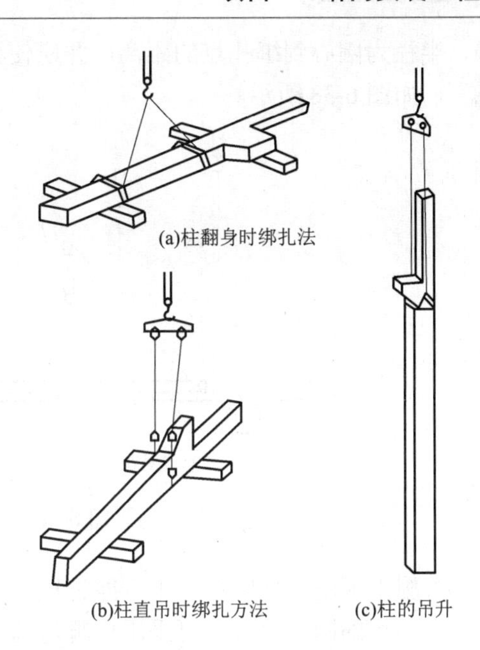

(a)柱翻身时绑扎法

(b)柱直吊时绑扎方法　　(c)柱的吊升

图 6-35　一点绑扎直吊法

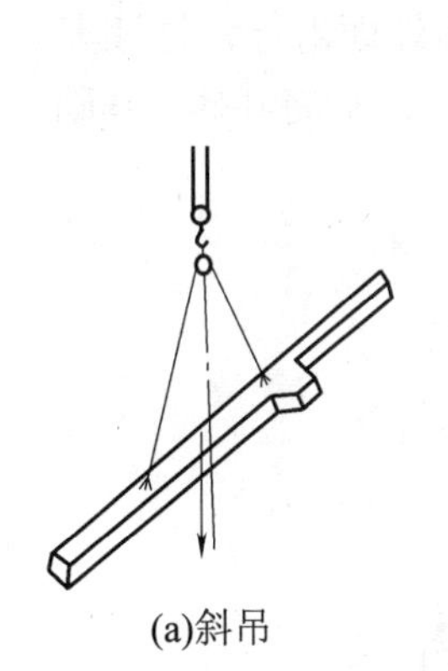

(a)斜吊

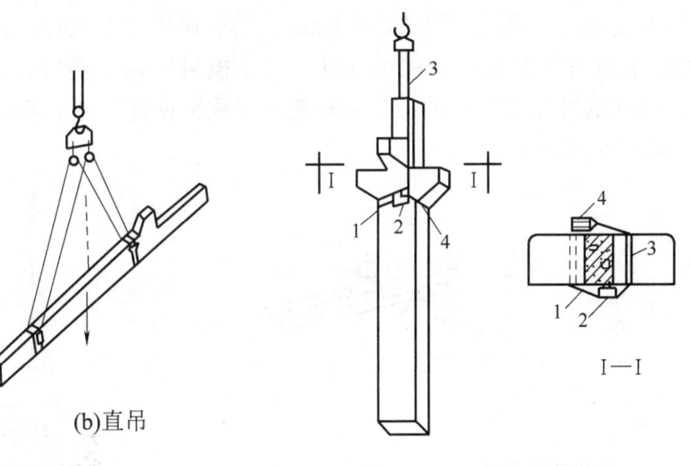

(b)直吊

图 6-36　柱的两点绑扎法

图 6-37　三面牛腿绑扎法

1—短吊绳；2—活络卡环；
3—长吊绳；4—普通卡环

2) 柱的吊升

柱的吊升方法应根据柱的重量、长度、起重机的性能和现场条件确定。根据柱在吊升过程中运动的特点，吊升方法可分为旋转法和滑行法两种；根据起重机的数量，可分为单机吊升和双机吊升两种。

(1) 单机旋转法吊升。柱吊升时，起重机边升钩边回转，使柱身绕柱脚(柱脚不动)旋转直到竖直，起重机将柱吊离地面后稍微旋转起重臂使柱处于基础正上方，然后将其插入基础杯口。为了操作方便和起重臂不变幅，柱在预制或排放时，应使柱基中心、柱脚中心和柱绑扎点三点均位于起重机的同一起重半径的圆弧上，该圆弧的圆心为起重机的回转中心，半径为圆心到绑扎点的距离，并应使柱脚尽量靠近基础。这种布置方法称为“三点共弧”，如图 6-38 所示。

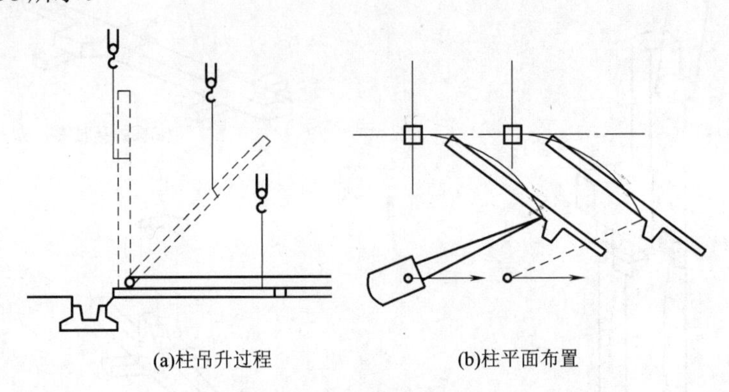

图 6-38　单机旋转法吊装柱

若施工现场条件限制，不可能将柱的绑扎点、柱脚和柱基三者同时布置在起重机的同一起重半径的圆弧上时，可采用柱脚与基础中心两点共弧布置，但采用这种布置时，柱在吊升过程中起重机要变幅，影响生产效率。

旋转法吊升柱受震动较小，生产效率较高，但对平面布置要求较高，对起重机的机械性能要求较高。当采用履带式、轮胎式、汽车式等起重机时，宜采用该法。

(2) 单机滑行法吊升。柱吊升时，起重机只升钩不转臂，使柱脚沿地面滑行，柱逐渐直立，起重机将柱吊离地面后，稍微旋转起重臂使柱子处于基础正上方，然后将其插入基础杯口，如图 6-39 所示。

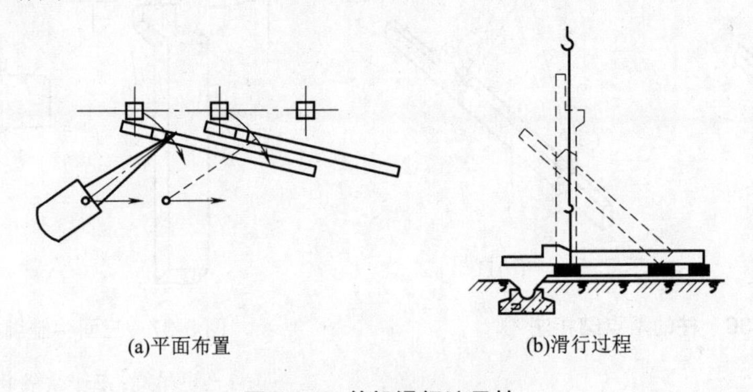

图 6-39　单机滑行法吊柱

采用滑行法布置柱的预制或排放位置时，应使绑扎点靠近基础，绑扎点与杯口中心点均位于起重机的同一起重半径的圆弧上，这种布置方法称为“两点共弧”。

滑行法吊升柱受震动大，但对平面布置要求低，对起重机的机械性能要求低。滑行法一般用于柱较重、较长而起重机在安全荷载下回转半径不够时，或现场狭窄无法按旋转法排放布置时以及采用桅杆式起重机吊装柱时等情况。为了减小柱脚与地面的摩阻力，宜在柱脚处设置托木、滚筒等。

(3) 双机抬吊旋转法。对于重型柱，一台起重机吊不起来，可采用两台起重机抬吊。采用旋转法双机抬吊时，应两点绑扎，一台起重机抬上吊点，另一台起重机抬下吊点。当双机将柱子抬至离地面一定的距离(为下吊点到柱脚距离+300mm)时，上吊点的起重机将柱上部逐渐提升，下吊点不需再提升，使柱子呈直立状态后旋转起重臂使柱脚插入杯口，如图 6-40 所示。

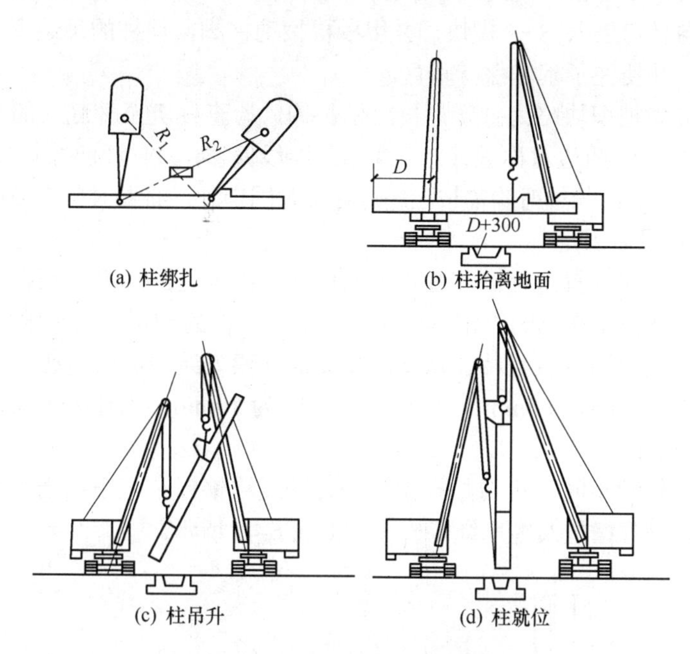

(a) 柱绑扎　(b) 柱抬离地面

(c) 柱吊升　(d) 柱就位

图 6-40　双机抬吊旋转法

(4) 双机抬吊滑行法。柱为一点绑扎，且绑扎点靠近基础，起重机在柱基础的两侧，两台起重机在柱的同一绑扎点吊升，使柱脚沿地面向基础滑行，呈直立状态后，将柱脚插入基础杯口内，如图 6-41 所示。

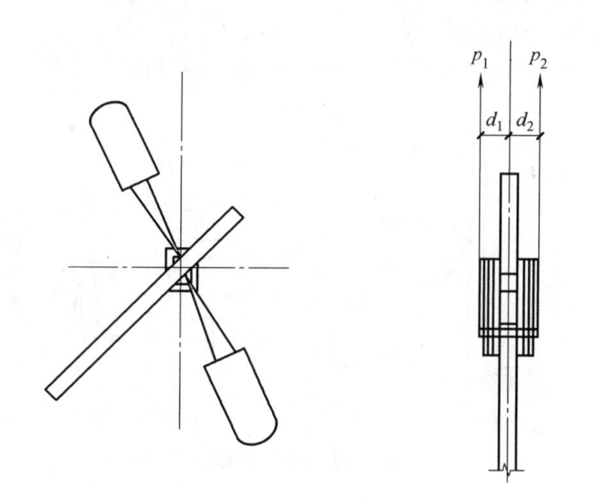

图 6-41　双机抬吊滑行法

在滑行法中，为了使柱身不受振动，又要避免在柱脚加设防护措施的烦琐，可在柱下端增设一台起重机，将柱脚递送到杯口上方，成为三机抬吊递送法。

3) 柱的就位和临时固定

如柱采用直吊法时，柱脚插入杯口后应悬离杯底适当距离进行就位。如用斜吊法，可在柱脚接近杯底时，在吊索一侧的杯口中插入 2 个楔块，再通过起重机回转进行就位。就位时应从柱四周向杯口放入 8 个楔块，并用撬棍拨动柱脚，使柱的吊装中心线对准基础杯口上的吊装准线，并使柱子基本保持垂直。

柱就位后，应先把楔块略为打紧，再放松吊钩，检查柱沉至杯底后的对中情况，若符合要求，即把楔块打紧(两边对称进行，以免吊装准线偏移)，将柱临时固定，然后起重钩便可脱钩。吊装重型柱或细长柱时除需按上述进行临时固定外，必要时应增设缆风绳拉锚。

4) 柱的校正和最后固定

柱的校正包括平面位置、标高和垂直度的校正，因为柱的标高校正在基础杯口底抄平时已进行，平面位置校正在临时固定时已完成，所以，柱的校正主要是垂直度校正。

柱的垂直度检查要用两台经纬仪从柱的相邻面观察安装中心线是否垂直，垂直度偏差的允许值：柱高 H≤5m 时为 5mm；柱高 H＞5m 时为 10mm；当柱高 H≥10m 时为 1/1000 柱高，且不大于 20mm。

当垂直度偏差值较小时，可用敲打楔块的方法或用钢钎来纠正；当垂直度偏差值较大时，可用千斤顶、钢管撑杆及缆风绳等校正，如图 6-42 所示。

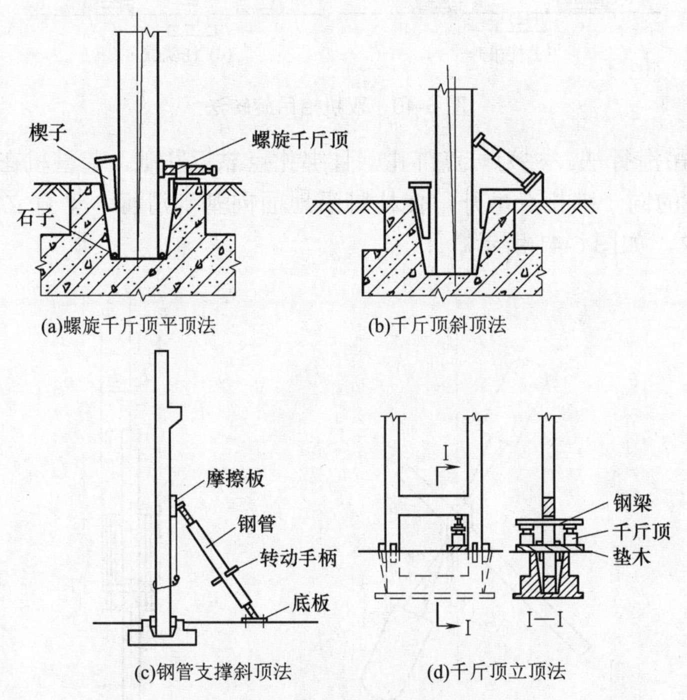

图 6-42 柱垂直度的校正方法

柱校正后应立即进行固定，其方法是在柱脚与杯口的空隙中浇筑比柱混凝土强度等级高一级的细石混凝土。混凝土浇筑应分两次进行：第一次浇至楔块底面，待混凝土强度达到 25%时拔去楔块；再将混凝土浇满杯口，如图 6-43 所示。

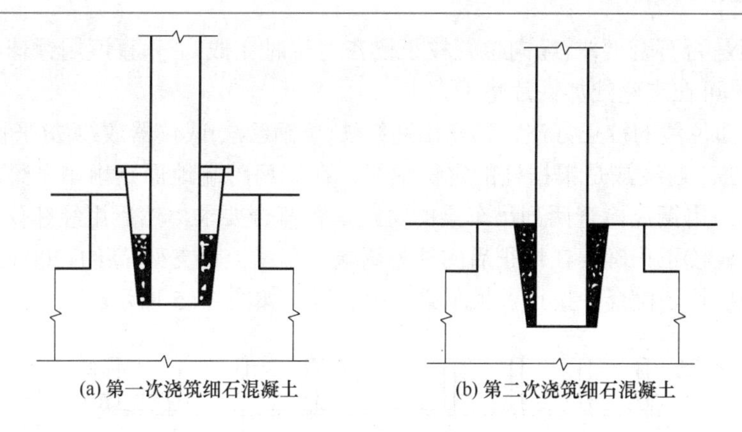

图 6-43　柱的最后固定

2. 吊车梁的吊装

吊车梁的吊装应在柱子杯口第二次浇灌混凝土强度达到设计强度 75%时方可进行。

1) 绑扎、吊升、就位与临时固定

吊车梁吊装时应两点对称绑扎，吊钩垂线对准梁的重心，起吊后吊车梁保持水平状态。在吊车梁的两端设溜绳控制，以防碰撞柱子。对位时应缓慢降钩，将吊车梁端部吊装准线与牛腿顶面吊装准线对准。吊车梁对位后，不宜在纵轴方向进行撬动，因为柱在此方向刚度较差，过分撬动会使柱身弯曲产生偏差。吊车梁的自身稳定性较好，用垫铁垫平后，起重机即可脱钩，一般不需采用临时固定措施。当梁高与底宽之比大于 4 时，为防止吊车梁倾倒，可用铁丝将梁临时绑在柱子上，如图 6-44 所示。

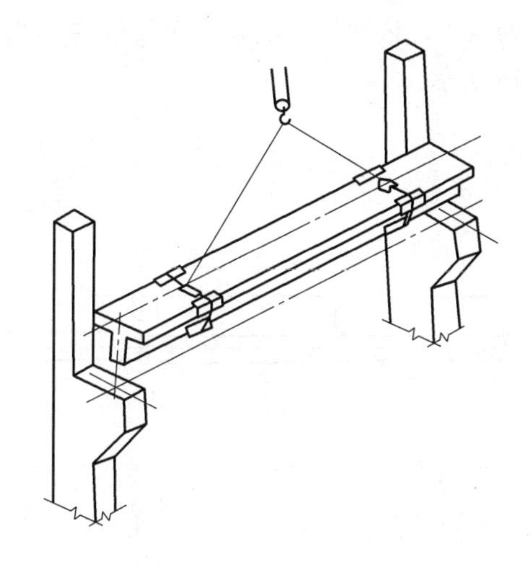

图 6-44　吊车梁的吊装

2) 校正和最后固定

吊车梁的校正工作一般应在屋面构件校正和最后固定后进行，以免屋架、支撑等安装时，引起柱子变位，而使吊车梁产生新的误差。对较重的吊车梁，由于脱钩后校正困难，可采用边吊边校正，但屋架固定后要复查一次。

校正包括标高、垂直度和平面位置。标高的校正已在基础杯底调整时基本完成，如仍有误差，可在铺轨时，在吊车梁顶面抹一层砂浆来找平。平面位置的校正主要检查吊车梁纵轴线和跨距是否符合要求(纵向位置校正已在对位时完成)。垂直度用锤球检查，偏差应在 5mm 以内，可在支座处加铁片垫平。

吊车梁平面位置的校正方法，通常用通线法(拉钢丝法)或仪器放线法(平移轴线法)。

(1) 通线法。通线法是根据柱的定位轴线，在厂房跨端地面定出吊车梁的安装轴线位置并打入木桩。用钢尺检查两列吊车梁的轨距是否符合要求，然后用经纬仪将厂房两端的四根吊车梁位置校正正确。在校正后的柱列两端吊车梁上设支架(高约 200mm)，拉钢丝通线并将悬挂物拉紧。检查并拨正各吊车梁的中心线，如图 6-45 所示。

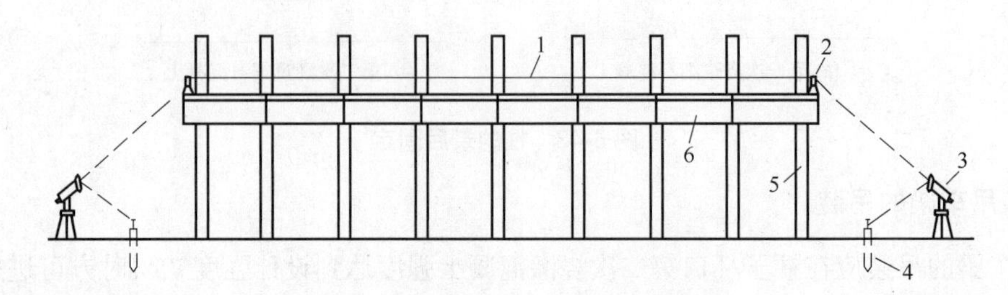

图 6-45　使用通线法校正吊车梁示意图

1—通线；2—支架；3—经纬仪；4—木桩；5—柱；6—吊车梁

(2) 仪器放线法。仪器放线法适用于当同一轴线上的吊车梁数量较多时，如采用通线法，使钢丝过长，不宜拉紧而产生较大偏差时可使用仪器放线法。该法是在柱列外设置经纬仪，并将各柱杯口处的吊装准线投射到吊车梁顶面处的柱身上(或在各柱上放一条与吊车梁轴线等距离的校正基准线)，并做出标志。若标志线至柱定位轴线的距离为 a，则标志到吊车梁安装轴线的距离应为 $\lambda-a$，依次逐根拨正吊车梁的中心线并检查两列吊车梁间的轨距是否符合要求，如图 6-46 所示。

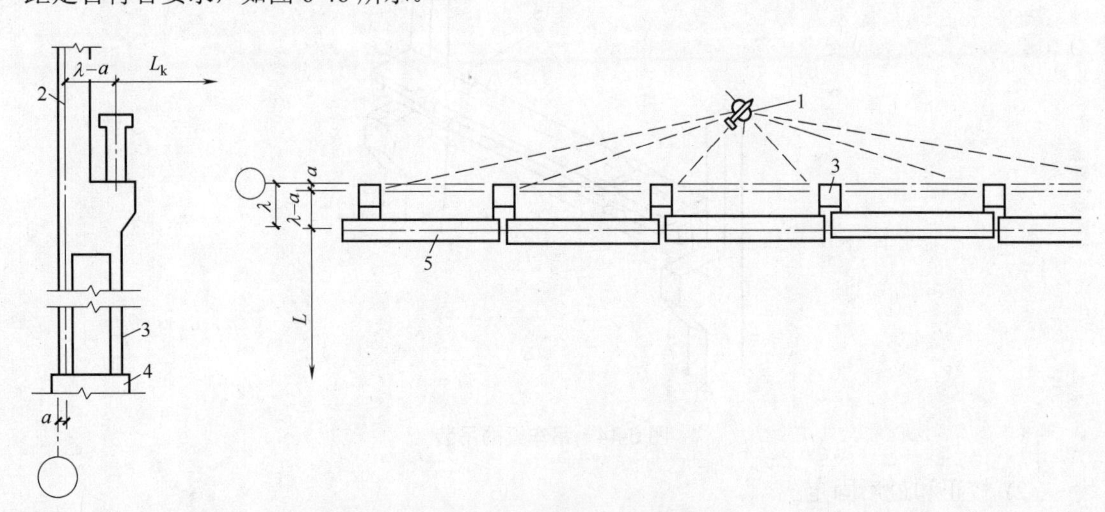

图 6-46　使用平移轴线法校正吊车梁

1—经纬仪；2—标志；3—柱；4—柱基础；5—吊车梁

吊车梁最后固定是将吊车梁用钢板与柱侧面、吊车梁顶面预埋铁件焊牢，并在接头处、吊车梁与柱的空隙处支模浇筑细石混凝土。

3．屋架的吊装

钢筋混凝土屋架有三角形屋架、梯形屋架、拱形屋架、多腹杆折线形屋架、组合屋架等。中小型单层工业厂房屋架的跨度为 12～24m，重量为 3～10t。钢筋混凝土屋架在施工现场制作，在屋架安装前尚应将屋架扶直就位。屋架吊装的施工顺序是：绑扎→扶直就位→吊升→就位→临时固定→校正→最后固定。

1) 屋架的绑扎

屋架的绑扎点应选在上弦节点处，左右对称，并高于屋架重心，使屋架吊升后基本保持水平、不晃动、不倾倒。在屋架两端应设置溜绳，以控制屋架转动。屋架吊点的数目及位置与屋架的形式和跨度有关，一般由设计确定，其选择方式应符合设计要求。一般钢筋混凝土屋架跨度小于或等于 18m 时，两点绑扎；屋架跨度大于 18m 时，用两根吊索，四点绑扎；屋架跨度大于或等于 30m 时，为了减少屋架的起吊高度，应采用横吊梁(又称铁扁担)。绑扎时吊索与水平面的夹角不宜小于 45°，以免屋架承受过大的横向压力，如图 6-47 所示。

钢屋架的纵向刚度差，在翻身扶直与安装时，应绑扎几道杉木杆，作为临时加固措施，防止侧向变形。

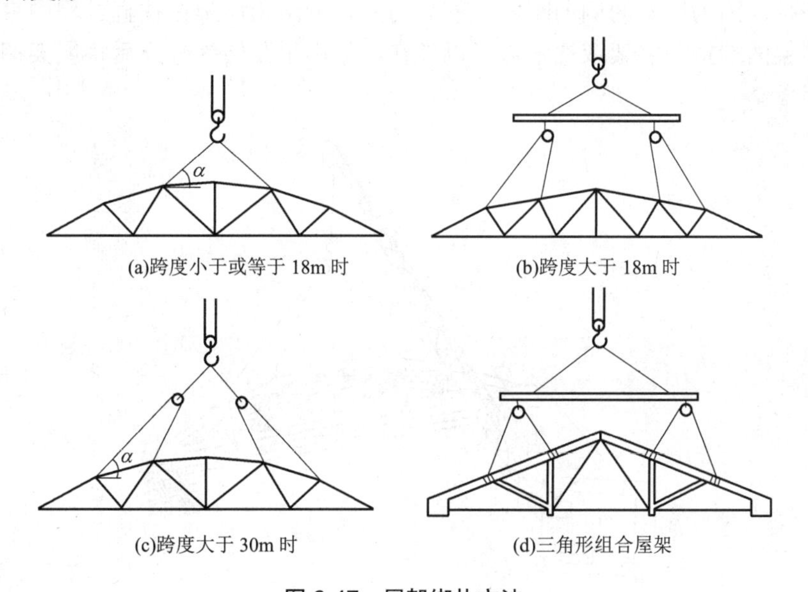

图 6-47　屋架绑扎方法

2) 屋架的扶直与就位

按照起重机与屋架预制时相对位置的不同，屋架扶直可分为正向扶直与反向扶直。

(1) 正向扶直。

正向扶直是指起重机位于屋架下弦杆一边，吊钩对准上弦中心，收紧吊钩后略起臂抬起使屋架脱模，接着升臂并同时升钩，使屋架以下弦为轴心缓缓转为直立状态，如图 6-48(a)所示。

(2) 反向扶直。

反向扶直是指起重机位于屋架上弦一边，吊钩对准屋架上弦中点，然后升钩、降臂使屋架绕下弦转动呈直立状态，如图 6-48(b)所示。

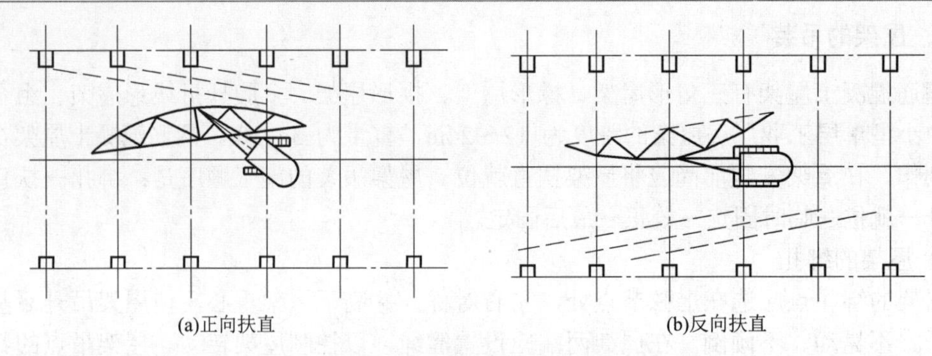

图 6-48 屋架的扶直与就位

两种扶直方法的不同点在于扶直的过程中，前者边升钩边起臂，后者则边升钩边降臂。由于升臂较降臂易操作，且较安全，所以在现场预制平面布置图中应尽量采用正向扶直方法。

扶直时先将吊钩对准屋架平面中心，收紧吊钩后，起重臂稍抬起使屋架脱模。若叠浇的屋架之间有严重粘结时，应先用撬杠或钢钎凿等方法，使其上下分开，不能硬拉，以免造成屋架破损，因为屋架的侧向刚度较差。另外，为防止屋架在扶直过程中突然下滑而损坏，需在屋架两端搭井字架或枕木垛，以便在屋架由平卧转为竖立后将屋架搁置其上，如图 6-49 所示。

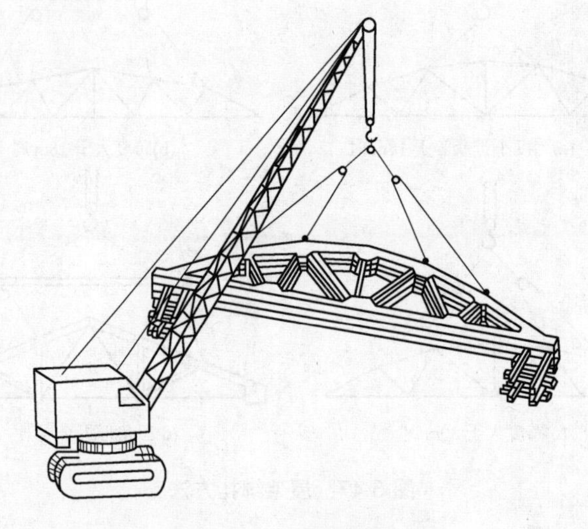

图 6-49 屋架的正向扶直

屋架扶直后应吊往柱边就位，用铁丝或通过木杆与已安装的柱子绑牢，以保持稳定。屋架就位的位置应在预制时事先加以考虑，以便确定屋架的两端朝向及预埋件位置。当与屋架预制位置在起重机开行路线同一侧时，称为同侧就位(如图 6-48(a)所示)；当与屋架预制位置分别在起重机开行路线各一侧时，称为异侧就位(如图 6-48(b)所示)。采用哪种方法，应视施工现场条件而定。

3) 屋架的吊升、对位与临时固定

屋架的吊升方法有单机吊装和双机吊装，双机吊装仅在屋架重量较大，一台机械不能满足吊装要求的情况下采用。

吊装屋架时，先将屋架吊离地面300mm，然后将屋架吊至吊装位置的下方，升钩将屋架吊至超过柱顶300mm，然后将屋架缓降至柱顶，进行对位。屋架对位应以建筑物的定位轴线为准，对位前应事先将建筑物轴线用经纬仪投放在柱顶面上。对位以后临时固定，然后起重机脱钩。

第一榀屋架的临时固定，可用四根缆风绳从两边拉牢，如图6-50所示。因为它是单片结构，侧向稳定性差，又是第二榀屋架的支撑。若先吊装抗风柱时，可将屋架与抗风柱连接。

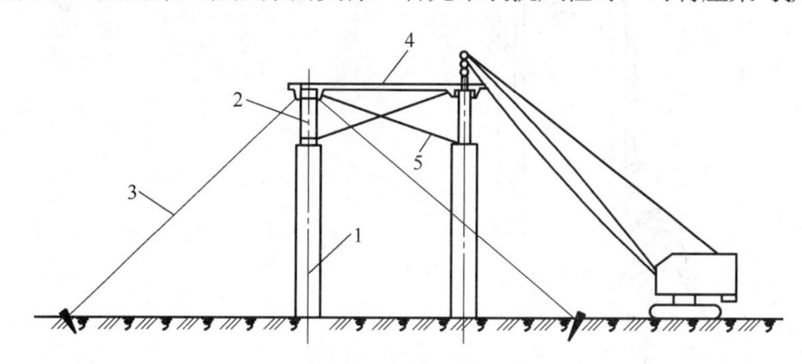

图6-50　屋架的临时固定

1—柱子；2—屋架；3—缆风绳；4—工具式支撑；5—屋架垂直支撑

第二榀屋架以及其后各榀屋架可用屋架校正器(工具式支撑)，临时固定在前一榀屋架上，每榀屋架至少用两个屋架校正器，如图6-51所示。

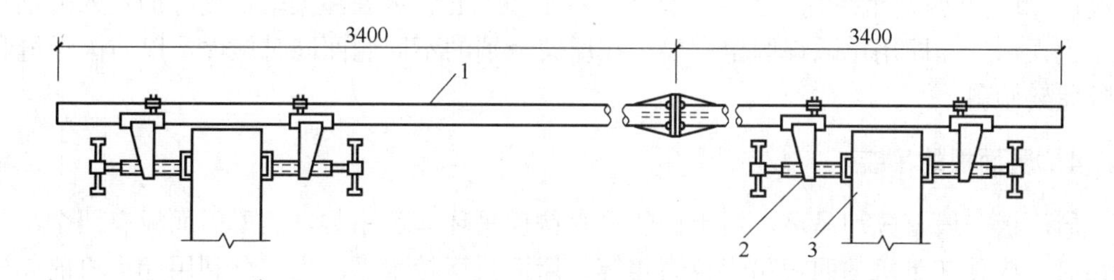

图6-51　工具式支撑的构造

1—钢管；2—撑脚；3—屋架上弦

4) 屋架的校正与最后固定

屋架的校正内容是检查并校正其垂直度，用经纬仪或垂球检查，用屋架校正器或缆风绳校正。

用经纬仪检查屋架垂直度时，在屋架上弦安装三个卡尺(一个安装在屋架中央，两个安装在屋架顶端)，自屋架上弦几何中心线量出500mm，在卡尺上做出标志。然后，在距屋架中线500mm处的地面上，设一台经纬仪，用其检查三个卡尺上的标志是否在同一垂直面上，如图6-52所示。

用垂球检查屋架的垂直度时，卡尺标志的设置与经纬仪检查方法相同，标志距屋架几何中心线的距离取300mm。在两端卡尺标志之间连一通线，从中央卡尺的标志处向下挂垂球，检查三个卡尺的标志是否在同一垂直面上。

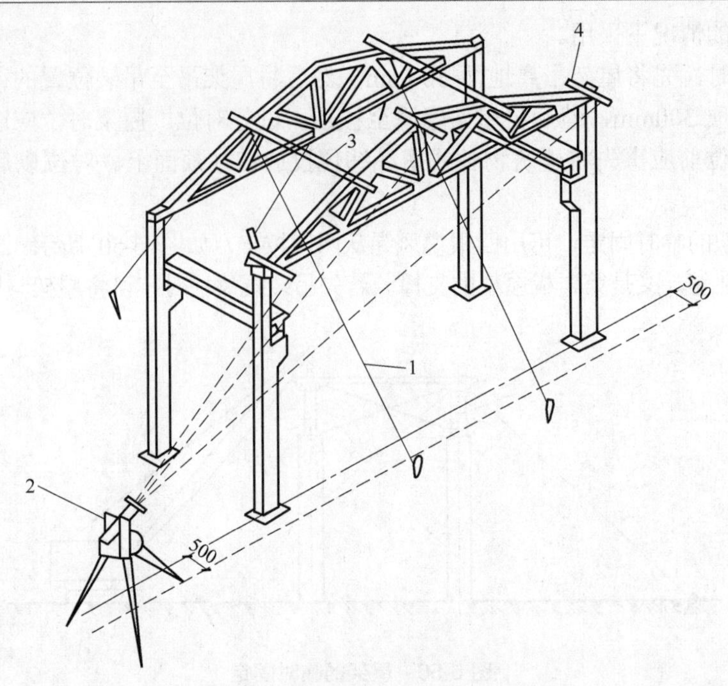

图 6-52 屋架校正与临时固定

1—缆风绳；2—经纬仪；3—屋架校正器；4—卡尺

施工规范规定屋架上弦中部对通过两支座中心的垂直面偏差不得大于 $h/250$(h 为屋架高度)。如超过偏差允许值，应用工具式支撑加以纠正，并在屋架端部支撑面垫入薄钢片。校正无误后，立即用电弧焊固定，要求在屋架两端的不同侧面同时施焊，以防因焊缝收缩导致屋架倾斜。

4．屋面板的吊装

屋面板一般有预埋吊环，用带钩的吊索钩住吊环即可吊装。大型屋面板有四个吊环，起吊时，应使起重机的四根吊索拉力相等，屋面板保持水平。为充分利用起重机的起重能力，提高功效，也可采用一次吊升若干块屋面板的方法。

屋面板的安装顺序，应自两边檐口左右对称逐渐铺向屋脊，避免屋架受荷不均匀。屋面板对位后，应立即用电弧焊固定，每块屋面板可焊三个点，最后一块只能焊两个点。

6.3.3 结构吊装方案

单层工业厂房结构的特点是平面尺寸大、承重结构的跨度与柱距大、构件类型少、重量大，厂房内还有各种设备基础(特别是重型厂房)等。因此，在拟定结构吊装方案时，应根据厂房的规模、结构的形式和跨度、构件尺寸和重量、构件安装高度、吊装工程量及工期的要求等，结合现场施工条件、现有的运输设备和起重机械条件等因素综合考虑确定。

单层厂房结构安装工程方案的内容包括：起重机的选择、结构吊装方法、起重机的开行路线及构件的平面布置等。

1．起重机的选择

起重机的选择是结构安装工程的重要内容，因为它关系到构件的安装方法、起重机的开行路线与停机位置、构件的平面布置等许多问题。起重机的选择包括起重机类型、型号和数量的选择。

1) 起重机类型的选择原则

起重机的类型主要是根据厂房的结构特点、跨度、构件重量、吊装高度、吊装方法及现有起重设备条件等来确定。

(1) 对中小型厂房结构采用自行式起重机安装比较合理。

(2) 当厂房结构高度和长度较大时，可采用塔式起重机安装屋盖结构。

(3) 在缺乏自行式起重机的地方，可采用桅杆式起重机安装。

(4) 大跨度的重型工业厂房，应结合设备安装来选择起重机类型。

(5) 当一台起重机无法吊装时，可用两台起重机抬吊。

2) 起重机型号的选择

在确定起重机类型以后，要根据构件的尺寸、重量及安装高度来确定起重机型号。所选的起重机三个工作参数即起重量 Q、起重高度 H、起重半径 R，要满足构件吊装的要求。

(1) 起重量。起重机的起重量必须大于或等于所安装构件的重量与绳索重量之和，即

$$Q \geqslant Q_1+Q_2 \tag{6-6}$$

式中：Q——起重机的起重量(t)；

Q_1——构件的重量(t)；

Q_2——索具的重量(包括临时加固的重量)(t)。

(2) 起重高度。起重机的起重高度必须满足所吊装的构件安装高度要求(如图 6-53 所示)，即

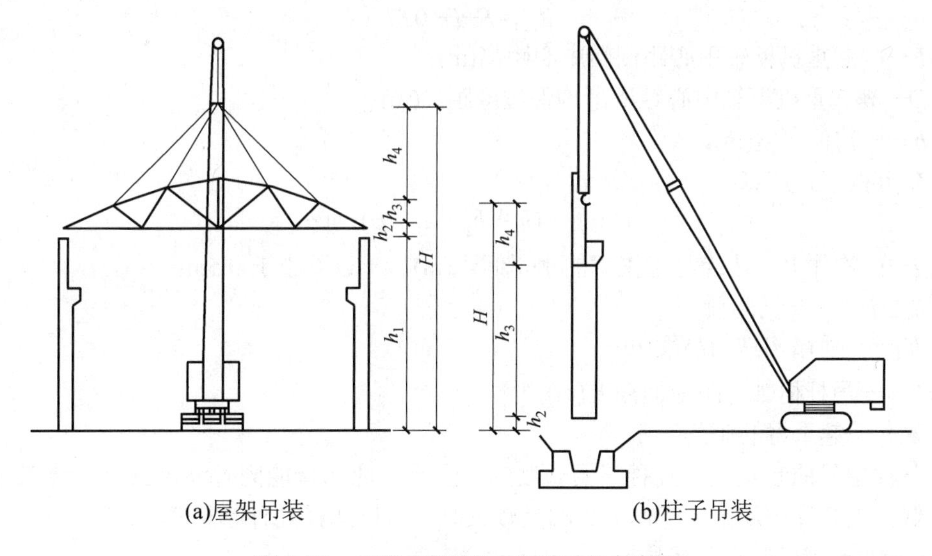

图 6-53　履带式起重机起吊高度计算简图

$$H \geqslant h_1+h_2+h_3+h_4 \tag{6-7}$$

式中：h——起重机的起重高度(从停机面算起至吊钩中心)(m)；

h_1——安装支座顶面高度(从停机面算起)(m)；

h_2——安装间隙(m)，视具体情况而定，但不小于 0.3m；

h_3——绑扎点至起吊后构件底面的距离(m)；

h_4——索具高度，从绑扎点到吊钩中心的距离(m)。

(3) 起重半径。当起重机可以不受限制地开到吊装位置附近时，对起重机的起重半径没有要求。当起重机受到限制不能靠近安装位置去吊装构件时，则应验算起重半径是否符合吊装要求。当起重机的起重半径为一定值时，起重量和起重半径是否满足吊装构件的要求，一般根据所需的起重量、起重高度选择起重机型号，再按下式进行计算，如图 6-54 所示。

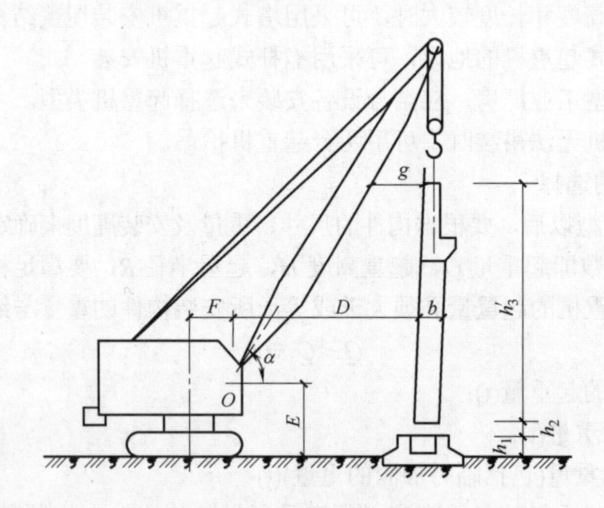

图 6-54　起重半径计算简图

$$R_{\min}=F+D+0.5b \tag{6-8}$$

式中：F——起重机枢轴中心距回转中心距离(m)；

D——起重机枢轴中心距所吊构件边缘距离(m)；

b——构件宽度(m)。

D 可按下式计算：

$$D = g + (h_1 + h_2 + h_3' - E)\cot\alpha \tag{6-9}$$

式中：g——构件上口边缘与起重臂的水平间隙(m)，一般不小于 0.5m；

h_1、h——含义同前；

h_3'——所吊构件的高度(m)；

E——吊杆枢轴心距地面高度(m)；

α——起重臂的倾角(°)。

同一种型号的起重机有几种不同长度的起重臂，应选择能同时满足三个吊装工作参数的起重臂。当各种构件吊装工作参数相差较大时，可以选择几种起重臂。

(4) 最小起重臂长度的确定。

当吊装平面尺寸较大的构件或跨越较高的障碍物吊装构件时，应使构件不与起重臂相碰撞。最小臂长的要求实际上是在一定起重高度下对起重半径的要求。

确定起重机的最小臂长，可用数解法，也可用图解法。

① 数解法。最小起重臂长度 L_{min} 可按下式计算，如图 6-55 所示。

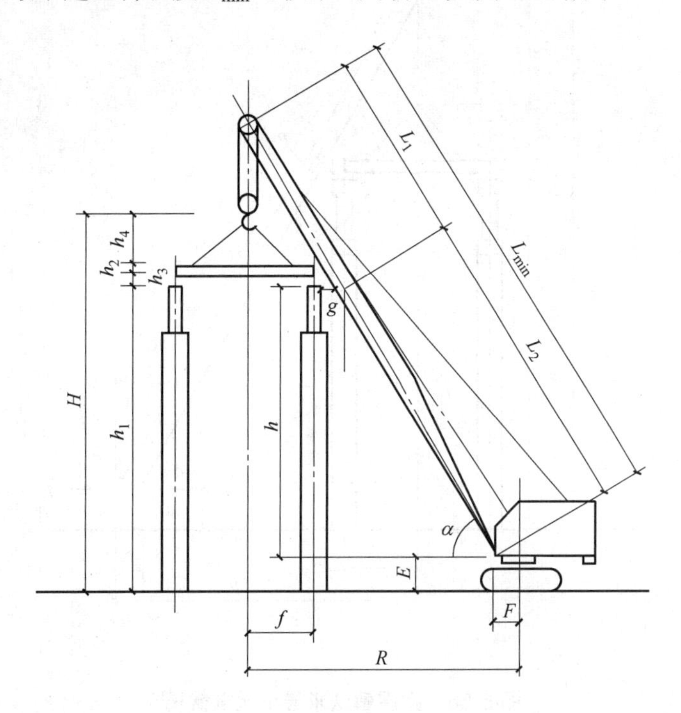

图 6-55　用数解法求最小起重臂长

$$L_{min} = L_1 + L_2 = \frac{h}{\sin\alpha} + \frac{f+g}{\cos\alpha} \tag{6-10}$$

$$\alpha = \operatorname{arctg}^3\sqrt{\frac{h}{f+g}} \tag{6-11}$$

式中：h——起重臂下铰点至吊装构件支座顶面的高度(m)，$h=h_1-E$；

h_1——支座高度(m)；

f——起重钩需跨过已安装好构件的水平距离(m)；

g——起重臂轴线与已安装好构件间的水平距离(至少 1m)(m)。

将 α 值代入式(6-10)，即得最小起重臂。

② 图解法。可按以下步骤求最小臂长(如图 6-56 所示)。

A. 按一定比例绘出欲安装厂房一个节间的纵剖面图，并画出起重机安装屋面板时吊钩位置处的垂线 y—y；画出平行于停机面的水平线 H—H，该线距停机面的距离为 E(E 为起重臂下铰点至停机面的距离)。

B. 自屋架顶面向起重机方向水平量出一距离 g=1m，定出一点 P。

C. 在垂线 y—y 上定出起重臂上定滑轮中心点 G(G 点到停机面距离为 $H_0=h_1+h_2+h_3+h_4+d$，d 为吊钩至起重臂顶端滑轮中心的最小高度，一般取 2.5～3.5m)。

D. 连接 GP，并延长使之与 H—H 相交于 G_0，即为起重臂下铰中心，GG_0 为起重臂的最小长度 L_{min}，α 为吊装时起重臂的仰角。

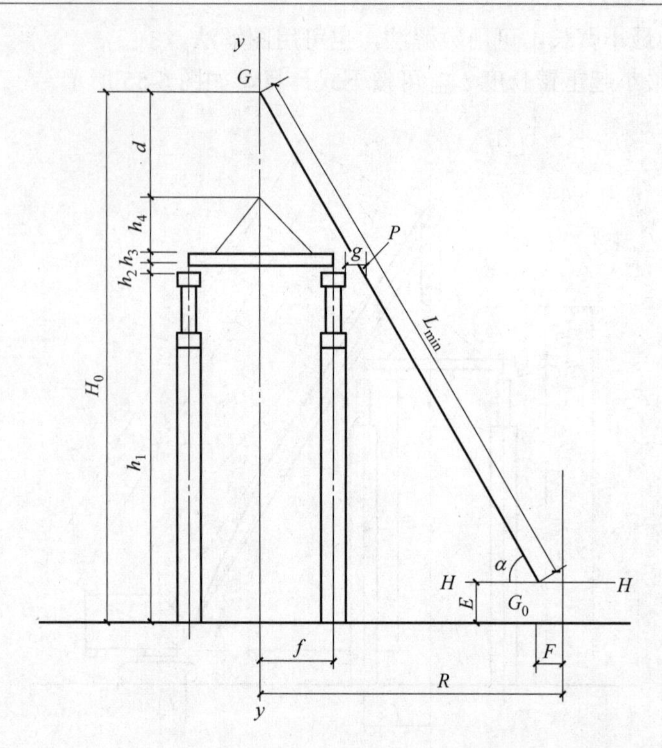

图 6-56 用图解法求最小起重臂长

根据所得的最小臂长理论值，可选择起重机起重臂长度。根据起重臂长度和倾角按下式求得相应的起重半径：

$$R = F + L\cos\alpha \tag{6-12}$$

3) 起重机数量的确定

所需起重机数量，根据工程量、工期及起重机台班产量定额而定，可用下式计算：

$$N = \frac{1}{TCK}\sum\frac{Q_i}{P_i} \tag{6-13}$$

式中：N——起重机台数；

T——工期(d)；

C——每天工作班数；

K——时间利用系数，取 0.8～0.9；

Q_i——每种构件的安装工程量(件或 t)；

P_i——起重机相应的台班产量定额(件/台班或 t/台班)。

此外，在决定起重机数量时，还应考虑到构件装卸、拼装和排放的工作量。当起重机数量已定时，也可用或(6-13)来计算工期或每天应工作班数。

2．结构安装方法

单层工业厂房结构吊装方法有分件吊装法和综合吊装法。

1) 分件吊装法

起重机每开行一次，仅吊装一种或几种构件，通常分三次开行安装全部构件。

第一次开行——安装全部柱，并对柱进行校正和最后固定。

第二次开行——安装吊车梁、连系梁和柱间支撑等。

第三次开行——分节间安装屋架、天窗架、屋面板及屋面支撑等，如图 6-57 所示。

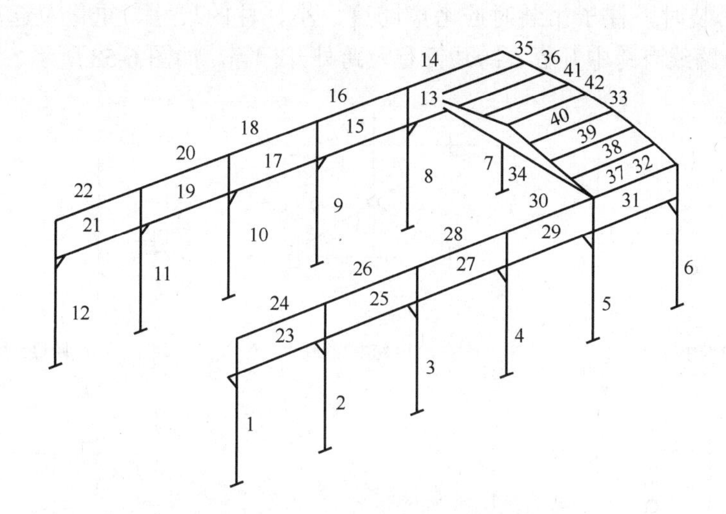

图 6-57　分件吊装时的构件吊装顺序

图中数字表示构件吊装顺序，其中：1～12—柱；
13～32—单数是吊车梁；双数是连系梁；33、34—屋架；35～42—屋面板

此外，在屋架安装之前还要进行屋架的扶直就位，屋面板的运输堆放，以及起重臂必要时的接长等工作。

分件吊装法的优点是起重机每开行一次基本上吊装一种或一类构件，起重机可以根据构件的重量及安装高度来选择，不同构件选用不同型号的起重机，能够充分发挥起重机的工作性能。在吊装过程中，吊具不需要经常更换，操作易于掌握，吊装速度快。采用这种吊装方法，还能给构件临时固定、校正及最后固定等工序提供充裕的时间。构件的供应及平面布置比较简单；但缺点是分件吊装法由于起重机开行路线长，形成结构空间的时间长，不能及早为后续工作提供工作面，在安装阶段稳定性较差。目前，一般单层工业厂房结构吊装采用该法。

2) 综合吊装法

起重机开行一次，以节间为单位安装所有的结构构件。其具体做法是：先吊装 4～6 根柱，随即进行校正和最后固定；然后吊装该节间的吊车梁、连系梁、屋架、天窗架、屋面板等构件。安装完一个节间所有构件后，再转入安装下一个节间。

这种吊装方法具有起重机开行路线短，停机次数少，能及早交出工作面，为下一工序创造施工条件等优点。但由于同时吊装各类型的构件，起重机的能力不能充分发挥；索具更换频繁，操作多变，影响生产效率的提高；校正及固定工作时间短；构件供应复杂，平面布置拥挤等缺点。所以在一般情况下，不宜采用这种吊装方法，只有使用移动困难的桅杆式起重机吊装时才采用该法。

3. 起重机开行路线及停机位置

起重机开行路线及构件平面布置与结构吊装方法、构件吊装工艺、构件尺寸及重量、

构件的供应方式等因素有关。构件的平面布置不仅要考虑吊装阶段，而且要考虑其预制阶段。一般柱的预制位置即为其吊装前的就位位置；而屋架则要考虑预制和吊装两个阶段的平面布置；吊车梁、屋面板等构件则要按供应方式确定其就位堆放位置。

采用分件吊装时，柱子吊装时应考虑跨度大小、柱的尺寸、重量及起重机性能等因素，起重机开行路线有跨中开行、跨边开行及跨外开行等，如图 6-58 所示。

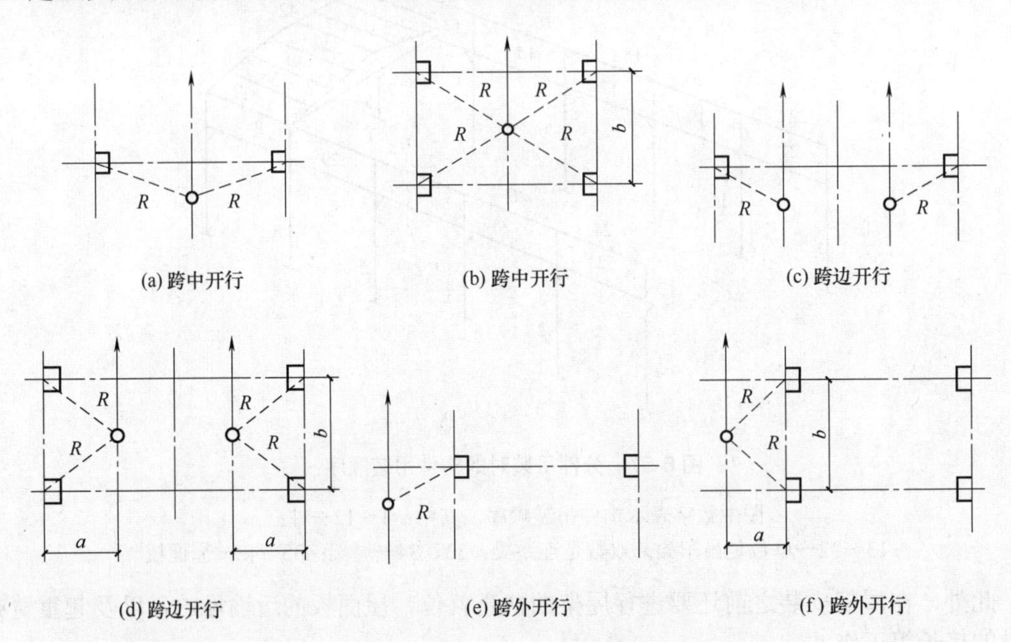

图 6-58　吊装柱时起重机的开行路线及停机位置

在跨中开行时，当 $R \geqslant L/2$(L 为厂房跨度)，每个停机点可吊 2 根柱子，停机点在以基础中心为圆心、R 为半径的圆弧与跨中开行路线的交点处，如图 6-58(a)所示；当 $R \geqslant \sqrt{\left(\frac{L}{2}\right)^2 + \left(\frac{b}{2}\right)^2}$ 时(b 为厂房柱距)，则一个停机点可吊装 4 根柱子，停机点在该柱网对角线交点处，如图 6-58(b)所示。

在跨边开行时，起重机在跨内沿跨边开行，开行路线至柱基中心距离为 a，$a \leqslant R$ 且 $a < L/2$(a 为开行路线到跨边距离)，每个停机点吊一根柱子，如图 6-58(c)所示；当 $R \geqslant \sqrt{a^2 + \left(\frac{b}{2}\right)^2}$ 时，则一个停机点可吊 2 根柱子，如图 6-58(d)所示。跨外开行同跨边开行。

在屋架扶直就位及屋盖系统吊装时，起重机在跨中开行。

图 6-59 所示是单跨厂房采用分件安装法时起重机开行路线及停机位置。起重机从 A 轴线进场，沿跨外开行吊装 A 列柱，在沿 B 轴线跨内开行吊装 B 轴列柱，然后转到 A 轴线扶直屋架并将其就位，再转到 B 轴线吊装 B 列吊车梁、连系梁，随后转到 A 轴线吊装 A 列吊车梁、连系梁，最后转到跨中吊装屋盖系统。

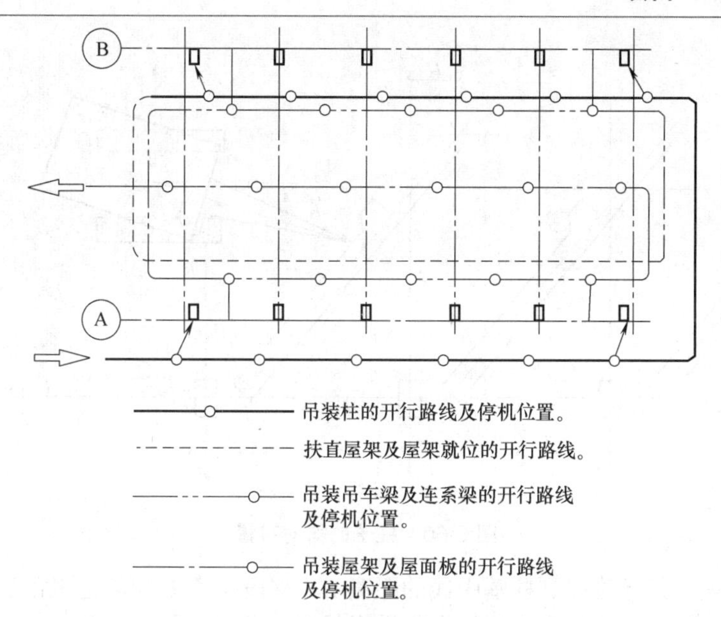

图 6-59　起重机的开行路线及停机位置

当单层工业厂房面积大或具有多跨结构时，为了加快进度，可将建筑物划分为若干施工段，选用多台起重机同时作业。每台起重机可以独立作业，完成一个施工区段的全部吊装工作，也可以选用不同性能的起重机协同作业，有的专门吊柱，有的专门吊屋盖系统结构，组织大流水施工。

4．构件的平面布置

1) 构件的平面布置原则

(1) 每跨构件尽可能布置在本跨内，如确有困难也可布置在跨外且便于吊装的地方。

(2) 构件布置方式应满足吊装工艺要求，尽可能布置在起重机的起重半径内，尽量减少起重机在吊装时的跑车、回转及起重臂的起伏次数。

(3) 按“重近轻远”的原则，首先考虑重型构件的布置。

(4) 构件的布置应便于支模、扎筋及混凝土的浇筑，若为预应力混凝土构件，还要考虑有足够的抽管、穿筋和张拉的操作场地等。

(5) 所有构件均应布置在坚实的地基上，以免构件变形。

(6) 构件的布置应考虑起重机的开行和回转，保证路线畅通，起重机回转时不与构件相碰。

(7) 构件的平面布置分预制阶段构件的平面布置和安装阶段构件的平面布置。布置时两种情况要综合加以考虑，做到相互协调，有利于吊装。

2) 预制阶段构件的平面布置

(1) 柱的平面布置。柱的现场预制位置即为吊装阶段的就位位置，有斜向布置、纵向布置、横向布置三种方式。采用旋转法吊装时，一般按斜向布置；采用滑行法吊装时，可按纵向布置，也可按斜向布置。

① 柱的斜向布置。当采用旋转法吊装时，可按三点共弧斜向布置。其预制位置可采用作图法，如图 6-60 所示。其作图步骤如下。

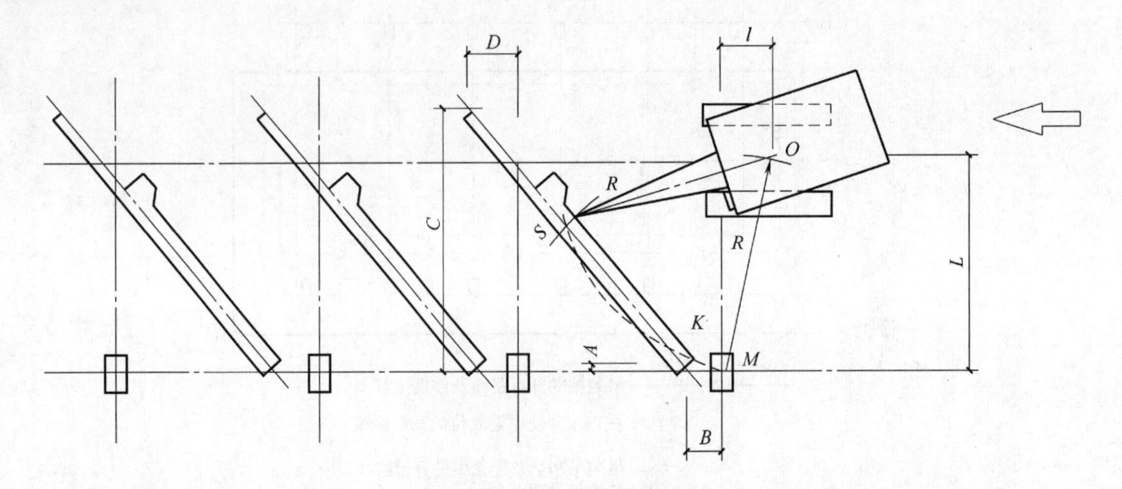

图 6-60　柱子的斜向布置

A. 确定起重机开行路线到柱基中线的距离 L，这段距离 L 和起重机吊装柱子时与起重机相应的起重半径 R 以及起重机的最小起重半径 R_{min} 有关，要求：$R_{min} < L \leq R$，同时开行路线不要通过回填土地段，不要过分靠近构件，防止起重机回转时碰撞构件。

B. 确定起重机的停机位置。以柱基中心点 M 为圆心，所选的起重机半径 R 为半径，画弧交开行路线于 O 点，O 点即为安装该柱的停机点。

C. 确定柱的预制位置。以停机点 O 为圆心，OM 为半径画弧，在靠近柱基的弧上选点 K 作为柱脚中心点，再以 K 点为圆心，柱脚到吊点的长度为半径画弧，于 OM 半径所画的弧相交于 S，连 KS 线，得出柱中心线，即可画出柱的模板图。同时量出柱顶、柱脚中心点到柱列纵横轴线的距离 A、B、C、D，作为支模时的参考。

D. 柱的布置应注意牛腿的朝向，避免安装时在空中调头，当柱布置在跨内时，牛腿应面向起重机；布置在跨外时，牛腿应背向起重机。

若场地限制或柱过长，难于做到三点共弧时，可按两点共弧布置。一种是将杯口、柱脚中心点共弧，吊点放在起重半径 R 之外(如图 6-61(a)所示)，安装时，先用较大的工作幅度 R' 吊起柱，并抬升起重臂，当工作幅度变为 R 后，停止升臂，随后用旋转法吊装。另一种是将吊点与柱基中心共弧，柱脚可斜向任意方向(如图 6-61(b)所示)，吊装时，既可用旋转法，也可用滑行法。

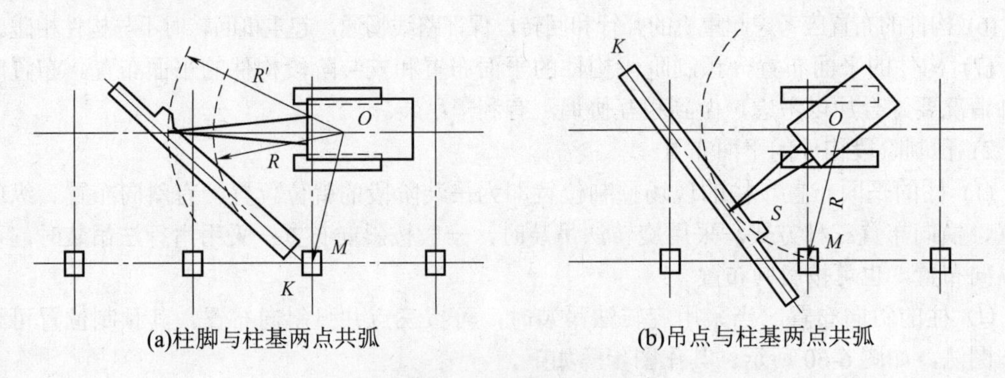

(a)柱脚与柱基两点共弧　　(b)吊点与柱基两点共弧

图 6-61　两点共弧布置法

② 柱的纵向布置。对一些较轻的柱，起重机能力有富余，考虑到节约场地，方便构件制作，可顺柱列纵向布置，如图 6-62 所示。

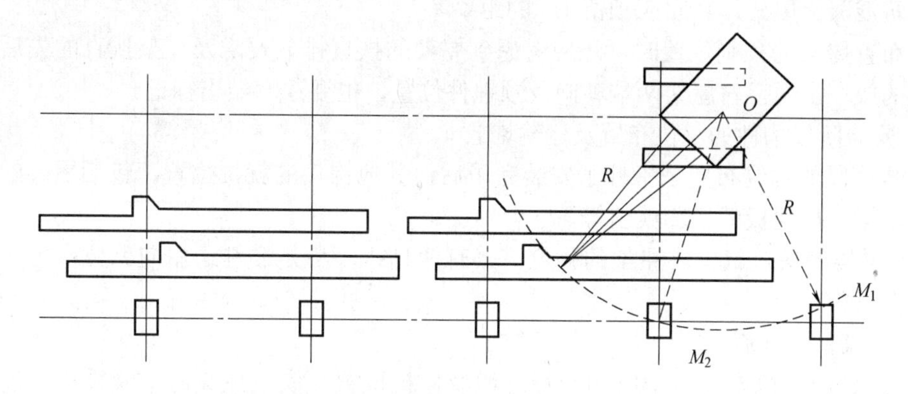

图 6-62　柱的纵向布置

柱纵向布置时，起重机的停机点应安排在两柱基的中点，使 $OM_1=OM_2$，这样每一停机点可吊两根柱。

柱可两根叠浇生产，层间应涂刷隔离剂，上层柱在吊点处需预埋吊环；下层柱则在底模预留砂孔，便于起吊时穿钢丝绳。

(2) 吊车梁的平面布置。当吊车梁安排在现场预制时，可靠近柱基顺纵向轴线或略作倾斜布置，也可插在柱子的空当中预制，如具有运输条件，也可在场外集中预制。

(3) 屋架的平面布置。屋架一般在跨内平卧叠浇预制，每叠 3～4 榀，布置方式主要有正面斜向布置、正反斜向布置、正反纵向布置三种，如图 6-63 所示。其中优先采用正面斜向布置，它便于屋架扶直就位，只有当场地有限制时，才采用其他方式。

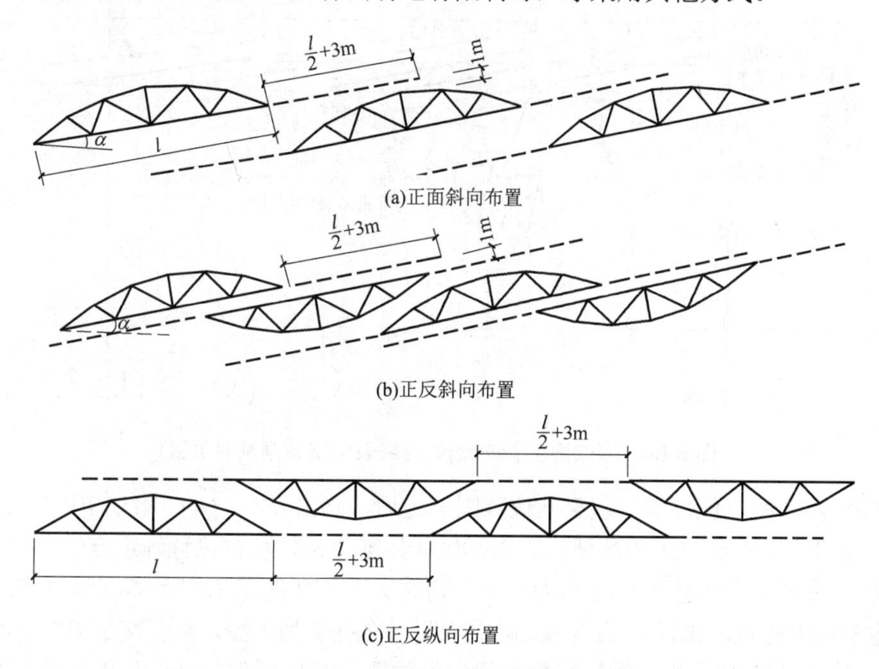

图 6-63　屋架预制时的几种布置方式

屋架正面斜向布置时，下旋与厂房纵轴线的夹角 10°～20°；预应力屋架的两端应留出 $L/2+3$m 的距离(L 为屋架跨度)。如用胶皮管预留孔道时，距离可适当缩短。为方便支模板和浇筑混凝土屋架，其间应预留 1m 的距离。

在布置屋架的预制位置时，还应考虑到屋架的扶直排放要求及屋架扶直的先后顺序，先扶直的放在上面。对屋架两端朝向及预埋件位置，也要注意做出标记。

3) 安装阶段构件的就位布置及运输堆放

安装阶段的就位布置是指柱子安装完毕后，其他构件的就位位置，包括屋架的扶直就位，吊车梁、屋面板的运输就位等。

(1) 屋架的扶直就位。屋架的就位方式有两种：一种是靠柱边斜向就位；另一种是靠柱边纵向就位。

① 屋架的斜向就位。

A. 确定起重机安装屋架时的开行路线及停机位置。安装屋架时，起重机一般沿跨中开行，先在跨中画出平行于厂房纵轴线的开行路线。再以欲安装的某轴线(如②轴线)的屋架中心点 M_2 为圆心，已选择好的工作幅度 R 为半径画弧，交于开行路线于 O_2 点，O_2 点即为安装②轴线屋架时的停机点，如图 6-64 所示。

B. 确定屋架的就位范围。屋架一般靠柱边就位，但应离开柱边不小于 0.2m，并可利用柱子作为屋架的临时支撑。当场地受限制时，屋架的端头也可伸出跨外。根据以上原则，确定就位范围的外边界线 PP。起重机安装屋架及屋面板时，机身需要回转，设起重机尾部至机身回转中心的距离为 A，则在距开行路线为(A+0.5m)的范围内，不宜布置屋架和其他构件。据此可定出屋架就位内边线 QQ。在两条边界线 PP、QQ 之间，即为屋架的就位范围。但有时厂房跨度大，这个范围过宽时，可适当缩小。

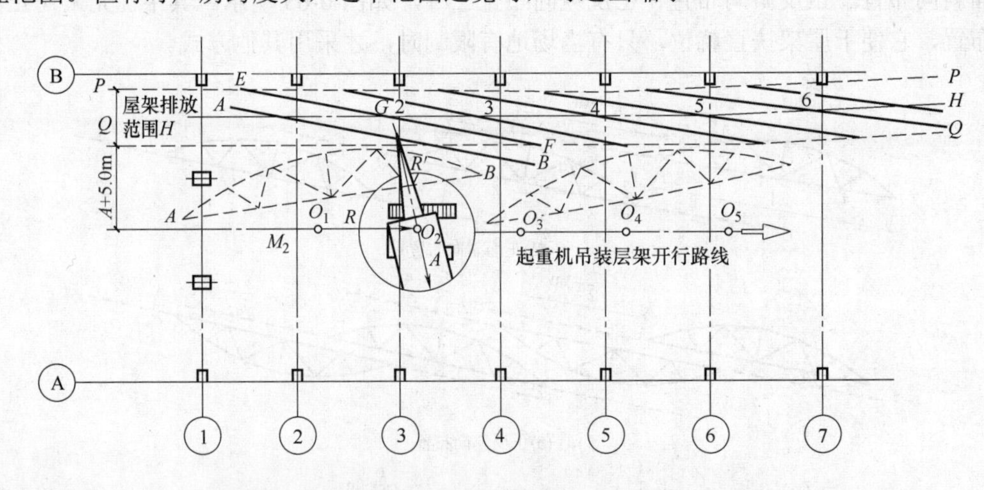

图 6-64 屋架同侧斜向就位(虚线表示屋架预制时位置)

C. 确定屋架的就位位置。屋架就位范围确定后，画出 PP、QQ 两线的中心线 HH，屋架就位后屋架的中心点均在 HH 线上，以②轴线屋架为例，就位位置确定方式为：以停机点 O_2 为圆心，吊装屋架时起重半径 R 为半径，画弧交于 HH 线于 G 点，G 点即为②轴线屋架就位后屋架的中心点。再以 G 点为圆心，屋架跨度的 1/2 为半径，画弧交于 PP、QQ 两线于 E、F 两点，连接 EF，即为②轴线屋架就位的位置，其他屋架的就位位置均应平行于此屋架，端头相距6m。但①轴线屋架由于抗风柱阻挡，要退到②轴线屋架的附近排放。

② 屋架纵向就位。屋架纵向就位一般以4～5榀为一组靠柱边顺轴线纵向排列。屋架与屋架之间的净距不小于0.2m，相互之间应用铅丝及支撑拉紧撑牢。每组屋架之间应留3m左右的间距作为横向通道，每组屋架就位中心线应安排在该组屋架倒数第二榀安装轴线之后2m外，这样可避免在已安装好的屋架下绑扎和起吊屋架，起吊后不与已安装好的屋架相碰，如图6-65所示。

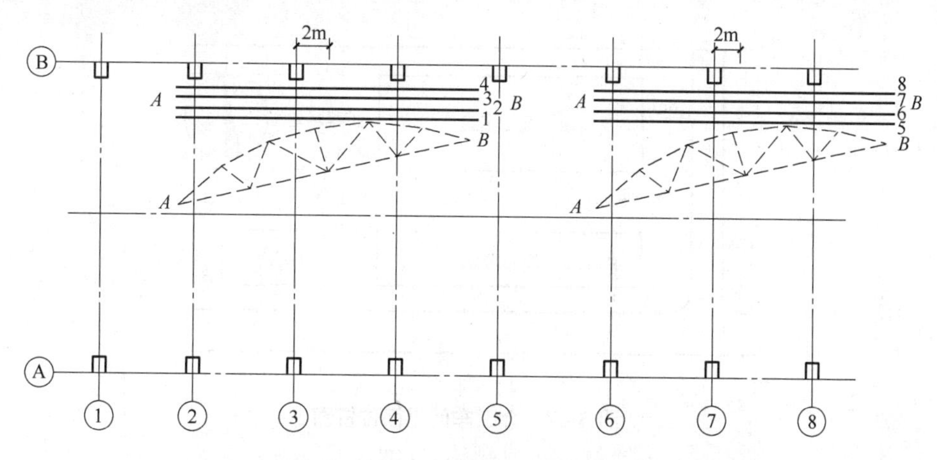

图6-65　屋架的成组纵向排放(虚线表示屋架预制时的位置)

(2) 吊车梁、连系梁、屋面板的运输、就位堆放。单层厂房除柱子、屋架外，其他构件如吊车梁、连系梁、屋面板均在预制厂或附近工地的露天场地制作，然后运至施工现场就位吊装。构件运至施工现场后，应按施工组织设计所规定的位置，按编号及构件吊装顺序进行集中堆放。

吊车梁、连系梁的就位位置一般在其吊装位置的柱列附近，跨内跨外均可，也可以从运输车上直接吊装，不需在现场排放。屋面板的就位位置跨内跨外均可，如图6-66所示。

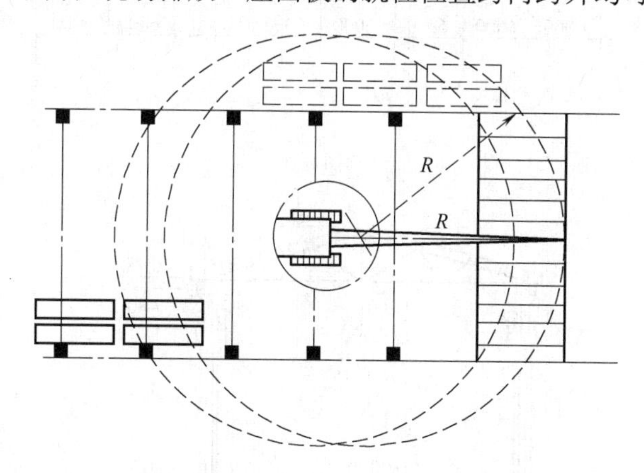

图6-66　屋面板吊装就位布置

根据起重机吊装屋面板时所需的起重半径，当屋面板在跨内排放时，应后退3～4个节间开始排放；当在跨外排放时，应后退1～2个节间开始排放。

以上介绍的构件预制位置和排放位置是通过作图定出来的。但构件的平面布置受很多因素影响，制定时要密切联系现场实际情况，确定出可行的构件平面布置图。排放构件时，可按比例将各类构件的外形，用硬纸片剪成模型，在同样比例的平面图上进行布置和调整，经研究可行后，绘出构件平面布置图。

【例 6-1】某厂金工车间，跨度 18m，长 54m，柱距 6m，共 9 个节间，建筑面积为 1002.36m^2。主要承重结构采用装配式钢筋混凝土工字形柱，预应力混凝土折线形屋架，1.5m×6m 大型屋面板，T 形吊车梁，车间平面位置如图 6-67 所示。

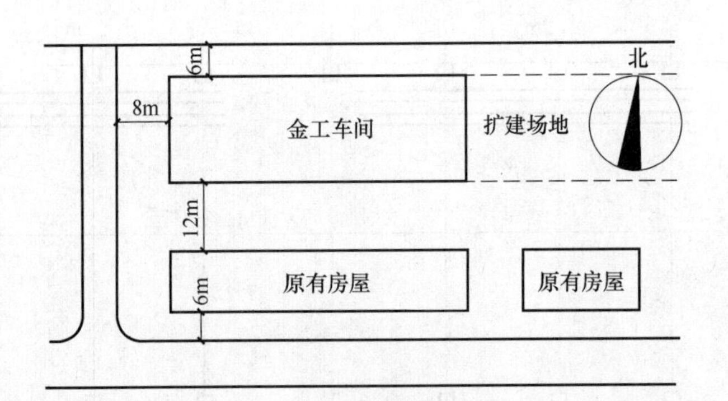

图 6-67　金工车间平面位置图

车间的结构平面图、剖面图如图 6-68 所示，杯底标高为-1.25m。

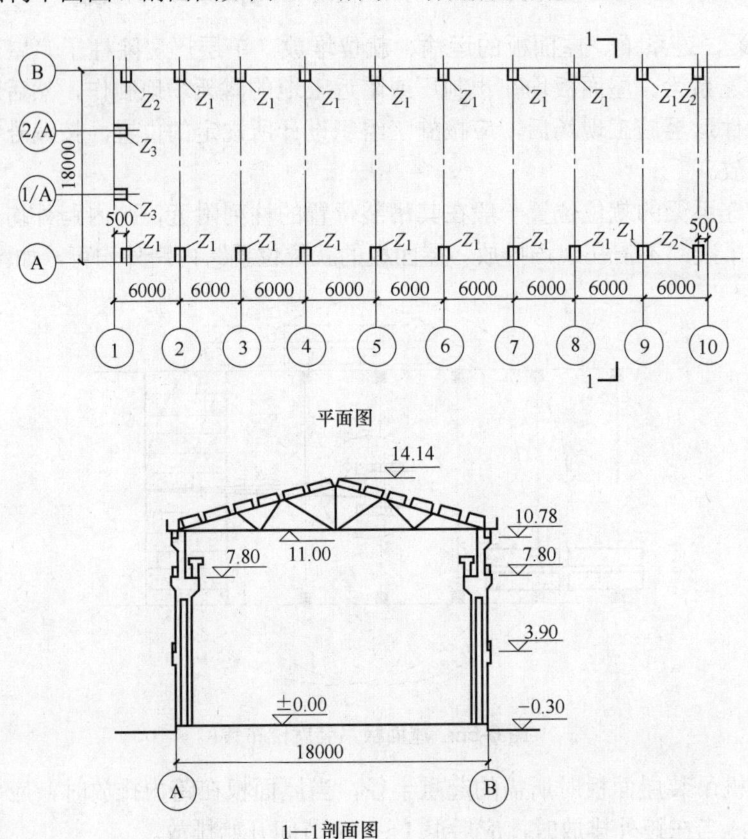

图 6-68　某厂金工车间结构平面图及剖面图

制定安装方案前，应先熟悉施工图，了解设计意图，将主要构件数量、重量、长度、安装标高分别计算出来，列于表 6-3 以便计算时查阅。

表 6-3　主要承重结构一览表

项 次	跨 度	轴 线	构件名称及编号	构件数量	构件重量/t	构件长度/m	安装标高/m
1	Ⓐ~Ⓑ	Ⓐ、Ⓑ	基础梁 YJL	18	1.13	5.97	
2	Ⓐ~Ⓑ	Ⓐ、Ⓑ ②~⑨	连系梁 YLL_1	42	0.79	5.97	+3.90 +7.80
		①~② ⑨~⑩	YYL_2	12	0.73	5.97	+10.78
3	Ⓐ~Ⓑ	Ⓐ、Ⓑ ②~⑨	柱 Z_1	16	6.00	12.25	−1.25
		①、⑩	Z_2	4	6.00	12.25	−1.25
		(1/A)、(2/A)	Z_3	2	5.4	14.4	
4	Ⓐ~Ⓑ		屋架 $YWY_{18\text{-}1}$	10	4.28	17.70	+11.00
5	Ⓐ~Ⓑ	Ⓐ、Ⓑ ②~⑨	吊车梁 $DCL_{6\text{-}4}Z$	14	3.38	5.97	+7.80
		①~② ⑨~⑩	$DCL_{6\text{-}4}B$	4	3.38	5.97	+7.80
6	Ⓐ~Ⓑ		屋面板 YWB_1	108	1.10	5.97	+13.90
7	Ⓐ~Ⓑ	Ⓐ、Ⓑ	天沟	18	0.653	5.97	+11.0

1) 起重机选择及工作参数计算

根据现有的起重设备选择履带式起重机进行结构吊装，现将该工程各种构件所需的工作参数计算如下。

(1) 柱子安装。

采用斜吊绑扎法吊装(如图 6-69 所示)。

Z_1 柱子起重量 $Q_{min}=Q_1+Q_2=(6.00+0.20)t=6.20t$

Z_1 柱子起重高度 $H_{min}=h_1+h_2+h_3+h_4=(0+0.30+8.55+2.00)m=10.85m$

Z_3 柱子起重量 $Q_{min}=Q_1+Q_2=(5.40+0.20)t=5.60t$

Z_3 柱子起重高度 $H_{min}=h_1+h_2+h_3+h_4=(0+0.30+11.00+2.00)t=13.30m$

(2) 屋架安装(如图 6-70 所示)。

起重量 $Q_{min}=Q_1+Q_2=(4.28+0.20)t=4.48t$

起重高度 $H_{min}=h_1+h_2+h_3+h_4=(11.30+0.30+1.14+6.00)m=18.74m$

(3) 屋面板安装。

起重量 $Q_{min}=Q_1+Q_2=(1.10+0.20)t=1.30t$

起重高度 $H_{min}=h_1+h_2+h_3+h_4=[(11.30+2.64)+0.30+0.24+2.50]\text{m}=16.98\text{m}$

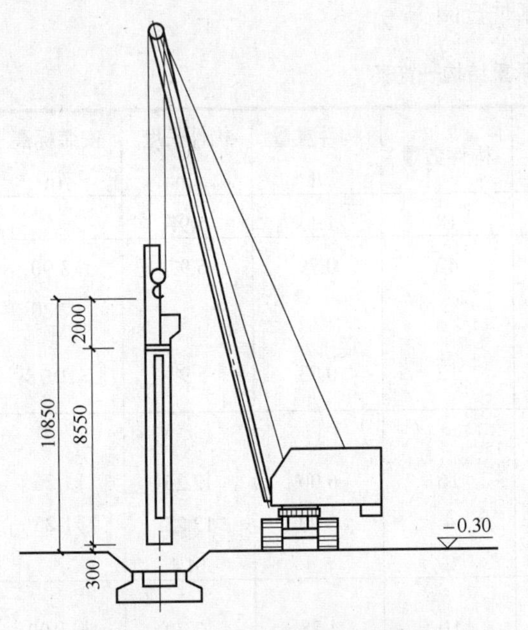

图 6-69　Z_1柱起重高度计算简图

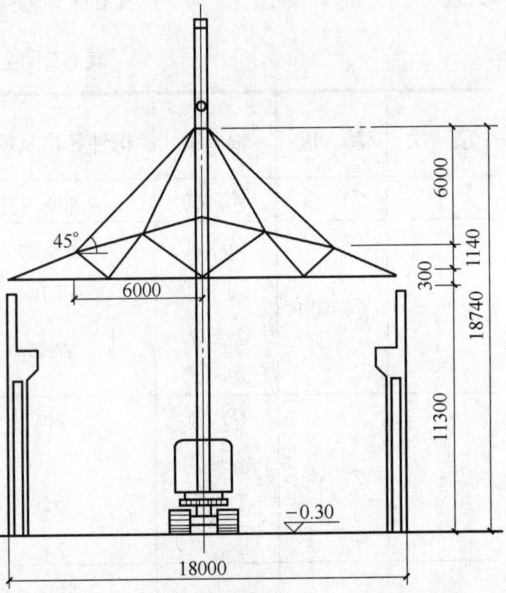

图 6-70　屋架起重高度计算简图

安装屋面板时起重机吊钩需跨过已安装的屋架 3m，且起重臂轴线与已安装的屋架上弦中线最少保持 1m 的水平间隙。所需最小杆长 L_{min} 的仰角可按式(6-11)计算。

$$\alpha=\text{arctg}\sqrt[3]{\frac{h}{f+g}}=\text{arctg}\sqrt[3]{\frac{11.30+2.64-1.70}{3+1}}=55°25'z$$

代入式(6-10)可得

$$L_{min}=\frac{h}{\sin\alpha}+\frac{f+g}{\cos\alpha}=\left(\frac{12.24}{\sin 55°\ 25'}+\frac{4.00}{\cos 55°\ 25'}\right)\text{m}=21.95\text{m}$$

选用 W_1-100 型起重机，采用杆长 L=23m，设 α=55°，再对起重高度进行核算。

假定起重杆顶端至吊钩的距离 d=3.5m，则实际起重高度为

$$H=L\sin 55°+E-d=(23\sin 55°+1.70-3.50)\text{m}=17.04\text{m}>16.98\text{m}$$

即 d=(23sin55° +1.70−16.98)m=3.56m，满足要求。

此时起重机吊板的起重半径为

$$R=F+L\cos 55°=(1.30+23\cos 55°)\text{m}=14.49\text{m}$$

选择起重臂长为 23m 及倾角为 55°，用作图法来复核一下能否满足吊装最边缘屋面板的要求。

图 6-71 所示，以最边缘一块屋面板的中心 K 为圆心，以 R=14.49m 为半径画弧，交起重机开行路线于 O_1 点，O_1 点即为起重机吊装边缘一块屋面板的停机位置。用比例尺量 KQ=3.8m，过 O_1K 按比例作 2-2 剖面，从 2-2 剖面可以看出，所选起重臂及起重仰角可以满足吊装要求。

屋面板吊装工作参数计算及屋面板就位位置布置图如图 6-71 所示。

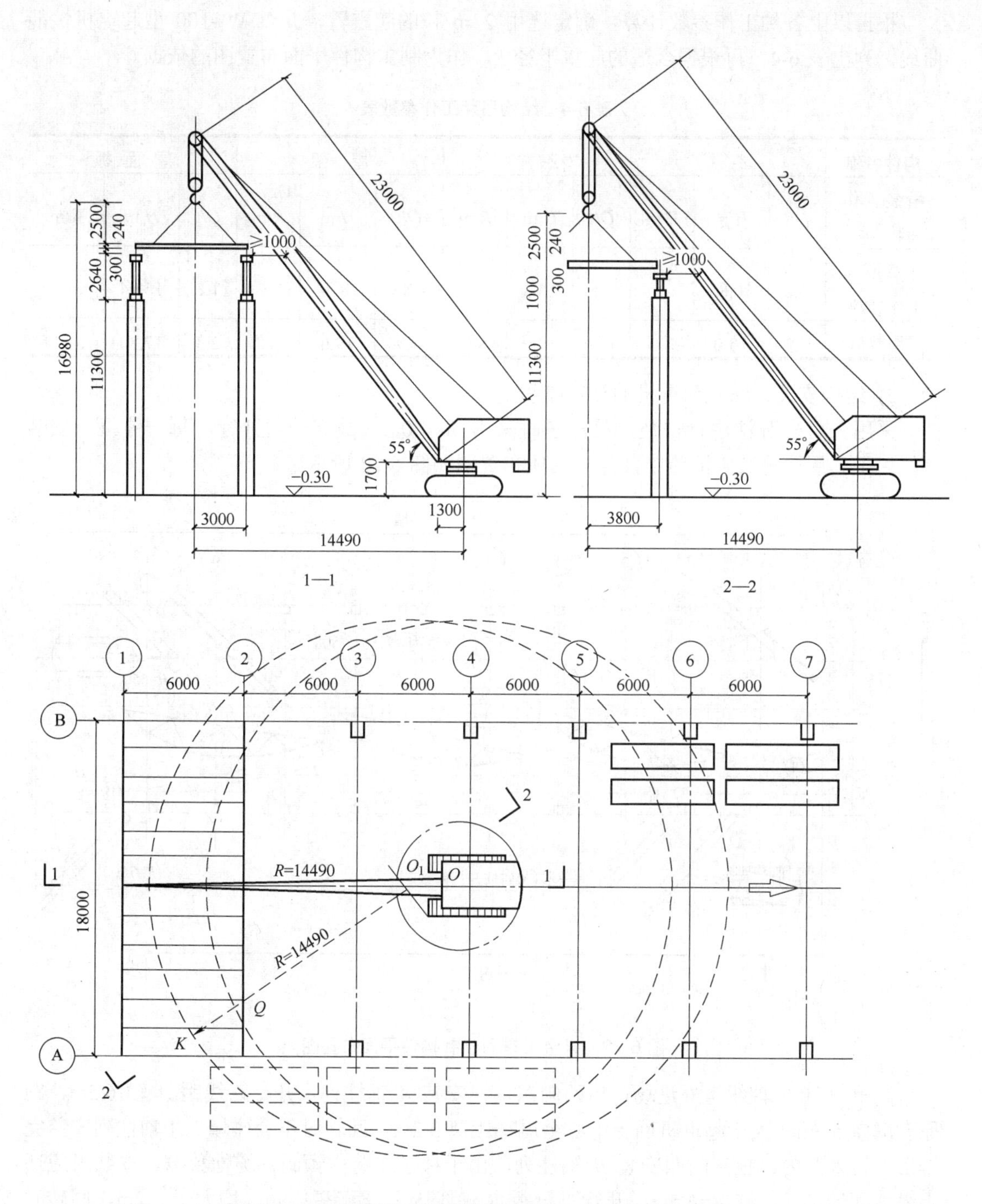

图 6-71　屋面板吊装工作参数计算简图及屋面板的排放布置图

(虚线表示当屋面板跨外布置时的位置)

根据以上各种工作参数计算，确定选用 23m 长的起重臂，并查 W_1-100 型起重机性能曲线，列出表 6-4，再根据合适的起重半径 R，作为制定构件平面布置图的依据。

表 6-4　结构吊装工作参数表

构件名称	Z_1 柱			Z_3 柱			屋　架			屋 面 板		
吊装工作参数	Q/t	H/m	R/m	Q/t	H/m	R/m	Q/t	H/m	R/m	Q/t	H/m	R/m
计算所需工作参数	6.2	10.85		5.6	13.3		4.48	18.74		1.3	16.94	
采用数值	7.2	19.0	7.0	6.0	19.0	8.0	4.9	19.0	9.0	2.3	17.30	14.49

2) 结构安装方法及起重机的开行路线

采用分件安装法进行安装，吊柱子时采用 R=7.0m，故需跨边开行，每一停机点安装一根柱子。屋面吊装则沿跨中开行，具体布置图如图 6-72 所示。

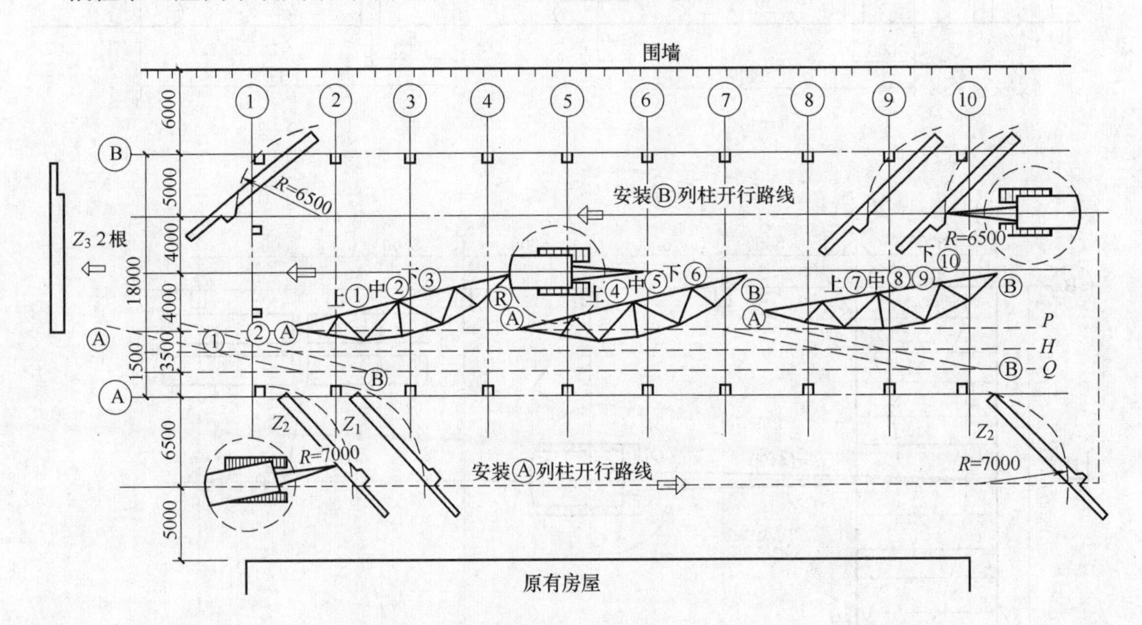

图 6-72　某金工车间预制构件平面布置图

起重机自 A 轴线跨外进场，自西向东逐根安装 A 轴柱列，开行路线距 A 轴 6.5m，距原有房屋 5.5m，大于起重机回转中心至尾部距离 3.2m，回转时不会碰墙。A 轴柱列安装完毕后，转入跨内，自东向西安装 B 轴柱列，由于柱子在跨内预制，场地狭窄，安装时应适当缩小回转半径，取 R=6.5m；开行路线距 B 轴线 5m，距跨中 4m，均大于 3.2m，回转时起重机尾部不会碰撞叠浇的屋架，屋架的预制均布置在跨中轴线以南。吊装完 B 轴柱列后，起重机自西向东扶直屋架及屋架就位；在转向安装 B 轴吊车梁、连系梁，接着再安装 A 轴吊车梁、连系梁。

起重机自东向西沿跨中开行，安装屋架、屋面板及屋面支撑等。在安装①轴线的屋架前，应先安装①轴线两根抗风柱，屋面板安装完成后，起重机即可拆除起重杆退场。

3) 现场预制构件平面布置

A 轴柱列，由于跨外场地较宽，采取跨外预制，用三点共弧的安装方法布置；*B* 轴柱列距围墙较近，只能在跨内预制，因场地狭窄，不能用三点共弧斜向布置，用两点共弧的方法布置；屋架采用正面斜向布置，每 3～4 榀为一叠，靠 *A* 轴线斜向就位。

6.4　结构安装工程的质量要求及安全措施

6.4.1　结构安装工程质量要求

(1) 在进行构件的运输或吊装前，必须认真地对构件的制作质量进行复检验收。复查验收的内容主要包括构件的混凝土强度和构件的观感质量。检查混凝土强度的工作，主要是查阅混凝土试块的试验报告单，看其强度是否符合设计运输、吊装要求。检查构件的观感质量，主要是看构件有无裂缝或裂缝宽度、混凝土密实度(蜂窝、孔洞及露筋情况)和外形尺寸偏差是否符合设计要求和规范要求。

(2) 混凝土构件安装质量必须符合下列要求。

① 保证构件在吊装中不断裂。为此，吊装时构件的混凝土强度、预应力混凝土构件孔道灌浆的水泥砂浆强度以及下层结构承受内力接头(接缝)的混凝土或砂浆强度，必须符合设计要求。当设计无规定时，混凝土的强度不应低于设计强度等级的 75%，预应力混凝土构件孔道灌浆的强度不应低于 15MPa，下层结构承受内力接头(接缝)的混凝土或砂浆的强度不应低于 10MPa。

② 保证构件的型号、位置和支点的锚固质量符合设计要求，且无变形损坏现象。

③ 保证连接质量。混凝土构件之间的连接，一般有焊接和浇筑混凝土接头两种。为保证焊接质量，焊工必须经过培训并取得考试合格证；所焊焊缝的观感质量(气孔、咬边、弧坑、焊瘤、夹渣等情况)、尺寸偏差及内在质量均必须符合施工验收规范的要求。为此，必须采用符合要求的焊条和科学的焊接规范。为保证混凝土焊头的质量，必须保证配置接头混凝土的各材料计量要准确，浇捣要密实并认真养护，其强度必须达到设计要求或施工验收规范的规定。混凝土构件安装的允许偏差和检验方法，如表 6-5 所示。

表 6-5　柱、梁、屋架等混凝土结构安装的允许偏差和检验方法

项　次	项　目		允许偏差/mm	检验方法
1	杯形基础	中心线对轴线的位置偏移	10	尺量检查
		杯底安装标高	+0，−10	用水准仪检查
2	柱	中心线对定位轴线的位置偏移	5	尺量检查
		上下柱接口中心线的位置偏移	3	

续表

项　次	项　目			允许偏差/mm	检验方法
2	柱	垂直度	≤5m	5	用经纬仪或吊线和尺量检查
			＞5m	10	
			≥10m 多节柱	1/1000 柱高，且不大于20	
		牛腿上表面和柱顶标高	≤5m	+0，−5	用水准仪或尺量检查
			＞5m	+0，−8	
3	梁或吊车梁	中心线对定位轴线的位置偏移		5	尺量检查
		梁上表面标高		+0，−5	用水准仪或尺量检查
4	屋架	下弦中心线对定位轴线的位置偏移		5	尺量检查
		垂直度	桁架拱形屋架	1/250 屋架高	用经纬仪或吊线和尺量检查
			薄腹梁	5	
5	天窗架	构件中心线对定位轴线的位置偏移		5	尺量检查
		垂直度		1/300 天窗架高	用经纬仪或吊线和尺量检查
6	板	相邻板下表面平整度	抹灰	5	用直尺和楔形塞尺检查
			不抹灰	3	
7	墙板	标高		±5	用水准仪和尺量检查
		墙板两端高低差			

6.4.2　结构安装工程安全措施

1．防止起重机倾翻措施

(1) 起重机的行驶道路必须平整坚实，地下墓坑和松软土层要进行处理，如果土质松软，需要铺设枕木或路基箱。起重机不得停置在斜坡上工作，也不允许起重机的两个履带一高一低。当起重机通过墙基或地梁时，应在墙基两侧铺垫枕木或石子，以免直接碾压在墙基或地梁上。

(2) 应尽量避免超载吊装，但在某些特殊情况下难以避免时，应采取措施，如在起重机起重臂上拉缆绳或在其尾部增加平衡重等。起重机增加平衡重后，在卸载或空载时，起重臂必须落到与水平线夹角 60° 以内，在操作时应缓慢进行。

(3) 禁止斜吊。所谓斜吊是指所要起吊的重物不在起重机起重臂的正下方，因而当将捆绑重物的吊索挂上吊钩后，吊钩滑轮组不与地面垂直，而与垂直线成一个夹角。斜吊会造成超负荷及钢丝绳出槽，甚至造成拉断绳索，斜吊还会使重物在离开地面后发生快速摆动，可能碰伤人或其他物体。

(4) 如果需作短距离负荷行驶，只能将构件吊离地面 300mm 左右，且要慢行，并将构件转至起重机的前方拉好溜绳，控制构件摆动。

(5) 双机抬吊时，要根据起重机的起重能力进行合理的负荷分配，并在操作时要统一指挥，互相密切配合。在整个抬吊过程中，两台起重机的吊钩滑轮组均应基本保持垂直状态。

(6) 不吊重量不明的重大构件设备。

(7) 禁止在 6 级风以上的情况下进行吊装作业。

(8) 指挥人员应使用统一指挥信号，信号要鲜明准确，起重机驾驶人员应听从指挥。

2. 防止高空坠落措施

(1) 操作人员在进行高空作业时，必须正确使用安全带。安全带一般应高挂低用，即将安全带绳端的钩环挂于高处，而人在低处操作。

(2) 在高空使用撬杠时，人要立稳，如果附近有脚手架或已安装好的构件，应一手扶住，一手操作。撬杠的插进深度要适宜，如果撬动距离较大，则应逐步撬动，不宜急于求成。

(3) 工人如果需要在高空作业时，应尽可能搭设临时操作平台。操作平台为工具式，拆装方便，自重轻，宽度为 0.8～1.0m，临时以角钢夹板将其固定在柱上部，低于安装位置 1～1.2m，工人在上面可进行屋架的校正与焊接工作。如果需在悬空的屋架上弦行走时，应在其上设置安全栏杆。

(4) 在安装和校正吊车梁时，应在柱间距吊车梁的上平面约 1m 高处拉一根钢丝绳或白棕绳。

(5) 在雨期或冬期，必须采取防滑措施，如扫除构件上的冰雪、在屋架上捆绑麻袋、在屋面板上铺垫草袋等。

(6) 登高用的梯子必须牢固，在使用时必须用绳子与已固定的构件绑牢，梯子与地面的夹角一般以 65°～75° 为宜。

(7) 操作人员在脚手板上通行时，应精力集中，防止踏上探头板。

(8) 安装有预留孔洞的楼梯或屋面板时，应及时用木板盖严。

(9) 操作人员不得穿硬底皮鞋上高空作业。

3. 防止高空落物伤人措施

(1) 地面操作人员必须戴安全帽。

(2) 高空操作人员使用的工具、零配件等，应放在随身佩戴的工具袋内，不可随意向下丢掷。

(3) 在高空用气割或电焊切割时，应采取措施，防止火花落下伤人。

(4) 地面操作人员，应尽量避免在高空作业的正下方停留或通过，也不得在起重机的起重臂或正在吊装的构件下停留或通过。

(5) 构件安装后，必须检查连接质量，只有连接确实安全可靠，才能松钩或拆除临时固定工具。

(6) 吊装现场周围应设置临时栏杆，禁止非工作人员入内。

4. 防止触电、气瓶爆炸措施

(1) 当起重机从电线下行驶时，起重机的最高点与电线之间应保持规定的垂直距离，当起重机在电线近旁行驶时，起重机与电线之间应保持规定的水平距离，如表 6-6 所示。

表 6-6 起重机与架空输电导线的安全距离

安全距离 \ 电压/kV	<1	1～15	20～40	60～110	220
沿垂直方向/m	1.5	3.0	4.0	5.0	6.0
沿水平方向/m	1.0	1.5	2.0	4.0	6.0

(2) 电焊机的电源线长度不宜超过 5m，并必须架高。电焊机手把线的正常电压，在用交流电工作时为 60～80V，要求手把线质量良好，如果有破皮情况，必须及时用胶布严密包扎。电焊机的外壳应该接地。

(3) 当使用塔式起重机或起重杆(15m 以上)的其他类型起重机时，应有避雷防触电设施。

(4) 在搬运氧气瓶时，必须采取防震措施，绝不可向地上猛摔。

(5) 氧气瓶不应放在阳光下暴晒，更不可接近火源。冬期如果瓶的阀门发生冻结，用干净的抹布将阀门烫热，不可用火熏烤，还要防止机械油落在氧气瓶上。

(6) 乙炔发生器的放置地点距火源应在 10m 以上。如果高空有电焊作业，乙炔发生器不应放在下风向。

(7) 电石桶应存放在干燥的房间，并在桶下加垫，以防桶底锈蚀腐烂，使水分进入电石桶而产生乙炔。在打开电石桶时，应使用不会产生火花的工具(如铜凿)。

小　结

结构安装工程是建筑工程施工中的难点，本项目主要要求了解起重机、钢丝绳、锚固等的规格和使用注意事项；熟悉各种起重机械的特点、工作性能与适用性；掌握柱、吊车梁、屋架、屋面板等几种基本构件的吊装工艺和结构安装方案。

各类构件的吊装工艺一般均包括绑扎、吊升、临时固定、校正和最后固定几个步骤，但不同的构件具体的工艺不同，主要是构件的几何形状、起吊安装高度、固定方式等都有区别，因此，应熟悉不同构件的吊装方法。

结构安装工程的特点为构件重量大、操作面小、高空作业多、机械化程度高、多工程上下交叉作业等，如果措施不当，极易发生安全事故，在组织施工时，要重视这些特点，采取相应的安全措施。

思考与练习

1. 起重机械的种类有哪些？ 试说明其优缺点及使用范围。

2. 试述履带式起重机的起重高度、起重半径与起重量之间的关系。

3. 在什么情况下对履带式起重机进行稳定性验算？如何验算？

4. 柱吊装应进行哪些准备工作？

5. 试述柱按三点共弧进行斜向布置的方法。

6. 试说明旋转法和滑行法吊装时的特点及适用范围。

7. 怎样进行柱的临时固定和最后固定？

8. 怎样校正吊车梁的安装位置？

9. 屋架的排放有哪些方法？要注意哪些问题？

10. 构件的平面布置应遵循哪些原则？

11. 分件安装法和综合安装法各有什么特点？

12. 预制阶段柱的布置方法有哪几种？各有什么特点？

13. 屋架在预制阶段布置的方式有哪几种？

14. 屋架在安装阶段的扶直有哪几种方法？如何确定屋架就位范围和就位位置？

15. 某单层工业厂房，跨度为 24m，柱距为 6m，采用 W_1-100 型履带式起重机安装柱，起重半径为 7.5m，起重机分别沿纵轴跨内和跨外开行，距离轴线为 6m，试对柱做三点共弧斜向布置，并确定停机点的位置。

16. 某单层工业厂房跨度为 21m，柱距为 6m，10 个节间，选用 W_1-100 型履带式起重机进行结构安装，吊装屋架时的起重半径为 8m，试分别绘制屋架斜向就位图和纵向就位图。

项目 7　防水工程施工

学习要点及目标

了解新型防水材料在工程中的应用；掌握卷材防水屋面、涂膜防水屋面、刚性防水屋面的施工工艺，具有组织屋面防水、地下防水以及卫生间防水施工的能力，能编制防水工程施工方案；掌握防水工程因施工问题而造成渗漏的原因及堵漏技术；掌握防水工程中常见的质量事故及处理方法。

核心概念

屋面防水施工、地下防水施工、堵漏技术。

引导案例

某建筑物地上 28 层，地下 1 层，结构基础采用桩与筏板相结合，场地施工深度内有地下水，地下室结构防水等级为二级，抗渗等级 P6；屋面防水等级为二级，防水耐用年限不小于 15 年。

思考：屋面防水和地下防水如何处理。

防水技术是保证工程结构不受水侵蚀的一项专门技术，在建筑施工中占有重要地位。防水工程质量的好坏，直接影响到建筑物和构筑物的寿命，影响到生产活动和人民生活能否正常进行。因此，防水工程的施工必须严格遵守有关规范的要求，切实保证工程质量。

防水工程按其部位分为屋面防水、地下防水、卫生间防水、外墙板防水等。防水工程按其构造做法分为结构自防水和防水层防水等。结构自防水主要是依靠建筑物构件材料自身的密实性及某些构造措施，使结构构件起到防水作用；防水层防水是在建筑物构件的迎水面或背水面以及接缝处，附加防水材料做成的防水层，以起到防水的作用。防水工程又可分为柔性防水和刚性防水等。

防水工程应遵循“防排结合、刚柔并用、多道设防、综合治理”的原则。防水工程施工工艺要求严格细致，在施工工期的安排上应避开雨季或冬季施工。

7.1　屋面防水工程施工

屋面防水工程是房屋建筑的一项重要工程。根据建筑物的性质、重要程度、使用功能要求及防水层耐用年限等，将屋面防水分为四个等级，并按不同等级进行设防，如表 7-1 所示。防水屋面的常用种类有卷材防水屋面、涂膜防水屋面和刚性防水屋面等。

屋面工程所采用的防水、保温隔热材料应有产品合格证书和性能检测报告，材料的品种、规格、性能等应符合现行国家产品标准和设计要求。屋面工程施工前，要编制施工方案，建立三检制度，并有完整的检查记录。伸出屋面的管道、设备或预埋件应在防水层施工前安设好。施工时每道工序完工后，须经监理单位检查验收，才可进行下道工序的施工。屋面防水层完工后，应避免在其上凿孔打洞。

表 7-1　屋面防水等级和设防要求

项　目	屋面防水等级			
	Ⅰ	Ⅱ	Ⅲ	Ⅳ
建筑物类别	特别重要或对防水有特殊要求的建筑	重要的建筑和高层建筑	一般的建筑	非永久性的建筑
防水层合理使用年限	25 年	15 年	10 年	5 年
防水层选用材料	宜选用合成高分子防水卷材、高聚物改性沥青防水卷材、金属板材、合成高分子防水涂料、细石混凝土等材料	宜选用高聚物改性沥青防水卷材、合成高分子防水卷材、金属板材、合成高分子防水涂料、高聚物改性沥青防水涂料、细石混凝土、平瓦、油毡瓦等材料	宜选用三毡四油沥青防水卷材、高聚物改性沥青防水卷材、合成高分子防水卷材、金属板材、高聚物改性沥青防水涂料、合成高分子防水涂料、细石混凝土、平瓦、油毡瓦等材料	可选用二毡三油沥青防水卷材、高聚物改性沥青防水涂料等材料
设防要求	三道或三道以上防水设防	二道防水设防	一道防水设防	一道防水设防

屋面的保温层和防水层严禁在雨天、雪天和五级以上大风下施工，温度过低也不宜施工。屋面工程完工后，应对屋面细部构造、接缝、保护层等进行外观检验，并用淋水或蓄水进行检验。防水层不得有渗漏或积水现象。

7.1.1　卷材防水屋面施工

1. 卷材防水屋面的构造及适用范围

用胶粘剂粘贴卷材进行防水的屋面称为卷材防水屋面，其构造，如图 7-1 所示。这种屋面卷材本身具有一定的韧性，可以适应一定程度的伸缩和变形，不易开裂，属于柔性防水。它包括沥青卷材防水、高聚物改性沥青卷材防水、合成高分子卷材防水等三大系列，适用于屋面防水等级为Ⅰ-Ⅳ级的工业与民用建筑。

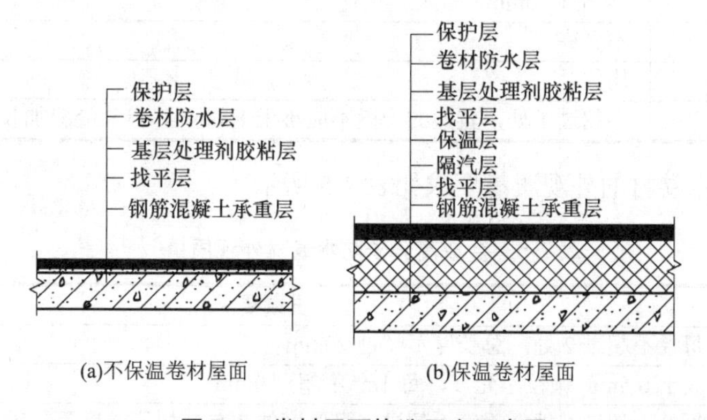

图 7-1　卷材屋面构造层次示意图

2. 材料要求

1) 卷材

主要防水卷材的分类如表 7-2 所示。

表 7-2 主要防水卷材分类表

类 别		防水卷材名称
沥青基防水卷材		纸胎、玻璃胎、玻璃布、黄麻、铝箔沥青卷材
高聚物改性沥青防水卷材		SBS，APP，SBS-APP，丁苯橡胶改性沥青卷材；胶粉改性沥青卷材、再生胶卷材、PVC 改性煤焦油沥青卷材等
合成高分子防水卷材	硫化型橡胶或橡胶共混卷材	三元乙丙卷材、氯磺化聚乙烯卷材、丁基橡胶卷材、氯丁橡胶卷材、氯化聚乙烯-橡胶共混卷材等
	非硫化型橡胶或橡胶共混卷材	丁基橡胶卷材、氯丁橡胶卷材、氯化聚乙烯-橡胶共混卷材等
	合成树脂系防水卷材	氯化聚乙烯卷材、PVC 卷材等
特种卷材		热熔卷材、冷自粘卷材、带孔卷材、热反射卷材、沥青瓦等

沥青防水卷材的外观质量要求如表 7-3 所示。

表 7-3 沥青防水卷材外观质量

项 目	质量要求
孔洞、硌伤	不允许
露胎、涂盖不匀	不允许
扳纹、皱纹	距卷芯 1000mm 以外，长度不大于 100mm
裂纹	距卷芯 1000mm 以外，长度不大于 10mm
裂口、缺边	边缘裂口小于 20mm，缺边长度小于 50mm，深度小于 20mm
每卷卷材的接头	不超过 1 处，较短的一段不应小于 2500mm，接头处应加长 150mm

高聚物改性沥青防水卷材的外观质量要求如表 7-4 所示。

表 7-4 高聚物改性沥青防水卷材外观质量

项 目	质量要求
孔洞、缺边、裂口	不允许
边缘不整齐	不超过 10mm
胎体露白、未浸透	不允许
撒布材料粒度、颜色	均匀
每卷卷材的接头	不超过 1 处，较短的一段不应小于 100mm，接头处应加长 150mm

合成高分子防水卷材的外观质量要求如表 7-5 所示。

表 7-5 合成高分子防水卷材外观质量

项 目	质量要求
折痕	每卷不超过 2 处，总长度不超过 20mm
杂质	大于 0.5mm 颗粒不允许，每 $1m^2$ 不超过 $9mm^2$
凹痕	每卷不超过 6 处，深度不超过本身厚度的 30%，树脂深度不超过 15%

续表

项　目	质量要求
胶块	每卷不超过 6 处，每处面积不大于 4mm²
每卷卷材的接头	橡胶类每 20m 不超过 1 处，较短的一段不应小于 3000mm，接头处应加长 150mm，树脂类 20m 长度内不允许有接头

卷材的储运、保管应遵守下列规定：不同品种、标号、规格、等级的产品应分别堆放；应储存在阴凉通风的室内，避免雨淋、日晒、受潮，严禁接近火源。沥青防水卷材储存环境温度不得高于 45℃；卷材宜直立堆放，其高度不超过两层，并不得倾斜或横压，短途运输平放不宜超过四层；应避免与化学介质及有机溶剂等有害物质接触。

进场卷材抽样复检的规定：同一品种、牌号、规格的卷材，抽检数量为：大于 1000 卷抽取 5 卷；500～1000 卷抽取 4 卷；100～500 卷抽取 3 卷；小于 100 卷抽取 2 卷。将抽检的卷材开卷进行规格、外观质量检验，全部指标达到标准规定时，即为合格。其中如有一项指标达不到要求，应在受检产品中加倍取样复检，全部达到标准规定为合格；复检时如有一项不合格，则判定该产品为不合格。卷材物理性能检验项目为：沥青防水卷材应检验拉力、耐热度、柔性、不透水性；高聚物改性沥青防水卷材应检验拉伸性能、耐热度、柔性、不透水性；合成高分子防水卷材应检验拉伸强度、断裂伸长率、低温弯折性、不透水性。

各种防水材料及制品均应符合设计要求，具有质量合格证明，进场前应按规范的要求进行抽样复检，严禁使用不合格产品。

2) 胶粘剂

卷材防水层的粘结材料，必须选用与卷材相应的胶粘剂。沥青卷材可选用沥青胶作为胶粘剂，沥青胶的标号应根据适用条件、屋面坡度和当地历年室外极端最高气温按表 7-6 选用。沥青胶技术性能应符合表 7-7 的规定。

表 7-6　沥青胶标号选用表

屋面坡度	历年室外极端最高温度	沥青胶结材料标号
1%～3%	＜38℃ 38～41℃ 41～45℃	S-60 S-65 S-70
3%～15%	＜38℃ 38～41℃ 41～45℃	S-65 S-70 S-75
15%～25%	＜38℃ 38～41℃ 41～45℃	S-75 S-80 S-85

注：① 油毡层上有板块保护层或整体保护层时，沥青胶标号可按上表降低 5 号。

② 屋面受其他热影响(如高温车间等)，或屋面坡度超过 25%时，应考虑将其标号适当提高。

表 7-7　沥青胶的质量要求

标号 指标名称	S-60	S-65	S-70	S-75	S-80	S-85
耐热度	用 2mm 厚的沥青胶粘合两张沥青纸，于不低于列温度(℃)中，1∶1 坡度上停放 5h 的沥青胶不应流淌，油纸不应滑动					
	60	65	70	75	80	85
柔韧性	涂在沥青胶油纸上的 2mm 厚的沥青胶层，在 18±2℃时，围绕下列直径(mm)的圆棒，用 2s 的时间以均衡速度弯成半周，沥青胶不应有裂纹					
	10	15	15	20	25	30
粘结力	用于将两张粘贴在一起的油纸慢慢地一次撕开，从油纸和沥青胶的粘贴面的任何一面的撕开部分，应不大于粘贴面积的 1/2					

高聚物改性沥青防水卷材可选用橡胶或再生橡胶改性沥青的汽油溶液或水乳液作为胶粘剂，其粘结剥离强度应大于 8N/10mm，粘结剪切强度应大于 0.05MPa。

合成高分子防水卷材可选用以氯丁橡胶和丁基酚醛树脂为主要成分的胶粘剂或以氯丁橡胶乳液制成的胶粘剂，其粘接剥离强度应大于 15N/10mm，浸水 168h 后粘接剥离强度保持率不应低于 70%，其用量为 0.4～0.5kg/m^2。

3) 基层处理剂

基层处理剂是为了增强防水材料与基层之间的粘结力，在防水层施工前，预先涂刷在基层上的涂料。其选择应与所用卷材的材性相容。常用的基层处理剂有用于沥青防水卷材屋面的冷底子油，用于高聚物改性沥青防水卷材屋面的氯丁胶沥青乳胶、橡胶改性沥青溶液、沥青溶液(冷底子油)，用于合成高分子防水卷材屋面的聚氨酯煤焦油系的二甲苯溶液、氯丁胶乳溶液、氯丁胶沥青乳胶等。

3. 基层要求

基层施工质量的好坏，将直接影响屋面工程的质量。基层应有足够的强度和刚度，承受荷载时不产生显著变形。基层一般采用水泥砂浆、细石混凝土或沥青砂浆找平，做到平整、坚实、清洁、无凹凸变形及尖锐颗粒。其平整度为：用 2m 长的直尺检查，基层与直尺之间的最大空隙不大于 5mm，空隙仅允许平缓变化，每米长度内不得多于一处。铺设屋面隔气层和防水层之前，基层必须干净、干燥。

屋面及檐口、檐沟、天沟找平层的排水坡度，必须符合设计要求，平屋面采用结构找坡应不小于 3%，采用材料找坡不小于 2%；天沟、檐沟纵向找坡不应小于 1%，沟底落水差不大于 200mm；在与突出屋面结构的连接处以及在基层的转角处均应做成圆弧，其圆弧半径应符合设计要求：沥青防水卷材为 100～150mm，高聚物改性沥青防水卷材为 50mm，合成高分子防水卷材为 20mm。在内部排水的水落口周围应做成略低的凹坑。

为防止由于温差及混凝土收缩而使防水屋面开裂，找平层应留分格缝，缝宽一般为 20mm，并嵌填密封材料。其纵横向最大间距为：当找平层采用水泥砂浆或细石混凝土时，不宜大于 6m；当采用沥青砂浆时，不宜大于 4m。找平层的厚度及技术要求应符合表 7-8 的规定。

表 7-8　找平层厚度和技术要求

类　别	基层种类	厚度/mm	技术要求
水泥砂浆找平层	整体混凝土	15～20	1∶25～1∶3（水泥∶砂）体积比，水泥强度等级不低于 32.5
	整体或板状材料保温层	20～25	
	装配式混凝土板、松散材料保温层	20～30	
细石混凝土找平层	松散材料保温层	30～35	混凝土强度等级不低于 C20
沥青砂浆找平层	整体混凝土	15～20	质量比1∶8（沥青∶砂）
	装配式混凝土板、整体或板状材料保温层	20～25	

4．卷材施工

1) 沥青防水卷材施工

沥青防水卷材施工的一般工艺流程为：基层表面清理、修补→涂刷基层处理剂→节点附加层处理→定位、弹线、试铺→铺贴卷材→收头处理、节点密封→清理、检查、修整→蓄水试验→保护层施工→检查验收。

(1) 铺设方向。

卷材的铺设方向应根据屋面坡度和屋面是否有振动来确定。当屋面坡度小于 3%时，卷材宜平行于屋脊方向铺贴；当屋面坡度在 3%～15%之间时，卷材可平行或垂直于屋脊方向铺贴；当屋面坡度大于 15%或屋面受震动时，卷材应垂直于屋脊方向铺贴。上下层卷材不得相互垂直铺贴。

(2) 施工顺序。

屋面防水层施工时，应先做好节点、附加层和屋面排水比较集中的部位处理，然后由屋面最低标高处向上施工。铺贴天沟、檐沟卷材时，宜顺天沟、檐口方向，尽量减少搭接。铺贴多跨和有高低跨的屋面时，应先高后低、先远后近的顺序进行。大面积屋面施工时，应根据屋面特征及面积大小等因素合理地划分流水施工段，施工段的界限宜设在屋脊、天沟、变形缝等处。

(3) 搭接方法及宽度要求。

铺贴卷材采用搭接法(如图 7-2 所示)，上下层及相邻两幅卷材的搭接缝应错开。平行于屋脊的搭接应顺流水方向；垂直于屋脊的搭接应顺主导风向。叠层铺设的各层卷材，在天沟与屋面的连接处，应采用叉接法搭接，搭接缝应错开，接缝宜留在屋面或天沟侧面，不宜留在沟底。卷材搭接宽度应符合表 7-9 的规定。

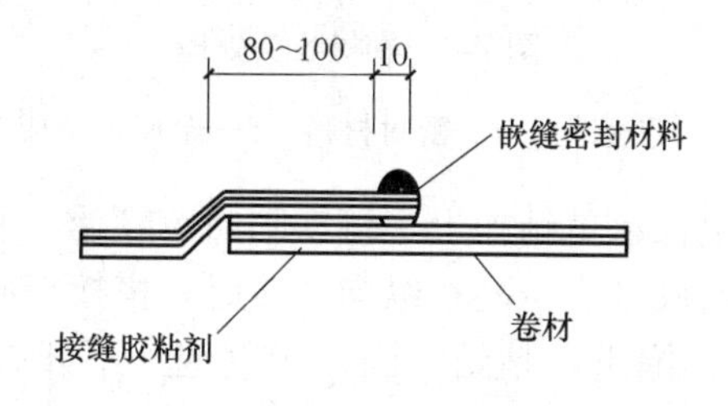

图 7-2　卷材搭接缝处理

表 7-9　卷材搭接宽度　　(单位：mm)

卷材种类＼铺贴方法		短边搭接		长边搭接	
		满粘法	空铺、点粘、条粘法	满粘法	空铺、点粘、条粘法
沥青防水卷材		100	150	70	100
高聚物改性沥青防水卷材		80	100	80	100
合成高分子防水卷材	胶粘剂	80	100	80	100
	胶粘带	50	60	50	60
	单缝焊	60，有效焊接宽度不小于 25			
	双缝焊	80，有效焊接宽度 10×2+空腔宽			

(4) 铺贴方法。

沥青卷材的铺贴方法有浇油法、刷油法、刮油法、撒油法等，一般采用浇油法和刷油法。在干燥的基层上满涂沥青胶，应随涂随铺油毡。铺贴时，油毡要展平压实，使之与基层紧密粘结，卷材的接缝应用沥青胶赶平封严。对容易渗漏水的薄弱部位如天沟、檐口、泛水、水落口等处，均应加铺 1～2 层卷材附加层。

(5) 屋面特殊部位的铺贴。

天沟、檐沟、檐口、水落口、泛水、变形缝和伸出屋面的管道防水构造，应符合设计要求。天沟、檐沟、檐口、泛水和立面卷材收头的端部应裁齐，塞入预留凹槽内，用金属压条钉压牢固，最大钉距不大于 900mm，并用密封材料嵌填密实，凹槽距屋面找平层不小于 250mm，凹槽上部墙体应做防水处理，如图 7-3 所示。

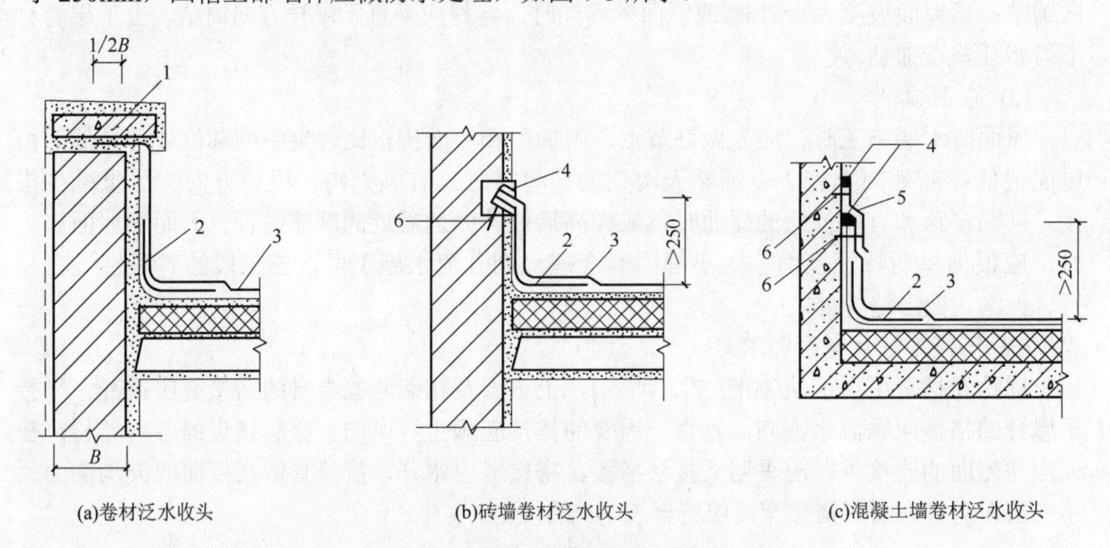

(a)卷材泛水收头　(b)砖墙卷材泛水收头　(c)混凝土墙卷材泛水收头

图 7-3　卷材收头处理

1—压顶；2—附加层；3—防水层；4—密封材料；5—金属、合成高分子盖板；6—水泥钉

水落口杯应牢固地固定在承重结构上，铸铁制品应除锈，并刷防锈漆；天沟、檐沟铺贴卷材应从沟底开始，如沟底过宽，卷材纵向搭接时，搭接缝必须用密封材料封口，密封材料必须嵌填密实、连续、饱满，粘结牢固，无气泡，不开裂脱落。沟内卷材附加层与屋面交接处宜空铺，其空铺宽度不小于 200mm，卷材防水层应由沟底翻上至沟外檐顶部，卷材收头应用水泥钉固定并用密封材料封严，铺贴檐口 800mm 范围内的卷材应采取

满粘法。

铺贴泛水处的卷材应采用满粘法，防水层贴入水落口杯内不小于 50mm，水落口周围直径 500mm 范围内的坡度不小于 5%，并用密封材料封严。

变形缝处的泛水高度不小于 250mm，伸出屋面管道的周围与找平层或细石混凝土防水层之间，应预留 20×20mm 的凹槽，并用密封材料嵌填密实，在管道根部直径 500mm 范围内，找平层应抹出高度不小于 30mm 的圆台，管道根部应增设附加层，宽度和高度均不小于 300mm，管道上的卷材收头应用金属箍紧固，并用密封材料封严，如图 7-4 所示。

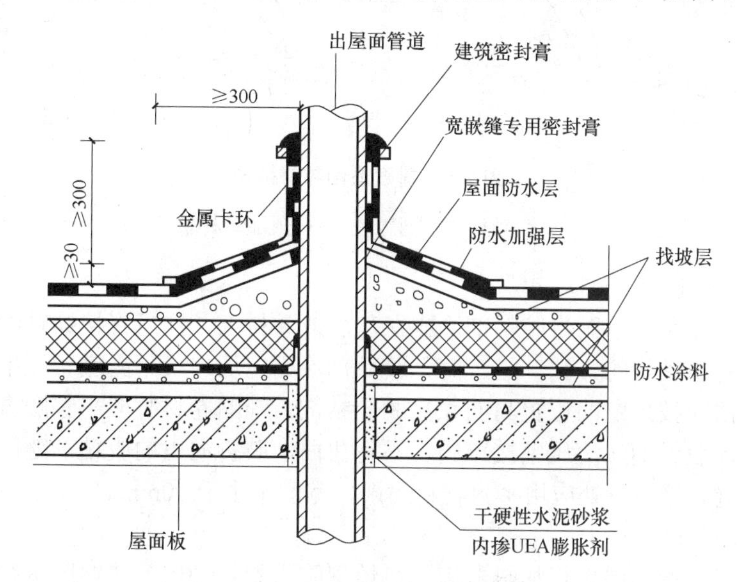

图 7-4 出屋面管道的防水节点做法

(6) 排汽屋面的施工。

卷材应铺设在干燥的基层表面上，当屋面保温层或找平层干燥有困难时，又急需铺设屋面防水层时，则应采用排汽屋面。排汽屋面是整体连续的，在屋面与垂直面连接的地方，隔气层应延伸到保温层的顶部，并高出 150mm，以防止屋内的水蒸气进入保温层，造成保温层的破坏，保温层的含水率应符合设计要求。在铺贴第一层卷材时，采用条粘、点粘、空铺等方法使卷材与基层之间留有纵横相互贯通的空隙做排气道(如图 7-5 所示)，排汽道的宽度 30～40mm，深度一直到结构层。对于有保温层的屋面，也可在保温层上面的找平层上留设凹槽作为排汽道，并在屋面或屋脊上设置一定数量的排气孔(每 36m^2 左右一个)与大气相通，这样就能使潮湿基层中的水分蒸发排出，防止卷材起鼓。排汽屋面适用于气候潮湿，雨量充沛，夏季阵雨多，保温层或找平层含水率较大，且干燥有困难的地区。

2) 高聚物改性沥青防水卷材施工

高聚物改性沥青防水卷材是指对石油沥青进行改性，改善防水卷材使用性能，延长防水层使用寿命而生产的一类沥青防水卷材。对沥青的改性主要是通过添加高分子聚合物来实现，其分类品种包括：塑性体沥青防水卷材、弹性体沥青防水卷材、自粘结油毡、聚乙烯膜沥青防水卷材等。使用较为普遍的是 SBS 改性沥青卷材、APP 改性沥青卷材、PVC 改性沥青卷材、再生胶改性沥青卷材等。其施工工艺流程与普通沥青防水卷材防水层相同。

依据高聚物改性沥青防水卷材的特性，其施工方法有冷粘法、热熔法和自粘法。在立面或大坡面铺贴高聚物改性沥青防水卷材时，应采用满粘法，并减少短边搭接。

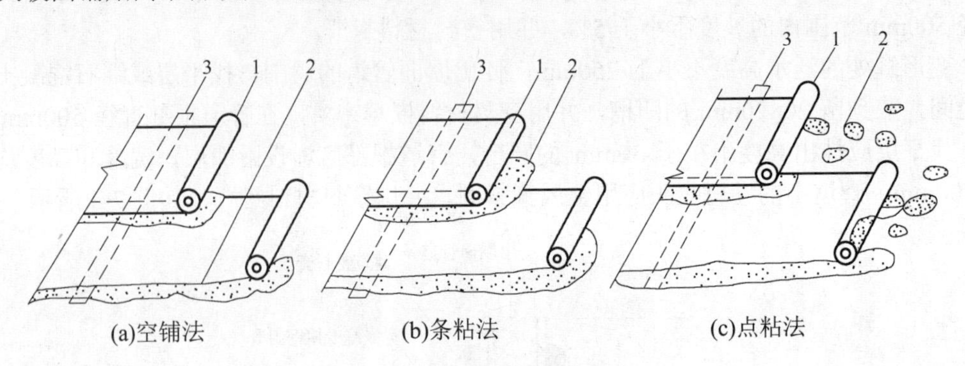

图 7-5　排汽屋面卷材铺法

1—卷材；2—沥青胶；3—附加卷材条

(1) 冷粘法施工。

冷粘法施工是利用毛刷将胶粘剂涂刷在基层或卷材上，然后直接铺贴卷材，使卷材与基层、卷材与卷材粘接的方法。施工时，胶粘剂涂刷应均匀、不露底、不堆积。空铺法、条粘法、点粘法应按规定的位置与面积涂刷胶粘剂。铺贴卷材时应平整顺直，搭接尺寸准确，接缝应满涂胶粘剂，滚压粘接牢固，不得扭曲，破折溢出的胶粘剂随即刮平封口，也可用热熔法接缝。接缝口处应用密封材料封严，宽度不小于 10mm。

(2) 热熔法施工。

热熔法施工是指利用火焰加热器熔化热熔型防水卷材底层的热熔胶进行粘贴的方法。施工时，在卷材表面热熔后应立即铺贴卷材，使之平展并粘接牢固。搭接缝处必须以溢出热熔的改性沥青胶为宜，并应随即刮封接口。加热卷材时应均匀，不得过分加热或烧穿卷材。对厚度小于 3mm 的高聚物改性沥青防水卷材严禁采用热熔法施工。

(3) 自粘法施工。

自粘法施工是指采用带有自粘胶的防水卷材，不用热施工，也不需要涂刷胶粘剂而进行粘接的方法。施工时，基层表面应均匀涂刷基层处理剂，待干燥后及时铺贴卷材。铺贴时应先将自粘胶底面隔离纸完全撕净，排出卷材下面的空气，并辊压粘接牢固，不得空鼓。搭接部位必须采用热风焊枪加热后随即粘贴牢固，溢出的自粘胶随即刮平封口。接缝口处用不小于 10mm 宽的密封材料封严。

3) 合成高分子防水卷材施工

合成高分子防水卷材主要品种有三元乙丙橡胶防水卷材、氯化聚乙烯-橡胶共混防水卷材、氯化聚乙烯防水卷材、聚氯乙烯防水卷材等。其施工工艺流程与前相同。施工方法有冷粘法、自粘法、热风焊法等。

冷粘法施工、自粘法施工与高聚物改性沥青防水卷材施工基本相同，但冷粘法施工时搭接部位应采用与卷材配套的接缝专用胶粘剂，在搭接缝结合面上涂刷均匀，并控制涂刷与粘合的间隔时间，排出空气并辊压粘接牢固。

热风焊法是利用热空气焊枪进行防水卷材搭接粘合的方法。焊接前卷材铺放平整顺直，搭接尺寸正确。施工时焊接缝的结合面应清扫干净，应无水、无油污及附着物。先焊长边搭接缝，后焊短边搭接缝，焊接处不得有漏焊、缺焊、焊焦或焊接不牢的现象，不得损坏非焊接部位的卷材。

5. 保护层施工

卷材铺设完毕后经检查合格，应立即进行保护层施工，及时保护防水层避免损坏，从而延长卷材防水层的使用年限。常用的保护层做法如下。

1) 涂料保护层

涂料一般在现场配制，常用的有铝基沥青悬浮液、丙烯酸浅色涂料或在涂料中掺入铝粉的反射涂料。施工前防水层的表面应干净无杂物。涂刷方法与用量按涂料使用说明书操作，涂刷应均匀，不漏涂。

2) 绿豆砂保护层

在沥青卷材非上人屋面中使用较多。在卷材表面涂刷最后一道沥青胶后，趁热铺撒一层粒径为 3～5mm 的绿豆砂，绿豆砂应铺撒均匀，不能有重叠堆积的现象，全部嵌入沥青胶中。为了嵌入牢固，绿豆砂须经干燥并加热至 100℃左右后使用。

3) 细砂、云母、蛭石保护层

主要用于非上人屋面涂膜防水层的保护层，使用前应先筛去粉料，当涂刷最后一道涂料时，应边涂刷边撒细砂(或云母、蛭石)，同时用胶辊反复滚压，使保护层牢固地粘接在涂层上。

4) 水泥砂浆保护层

水泥砂浆保护层与防水层之间应设置隔离层，水泥砂浆保护层厚度一般为 15～25mm，配合比一般为 1∶2.5～3(体积比)。

由于水泥砂浆干缩较大，在保护层施工前，应根据结构情况每隔 4～6m 用木模设置纵横分格缝。在铺设水泥砂浆时，应随铺随拍实，并用刮尺找平，排水坡度应符合设计要求。为保证立面水泥砂浆保护层粘接牢固，在立面防水层施工时，应预先在防水层表面粘上砂粒或小豆石，然后再做保护层。

5) 细石混凝土保护层

施工前应在防水层上铺设隔离层，并按设计要求支设好分格缝木模，设计无要求时，每格面积不大于 $36m^2$，缝宽 20mm。一个分格内的混凝土应连续浇筑，不留施工缝。振捣宜采用铁辊滚压或人工拍实，以防破坏防水层。拍实后随即用刮尺按排水坡度刮平，初凝前用木抹子提浆抹平，初凝后及时取出分格缝木模，终凝前用铁抹子压光。

细石混凝土保护层浇筑后应及时进行养护，养护时间不少于 7d，养护期满即将分格缝清理干净，待干燥后嵌填密封材料。

6) 块材保护层

块材保护层的结合层一般采用砂或水泥砂浆。块材铺砌应平整，并满足排水要求。在砂结合层上铺砌块材时，砂层应洒水压实、刮平。块材应对接铺砌，缝隙宽度为 10mm 左右，砌完洒水轻拍压实，以免产生翘角现象。板缝先用砂填至一半的高度，再用 1∶2 水泥砂浆勾成凹缝。为防止砂子流失，在保护层四周 500mm 范围内，应改用低强度等级水泥砂浆做结合层。

当采用水泥砂浆做结合层时，应先在防水层上做隔离层，隔离层可采用热砂、干铺油毡、铺纸筋灰、麻刀灰、粘土砂浆、白灰砂浆等。预制块材应先浸水湿润并阴干，摆铺完后应立即挤压密实、平整，使之结合牢固，块体间预留 10mm 的缝隙，然后用 1∶2 水泥砂浆勾成凹缝。

块体保护层每 100m^2 以内应留设分格缝，以防止因热胀冷缩而造成板块起拱或板缝过大，缝宽为 20mm，缝内嵌填密封材料。

对于上人屋面的块体保护层，块体材料应按照楼地面工程质量的要求选用，结合层应选用 1∶2 水泥砂浆。

7.1.2 涂膜防水屋面施工

1. 涂膜防水屋面的构造及适用范围

涂膜防水屋面是在屋面基层上涂刷防水涂料，经固化后形成一层有一定厚度和弹性的整体涂膜层，从而达到防水目的的一种防水屋面形式，如图 7-6 所示。这种防水屋面具有施工操作简便，无污染，冷操作，无接缝，能适应复杂的基层表面，防水性能好，温度适应性强，容易修补等特点。它适用于防水等级为Ⅲ、Ⅳ级的防水屋面，也可作为Ⅰ、Ⅱ级防水屋面多道设防中的一道防水层。

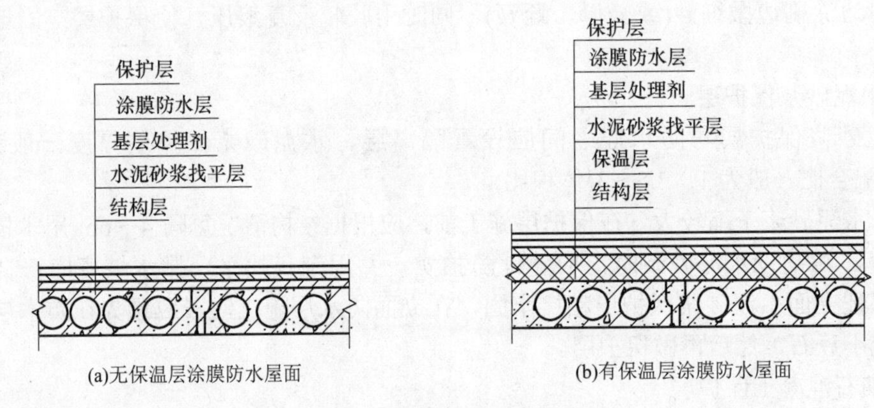

图 7-6　涂膜防水屋面构造图

2. 材料要求

根据防水涂料成膜物质的主要成分分为高聚物改性沥青防水涂料和合成高分子防水涂料两种；根据防水涂料形成液态的方式分为溶剂型、反应型和水乳型三类。

1) 沥青类防水涂料

沥青类防水涂料的主要成膜物质是沥青，包括溶剂型和水乳型两种。

冷底子油是将建筑石油沥青(30 号、10 号或 60 号)加入汽油、柴油或将煤沥青(软化点为 50～70℃)加入苯，融合而成的沥青溶液，一般不单独作为防水材料使用。

沥青胶是为了提高沥青的耐热性，降低了沥青层的低温脆性，在沥青材料中加入填料进行改性而制成的液体。

水性沥青基防水涂料是指乳化沥青及在其中加入各种改性材料的水乳型防水材料，属于低档防水涂料，主要用于Ⅲ、Ⅳ级防水等级的屋面防水及厕所、浴间、厨房防水。

2) 高聚物改性沥青类防水涂料

高聚物改性沥青类防水涂料是以高聚物改性沥青为基料制成的水乳型或溶剂型防水涂料，有再生胶改性沥青防水涂料、水乳型氯丁橡胶沥青防水涂料、SBS 橡胶改性沥青防水涂料等。

高聚物改性沥青类防水涂料适用于民用及工业建筑防水屋面、厕浴间，厨房的防水，地下室、水池的防水、防潮工程以及旧油毡屋面工程的维修。在实践使用时应检验涂料的固体含量、延伸性、柔韧性、不透水性、耐热性等技术指标合格后才能使用。

3) 合成高分子类防水涂料

合成高分子类防水涂料是以合成橡胶或合成树脂为主要成膜物质，加入其他辅料而配成的单组分或双组分防水涂料，主要有聚氨酯、硅橡胶、水乳型、丙烯酸酯、聚氯乙烯、水乳型三元乙丙橡胶防水涂料等。

聚氨酯防水涂料主要用于防水等级为Ⅰ、Ⅱ、Ⅲ级的非外露屋面、墙体及卫生间的防水防潮工程、地下围护结构的迎水面防水、地下室、蓄水池、人防工程等的防水。

丙烯酸酯防水涂料具有良好的耐候性、耐热性和耐紫外线性，在-30～80℃范围内性能基本无变化，能适应基层的开裂与变形。施工中检验项目与聚氨酯防水涂料相同。

4) 聚合物水泥基防水涂料

该产品由有机液料和无机粉料复合而成的双组分防水涂料，既有有机材料弹性高，又有无机材料耐久性好的优点，可在潮湿或干燥的砖石、砂浆、混凝土、金属、木材、各种保温层、防水层上直接施工，涂层坚韧高强、耐水、耐候、耐久性强、无毒、无害且施工简单，是目前工程上应用较广的一种新型材料。常用防水涂料如表 7-10 所示。

表 7-10　常用防水涂料的性能和用途

乳化沥青防水涂料	成本低、施工方便、耐候性好、但延伸率低	适用于民用及工业建筑厂房的复杂屋面和青灰屋面防水，也可涂于屋顶钢筋板面和油毡屋面防水
橡胶改性沥青防水涂料	有一定的柔韧性和耐火性，常温下冷施工安全可靠	适用于工业及民用建筑的保温屋面、地下室、洞体、冷库地面等的防水
硅橡胶防水涂料	防水性好、成膜性、弹性粘结性能好，安全无毒	地下工程、储水池、厕浴间屋面的防水
PVC 防水涂料	具有弹塑性、能适应基层的一般开裂或变形	可用于屋面及地下工程，蓄水池、水沟、天沟的防腐和防水
三元乙丙橡胶防水涂料	具有高强度、高弹性、高伸长率、施工方便	可用于宾馆、办公楼、厂房、仓库、宿舍的建筑屋面和地面的防水
氯磺化聚乙烯防水涂料	涂层附着力高、耐腐蚀、耐老化	可用于地下工程、海洋工程、石油化工、建筑屋面和地面防水
聚丙烯酸酯防水涂料	粘结性强、防水性好、伸长率高、耐老化、能适应基层的开裂变形、冷施工安全可靠	广泛应用于中、高级建筑工程的各种防水工程、平面、立面均可施工
粉状粘性防水涂料	属于刚性防水、涂层寿命长、经久耐用、不存在老化问题	适用于建筑屋面、厨房、厕浴间、坑道、隧道地理工程防水

3．基层要求

涂膜防水层要求基层刚度大，找平层有一定强度，表面平整密实，不应起砂、起壳、龟裂、爆皮等现象。表面平整度用 2m 直尺检查，基层与直尺的最大间隙不超过 5mm，间隙平缓变化。基层与突出屋面结构连接处及转角处应做成圆弧形或钝角。按设计要求做好排水坡度，不得有积水现象。施工前应将分格缝清理干净，不得有异物或浮灰。对屋面的板缝处理应遵守有关规定。基层干燥后方可进行涂膜防水施工。

4．涂膜防水层施工

涂膜防水层施工工艺流程为：基层表面清理、修整→涂刷基层处理剂→特殊部位附加层处理→涂刷防水涂料及铺贴胎体增强材料→清理与检查修理→保护层施工。

涂膜防水层必须由两层或两层以上涂层组成，每层应涂刷 2～3 遍，且应分层分遍涂布，不能一次涂成，先涂的涂层干燥后方可涂下一层，其厚度应符合表 7-11 的规定。

表 7-11　涂膜厚度选用表

屋面防水等级	设防道数	高聚物改性沥青防水涂料	合成高分子防水涂料
Ⅰ级	三道或三道以上设防	—	不应小于 1.5mm
Ⅱ级	二道设防	不应小于 3mm	不应小于 1.5mm
Ⅲ级	一道设防	不应小于 3mm	不应小于 2mm
Ⅳ级	一道设防	不应小于 2mm	

涂料的涂布顺序为：先高跨后低跨，先远后近，先立面后平面。同一屋面上先涂布排水较集中的水落口、天沟、檐口等节点部位，再进行大面积涂布。涂层应厚薄均匀，表面平整，不得有露底、漏涂和堆积现象。两涂层施工间隔时间不宜过长，否则易形成分层现象。

涂层中加铺胎体增强材料时，宜边涂边铺。胎体增强材料长边搭接宽度不得小于 50mm，短边搭接宽度不得小于 70mm。当屋面坡度小于 15%时，可平行于屋脊铺设；当屋面坡度大于 15%时，可垂直于屋脊铺设。采用两层胎体增强材料时，上下层不得相互垂直铺设，搭接缝应错开，其间距不应小于幅宽的 1/3。

找平层分格缝处应增设胎体增强材料的空铺附加层，其宽度以 200～300mm 为宜。涂膜防水层收头应用防水涂料多遍涂刷或用密封材料封严。在涂膜未干前，不得在防水层上进行其他作业。涂膜防水屋面上不得直接堆放物品。隔气层设置的原则与卷材防水屋面相同。

5．涂膜防水层的保护层

涂膜防水屋面应设置保护层，保护层材料可采用细砂、云母、蛭石、浅色涂料、水泥砂浆或块材等。当采用细砂、云母、蛭石时，应在最后一遍防水涂料涂刷后随即撒上，并用扫帚轻扫均匀、轻拍粘牢。当采用水泥砂浆或块体材料时，应在涂膜与保护层之间设置隔离层。当采用浅色涂料做保护层时，应在涂膜固化后进行。

7.1.3　刚性防水屋面施工

1. 一般构造及适用范围

刚性防水屋面是指使用刚性防水材料做防水层的屋面，主要有普通细石混凝土防水屋面、补偿收缩混凝土防水屋面、块材刚性防水屋面、预应力混凝土防水屋面等。与卷材防水屋面和涂膜防水屋面相比，刚性防水屋面所用的材料购置方便，价格便宜，耐久性好，维修方便，但刚性防水屋面材料的表观密度大，抗拉强度低，极限拉应力小，易受混凝土或砂浆的干湿变形、温度变形和结构变位而产生裂缝。它主要适用于防水等级为Ⅲ级的屋面防水，也可作为Ⅰ、Ⅱ级屋面防水多道设防中的一道防水层；不适合于设有松散材料做保温层的屋面以及受震动较大、坡度大于 15%的屋面。其构造如图 7-7 所示。

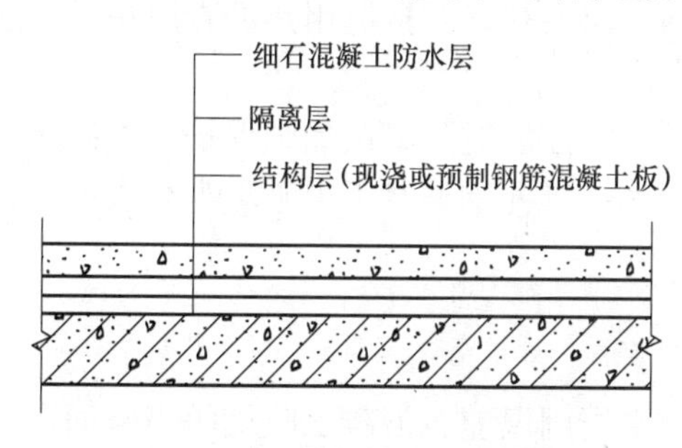

图 7-7　细石混凝土防水屋面构造

2. 材料要求

防水层的细石混凝土宜采用普通硅酸盐水泥或硅酸盐水泥，用矿渣硅酸盐水泥时应采取减少泌水性措施。水泥强度等级不宜低于 32.5 级，不得使用火山灰质水泥。防水层的细石混凝土和砂浆中，粗骨料的最大粒径不宜超过 15mm，含泥量不应大于 1%；细骨料应采用中砂或粗砂，含泥量不应大于 2%；拌合用水应采用不含有害物质的洁净水。混凝土水灰比不应大于 0.55，每立方米混凝土水泥用量不应小于 330kg，含砂率宜为 35%～40%，水灰比为 1∶2～2.5，并宜掺入外加剂，混凝土强度不得低于 C20。普通细石混凝土、补偿收缩混凝土的自由膨胀率应为 0.05%～0.1%。

块体刚性防水层使用的块体材料应无裂纹、无石灰颗粒、无灰浆泥面、无缺棱掉角，质地密实，表面平整。

3. 基层处理

刚性防水屋面的结构层宜为整体现浇的钢筋混凝土板，应保证屋面的洁净，清除屋面上的杂物，当屋面结构采用装配式钢筋混凝土板时，应用强度等级不小于 C20 的细石混凝土灌缝，灌缝的细石混凝土宜掺膨胀剂。当屋面板板缝宽度大于 40mm 或上窄下宽时，板缝内必须设置构造钢筋，板缝应进行密封处理。刚性防水层与山墙、女儿墙以及突出屋面结构的交接处均应做柔性密封处理，刚性防水屋面的坡度宜为 2%～3%，并应采用结构找坡。天沟、檐沟应用水泥砂浆找坡，找坡厚度大于 20mm 时，宜采用细石混凝土。

4．隔离层施工

在结构层与防水层之间宜增加一层低强度等级砂浆、卷材、塑料薄膜等材料，起隔离作用，使结构层和防水层变形相互不受约束，以减少防水混凝土产生拉应力而导致混凝土防水层开裂。

1) 黏土砂浆(石灰砂浆)隔离层施工

基层应清扫干净，洒水湿润，但不得有积水，将石灰膏∶砂∶黏土=1∶2.4∶3.6(或石灰膏∶砂=1∶4)配置的材料拌合均匀，砂浆以干稠为宜，铺层的厚度为 10～20mm，要求表面平整、压实、抹光，待砂浆基本干燥后，方可进行下一道工序的施工。

2) 卷材隔离层施工

用 1∶3 水泥砂浆将结构层找平，并压实抹光养护，在干燥的找平层上铺一层 3～8mm 干细砂做滑动层，在其上铺一层卷材，搭接缝用热沥青胶粘结，也可以在找平层上直接铺一层塑料薄膜。

做好隔离层继续施工时，要注意对隔离层加强保护。混凝土运输不能直接在隔离层表面上进行，应采取垫板等措施；绑扎钢筋时不得破坏卷材表面，浇捣混凝土时更不能破坏隔离层。

5．分格缝的处理

为防止大面积的刚性防水层因温差、混凝土收缩等影响而产生裂缝，应按设计要求设置分格缝。其位置一般应设在结构应力变化较突出的部位，如结构层屋面板的支承端、屋面转角处、防水层与突出屋面结构的交接处，并应与板缝对齐。分格缝的纵横间距一般不大于 6m 或一间一分格，分格面积不大于 $36m^2$ 为宜，缝宽宜为 20～40mm，分格缝中应嵌填密封材料。

分格缝的做法是在施工刚性防水层前，先在隔离层上定好分格缝位置，再安放分格条，然后按分格板块浇筑混凝土，待混凝土初凝后，将分格条取出即可。分格缝处可采用嵌填密封材料并加贴防水卷材的办法进行处理，以增加防水的可靠性。

6．铺设钢筋网

为防止刚性防水层在使用过程中产生裂缝而影响防水效果，应按设计要求设置钢筋网。当无设计要求时，可配置双向钢筋网，钢筋直径为 4～6mm，间距为 100～200mm。钢筋应采用绑扎或焊接，钢筋网片应放置在混凝土的中上部，保护层厚度不应小于 10mm。钢筋要调直，不得有弯曲、锈蚀、油污等。钢筋应在分格缝处断开，为保证钢筋网位置正确，可先在隔离层上满铺钢筋，绑扎成型后再按照分格缝位置剪断。

7．刚性防水层施工

1) 细石混凝土防水层施工

混凝土浇筑应按先远后近、先高后低的原则进行，一个分格缝内的混凝土必须一次连续浇筑完毕，不得留施工缝。细石混凝土防水层厚度不小于 40mm，混凝土的质量要严格控制，加入外加剂时，应准确计量，投料顺序正确，搅拌均匀。混凝土搅拌宜采用机械搅拌，搅拌时间不少于 2min，混凝土运输过程中应防止漏浆和离析。混凝土浇筑时，先用平板振动器振实，再用滚筒滚压至表面平整、泛浆，然后用铁抹子压实抹平，并确保防水层的设计厚度和排水坡度。抹压时严禁在表面洒水、加水泥浆或撒干水泥，待混凝土初凝收水后，应进行二次表面压光或在终凝前三次压光成活，以提高其抗渗性。混凝土浇筑 12～24h 后应进行养护，养护时间不少于 14d。养护初期防水屋面不得上人，施工时的气温宜在 5～35℃，应避免在负温或烈日暴晒下施工，也不宜在雪天或六级风以上施工，以保证防水层的施工质量。

2) 补偿收缩混凝土防水层施工

补偿收缩混凝土防水层是在细石混凝土中掺入膨胀剂拌制而成，硬化后的混凝土产生微膨胀，以补偿普通混凝土的收缩，它在配筋的情况下，由于钢筋限制其膨胀，从而使混凝土产生自应力，起到致密混凝土、提高混凝土抗裂性和抗渗性的作用。其施工要求与普通细石混凝土防水层大致相同。当用膨胀剂拌制补偿收缩混凝土时，应按配合比准确计量，搅拌投料时膨胀剂应与水泥同时加入，混凝土的搅拌时间不少于 3min。

3) 块体刚性防水层施工

块体刚性防水层施工时，应用 1∶3 水泥砂浆铺砌，块体之间的缝宽应为 12～15mm，坐浆厚度不应小于 25mm，面层应用 1∶2 水泥砂浆，厚度不应小于 12mm。水泥砂浆中必须掺入防水剂，防水剂掺量必须准确，并用机械搅拌均匀，随拌随用，铺抹底层水泥砂浆防水层时应均匀连续，不得留施工缝。

块材铺设后，在铺砌砂浆终凝前严禁上人踩踏。面层施工时，块材之间的缝隙应用水泥砂浆灌满填实，面层水泥砂浆应二次压光，做到抹平压实。面层施工完成 12～24h 应进行养护，养护时间不少于 7d，养护初期屋面不得上人。

7.1.4　常见屋面渗漏及防治方法

造成屋面渗漏的原因是多方面的，包括设计、施工、材料质量、维修管理等。要提高屋面防水工程的质量，应以材料为基础，以设计为前提，以施工为关键，并加强维护，对屋面工程进行综合治理。

1．屋面渗漏的原因

1) 山墙、女儿墙和突出屋面的烟囱等墙体与防水层相交部位渗漏雨水

其原因是节点做法过于简单，垂直面卷材与屋面卷材没有很好地分层搭接，或卷材收口处开裂，在冬季不断冻结，夏天炎热熔化，使开口增大，并延伸至屋面基层，造成漏水。此外，由于卷材转角处未做成圆弧形、钝角或角太小，女儿墙压顶砂浆等级低，滴水线未做或没有做好等原因，也会造成渗漏。

2) 天沟漏水

其原因是天沟长度大，纵向坡度小，雨水口少，雨水斗四周卷材粘贴不严，排水不畅，造成漏水。

3) 屋面变形缝(伸缩缝、沉降缝)处漏水

其原因是处理不当，如薄钢板凸棱安反了，薄钢板安装不牢，泛水坡度不当造成漏水。

4) 挑檐、檐口处漏水

其原因是檐口砂浆未压住卷材，封口处卷材张口，檐口砂浆开裂，下口滴水线未做好

而造成漏水。

5) 雨水口处漏水

其原因是雨水口处的雨水斗安装过高，泛水坡度不够，使雨水沿雨水斗外侧流入室内，造成漏水。

6) 厕所、厨房的通气管根部漏水

其原因是防水层未盖严，或包管高度不够，在油毡上口未缠麻丝或钢丝，油毡没有做压毡保护层，使雨水沿出气管进入室内造成渗漏。

7) 大面积漏水

其原因是屋面防水层找坡不够，表面凹凸不平，造成屋面积水而渗漏。

2. 屋面渗漏的预防及治理办法

当女儿墙压顶开裂时，可铲除开裂压顶的砂浆，重抹 1∶2～2.5 水泥砂浆，并做好滴水线，有条件者可换成预制钢筋混凝土压顶板。突出屋面的烟囱、山墙、管根等与屋面交接处、转角处做成钝角，垂直面与屋面的卷材应分层搭接，对已漏水的部位，可将转角渗漏处的卷材割开，并分层将旧卷材烤干剥离，清除原有沥青胶。按图 7-8、图 7-9 处理。

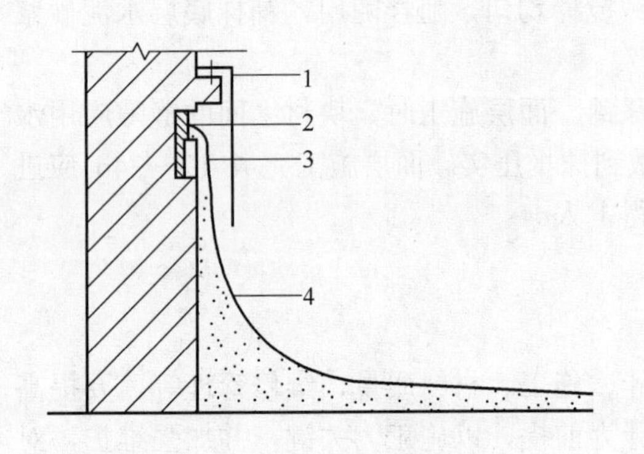

图 7-8　女儿墙镀锌薄钢板泛水

1—镀锌薄钢板泛水；2—水泥砂浆堵缝；3—预埋木砖；4—防水卷材

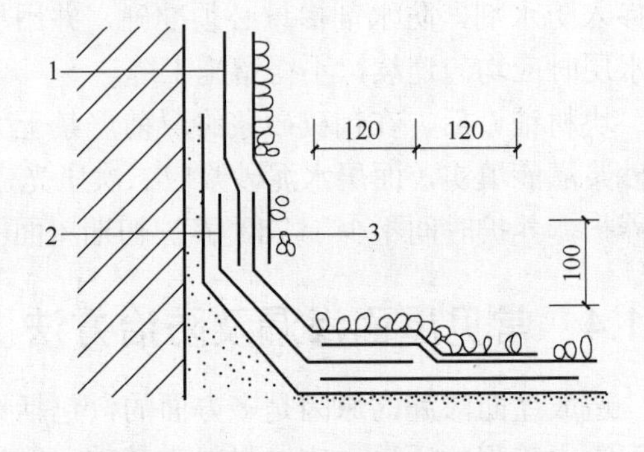

图 7-9　转角渗漏处卷材处理

1—原有卷材；2—干铺一层新卷材；3—新附加卷材

出屋面管道：管根处做成钝角，并建议设计单位加做防雨罩，使油毡在防雨罩下收头，如图 7-10 所示。

檐口漏雨：将檐口处旧卷材掀起，用 24 号镀锌薄钢板将其钉于檐口，将新卷材贴于薄钢板上，如图 7-11 所示。

雨水口漏雨渗水：将雨水斗四周卷材铲除，检查短管是否紧贴基层板面或铁水盘。如短管浮搁在找平层上，则将找平层凿掉，清除后安装好短管，再用搭槎法重做三毡四油防水层，然后进行雨水斗附近卷材的收口和包贴，如图 7-12 所示。

如用铸铁弯头代替雨水斗时，则需将弯头凿开取出，清理干净后安装弯头，再铺卷材(或油毡)一层，其伸入弯头内应大于 50mm，最后做防水层至弯头内并与弯头端部搭接顺畅、抹压密实。

对于大面积渗漏屋面，针对不同原因可采用不同的方法治理。一般是将原豆石保护层清扫一遍，去掉松动的浮石，抹 20mm 厚水泥砂浆找平层，然后做卷材防水层和黄砂(或粗砂)保护层。

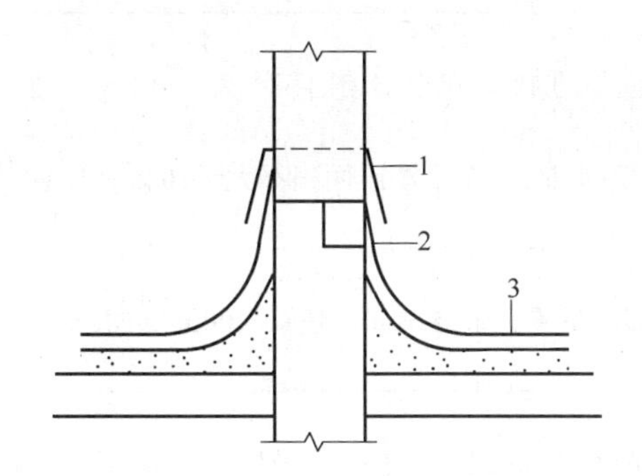

图 7-10　出屋面管加薄钢板防雨罩

1—24 号镀锌薄钢板防雨罩；
2—铅丝或麻绳；3—油毡

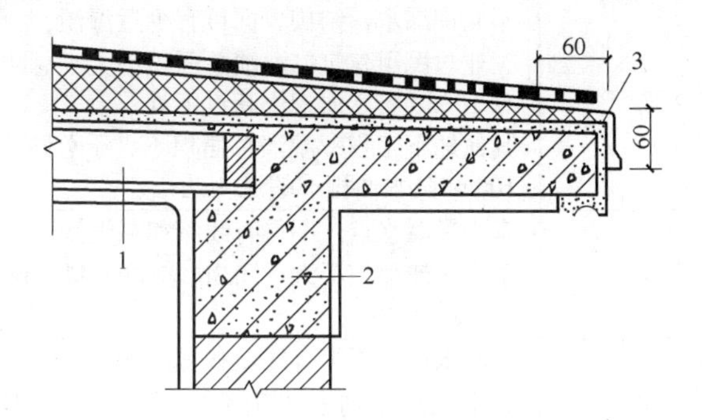

图 7-11　檐口漏雨处理

1—屋面板；2—圈梁；3—24 号镀锌薄钢板

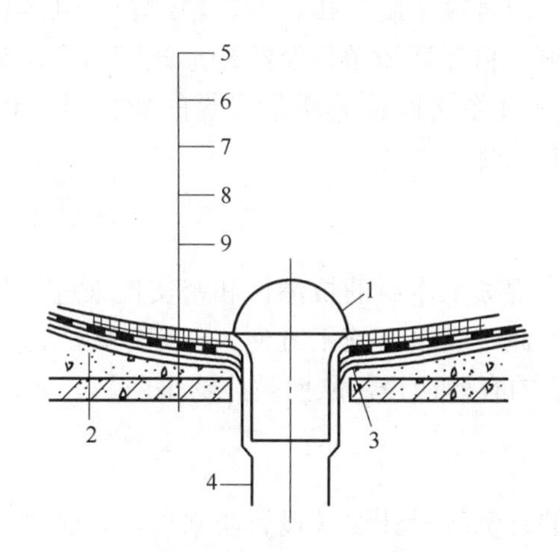

图 7-12　雨水口漏水处理

1—雨水罩；2—轻质混凝土；3—雨水斗紧贴基层；4—短管；5—沥青胶或油膏灌缝；
6—三毡四油防水层；7—附加一层卷材；8—附加一层再生胶油毡；9—水泥砂浆找平层

7.2　地下防水工程施工

地下防水工程是防止地下水对地下构筑物或建筑物基础的长期浸透，保证地下构筑物或地下室使用功能正常发挥的一项重要工程。由于地下工程常年受到地表水、潜水、上层滞水、毛细管水等的作用，所以，对地下防水工程的处理比屋面防水工程的要求更高，防水技术难度更大。而如何正确选择合理有效的防水方案就成为地下防水工程的首要问题。

地下工程的防水等级分为四级，各级标准应符合表 7-12 的规定。

表 7-12　地下防水工程等级标准

防水等级	标　准
1 级	不允许渗水，结构表面无湿渍
2 级	不允许漏水，结构表面可有少量湿渍 工业与民用建筑：湿渍总面积不大于总防水面积的 1%，单个湿渍面积不大于 $0.1m^2$，任意 $100m^2$ 防水面积不超过 1 处 其他地下工程：湿渍总面积不大于总防水面积的 6%，单个湿渍面积不大于 $0.2m^2$,任意 $100m^2$ 防水面积不超过 4 处
3 级	有少量漏水点，不得有线流和漏泥沙 单个湿渍面积不大于 $0.3m^2$，单个漏水点的漏水量不大于 2.5L/d，任意 $100m^2$ 防水面积不超过 7 处
4 级	有漏水点，不得有线流和漏泥沙 整个工程平均漏水量不大于 $2L/m^2 \cdot d$，任意 $100m^2$ 防水面积的平均漏水量不大于 $4L/m^2 \cdot d$

7.2.1　防水方案

地下工程的防水方案，应遵循“防、排、截、堵结合、刚柔相济、因地制宜、综合治理”的原则，根据使用要求、自然环境条件及结构形式等因素确定。地下工程的防水，应采用经过试验、检测和鉴定并经实践检验质量可靠的新材料，行之有效的新技术、新工艺。常用的防水方案有以下三类。

1. 结构自防水

结构自防水是依靠防水混凝土本身的抗渗性和密实性来进行防水。结构本身既是承重维护结构，又是防水层。因此，它具有施工方便、工期较短、改善劳动条件、节省工程造价等优点，是解决地下防水的有效途径，从而被广泛采用。

2. 设置防水层

设置防水层即在结构的外侧按设计要求设置防水层，以达到防水的目的。常用的防水层有水泥砂浆、卷材、沥青胶结材料和金属防水层，可根据不同的工程对象、防水要求、设计要求及施工条件选用。

3. 渗排水防水

渗排水防水是指利用盲沟、渗排水层等措施来排除附近的水源，以达到防水的目的。它适用于形状复杂、受高温影响、地下水为上层滞水且防水要求较高的地下建筑。

7.2.2　结构自防水施工

防水混凝土结构是指以本身的密实性而具有一定防水能力的整体式混凝土或钢筋混凝土结构。它兼有承重、围护和抗渗的功能，还可满足一定的耐冻融及耐侵蚀要求。

1．防水混凝土的种类

防水混凝土一般分为普通防水混凝土、外加剂防水混凝土和膨胀水泥防水混凝土三种。

普通防水混凝土是以调整和控制配合比的方法，以达到提高密实度和抗渗性要求的一种混凝土。

外加剂防水混凝土是指用掺入适量外加剂的方法，改善混凝土内部组织结构，以增加密实性、提高抗渗性的混凝土。按所掺外加剂种类的不同可分为减水剂防水混凝土、加气剂防水混凝土、三乙醇胺防水混凝土、氯化铁防水混凝土等。

膨胀水泥防水混凝土是指用膨胀水泥为胶结材料配制而成的防水混凝土。不同类型的防水混凝土具有不同的特点，应根据使用要求加以选择。

2．防水混凝土施工

防水混凝土结构工程质量的优劣，除取决于合理的设计、材料的性质及其配合比成分以外，还取决于施工质量的好坏。因此，对于施工中的主要环节，如混凝土搅拌、运输、浇筑、振捣、养护等，均应严格遵守施工及验收规范和操作规程的各项规定进行施工。

防水混凝土所用模板，除满足一般要求外，应特别注意模板拼缝严密，支撑牢固。在浇筑防水混凝土前，应将模板内部清理干净。如若两侧模板需用对拉螺栓固定时，应在螺栓或套管中间加焊止水环，螺栓加堵头，如图 7-13 所示。

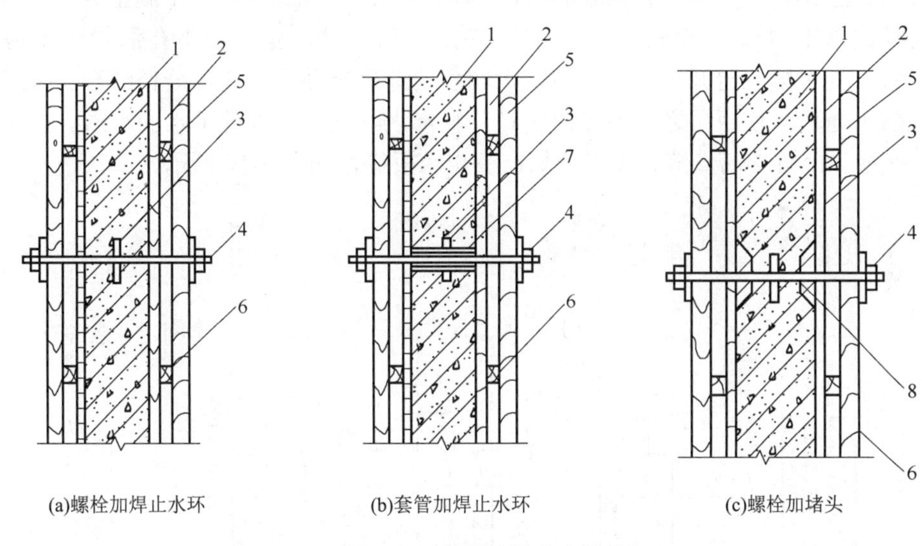

图 7-13　螺栓穿墙止水措施

1—防水建筑；2—模板；3—止水环；4—螺栓；5—水平加劲肋；6—垂直加劲肋；
7—预埋套管(拆模后将螺栓拔出，套管内用膨胀水泥砂浆封堵)；
8—堵头(拆模后将螺栓沿平凹坑底割去，再用膨胀水泥砂浆封堵)

钢筋不得用钢丝或铁钉固定在模板上，必须采用相同配合比的细石混凝土或砂浆块作垫块，并确保钢筋保护层厚度符合要求，不得有误差。如结构内设置的钢筋确需用铁丝绑扎时均不得接触模板。

防水混凝土的配合比应通过实验选定。选定配合比时，应按设计要求的抗渗标号提高0.2MPa。防水混凝土的抗渗等级不得小于 P6，所用水泥的强度等级不低于 32.5 级，石子的粒径宜为 5～40mm，宜采用中砂，防水混凝土可根据抗裂要求掺入钢纤维或合成纤维，其掺合料、外加剂的掺和量应经试验确定，其水灰比不大于 0.50。地下防水工程所使用的防水材料应有产品合格证书和性能检测报告，材料的品种、规格、性能等应符合现行国家产品标准和设计要求，不符合的材料不得在工程中使用。配制防水混凝土要用机械搅拌，先将砂、石、水泥依次倒入搅拌筒中搅拌 0.5～1.0min，再加水搅拌 1.5～2.5min。如掺外加剂应最后加入。外加剂必须先用水稀释均匀，掺外加剂防水混凝土的搅拌时间应根据外加剂的技术要求确定。对厚度≥250mm 的结构，混凝土坍落度宜为 10～30mm，厚度＜250mm 或钢筋稠密的结构，混凝土坍落度亦为 30～50mm。拌好的混凝土应在半小时内运至现场，在初凝前浇筑完毕，如运距较远或气温较高时，宜掺缓凝减水剂。防水混凝土拌合物在运输后，如出现离析现象，必须进行二次搅拌，当坍落度损失后，不能满足施工要求时，应加入原水灰比的水泥浆或二次掺减水剂进行搅拌，严禁直接加水。混凝土浇筑时应分层连续浇筑，其自由倾落高度不得大于 1.5m，混凝土应用机械振捣密实，振捣时间为10～30s，以混凝土开始泛浆和不冒气泡为止，并避免漏振、欠振和超振。混凝土振捣后，需用铁锹拍实，等混凝土初凝后，用铁抹子压光，以增加表面致密性。

防水混凝土应连续浇筑，尽量不留或少留施工缝。顶板、底板不宜留施工缝，顶拱、底拱不宜留纵向施工缝。墙体水平施工缝不应留在剪力与弯矩最大处或底板与侧墙的交接处，应留在高出底板表面不小于 300mm 的墙体上；拱(板)墙结合的水平施工缝，宜留在拱(板)墙接缝线以下 150～300mm 处；墙体有预留孔洞时，施工缝距孔洞边缘不应小于300mm；垂直施工缝应避开地下水和裂隙水较多的地段，并宜与变形缝相结合。施工缝部位应做好防水处理，使两层之间粘接密实和延长渗水线路，阻隔地下水的渗透。施工缝的形式有：凹缝、凸缝、高低缝、平直缝加钢板止水板等，如图 7-14 所示。

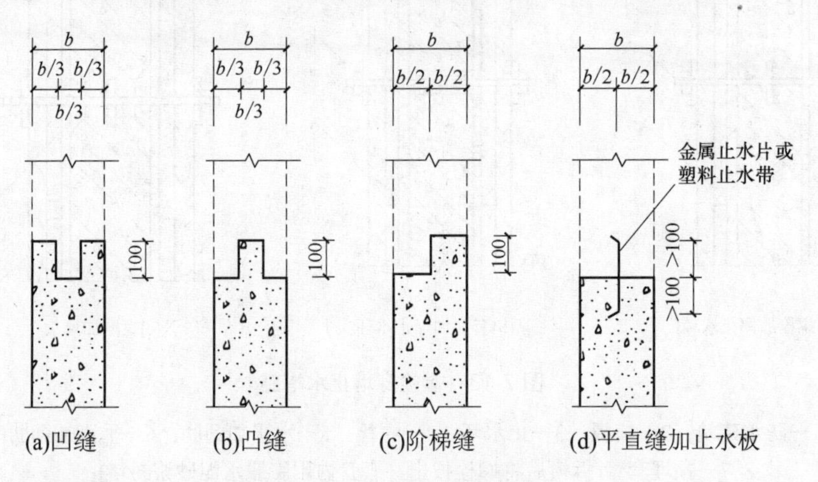

图 7-14　水平施工缝构造图

施工缝处浇筑混凝土前，应将其表面浮浆和杂物清除干净，先刷水泥净浆或涂刷混凝土界面处理剂，再铺 30～50mm 厚的 1∶1 水泥砂浆，并及时浇筑混凝土，垂直施工缝可不铺水泥砂浆，选用的遇水膨胀止水条，应牢固地安装在缝表面或预留槽内，且该止水条应具有缓胀性能，其 7d 的膨胀率不应大于最终膨胀率的 60%，如采用中埋式止水带，应位置准确，固定牢靠。

防水混凝土终凝后(一般浇筑后 4～6h)，即应开始覆盖浇水养护，养护时间应在 14d 以上，冬期施工混凝土入模温度不应低于 5℃，宜采用综合蓄热法、暖棚法等养护方法，并应保持混凝土表面湿润，防止混凝土早期脱水，如采用化学外加剂方法施工时，能降低水溶液的冰点，使混凝土在低温下硬化，但要适当延长混凝土的搅拌时间，振捣要密实，还要采取保温保湿措施。不宜采用蒸汽养护和电热养护，地下构筑物应及时回填分层夯实，以避免由于干缩和温差产生裂缝。防水混凝土结构需在混凝土强度达到设计强度 40%以上时方可在其上面继续施工，达到设计强度 70%以上时方可拆模。拆模时，混凝土表面温度与环境温度之差，不得超过 15℃，以防混凝土表面出现裂缝。

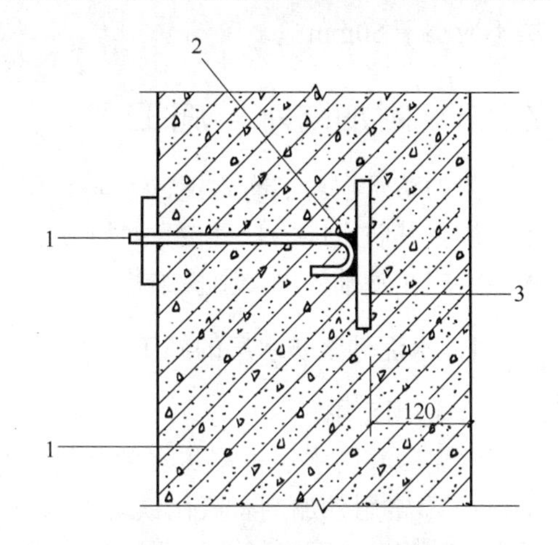

图 7-15　预埋件防水处理

1—预埋螺栓；2—焊缝；
3—止水钢板；4—防水混凝土结构

防水混凝土浇筑后严禁打洞，因此，所有的预留孔和预埋件在混凝土浇筑前必须埋设准确。对防水混凝土结构内的预埋铁件、穿墙管道等防水薄弱之处，应采取措施，仔细施工，如图 7-15 和图 7-16 所示。

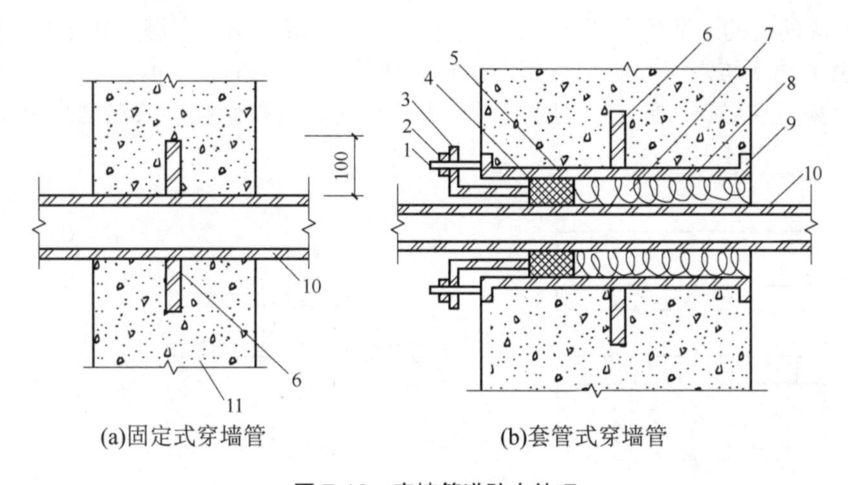

(a)固定式穿墙管　　(b)套管式穿墙管

图 7-16　穿墙管道防水处理

1—双头螺栓；2—螺母；3—压紧法兰；4—橡胶圈；5—挡圈；6—止水环；
7—嵌填材料；8—套管；9—翼环；10—主管；11—围护结构

拌制防水混凝土所有材料的品种、规格和用量，每工作班检查不应少于两次，混凝土在浇筑地点的坍落度，每工作班至少检查两次，防水混凝土抗渗性能，应采用标准条件下养护混凝土抗渗试件的实验结果评定，试件应在浇筑地点制作。连续浇筑混凝土每 500m³ 应留置一组抗渗试件，一组为 6 个试件，每项工程不得少于两组。

防水混凝土的施工质量检验，应按混凝土外露面积每 $100m^2$ 抽查一处，每处 $10m^2$，且不得少于 3 处，细部构造应全数检查。

防水混凝土的抗压强度和抗渗压力必须符合设计要求，其变形缝、施工缝、后浇带、穿墙管道、预埋件等设置和构造均要符合设计要求，严禁有渗漏。防水混凝土结构表面的裂缝宽度不应大于 0.2mm，并且不得贯通，其结构厚度不应小于 250mm，迎水面钢筋保护层不应小于 50mm。

7.2.3 附加防水层施工

附加防水层施工有水泥砂浆防水层、卷材防水层、涂膜防水层、金属防水层等，它适用于增强其防水能力、受侵蚀性介质作用或受震动作用的地下工程。附加防水层宜设在迎水面，应在基础垫层、围护结构、初期支护验收合格后方可施工。

1. 水泥砂浆防水层的施工

1) 适用范围

水泥砂浆防水层根据防水砂浆材料组成及防水层构造不同可分为：掺外加剂的水泥砂浆防水层(常用外加剂有氯化铁防水剂、膨胀剂、减水剂等)与刚性多层抹面防水层(又称普通水泥砂浆防水层)两种，如图 7-17 所示。掺外加剂的水泥砂浆防水层，近年来已从掺用一般无机盐类防水剂发展到用聚合物外加剂改性水泥砂浆，从而提高水泥砂浆防水层的抗拉强度及韧性，有效地增强了防水层的抗渗性，可单独用于防水工程，获得较好的防水效果。刚性多层抹面防水层主要是依靠特定的施工工艺要求来提高水泥砂浆的密实性，从而达到防水抗渗的目的，适用于埋深不大，不会因结构沉降、温度和湿度变化及受震动等产生有害裂缝的地下防水工程。它适用于结构主体的迎水面和背水面，在混凝土或砌体结构的基层上采用多层抹压施工，但不适用环境有侵蚀性，持续振动或温度高于 80℃的地下工程。

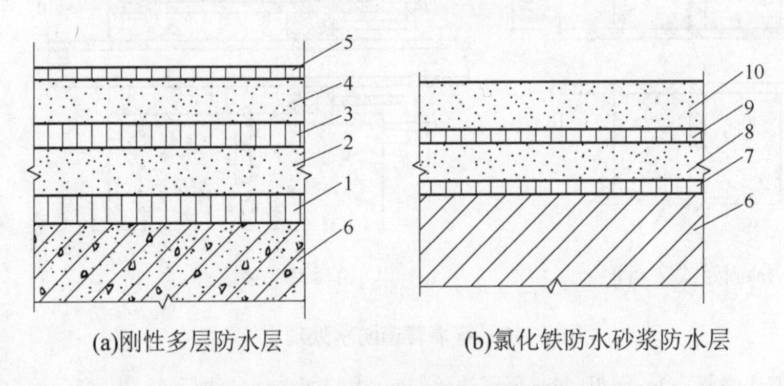

(a)刚性多层防水层　　(b)氯化铁防水砂浆防水层

图 7-17　水泥砂浆防水层构造做法

1，3—素灰层；2，4—水泥砂浆层；5，7，9—水泥浆；6—结构基层；
8—防水浆垫层；10—防水砂浆面层

防水层做法分为外抹面防水(指迎水面)和内抹面防水(指背水面)，防水层的施工顺序一般先抹顶板，再抹墙面，最后抹地面。

2) 材料要求

水泥砂浆防水层所采用的水泥宜为普通硅酸盐水泥、矿渣硅酸盐水泥、火山灰质硅酸盐水泥，水泥强度等级不应低于 32.5 级，骨料选用颗粒坚硬、粗糙洁净的中砂，其粒径在 0.5～3mm，外加剂的技术性能应符合国家或行业标准一等品及以上的质量要求。

3) 基层处理

基层处理是保证防水层与基层表面结合牢固、不空鼓和不透水的关键。基层处理包括清理、浇水、刷洗、补平等工序，使基层表面保持潮湿、洁净、平整、坚实、粗糙。

对混凝土基层的处理，拆除模板后，用钢丝刷将混凝土表面刷毛，并在抹面前浇水冲刷干净；旧混凝土工程补做防水层时，需用钻子、剁斧、钢丝刷将表面凿毛，清理平整后再冲刷干净；混凝土基层表面凹凸不平、蜂窝孔洞，应根据不同情况分别进行处理；超过 1cm 的棱角及凹凸不平处，蜂窝孔洞，应剔凿成缓坡形，并浇水清洗干净，用素灰和水泥砂浆分层找平；混凝土结构的施工缝要沿缝剔成八字形凹槽，用水冲洗后，用素灰打底，水泥砂浆压实抹平。

对砖砌体基层处理，应将其表面残留的砂浆等清除干净，并浇水冲洗。对于旧砌体，要将其表面酥松的表皮及砂浆等清理干净，至露出坚硬的砖面，并浇水清洗。

基层处理后必须浇水湿润，这是保证防水层和基层结合牢固、不空鼓的重要条件。浇水后按次序浇透，抹上灰浆后没有吸水现象为合格。

4) 水泥砂浆防水层施工

(1) 刚性多层防水层施工。

第一层(素灰层，厚 2mm，水灰比为 0.37～0.4)施工时先将混凝土基层浇水湿润后，抹一层 1mm 厚素灰，用铁抹子往返抹压 5～6 遍，使素灰填实混凝土基层表面的空隙，以增加防水层与基层的粘结力。随后再抹 1mm 厚的素灰均匀找平，用毛刷横向轻轻刷一遍，以便打乱毛细通路，以利于和第二层结合。

第二层(水泥砂浆层，厚 4～5mm，灰砂比 1∶25，水灰比 0.6～0.65)在初凝的第一层上轻轻抹压水泥砂浆，使砂粒能压入素灰层(但注意不能压穿素灰层)，以便两层之间粘结牢固，在水泥砂浆层初凝前，用扫帚将砂浆层表面扫出横向条纹，待其终凝并具有一定强度后做第三层。

第三层(素灰层，厚 2mm)的作用和操作方法与第一层相同，如果水泥砂浆层在硬化过程中析出有力的氢氧化钙形成白色薄膜时，需刷洗干净，以免影响粘结力。

第四层(水泥砂浆层，厚 4～5mm)的作用与第二层作用相同，按照第二层做法抹水泥砂浆。在水泥砂浆硬化过程中，用铁抹子分次抹压 5～6 遍，以增加密实性，最后再压光。

第五层(水泥浆层，厚 1mm)，当防水层在迎水面时，则需在第四层水泥砂浆抹压两遍后，用毛刷均匀刷水泥浆一遍，随第四层一并压光。

防水层必须留施工缝时，平面留槎采用阶梯坡形槎，其做法如图 7-18 所示。接槎层次要分明，不允许水泥砂浆和水泥砂浆搭接，而应先在接槎处均匀涂刷水泥浆一层，以保证接槎处不透水，然后依照层次操作顺序层层搭接。接槎位置需离开阴阳角 200mm，阴阳角应做成圆弧形或钝角。

水泥砂浆防水层不宜在雨天及五级以上大风中施工，冬期施工不应低于 5℃，夏季施工不应在 35℃以上或烈日照射下施工。铺抹的面层终凝后应及时进行养护，且养护时间不得少于 14d。

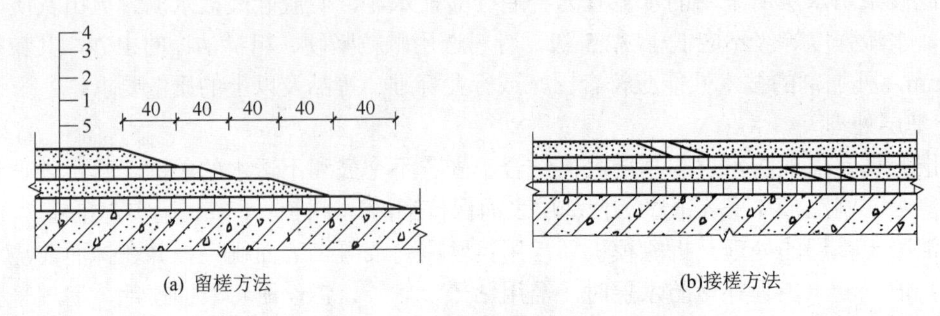

(a) 留槎方法

(b)接槎方法

图 7-18　防水层留槎与接槎方法

1，3—水泥浆层；2，4—砂浆层；5—围护结构

(2) 氯化铁防水砂浆防水层施工。

施工操作时，在清理好的基层上先刷水泥浆一道，接着分两遍抹垫层防水砂浆，厚度共 12mm。在砖石砌体墙面上抹第一遍垫层防水砂浆时，应将砂浆压紧，挤进缝隙中，与墙砌体结合成一体。待砂浆初凝时，再用木抹子均匀揉压一遍，形成麻面。第一遍垫层砂浆阴干后即按同样的方法，抹第二遍垫层防水砂浆。

在抹完垫层砂浆后，再刷水泥浆一遍，随刷随抹第一遍面层防水砂浆。待阴干后再抹第二遍面层防水砂浆，面层砂浆厚共 13mm。面层防水砂浆抹完后，在终凝前应反复多次抹压密实，抹面完成后做好养护工作。

养护温度不宜低于 5℃，养护时间不得少于 14d。氯化铁防水砂浆不应在 35℃以上或烈日照射下施工。

2．卷材防水层施工

1) 适用范围

卷材防水层是用沥青胶结材料粘贴卷材而成的一种防水层，属于柔性防水层。其特点是具有良好的韧性和延伸性，能适应一定的结构振动和微小变形，对酸、碱、盐溶液具有良好的耐腐蚀性，是地下防水工程常用的施工方法。采用改性沥青防水卷材和高分子防水卷材抗拉强度高，延伸率大，耐久性好，施工方便。但由于沥青防水卷材吸水率大，耐久性差，机械强度低，直接影响防水层的质量，而且材料成本高，施工工序多，操作条件差，工期较长，发生渗漏后修补困难等。

2) 铺贴方案

地下防水工程一般把卷材防水层设置在建筑结构的外侧迎水面上，称为外防水，这种防水层的铺贴法可以借助土压力压紧，并与结构一起抵抗有压力地下水的渗透和侵蚀作用，防水效果良好，采用比较广泛。卷材防水层用于建筑物地下室，应铺设在结构主体底板垫层至墙体顶端的基面上，在外围形成封闭的防水层，卷材防水层为一至二层，防水卷材厚度应满足表 7-13 所示的规定。阴阳角处应做成圆弧或 135°折角，其尺寸视卷材品质而定，在转角处、阴阳角等特殊部位，应增贴 1～2 层相同的卷材，宽度不宜小于 500mm。

表 7-13　防水卷材厚度

防水等级	设防道数	合成高分子卷材	高聚物改性沥青防水卷材
一级	三道或三道以上设防	单层：不应小于 1.5mm 双层：每层不应小于 1.2mm	单层：不应小于 4mm 双层：每层不应小于 3mm
二级	二道设防		
三级	一道设防	不应小于 1.5mm	不应小于 4mm
	复合设防	不应小于 1.2mm	不应小于 3mm

外防水的卷材防水层铺贴方法，按其与地下防水结构施工的先后顺序分为外贴法和内贴法两种。

(1) 外贴法。

在地下建筑墙体做好后，直接将卷材防水层铺贴在墙上，然后砌筑保护墙，如图 7-19 所示。其施工程序是：首先浇筑需防水结构的地面混凝土垫层，并在垫层上砌筑永久性保护墙，墙下干铺油毡一层，墙高不小于结构底板厚度 B+200～500mm；在永久性保护墙上用石灰砂浆砌筑临时保护墙，墙高 150mm×(油毡层数+1)；在永久性保护墙上和垫层上抹 1∶3 水泥砂浆找平层，临时保护墙上用石灰砂浆找平；待找平层基本干燥后，即在其上满涂冷底子油，然后分层铺贴立面和平面卷材防水层，并将顶端临时固定。在铺贴好的卷材表面做好保护层后，再进行需防水结构的底板和墙体施工。需防水结构施工完成后，将临时固定的接槎部位各层卷材揭开并清理干净，再在此区段的外墙外表面上补抹水泥砂浆找平层，找平层上满涂冷底子油，将卷材分层错槎搭接向上铺贴在结构墙上。卷材接槎的搭接长度，高聚物改性沥青卷材为 150mm，合成高分子卷材为 100mm，当使用两层卷材时，卷材应错槎接缝，上层卷材应盖过下层卷材，并及时做好防水层的保护结构。

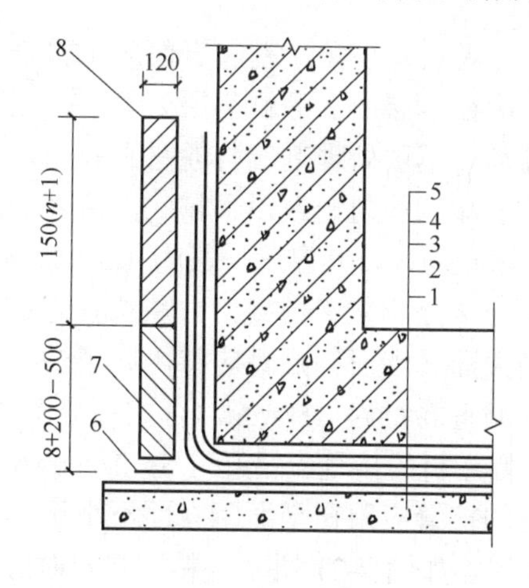

图 7-19　外贴法

1—垫层；2—找平层；3—卷材防水层；4—保护层；5—构筑物；
6—油毡；7—永久保护墙；8—临时性保护墙

(2) 内贴法。

在地下建筑墙体施工前先砌筑保护墙，然后将卷层防水层铺贴在保护墙上，最后施工并浇筑地下建筑墙体，如图 7-20 所示。其施工程序是：先在垫层上砌筑永久性保护墙，然后在垫层及保护墙上抹 1∶3 水泥砂浆找平层，待其基本干燥后满涂冷底子油，沿保护墙与垫层铺贴防水层。卷材防水层铺贴完成后，在立面防水层上涂刷最后一层沥青胶时，趁热粘上干净的热砂或散麻丝，待冷却后，随即抹一层 10～20mm 厚 1∶3 水泥砂浆保护层。在平面上可铺设一层 30～50mm 厚 1∶3 水泥砂浆或细石混凝土保护层。最后进行需防水结构的施工。

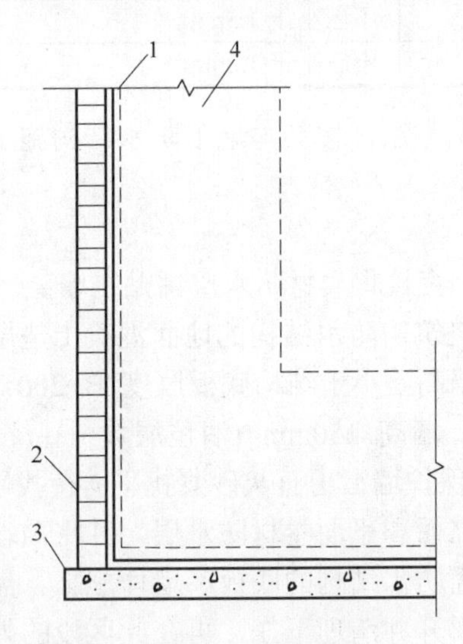

图 7-20　内贴法

1—卷材防水层；2—永久保护墙；3—垫层；4—尚未施工的构筑物

3) 施工要点。

铺贴卷材的基层必须牢固、无松动现象；基层表面应平整干净；阴阳角处，均应做成圆弧形或钝角。铺贴卷材前，应在基层面上涂刷基层处理剂，当基面较潮湿时，应涂刷湿固化型胶粘剂或潮湿界面隔离剂。基层处理剂应与卷材和胶粘剂的材性相容，基层处理剂可采用喷涂法或涂刷法施工，喷涂应均匀一致，不露底，待表面干燥后，再铺贴卷材。铺贴卷材时，每层的沥青胶要求涂布均匀，其厚度一般为 1.5～2.5mm。外贴法铺贴卷材应先铺平面，后铺立面，平、立面交接处应交叉搭接；内贴法宜先铺垂直面，后铺水平面。铺贴垂直面时应先铺转角，后铺大面。墙面铺贴时应待冷底子油干燥后自下而上进行。卷材接槎的搭接长度，高聚物改性沥青卷材为 150mm，合成高分子卷材为 100mm，当使用两层卷材时，上下两层和相邻两幅卷材的接缝应错开 1/3～1/2 幅宽，并不得相互垂直铺贴。在立面与平面的转角处，卷材的接缝应留在平面距立面不小于 600mm 处，在所有转角处均应铺贴附加层并仔细粘贴紧密，如图 7-21 所示。粘贴卷材时应展平压实，卷材与基层和各层卷材之间必须粘结紧密，搭接缝必须用沥青胶仔细封严。最后一层卷材贴好后，应在其表面均匀涂刷一层 1～1.5mm 的热沥青胶，以保护防水层。铺贴高聚物改性沥青卷材应采用热熔法施工，在幅宽内卷材底表面均匀加热，不可过分加热或烧穿卷材，只使卷材的粘接面材料加热至熔融状态后，立即与基层或以粘贴好的卷材粘接牢固，但对厚度小于 3mm 的高聚物改性沥青防水卷材不能采用热熔法施工。铺贴合成高分子防水卷材要采用冷粘法施工，所使用的胶粘剂必须与卷材的材性相容。

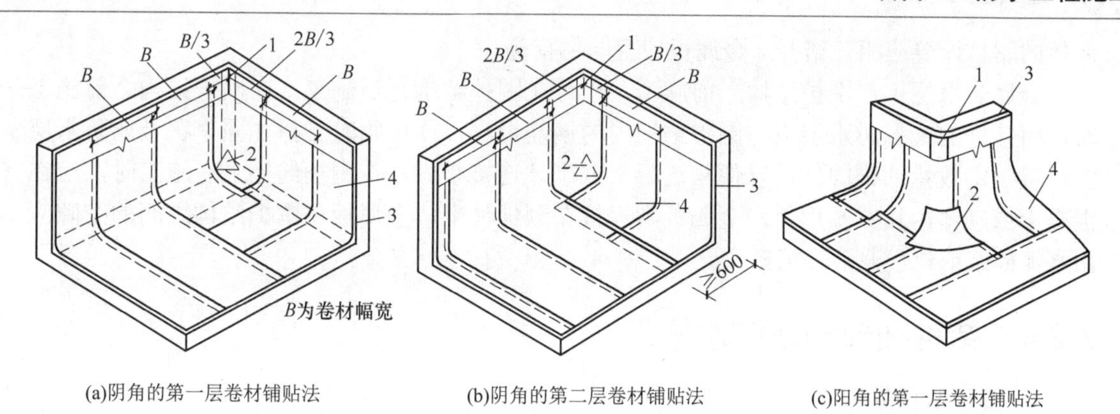

(a)阴角的第一层卷材铺贴法　(b)阴角的第二层卷材铺贴法　(c)阳角的第一层卷材铺贴法

图7-21　转角的卷材铺贴法

1—转折处卷材附加层；2—角部附加层；3—找平层；4—卷材

如用模板代替临时性保护墙时，应在其上涂刷隔离剂。从底面折向立面的卷材与永久性保护墙的接触部位，应采用空铺法施工，与临时性保护墙或围护结构模板接触的部位，应临时贴附在该墙上或模板上，卷材铺好后，其顶端应临时固定。当不设保护墙时，从底面折向立面的卷材接槎部位应采取可靠的保护措施。

3．涂膜防水层施工

涂膜防水层在潮湿基面上应选用湿固性涂料，含有吸水能力组分的涂料、水性涂料；抗震结构应选用延伸性好的涂料；处于侵蚀性介质中的结构，应选用耐侵蚀涂料。

涂膜防水层的基面必须清洁、无浮浆、无水珠、不渗水，使用油溶性或非湿固性等涂料，基层应保持干燥。

涂膜防水层施工可用涂刷法或喷涂法，不得少于两遍，喷涂后一层涂料必须待前一层涂料结膜后方可进行，涂刷或喷涂必须均匀。第二层的涂刷方向应与第一层垂直。凡遇到平面与立面连接的阴阳角，均需铺设化纤无纺布、玻璃纤维布等胎体增强材料。大面防水层为增强防水效果，也可加胎体增强材料。当平面部位最后一层涂膜完全固化，经检查验收合格后，可虚铺一层石油沥青纸胎油毡做保护隔离层。铺设时可用少许胶粘剂点粘固定，以防在浇筑细石混凝土时发生位移。平面部位防水层尚应在隔离层上做40～50mm厚细石混凝土保护层，浇筑时必须防止油毡隔离层和涂膜防水层破坏。立面部位在围护结构上涂布最后一道防水层后，随即直接粘贴5～6mm厚的聚乙烯泡沫塑料片材做软保护层，也可在面层涂膜固化后用点粘固定，粘贴时泡沫塑料片材拼缝严密。

涂膜防水层施工的一般顺序是：清理基层→平面涂布处理剂→平面防水层施工→平面部位铺贴油毡隔离层→平面部位浇筑细石混凝土保护层→钢筋混凝土地下结构施工→修补混凝土立墙外表面→立墙外侧涂布处理剂和防水层施工→立墙防水层处粘贴聚乙烯泡沫塑料保护层→基坑回填。

4．金属防水层施工

金属防水层所用的金属板和焊条的规格及材料性能应符合设计要求。金属板的拼缝应采用焊接，拼接焊缝应严密，如发现焊缝不合格或有渗漏现象时，应修整或补焊。竖向金属板的垂直焊缝应相互错开，金属板应有防锈措施。

金属防水层可在围护结构之前施工，也可在围护结构之后施工。在围护结构之前施工时，拼接好的金属防水层应与围护结构内的钢筋焊牢，或用临时支撑加固，在金属防水层上焊接一定数量的锚固件，以便与混凝土或砌体连接牢固。在围护结构之后施工时，应在混凝土或砌体内设置预埋件，金属板则焊接在预埋件上，金属板与围护结构之间的空隙应用水泥砂浆或化学浆液灌填密实。

7.2.4 结构细部构造防水施工

1. 变形缝的处理

地下结构的变形缝是防水工程的薄弱环节，防水处理比较复杂，如处理不当会引起渗漏现象，从而直接影响地下工程的正常使用寿命。为此，在选用材料、做法及结构形式上，应考虑变形缝处的沉降、伸缩的可变性，并且还应保证其在形态中的密闭性，即不产生渗漏水现象。用于沉降的变形缝宽度宜为 20～30mm，用于伸缩的变形缝宽度不宜大于 20～30mm，变形缝处混凝土结构的厚度不应小于 300mm。

对于变形缝的处理主要采用的材料是止水材料。其基本要求是适应变形能力强、防水性能好、耐久性高、与混凝土粘结牢固等。常用的变形缝止水材料主要有：橡胶止水带、塑料止水带、氯丁橡胶止水带和金属止水带等。其中，橡胶止水带与塑料止水带的柔性、适应变形能力与防水性能都比较好；氯丁橡胶止水带是一种新型止水材料，具有施工简便、防水效果好、造价低且易修补的特点；金属止水带一般仅用于高温环境条件下无法采用橡胶止水带或塑料止水带的时候。金属止水带的适应变形能力差，制作困难。

变形缝接缝处两侧应平整、清洁、无渗水，并涂刷与嵌缝材料相容的基层处理剂，嵌缝应先设置与嵌缝材料隔离的背衬材料，并嵌填密实，与两侧粘结牢固，在缝上粘贴卷材或涂刷涂料前，应在缝上设置隔离层后才能进行施工。

止水带的构造形式通常有埋入式(如图 7-22 所示)、可卸式(如图 7-23 所示)、粘贴式(如图 7-24 所示)等，采用较多的是埋入式。根据防水设计要求，有时在同一变形缝处，可采用数层、数种止水带的构造形式。

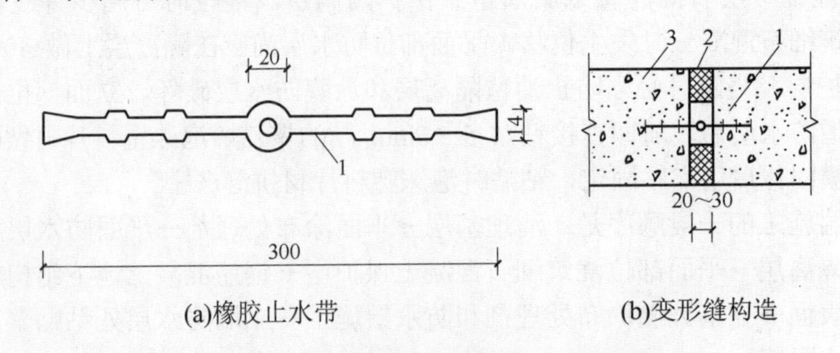

(a)橡胶止水带　　(b)变形缝构造

图 7-22　埋入式橡胶(或塑料)止水带的构造

1—止水带；2—沥青麻丝；3—构筑物

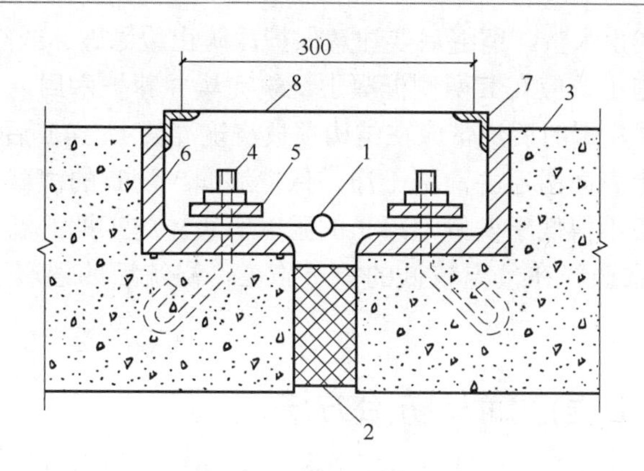

图 7-23　可卸式橡胶止水带变形构造

1—橡胶止水带；2—沥青麻丝；3—构筑物；4—螺栓；
5—钢压条；6—角钢；7—支撑角钢；8—钢盖板

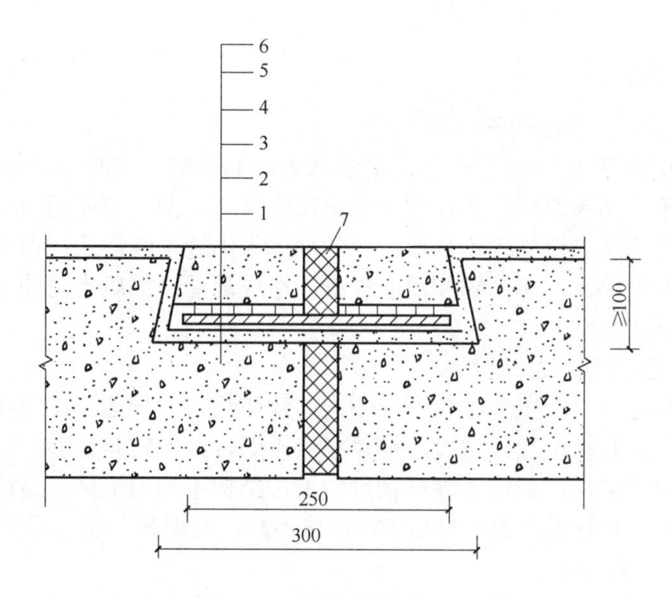

图 7-24　粘贴式氯丁橡胶变形缝构造

1—构筑物；2—刚性防水层；3—胶粘剂；4—氯丁胶板；
5—素灰层；6—细石混凝土覆盖层；7—沥青麻丝

2. 后浇带的处理

后浇带是对不允许留设变形缝的防水混凝土结构工程(如大型设备基础等)采用的一种刚性接缝。

防水混凝土基础后浇带留设的位置及宽度应符合设计要求。其断面形式可留成平直缝或阶梯缝，但结构钢筋不能断开。如必须断开，则主筋搭接长度应大于 45 倍主筋直径，并应按设计要求加设附加钢筋。留缝时应采取支模或固定钢丝网等措施，保证留缝位置准确、断口垂直、边缘混凝土密实。后浇带需超前止水时，后浇带部位混凝土应局部加厚，并增设外贴式或埋入式止水带。留缝后要注意保护，防止边缘破坏或缝内进入垃圾杂物。

后浇带的混凝土施工，应在其两侧混凝土浇筑完毕并养护六周，混凝土收缩变形基本稳定后再进行。但高层建筑的后浇带应在结构顶板浇筑混凝土 14d 后，再施工后浇带。浇筑前应将接缝处混凝土表面凿毛并清洗干净，保持湿润。浇筑的混凝土应优先选用补偿收缩混凝土，其强度等级不得低于两侧混凝土的强度等级。施工期的温度应低于两侧混凝土施工时的温度，而且宜选择在气温较低的季节施工，浇筑后的混凝土养护时间不应少于28d。

7.2.5　地下防水工程渗漏及防治方法

地下防水工程常常由于设计考虑不周，选材不当或施工质量差而造成渗漏，直接影响生产和使用。渗漏水宜发生的部位主要在施工缝、蜂窝麻面、裂缝、变形缝及穿墙管道等处。渗漏水的主要形式有孔洞漏水、裂缝漏水、防水面渗水或是上述几种渗漏水的综合。因此，堵漏前必须查明其原因，确定其位置，弄清水压大小，而后根据不同情况采取不同的措施。

1. 渗漏部位及原因

1) 防水混凝土结构渗漏的部位及原因

由于模板表面粗糙或清理不干净、模板浇水湿润不够、脱模剂涂刷不均匀、接缝不严、振捣混凝土不密实等原因，致使混凝土出现蜂窝、孔洞、麻面而引起渗漏；墙板和地板及墙板与墙板间的施工缝处理不当而造成的地下水沿施工缝渗入；由于混凝土中砂石含泥量大，养护不及时等，产生干缩和温度裂缝而造成渗漏；混凝土内的预埋件及管道穿墙处未做认真处理而致使地下水渗入。

2) 卷材防水层渗漏部位及原因

由于保护墙和地下工程主体结构沉降不同，致使粘在保护墙上的防水卷材被撕裂而造成漏水。卷材的压力和搭接接头宽度不够，搭接不严，结构转角处卷材铺贴不严实，后浇或后砌结构时卷材被破坏，或由于卷材韧度较差，结构不均匀沉降而造成卷材被破坏，也会产生渗漏，另外还有管道处的卷材与管道粘接不严，出现张口翘边现象而引起渗漏。

3) 变形缝处渗漏原因

止水带固定方法不当，埋设位置不准确或在浇筑混凝土时被挤动，止水带两翼的混凝土包裹不严，特别是底板止水带下面的混凝土振捣不实；钢筋过密，浇筑混凝土时下料和振捣不当，造成止水带周围骨料集中、混凝土离析，产生蜂窝、麻面；混凝土分层浇筑前，止水带周围的木屑杂物等未清理干净，混凝土中形成薄弱的夹层，均会造成渗漏。

2. 堵漏技术

堵漏技术就是根据防水工程特点，针对不同程度的渗漏情况，选择相应的防水材料和堵漏方法，进行防水结构渗漏水处理。在拟定处理渗漏水措施时，应本着将大漏变小漏，片漏变孔漏，使漏水部位汇集于一点或数点，最后堵塞的方法进行。

对防水混凝土工程的修补堵漏，通常采用的方法是用促凝剂和水泥拌制而成的快凝水泥胶浆，进行快速堵漏或大面积修补。近年来，采用膨胀水泥(或掺膨胀剂)作为防水修补材料，其抗渗堵漏效果较好。对混凝土的微小裂缝，则采用化学灌浆堵漏技术。

1) 快硬性水泥胶浆堵漏法

(1) 堵漏材料。

① 促凝剂。

促凝剂是以水玻璃为主，并与硫酸铜、重铬酸钾及水配制而成。配置时按配合比先把定量的水加热至 100℃，然后将硫酸铜和重铬酸钾倒入水中，继续加热并不断搅拌至完全溶解后，冷却至 30～40℃，再将此溶液倒入称量好的水玻璃液体中，搅拌均匀，静置半小时后即可使用。

② 快凝水泥胶浆。

快凝水泥胶浆的配合比是水泥∶促凝剂=1∶0.5～0.6。由于这种胶浆凝固快(一般 1min 左右就凝固)，使用时注意随拌随用。

(2) 堵漏方法。

地下防水工程的渗漏水情况比较复杂，堵漏的方法也比较多。因此，在选用时要因地制宜。常用的堵漏方法有堵塞法和抹面法。

① 堵塞法。

堵塞法适用于孔洞漏水或裂缝漏水时的修补处理。孔洞漏水常用直接堵塞法和下管堵漏法。直接堵塞法适用于水压不大，漏水孔洞较小，操作时，先将漏水孔洞处剔槽，槽壁必须与基面垂直，并用水刷洗干净，随即将配制好的快凝水泥胶浆捻成与槽尺寸相近的锥形，在胶浆开始凝固时，迅速压入槽内，并挤压密实，保持半分钟左右即可。当水压力较大，漏水孔洞较大时，可采用下管堵漏法，如图 7-25 所示。孔洞堵塞好后，在胶浆表面涂抹素灰一层，砂浆一层，以做保护。待砂浆有一定强度后，将胶管拔出，按直接堵塞法将管孔堵塞。最后拆除挡水墙，再做防水层。

裂缝漏水的处理方法有裂缝直接堵塞法和下绳堵漏法。裂缝直接堵塞法适用于水压较小的裂缝漏水，操作时，沿裂缝剔成八字形的沟槽，刷洗干净后，用快凝水泥胶浆直接堵塞，经检查无渗水，再做保护层和防水层。当水压力较大，裂缝较长时、可采用下绳堵漏法，如图 7-26 所示。

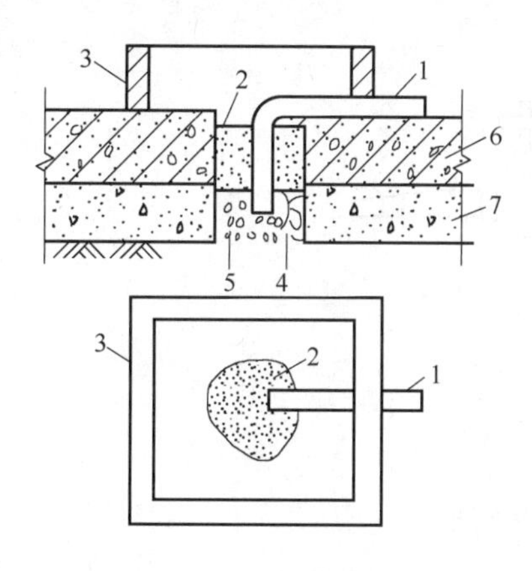

图 7-25　下管堵漏法

1—胶皮管；2—快凝胶浆；3—挡水墙；
4—油毡一层；5—碎石；
6—构筑物；7—垫层

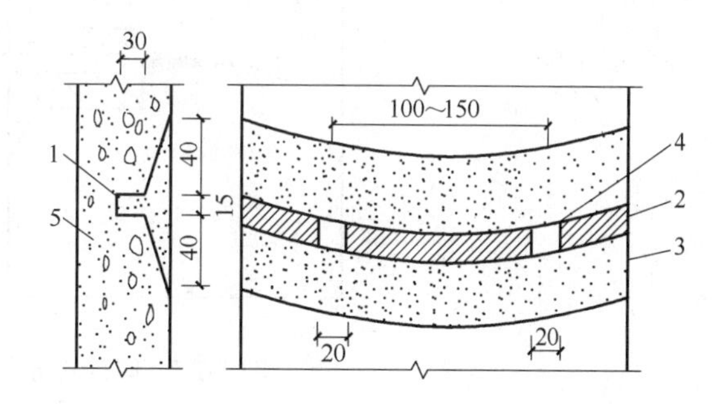

图 7-26　下绳堵漏法

1—小绳(导水用)；2—快凝胶浆填缝；
3—砂浆层；4—暂留小孔；5—构筑物

② 抹面法。

抹面法适用于较大面积的渗漏水面，一般先降低水压或降低地下水位，将基层处理好，然后用抹面法做刚性防水层修补处理。先在漏水严重处用凿子剔出半贯穿性孔眼，插入胶管将水导出。这样就使“片渗”变为“点漏”，在渗水面做好刚性防水层修补处理。待修补的防水层砂浆凝固后，拔出胶管，再按“孔洞直接堵塞法”将管孔堵填好。

2) 化学灌浆堵漏法

(1) 灌浆材料。

① 氰凝。

氰凝的主要成分是以多异氰酸脂与含羟基的化合物(聚酯，聚醚)制成的预聚体。使用前，在预聚体内掺入一定量的副剂(表面活性剂、乳化剂、增塑剂、溶剂与催化剂等)，搅拌均匀即可配置成氰凝浆液。氰凝浆液不遇水不发生化学反应，稳定性好；当浆液灌入漏水部位后，立即与水发生化学反应，生成不溶于水的胶凝体，同时释放二氧化碳气体，使浆液发泡膨胀，向四周渗透扩散直至反应结束。

② 丙凝。

丙凝由双组分(甲溶液和乙溶液)组成。甲溶液是丙烯酰胺和 N-N′—甲亚醛双丙烯酰胺及 B-二甲氨基丙腈的混合溶液。乙溶液是过硫酸铵的水溶液。两者混合后很快形成了不溶于水的高分子硬性凝胶，这种凝胶可以密封结构裂缝，从而达到堵漏的目的。

(2) 灌浆施工。

灌浆堵漏施工，可分为对混凝土表面处理、布置灌浆孔、埋设灌浆嘴、封闭漏水部位、压水试验、灌浆、封孔等工序。灌浆孔的间距一般是 1m 左右，并要求交错布置；灌浆嘴的埋设(如图 7-27 所示)；灌浆结束，待浆液固结后，拔出灌浆嘴并用水泥浆封固灌浆孔。

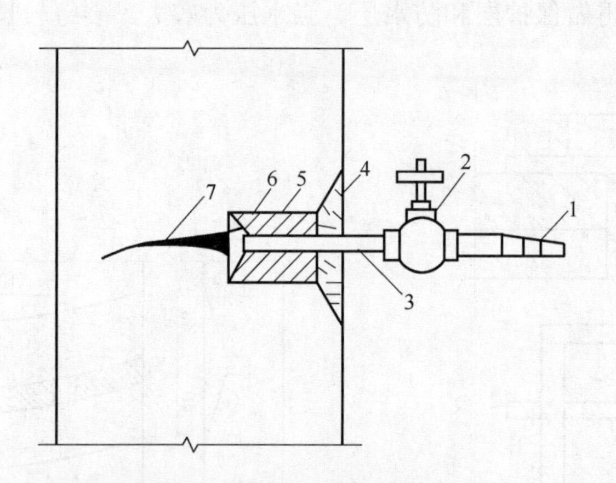

图 7-27　埋入式灌浆嘴埋设方法

1—进浆嘴；2—阀门；3—灌浆嘴；4—一层素灰一层砂浆找平；
5—快硬水泥浆；6—半圈铁片；7—混凝土墙裂缝

7.3　室内其他部位防水施工

卫生间、厨房是建筑物中不可忽视的防水工程部位，它施工面积小，穿墙管道多，设备多，阴阳转角复杂，房间长时间处于潮湿状态等不利条件。传统的卷材防水做法已不适应卫生间、厨房防水措施的特殊性，为此，通过大量的试验和实践证明，以涂膜防水代替各种卷材防水，尤其是选用高弹性的聚氨酯涂膜防水或选用弹塑性的氯丁胶乳沥青涂料防水等新材料和新工艺，可以使卫生间、厨房的地面和墙面形成一个没有接缝、封闭严密的整体防水层，从而提高其防水工程的质量。

7.3.1　卫生间楼地面聚氨酯防水施工

聚氨酯涂膜防水材料是双组分化学反应固化型的高弹性防水材料，多以甲、乙双组分形式使用。其主要材料有聚氨酯涂膜防水材料甲组分、聚氨酯涂膜防水材料乙组分和无机铝盐防水剂等。施工用辅助材料应备有二甲苯、醋酸乙酯、磷酸等。

1. 基层处理

卫生间的防水基层必须用 1∶3 的水泥砂浆找平，要求抹平压光无空鼓，表面要坚实，不应有起砂、掉灰现象。在抹找平层时，在管道根部的周围，应使其略高于地面，在地漏的周围，应做成略低于地面的凹坑。找平层的坡度以 1%～2%为宜，坡向地漏。凡遇到阴阳角处，应抹成半径不小于 10mm 的小圆弧。与找平层相连接的管件、卫生洁具、排水口等，必须安装牢固，收头圆滑，按设计要求用密封膏嵌固。基层必须干燥，一般在基层表面均匀泛白无明显水印时，才能进行涂膜防水层施工。施工前要把基层表面的尘土彻底清扫干净。

2. 施工工艺

1) 清理基层

需做防水处理的基层表面，必须彻底清除干净。

2) 涂布底胶

将聚氨酯甲、乙两组分和二甲苯 1∶1.5∶2 的比例(重量比，以产品说明为准)配合搅拌均匀，再用小滚刷或油漆刷均匀涂布在基层表面上。涂刷量为 0.15～0.2kg/m^2，涂刷后应干燥固化 4h 以上，才能进行下一道工序的施工。

3) 配制聚氨酯涂膜防水涂料

将聚氨酯甲、乙组分和二甲苯按 1∶1.5∶0.3 的比例配合，用电动搅拌器强力搅拌均匀备用，应随配随用，一般在 2h 内用完。

4) 涂膜防水层施工

用小滚刷或油漆刷将已配好的防水涂料均匀涂布在底胶已干涸的基层表面。涂完第一层涂膜后，一般需固化 5h 以上，在基本不粘手时，再按上述方法涂布第二、三、四层涂膜，并使后一层与前一层的涂抹方向垂直。对管子根部、地漏周围以及墙转角部位，必须认真涂刷，涂刷厚度不小于 2mm。在涂刷最后一层涂膜固化前及时稀撒少许干净的粒径为 2～3mm 的小豆石，使其与涂膜防水层粘接牢固，作为与水泥砂浆保护层粘结的过渡层。

5) 做好保护层

当聚氨酯涂膜防水层完全固化和通过蓄水试验合格后，即可铺设一层厚度为 15～25mm 的水泥砂浆保护层，然后按设计要求铺设饰面层。

3. 质量要求

聚氨酯涂膜防水材料的技术性能应符合设计要求或材料标准规定，并应附有质量证明文件和现场取样进行监测的实验报告以及其他有关质量的证明文件。聚氨酯的甲、乙料必须密封存放，甲料开盖后，吸收空气中的水分会引起反应而固化，如在施工中混有水分，则聚氨酯固化后内部会有水泡，影响防水能力。涂膜厚度应均匀一致，总厚度不应小于 1.5mm。涂膜防水层必须均匀固化，不应有明显的凹坑、气泡和渗漏水的现象。

7.3.2 卫生间楼地面氯丁胶乳沥青防水涂料施工

氯丁胶乳沥青防水涂料是以氯丁橡胶和沥青为基料，经加工合成的一种水乳型防水涂料。它兼有橡胶和沥青的双重优点，具有防水、抗渗、耐老化、不易燃、无毒、抗基层变形能力强等优点，冷作业施工，操作方便。

1. 基层处理

与聚氨酯涂膜防水施工要求相同。

2. 施工工艺

二布六油防水层的工艺流程：基层找平层处理→满刮一遍氯丁胶沥青水泥腻子→满刮第一遍涂料→做细部构造加强层→铺贴玻璃布，同时刷第二遍涂料→刷第三遍涂料→铺贴玻纤网格布，同时刷第四遍涂料→涂刷第五遍涂料→涂刷第六遍涂料并及时撒砂粒→蓄水试验→按设计要求做保护层和面层→防水层二次试水→验收。

在清理干净的基层上满刮一遍氯丁胶乳沥青水泥腻子，管根和转角处要厚刮并抹平整，腻子的配制方法是将氯丁胶乳沥青防水涂料倒入水泥中，边倒边搅拌至稠浆状即可刮涂于基层，腻子的厚度为 2～3mm，待腻子干燥后，满刮一遍防水涂料，但涂刷不能过厚，不得漏刷，表面均匀不流淌，不堆积，立面刷至设计标高。在细部构造部位，如阴阳角、管道根部、地漏、大便器蹲坑等分别附加一布二涂附加层。附加层干燥后，大面铺贴玻纤网格布同时涂刷第二遍防水涂料，使防水涂料浸透布纹渗入下层，玻纤网格布搭接宽度不小于 100mm，立面贴到设计高度。顺水接槎，收口处贴牢。

上述涂料实干后(约 24h)，满刷第三层涂料，表干后(约 4h)铺贴第二层玻纤网格布同时满刷第四遍防水涂料。第二层玻纤网格布与第一层玻纤网格布接槎要错开，涂刷防水涂料时，应均匀，将布展平无折皱。上述涂层实干后，满刷第五遍、第六遍防水涂料，整个防水层实干后，可进行第一次蓄水试验，蓄水时间不少于 24h，无渗漏才合格，然后做保护层和饰面层。工程交付使用前应进行第二次蓄水试验。

3. 质量要求

水泥砂浆找平层做完后，应对其平整度、强度、坡度和干燥度进行预检验收。防水涂料应有产品质量证明书以及现场取样的复检报告。施工完成的氯丁胶乳沥青涂膜防水层，不得有起鼓、裂纹、孔洞等缺陷。末端收头部位应粘贴牢固，封闭严密，成为一个整体的防水层。做完防水层的卫生间，经 24h 以上的蓄水试验，无渗漏水现象方为合格。要提供检查验收记录，连同材料质量证明文件等技术资料一并归档备查。

7.3.3　卫生间涂膜防水施工注意事项

施工用材料有毒性，存放材料的仓库和施工现场必须通风良好，无通风条件的地方必须安装机械通风设备。

施工材料多属易燃物质，存放、配料以及施工现场必须严禁烟火，现场要配备足够的消防器材。

在施工过程中，严禁上人踩踏未完全干燥的涂膜防水层。操作人员应穿平底胶布鞋，以免损坏涂膜防水层。

凡需做附加补强层的部位应先施工，然后再进行大面积防水层施工。

已完工的涂膜防水层，必须经蓄水试验无渗漏现象后，方可进行刚性保护层的施工，进行刚性保护层施工时，切勿损坏防水层，以免留下渗漏隐患。

7.3.4　卫生间渗漏及堵漏技术

卫生间用水频繁，防水处理不当就会发生渗漏。它主要表现在楼板管道滴漏水、地面积水、墙壁潮湿渗水，甚至下层顶板和墙壁也出现滴水等现象。治理卫生间的渗漏，必须先查找渗漏的部位和原因，然后采取有、针对性的措施。

1. 板面及墙面渗水

1) 原因

混凝土、砂浆施工质量不良，存在微孔渗漏；板面、隔墙出现轻微裂缝；防水涂层施工质量不好或被损坏。

2) 堵漏措施

(1) 拆除卫生间渗漏部位饰面材料，涂刷防水材料。

(2) 如有开裂现象，则应对裂缝先进行增强防水处理，再刷防水涂料。增强处理一般采用贴缝法、填缝法和填缝加贴缝法。贴缝法主要适用于微小的裂缝，可刷防水涂料并加贴纤维材料或布条，做防水处理。填缝法主要适用于较显著的裂缝，施工时要先进行扩缝处理，将缝扩展成 15mm×15mm 左右的 V 形槽，清理干净后刮填嵌缝材料。填缝加贴缝法除采用填缝处理外，在缝表面再涂刷防水涂料，并粘纤维材料处理。

(3) 当渗漏不严重，饰面拆除困难时，也可直接在其表面刮涂透明或彩色聚氨酯防水涂料。

2. 卫生洁具及穿楼板管道、排水管口等部位渗漏

1) 原因

细部处理方法欠妥，卫生洁具及管口周边填塞不严；管口连接件老化；由于震动及砂浆、混凝土收缩等原因，出现裂缝；卫生洁具及管口周边未用弹性材料处理，或施工时嵌缝材料及防水涂料粘结不牢；嵌缝材料及防水涂层被拉裂或拉离粘结面。

2) 堵漏措施

(1) 将漏水部位彻底清理，刮填弹性嵌缝材料。

(2) 在渗漏部位涂刷防水涂料，并粘贴纤维材料增强。

(3) 更换老化管口连接件。

小　　结

本项目内容包括屋面防水工程、地下防水工程以及卫生间防水部分。

建筑防水按照采用防水材料和施工方法不同分为柔性防水和刚性防水，柔性防水时采用柔性材料，主要包括各种防水卷材和防水涂料，经施工将其铺贴或涂布在防水工程的迎水面，达到防水的目的；刚性防水采用的材料主要是普通细石混凝土、补偿收缩混凝土和块体刚性材料等，依靠混凝土自身的密实性并配合一定的构造措施达到防水的目的。

各种防水工程质量的好坏，除与各种防水材料的质量有关外，主要取决于各构造层次的施工质量，因此要严格按照相关的施工操作规程进行施工，严格把好质量关。建筑防水工程的质量应在施工过程中进行控制，防水工程的质量检验包括材料的质量检验和防水施工的检验，每一道工序经检查合格之后方可进行下一道工序的施工，这样才能达到工程各部位不漏水、不积水的要求。

思考与练习

1. 简述常用防水卷材的种类。
2. 简述高聚物改性沥青防水卷材的冷粘法和热熔法的施工过程。
3. 简述合成高分子卷材的主要施工方法及工艺过程。
4. 卷材屋面保护层有哪几种做法？
5. 简述涂膜防水屋面的施工过程。
6. 刚性防水屋面的隔离层如何施工？分格缝如何处理？
7. 补偿收缩混凝土防水层如何施工？
8. 地下防水工程有哪几种防水方案？
9. 地下构筑物的变形缝如何进行处理？
10. 防水混凝土施工中应注意哪些问题？
11. 卫生间防水有哪些特点？
12. 聚氨酯涂膜防水如何进行施工？

项目 8　装饰工程施工

学习要点及目标

要求熟悉建筑装饰工程施工的特点，装饰装修材料的选择规定，掌握建筑装饰工程的基本施工工艺和施工方法，能根据不同施工对象的工程特点、装饰要求以及施工条件，应用先进的施工技术、提高效率等要求，选择出合理、科学、可行的施工方案。

核心概念

装饰工程施工顺序、各工种施工方法。

引导案例

某装饰公司承担了某商场的室内外装饰装修工程，该工程结构形式为框架结构，地上 6 层，地下 1 层，施工项目包括围护墙砌筑、抹灰、轻钢龙骨石膏板吊顶、地砖地面、门窗、涂饰、木质油漆和幕墙等。

思考：各个部位的施工工艺。

建筑装饰工程的内容包括一般工业与民用建筑的门窗工程、玻璃工程、吊顶工程、隔断工程、抹灰工程、饰面工程、楼地面工程、涂料工程、刷浆工程、裱糊工程、幕墙工程等。建筑装饰的作用是保护建筑物或构筑物的结构部分避免受自然的风雨、潮气的侵蚀；改善清洁卫生条件；增加建筑物的使用寿命；保证建筑物的使用功能；增加建筑物的美观和美化环境；还有隔热、隔音、防潮等作用。装饰的效果是通过质感、线型和色彩三个方面体现的。

建筑装饰工程的施工特点：劳动量大，占整个建筑物总劳动量的 30%～40%；工期长，约占整个建筑物施工工期的一半或更多；造价高；建筑装饰工程的项目繁多，工序复杂。所以要发展新技术、新工艺、新材料，改进操作工艺，提高技术水平和劳动效率，降低成本，节约材料。

建筑装饰工程施工前，必须组织材料进场、验收、加工和配制；必须组织机械设备进场、安装、调试；必须做好图纸审查、制定施工方案、组织结构工程验收和工序交接检查、进行技术交底等有关工作；必须进行预埋件、预留孔洞的埋设和基层处理等。

建筑装饰工程的施工顺序非常重要，它是保证施工质量必须遵守的原则。室外抹灰和饰面工程的施工一般应自上而下进行。高层建筑采取措施后，可分段进行。室内装饰工程的施工顺序，应在屋面防水工程完工后，并在不致被后续工程所损坏和污染的条件下进行。室内抹灰在屋面防水工程完工前施工时，必须采取防护措施。室内吊顶、隔墙的罩面板和花饰等工程，应在室内楼地面湿作业完工后进行。室内装饰工程的施工顺序应符合下列规定。

(1) 抹灰、饰面、吊顶和隔断工程，应在隔墙、钢木门窗框、暗装的管道、电线管和电气预埋件、预制钢筋混凝土楼板灌缝完工后进行。

(2) 钢木门窗及玻璃工程，根据地区气候条件和抹灰工程的要求，可在湿作业前进行；铝合金、塑料、涂色镀锌钢板门窗及玻璃工程，宜在湿作业完工后进行，如需在湿作业前进行，必须加强保护。

(3) 有抹灰基层的饰面板工程、吊顶及花饰安装工程，应在抹灰工程完工后进行。

(4) 涂料、刷浆工程，以及吊顶、隔断罩面板的安装，应在塑料地板、地毯、硬质纤维板等楼地面的面层和明装电线施工前，以及管道设备试压后进行。木地板面层的最后一遍涂料，应在裱糊工程完工后进行。

(5) 裱糊工程应在顶棚、墙面、门窗及建筑设备的涂料和刷浆工程完工后进行。

8.1 门窗工程施工

门窗按材料分为木门窗、钢门窗、铝合金门窗和塑料门窗四大类。

8.1.1 木门窗工程施工

1. 施工前准备工作

木门窗安装前应根据门窗图纸，检查门窗的品种、规格、开启方向及组合杆、附件，并对其外形及平整度检查校正。同时也应检查洞口尺寸，如与设计不符应予以纠正。

2. 施工要点

木门窗的制作多在施工现场进行，其工序包括配料、截料、刨料、画线、打眼、开榫、铲口、起线、拼装等。制作好的门窗应竖直排放，并用枕木垫平。门窗的安装方法有先塞口法(也称立樘子)和后塞口法(也称塞樘子)两种。

1) 门窗框的安装

(1) 先塞口法。

先塞口法是指先立好门窗框，再砌门窗两旁的墙。其施工要点是：在立门窗框时应先在地面和墙上画出门窗的中线及边线，然后按线将门窗框立上，用临时支撑撑牢，并校正门窗框的垂直及上、下槛的水平；在立框时要注意门窗的开启方向和墙壁抹灰厚度，各门窗框应进出一致，上下层门窗框需对齐，在砌两旁墙时墙内应砌木砖，每边至少两块；在砌筑砖墙时应随时检查门窗框是否倾斜或移动。

(2) 后塞口法。

后塞口法是指在砌墙时露出门窗洞口，然后把门窗框装进去。它的优点是施工方便，工序无交错，门窗框不易变形移动。其施工要点是：门窗洞口尺寸应按图纸尺寸预留，并按高度方向每隔 500～700mm 每边预埋一块经防腐处理的木砖，木砖大小为115mm×115mm×53mm，木砖应横纹朝向框边放置；门窗框在洞口内要立正立直，同一层的门窗要拉通线控制水平，上下门窗也应该在一条垂直线上；门窗框依靠木楔临时固定，再用钉子固定在预埋木砖上；门窗框的上下横槛要用木楔相对楔紧。

2) 门窗扇的安装

首先检查门窗扇的型号、规格、数量是否符合设计要求，如果发现问题，应事先修好或更换。量好门窗扇的裁口尺寸，然后在门窗扇上画线，以掌握门窗扇四周的留缝宽度；在安装双开门窗扇时，先画出裁口线(自由门除外)，然后用粗刨刨去外线部分，再用细刨刨至光滑平直，使其符合设计尺寸要求。将木门窗扇放入框中试装，试装合格后，按扇高的 1/8～1/10 在框上按铰链(俗称合页)大小画线，按铰链位置剔出铰槽，槽深一定要与铰链厚度相合适，槽底要平，将门窗扇装上，门窗扇应开关灵活，不能过紧或过松。

3) 玻璃安装

清理门窗裁口，在玻璃底面与门窗裁口之间，沿裁口的全长均匀涂抹 1～3mm 的底灰，用手将玻璃摊铺平整，轻压玻璃使部分底灰挤出槽口，待油灰初凝后，顺裁口刮平底灰，然后用 1/2～1/3 寸的小圆钉沿玻璃四周固定玻璃，钉距 200mm，最后抹表面油灰即可。油灰与玻璃、裁口接触的边缘平齐，四角呈规则的八字形。

木门窗安装的留缝限值、允许偏差和检验方法应符合表 8-1 所示的规定。

表 8-1　木门窗安装的留缝限值、允许偏差和检验方法

项　次	项　目		留缝限制/mm		允许偏差/mm		检验方法
			普通	高级	普通	高级	
1	门窗槽口对角线长度差		—	—	3	2	用钢尺检查
2	门窗框的正、侧面垂直度		—	—	2	1	用垂直检测尺检查
3	框与扇、扇与扇接缝高低差		—	—	2	1	用钢直尺和塞尺检查
4	门窗扇对口缝		1～2.5	1.5～2	—	—	用塞尺检查
5	工业厂房双扇大门对口缝		2～5	—	—	—	
6	门窗扇与上框间留缝		1～2	1～1.5	—	—	
7	门窗扇与侧框间留缝		1～2.5	1～1.5	—	—	
8	窗扇与下框间留缝		2～3	2～2.5	—	—	
9	门扇与下框间留缝		3～5	3～4	—	—	
10	双层门窗内外框间距		—	—	4	3	用钢尺检查
11	无下框时门扇与地面间留缝	外门	4～7	5～6	—	—	用塞尺检查
		内门	5～8	6～7	—	—	
		卫生间门	8～12	8～10	—	—	
		厂房大门	10～20		—	—	

8.1.2 钢门窗工程施工

1. 施工前准备工作

清点、核对型号、规格、数量以及所带的五金零件是否齐全，凡有翘曲、变形者，应调直修复后，方可安装；洞口四周预留埋设铁脚连接件(如图 8-1 所示)，当门窗上口有混凝土过梁时，要预埋铁件。砌墙时，门窗洞口应比钢门窗框每边大 15～30mm，以此作为粉刷和嵌填砂浆的预留量。其中，清水砖墙不小于 15mm；混水墙不小于 20mm；水刷石墙不小于 25mm；贴面砖或块材墙不小于 30mm。

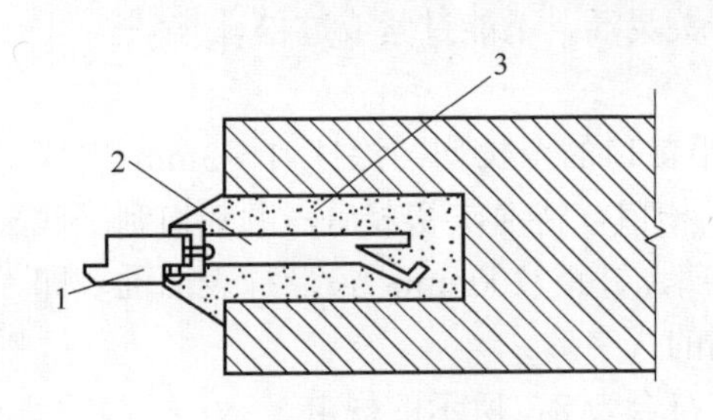

图 8-1 钢门窗预埋铁脚

1—窗框；2—铁脚；
3—留洞 60mm×60mm×100mm

2. 安装方法

钢门窗的安装一般采用后塞口法。

如果门窗是框与扇连成一体的，那么在安装时先用木楔临时固定。木楔应塞在四角及中梃处，不要塞在架空处。用线锤和水准尺校正其垂直和水平，成排窗子应横竖两个方向拉线和吊线，做到横平竖直、上下高低一致、进出一致。框扇配合间隙在合页面应不大于 2mm，在执手面不大于 1.5mm，安装后要开关灵活，无阻滞和回弹现象。门窗位置确定后，即将铁脚埋在预留孔内，用 1∶2 水泥砂浆或细石混凝土将洞口缝隙填实，养护 3d 后取出木楔，用 1∶2 水泥砂浆嵌填框与墙之间的缝隙。

钢窗的组合应按向左或向右的顺序逐框进行，用适合的螺栓将钢窗与组合构件紧密拼合，拼合处应嵌满油灰。组合构件的上下两端必须深入砌体 50mm。在钢窗经垂直和水平校正后与铁脚同时浇筑水泥砂浆固定。凡是两个组合构件的交接处必须用电焊焊牢。

玻璃安装前先清理槽口，在槽口内涂抹 4mm 厚的底灰，用双手将玻璃铺平放正，挤出油灰，然后将油灰与槽口、玻璃接触的边缘刮平、刮齐。安装卡子间距不小于 300mm，且每边不少于两个，卡脚长短适当，用油灰填实抹光，卡脚以不露出油灰表面为准。

钢门窗安装的留缝限值、允许偏差和检验方法应符合表 8-2 所示的规定。

表 8-2 钢门窗安装的留缝限值、允许偏差和检验方法

项 次	项 目		留缝限制/mm	允许偏差/mm	检验方法
1	门窗槽口宽度、高度	≤1500	—	2.5	用钢尺检查
		>1500	—	3.5	
2	门窗槽口对角线长度差	≤2000	—	5	用钢尺检查
		>2000	—	6	
3	门窗框的正、侧面垂直度		—	3	用 1m 垂直检测尺检查
4	门窗横框的水平度		—	3	用 1m 水平尺和塞尺检查
5	门框横框标高		—	5	用钢尺检查
6	门框竖向偏离中心		—	4	用钢尺检查

续表

项 次	项　目	留缝限制/mm	允许偏差/mm	检验方法
7	双层门窗内外框间距	—	5	用钢尺检查
8	门窗框、扇配合间隙	≤2	—	用塞尺检查
9	无下框时门扇与地面间留缝	4～8	—	用塞尺检查

8.1.3　铝合金门窗工程施工

1. 施工前准备工作

检查铝合金门窗成品及构配件各部位，如果发现变形，应予以校正和修理；同时还要检查洞口标高线及几何外形，预埋件位置，间距是否符合规定，埋设是否牢固。对不符合要求者，应纠正后才能进行安装。安装质量要求位置准确、横平竖直、高低一致、牢固紧密。

2. 安装方法

铝合金门窗安装一般采用后塞口法。

将门窗框安放到洞口正确位置，先用木楔临时定位后，拉通线进行调整，使上、下、左、右的门窗分别在同一竖直线和水平线上；框边四周缝隙与框表面距墙体外表面尺寸一致；仔细校正其正、侧面垂直度、水平度及位置，合格后楔紧木楔；再校正一次后，按设计规定的门窗框与墙体或预埋件的连接紧固方式进行焊接固定。

常用的固定方法有预留洞燕尾铁脚连接、射钉连接、预埋木砖连接、膨胀螺钉连接、预埋铁件焊接连接等，如图 8-2 所示。

不论采用何种固定方法，紧固件至墙角的距离不应大于 180mm，紧固件间距应小于 600mm，如图 8-3 所示。

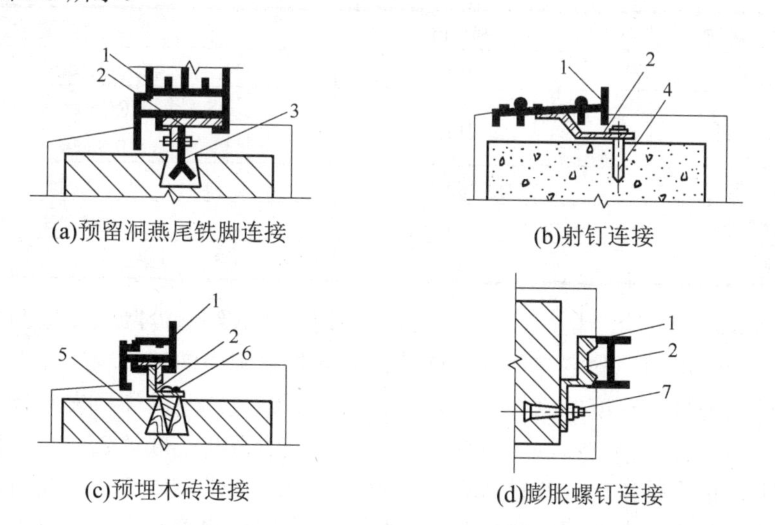

图 8-2　铝合金门窗框与墙体连接方式

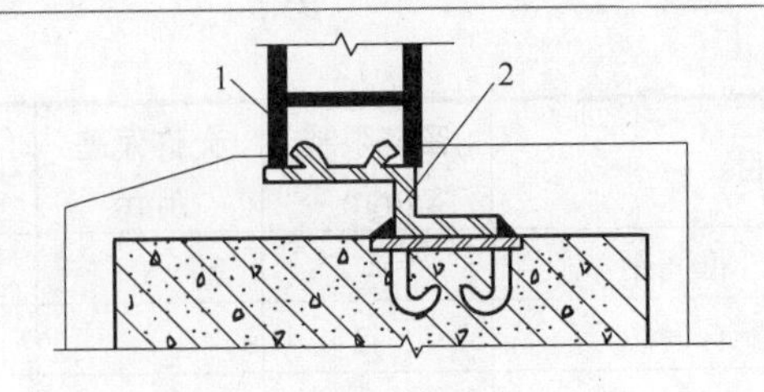

(e)预埋铁件焊接连接

图 8-2　铝合金门窗框与墙体连接方式(续)

1—门窗框；2—连接铁件；3—燕尾铁脚；4—射(钢)钉；5—木砖；6—木螺钉；7—膨胀螺钉

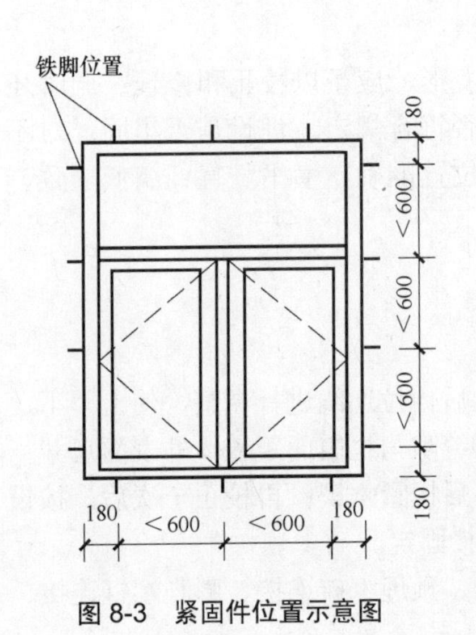

图 8-3　紧固件位置示意图

门窗框与墙体连接固定时应满足以下规定：窗框与墙体连接必须牢固，不得有任何松动现象。在焊接铁件时，应用橡胶或石棉板遮盖门窗框，不得烧毁门窗框，焊接完毕后应清除焊渣，焊接应牢固，焊缝不得有裂纹或漏焊现象，严禁在铝框上拴接地线或打火(引弧)。焊接件离墙体边缘不应小于 50mm，且不能装在缝隙中。窗框与墙体连接用的预埋连接件、紧固件的规格和要求必须符合设计规定，如果无规定则可参照表 8-3 所示的规定。横向及竖向组合时，应采取套插，搭接形成曲面组合，搭接长度宜为 10mm，并用密封膏密封。安装密封条时应留有伸缩余量，一般长出 20～30mm，在转角处应斜面断开，并用胶粘剂粘贴牢固，以免产生收缩缝。安装后的门窗应有可靠的刚性，必要时可增设加固件，并做防腐处理。

表 8-3　紧固件材料表

紧固件名称	规格/mm	材料或要求
膨胀螺钉	≥8×L	45 号钢镀锌、钝化
自攻螺钉	≥4×L	15 号钢 HRC50～58 钝化，镀锌 GB 8456—1986
钢钉、射钉	Φ4～5.5×L	优质钢
木螺钉	≥5×L	A3，GB 951—1976
预埋钢板	δ=6	A3

窗框安装经质量检查合格后，用 1∶2 的水泥砂浆或细石混凝土嵌填洞口与门窗框间的缝隙，使门窗框牢固地固定在洞内。嵌填前应先把缝隙中的残留物清除干净，然后浇水湿润；拉好检查外形平直度的直线，嵌填操作应轻而细致，不破坏原安装位置，应边嵌填边检查门窗框是否变形移位；嵌填时应注意不可污染窗框和不嵌填部位，嵌填必须密实饱满不得有缝隙，也不得松动或移动木楔，并洒水养护。在水泥砂浆未凝固前，绝对禁止在门窗框上作业，或在其上搁置任何物品，待嵌填的水泥砂浆凝固后，才可以取下木楔，并用水泥砂浆抹严框周围缝隙。

门窗扇的安装要求位置准确、平直、缝隙均匀、严密牢固、启闭灵活、启闭力合格、五金零配件安装位置准确，能起到各自的作用。对推拉式门窗扇，先装室内侧门窗扇，后安装室外侧门窗扇；对固定扇应装在室外侧，并固定牢固，不会脱落，确保使用安全；平开式窗扇应装在门窗框内，要求窗扇关闭后四周压合紧密，搭接量一致，相邻两扇门窗在同一平面内。

安装玻璃时，对于平开窗的小块玻璃用双手操作就位；若单块玻璃尺寸较大，可使用玻璃吸盘就位。玻璃就位后，用橡胶条固定。型材凹槽内装饰玻璃，可用橡胶条挤紧，然后在橡胶条上注入密封胶；也可直接用橡胶衬条封缝、挤紧，表面不再注胶。

为防止因玻璃的胀缩而造成型材的变形，型材下凹槽内可先放置橡胶垫块，以免因玻璃自重而直接落在金属表面上，并且也使玻璃的侧边及上部不得与框、扇及连接件接触。

铝合金门窗安装的允许偏差和检验方法应符合表 8-4 所示的规定。

表 8-4 铝合金门窗安装的允许偏差和检验方法

<table>
<tr><th>项　次</th><th colspan="2">项　目</th><th>允许偏差/mm</th><th>检验方法</th></tr>
<tr><td rowspan="2">1</td><td rowspan="2">门窗槽口宽度、高度</td><td>≤1500</td><td>1.5</td><td rowspan="2">用钢尺检查</td></tr>
<tr><td>>1500</td><td>2</td></tr>
<tr><td rowspan="2">2</td><td rowspan="2">门窗槽口对角线长度差</td><td>≤2000</td><td>3</td><td rowspan="2">用钢尺检查</td></tr>
<tr><td>>2000</td><td>4</td></tr>
<tr><td>3</td><td colspan="2">门窗框的正、侧面垂直度</td><td>2.5</td><td>用垂直检测尺检查</td></tr>
<tr><td>4</td><td colspan="2">门窗横框的水平度</td><td>2</td><td>用 1m 水平尺和塞尺检查</td></tr>
<tr><td>5</td><td colspan="2">门窗横框标高</td><td>5</td><td>用钢尺检查</td></tr>
<tr><td>6</td><td colspan="2">门窗竖向偏离中心</td><td>5</td><td>用钢尺检查</td></tr>
<tr><td>7</td><td colspan="2">双层门窗内外框间距</td><td>4</td><td>用钢尺检查</td></tr>
<tr><td>8</td><td colspan="2">推拉门窗扇与框搭接量</td><td>1.5</td><td>用直钢尺检查</td></tr>
</table>

8.1.4 塑料门窗工程施工

1. 施工前准备工作

塑料门窗及其附件应符合国家标准，按设计选用。塑料门窗不得有开焊、断裂等损坏现象，如有损坏应予以修复或更换。塑料门窗进场后应存放在有靠架的室内并与热源隔开，以免受热变形。

2. 安装方法

塑料门窗在安装前，先装五金配件和固定件。由于塑料型材是中空多腔的，材质较脆，不能用螺丝直接锤击拧入，应先用手电钻钻孔，然后用自攻螺丝拧入。钻头直径应比所选用自攻螺钉直径小 0.5～1.0mm，这样可以防止塑料门窗出现局部凹陷、断裂和螺钉松动等质量问题，保证附件和固定件的安装质量。

与墙体连接的固定件应用自攻螺钉紧固在门框上，将五金配件及固定件安装完工并检查合格的塑料门窗框放入洞口内，调整至横平竖直后，用木楔将塑料门窗框四角塞牢做临时固定，但不宜塞得过紧以免门窗框变形，然后用尼龙胀管螺栓将固定件与墙体连接牢固。

塑料门窗框与洞口墙体的缝隙，用软质保温材料填充饱满，如泡沫塑料条、泡沫聚氨酯条、油毡卷条等。但不得填塞过紧，因为过紧会使框架受压发生变形；但也不能填塞过松，否则会使缝隙密封不严，在门窗周围形成冷热交换区，发生结露现象，影响门窗防寒、防风的正常功能和墙体寿命。最后将门窗框四周的内外接缝用密封材料嵌缝严密。

塑料门窗安装的允许偏差和检验方法应符合表 8-5 所示的规定。

表 8-5　塑料门窗安装的允许偏差和检验方法

项　次	项　目		允许偏差/mm	检验方法
1	门窗槽口宽度、高度	≤1500	2	用金属直尺检查
		＞1500	3	
2	门窗槽口对角线长度差	≤2000	3	用金属直尺检查
		＞2000	5	
3	门窗框的正、侧面垂直度		3	用垂直检测尺检查
4	门窗横框的水平度		3	用 1m 水平尺和塞尺检查
5	门框横框标高		5	用金属直尺检查
6	门框竖向偏高中心		5	用金属直尺检查
7	双层门窗内外框间距		4	用金属直尺检查
8	同樘平开窗相邻扇高度差		2	用金属直尺检查
9	平开门窗铰链部位配合间隙		+2；−1	用塞尺检查
10	推拉门窗扇与框搭接量		+1.5；−2.5	用金属直尺检查
11	推拉门窗扇与竖框平行度		2	用 1m 水平尺和塞尺检查

8.2　吊顶、隔墙工程施工

8.2.1　吊顶工程施工

吊顶是现代室内装饰的重要组成部分，它直接影响着整个建筑空间的装饰风格与效果，同时还起着吸收和反射音响、照明、通风、防火等作用。

1. 吊顶的组成和种类

1) 组成

吊顶由吊筋(吊杆、吊头等)、龙骨(搁栅)和饰面板三部分组成。

(1) 吊筋。

对于现浇钢筋混凝土楼板，一般在混凝土中预埋φ6 钢筋或以 8 号镀锌铁丝作为吊筋，也可以采用金属膨胀螺丝、射钉固定钢筋(钢丝、镀锌铁丝)作为吊筋，如图 8-4 所示。对于预制楼板，一般在板缝中预埋φ6 钢筋或 8 号镀锌铁丝作为吊筋。坡屋顶使用长杆螺栓或 8 号镀锌铁丝吊在屋架下弦作为吊筋，如图 8-5 所示。吊筋的间距为 1.2～1.5m。

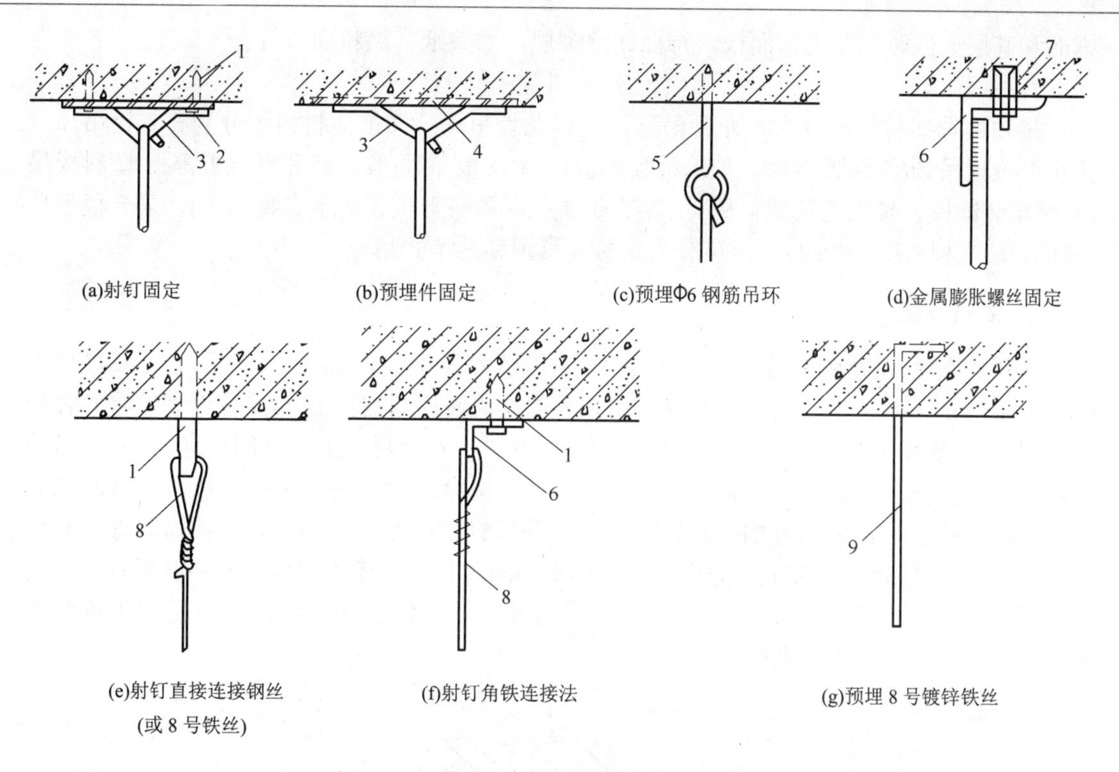

图 8-4　吊杆固定形式

1—射钉；2—焊板；3—Φ10 钢筋吊环；4—预埋钢板；5—Φ6 钢筋；6—角钢；
7—金属膨胀螺丝；8—铝合金丝(8 号、12 号、14 号)；9—8 号镀锌铁丝

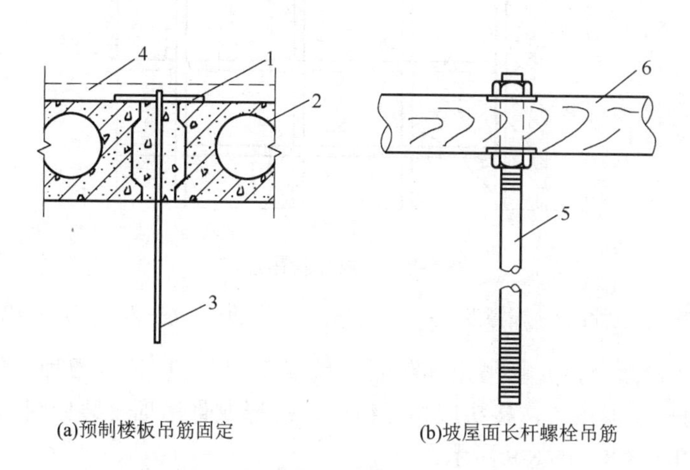

图 8-5　预制楼板和坡屋面吊筋固定方法

1—Φ10 或Φ12 钢筋；2—预制楼板；3—Φ6 钢筋或 8 号镀锌铁丝；
4—现浇细石混凝土；5—长杆螺栓；6—屋架下弦

(2) 龙骨。

龙骨有木质龙骨、轻钢龙骨和铝合金龙骨等。

(3) 饰面板。

现在主要使用纸质吸音板、矿棉吸音板、纸面石膏板、夹板、金属压型吊顶板等，当

饰面和基层一致时，即为饰面板。饰面即装饰层，如壁纸、涂料面层等。

2) 种类

吊顶按骨架材料可分为木龙骨吊顶、金属龙骨吊顶；按饰面材料可分为石膏板吊顶、无机纤维板吊顶(饰面吸声板、玻璃棉吸声板)、木质板吊顶(胶合板和纤维板等)、塑料板吊顶(钙塑装饰板、聚氯乙烯塑料板)、金属装饰板吊顶(条形板、方板、搁栅板)、采光板吊顶(玻璃、阳光板)等；按安装方式可分为直接式吊顶和悬吊式吊顶。

2. 龙骨安装

木质龙骨由大龙骨、小龙骨、横撑龙骨和吊木等组成，如图 8-6 所示。大龙骨用60mm×80mm 方木，沿房间短向布置。用预先埋设的钢筋圆钩穿上 8 号镀锌铁丝将龙骨拧紧；或用Φ6 或Φ8 螺栓与预埋钢筋焊牢，穿透大龙骨上紧螺母。大龙骨间距宜为 1m。吊顶的起拱一般为房间短向的 1/200。小龙骨安装时，按照墙上弹的水平控制线，先钉四周的小龙骨，然后按设计要求分档画线钉小龙骨，最后钉横撑龙骨。小龙骨、横撑龙骨一般用40mm×60mm 或 50mm×50mm 方木，底面相平，间距与罩面板相对应，安装前需有一面刨平。大龙骨、小龙骨连接处的小吊木要逐根错开，不要钉在同一侧，小龙骨接头也要错开，接头处钉左右双面木夹板。

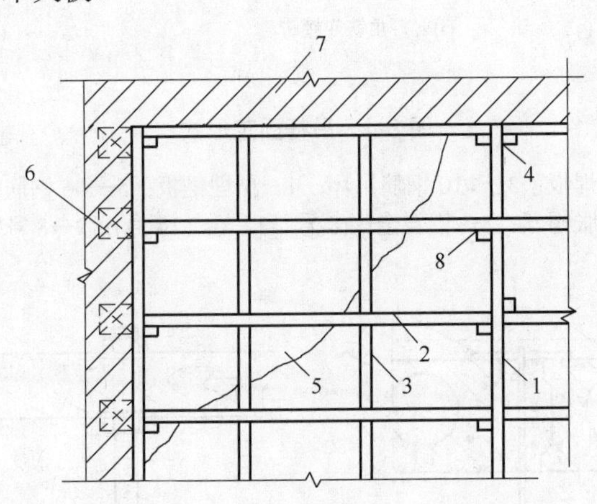

图 8-6 木质龙骨吊顶

1—大龙骨；2—小龙骨；3—横撑龙骨；4—吊筋；5—罩面板；6—木砖；7—砖墙；8—吊木

轻钢龙骨吊顶和铝合金龙骨吊顶其断面形状有 U 形、T 形等数种。每根龙骨长度为2～3m，在现场用拼接器拼装，接头应相互错开。U 形龙骨吊顶安装如图 8-7 所示。TL 型铝合金龙骨安装如图 8-8、图 8-9 所示。

轻钢龙骨和铝合金龙骨安装过程如下。

(1) 弹线。

根据楼层标高水平线，用尺竖向量至顶棚设计标高，沿墙四周弹出顶棚标高水平线(允许偏差±5mm)，并沿顶棚标高水平线在墙上画出龙骨分档位置线。

(2) 安装大龙骨吊杆。

按照在墙上弹出的标高线和龙骨位置线，找出吊点中心，将吊杆焊接固定在预埋件上。未设预埋件时，可按吊点中心用射钉固定吊杆或铁丝。计算好吊杆的长度，确定吊杆下端的标高，与吊件连接的一端套丝长度应留有余地，并配好螺母。

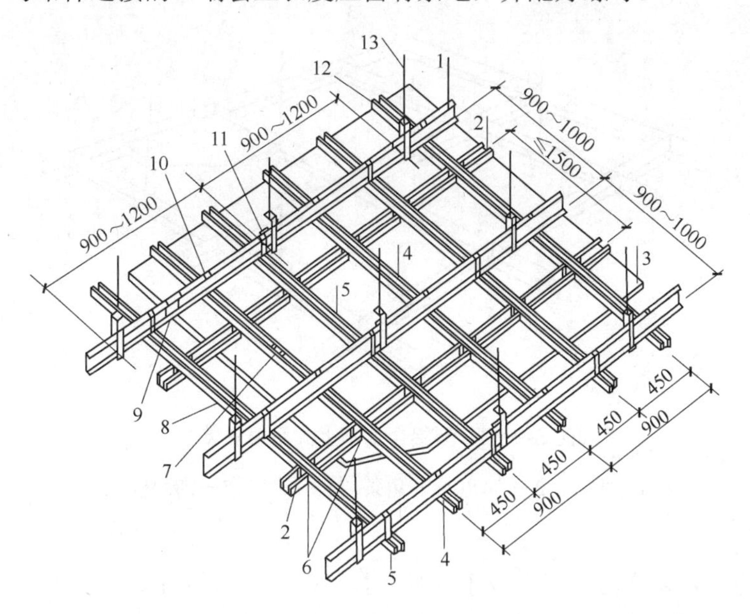

图 8-7　U 型龙骨吊顶安装示意图

1—BD 大龙骨；2—UZ 横撑龙骨；3—吊顶板；4—UZ 龙骨；5—UX 龙骨；
6—UZ_3 支托连接；7—UZ_2 连接件；8—UX_2 连接件；9—BD_2 连接件；
10—UX_1 吊挂；11—UX_2 吊件；12—BD_1 吊件；13—UX_3 吊杆Φ8-10

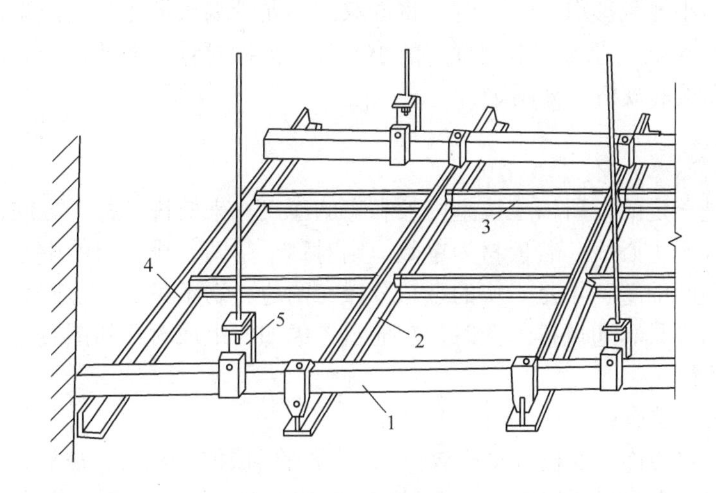

图 8-8　TL 型铝合金吊顶安装

1—大龙骨；2—大 T；3—小 T；4—角条；5—大吊挂件

(3) 大龙骨安装。

将组装好吊挂件的大龙骨，按分档线位置使吊挂件穿入相应的吊杆螺栓上，拧紧螺母。然后相接大龙骨，装连接件，并以房间为单元，拉线调整标高和平直。中间起拱高度应不小于房间短向跨度的 1/200，靠四周墙边的龙骨用射钉钉固在墙上，射钉间距为 1m。

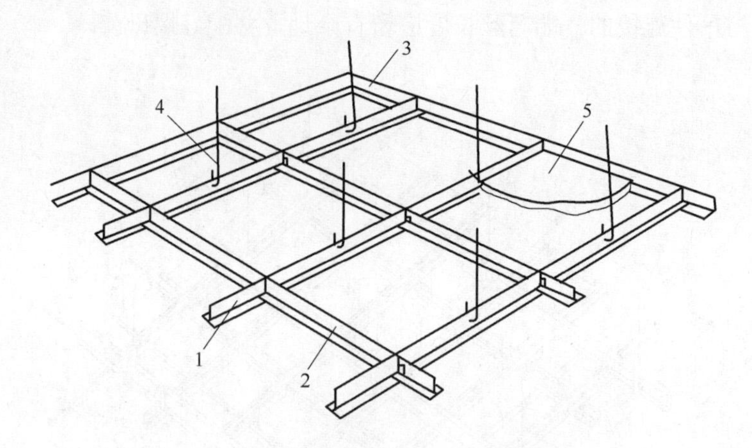

图 8-9　TL 型铝合金不上人吊顶安装

1—大 T；2—小 T；3—角条；4—吊件；5—饰面板

(4) 小龙骨安装。

按以弹好的小龙骨分档线，卡放小龙骨吊挂件，然后按设计规定的小龙骨间距，将小龙骨通过吊挂件垂直吊挂在大龙骨上，吊挂件 U 型腿用钳子卧入大龙骨内。小龙骨的间距应按饰面板的密缝和离缝要求进行不同的安装，小龙骨间距应计算准确并应通过翻样确定。

(5) 横撑龙骨安装。

横撑龙骨应用小龙骨截取，安装时，将截取的小龙骨端头插入支托，扣在小龙骨上，并用钳子将挂钩弯入小龙骨内。组装好后的小龙骨和横撑龙骨底面要求平齐，横撑龙骨间距应根据所用饰面板的规格尺寸确定。

3．饰面板安装

板材的尺寸是一定的，所以应按室内长和宽的净尺寸来安排。每个方向都应该有中心线，板材必须对称于中心线。若板材为单数，则对称于中间一排板材的中心线；若板材为双数，则对称于中间的缝，不足一块的余数分摊在两边。切不可由一边向另一边分格。当吊顶上设有开孔的灯具和通风排气孔时，应通盘考虑如何组成对称的图案排列，这种顶棚都有设计图纸可依循。

饰面板的安装方法有：

- 搁置法：将装饰罩面板直接摆放在 T 型龙骨组成的格框内。摆放时要按设计图案要求摆放，有些轻质罩面板考虑刮风时会被掀起，可用木条、卡子固定。
- 嵌入法：将装饰罩面板事先加工成企口暗缝，安装时将 T 型龙骨两肢插入企口缝内。
- 粘贴法：将装饰罩面板用胶粘剂直接粘贴在龙骨上。
- 钉固法：将装饰罩面板用钉、螺丝钉、自攻螺丝等固定在龙骨上，钉子应排列整齐。
- 压条固定法：用木、铝、塑料等压缝条将装饰罩面板钉结在龙骨上。
- 塑料小花固定法：在板的四角采用塑料小花压角用螺丝固定，并在小花之间沿板边等距离加钉固定。

- 卡固法：多用于铝合金吊顶，板材与龙骨直接卡接固定，不需要再用其他方法固定。

石膏罩面板用钉固法安装时，螺钉与板边距离应不小于 15mm，螺钉间距宜为 150～170mm，均匀布置，并与板面垂直，钉头嵌入石膏板深度宜为 0.5～1.0mm，钉帽应涂刷防锈涂料，并用石膏腻子抹平；粘贴法安装时，胶粘剂应涂抹均匀，不得漏涂，粘实粘牢。

矿棉装饰吸声板安装，房间湿度不宜过大，安装时，吸声板上不得放置其他材料，防止板材受压变形。吸声板背面的箭头方向和白线方向一致，以保证花样、图案的整体性。采用复合粘贴法安装时，胶粘剂未完全固化前，板材不得有强烈震动，并应保持房间通风；采用搁置法安装时，应留有板材安装缝，每边缝隙不宜大于 1mm。

胶合板、纤维板采用钉固法时，钉距为 80～150mm，钉长为 20～30mm，钉帽进入板面 0.5～1.0mm，钉眼用腻子抹平；胶合板、纤维板用木条固定法时，钉距不大于 200mm，钉帽进入木条 0.5～1.0mm，钉眼用腻子抹平。

钙塑装饰板用粘贴法安装时，可用 401 胶或氯丁胶浆—聚异氰酸酯胶(10∶1)，涂胶应待浆稍干后，方可把板材粘贴压紧，粘贴后应采取临时固定措施；采用钉固法时，钉距不宜大于 150mm，钉帽与板面平齐，排列整齐，并用与板面颜色相同的涂料涂饰。钙塑板的交接处，用塑料小花固定时，应使用木螺丝，并在小花之间沿板边按等距离加钉固定；用压条固定时，压条应平直，接口严密，不得翘曲。

金属饰面板有金属条板、金属方板、金属搁栅几种。条板有卡固法和钉固法两种，卡固法要求龙骨卡条形式应与条板配套，如图 8-10 所示；钉固法采用自攻螺钉固定时，后安装的板块压住先安装的板块，用螺钉拧紧，拼缝严密。方形板可用搁置法和螺钉钉固法，也可用铜丝绑扎固定法，如图 8-11 所示。搁栅固定一种是将单体构件先用卡具连成整体，然后通过钢管与吊杆相连接，这种做法可以减少吊杆的数量；另一种是用带卡扣的吊管将单体构件卡住，然后再将吊管用吊杆悬吊，这种做法可以省去固定单体的卡具，简便易行，如图 8-12 所示。金属板吊顶与四周墙体空隙应用同材质的金属压缝条找齐。

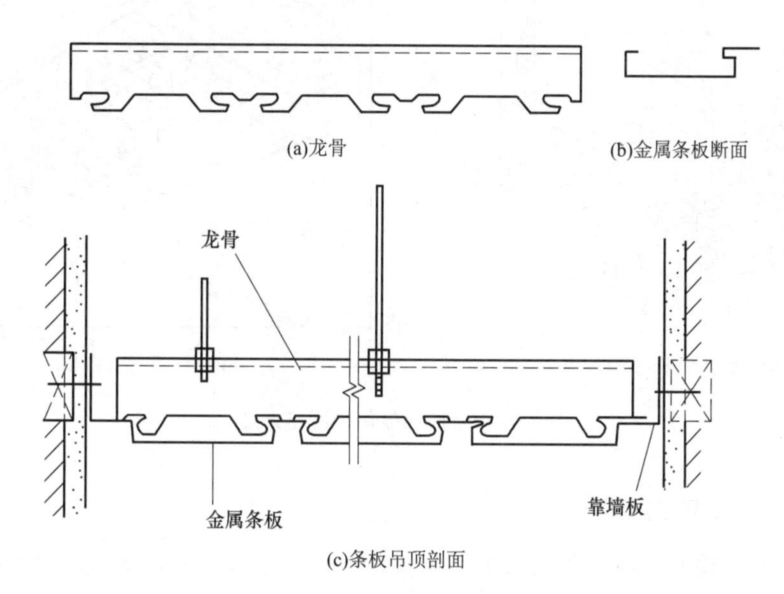

图 8-10 金属条板吊顶卡固法

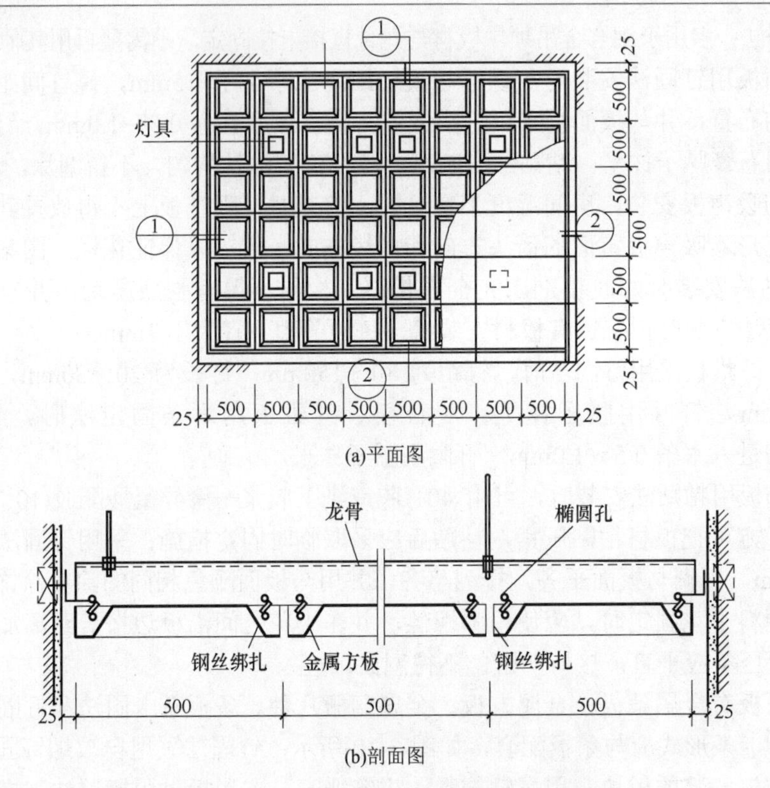

图 8-11 金属方形板吊顶钢丝绑扎法固定

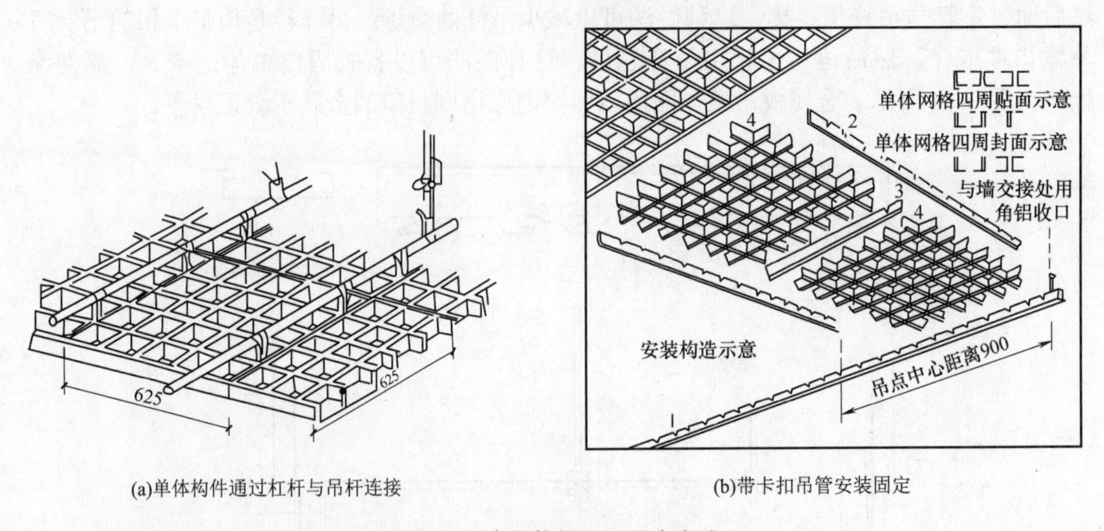

(a)单体构件通过杠杆与吊杆连接　(b)带卡扣吊管安装固定

图 8-12 金属格栅吊顶固定方法

4．吊顶工程安装注意事项

吊顶龙骨在运输安装时，不得扔摔、碰撞，龙骨应平直，防止变形；罩面板在运输安装时，应轻拿轻放，不得损坏板面和边角。运输时应采取相应措施，防止受潮变形。

吊顶龙骨宜存放在地面平整的室内，并防止变形、生锈；罩面板应按品种、规格分类存放于地面平整、干燥、通风处，并根据不同罩面板的性质，分别采取措施，防止受潮变形。

罩面板安装前，吊顶内的通风、水电管道及上人吊顶内的人行或安装通道，应安装完毕；消防管道安装并试压完毕；吊顶内的灯槽、斜撑、剪刀撑等，应根据工程情况适当布置。轻型灯具应吊在大龙骨或附加龙骨上，重型灯具或电扇不得与吊顶龙骨连接，应另设吊钩；罩面板应按规格、颜色等预先进行分类选配。

罩面板安装时不得有悬臂现象，应增设附加龙骨固定。施工用的临时马道应架设或吊挂在结构受力构件上，严禁以吊顶龙骨作为支撑点。

5. 吊顶工程质量要求

吊顶工程所用的材料品种、规格、颜色以及基层构造、固定方法等应符合设计要求。罩面板与龙骨应连接紧密，表面平整，不得有污染、折裂、缺棱掉角、锤伤等缺陷，接缝均匀一致，粘贴的罩面不得有脱层，胶合板不得有刨透之处，搁置的罩面板不得有漏、透、翘角等现象。

吊顶工程安装的允许偏差和检验方法应符合表 8-6 所示的规定。

表 8-6　吊顶罩面板工程质量允许偏差

<table>
<tr><th rowspan="3">项次</th><th rowspan="3">项目</th><th colspan="11">允许偏差/mm</th><th></th></tr>
<tr><th colspan="3">石膏板</th><th colspan="2">无机纤维板</th><th colspan="2">木质板</th><th colspan="2">塑料板</th><th rowspan="2">纤维水泥加压板</th><th rowspan="2">金属装饰板</th><th rowspan="2">检验方法</th></tr>
<tr><th>石膏装饰板</th><th>深浮雕嵌式装饰石膏板</th><th>纸面石膏板</th><th>矿棉装饰吸声板</th><th>超细玻璃棉板</th><th>胶合板</th><th>纤维板</th><th>钙塑装饰板</th><th>聚氯乙烯塑料板</th></tr>
<tr><td>1</td><td>表面平整</td><td colspan="3">3</td><td colspan="2">2</td><td>2</td><td>3</td><td>3</td><td>2</td><td></td><td>2</td><td>用 2m 靠尺和楔形塞尺检查观感平整</td></tr>
<tr><td>2</td><td>接缝平直</td><td>3</td><td colspan="2">3</td><td colspan="2">3</td><td colspan="2">3</td><td>4</td><td>3</td><td></td><td><1.5</td><td rowspan="2">拉 5m 线检查，不足 5m 拉通线检查</td></tr>
<tr><td>3</td><td>压条平直</td><td colspan="3">3</td><td colspan="2">3</td><td colspan="2">3</td><td colspan="2">3</td><td>3</td><td>3</td></tr>
<tr><td>4</td><td>接缝高低</td><td colspan="3">1</td><td colspan="2">1</td><td colspan="2">0.5</td><td colspan="2">1</td><td>1</td><td>1</td><td>用直尺和楔形塞尺检查</td></tr>
<tr><td>5</td><td>压条间距</td><td colspan="3">2</td><td colspan="2">2</td><td colspan="2">2</td><td colspan="2">2</td><td>2</td><td>2</td><td>用尺检查</td></tr>
</table>

8.2.2　隔墙工程施工

隔墙工程是指非承重轻质内隔墙，多用于建筑物室内空间的分隔和临时隔断。隔墙按构造方式可分为砌块式、骨架式和板材式。砌块式隔墙构造方式与粘土砖墙相似，装饰工程中主要为骨架式和板材式隔墙。骨架式隔墙的骨架多为木材或型钢(轻钢龙骨、铝合金龙骨)，饰面板多用纸面石膏板、人造板(胶合板、纤维板、木丝板、刨花板、水泥纤维板)。板材式隔墙采用高度等于室内净高的条形板材进行拼装，常用的有复合轻质墙板、石膏空心条板、预制或现制钢丝网水泥板等。

1．钢丝网架夹芯板隔墙施工

钢丝网架夹芯板墙是以三维构架式钢丝网为骨架，以膨胀珍珠岩、阻燃型聚苯乙烯泡沫塑料、矿棉、玻璃棉等轻质材料为芯材，由工厂制成面密度为 4～20kg/m^2 的钢丝网架夹芯板，然后在其两面抹 20mm 厚水泥砂浆面层的新型轻质墙板，如图 8-13 所示。

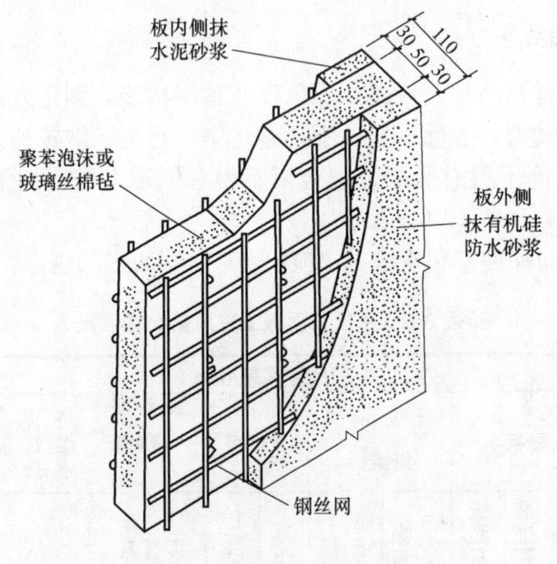

图 8-13　钢丝网架夹芯墙板

1) 施工过程

钢丝网架夹芯板隔墙的施工过程是：清理→弹线→墙板安装→墙板加固→管线敷设→墙面粉刷。

2) 施工要点

(1) 弹线。

在楼地面、墙体及顶棚面上弹出墙板双面边线，边线间距 80mm(苯板)，用线锤吊垂直，以保证对应的上下线在同一个垂直平面内。

(2) 墙板安装。

当进行钢丝网架夹芯板墙施工时，应按排列图将板块就位，一般是由下向上、从一端向另一端的顺序安装。

将结构施工时预埋的两根φ6、间距为 400mm 的锚筋与钢丝网架焊接或用钢筋绑扎牢固，也可以通过φ8 的膨胀螺栓加 U 型码(或压片)，或打孔植筋，把板材固定在结构梁、板、墙、柱上。板块就位前，可先在墙板底部的安装位置满铺 1∶2.5 的水泥砂浆垫层，砂浆垫层厚度不小于 35mm，以使板材底部填满砂浆。有防渗漏要求的房间，应做高度不低于 100mm 的细石混凝土垫层，待其达到一定的强度后，再进行钢筋网架夹芯板的安装。

墙板拼缝、墙体阴阳角、门窗洞口等部位，均应按设计构造要求采用配套的钢网片覆盖或槽形网加强，用钢丝绑牢。钢丝网架边缘与钢网片相交点用钢丝绑扎紧固，其余部分相交点可相隔交错扎牢，不得有变形、脱焊等现象。板材拼接时，接头处芯材若有空隙，应用同类芯材补充、填实、找平。门窗洞口应按设计要求进行加强，一般洞口周边设置的槽形网(300mm)和洞口四角设置的 45°角加强钢网片(可用长度不小于 500mm 的之字条)应与钢网架用金属丝绑扎牢固。如果设置洞边加筋，则应与钢丝网架用金属丝绑扎定位；如果设置通天柱，则应与结构梁、板的预留锚筋或预埋件焊接固定。门窗框安装，应与洞口处的预埋件连接固定。

墙板安装完成后，检查板块间以及墙板与建筑结构之间的连接，确定是否符合设计规定的构造要求及墙体稳定性的要求，并检查暗设管线、设备等隐蔽部分的施工质量以及墙板表面平整度是否符合要求，同时对墙板的安装质量进行全面检查。

(3) 安装暗管、暗线和暗盒。

安装暗管、暗线和暗盒等，应与墙板安装相配合，在抹灰前进行。按设计位置将板材的钢材剪开，剔除管线通过位置的芯材，把管、线或设备等埋入墙体内，上、下用钢筋与钢丝网架固定，周边填实。埋设处表面另加钢网片覆盖补强，钢网片与钢丝网架用点焊连接或用金属丝绑扎牢固。

(4) 水泥砂浆面层施工。

钢丝网架夹芯板墙安装完毕并通过质量检查后，即可进行墙面抹灰。将钢丝网架夹芯板墙四周与建筑结构连接处的缝隙(25～30mm)用 1∶3 的水泥砂浆填实。清理好钢丝网架与芯材结构的整体稳定效果，墙面做灰饼、设标筋；重要的阳角部位应按国家标准规定及设计要求做护角。

水泥砂浆抹灰层的施工可分为三层完成，底层厚 12～15mm；中层厚 8～10mm；罩面层厚 2～5mm。水泥砂浆抹灰层的平均总厚度不小于 25mm。

可采用机械喷涂抹灰。当人工抹灰时，应自下而上。底层抹灰后，应用木抹子反复揉搓，使砂浆密实并与墙体的钢丝网及芯材紧密粘结，且使抹灰层保持粗糙。待底层砂浆凝结后，适当洒水湿润，即抹中层砂浆，表面用刮板找平、挫毛。两层抹灰均应采用同一配合比的砂浆。水泥砂浆抹灰层的罩面层，应按设计要求的装饰材料抹面，当罩面层需要掺入其他防裂材料时，应经试验合格后方可使用。当在钢丝网架夹心墙板的一面喷灰时，应注意防止芯材位置偏移。每一水泥砂浆抹灰层的砂浆终凝后，均应洒水养护；墙体两面抹灰的时间间隔，不得小于 24h。

2．木龙骨隔墙施工

采用木龙骨做墙体骨料，以 4～25mm 厚的建筑平板做罩面层，组装而成的室内非承重轻质墙体，称为木龙骨隔墙。木隔墙分为全封闭隔墙、有门窗隔墙和隔断三种。

1) 施工过程

木龙骨隔墙的施工过程是：弹线→钻孔→安装木骨架→安装饰面板→饰面板处理。

2) 施工要点

(1) 弹线、钻孔。

在需要固定木隔墙的地面和建筑墙面上弹出隔墙的边缘线和中心线，画出固定点的位置，间距为 300～400mm，打孔深度在 45mm 左右，用膨胀螺栓固定。如果用木楔固定，则孔深应不小于 50mm。

(2) 木骨架安装。

木骨架固定通常是在沿墙、地和顶面处。对隔断来说，主要是靠地面和端头的建筑墙面固定。如果端头无法固定，常用铁件来加固端头，加固部位主要是在地面与竖木方之间。对于木隔断的门框竖向木方，均应用铁件加固，否则会使木隔断颤动、门框松动以及木隔墙松动等。

如果隔墙的顶端不是建筑结构而是吊顶，处理方法要根据不同的情况而定。对于无门窗的隔墙，只需相接、缝隙小、平直即可；对于有门窗的隔墙，考虑到震动和碰动，所以顶端必须加以固定，即隔断的竖向龙骨应穿过吊顶面，再与建筑物的顶面进行加固。

木隔墙中的门框是以门洞两侧的竖向木方为基体，配以挡位框、饰边板或饰边线条组合而成；大木方骨架隔墙门洞的竖向木方较大，其挡位框可直接固定在竖向木方上；小木方双层构架的隔墙，因其木方小，应先在门洞内侧钉上厚夹板或实木板之后，再固定挡位框。

木隔墙中的窗框是在制作时预留的，然后用木夹板和木线条进行压边定位；隔断墙的窗也分固定窗和活动窗，固定窗是用木压条把玻璃板固定在窗框中，活动窗与普通活动窗一样。

(3) 饰面板安装。

墙面木夹板的安装方式主要有明缝和拼缝两种。明缝固定是在两板之间留一条有一定宽度的缝，当图纸无规定时，缝宽以 8～10mm 为宜；明缝如果不加垫板，则应将木龙骨面刨光，明缝的上下宽度应一致，在锯割木夹板时，应用靠尺来保证锯口的平直度与尺寸的准确性，并用 0 号砂纸修边。当采用拼缝固定时，要对木夹板正面四边进行倒角处理(45°×3mm)，以使板缝平整。

3. 轻钢龙骨隔墙施工

采用轻钢龙骨做墙体骨架，以 4～25mm 厚的建筑平板做罩面板组装而成的室内非承重轻质墙体，称为轻钢龙骨隔墙。隔墙所用的轻钢龙骨主件及配件、紧固件(包括射钉、膨胀螺栓、镀锌自攻螺栓、嵌缝料等)均应符合设计要求，轻钢龙骨还应满足防火及耐久性要求。

1) 施工过程

轻钢龙骨隔墙的施工过程是：基层处理→定位放线→安装顶龙骨和地龙骨→安装竖向龙骨→安装横向龙骨→安装贯通龙骨、横撑龙骨、水电管线→安装门窗洞口部位的横撑龙骨→各洞口的龙骨加强及附加龙骨安装→检查骨架安装质量，并调整校正→安装墙体一侧罩面板→板面钻孔安装管线固定件→安装填充材料→安装墙体另一侧罩面板→接缝处理→墙面装饰。

2) 施工要点

施工前应先完成基本的验收工作，石膏罩面板安装应在屋面、顶棚和墙面抹灰完成后进行。

墙体骨架安装前，应按设计图纸检查现场，进行实测实量，并对基层表面予以清理。在基层上按龙骨的宽度弹线，弹线应清晰，位置应准确。

地、顶龙骨及边端竖龙骨可根据设计要求及具体情况采用射钉、膨胀螺栓或按所设置的预埋件进行连接固定。射钉或膨胀螺栓的间距一般为 600～800mm。边框竖龙骨与建筑基体表面之间，应按设计规定设置隔声垫或满嵌弹性密封胶。竖龙骨的长度应比地、顶龙骨内侧的距离尺寸短 15mm。竖龙骨准确垂直就位后，即用抽芯铆钉将其两端分别与地、顶龙骨固定。当采用有配件龙骨体系时，其贯通龙骨在水平方向穿过各条竖龙骨的贯通孔，由支撑卡在两者相交的开口处连接稳定。对于无配件的龙骨体系，可将横向龙骨端头剪开折弯，用抽芯铆钉与竖龙骨连接固定。

龙骨安装完毕后，对于有水电设施的工程，尚需由专业人员按水电设计的要求进行暗管、暗线及配件等安装，墙体中的预埋管线和附墙设备按设计要求采取加强措施。在罩面板安装之前，应检查龙骨骨架的表面平整度、立面垂直度及稳定性等。

石膏板宜竖向铺设，其长边(护面纸包封边)接缝应落在竖龙骨上。龙骨骨架两侧的石膏板及同一侧的内外两层石膏板(当设计成双层罩面板时)均应错缝布置，接缝不应落在同一根龙骨上。石膏板宜使用整板，从板中部向四边顺序固定；自攻螺钉钉头略埋入板内(但不得损坏纸面)，钉眼用石膏腻子抹平。当经裁割的板边需要对接时，应靠紧，但不得强压就位。墙体端部的石膏板与周边的结构墙、柱体相接处，应留有 3mm 的缝隙，先加注嵌缝密封膏，然后铺板挤压嵌缝膏，使其嵌封严密。墙体接头处应用腻子嵌满，贴覆防裂接缝带；各部位的罩面板接缝，均应按设计要求进行板缝处理。墙体阳角处应有护角。

4．平板玻璃隔墙施工

平板玻璃隔墙龙骨常用的有金属龙骨和木龙骨，常用的金属龙骨为铝合金龙骨。

隔墙的构造做法及施工安装基本上同于玻璃门窗工程，主要施工机具有铝合金切割机、砂轮磨角机、冲击钻、手枪钻等。

(1) 施工过程。

铝合金龙骨平板玻璃隔墙的施工过程是：弹线→铝合金下料→金属框架安装→玻璃安装。

(2) 施工要点。

弹出地面、墙面位置线及高度线；铝合金下料要精确画线，精度要求为±0.5mm，在画线时注意不要破坏型材表面。下料要使用专门的铝材切割机，要求尺寸准确、切口平滑。

半高铝合金玻璃隔断通常是先在地面组装好框架后，再竖立起来固定，通高的铝合金玻璃隔墙通常是先固定竖向型材，再安装框架横向型材；铝合金型材的相互连接主要是用铝角和自攻螺钉，铝合金型材与地面、墙面的连接则主要是用铁脚固定；型材的安装连接主要是竖向型材与横向型材的垂直结合，目前所采用的方法主要是铝角件连接法。铝角件起连接和定位的作用，以防止型材安装后转动。对连接件的基本要求是有一定的强度和尺寸准确度，所用的铝角件厚度为 3mm 左右。铝角件与型材的固定用自攻螺钉。

为了对接处的美观，自攻螺钉的安装位置应在隐蔽处。如果对接处在 1.5m 以下，自攻螺钉头安装在型材的下方；如果对接处在 1.8m 以上，自攻螺钉安装在型材的上方。在固定铝角件时应注意其弯角的方向。

玻璃要使用安全玻璃，如钢化玻璃的厚度不小于 5mm，夹层玻璃的厚度不小于 6.38mm，对于无框玻璃隔墙，应使用厚度不小于 10mm 的钢化玻璃，以保证使用的安全性。

玻璃安装应符合门窗工程的有关规定。铝合金隔墙的玻璃安装方式有两种，一种是安装于活动窗扇上；另一种是直接安装于型材上。前者需要在制作铝合金活动窗时同时安装。在型材框架上安装玻璃，应先按框洞的尺寸缩 3～5mm 裁玻璃，以防止玻璃的不规整和框洞尺寸的误差，而造成装不上玻璃的问题。玻璃在型材框架上的固定，应用与型材同色的铝合金槽条在玻璃两侧夹定，槽条可用自攻螺钉与型材固定，并在铝槽与玻璃间加玻璃胶密封。

平板玻璃隔墙的玻璃边缘不得与硬性材料直接接触，玻璃边缘与槽底缝隙不应小于5mm。玻璃嵌入墙体、地面和顶面的槽口深度应符合相关规定，当玻璃厚度为 5～6mm 时，嵌入深度为 8mm；当玻璃厚度为 8～12mm 时，嵌入深度为 10mm。玻璃与槽口的前后空隙应符合有关规定，当玻璃厚为 5～6mm 时，前后空隙为 2.5mm；当玻璃厚 8～12mm 时，前后空隙为 3mm。这些缝隙用弹性密封胶或橡胶条嵌填。

玻璃底部与槽底空隙间，应用不少于两块的 PVC 垫块或硬橡胶垫块支承，支承块长度不小于 10mm。玻璃平面与两边的槽口空隙应使用弹性定位块衬垫，定位块长度不小于25mm。支承块和定位块应设置在距槽角不小于 300mm 或 1/4 边长的位置。

对于纯粹为采光而设置的平板落地玻璃分隔墙，应在距地面 1.5～1.7m 处的玻璃表面用装饰图案设置防撞标志。

5. 隔墙工程的质量要求

隔墙工程所用材料的品种、规格、性能、颜色应符合设计要求，有隔声、隔热、阻燃、防潮等特殊要求的工程，板材应有相应性能等级的检测报告。板材隔墙安装所需预埋件、连接件的位置、数量及连接方法应符合设计要求，与周边墙体连接应牢固。隔墙骨架与基体结构连接牢固，并应平整、垂直、位置正确。隔墙板材安装应垂直、平整、位置正确，板材不应有裂缝或缺损；表面应平整光滑、色泽一致、洁净，接缝应均匀，顺墙体表面应平整，接缝密实、光滑、无凹凸现象、无裂缝等。隔墙上的孔洞、槽、盒应位置正确、套割方正、边缘整齐。

隔墙工程安装的允许偏差和检验方法应符合表 8-7 所示的规定。

表 8-7　隔墙安装的允许偏差和检验方法

项次	项　目	允许偏差/mm						检验方法
		板材隔离				骨架隔离		
		金属夹芯板	其他复合板	石膏空心板	钢丝网水泥板	纸面石膏板	人造木板、水泥纤维板	
1	立面垂直度	2	3	3	3	3	4	用 2m 垂直检测尺检查
2	表面平整度	2	3	3	3	3	3	用 2m 直尺和塞尺检查
3	阴阳角方正	3	3	3	4	3	3	用直角检测尺检查
4	接缝直线度	—	—	—	—	—	3	拉 5m 线，不足 5m 拉通线，用钢直尺检查

续表

项次	项 目	允许偏差/mm						检验方法
		板材隔离				骨架隔离		
		金属夹芯板	其他复合板	石膏空心板	钢丝网水泥板	纸面石膏板	人造木板、水泥纤维板	
5	压条直线度	—	—	—	—	—	3	
6	接缝高低差	1	2	2	3	1	1	用钢直尺和塞尺检查

8.3　抹灰工程施工

抹灰是将各种砂浆、装饰性石浆、石子浆涂抹在建筑物的墙面、顶棚、地面等表面上，除了保护建筑物外，还可以作为饰面层，起到装饰作用。

8.3.1　抹灰工程的分类和组成

1．抹灰工程的分类

抹灰工程按照抹灰施工部位的不同，可分为室外抹灰和室内抹灰，通常室内各种部位的抹灰叫作室内抹灰，如内墙、楼地面、天棚抹灰等；室外各部位的抹灰叫作室外抹灰，如外墙面、雨棚和檐口抹灰等。按使用材料和装饰效果不同，可分为一般抹灰和装饰抹灰，一般抹灰适用于水泥石灰砂浆、水泥砂浆、石灰砂浆、聚合物水泥砂浆、膨胀珍珠岩水泥砂浆、麻刀灰、纸筋灰、石膏灰等抹灰工程；装饰抹灰的底层和中层与一般抹灰的做法基本相同，其面层主要有水刷石、水磨石、斩假石、干粘石、拉毛石、洒毛灰、喷涂、滚涂、弹涂、仿石和彩色灰浆等。

一般抹灰按使用要求、质量标准不同，可分为普通抹灰和高级抹灰两种。

普通抹灰的质量要求分层涂抹、赶平、平面应光滑、洁净、接搓平整，分隔缝应清晰。它适用于一般工业与民用建筑以及高级建筑物中的辅助用房等。

高级抹灰要求分层涂抹、赶平、表面应光滑、洁净、颜色均匀、无抹纹、接搓平整，分格缝和灰线应清晰美观，阴阳角方正。它适用于大型公共建筑物、纪念性建筑物以及有特殊要求的高级建筑物等。

2．抹灰工程的组成

抹灰工程施工一般分层进行，以利于抹灰牢固、抹面平整和保证质量。如果一次抹得太厚，由于内外收水快慢不同，容易出现干裂、起鼓和脱落现象。抹灰工程的组成分为底层、中层和面层，如图8-14所示。

1) 底层

底层主要起与基层的粘接和初步找平作用。底层所使用的材料随基底不同而异，室内砖墙面常用石灰砂浆或混合砂浆；室外砖墙面和有防潮防水的内墙面常用水泥砂浆或混合砂浆；对混凝土基层易先刷水泥浆一道，采用混合砂浆或水泥砂浆打底，更易于粘接牢固，而高级装饰工程的预制混凝土板顶棚易用掺 108 胶的水泥砂浆打底；木板条、钢丝网基层等，宜用混合砂浆、麻刀灰和纸筋灰，并将灰浆挤入基层缝隙内，以保证粘接牢固。

2) 中层

中层主要起找平作用。中层抹灰所使用砂浆的稠度为 70～80mm，根据基层材料的不同，其做法基本上与底层的做法相同。按照施工质量要求可一次抹成，也可分层进行。

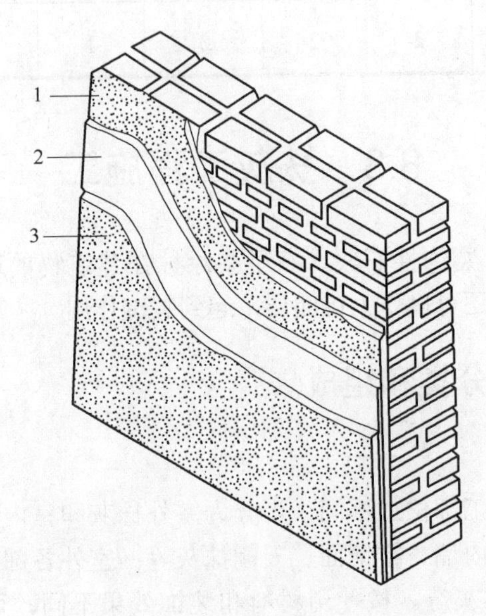

图 8-14　一般抹灰

1—底层；2—中层；3—面层

3) 面层

面层主要起装饰作用。所用材料根据设计要求的装饰效果而定。室内墙面及顶棚抹灰，常用麻刀灰和纸筋灰；室外抹灰常用水泥砂浆或水刷石等。

各抹灰层的厚度根据基层的材料、抹灰砂浆种类、墙体表面的平整度和抹灰质量要求以及各地气候情况而定。抹水泥砂浆的每遍厚度宜为 7～10mm；抹石灰砂浆和水泥混合砂浆的每遍厚度宜为 5～7mm；当抹灰面层用麻刀灰、纸筋灰、石膏灰等罩面时，经赶平抹压密实后，其厚度一般不大于 3mm。抹灰层的总厚度，应视具体部位及基层材料而定。当顶棚为板条、现浇混凝土时，总厚度不大于 15mm；当顶棚为预制混凝土板时，总厚度不大于 18mm。当内墙为普通抹灰时，总厚度不大于 18～20mm；高级抹灰时，总厚度不大于 25mm。外墙抹灰总厚度不大于 20mm；勒脚和突出部位的抹灰总厚度不大于 25mm。石墙抹灰总厚度不大于 35mm。装配式混凝土大板和大模板建筑的内墙面和大楼板底面，如果平整度较好、垂直偏差小，其表面可以不抹灰，用腻子分遍刮平，待各遍腻子粘结牢固后，进行表面刷浆、涂料即可，总厚度为 2～3mm。

8.3.2　一般抹灰施工

抹灰工程应分遍进行，一次抹灰不得太厚。抹灰层太厚会使抹灰层自重增大，灰浆易下坠脱离基层，导致出现空鼓。而且由于砂浆内外干燥速度相差过大，表面易产生收缩裂缝。抹灰层与基层之间及各抹灰层之间必须粘结牢固，无脱落、空鼓，面层无爆灰和裂缝等。

1．材料准备

抹灰前准备材料时，石灰膏应用块状生石灰淋制，使用未经熟化的生石灰或过火石灰，会发生爆灰和开裂，俗称“出天花”“生石灰泡”的质量问题。因此石灰膏应在储灰池中常温熟化不少于 15d，用于罩面时不应少于 30d。抹灰用的石灰膏可用磨细生石灰粉代替，用于罩面时熟化期不少于 3d。在熟化期间，石灰浆表面应保留一层水，以使其与空气隔开而避免碳化，同时应防止冻结和污染。生石灰不宜长期存放，保质期不宜超过一个月。

抹灰用的砂子应过筛，不得含有杂物。抹灰砂一般用中砂，也可采用粗砂与中砂混合掺用，但对有抗渗性要求的砂浆，要求以颗粒坚硬洁净的细砂为好。装饰抹灰用的骨料(石粒、砾石等)应耐光、坚硬，使用前必须冲洗干净。

抹灰用纸筋应预先浸透、捣烂、洁净，罩面纸筋宜机碾磨细。麻刀应坚韧、干燥，不含杂质，其长度不得大于 30mm。

2．基层处理

1) 墙面抹灰的基层处理

抹灰前应对砖石、混凝土及木基层表面做处理，清除灰尘、污垢、油渍和碱膜等，并洒水湿润。表面凹凸明显的部位，应事先剔平或用 1∶3 水泥砂浆补平，对于平整光滑的混凝土表面拆模时随即做凿毛处理，或用铁抹子满刮水灰比为 0.37∶0.4(内掺水泥重 3%～5%的 108 胶)的水泥浆一遍，或用混凝土界面处理剂处理。

抹灰前应检查门、窗框位置是否正确，与墙连接是否牢固。连接处的缝隙应用水泥砂浆或水泥混合砂浆(加少量麻刀)分层嵌填密实。对外墙窗台、窗楣、雨棚、阳台、压顶和突出腰线等，上面应做成流水坡度，下面应做成滴水线或滴水槽，滴水槽的深度和宽度均不应小于 10mm，要求整齐一致，如图 8-15 所示。

凡室内管道穿越的墙洞和楼板洞，凿剔墙后安装的管道，墙面的脚手孔洞均应用 1∶3 水泥砂浆填嵌密实。不同基层材料(如砖石与木、混凝土结构)相接处应铺钉金属网并绷紧牢固，金属网与各结构的搭接宽度从相接处起每边不少于 100mm，如图 8-16 所示。

抹灰工程施工前，对室内墙面、柱面和门洞的阳角，宜用 1∶2 水泥砂浆做护角，其高度不低于 2m，每侧宽度不少于 50mm，如图 8-17 所示。

2) 顶棚抹灰的基层处理

预制混凝土楼板顶棚在抹灰前应检查其板缝大小，若板缝较大，应用细石混凝土灌实；板缝较小，可用 1∶0.3∶3 的水泥石灰砂浆勾实，否则抹灰后将顺缝产生裂缝。预制混凝土板或钢模现浇混凝土顶棚拆模后，构件表面较为光滑、平整，并常粘附一层隔离剂。当隔离剂为滑石粉或其他粉状物时，应先用钢丝刷刷除，再用清水冲洗干净；当隔离剂为油脂类时，先用浓度为 10%的碱溶液洗刷干净，再用清水冲洗干净。

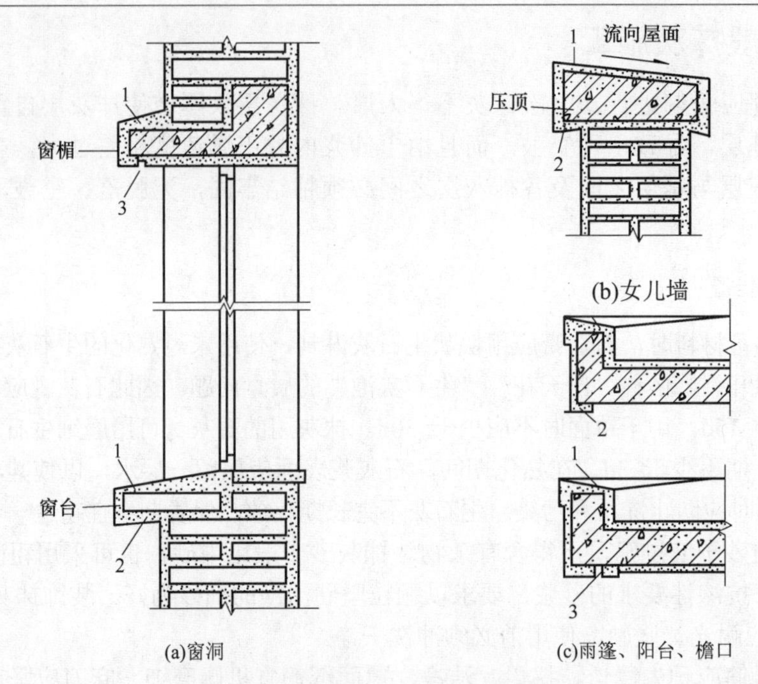

图 8-15　流水坡度、滴水线(槽)示意图

1—流水坡度；2—滴水线；3—滴水槽

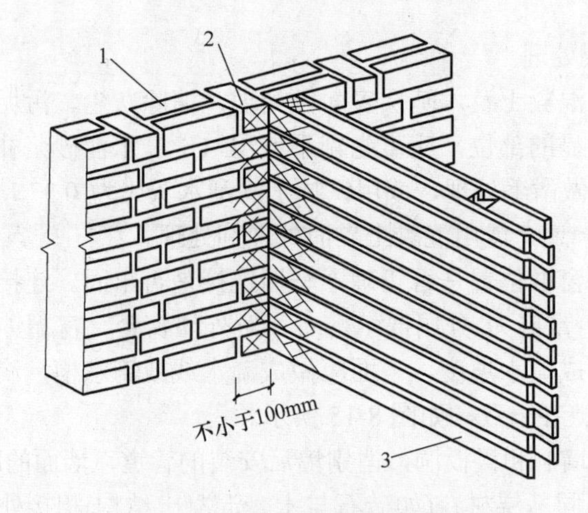

图 8-16　不同基层的接缝处理

1—砖墙；2—钢丝网；3—板条墙

板条顶棚(单层板条)抹灰前，应检查板条缝是否合适，一般要求间隙为 7～10mm。

3. 弹准线

将房间用角尺规方，小房间可用一面墙做基线；大房间或有柱网时，应在地面上弹出十字线。在距墙阴角 100mm 处用线锤吊直，弹出竖线后，再按规方地线及抹灰层厚度向里反弹出墙角抹灰准线，并在准线上下两端钉上铁钉，挂上白线，作为抹灰饼、冲筋的标准。

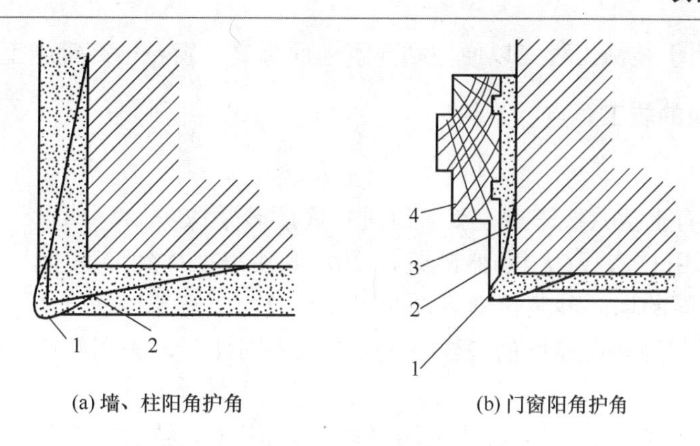

(a) 墙、柱阳角护角　　(b) 门窗阳角护角

图 8-17　阳角护角

1—水泥砂浆护角；2—墙面砂浆；3—嵌缝砂浆；4—门框

4．抹灰饼、冲筋(标筋、灰筋)

为有效地控制墙面抹灰层的厚度与垂直度，使抹灰面平整，抹灰层涂抹前应设置灰饼和冲筋(又称标筋)作为底、中层抹灰的依据。

在设置标筋时，先用托线板检查墙面的平整度和垂直度，以确定抹灰厚度(最薄处不宜小于 7mm)，在墙两边上角距顶棚约 200mm(距阴角 100～200mm)处按抹灰厚度用砂浆做两个四方形(边长 40～50mm)的标准块，称为灰饼(如图 8-18 所示)，然后根据这个灰饼，用托线板或线锤吊挂垂直，做墙面下角的灰饼(高低位置一般在踢脚线上口 200～250mm 处)，随后以上角和左右两灰饼面为准拉线，每隔 1.2～1.5mm 上下加做若干灰饼，待灰饼稍干后，在上下灰饼之间用砂浆抹上一条宽 100mm 左右的垂直灰饼，即为冲筋(如图 8-19 所示)，以它作为抹底层及中层的厚度控制和赶平的标准。

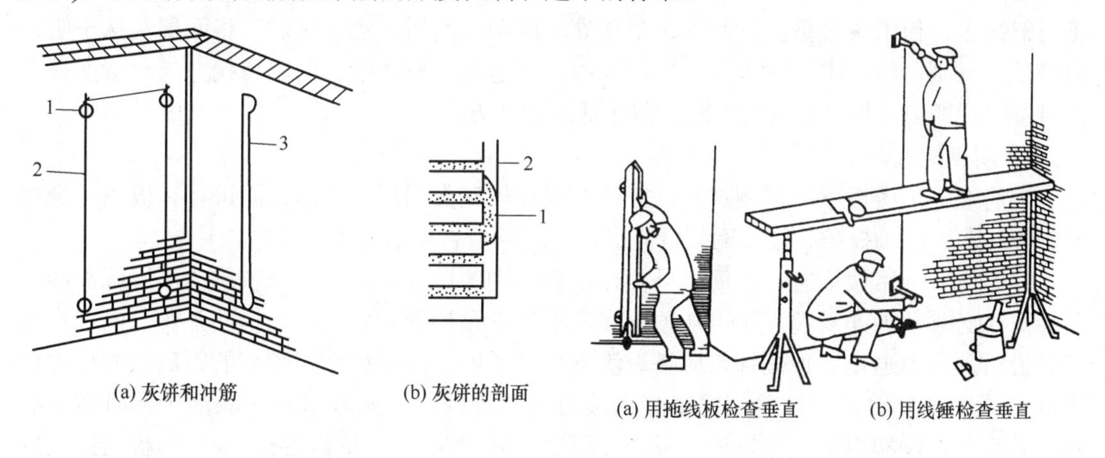

(a) 灰饼和冲筋　　(b) 灰饼的剖面　　(a) 用拖线板检查垂直　　(b) 用线锤检查垂直

图 8-18　做灰饼　　图 8-19　设置标筋

1—灰饼；2—引线；3—冲筋

顶棚抹灰一般不做灰饼和冲筋，而是在靠近顶棚四周的墙面上弹一条水平线以控制抹灰层厚度，并作为抹灰找平的依据。

在室内装饰工程施工中，标高的传递和控制有 50 线、1m 线等，通常用的是 50 线，建筑 50 线一般用于装修工程，以便控制建筑地面标高、窗台标高等施工标高。

5. 一般抹灰的施工要点

1) 墙面抹灰

待冲筋砂浆有七至八成干后，就可以进行底层砂浆抹灰。

抹底层灰可用托灰板(大板)盛砂浆，用力将砂浆推抹到墙面上，一般应从上而下进行，在两标筋之间的墙面砂浆抹满后，即用长刮尺两头靠着标筋，从上而下进行刮灰，使抹上的底层灰厚度为冲筋厚度的 2/3。再用木抹来回抹压，去高补低，最后再用铁抹压平一遍。

中层砂浆抹灰应待水泥砂浆(或水泥混合砂浆)底层凝结后或石灰砂浆底层灰七八成干后，方可进行。中层砂浆抹灰时，依冲筋厚度装满砂浆为准，整个墙面抹满后，用木抹来回搓抹，去高补低，再用铁抹压抹一遍，使抹灰层平整、厚度一致。

面层灰应待中层灰凝固后(或七八成干后)才能进行。先在中层灰上洒水湿润，将面层砂浆(或灰浆)均匀抹上去，一般从上而下，自左向右涂抹整个墙面，抹满后，即用铁抹分遍抹压，使面层灰平整、光滑、厚度一致。铁抹运行方向应注意：最后一遍抹压宜是垂直方向，各分遍之间应互相垂直抹压。墙面上半部与墙面下半部面层灰接头处应抹压理顺，不留抹印。

两墙面相交的阴角、阳角抹灰方法一般是：用阴角方尺检查阴角的直角度；用阳角方尺检查阳角的直角度。用线锤检查阴角或阳角的垂直度。根据直角度及垂直度的误差，确定抹灰层的厚薄，阴、阳角处洒水湿润。将底层灰抹于阴角处，用木阴角器压住抹灰层并上下搓动，使阴角的抹灰基本上达到直角。如靠近阴角处有已结硬的标筋，则木阴角器应沿着标筋上下搓动，基本搓平后，再用阴角抹子上下抹压，使阴角线垂直。将底层灰抹于阳角处，用木阳角器压住抹灰层并上下搓动，使阳角处抹灰基本上达到直角。再用阳角抹子上下抹压，使阳角线垂直。在阴、阳角处底层灰凝结后，洒水湿润，将面层灰抹于阴、阳角处，分别用阴、阳角抹上下抹压，使中层灰达到平整光滑。阴阳角找方应与墙面抹灰同时进行，即墙面抹底层灰时，阴、阳角抹底层找方。

2) 顶棚抹灰

钢筋混凝土楼板下的顶棚抹灰，应待上层楼板底面面层完成后才能进行。板条、金属网顶棚抹灰，应待板条、金属网装钉完成，并经检查合格后，方可进行。

顶棚抹灰不用做标志、标筋，只要在顶棚周围的墙面弹出顶棚抹灰层的面层标高线，此标高线必须从地面量起，不可从顶棚底向下量。顶棚抹灰宜从房间里面开始，向门口进行，最后从门口退出。顶棚抹灰应搭设满堂里脚手架。脚手板面至顶棚的距离以操作方便为准。抹底层灰前，应扫尽钢筋混凝土楼板底的浮灰、砂浆残渣，去除油污及隔离剂剩料，并喷水湿润楼板底。在钢筋混凝土楼板底抹底层灰，铁抹抹压方向应与模板纹路或预制板拼缝相垂直；在板条、金属网顶棚上抹底层灰，铁抹抹压方向应与板条长度方向垂直，在板条缝处要用力压抹，使底层灰压入板条缝或网眼内，形成转角以便结合牢固。底层灰要抹得平整。

抹中层灰时，铁抹抹压方向宜与底层灰抹压方向相垂直。高级顶棚抹灰，应加钉长 350～450mm 的麻束，间距为 400mm，并交错布置，分遍按放射状梳理抹进中层灰内，所以中层灰应抹得平整、光洁。

抹面层灰时，铁抹抹压方向宜平行于房间进光方向，面层灰应抹得平整光滑，不见抹印。顶棚抹灰应待前一层灰凝结后才能抹后一层灰，不可紧接着进行。顶棚面积较小时，整个顶棚抹上灰后再进行压平、压光，但接合处必须理顺。底层灰全部抹压后，才能抹中层灰，中层灰全部抹压后，才能抹面层灰。

8.3.3　装饰抹灰施工

装饰抹灰的底层和中层的做法与一般抹灰要求相同，面层根据材料及施工方法的不同而具有不同的形式。下面介绍几种常用的装饰面层的做法。

1．水刷石施工

水刷石饰面是将水泥石子浆罩面中尚未干硬的水泥刷掉，使各色石子外露，形成具有“绒面感”的表面。水刷石是石粒类材料饰面的传统做法，这种饰面耐久性强，具有良好的装饰效果，造价较低，是传统的外墙装饰做法之一。

水刷石面层施工工艺过程是：清理基层→湿润墙面→设置标筋→抹底层砂浆→抹中层砂浆→弹线和粘贴分格条→抹水泥石子浆→洗刷→检查质量→养护。

水刷石面层的施工要点：

水泥石子浆大面积施工前，为防止面层开裂，须在中层砂浆六七成干时，按设计要求弹线、分格，钉分格条时木分格条事先应在水中浸透。用以固定分格条两侧八字形纯水泥浆应抹 45°角。

水刷石面层施工前，应根据中层抹灰的干燥程度浇水湿润。紧接着用铁抹子满刮水灰比为 0.37～0.4 的水泥浆一道，随即抹水泥石子浆面层。面层厚度视石子粒径而定，通常为石子粒径的 2.5 倍。水泥石子浆的稠度以 50～70mm 为宜，用铁抹子一次抹平压实。每一块分格内抹灰顺序应自下而上，同一平面的面层要求一次完成，不宜留施工缝。如必须留施工缝时，应留在分格条位置上。

罩面灰收水后，用铁抹子溜一遍，将遗留的孔隙抹平，然后用软毛刷蘸水刷去表面灰浆，再拍平；阳角部位要往外刷，水刷石罩面应分遍拍平压实，石子应分布均匀、紧密。

当水泥石子浆开始凝固时，便可进行刷洗，用刷子从上而下蘸水刷掉或用喷雾器喷水冲掉面层水泥浆，使石子露出灰浆面层 1～2mm 为宜。刷洗时间要严格掌握，过早或过度，石子颗粒露出灰浆面太多容易脱落；刷洗过晚，则灰浆洗不净，石子不显露，饰面浑浊不清晰，影响美观。

刷洗后即可用抹子柄敲击分格条，用抹尖扎入木条上下活动，轻轻取出木条，然后修饰分格缝并描好颜色。

2．干粘石施工

干粘石是将干石子直接粘在砂浆层上的一种装饰抹灰做法。装饰效果与水刷石差不多，但湿作业量少，节约原材料，又能提高功效。

干粘石面层施工工艺过程是：清理基层→湿润墙体→设置标筋→抹底层砂浆→抹中层砂浆→弹线和粘贴分格条→抹面层砂浆→撒石子→修整拍平。

干粘石面层的施工要点：

在中层水泥砂浆浇水湿润后，粘分格条，并刷水泥浆(水灰比为 0.4～0.5)一遍，随后按格抹砂浆粘结层(厚 4～6mm，砂浆稠度不大于 80mm)，粘结砂浆抹平后，应立即甩石子，先甩四周易干部位，然后甩中间，要做到大面均匀，边角和分格条两侧不漏粘。

当粘结砂浆表面均匀粘满一层石子后，即用抹子轻轻拍平压实，使石子嵌入砂浆深度不小于石子粒径的 1/2。操作时拍压不宜过度，用力不宜过大，以免产生渗浆糊面现象，而造成表面浑浊、不干净、不明亮，影响美观。

干粘石也可用机械喷石代替手工甩石，利用压缩空气和喷枪将石子均匀有力地喷射到粘结层上。粘结层砂浆硬化期间应保持湿润。

3. 斩假石施工

斩假石又称剁斧石，是在水泥砂浆基层上涂抹水泥石子浆，待硬化后，用剁斧、齿斧及各种凿子等工具剁出有规则的石纹，使其类似天然花岗石、玄武石、青条石的表面形态，即为斩假石。

斩假石面层的施工工艺过程是：清理基层→湿润墙面→设置标筋→抹底层砂浆→抹中层砂浆→弹线和粘贴分格条→抹水泥石子浆面层→养护→斩剁→清理。

斩假石面层的施工要点：

在凝固的底层灰上弹出分格线，洒水湿润，按分格线将木分格条用稠水泥浆粘贴在墙面上。待分格条粘牢后，在各个分格区内刮一道水灰比为 0.37～0.4 的水泥浆，随即抹上 1∶1.25 的水泥石子浆，并压实抹平。隔 24h 后，洒水护养。待面层水泥石子浆养护到试剁不掉石屑时，就可开始斩剁。斩剁采用各式剁斧，从上而下进行。边角处应斩剁成横向纹道或留出窄条不剁，其他中间部位宜斩剁成竖向条纹。剁的方向要一致，剁纹要均匀，一般要斩剁两遍成活，已剁好的分格周围就可起出分格条。全部斩剁完后，清扫斩假石表面。

4. 拉毛灰和洒毛灰施工

拉毛灰是将底层用水湿透，抹上 1∶(0.05～0.3)∶(0.5～1)的水泥石灰罩面砂浆，随即用硬棕刷或铁抹子进行拉毛，在棕刷拉毛时，用刷蘸砂浆往墙上连续垂直拍拉，拉出毛头。如果用铁抹子拉毛，则不蘸砂浆，只用抹子粘结在墙面随即抽回，要做到拉的快慢一致、均匀整齐、色泽一致、不露底，在一个平面上要一次成活，避免中断留槎。

洒毛灰(又称撒云片)是用茅草扫帚蘸 1∶1 的水泥砂浆或 1∶1∶4 的水泥石灰砂浆，由上往下洒在湿润的底层上，洒出的云朵须错乱多变、大小相称、空隙均匀，形成大小不一而有规律的毛面。也可在未干的底层上刷上颜色，再不均匀地撒上罩面灰，并用抹子轻轻压平，使其部分露出带色的底子灰，使洒出的云朵具有浮动感。

5. 聚合物水泥砂浆的喷涂、滚涂、弹涂施工

1) 喷涂施工

喷涂施工是使用挤压式灰浆泵或喷斗将聚合物水泥砂浆经喷枪均匀地喷涂在墙面上而形成的装饰抹灰。这种砂浆由于掺入聚合物乳液因而具有良好的和易性及抗冻性，能提高装饰面层的表面强度和粘结强度。根据涂料的稠度和喷射压力的大小，以质感区分，可喷成砂浆饱满、呈波纹状的波面喷涂和表面布满点状颗粒的粒状喷涂。底层为厚 10～13mm

的 1∶3 水泥砂浆，喷涂前须喷或刷一道胶水溶液(107 胶∶水=1∶3)，使基层吸水率趋近于一致，并确保与喷涂层粘结牢固。喷涂层厚 3～4mm，粒状喷涂应连续三遍完成；波面喷涂必须连续操作，喷至全部泛出水泥砂浆但又不至流淌为宜。在大面喷涂后，按分格位置用铁皮刮子沿靠尺刮出分格缝。喷涂层凝固后再喷罩一层甲基硅醇钠憎水剂。质量要求表面平整，颜色一致，花纹均匀，不显接槎。

2) 滚涂施工

滚涂施工是将带颜色的聚合物砂浆均匀地涂抹在底层上，随即用平面或带有拉毛、刻有花纹的橡胶、泡沫塑料滚子，滚出所需的图案和花纹。其分层做法是：先用 10～13mm 厚水泥砂浆打底，木抹搓平，粘贴分格条，然后涂抹 3mm 厚色浆罩面，随抹随用辊子滚出各种花纹，待面层干燥后，喷涂有机硅水溶液。

滚涂操作分为干滚和湿滚两种。干滚时滚子不蘸水，滚出的花纹较大，功效较高；湿滚时滚子反复蘸水，滚出的花纹较小。滚涂功效比喷涂低，但便于小面积局部应用。滚涂应一次成活，多次滚涂易产生翻砂现象。

3) 弹涂施工

弹涂施工是用弹涂器分几遍将不同颜色的聚合物水泥色浆弹到墙面上，形成 1～3mm 的圆状色点。由于色浆一般由 2～3 种颜色组成，不同色点在墙上相互交错、相互衬托，犹如水刷石、干粘石，亦可做成单色光面、细麻面、小拉毛拍平等多种形式。这种工艺可在墙面上做底灰，再做弹涂饰面，也可直接弹涂在基层平整的混凝土板、石膏板、水泥石棉板、加气板等板材上。

弹涂的做法是在 1∶3 水泥砂浆打底的底层砂浆面上，洒水湿润，待干至 60%～70%时进行弹涂。先喷刷底层色浆一道，弹分格线，贴分格条，弹头道色点，待稍干后即弹两道色点，最后进行个别修弹，再进行喷射甲基硅醇钠憎水剂罩面层。弹涂器有手动和电动两种，后者工效高，适合大面积施工。

6．假砖面

假砖面又称仿面砖，适用于装饰外墙面，远看像贴面砖，近看才是彩色砂浆抹灰层上分格。

假面砖抹灰层由底层灰、中层灰、面层灰组成。底层灰宜用 1∶3 水泥砂浆，中层灰宜用 1∶1 水泥砂浆，面层灰宜用 5∶1∶9 水泥石灰砂浆(水泥∶石灰膏∶细砂)，按色彩需要掺入适量矿物颜料，形成彩色砂浆。面层灰厚 3～4mm。

待中层灰凝固后，洒水润湿，抹上面层彩色砂浆，要压实抹平。待面层灰收水后，用铁梳或铁辊顺着靠尺由上而下画出竖向纹，纹深约 1mm，竖向纹画完后，再按假面砖尺寸，弹出水平线，将靠尺靠在水平线上，用铁刨或铁钩顺着靠尺画出横向沟，沟深 3～4mm。全部画好纹、沟后，清扫假面砖表面。

7．仿石

仿石适用于装饰外墙。仿石抹灰层由底层灰、结合层及面层灰组成。底层灰用 12mm 厚 1∶3 水泥砂浆，结合层用水泥浆(内掺水泥重 3%～5%的 108 胶)，面层用 10mm 厚 1∶0.5∶4 水泥石灰砂浆。

底层灰凝固后，在墙面上弹出分块线，分块线按设计图案而定，使每一分块呈不同尺寸的矩形或多边形；洒水湿润墙面，按照分块线将木分格条用稠水泥浆粘贴在墙面上；在各分块涂刷水泥浆结合层，随即抹上水泥石灰砂浆面层灰，用刮尺沿分格条刮平，再用木抹搓平；待面层稍收水后用短直尺紧靠在分格条上，用竹丝将面层灰扫出清晰的条纹，各分块之间的条纹应一块横向、一块竖向，横竖交替。若相邻两块条纹方向相同，则其中一块可不扫条纹；扫好条纹后，应立即起出分格条，用水泥砂浆勾缝，进行养护；待面层灰干燥后，扫去浮灰，再用胶漆涂刷两遍，分格缝不刷漆。

8.3.4 抹灰工程的质量要求

一般抹灰工程的外观质量应符合下列规定。

- 普通抹灰：表面光滑、洁净、接搓平整。
- 中级抹灰：表面光滑、洁净、接搓平整，灰线清晰顺直。
- 高级抹灰：表面光滑、洁净、颜色均匀、无抹纹，灰线平直正方，清晰美观。

装饰抹灰工程的外观质量应符合下列规定。

- 水刷石：石粒清晰，分布均匀，紧密平整，色泽一致，不得有掉粒和接搓痕迹。
- 干粘石：石粒粘结牢固，分布均匀、颜色一致，不露浆，不漏粘，阳角处不得有明显的黑边。
- 斩假石：剁纹均匀顺直，深浅一致，不得有漏剁处，阳角处横剁和留出不剁的边条，应宽窄一致，棱角不得有损坏。

喷涂、滚涂、弹涂：颜色一致，花纹大小均匀，不显接槎。

干粘石、拉毛灰、洒毛灰、喷涂、滚涂、弹涂等，在涂抹面层前，应检查中层砂浆的表面平整度，检验标准按装饰抹灰的相应规定执行。

一般抹灰工程和装饰抹灰工程质量的允许偏差和检验方法应分别符合表 8-8 和表 8-9 所示的规定。

表 8-8　一般抹灰质量的允许偏差和检验方法

项　次	项　目	允许偏差/mm		检验方法
		普通抹灰	高级抹灰	
1	立面垂直度	4	3	用 2m 垂直检测尺检查
2	表面平整度	4	3	用 2m 靠尺和楔形塞尺检查
3	阴、阳角方正	4	3	用直角检测尺检查
4	分格条(缝)直线度	4	3	拉 5m 线，不足 5m 拉通线，用钢直尺检查
5	墙裙、勒脚上口直线度	4	3	拉 5m 线，不足 5m 拉通线，用钢直尺检查

注：① 普通抹灰，本表第 3 项阴角方正可不检查。

② 顶棚抹灰，本表第 2 项表面平整度可不检查，但应顺平。

表 8-9　装饰抹灰质量的允许偏差和检验方法

项次	项　目	允许偏差/mm				检验方法
		水刷石	斩假石	干粘石	假面砖	
1	立面垂直度	5	4	5	5	用 2m 垂直检测尺检查
2	表面平整度	3	3	5	4	用 2m 靠尺和楔形塞尺检查
3	阴、阳角方正	3	3	4	4	用直角检测尺检查
4	分格条(缝)直线度	3	3	3	3	拉 5m 线，不足 5m 拉通线，用钢直尺检查
5	墙裙、勒脚上口直线度	3	3	—	—	拉 5m 线，不足 5m 拉通线，用钢直尺检查

8.4　饰面工程施工

饰面工程是指将块料面层镶贴(或安装)在墙、柱表面以形成装饰层。块料面层的种类基本可分为饰面砖和饰面板两类。饰面砖分为有釉和无釉两种，包括釉面瓷砖、外墙面砖、陶瓷锦砖、玻璃锦砖、劈离砖以及耐酸砖等；饰面板包括天然石饰面板(如大理石、花岗石和青石板等)、人造石饰面板(如预制水磨石板、预制水刷石板、合成石饰面板等)、金属饰面板(如不锈钢板、涂层钢板、铝合金饰面板等)、木质饰面板(如胶合板、木条板)、玻璃饰面、裱糊墙纸饰面等。

8.4.1　饰面砖镶贴

1. 施工准备

饰面砖在镶贴前，应根据设计对釉面砖和外墙面砖进行选择。要求挑选规格一致，形状平整方正，不缺棱掉角，不开裂和脱釉，无凹凸扭曲，颜色均匀的面砖及各种配件。按标准尺寸检查饰面砖，分为符合标准尺寸、大于或小于标准尺寸三种规格的饰面砖，同一类尺寸用于同一层或同一面墙上，以做到接缝均匀一致。

釉面砖和外墙面砖镶贴应先清扫干净，然后置于清水中浸泡，釉面砖浸泡到不冒气泡为止，一般为 2～3 小时，外墙面砖则需要隔夜浸泡，取出晾干，以饰面砖表面有潮气感，手按无水迹为准。

饰面砖镶贴前应进行预排，预排时应注意同一墙面的横竖排列，均不得有一行以上的非整砖。非整砖应排在最不醒目的部位或者角落里，用接缝宽度调整。

外墙面砖预排时应根据设计图纸尺寸，进行排砖分格并绘制大样图，一般要求水平缝应与窗口齐平，竖向要求阴角及窗口处均为整砖，分格按整块分均，并根据已确定的缝大小做分格条和画出皮数杆。对墙、墙垛等处要求先测好中心线、水平分格线和阴阳角垂直线。

2. 施工方法

釉面瓷砖镶贴前应先挑选，使规格、颜色一致，并在清水中浸泡(以瓷砖吸水不冒泡为止)后阴干备用。基层应扫净，浇水湿润，用水泥砂浆打底，厚为 7～10mm，找平刮毛，打底后养护 1～2d 方可镶贴。镶贴前应找好规矩，按砖的实际尺寸弹出横竖控制线，定出水平标准和皮数，进行预排，排列方法有竖直通缝排列和错缝排列两种，如图 8-20 所示为密缝，图 8-21 所示为分格缝。接缝宽度应符合设计要求，密缝排列时，一般缝宽为 1～1.5mm，然后用废瓷砖按粘结层厚用混合砂浆贴灰饼，找出规矩，灰饼间距一般为 1.5～1.6m，阳角处要两面挂直。

镶贴时先浇水湿润中层，根据弹线在最下面一层釉面砖的下口放好尺垫，并用水平尺找平，作为镶贴第一层釉面砖的依据。贴时一般从阳角处开始，并从下往上逐层粘贴，把非整砖留在阴角处。如果墙面有突出管线、灯具、卫生器具支撑物等，应用整砖套割吻合，不得用非整砖拼凑镶贴。

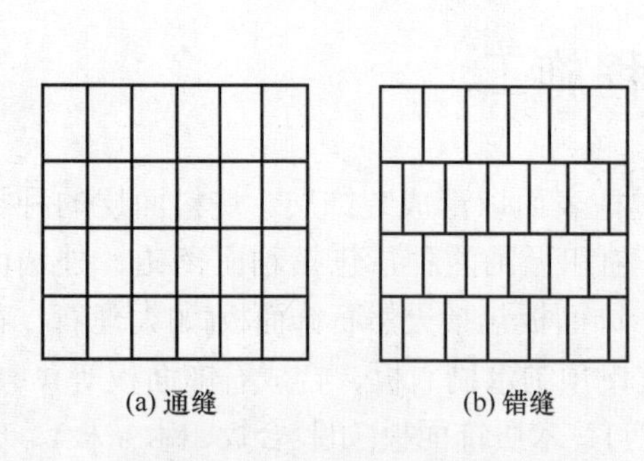

图 8-20　内墙面砖密缝排列图

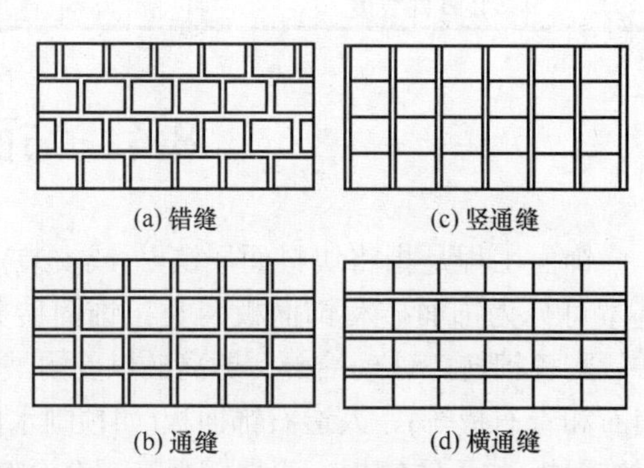

图 8-21　外墙面砖排列图

采用掺聚合物的水泥砂浆做粘结层可以抹一层贴一层，其他均应将粘结砂浆均匀地刮抹在釉面砖背面，逐块进行粘贴。聚合物水泥砂浆应随调随用，全部工作宜 3h 内完成。镶贴后的每块釉面砖，当采用混合砂浆粘结层时，可用小铲把轻轻敲击；当采用聚合物水泥砂浆粘结层时，可用手轻压，并用橡皮锤轻轻敲击，使其与基层粘结密实牢固，并要用靠尺随时检查平直方正情况，修正缝隙。凡遇缺灰、粘结不密实等情况，都应取下釉面砖重新粘结，不得在砖口处塞灰，以防止空鼓。

室外接缝应用聚合物水泥砂浆或砂浆嵌缝；室内接缝宜用与釉面砖相同颜色的石灰膏(非潮湿房间)或水泥浆嵌缝。待整个墙面与嵌缝材料硬化后，根据不同污染情况，用棉丝、砂纸清理或用稀盐酸刷洗，然后用清水冲洗干净。

8.4.2　陶瓷锦砖镶贴

陶瓷锦砖又称为马赛克，是以优质瓷土烧制而成的小块瓷砖，有挂釉与不挂釉两种，目前以不挂釉者为多。其规格尺寸有 19mm×19mm、39mm×39mm 正方形、39mm×19mm 长方形、每边 25mm 六角形及其他形状多种。厚度一般为 4～5mm，有白、粉红、深绿、浅蓝等各种颜色。由于规格小，不宜分块铺贴，故出厂前按各种图案组合将陶瓷锦砖反贴在 314mm 见方的护面纸上。陶瓷锦砖具有美观大方、拼接灵活、自重较轻、装饰效果好等特点，除用于地面外，还可用作室内外墙面的饰面材料。

陶瓷锦砖要求角整齐，吸水率不大于 2%，揭纸时间不大于 40min；尺寸、颜色一致，拼接在纸板上的图案应符合设计要求；纸板完整，颗粒齐全，间距均匀；图案要求及图纸尺寸应核实墙面的实际尺寸，根据排砖模数和分格要求，绘制出施工大样图，加工好分格条，并对陶瓷锦砖统一编号，便于镶贴时对号入座。

基层上用厚 10～12mm 的 1∶3 水泥砂浆打底，找平刮毛，洒水养护。镶贴前弹出水平、垂直分格线，找好规矩。然后在湿润的底层上刷素水泥浆一道，再抹一层厚 2～3mm 的 1∶0.3 水泥纸筋灰或厚 3mm 的 1∶1 的水泥砂浆粘结层，用靠尺刮平抹平。同时将陶瓷锦砖底面朝上铺在木垫板上(如图 8-22 所示)，缝里灌 1∶2 的水泥砂浆并用软毛刷刷净底面浮砂，再在底面上薄涂一层粘结灰浆，然后逐张拿起，按平尺板上口的沿线由下往上对齐接缝粘贴于墙上，粘贴时应仔细拍实，使其表面平整。待水泥砂浆初凝后，用软毛刷将护纸刷水湿润，约半小时后揭纸，并检查缝的平直大小，校正拔直。粘贴 48h 后，除了取出分格条后留下的大缝用 1∶1 的水泥砂浆嵌缝外，其他缝均用素水泥浆嵌平。待嵌缝材料硬化后用稀盐酸溶液刷洗，并随即用清水冲洗干净。

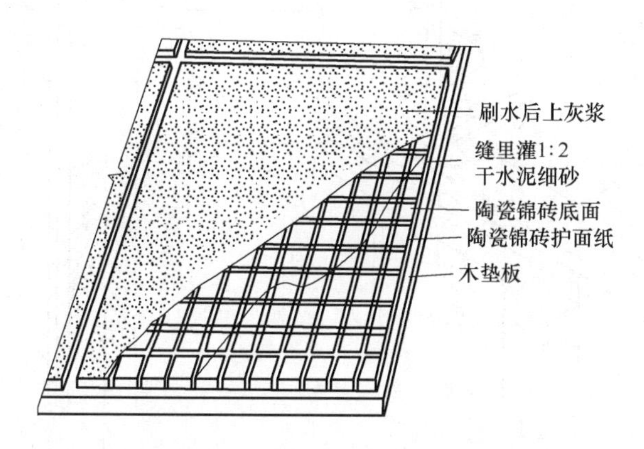

图 8-22　陶瓷锦砖背面抹粘结层

8.4.3　石材饰面板安装

石材饰面板可分为天然石饰面板和人造石饰面板两大类：天然石有大理石、花岗岩和青石板等；人造石有预制水磨石、预制水刷石和合成石等。

大理石在潮湿和含有硫化物的大气作用下，容易风化，使表面很快失去光泽，变色掉粉，表面变得粗糙多孔，甚至脱落。所以大理石除汉白玉、艾叶青等少数几种质地较纯者外，一般只适宜用于室内饰面。花岗石质地坚硬密实、强度高，有深青、紫红、粉红、浅灰、纯黑等多种颜色，并有均匀的黑白点，具有耐久性好、坚固不易风化、色泽经久不变、装饰效果好等优点，多用于室内外墙面、墙裙和楼地面等装饰。

小规格石材饰面板(一般指边长不大于 400mm，安装高度不超过 1m 时)通常采用与釉面砖相同的粘贴方法安装，大规格石材饰面板的安装方法有湿法铺贴和干法铺贴等。

1. 湿法铺贴工艺

湿法铺贴工艺适用于板材厚为 20～30mm 的大理石、花岗石或预制水磨石板，墙体为砖墙或混凝土墙。湿法铺贴工艺是传统的铺贴方法，即在竖向的基体上预挂钢筋网，用铜丝或镀锌钢丝绑扎板材并灌水泥砂浆粘牢，如图 8-23 所示。这种方法的优点是牢固可靠，缺点是工序烦琐，卡箍多样，板材上钻孔易损坏，特别是灌筑砂浆易污染板面和使板材移位。

采用湿法铺贴工艺，墙体应设锚固体。砖墙体应在灰缝中预埋Φ6 钢筋钩，钢筋钩间距为 500mm 或按板材尺寸，当挂贴高度大于 3m 时，钢筋钩改用Φ10 钢筋，钢筋钩埋入墙体内深度不小于 120mm，伸出墙面 30mm；混凝土墙体可射入射钉，间距亦为 500mm 或按板材尺寸，射钉打入墙内 30mm，伸出墙面 32mm。挂贴饰面板之前，将Φ6 钢筋网焊接或绑扎于锚固件上，钢筋网双向间距为 500mm 或按板材尺寸。

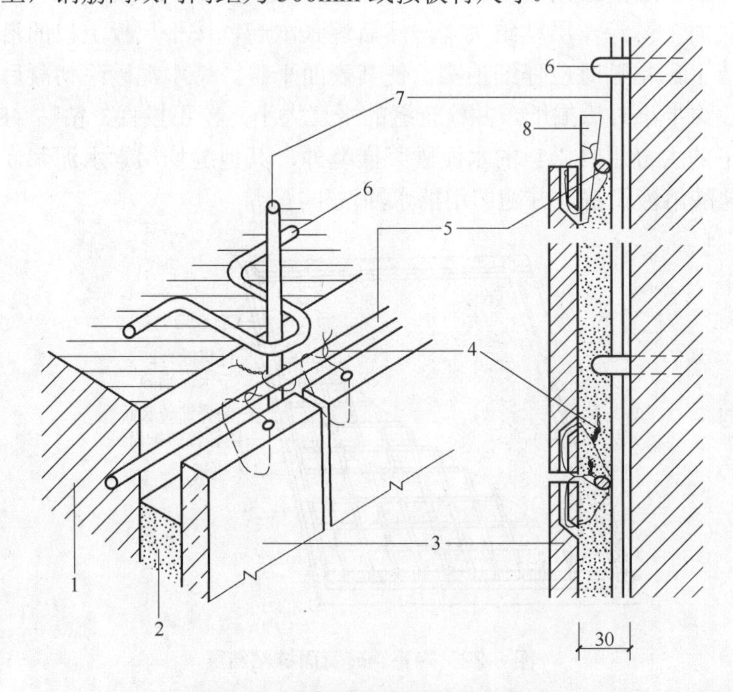

图 8-23　饰面板钢筋网片安装方法

1—墙体；2—水泥砂浆；3—大理石板；4—钢丝；5—横筋；6—铁环；7—立筋；8—定位木楔

在饰面板上、下边各钻不少于两个Φ5 的孔。孔深 15mm，清理饰面板的背面，用双股 18 号铜丝穿过钻孔，把饰面板绑牢于钢筋网上，饰面板的背面距墙面应不少于 50mm。饰面板的接缝宽度可垫木楔调整，应确保饰面板外边面平整、垂直以及板的上沿平顺。

每安装好一行横向饰面板后，即进行灌浆。灌浆前，应浇水将饰面板背面及墙体表面湿润，在饰面板的竖向接缝内填塞 15～20mm 深的麻丝或泡沫塑料条以防漏浆(光面、镜面和水磨石饰面板的竖缝，可用石膏灰临时封闭，并在缝内填塞泡沫塑料条)。拌合好 1：2.5 水泥砂浆，将砂浆分层灌注到饰面板背面与墙面之间的空隙内，每层灌注高度为 150～200mm，且不得大于板高的 1/3，并插捣密实。待砂浆初凝后，应检查板面位置，如有移动错位应拆除重新安装；若无移位，方可安装上一行板。施工缝应留在饰面板水平接缝以下 50～100mm 处。

突出墙面的勒脚饰面板安装，应待墙面饰面板安装完工后进行。待水泥砂浆硬化后，将填缝材料清除。饰面板表面应清洗干净，光面和镜面的饰面经清洗晾干后，方可打蜡擦亮。

2．干法铺贴工艺

干法铺贴工艺通常称为干挂法施工，即在饰面板上直接打孔或开槽，用各种形式的连接件与结构基体连接而不需要灌注砂浆或细石混凝土的方法，如图 8-24 所示。饰面板与墙体之间留出 40～50mm 的空腔。这种方法适用于 30m 以下的钢筋混凝土结构基体上，不适用于砖墙和加气混凝土墙。

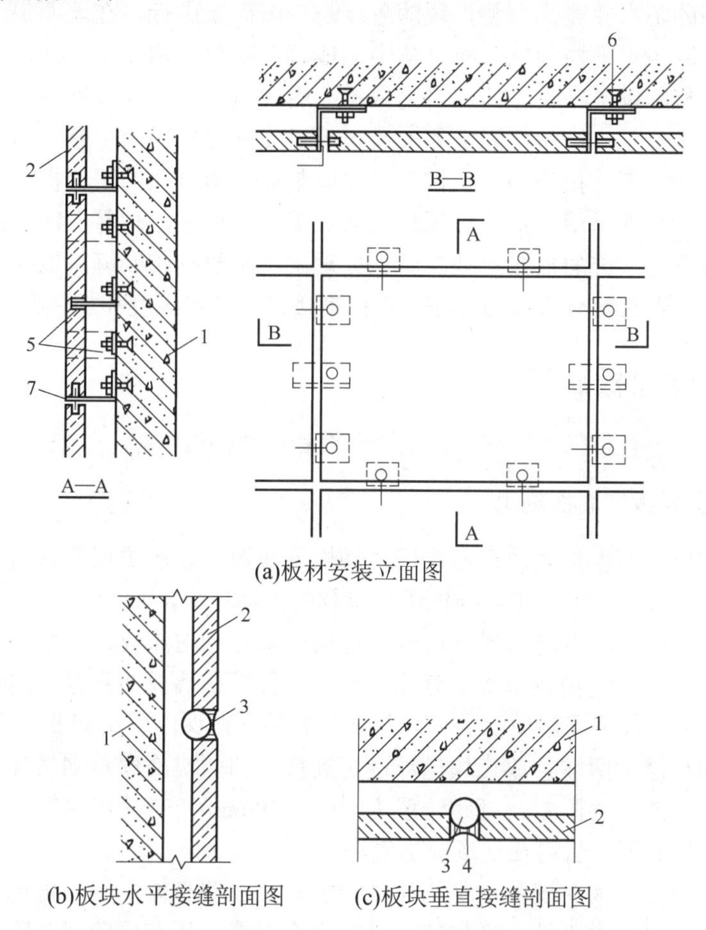

(a)板材安装立面图

(b)板块水平接缝剖面图　(c)板块垂直接缝剖面图

图 8-24　用扣件固定大规格石材饰面板的干作业法

1—混凝土外墙；2—饰面石板；3—泡沫聚乙烯嵌条；4—密封硅胶；5—钢扣件；6—胀铆螺栓；7—销钉

干法铺贴工艺的优点是：在风力和地震作用时，允许产生适量的变位，而不至出现裂缝和脱落；在冬季可照常施工，不受季节的限制；在没有湿作业的施工条件下，既改善了施工环境，也避免了浅色板材透底污染的问题以及空鼓、脱落等问题的发生；可以采用大规格的饰面板材铺贴，从而提高了施工效率；可自上而下拆换、维修，无损于板材和连接件，使饰面工程拆改翻修方便。

干法铺贴工艺主要采用扣件固定法，扣件固定法的安装步骤是：按照设计图纸要求在施工现场进行切割，由于板块规格较大，宜采用石材切割机切割，注意保持板块边角的直挺和规矩；板材切割后，为使其边角光滑，可采用手提式磨光机进行打磨；相邻板块采用不锈钢销钉连接固定，销钉插在板材侧面孔内。孔径 5mm，深度 12mm，用电钻打孔，要求钻孔位置精确；由于大规格石板的自重大，除了由钢扣件将板块下口托牢以外，还需在板块中部开槽设置承托扣件以支撑板材的自重；如果混凝土外墙表面有局部凸出处会影响扣件安装时，需进行凿平修整；从结构中引出楼面标高和轴线位置，在墙面上弹出安装的水平和垂直控制线，并做出灰饼以控制板材安装的平整度；由于板材与混凝土墙身之间不填充砂浆，为了防止因材料性能或施工质量可能造成的渗漏，在外墙面上涂刷一层防水剂，以加强外墙的防水性能；安装板块的顺序是自下而上进行，在墙面最下一排板材安装位置的上下口拉两条水平控制线，板材从中间或墙面阳角开始就位安装，先安装好第一块作为基准，其平整度以事先设置的灰饼为依据，用线锤吊直，经校准后加以固定；一排板材安装完毕，再进行上一排扣件固定和安装，板材安装要求四角平整，纵横对缝；钢扣件和墙身用胀铆螺栓固定，扣件为一块钻有螺栓安装孔和销钉孔的平钢板，根据墙身与板材之间的安装距离，在现场用手提式折压机将其加工成角型钢，扣件上的孔洞均呈椭圆形，以便安装时调节位置；饰面板接缝处的防水处理采用密封硅胶嵌缝，嵌缝之前先在缝隙内嵌入柔性条状泡沫聚乙烯材料作为衬底，以控制接缝的密封深度和加强密封胶的粘结力。

8.4.4 金属饰面板施工

金属饰面板主要有彩色压型钢板、铝合金板和不锈钢板等。

1. 彩色压型钢板饰面板施工

彩色压型钢板饰面板是以波形彩色压型钢板为面板，以轻质保温材料为芯层，经复合而成的轻质保温墙板，适用于工业与民用建筑物的外墙挂板。

这种复合墙板的夹芯保温材料，可分别选用聚苯乙烯泡沫板、岩棉板、玻璃棉板、聚氨酯泡沫塑料等。其接缝构造基本上分为两种：一种是在墙板的垂直方向设置企口处；另一种为不设企口处。如采用轻质保温板材料做保温层，在保温层中间要放两条宽 50mm 的带钢钢箍，在保温层的两端各放三块槽形冷弯连接件和两块冷弯角钢吊挂件，然后用自攻螺钉把压型钢板与连接件固定，钉距一般为 100～200mm。若采用聚氨酯泡沫塑料做保温层，可以预先浇注成型，也可在现场喷雾发泡。

彩色压型钢板复合板的安装，是用挂件把板材挂在墙身檩条上，再把吊挂件与檩条焊牢；板与板之间连接，水平缝为搭接缝，竖缝为企口缝。所有接缝处，除用超细玻璃棉塞缝外，还需用自攻螺钉钉牢，钉距为 200mm。门窗洞口、管道穿墙及墙面端头处，墙板均为异型复合墙板，用压型钢板与保温材料按设计规定的尺寸进行裁割，然后按照标准板的做法进行组装。女儿墙顶部、门窗周围均设防雨泛水板，泛水板与墙板的接缝处，用防水油膏嵌缝。压型板墙转角处，用槽形转角板进行外包角和内包角，转角板用螺栓固定。

2. 铝合金饰面板施工

铝合金饰面板主要用在同玻璃幕墙或大玻璃窗配套，或商业建筑的入口处门脸、柱面及招牌的衬底等部位，或用于内墙装饰等。

铝合金饰面板有方形板和条形板，方形板有正方形板、矩形板及异型板。条形板一般是指宽度在 150mm 以内的窄条板材，长度 6m，厚度为 0.5～1.5mm。根据其断面及安装形式的不同，通常又分为铝合金板或铝合金扣板。条板断面形式如图 8-25 所示，扣板断面形式如图 8-26 所示，铝合金蜂窝板断面形式如图 8-27 所示。

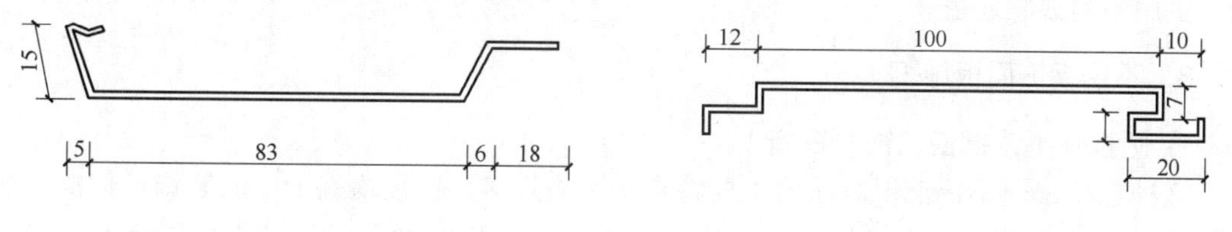

图 8-25　铝合金条板断面　　　　图 8-26　铝合金扣板断面

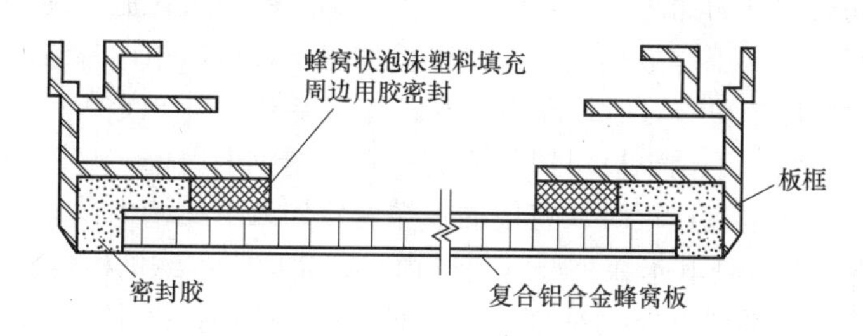

图 8-27　铝合金蜂窝板断面

1) 铝合金饰面板固定方法

铝合金饰面板的固定方法较多，按其固定原理可分为两类：一类是配合特制的带齿形卡脚的金属龙骨，安装时将板条卡在龙骨上面，不需使用钉件；另一类固定方法是将铝合金饰面板用螺栓或自攻螺钉固定在型钢或木骨架上。

2) 铝合金饰面板施工

铝合金饰面板安装的工程质量要求较高，其技术难度比较大。在施工前应认真查阅图纸，领会设计意图，并需进行详细的技术交底，使操作者能够主动地做好每一道工序。

铝合金饰面板是由铝合金板和骨架组成，骨架一般是由横竖杆件拼装而成，可以是铝合金型材，也可以是型钢。固定骨架时，先在墙面上弹出骨架位置线，以保证骨架施工的准确性。放线前要检查结构的质量情况，如果发现结构的垂直度与平整度误差较大，对骨架固定质量有影响时，应及时通知设计单位。放线最好一次完成，如有出入，可进行调整。

骨架的横竖杆件是通过连接件与结构固定的，而连接件与结构之间，可以同结构的预埋件焊牢，也可在墙上钉膨胀螺栓。使用膨胀螺栓锚固较多，它较为灵活简便，尺寸误差也比较小，有利于保证骨架位置的准确性。

连接件施工质量主要是要保证牢固可靠，在操作过程中要加强自检和互检，并将检查结果做好隐蔽记录。膨胀螺栓的埋入深度等最好做拉拔试验，看其是否符合设计要求。型钢一类的连接件，其表面应镀锌，焊缝处应刷防锈漆。

所有骨架均应经防腐处理，骨架安装要牢固，位置要准确。待安装完毕后，应对中心线、表面标高做全面检查。高层建筑的大面积外墙板，宜用经纬仪对横竖杆件进行贯通检查，以保证饰面板的安装精度，在检查无误后，即可对骨架进行固定，同时对所有的骨架进行防腐处理。

铝合金饰面板安装必须做到安全、牢固。板与板之间，一般应留出 10～20mm 的间隙，最后用氯丁橡胶条或硅酮密封胶进行密封处理。铝合金饰面板安装操作应注意施工安全，遇有大风大雨，不能使用吊篮；如果使用外墙脚手架，应设安全网。铝合金饰面板安装完毕，须在易被碰撞及污染处采取保护措施。为防止碰撞，宜设安全保护栏；为防污染，多用塑料薄膜遮盖。

3. 不锈钢饰面板施工

1) 圆柱体不锈钢镶包饰面板施工

这种包柱镶固不锈钢板做法的主要特点是不用焊接，比较适宜于一般装饰柱体的表面装饰施工，操作较为简便快捷。通常用木胶合板做柱体的表面，也是不锈钢饰面板的基层。其饰面不锈钢板的圆曲面加工，可采用手工滚圆或卷板机在施工现场加工制作，也可由工厂按所需曲度事先加工完成。包柱圆筒形体的组合，可以由两片或三片加工拼接。但安装的关键在于片与片之间的对口处理，其方式有直接卡口式和嵌槽压口式两种。

直接卡口式是在两片不锈钢板对口处安装一个不锈钢卡口槽，将其用螺钉固定于柱体骨架的凹部。安装不锈钢包柱板时，将板的一端弯后勾入卡口槽内；再用力推按板的另一端，利用板材本身的弹性使其卡入另一卡口槽内，即完成了不锈钢板包柱的安装。

嵌槽压口式是先把不锈钢板在对口处的凹部用螺钉或铁钉固定，再将一条宽度小于接缝凹槽的木条固定在凹槽中间，两边空出的间隙相等，宽为 1mm 左右。在木条上涂刷万能胶或其他粘结剂，即在其上嵌入不锈钢槽条。不锈钢槽条在嵌前应用酒精或汽油等将其内侧清洁干净，然后涂刷一层胶液。

嵌槽压口式安装的要点是木条的尺寸与形状准确。既要保证木条与不锈钢槽条配合的松紧适度，安装时无须大力锤击，又要保证不锈钢槽的槽面与柱体饰面齐平。木条的形状准确还可使不锈钢槽条嵌入木条后胶结面接触均匀而粘结牢固。因此在木条安装前应先与不锈钢槽条试配。木条的高度，一般不大于不锈钢槽条的槽内深度 0.5mm。

2) 圆柱体不锈钢焊接饰面板施工

主要施工工艺是：柱体成型→柱体基层处理→不锈钢板滚圆→不锈钢板定位安装→焊接和打磨修光。

在钢筋混凝土柱体浇筑时，预埋钢质或铜质垫板，或在柱体抹灰时将垫板固定于柱体的抹灰基层内。不锈钢板安装前，应对柱面基层进行修整，以达到柱面垂直、光圆。用卷板机或手工将不锈钢板卷成或敲打成所需直径的规则圆筒体。一般将板材滚成两个标准的半圆，以备包覆柱体后焊接固定。滚圆加工后的不锈钢板与圆柱体包覆就位时，其拼接缝处应与预设的施焊垫板位置相对应。安装时注意调整缝隙的大小，其间隙应符合焊接的规范要求(0～1.0mm)，并保持均匀一致；焊缝两侧板面不应出现高低差。可以用点焊或其他办法，先将板的位置固定，以利于下一步的正式焊接。

为了保证不锈钢板的附着性和耐腐性不受损失，避免其对碳的吸收或在焊接过程中混入杂质，应在施焊前对焊缝区进行脱脂去污处理。常用三氯代乙烯、苯、汽油、中性洗涤剂或其他化学药品，用不锈钢丝细毛刷进行刷洗。必要时，还可采用砂轮机进行打磨，使焊接区金属表面外露。此后，在焊缝两侧固定铜质或钢质压板，此压板与预设的垫板，共同构成了防止不锈钢板在焊接时受热变形的防范措施。

对于厚度在 2mm 以内的不锈钢板的焊接，一般不开坡口，而是采用平口对焊方式。若设计要求焊缝开坡口时，其开口操作应在安装就位之前进行。对于不锈钢板的包柱施工，其焊接方法应以手工电弧焊或气焊为宜。特别是厚度在 1mm 以下的不锈钢薄板，应采用气焊。当采用手工电弧焊作薄板焊接时，需使用较细的不锈钢焊条及较小的焊接电流进行操作。

由于焊接使得不锈钢板包柱饰面的拼缝处会不平整，而且粘附有一定量的熔渣，为此，需将其表面修平和清洁。在一般情况下，当焊缝表面并无明显的凹痕或凸出粗粒焊珠时，可直接进行抛光。当表面有较大的凹凸不平时，应使用砂轮机磨平后换上抛光轮做抛光处理。使焊缝痕迹不明显外露，焊缝区表面应洁净光滑。

3) 方柱体不锈钢板饰面施工

方柱体上安装不锈钢薄板做饰面，其基层一般也是木质胶合板。将基面清理洁净后即刷涂万能胶或其他胶粘剂，将不锈钢板粘贴其上，然后在转角处用不锈钢成型角压边包角，在压边不锈钢成型角与饰面板接触处，可注入少量玻璃胶封口。

方柱角位的造型形式较多，最常采用的是阳角形、阴角形和斜角形三种。其包角构造的材料多用不锈钢或黄铜，也可用铝合金及装饰木线等。

(1) 阳角构造。

阳角构造的两个面在角位处直角相交，用包角压边线条做封角处理，可用镜面黄铜角型材，也可用不锈钢角型材，用自攻螺钉或铆接法进行固定，也可使用其他角型饰线粘贴与卡接，如图 8-28 所示。

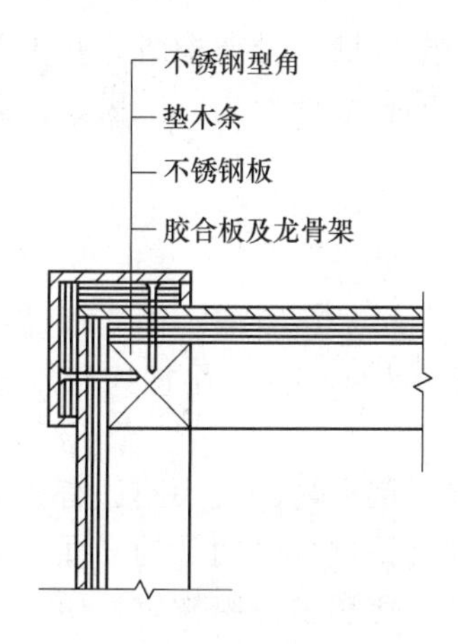

图 8-28　不锈钢饰面板的阳角处理

(2) 斜角构造。

斜角构造可分为大斜角和小斜角，均可使用不锈钢型材处理。其中大斜角的两个转角处，可按不锈钢板包圆柱时的对口方式处理，即采用直接卡口式或嵌槽压口式做角位的构造处理，如图 8-29 所示。

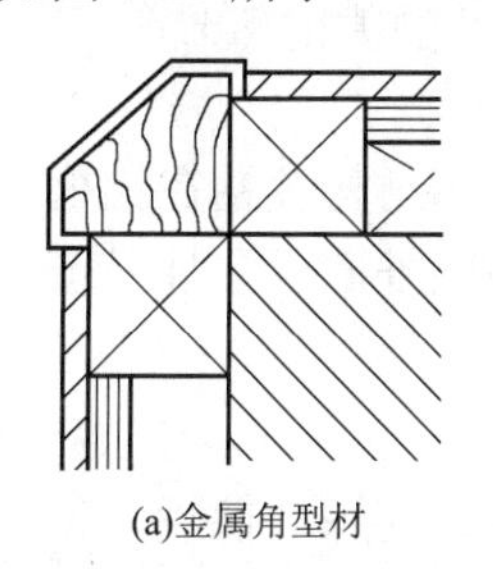

(a)金属角型材

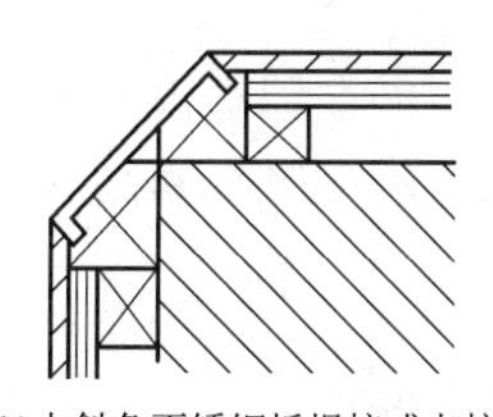

(b)大斜角不锈钢板焊接或卡接

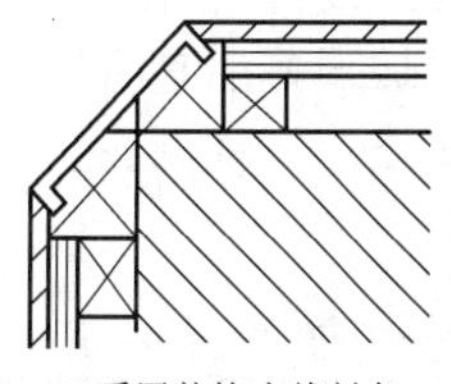

(c)采用装饰木线封角

图 8-29　方柱体不锈钢饰面板斜角处理方式

(3) 阴角构造。

阴角构造是在柱体的角位上做一个向内凹入的角，这种构造多见于一些装饰造型柱体的角位处理。其包角形式可做不同尺度的两折或多折变化，由设计而定。也可以使用不锈钢或黄铜的型材来进行封角和压边，如图8-30所示。

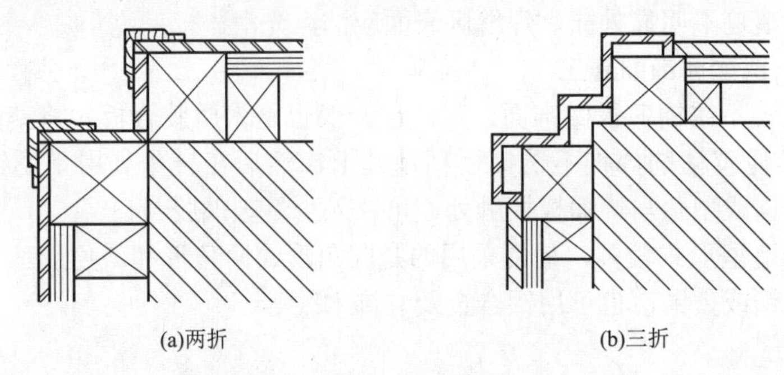

图8-30　方柱转角的阴角处理方式

8.4.5　玻璃幕墙施工

玻璃幕墙是由饰面玻璃和固定玻璃的骨架构成，其主要特点是：建筑艺术效果好、自重轻、施工方便、工期短。但玻璃幕墙造价高，抗风、抗震性能较弱，能耗较大，对周围环境可能形成光污染。

1. 玻璃幕墙的种类

玻璃幕墙分有框玻璃幕墙和无框玻璃幕墙。而有框玻璃幕墙又分为明框、隐框和半隐框玻璃幕墙等；无框玻璃幕墙又分为底座式、吊挂式和点连接式全玻璃幕墙等。

1) 明框玻璃幕墙

明框玻璃幕墙是将玻璃镶嵌在铝框内，成为四边有铝框的幕墙构件，幕墙构件镶嵌在横梁上，形成横梁、主框均外露且铝框分格明显的立面。明框玻璃幕墙构件的玻璃和铝框之间必须留有空隙，以满足温度变化和主体结构位移所必需的活动空间。空隙用弹性材料(如橡胶条)充填，必要时用硅酮密封胶(耐候胶)予以密封。

2) 隐框玻璃幕墙

隐框玻璃幕墙是将玻璃用结构胶粘接在铝框上，大多数情况下不再加金属连接件，因此，铝框全部隐蔽在玻璃后面，形成大面积全玻璃镜面，如图8-31所示。玻璃与铝框之间完全靠结构胶粘结，结构胶要承受玻璃的自重及玻璃所承受的风荷载和地震作用、温度变化的影响等，因此，结构胶的质量好坏是隐框玻璃幕墙安全性的关键环节。

3) 半隐框玻璃幕墙

半隐框玻璃幕墙是将玻璃两对边嵌在铝框内，另两对边用结构胶粘在铝框上，形成半隐框玻璃幕墙。立柱外露、横梁隐蔽的称竖框横隐幕墙；横梁外露、立柱隐蔽的称竖隐横框幕墙。

4) 全玻璃幕墙

为游览观光需要，在建筑底层、顶层及旋转餐厅的外墙，使用玻璃板，使支撑结构采用玻璃肋，称为全玻璃幕墙。高度<4.5m的全玻璃幕墙，可以采用下部直接支撑的方式来

进行安装；高度≥4.5m 的全玻璃幕墙，宜用上部悬挂的方式进行安装，如图 8-32 所示。

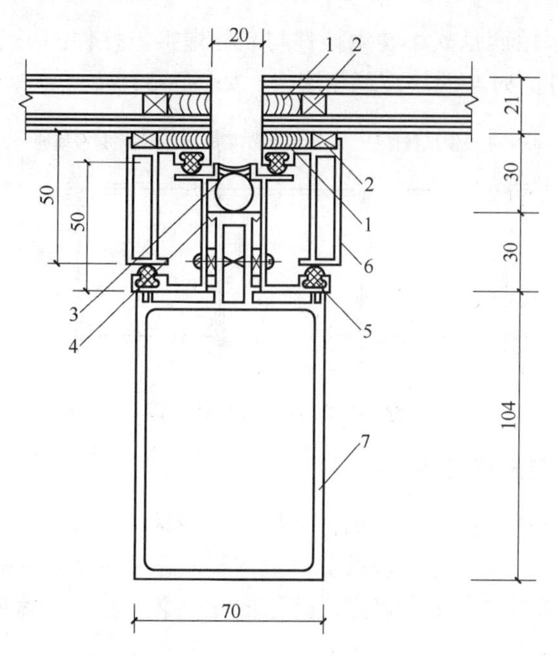

图 8-31　隐框幕墙节点大样示例

1—结构胶；2—垫块；3—耐候胶；4—泡沫棒；5—胶条；6—铝框；7—立柱

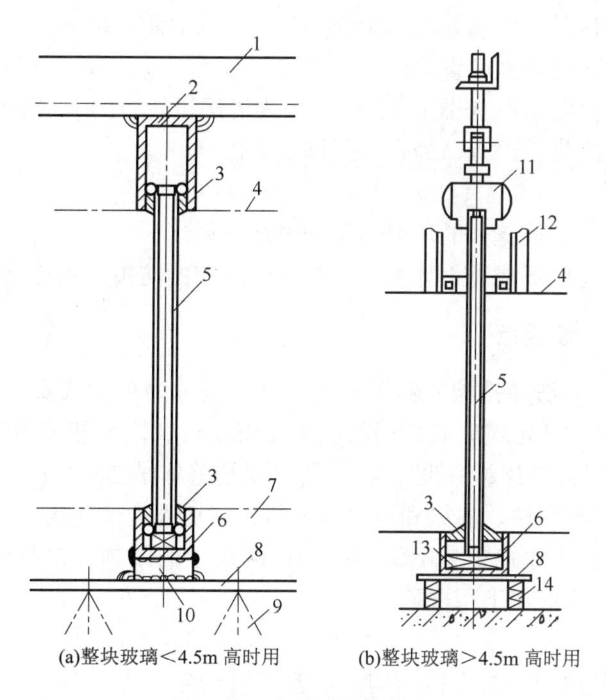

图 8-32　全玻璃幕墙构造

1—顶部角铁吊架；2—5mm 厚钢顶框；3—硅胶嵌缝；4—吊顶面；5—15mm 厚玻璃；6—钢底框；7—地平面；8—铁板；9—M12 螺栓；10—垫铁；11—夹紧装置；12—角钢；13—定位垫块；14—减震垫块

5) 挂架式玻璃幕墙

挂架式玻璃幕墙采用四爪式不锈钢挂件与立柱焊接，挂件的每个爪与一块玻璃的一个孔相连接，即一个挂件同时与四块玻璃相连接，如图 8-33 所示。

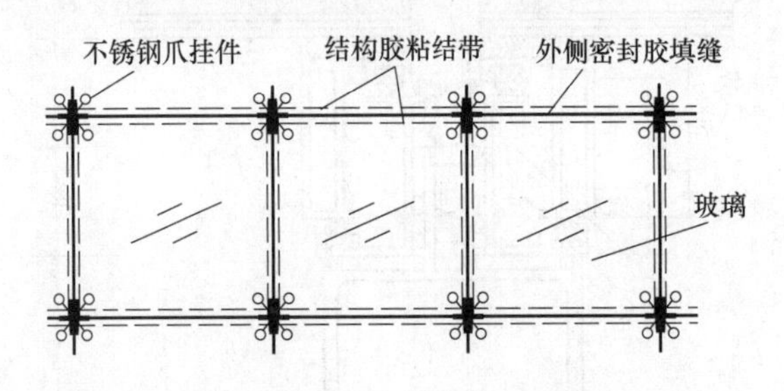

图 8-33 挂架式玻璃幕墙

2．玻璃幕墙的材料及构造要求

玻璃幕墙的主要材料包括玻璃、铝合金型材、钢材、五金件及配件、结构胶及密封材料、防火和保温材料等。因幕墙不但承受自重荷载，还要承受风荷载、地震荷载和温度变化作用的影响，因此幕墙必须安全可靠，使用的材料必须符合国家或行业标准规定的质量要求。

(1) 具有防雨水渗漏的性能，设泄水孔，耐候嵌缝密封材料宜用氯丁胶。

(2) 设冷凝水排出管道。

(3) 在不同金属材料的接触处设置绝缘垫片，并采取防腐措施。

(4) 在立柱与横梁接触处应设柔性垫块。

(5) 隐框玻璃的拼缝宽不宜小于 15mm，作为清洗机轨道的玻璃竖缝不小于 40mm。

(6) 幕墙下部设绿化带，入口处设遮阳棚、雨篷。

(7) 设防撞栏杆。

(8) 玻璃与楼层隔墙处缝隙的填充料用非燃烧材料。

(9) 玻璃幕墙自身应形成防雷体系，并与主体结构的防雷体系连接。

3．玻璃幕墙的安装要点

玻璃幕墙的施工方法除挂架式和无骨架式外，还分为单元式安装(工厂组装)和元件式安装(现场组装)两种。单元式玻璃幕墙的施工是将立柱、横梁和玻璃等材料在工厂已拼装为一个安装单元(一般为一层楼高度)，然后再在现场整体吊装就位(如图 8-34 所示)；元件式玻璃幕墙的施工是将立柱、横梁和玻璃等材料分别运到工地现场，进行逐件安装就位(如图 8-35 所示)。由于元件式安装不受层高和柱网尺寸的限制，是目前应用较多的安装方法，它适用于明框、隐框和半隐框幕墙。

1) 测量放线

玻璃幕墙的测量放线应与主体结构测量放线相配合，其中心线和标高点由主体结构单位提供并校核准确。水平标高要逐层从地面基点引上，以免误差积累，由于建筑物随气温变化产生侧移，测量应每天定时进行。放线应沿楼板外沿弹出或用钢线定出幕墙平面基准线，从基准线测出一定距离为幕墙平面，以此线为基准线确定立柱的前后位置，从而决定整片幕墙的位置。

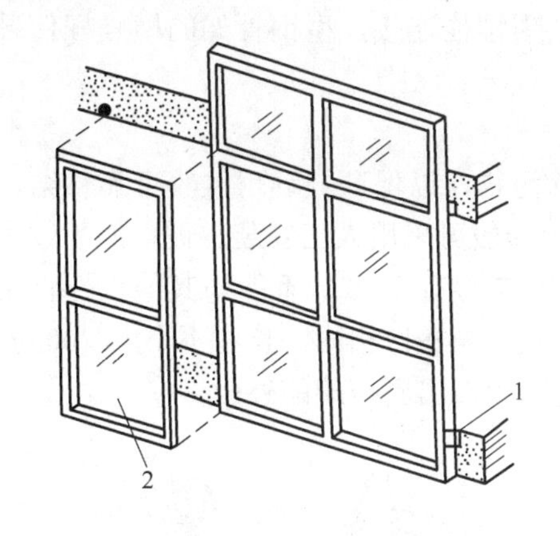

图 8-34 单元式玻璃幕墙

1—楼板；2—玻璃幕墙板

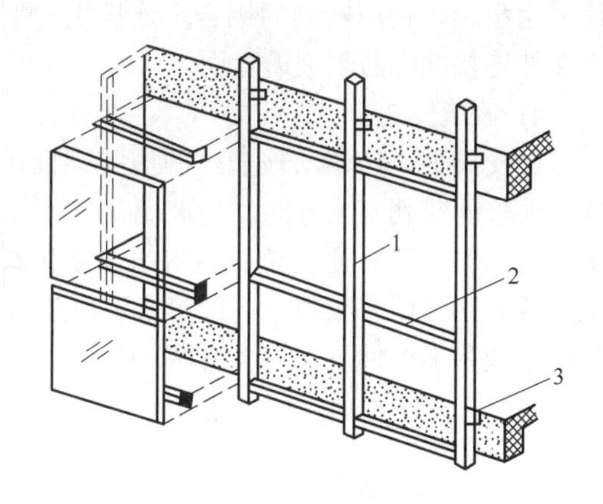

图 8-35 元件式玻璃幕墙

1—立柱；2—横梁；3—楼板

2) 预埋件检查

幕墙与主体结构连接的预埋件应在主体结构施工过程中按设计要求进行埋设，在幕墙安装前应检查各项预埋件位置是否正确、数量是否齐全。若预埋件遗漏或位置偏差过大，则应会同设计单位采取补救措施。补救方法应采用植锚栓补设预埋件，同时应进行拉拔试验。

3) 骨架安装

骨架安装在放线后进行，骨架的固定是用连接件与主体结构相连。固定方式一般有两种：一种是在主体结构上预埋铁件，将连接件与预埋件焊牢；另一种是主体结构上钻孔，然后用膨胀螺栓将连接件与主体结构相连。连接件一般用型钢加工而成，其形状可因不同的结构类型、不同的骨架形式、不同的安装部位而有所不同，但无论何种形状的连接件，均应固定在牢固可靠的位置上，然后安装骨架。骨架一般先安竖向杆件(立柱)，待竖向杆件就位后，再安装横向杆件。

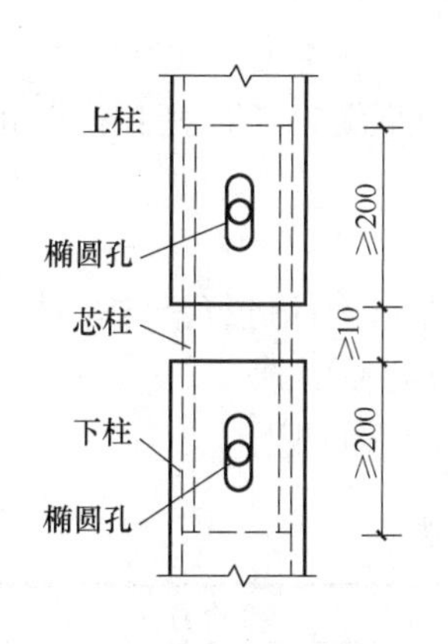

图 8-36 上下立柱的连接方法

立柱先连接好连接件，再将连接件(铁码)点焊在主体结构的预埋钢板上，然后调整位置，立柱的垂直度可用锤球控制，位置调整准确后，将支撑立柱的钢牛腿焊牢在预埋件上。立柱一般根据施工运输条件，可以是一层楼高或二层楼高为一整根，接头应有一定的缝隙，采用套筒接连法，如图 8-36 所示。

横向杆件的安装，宜在竖向杆件安装后进行，如果横向杆件都是型钢一类的材料，可以采用焊接，也可以采用螺栓或其他办法连接。当采用焊接时，大面积骨架需要焊接的部位较多，由于受热不均，容易引起骨架变形，故应注意焊接的顺序及操作要求。如有可能，应尽可能减少现场的焊接工作量。

螺栓连接是将横向杆件用螺栓固定在竖向杆件的铁码上。铝合金型材骨架，其横梁与竖框的连接，一般是通过铝拉铆丁与连接件进行固定。连接件多为角铝或角钢，其中一条肢固定在横梁上，另一条肢固定在竖框上。对不露骨架的隐框玻璃幕墙，其立柱与横梁往往采用型钢，使用特制的铝合金连接板与型钢骨架用螺栓连接，型钢骨架的横竖杆件采用连接件连接并隐蔽于玻璃背面。

4) 玻璃安装

在安装前，应清洁玻璃，四边的铝框也要清除污物，以保证嵌缝耐候胶可靠粘结。玻璃的镀膜面应朝室内方向。当玻璃在 3m^2 以内时，一般可采用人工安装。玻璃面积过大、重量过大时，应采用真空吸盘等机械安装，如图 8-37 所示。玻璃不能与其他构件直接接触，四周必须留有空隙，下部应有定位垫块，垫块宽度与槽口相同，长度不小于 100mm。隐框玻璃幕墙构件下部应设有两个金属支托，支托不应凸出到玻璃的外面。

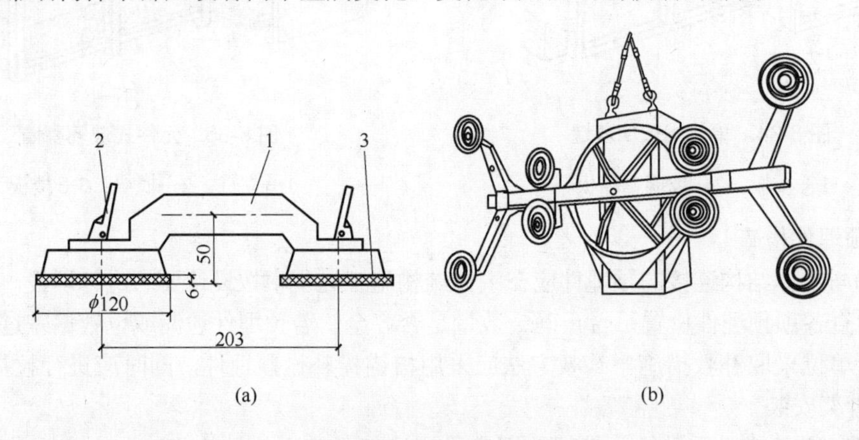

图 8-37　吸盘器示意图

1—手把；2—扳柄；3—橡胶圆盘

5) 嵌缝处理

玻璃板材或金属板材安装后，板材之间的缝隙，必须用耐候胶嵌缝，予以密封，防止气体渗透和雨水渗漏。

6) 清洁维护

玻璃安装完后，应从上往下用中性清洁剂对玻璃幕墙表面及外露构件进行清洁，清洁剂使用前应进行腐蚀性检验，证明对铝合金和玻璃无腐蚀作用后方可使用。

玻璃幕墙安装的允许偏差和检验方法应符合表 8-10、表 8-11 所示的规定。

表 8-10　明框玻璃幕墙安装的允许偏差和检验方法

项　次	项　目		允许偏差/mm	检验方法
1	幕墙垂直度	幕墙高度≤30m	10	用经纬仪检查
		30m＜幕墙高度≤60m	15	
		60m＜幕墙高度≤90m	20	
		幕墙高度＞90m	25	
2	幕墙水平度	幕墙幅宽≤35m	5	用水平尺检查
		幕墙幅宽＞35m	7	
3	构件直线度		2	用 2m 靠尺和塞尺检查

续表

项次	项目		允许偏差/mm	检验方法
4	构件水平度	构件长度≤2m	2	用水平仪检查
		构件长度＞2m	3	
5	相邻构件错位		1	用钢直尺检查
6	分格框对角线长度差	对角线长度≤2m	3	用钢尺检查
		对角线长度＞2m	4	

表 8-11　隐框、半隐框玻璃幕墙安装的允许偏差和检验方法

项次	项目		允许偏差/mm	校验方法
1	幕墙垂直度	幕墙高度≤30m	10	用经纬仪检查
		30m＜幕墙高度≤60m	15	
		60m＜幕墙高度≤90m	20	
		幕墙高度＞90m	25	
2	幕墙水平度	幕墙幅宽≤35m	3	用水平尺检查
		幕墙幅宽＞35m	5	
3	幕墙表面平整度		2	用 2m 靠尺和塞尺检查
4	板材立面垂直度		2	用垂直检测尺检查
5	板材上沿水平度		2	用 1m 水平尺和钢直尺检查
6	相邻板材板角错位		1	用钢直尺检查
7	阳角方正		2	用直角检测尺检查
8	接缝直线度		3	拉 5m 线，不足 5m 拉通线，用钢尺检查
9	接缝高低差		1	用钢直尺和塞尺检查
10	接缝宽度		1	用钢直尺检查

8.4.6　饰面工程的质量要求

饰面所用材料的品种、规格、颜色、图案以及镶贴方法应符合设计要求；饰面工程的表面不得有变色、起碱、污点、砂浆流痕和显著的光泽受损处；突出的管线、支承物等部位镶贴的饰面砖，应套割吻合；饰面板和饰面砖不得有歪斜、翘曲、空鼓、缺楞、掉角、裂缝等缺陷；镶贴墙裙、门窗贴脸的饰面板、饰面砖，其突出墙面的厚度应一致。饰面工程质量的允许偏差应符合表 8-12 所示的规定。

表 8-12　饰面工程质量允许偏差

项次	项目	允许偏差/mm									检查方法
		饰面板安装							饰面砖粘贴		
		天然石			瓷板	木材	塑料	金属	外墙面砖	内墙面砖	
		光面	剁斧石	蘑菇石							
1	立面垂直度	2	3	3	2	1.5	2	2	3	2	用 2m 垂直检测尺检查

续表

项　次	项　目	允许偏差/mm									检查方法
		饰面板安装							饰面砖粘贴		
		天 然 石			瓷板	木材	塑料	金属	外墙面砖	内墙面砖	
		光面	剁斧石	蘑菇石							
2	表面平整度	2	3	—	1.5	1	3	3	4	3	用 2m 靠尺和塞尺检查
3	阴阳角方正	2	4	4	2	1.5	3	3	3	3	用直角检测尺检查
4	接缝直线度	2	4	4	2	1	1	1	3	2	拉 5m 线，不足 5m 拉通线，用钢尺检查
5	墙裙、勒脚上口直线度	2	3	3	2	2	2	2	—	—	拉 5m 线，不足 5m 拉通线，用钢尺检查
6	接缝高低差	0.5	3	—	0.5	0.5	1	1	1	0.5	用钢直尺和塞尺检查
7	接缝宽度	1	2	2	1	1	1	1	1	1	用钢直尺检查

8.5　楼地面工程施工

楼地面是建筑物底面地面(地面)和楼层地面(楼面)的总称。在室内的地面上，人们从事着各种活动，放置各种家具和设备，地面要经受各种侵蚀、摩擦、冲击并保证室内环境，因此要求地面要有足够的强度、防潮、防火和耐腐蚀性。其主要功能是创造良好的空间环境，保护结构层。

8.5.1　楼地面的组成与分类

1. 楼地面的组成

根据规定，楼地面构造层分为基层和面层。

(1) 基层即面层下的构造层，包括填充层、隔离层、找平层、垫层和基土等。其主要起加强地基、帮助结构层传递荷载的作用。上述各层依楼地面的构造与要求的不同而异，并非全部同时出现。

(2) 面层即直接承受各种物理和化学作用的建筑地面表面层，又称地面，对室内起装饰作用。对面层要求坚固、耐磨、平整、洁净、美观、易清扫、防滑、具有适当的弹性和较小的导热性。

2. 楼地面的分类

按面层材料分为土、灰土、三合土、菱苦土、水泥砂浆、细石混凝土、水磨石、木地板、陶瓷锦砖、砖、塑料地面等。

按构造方式分为整体式地面(灰土、菱苦土、三合土、水泥砂浆、混凝土、水磨石、沥青砂浆、沥青混凝土等)，块材地面(塑料、陶瓷锦砖、水泥花砖、缸砖、预制水磨石、大理石、花岗石等)，木、竹地面(实木地面、复合地面、竹地面)，人造软质地面等。

按不同用途分为普通地面、防水地面、保温地面等。

8.5.2　基层施工

抄平弹线，统一标高。检测各个房间的地坪标高，并将同一水平标高线弹在各房间四壁上，离地面 500mm 处。

楼面的基层是楼板，应做好楼板板缝灌浆、堵塞和板面清理的工作。

地面下的填土应该采用素土分层夯实，土块的粒径不得大于 50mm，每层虚铺厚度：用机械压实不应大于 300mm，用人工夯实不应大于 200mm，每层夯实后的干密度应符合设计要求。回填土的含水率应按照最佳含水率进行控制，太干的土要洒水湿润，太湿的土应晾干后使用，遇有橡皮土必须挖出更换，或将其表面挖松 100～150mm，掺入适量的生石灰(其粒径小于 5mm，每平方米掺 6～10kg)，然后再夯实。

用碎石、卵石或碎砖等做地基表面处理时，直径应为 40～60mm，并应将其铺成一层，采用机械压进适当湿润的土中，其深度不应小于 400mm，在不能使用机械压实的部位，可采用夯打压实。

淤泥、腐殖土、冻土、耕植土、膨胀土和有机含量大于 8%的土，均不得用作地面下的填土。地面下的基土，经夯实后的表面应平整，用 2m 靠尺检查，要求其土表面凹凸不大于 15mm，标高应符合设计要求，其偏差应控制在 0～-50mm。

8.5.3　垫层施工

1. 刚性垫层

刚性垫层是指用水泥混凝土、水泥碎砖混凝土、水泥炉渣混凝土和水泥石灰炉渣混凝土等各种低强度等级混凝土做的垫层。

混凝土垫层的厚度一般为 60～100mm。混凝土强度等级不宜低于 C10，粗骨料粒径不应超过 50mm，并不得超过垫层厚度的 2/3，混凝土配合比按普通混凝土配合比设计进行试配。其施工要点是：清理基层，检测弹线；浇筑混凝土垫层前，基层应洒水湿润；浇筑大面积混凝土垫层时，应纵横每 6～10m 设中间水平桩，以控制厚度；大面积浇筑宜采用分格浇筑的方法，要根据变形缝的位置、不同材料面层的连接部位或设备基础位置的情况进行分格，分格距离一般为 3～4m。

2. 柔性垫层

柔性垫层包括用土、砂、石、炉渣等散状材料经压实的垫层。砂垫层厚度不小于 60mm，应适当地浇水并用平板振动器振实；砂石垫层的厚度不小于 100mm，要求粗细颗粒混合摊铺均匀，浇水使砂石表面湿润，碾压或夯实不少于三遍至不松动为止。根据需要可在垫层上做水泥砂浆、混凝土、沥青砂浆或沥青混凝土找平层。

8.5.4 整体式楼地面施工

整体面层(地面面层无接缝)是按设计要求选用不同材质和相应配合比，经现场施工铺设而成的。整体面层由基层和面层组成。

基层有基土、灰土垫层、砂垫层和砂石垫层、碎石垫层和碎砖垫层、三合土垫层、炉渣垫层、水泥混凝土垫层、找平层、隔离层、填充层等。

面层有水泥混凝土面层、水泥砂浆面层、水磨石面层、水泥钢(铁)屑面层、防油渗面层、不发火(防爆的)面层等。

1. 水泥砂浆面层

水泥砂浆楼地面是以水泥、砂按配合比配制抹压而成的。其特点是造价低、施工方便，但不耐磨、易起砂、起灰、裂缝和空鼓等。

1) 材料要求

水泥采用硅酸盐水泥、普通硅酸盐水泥，其强度等级不应小于 32.5，不同品种、不同强度等级的水泥严禁混用。砂应为中粗砂，当采用石屑时，其粒径应为 1～5mm，且含泥量不应大于 3%。

2) 施工准备

(1) 施工应在地面(楼面)的垫层做完，并在预制空心楼板嵌缝完成，墙面、顶棚抹灰做完，屋面防水做完后进行。施工前要求预埋在地面内的各种管线已安装固定，所有孔洞已用 C20 细石混凝土灌实，地漏和排水口的临时封堵以及门框安装完毕，基层的分项检查已完成；墙面 50cm 水平标高线已弹好。

(2) 厨房、浴室、厕所等房间的地面，必须将流水坡度找好，有地漏的房间，要在地漏四周找出不小于 5%的泛水，并要弹好水平线，避免地面“倒流水”或积水。抄平时要注意各室内与走廊高度的关系。

(3) 用 2m 长直尺检查垫层表面平整度，将直尺任意放在垫层上，检查相互的空隙。对砂、砂石、碎石、碎砖垫层，允许最大空隙为 15mm；对灰土、三合土、炉渣、水泥混凝土垫层，允许最大空隙为 10mm，如果平整度不符合要求，应铲高补低。

3) 施工操作

施工工艺过程是：基层处理→弹线、找规矩→水泥砂浆抹面→养护。

(1) 基层处理。

基层处理是防止水泥砂浆面层空鼓、裂纹、起砂等质量通病的关键工序。因此要求基层应具有粗糙、洁净和潮湿的表面，一切浮灰、油渍、杂质等，必须清除，否则会形成一层隔离层，使面层结合不牢。对于表面比较光滑的基层，应进行凿毛处理，并用清水冲洗干净。当在混凝土或水泥砂浆垫层、找平层上铺水泥砂浆面层时，其抗压强度必须达到 1.2MPa 以上才能铺设面层，这样不致破坏其内部结构。

(2) 弹线、找规矩。

铺设地面前，应先在四周墙上弹出一道水平基准线(0.5m 或 1.0m 水平基准线)，作为控制面层标高的依据。根据水平基准线量出地面标高并弹于墙上(水平辅助基准线)，以作为地面面层上皮的标准。

面积不大的房间，可根据水平基准线直接用长木桩抹标筋，施工中进行几次复尺即可；面积较大的房间，应根据水平基准线，在四周墙角处每隔 1.5～2.0m 用 1∶2 的水泥砂浆抹标志块，标志块大小一般为 8～10cm。待标志块硬结后，再以标志块的高度做出纵横方向通长的标筋以控制面层的厚度。地面标筋用 1∶2 的水泥砂浆，宽度一般为 8～10cm。在做标筋时要注意控制面层的厚度，面层的厚度应与门框的锯口线吻合。

(3) 水泥砂浆抹面。

水泥砂浆铺抹前，先将基层浇水湿润，第二天在基层上涂刷一遍水泥浆结合层，水灰比为 1∶0.4～1∶0.5，随即进行面层铺抹。如果水泥浆结合层过早涂刷，则起不到与基层和面层两者粘结的作用，反而易造成地面空鼓，所以一定要随刷随抹。

底面面层的铺抹方法是在标筋之间铺砂浆，随铺随用木抹子拍实，用短木杠按标筋标高刮平。刮时要从房间由里往外刮到门口，符合门框锯口线标高，然后再用木抹子搓平，并用铁抹子紧跟着压头遍。要压得轻一些，使抹纹浅一些，以压光后表面不出现水纹为宜。

当水泥砂浆开始初凝时，即可开始用铁抹子抹压第二遍。要压实、压光、不漏压，抹子与地面接触时发出“沙沙”声，并把死坑、砂眼和踩的脚印都压平。第二遍压光最重要，表面要清除气泡、孔隙，做到平整光滑。

等到水泥砂浆终凝前，人踩上去有细微的脚印，抹子抹上去不再有抹纹时，再用铁抹子压第三遍。抹压时用劲要稍大一些，并把第二遍留下的抹纹、毛细孔，压平、压实、压光。

当地面面积较大、设计要求分格时，应根据地面分格线的位置和尺寸，在墙上或踢脚板上画好分格线位置，在面层砂浆刮抹搓平后，根据墙上或踢脚板上已画好的分格线，先用木抹子搓出一条约一抹子宽的面层，用铁抹子先行抹平，轻轻压光，再用粉线袋弹上分格线，将靠尺放在分格线上，用地面分格器紧贴靠尺顺线画出分格缝。分格缝做好后，要及时把脚印、工具印子等刮平、搓平整，待面层水泥终凝前，再用铁抹子压平压光，把分格缝理直压平。水泥砂浆地面压光要三遍成活。每遍抹压的时间要适当控制，才能保证工程质量。压光过早或过迟都会造成地面起砂的质量事故。

(4) 养护。

水泥砂浆面层抹压后，应在常温湿润条件下养护。养护要适时，一般在 24h 后养护，养护一般不少于 7d。最好是铺上锯木屑或其他覆盖材料再浇水养护，浇水时应用喷壶洒水，保持锯木屑湿润即可。水泥砂浆面层强度达不到 5MPa 之前，不准在上面行走或进行其他作业，以免破坏地面。

2. 现浇水磨石面层

水磨石面层美观、平整、光洁、不起尘、防水、耐久性好，特别是彩色水磨石(白水泥、彩色石粒、铜分格条)的装饰效果十分别致，常用于建筑物的大厅、走廊、楼梯及商业建筑的营业厅等。其施工较水泥砂浆地面复杂，劳动强度大，湿作业工作量大，造价高。

现浇水磨石面层的常见做法如图 8-38～图 8-40 所示。

1) 材料要求

水泥宜采用硅酸盐水泥、普通硅酸盐水泥、矿渣硅酸盐水泥或白水泥，水泥强度等级不小于 32.5。采用中砂，过筛，含泥量不大于 3%，石子用坚硬可磨的白云石、大理石等岩石加工颗粒。石粒应洁净、无杂物，粒径除特殊要求外，宜为 6～15mm，各种石粒应按

不同的品种、规格、颜色分别存放，不可互相混杂，在使用时按适当比例配合。

分隔条有铜条、玻璃条、铝条等，铜条一般为 1～2mm 厚，玻璃条一般为 5mm 厚，宽度应根据面层厚度而定，长度以分格尺寸而定。草酸可以是块状或粉状，使用前用热水融化、稀释，浓度宜为 10%～25%。

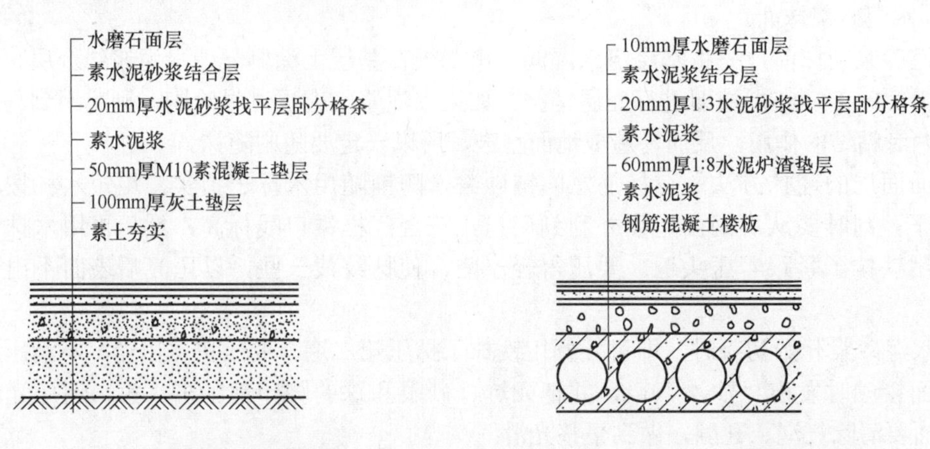

图 8-38 现浇水磨石地面　　图 8-39 现浇水磨石楼面

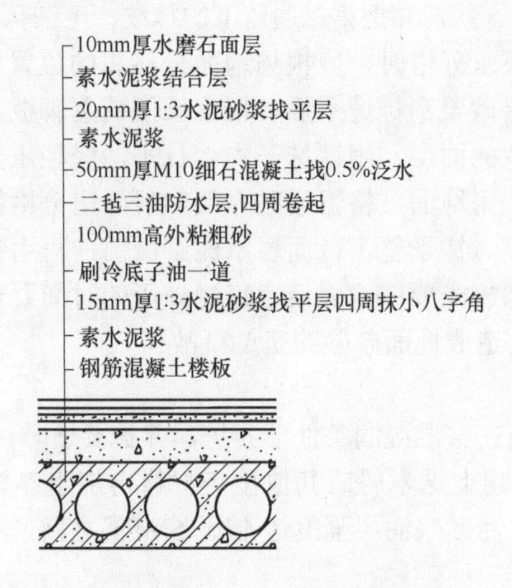

图 8-40 现浇水磨石盥洗间

2) 施工准备

施工在地面垫层、墙顶抹灰、屋面防水层完成，并在基层验收合格后进行。施工前地面的各种管线已安装固定，穿过地面的管洞已堵严，门框已安装好并做好防护，墙面 50 线已弹好。

3) 施工操作

施工工艺过程是：基层处理→设置标筋→洒水湿润→铺设 1∶3 的水泥砂浆找平层→养护→镶嵌分格条→铺水磨石拌合料→养护→试磨→分遍磨平并养护→草酸清理打蜡。

(1) 基层处理。

基层处理是保证水磨石经久耐用的重要元素，有的工程由于基层质量不好，引起水磨石面层空鼓、裂缝，甚至局部塌陷。水磨石面层损坏后难以修复，即使修复，色泽花纹也很难完全一致，因此，基层各分项必须满足设计要求的密度、强度和平整度，并将基层上的浮灰、污物清理干净。

(2) 设置标筋、铺设找平层。

根据水平标高线，测出水磨石面层标高。在铺设水泥砂浆找平层时，先将基层表面洒水湿润，再刷一道水灰比为 1∶0.4～1∶0.5 的水泥浆，并根据墙上水平基准线，纵横相隔 1.5～2m 用 1∶2 的水泥砂浆做出标志块，待标志块达到一定强度后，以标志块为高度做标筋，标筋宽度为 8～10cm，待标筋砂浆凝结硬化后，即可铺设 1∶3 的水泥砂浆找平层，用木抹子槎实压平，至少两遍，24h 后洒水养护，找平层表面要求平整粗糙、无油渍，找平层的平整度与水磨石面层的表面平整有直接关系，否则，镶嵌的分隔条有高有低，影响面层平整度。

(3) 镶嵌分隔条。

在找平层水泥砂浆抗压强度达到 1.2MPa 后，根据设计要求，先在找平层上按设计要求弹上纵横垂直水平线或图案分割墨线，然后按墨线固定铜条或玻璃条，并预先埋牢，以作为铺设面层的标志，嵌条宽度与水磨石面层厚度相同，长度则按设计要求加工。用素水泥浆将分格条固定在分格线上，水泥浆抹成 30°～45° 的八字形(如图 8-41 所示)，高度应低于分格条顶部 6mm 左右，分格条的十字交叉处应留出 40～50mm 不抹水泥浆。分格条应平直，固定牢固，接头严密。镶好分格条后，检查平直度和接头处的空隙。平直偏差不大于 1～2mm，接头处空隙不大于 1mm，做成曲线分格的应弯曲自然。检查无误，12h 后开始浇水养护 2d。养护期间应封闭场地，禁止各工序进行施工。

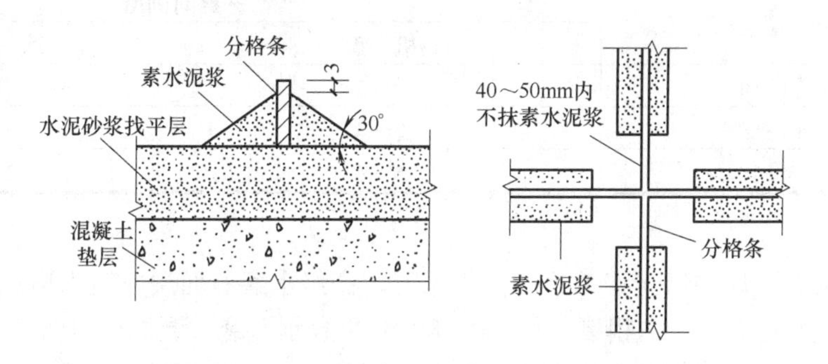

图 8-41　水磨石嵌条

(4) 铺水磨石拌合料。

水磨石料拌制前，首先根据地面所需用量，将水泥和所需石粒、颜料一次统一配足，所配材料均是同厂、同品种、同标号、同批号，不允许混用。在配制时先将水泥与颜料拌合均匀，用袋按一定重量装好，石粒用筛子筛匀后，用袋包装，放于干燥室内待用。

水磨石拌合料的体积比一般为水泥∶石粒=1∶1.5～1∶2.5，由于使用的石粒规格不同，体积比应有所调整。水磨石拌合料的投料顺序：当采用搅拌机搅拌时，先投石粒，然后加水泥和颜料；当采用人工拌合时，先将颜料拌入水泥，拌匀后，加入石粒，这样可以避免产生面层色彩不匀。如果水磨石面层色彩石粒浆的用水量过多，则会降低水磨石的强度和耐磨性，多余的水分蒸发后，在表面会留下许多微小气孔，由于面层不密实，即使精磨也很难磨出亮光；如果用水量较少，那么硬化后强度高，耐磨性好，质地密实，磨平后易出亮光。

面层铺设时，操作人员宜穿软底、平跟或底部无明显凹凸的鞋操作，以防踩踏较深的脚印。在分格条边线和交叉处注意压实、抹平，但不得用刮尺刮平。随抹压随用直尺进行平整度检查。如果铺多种色彩水磨石拌合料，应先铺抹深色的，后铺抹浅色的，先做大面，后做镶边，在前一种色彩凝结一定时间后，再铺另一种色彩。应注意不同颜色的拌合料不能同时铺抹，避免串色、混色。水磨石拌合料的虚铺高度，通常以高出分格条 1～2mm 为宜。拌合料收水后，用辊筒滚压，滚压前，应将分格条顶面的石子清理掉，用铁抹或木抹在分格条两边宽 100mm 范围内轻轻拍实。滚压时用力要均匀，并随时清掉粘在辊筒上的石粒。滚压从纵横两个方向轮换进行，直至表面平整密实、出浆、石粒均匀为止。滚压中如果遇到石粒过稀的，则应增补石粒，滚压密实。待石粒稍收水后，用铁抹子将浆抹平、压实。滚压后，应及时用 2m 长靠尺检查平整度和流水坡度，发现质量缺陷应及时修补。滚压完工 24h 后，浇水养护。

(5) 试磨。

水磨石面层用水磨石机分遍磨光(边角处允许人工磨光)。水磨石开磨的时间与水泥强度和气温高低有关，水泥浆强度太高，磨面耗费工时；强度太低，在磨石转动时，底面产生的负压力易把水泥浆拉成槽或把石粒打掉。机磨前，先用手工进行试磨，以开磨后石粒不松动、水泥浆面与石粒面基本平齐为准，试磨检查合格后正式机磨。一般开磨时间参考表 8-13 的规定。

表 8-13 水磨石面层开磨参考时间表

平均温度/℃	开磨时间/d	
	机 磨	人 工 磨
20～30	2～3	1～2
10～20	3～4	1.5～2.5
5～10	5～6	2～3

(6) 磨光。

普通水磨石面层的磨光遍数不应少于三遍，高级水磨石面层应适当增加磨光次数，并提高油石号。水磨石第一遍粗磨，用 60～80 号粗金刚石磨，磨机在地面走 8 字形，边磨边加水，并随时清扫水泥浆，直至表面磨平、磨匀，分格条和石粒全部磨出为止。用水清洗面层、晾干，用同色水泥浆满擦一遍，填补砂眼，掉落的石粒应补齐。24h 后浇水养护 2～3d。水磨石第二遍细磨，用 120～150 号金刚石再平磨，边磨边加水，磨至面层表面光滑为止。用水冲洗水泥浆，再用同色水泥浆满擦一遍，对小孔隙要擦严密，24h 后浇水养护 2～3d。水磨石第三遍磨光，用 180～240 号油石精磨，边磨边加水，磨至表面平整光滑、无砂眼为止，磨后冲洗干净，继续浇水养护。

(7) 清洗打蜡。

草酸擦洗应在各工种完工后进行，避免草酸擦洗后面层再受污染。草酸应用热水融化，浓度约为 10%，溶液用扫帚蘸洒地面，然后用清水冲洗干净、软布擦干。待地面干燥、发白后，方可进行打蜡工序。用布包住蜡，在面层上均匀涂一层。蜡干后，用磨石机垫麻布、帆布打磨一遍。同法，再打一遍蜡，磨光打亮。

3．细石混凝土面层

细石混凝土面层可以克服水泥砂浆面层干缩较大的弱点。这种面层强度高，干缩值小。与水泥砂浆面层相比，它的耐久性更好，但厚度较大，一般为 30～40mm。混凝土强度等级不低于 C20，所用粗骨料要求级配适当，粒径不大于 15mm，且不大于面层厚度的 2/3。用中砂或粗砂配制。

细石混凝土面层施工的基层处理和找规矩的方法与水泥砂浆面层施工相同。

铺细石混凝土时，应由里向门口方向进行铺设，按标志块厚度刮平拍实后，稍待收水，即用铁抹子预压一遍，待进一步收水，即用铁滚筒交叉滚压 3～5 遍或用表面振动器振捣密实，直到表面泛浆为止，然后进行磨平压光。细石混凝土面层与水泥砂浆面层基本相同，必须在水泥初凝前完成抹平工作，终凝前完成压光工作，要求其表面色泽一致，光滑无抹子印迹。钢筋混凝土现浇楼板或强度等级不低于 C15 的混凝土垫层兼面层时，可用随捣随抹的方法施工，在混凝土楼地面浇捣完毕，表面略有吸水后即进行抹平压光。混凝土面层的压光和养护时间及方法与水泥砂浆面层相同。

整体面层的允许偏差和检验方法如表 8-14 所示。

表 8-14　整体面层的允许偏差和检验方法

项　次	项　目	允许偏差/mm						检验方法
		水泥混凝土面层	水泥砂浆面层	普通水磨石面层	高级水磨石面层	硬化耐磨面层	防油渗混凝土和不发火(防爆)面层	
1	表面平整度	5	4	3	2	4	5	用 2m 靠尺和塞尺检查
2	踢脚线上口平直	4	4	3	3	4	4	拉 2m 线和用钢尺检查
3	缝格平直	3	3	3	2	3	3	

8.5.5　块料楼地面施工

块料楼地面施工包括大理石面层、花岗石面层、砖面层、地毯面层、预制板块面层、料石面层、塑料板面层和活动地板面层等。

1．大理石、花岗石面层施工

1) 材料要求

天然大理石、花岗石的品种、规格应符合设计要求，技术等级、光泽度、允许偏差和外观质量要求应符合国家规范的规定。花岗石、大理石板材表面要求光洁、明亮、色彩鲜明、无刀痕旋纹、边角方正、无缺棱掉角等。配制水泥砂浆应采用硅酸盐水泥、普通硅酸盐水泥或矿渣硅酸盐水泥；其水泥强度等级不宜小于 32.5；配制水泥砂浆的体积比(或强度等级)应符合设计要求。砂选中砂或粗砂，其含泥量不应大于 3%。矿物颜料、蜡、草酸等要符合设计要求。

2) 施工准备

室内抹灰、地面垫层、预埋在垫层内的管线及串通地面的管线均已完成；大理石、花岗石、预制板块进场后，应侧立堆放在室内，光面相对、背面垫松木条，并在板下加垫木方；详细核对品种、规格、数量等是否符合设计要求，当有裂纹、缺棱、掉角、翘曲和表面有缺陷时，应予剔除；以施工大样图和加工单为依据，熟悉各部位尺寸和做法，弄清洞口、边角等部位之间的关系；房间内四周墙上弹好+50cm 水平线；施工操作前应画出铺设大理石地面的施工大样图；在冬期施工时操作温度不得低于 5℃；基层要干净，高低不平处要先凿平和修补，不能有砂浆、油渍等，并用水湿润地面。

3) 施工操作

施工工艺过程是：施工准备工作→试拼→弹线→选料→试排→板材浸水湿润→刷水泥浆及铺砂浆结合层→铺大理石板块(或花岗石板块)→灌缝、擦缝→清洁打蜡→养护交工。

在正式铺设前，对每一房间的大理石(或花岗石)板块，应按图案、颜色、纹理试拼，将非整块板对称排放在房间靠墙部位，试拼后按两个方向编号排列，然后按所编号码放整齐。为检查和控制大理石(或花岗石)板块的位置，在房间内拉十字控制线，弹在混凝土垫层上，并引至墙面底部，然后依据墙面+50cm 标高线找出面层标高，在墙上弹出水平标高线，在弹水平线时要注意室内与楼道面层标高要一致。在房间内的两个相互垂直的方向铺两条干砂，其宽度大于板块宽度，厚度不小于 3cm。结合施工大样图及房间实际尺寸，把大理石(或花岗石)板块排好，以便检查板块之间的缝隙，核对板块与墙面、柱、洞口等部位的相对位置。试铺后将干砂和板块移开，清扫干净，用喷壶洒水湿润，刷一层水泥浆(水灰比为 1∶0.4～1∶0.5，不要刷得面积过大，随铺砂浆随刷)。根据板面水平线确定结合层砂浆厚度，拉十字控制线，开始铺结合层干硬性水泥砂浆，厚度控制在放上大理石(或花岗石)板块时宜高出面层水平线 3～4mm。

板块应先用水浸湿，待擦干或表面晾干后方可铺设。根据房间的十字控制线，纵横各铺一行，以作为大面积铺砌标筋用。依据试拼时的编号、图案及试排时的缝隙，在十字控制线交点开始铺砌。先试铺，即搬起板块对好纵横控制线铺放在已铺好的干硬性砂浆结合层上，用橡皮锤敲击木垫板，振实砂浆至铺设高度后，将板块掀起移至一旁，检查砂浆表面与板块之间是否相吻合，如果发现空虚之处，应用砂浆填补，然后正式镶铺。先在水泥砂浆结合层上均匀满浇一层水泥浆，再铺板块，安放时四角同时往下落，用橡皮锤或木锤轻击木垫板，根据水平线用水平尺找平，铺完第一块，向两侧和后退方向顺序铺砌。铺完纵、横行之后有了标准，可分段分区依次铺砌，为便于成品保护，一般房间宜先里后外进行，逐步退至门口，但必须注意与楼道相呼应；也可从门口处往里铺砌，板块与墙角、镶边和靠墙处应紧密砌合，不得有空隙。铺贴完成后，2～3d 内不得上人。在板块铺砌 1～2d 后进行灌浆擦缝。根据大理石(或花岗石)的颜色，选择相同颜色的矿物颜料和水泥(或白水泥)拌合均匀，调成 1∶1 的稀水泥浆，用浆壶徐徐地灌入板块之间的缝隙中(可分几次进行)，并用长把刮板把流出的水泥浆刮向缝隙内，至基本灌满为止。灌浆 1～2h 后，用棉纱团蘸原稀水泥浆擦缝与板面擦平，同时将板面上的水泥浆擦净，使大理石(或花岗石)面层的表面洁净、平整、坚实，以上工序完成后，面层加以覆盖。养护时间不应少于 7d。当水泥砂浆结合层达到强度后方可进行打蜡。打蜡后面层达到光滑洁亮。

2. 砖面层施工

砖面层是指采用缸砖、水泥花砖、陶瓷地砖或陶瓷棉砖块材在水泥砂浆、沥青胶结料或胶粘剂结合层上铺设而成的面层。

1) 材料要求

硅酸盐水泥、普通硅酸盐水泥或矿渣硅酸盐水泥，其强度等级不小于 32.5。硅酸盐白水泥强度等级不小于 32.5。粗砂或中砂用时应过筛，其含泥量不大于 3%。磨细生石灰粉熟化 48h 后才可使用。所采用的缸砖、陶瓷地砖等质量要求应符合相应产品标准的规定。砖面层的表面应洁净、图案清晰、色彩一致、接缝平整、深浅一致、周边顺直、板块无裂纹、掉角和缺楞等缺陷。所用的材料应有出厂合格证，强度和品种不同的板块不得混杂使用。

2) 施工准备

施工前穿过地面的套管已完成，管洞已堵实；有防水层的面层经过蓄水试验，不渗不漏，并已做好隐蔽记录；墙面抹灰已完成，门窗框已安装；+50cm 水平标高线已弹好等。

3) 施工操作

砖面层的施工工艺过程是：基层处理→面层标高、弹线→抹找平层水泥砂浆→弹铺砖控制线→铺砖→勾缝、擦缝→养护→踢脚板安装。

将基层用喷壶湿润后抹灰饼和标筋，灰饼的顶面标高是从已弹好的面层控制线下量至找平层上皮的标高(面层标高减去砖厚及粘结层的厚度)，灰饼的间距一般为 1.5m，然后从房间的一侧开始以灰饼为准铺干硬性砂浆做标筋(冲筋)，厚度不宜小于 20mm。有地漏的房间应由四周向地漏方向以放射形抹标筋，并找好坡度。标筋做好后，清理标筋的剩余砂浆，在标筋间刷一道水泥浆粘结层，随刷随铺水泥砂浆找平层，以标筋的标高为准，用小木杠刮平，再用木抹子拍实、搓平，使铺设的砂浆与标筋找平，并用大木杠横竖检查其平整度，与此同时检查其标高和泛水坡度是否正确，24h 后浇水养护。当找平层砂浆的抗压强度达到上人的要求后，开始弹铺砖的控制线。在弹线时，首先将房间分中，从纵横两外方向弹铺砖的控制线。横向平行于门口的第一排砖应为整砖，将非整砖排在靠墙位置；纵向(即垂直于门口方向)应在房间分中后往两边排，将非整砖排放在两墙边处，尺寸不小于整砖边长的 1/2。根据已确定的砖数和缝宽在地面上每隔四块砖沿纵横方向弹一根控制线。

为控制铺砖时的位置和标高，应从门口开始，纵向先铺 2～3 行砖，以此为准，拉纵横的水平标高线，在铺砖时从里往外倒退着操作，人不得踏在刚铺好的砖面上。当用水泥砂浆作为粘结层时，其厚度为 20～30mm，配合比为 1∶2.5，铺设时砖的背面朝上抹粘结砂浆，铺砌到已刷好水泥浆的找平层上，砖的上表面要略高出水平标高线，找正、找直、找方向后，在砖面上垫木板，用橡皮锤拍实，保证砂浆饱满。铺设的顺序应从里往外铺砌，在与地漏相接处，应用砂轮机将整块砖套割与地漏吻合。如果用胶粘剂或沥青胶结料铺贴面砖，沥青胶结料的厚度应为 2～5mm，采用胶粘剂时应为 2～3mm。将胶粘剂或沥青胶结料按产品说明书的要求拌合后，均匀地涂抹在面砖的背面，然后粘贴在找平层上。铺完 2～3 行后应进行缝隙的修整工作，拉线检查缝隙的平直度，如果有问题，要及时将缝拔直，然后用橡皮锤拍实。

面层铺完后，应在 24h 内进行勾缝和擦缝工作。当缝宽在 8mm 以上时，采用勾缝；若纵横为干挤缝，或缝宽小于 3mm 时，应用擦缝。无论采用勾缝还是擦缝，均应采用与粘贴材料同品种、同强度等级、同颜色的水泥。勾缝要求缝内砂浆饱满密实、平整、光滑，勾好后的缝应呈圆弧形，凹进面砖表面 2～3mm，缝边的剩余砂浆应随勾随擦干净。擦缝是用浆壶往缝内浇水泥浆，然后用干水泥撒在缝上，再用棉纱团擦揉，将缝隙擦满，并随手将面层上的剩余水泥浆擦干净。

面砖铺完 24h 后，洒水养护，时间不少于 7d，养护期间面层不准上人或堆物。

踢脚板用料应采用与地面块材同品种、同规格、同颜色的材料，其立缝应与地面缝对齐。铺设前，砖要浸水湿润，阴干备用，墙面洒水湿润后，先在房间墙面两端头阴角处各镶贴一块砖，确保其出墙厚度和标高符合设计要求。然后，以此砖的上楞和标准控制线开始铺贴其他踢脚板。铺设时，先在板的背面抹上粘结砂浆并及时粘结在墙上，砖的上楞要跟标准控制线一齐并拍实，随即将挤出的砂浆刮掉，将墙面清擦干净。

3. 地毯面层施工

1) 地毯的种类

(1) 纯毛地毯：纯毛地毯分为手工编织、机织和无纺羊毛地毯，是我国传统的手工艺品之一，具有历史悠久、图案优美、色彩鲜艳、质地厚实、经久耐用的特点。

(2) 混纤地毯：在羊毛中加入化学纤维制成的地毯，其品种较多。

(3) 化纤地毯：即合成纤维地毯，以化学纤维为原料，经簇绒法和机织法制作面层，再以麻布背衬加工而成，其外表和触感与羊毛地毯相似，耐磨而富有弹性，让人有舒适感。主要有棉纶、腈纶地毯等。

(4) 塑料地毯：采用聚氨乙烯树脂增塑剂等多种辅助材料，经均匀混炼，塑制而成的一种新型软质地毯。它具有质地柔软、色彩鲜艳、舒适耐用、不会燃烧、污染后宜清洗等特点。

2) 地毯的铺设方法

地毯的铺设方法分为活动式与固定式两种。

活动式是将地毯明摆浮搁在地面基层上，无须将地毯同基层固定的一种铺设形式。固定式则相反，一般是用倒刺板或胶粘剂将地毯固定在基层上。

用倒刺板条固定地毯(如图 8-42 所示)：将平整、干燥的基层表面清扫干净，先在室内四周沿踢脚板的边缘将倒刺板条钉在基层上。倒刺板条厚度应比衬垫材料的厚度小 1～2mm，板条上的倒刺钉突出板条 3～4mm，钉子间距 40～50mm。倒刺钉要略倒向墙一侧，与水平角成 60°～75°，倒刺板条距墙边 8～10mm，然后从房间一边开始，将裁好的地毯向一边展开，用撑平器双向撑开地毯，在墙边用木锤敲打，使木条上的倒刺钉尖刺入地毯。地毯铺完后，固定收口条或门口压条 (如图 8-43 所示)后，用吸尘器清扫干净。

地毯的铺设质量：选用的地毯材料及衬垫材料，应符合设计要求。地毯固定牢固，不能有卷边和翻起的现象。地毯表面平整，不能有打皱、鼓包现象。地毯拼接处应平整、密实，在视线范围内不显示拼缝。地毯同其他地面的收口或拼接，应顺直，视不同部位选择合适的收口或交接材料。地毯的绒毛应理顺，表面应洁净，无油污及杂物。

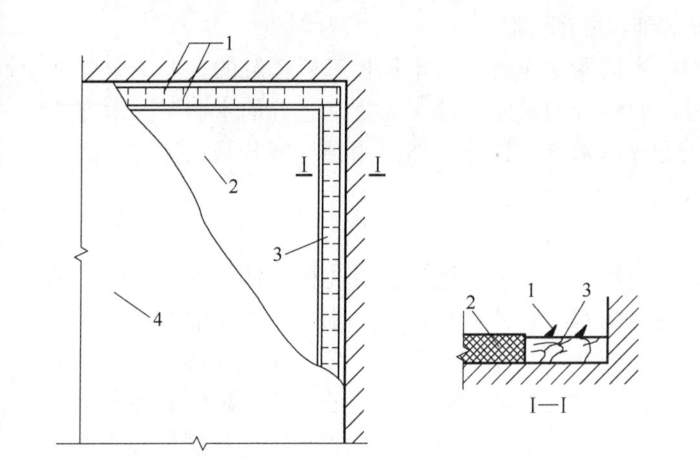

图 8-42　倒刺板条固定地毯

1—倒刺钉；2—泡沫塑料衬垫；3—木条；4—尼龙地毯

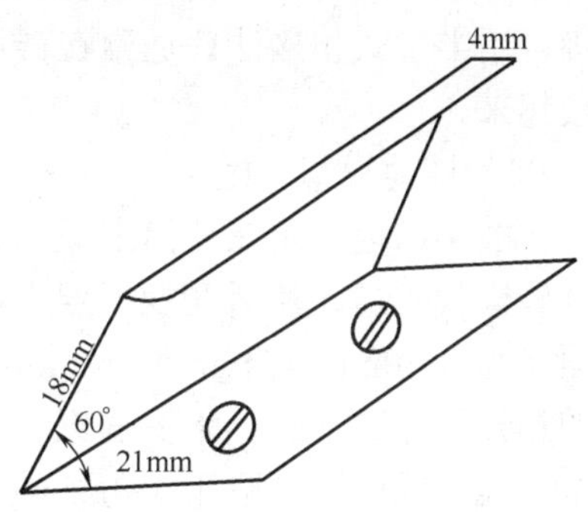

图 8-43　铝合金门口压条

8.5.6　木质地面施工

木质地面施工通常有实铺和架铺两种。实铺是在建筑地面上直接拼铺木地板；架铺是在地面上先做出木搁栅，然后在木搁栅上铺贴基面板，最后在基面板上镶铺面层木地板，如图 8-44 所示。

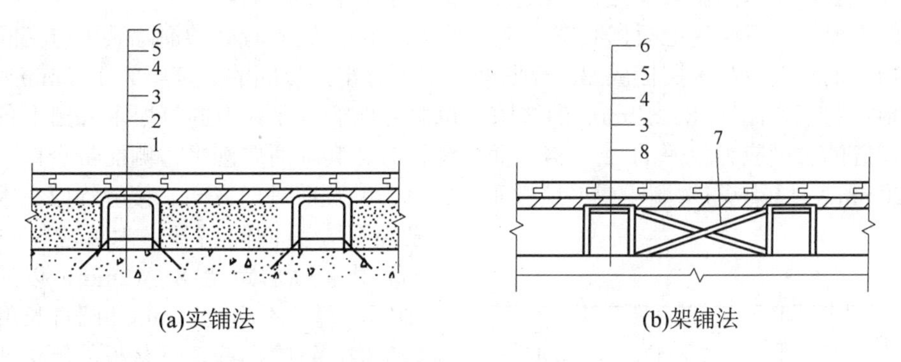

(a)实铺法　　(b)架铺法

图 8-44　双层企口硬木地板构造

1—混凝土基层；2—预埋铁件(铁丝或钢筋)；3—木搁栅；
4—防腐剂；5—毛地板；6—企口硬木地板；7—剪刀撑；8—垫木

1. 基层施工

1) 高架木地板基层施工

地垄墙应用水泥砂浆砌筑，砌筑时要根据地面条件设地垄墙的基础，每条地垄墙、内横墙和暖气沟墙均需预留 120mm×120mm 的通风洞两个，而且要在一条直线上以利通风。暖气沟墙的通风洞口可采用缸瓦管与外界相通。外墙每隔 3～5m 应预留不小于 180mm×180mm 的通风孔洞，洞口下皮距室外地坪标高不小于 200mm，孔洞应安设箅子。

若地垄不宜做通风处理，需在地垄顶部铺设防潮油毡。

木搁栅通常是方框或长方框结构，木搁栅制作时，与木地板基板接触的表面一定要刨平，主次木方的连接可用榫结构或钉、胶结合的固定方法。无主次之分的木搁栅，木方的连接可用半槽式扣接法。通常在砖墩上预留木方或铁件，然后用螺栓或骑马铁件将木搁栅连接起来。

2) 架铺地板基层施工

一般架铺地板是在楼面上或已有水泥地坪的地面上进行。首先检查地面的平整度，做水泥砂浆找平层，然后在找平层上刷两遍防水涂料或乳化沥青；木搁栅所用的木方可采用截面尺寸为30mm×40mm或40mm×50mm的木方，其连接方式通常为半槽扣接，并在两木方的扣接处涂胶加钉；木搁栅直接与地面的固定常用埋木楔的方法，即用Φ16的冲击电钻在水泥地面或楼板上钻孔，孔深40mm左右，钻孔位置应在地面弹出的木搁栅位置线上，两孔间隔0.8m左右。然后向孔内打入木楔，固定木方时可用长钉将木搁栅固定在打入地面的木楔上。

3) 实铺地板基层施工

木地板直接铺贴在地面上时，对地面的平整度要求较高，一般地面应采用防水水泥砂浆找平或在平整的水泥砂浆找平层上刷防潮层。

2．面层木地板铺设

1) 钉接式

木地板面层有单层和双层两种。单层木地板面层是在木搁栅上直接钉直条企口板；双层木地板面层是在木搁栅架上先钉一层毛地板，再钉一层企口板。

双层木地板的下层毛地板，其宽度不大于120mm，铺设时必须清除其下方空间内的刨花等杂物。毛地板应与木搁栅成30°或45°斜面钉牢，板间的缝隙不大于3mm，以免起鼓，毛地板与墙之间留8～12mm的缝隙，每块毛地板应在其下的每根木搁栅上各用两个钉固定，钉的长度应为板厚的2.5倍，面板铺钉时，其顶面要刨平，侧面带企口，板宽不大于120mm，地板应与木搁栅或毛地板垂直铺钉，并顺着进门方向。接缝均应在木搁栅中心部位，且间隔错开。木板应材心朝上铺钉，木板面层距墙8～12mm，以后逐块紧铺钉，缝隙不超过1mm，圆钉长度为板厚2.5倍，钉帽砸扁，钉从板的侧边凹角处斜向钉入(如图8-45所示)，板与搁栅交接处至少钉一颗，钉到最后一块，可用明铺钉牢，钉帽砸扁冲入板内30～50mm。硬木地板面层铺钉前应先钻圆钉直径0.7～0.8倍的孔，然后铺钉。双层板面层铺钉前应在毛板上先铺一层沥青油纸或油毡隔潮。

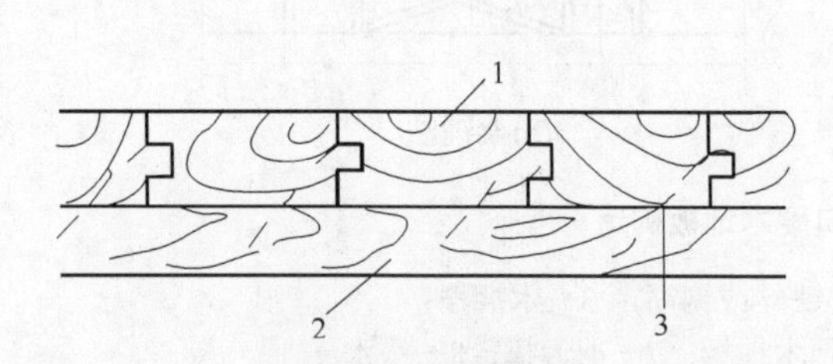

图8-45　企口板钉设

1—毛地板；2—木搁栅；3—圆钉

木板面层铺完后，清扫干净。先按垂直木纹方向粗刨一遍，再顺木纹方向细刨一遍，然后磨光，待室内装饰施工完毕后再进行油漆并上蜡。

2) 粘接式

粘接式木地板面层多采用实铺式，将加工好的硬木地板块材用粘接材料直接粘贴在楼地面基层上。

拼花木地板粘贴前，应根据设计图案和尺寸进行弹线。对于成块制作好的木地板块材，应按所弹施工线试铺，以检查其拼接缝高低、平整度、对缝等。符合要求后进行编号，施工时按编号从房间中间向四周铺贴。

(1) 沥青胶铺贴法。

先将基层清扫干净，用大号板刷在基层上涂刷一层薄而匀的冷底子油待一昼夜后，将木地板背面涂刷一层薄而匀的热沥青，同时在已涂刷冷底子油的基层上涂刷热沥青一道，厚度一般为 2mm，随涂随铺。木地板应水平状态就位，同时要用力与相邻的木地板压得严密无缝隙，相邻两块木地板的高差不应超过+1.5～-1mm，缝隙不大于 0.3mm，否则重铺。铺贴时要避免热沥青溢出表面，如有溢出应及时刮出并擦拭干净。

(2) 胶粘剂铺贴法。

先将基层表面清扫干净，用鬃刷在基层上涂刷一层薄而匀的底子胶。底子胶应采用原粘剂配置。待底子胶干燥后，按施工线位置沿轴线由中央向四面铺贴。其方法是按预排编号顺序在基层上涂刷一层厚 1mm 左右的胶粘剂，再在木地板背面涂刷一层厚约 0.5mm 的胶粘剂，待表面不沾手时，即可铺贴。铺贴时，施工人员随铺贴随往后退，要用力推紧、压平，并随即用砂袋等物压 6～24h，其质量要求与前述相同。

地板粘贴后应自然养护，养护期内严禁上人走动，养护期满后即可进行刮平、磨光、油漆和打蜡工作。

3. 木踢脚板施工

木地板房间的四周墙角处应设木踢脚板，踢脚板一般高 100～200mm，常用 150mm，厚 20～25mm。所用木板一般也应与木地板面层所用的材质品种相同。踢脚板应预先刨光，上口刨成线条。为防止翘曲，在靠墙的一面应开成凹槽，当踢脚板高 100mm 时开一条凹槽；150mm 时开两条凹槽；超过 150mm 时开三条凹槽，凹槽深为 3～5mm。为防潮通风，木踢脚板每隔 1～1.5m 设一组通风孔，直径 6mm。在墙内每隔 400mm 砌入防腐木砖，在防腐木砖上钉防腐木垫块。一般木踢脚板与地面转角处安装木压条或圆角成品木条，如图 8-46 所示。

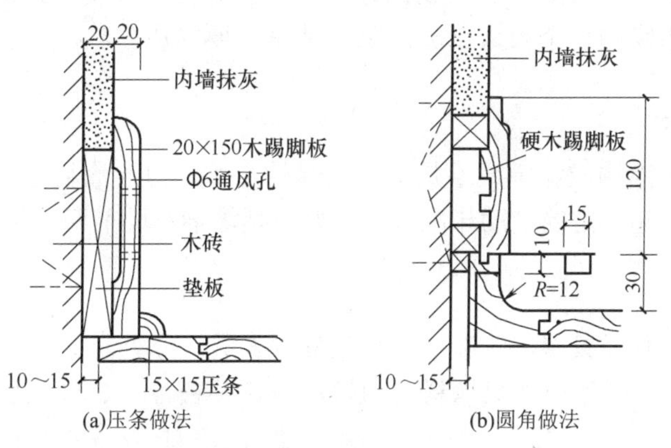

图 8-46　木踢脚板做法示意图

木踢脚板应在木地板刨光后安装，木踢脚板接缝处应做暗榫或斜坡压槎，在 90° 转角处可做成 45° 斜角接缝，接缝一定要在防腐木砖上。安装时木踢脚板应与墙面贴紧，上口要平直，用明钉钉牢在防腐木砖上，钉帽要砸扁并钉入板内 2～3mm。

木质地面面层的允许偏差和检验方法如表 8-15 所示的规定。

表 8-15　竹、木质地面面层的允许偏差和检验方法

项次	项目	允许偏差/mm				检验方法
		实木地板面层			实木复合地板、中密度(强化)复合地板面层、竹地板面层	
		松木地板	硬木地板	拼花地板		
1	板面缝隙宽度	1.0	0.5	0.2	0.5	用钢尺检查
2	表面平整度	3.0	2.0	2.0	2.0	用 2m 靠尺和塞尺检查
3	踢脚线上口平齐	3.0	3.0	3.0	3.0	拉 5m 线，不足 5m 拉通线
4	板面拼缝平直	3.0	3.0	3.0	3.0	用钢尺检查
5	相邻板材高差	0.5	0.5	0.5	0.5	用钢尺和塞尺检查
6	踢脚线与面层的接缝	1.0				用塞尺检查

8.6　涂料、刷浆、裱糊工程施工

8.6.1　涂料的组成和分类

1．涂料的组成

1) 主要成膜物质

主要成膜物质也称胶粘剂或固着剂，是决定涂料性质的最主要成分，它的作用是将其他组分粘结成一体，并附着在被涂基层的表层以形成坚韧的保护膜。它具有单独成膜的能力，也可以粘结其他组分共同成膜。

2) 次要成膜物质

次要成膜物质也是构成涂膜的组成部分，但它自身没有成膜能力，要依靠主要成膜物质的粘结才能成为涂膜的一个组成部分。颜料就是次要的成膜物质，其对涂膜的性能及颜色有重要的作用。

3) 辅助成膜物质

辅助成膜物质不能构成涂膜或不是构成涂膜的主体，但对涂料的成膜过程有很大的影响，或对涂膜的性能起一定的辅助作用，它主要包括溶剂和助剂两大类。

2．涂料的分类

建筑涂料的产品种类繁多，一般按下列几种方式进行分类。

(1) 按使用的部位可分为外墙涂料、内墙涂料、顶棚涂料、地面涂料、门窗涂料、屋面涂料等。

(2) 按涂料的特殊功能可分为防火涂料、防水涂料、防虫涂料、防霉涂料等。

(3) 按涂料成膜物质的组成不同可分为油性涂料(是指传统的以干性油为基础的涂料，

即以前所称的油漆)、有机高分子涂料(包括聚酯酸乙烯系、丙烯酸树脂系、环氧系、聚氨酯系、过氯乙烯系等，其中以丙烯酸树脂系建筑涂料性能优越)、无机高分子涂料(包括有硅溶胶类、硅酸盐类等)、有机无机复合涂料(包括聚乙烯醇水玻璃涂料、聚合物改性水泥涂料等)。

(4) 按涂料分散介质(稀释剂)的不同可分为溶剂型涂料(它是以有机高分子合成树脂为主要成膜物质，以有机溶剂为稀释剂，加入适量的颜料、填料以及辅助材料，经研磨而成的涂料)、水乳型涂料(它是在一定的工艺条件下，在合成树脂中加入适量乳化剂形成的以极细小的微粒形式分散于水中的乳液，以乳液中的树脂为主要成膜物质，并加入适量颜料、填料及辅助材料经研磨而成的涂料)、水溶型涂料(以水溶型树脂为主要成膜物质，并加入适量颜料、填料及辅助材料经研磨而成的涂料)。

(5) 按涂料所形成涂膜的质感可分为薄涂料(又称薄质涂料，它的粘度低，刷涂后能形成较薄的涂膜，表面光滑、平整、细致，但对基层的凹凸线型无任何改变作用)、厚涂料(又称厚质涂料，它的特点是粘度较高，具有触变性，上墙后不流淌，成膜后能形成有一定粗糙质感的较厚涂层，涂层经拉毛或滚花后富有立体感)、复层涂料(原称喷塑涂料，又称浮雕型涂料、华丽喷砖，其由封底涂料、主层涂料与罩面涂料组成)。

8.6.2 涂料工程施工

涂料工程施工的基本工序有：基层处理、打底子、刮腻子、磨光、涂刷涂料等。根据质量要求的不同，涂料工程分为普通、中级、高级三个等级，为达到要求的质量等级，上述工序应按工程施工及验收规范的规定进行。

1. 基层处理

基层处理的工作内容包括基层清理和基层修补。

混凝土及抹灰表面：为保证涂膜能与基层牢固地粘结在一起，基层表面必须干燥、洁净、坚实，无酥松、脱皮、起壳、粉化等现象，基层表面的泥土、灰尘、污垢、粘附的砂浆等应清扫干净，酥松的表面应予铲除。为保证基层表面平整，缺棱掉角处应用 1∶3 的水泥砂浆(或聚合物水泥砂浆)修补，表面的麻面、缝隙及凹陷处应用腻子填补修平。混凝土及抹灰表面应干燥，当涂刷溶剂型涂料时，含水率不得大于 8%；当涂刷水性或乳液型涂料时，含水率不得大于 10%。

木材基层表面：木材表面的灰尘、污垢、粘附的砂浆等应清扫干净，木料表面的裂缝、毛刺等应用腻子填补密实，刮平收净，并用砂纸磨光以使表面平整，木材基层含水率不得大于 12%。

金属基层表面：涂料施涂前应将灰尘、油渍、锈斑、焊渣、毛刺等清除干净，表面必须干燥，以免水分蒸发造成涂面气泡。

2. 打底子

混凝土和抹灰表面涂刷油性涂料时，一般可用清油打底。

木材表面打底子的目的是使表面具有均匀吸收涂料的性能，以保证面层的色泽均匀一致。木材表面涂刷混色涂料时，一般用工地自配的清油打底。涂刷清漆时，则应用油粉或水粉进行润粉，以填充木纹的棕眼，使表面平滑并起着色作用。油粉是用大白粉、颜料、熟桐油、松香水等配成，其渗透力强、耐久性好，但价格昂贵，多用于木门窗、地板及室外部分。水粉是大白粉加颜料再加水胶配成，其着色力强、操作容易、价格低，但渗透力弱、不宜刷匀、耐久性差，适用于室内或家具。

金属表面则应刷防锈漆打底。

打底子要求刷到、刷匀，不能有遗漏和流淌现象，涂刷顺序一般是先上后下、先左后右、先外后里。

3．刮腻子与磨平

刮腻子的作用是使表面平整，腻子应按基层、底层涂料和面层涂料的性质配套使用，应具有塑性和易涂性，干燥后应坚固。

刮腻子的次数随涂料工程质量等级的高低而定，一般以三道为限，先局部刮腻子，然后再满刮腻子，头道要求平整，二、三道要求光洁。每刮一道腻子待干燥后，应用砂纸磨光一遍。对于做混色涂料的木料面，头道腻子应在刷过清油后才能批嵌；做清漆的木料面，则应在润粉后才能批嵌；金属面应等防锈漆充分干燥后才能批嵌。

4．施涂涂料

1) 一般规定

涂料在施涂前及施涂过程中，必须充分搅拌均匀。手提式涂料搅拌器如图 8-47 所示。用于同一表面的涂料，应注意保证颜色一致，涂料粘度应调整合适，使其在施涂时不流坠、不显刷纹。如需稀释，应用该种涂料所规定的稀释剂稀释，施涂过程中不得任意稀释。涂料的施涂遍数应根据涂料工程的质量等级而定，每一遍涂料不宜过厚，应施涂均匀，各层必须粘接牢固。施涂溶剂型涂料时，后一遍涂料必须在前一遍涂料干燥后进行；施涂水性或乳液型涂料时，后一遍涂料必须在前一遍涂料表干后进行。在工厂制作组装的钢木制品和金属构件，其涂料宜在生产制作阶段施工，最后一遍安装后在现场施涂；现场制作的构件，组装前应先施涂一遍底子油(干油性、防锈涂料)，安装后再施涂。

施涂工具使用完毕后，应及时清洗或浸泡在相应的溶剂中。涂料干燥前应防止雨淋、尘土沾污和热空气的侵袭。

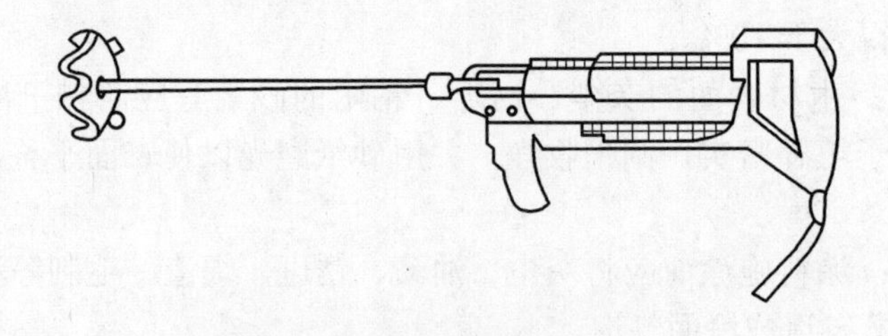

图 8-47　手提式涂料搅拌器

2) 施涂涂料

施涂涂料的基本方法有刷涂、滚涂、喷涂、刮涂、弹涂、抹涂等。

(1) 刷涂。

刷涂是用油漆刷、排笔等将涂料直接涂刷在物体表面上。涂刷应均匀、平滑一致。涂刷方向、距离长短应一致。勤沾短刷，接槎应在分格缝处。所用涂料干燥较快时，应缩短刷距。涂刷一般不少于两道，应在前一道涂料表干后再涂刷下一道，两道涂料的间隔时间一般为 2～4h。

(2) 滚涂。

滚涂是利用滚筒(辊筒、涂料辊)蘸取涂料并将其涂布到物体表面上。滚筒表面有的是粘贴合成的纤维长毛绒，有的是粘贴橡胶，当绒面压花滚筒或橡胶压花压辊表面为突出的花纹图案时，即可在涂层上滚压出相应的花纹，如图 8-48 所示。

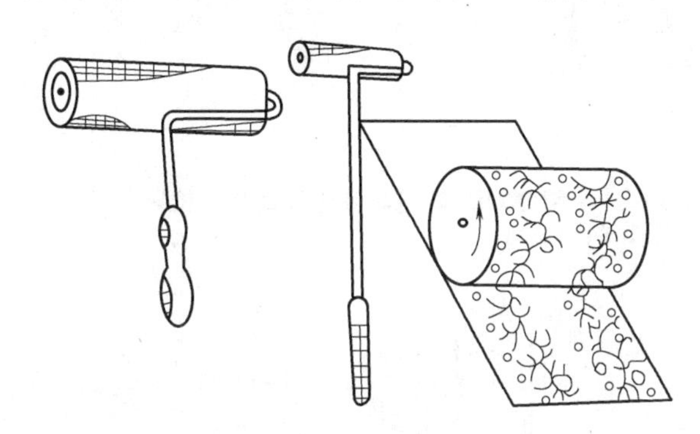

图 8-48　涂料辊

(3) 喷涂。

喷涂是利用压力或压缩空气将涂料涂布于物体表面上。涂料在高速喷射的空气流带动下，呈雾状小液滴喷到基层表面上形成涂层。喷涂的涂层较均匀，颜色一致，施工效率高，适用于大面积施工，可使用各种涂料进行喷涂，尤其是外墙涂料用得较多。

喷涂的效果与质量由喷嘴的直径大小、喷枪距墙(棚)面的距离、工作压力、喷枪移动的速度等有关。喷嘴直径一般为 4～15mm，可更换，空气压力宜为 0.4～0.7MPa，喷嘴距墙(棚)面的距离，以喷涂后不流挂为准，一般为 400～600mm，喷嘴应与被涂面垂直且做平行移动，速度保持一致(如图 8-49 所示)，喷枪移动范围不宜过大，一般直接喷涂 700～800mm 后折回，再喷涂下一行，也可选择横向或竖向往返喷涂，如图 8-50 所示。涂层的接槎应留在分格缝处，门窗以及不喷涂料的部位应认真遮挡。喷涂操作应连续进行，一次成活，不得出现漏喷、流淌、皱纹、露底、钉孔、气泡、失光等现象。室内喷涂一般先喷涂顶棚后喷涂墙面，两遍成活，间隔时间为 2h 左右。外墙喷涂一般为两遍，较好的饰面为三遍，作业分段线应设在水落管、接缝、雨罩等处。

(4) 刮涂。

刮涂是利用刮板将涂料厚浆均匀地批刮于涂面上，形成厚度为 1～2mm 的厚涂层。这种施工方法常用于地面厚层涂料的施涂。

腻子一次刮涂厚度一般不应超过 0.5mm，孔眼较大的物面应将腻子嵌填压实，并高出物面，待干燥后再进行打磨。批刮腻子或厚浆涂料全部干燥后，再涂刷面层涂料；刮涂时应用力按刀，使刮刀与饰面成 50°～60°角刮涂，刮涂时只能来回刮涂 1～2 次，不能往返多次刮涂；遇有圆、棱形物面可用橡皮刮刀进行刮涂，刮涂地面施工时，为了增加涂料的装饰效果，可用刮刀或记号笔刻出仿木纹等各种图案。

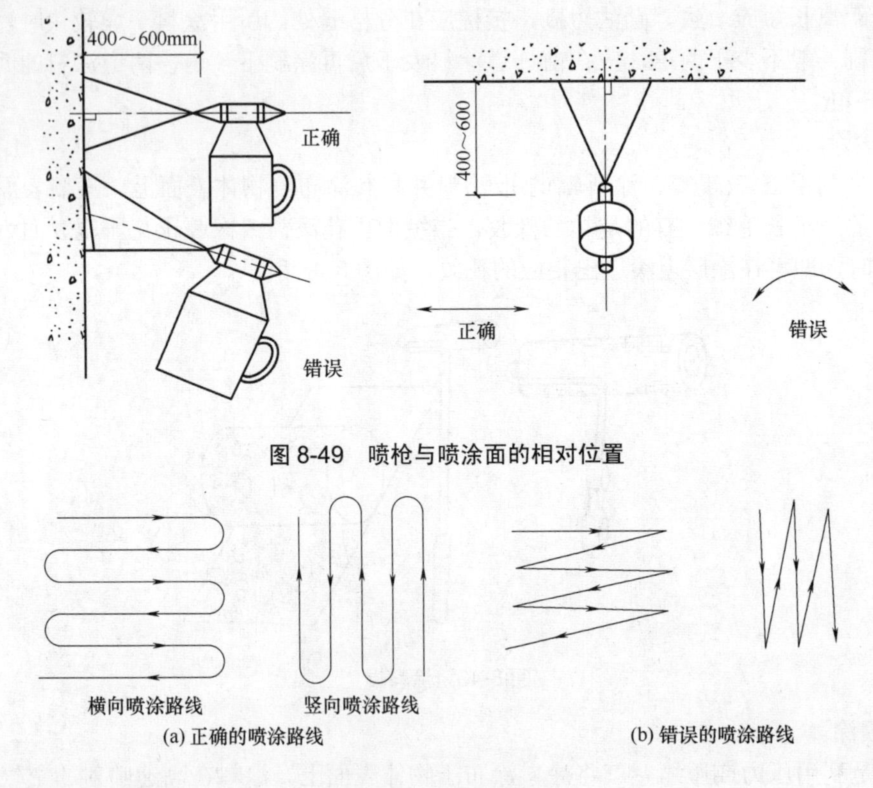

图 8-49　喷枪与喷涂面的相对位置

图 8-50　喷涂路线

(5) 弹涂。

弹涂是利用弹涂器通过转动的弹棒将涂料以原点形状弹到被涂面上。若分数次弹涂，每次用不同颜色的涂料，被涂面由不同色点的涂料装饰，相互衬托，可使饰面增加装饰效果。

弹涂时，弹涂器的喷出口应垂直正对被涂面，距离 300～500mm，按一定速度自上而下，由左至右弹涂，选用压花型弹涂时，应适当将彩点压平。

(6) 抹涂。

抹涂是利用不锈钢抹灰工具将饰面涂料抹到底层涂料上。一般抹 1～2 遍，间隔 1h 后再用不锈钢抹子压平。涂抹厚度为：内墙 1.5～2mm，外墙 2～3mm。

5. 复层涂料(喷塑)施工

复层涂料是由封底涂料、主层涂料、罩面涂料组成的涂层，可以做成质感丰富、立体感强的浮雕型饰面。

封底涂料可采用喷、滚、刷涂的任一方法施工。

主层涂料用喷斗喷涂。喷涂花点的大小、疏密，可根据浮雕的需要确定，有大花、中花、小花。在每一分格块内要连续喷涂，表面颜色一致，花纹大小均匀，不显接搓，喷出的材料不得有气鼓、起皮、漏喷、脱落、裂缝、流坠等现象。花点需要压平时，则应在喷点后适时(7～10min)用塑料或橡胶辊蘸汽油或二甲苯压平。主层涂料干燥后即可采用喷、滚、刷涂方法涂饰罩面涂料。

罩面涂料一般涂两遍，时间间隔为 2h 左右，施工环境温度宜在 5℃以上。

复层涂料的三个涂层可以采用同一材质的涂料，也可由不同材质的涂料组成。复层涂料应设分格缝，分格条应宽窄、厚薄一致，粘贴在中层砂浆面上，完工后取出，在分格缝上上色。

6. 多彩花纹涂料施工

多彩花纹涂料的施工工艺可按底涂、中涂、面涂或底涂、面涂的顺序进行。

底层涂料的作用是封闭基层，提高涂膜的耐久性和装饰效果，可采用喷、滚涂方法施工。喷涂时，先启动无气喷涂机，将进料管插入涂料桶中，关闭卸料口阀门，用喷枪按喷涂方法施工。采用滚涂时，厚度应一致，一般两遍成活。底层涂料喷涂 4h 后，可进行面层涂饰。

面层喷涂时，先用料勺将多彩涂料轻微搅拌，然后倒入压力料罐，并上紧罐盖，打开三通气阀，向料罐和喷枪同时供气，待涂料达到喷嘴时，开始按喷涂方法施工。料迹呈螺旋形前进，气压在 0.15～0.25MPa，喷嘴距墙面 300～400mm。喷涂一遍成活，如涂层不均时，应在 4h 内进行局部喷涂。

施工时要求现场空气畅通，严禁明火，操作人员应佩戴安全防护用具。

7. 聚氨酯仿瓷涂料施工

聚氨酯防瓷涂料是以聚氨酯-丙烯酸树脂溶液为基料，加入优质大白粉、助剂等配制而成的双组分固化型涂料。涂膜外观呈瓷质状，其耐沾污性、耐水性及耐候性等性能均较优异。可以涂刷在木质、水泥砂浆及混凝土饰面上，具有良好的装饰效果。

聚氨酯仿瓷涂料一般分为底涂、中涂、面涂三层。基层表面应平整、坚实、干燥、洁净，表面的蜂窝、麻面、裂缝等缺陷应采用相应的腻子嵌平；金属表面应除锈，有油渍者，可用汽油、二甲苯等溶剂清理。底涂施工可采用刷涂、滚涂、喷涂等方法进行。中涂一般均要求采用喷涂，喷涂压力依照材料使用说明，喷嘴口径为 4mm，根据不同品种，将其甲乙组分进行混合调制或直接采用配套中层涂料均匀喷涂，如果涂料太稠，可加入配套溶液或醋酸丁酯进行稀释。面涂可用刷涂、滚涂、喷涂等方法施工，涂层施工的间隔时间一般为 2～4h。

聚氨酯仿瓷涂料施工要求环境温度不低于 5℃，相对湿度不大于 85%，面涂完成后养护 3～5d。

8. 涂料工程质量要求和检验方法

涂料工程应待涂层完全干燥后方可进行验收，验收时应检查所用的材料品种、型号、性能应符合设计要求，施工后的颜色、图案也应符合设计要求，涂料在基层上涂饰应均匀、粘接牢固，不得漏涂、露底、起皮等。

涂料工程的涂饰质量和检验方法如表 8-16～表 8-19 所示。

表 8-16　薄涂料的涂饰质量和检验方法

项　次	项　目	普通涂饰	高级涂饰	检验方法
1	颜色	均匀一致	均匀一致	观察

续表

项　次	项　目	普通涂饰	高级涂饰	检验方法
2	泛碱、咬色	允许少量轻微	不允许	观察
3	流坠、疙瘩	允许少量轻微	不允许	
4	砂眼、刷纹	允许少量轻微砂眼，刷纹通顺	无砂眼、无刷纹	
5	装饰线、分色线直线度允许偏差/mm	2	1	拉 5m 线，不足 5m 拉通线，用钢直尺检查

表 8-17　厚涂料、复层涂料的涂饰质量和检验方法

项　次	项　目	普通厚涂饰	厚 涂 料	复层涂料	检验方法
1	颜色	均匀一致	均匀一致	均匀一致	观察
2	泛碱、咬色	允许少量轻微	不允许	不允许	
3	点状分布	—	疏密均匀	—	
4	喷点疏密程度	—	—	均匀，不允许连片	

表 8-18　色漆的涂饰质量和检验方法

项　次	项　目	普通涂饰	高级涂饰	检验方法
1	颜色	均匀一致	均匀一致	观察
2	光泽、光滑	光泽基本均匀，光滑无挡手感	光泽均匀一致，光滑	观察，手摸检查
3	刷纹	刷纹通顺	无刷纹	观察
4	裹棱、流坠、皱皮	明显处不允许	不允许	观察
5	装饰线、分色线直线度允许偏差/mm	2	1	拉 5m 线，不足 5m 拉通线，用钢直尺检查

表 8-19　清漆的涂饰质量和检验方法

项　次	项　目	普通涂饰	高级涂饰	检验方法
1	颜色	基本一致	均匀一致	观察
2	木纹	棕眼刮平、木纹清楚	棕眼刮平、木纹清楚	观察
3	光泽、光滑	光泽基本均匀，光滑无挡手感	光泽均匀一致，光滑	观察，手摸检查
4	刷纹	无刷纹	无刷纹	观察
5	裹棱、流坠、皱皮	明显处不允许	不允许	观察

9．涂料工程的安全技术

涂料材料、所用设备必须由专人保管，且放置在专用库房内，各类储油原料的桶必须要有封盖；在涂料材料库房内，严禁吸烟，且有消防设备，若周围有火源时，应按防火安全规定隔绝火源，与其他建筑物安全距离应在 25～40m；涂料原料间照明应有防爆装置且开关应设在门外；使用喷灯，加油不得过满，使用时间不宜过长，点火时喷嘴不准对人；

操作者应做好人体保护工作，穿戴安全防护用具；使用溶剂时应防护好眼睛、皮肤等，且随时注意中毒现象；熬胶、烧油桶应离开建筑物 10m 以外，熬炼桐油时，应距建筑物 30～50m。

8.6.3　刷浆工程施工

1．刷浆材料

刷浆所用的材料主要是石灰浆、水泥浆、大白浆、可赛银浆等。石灰浆和水泥浆可用于室内外墙面，大白浆和可赛银浆只用于室内墙面。

1) 石灰浆

石灰浆是用生石灰块或淋好的石灰膏加水调制而成，可在石灰浆内加 0.3%～0.5%的食盐或明矾或 20%～30%的 108 胶，目的在于提高其粘附力、防止表面掉粉、减少沉淀等现象。如需配色浆，应先将颜料用水化开，再加入石灰浆内搅拌。

2) 水泥浆

水泥浆是用素水泥浆做刷浆材料，由于涂层薄，水分蒸发快，水泥不能充分水化，易粉化、脱落，所以现在很少使用，而改用聚合物水泥浆。

聚合物水泥浆的主要成分是白水泥、高分子材料、颜料、分散剂和憎水剂。高分子材料当采用 108 胶时，一般为水泥重量的 20%。颜料应用耐碱、耐光性好的矿物颜料。分散剂采用六偏磷酸钠时，掺量约为水泥重量的 0.1%，用木质素磺酸钙时，掺量约为水泥重量的 0.3%。憎水剂常用甲基硅醇钠，使用时可直接掺入涂料混合物中，或用作涂层的罩面。聚合物水泥浆配成后，存放时间不应超过 4h。

3) 大白浆

大白浆是由大白粉加水制成，若加入颜料，可制成各种色浆。调制大白浆时必须掺入胶结料。胶结材料常用 108 胶(掺入量为大白粉的 15%～20%)或聚醋酸乙烯乳液(掺入量为大白粉的 8%～10%)。大白浆适合刷涂和喷涂。

4) 可赛银浆

可赛银浆是由可赛银粉加水调制而成。可赛银粉是由碳酸钙、滑石粉、颜料研磨，再加入干酪素胶粉(作为胶粘剂)等混合均匀配制而成。可赛银浆涂膜与基层的粘接力和耐水、耐碱、耐磨性能都比大白粉好。

2．施工工艺

刷浆工程按工程部位可分为室内刷浆和室外刷浆。室内刷浆按质量要求分为普通刷浆、中级刷浆、高级刷浆等。用石灰浆和聚合物水泥浆只能达到中级刷浆标准。

1) 基层处理和刮腻子

刷浆前应将基层表面上的灰尘、污垢、溅沫和砂浆流痕清除干净，基层表面的孔眼、缝隙和凹凸不平处应用腻子填补并打磨齐平。室内刷浆可用大白(或滑石粉)纤维素乳胶腻子，其配合比为乳胶∶大白粉或滑石粉∶2%羧甲基纤维素溶液为 1∶5∶3.5；室外刷浆可用水泥乳胶腻子，其配合比为乳胶∶水泥∶水为1∶5∶1。

对于室内中级刷浆和高级刷浆工程，由于表面质量要求较高，在局部刮腻子后，还得再满刮腻子 1～2 遍，并磨平。刷大白浆、可赛银浆则要求墙面充分干燥，抹灰面内碱质全部消化后才能施工，一般需要经过一个夏天的充分干燥后，才能进行嵌批腻子和刷浆，以免脱落。为了增加大白浆的粘附力，在抹灰面未干前应先刷一道石灰浆。其他刷浆材料对基层干燥程度要求较低，一般八成干后即可刷浆。

2) 刷浆

刷浆方法一般用刷涂、滚涂、喷涂等。其施工要点同涂料施工。

刷聚合物水泥浆时，刷浆前应先用乳胶水溶液或聚乙烯醇缩甲醛胶水溶液湿润基层。室外刷浆如分段进行时，应以分格缝、墙的阳角或水落管等处为分界线，同一墙面应用相同的材料和配合比，浆料必须搅拌均匀。刷浆工程质量应符合表 8-20 所示的规定。

表 8-20　刷浆工程质量要求

项 次	项 目	普通刷浆	中级刷浆	高级刷浆
1	掉粉、起皮	不允许	不允许	不允许
2	漏刷、透底	不允许	不允许	不允许
3	反碱、咬色	允许有少量	允许有轻微少量	不允许
4	喷点、刷纹	2m 正视喷点均匀、刷纹通顺	1.5m 正视喷点均匀、刷纹通顺	1m 正视喷点均匀、刷纹通顺
5	流坠、疙瘩、溅沫	允许有少量	允许有轻微少量	不允许
6	颜色、砂眼		颜色一致，允许有轻微少量砂眼	颜色一致，无砂眼
7	装饰线、分色线平直(拉 5m 线检查，不足 5m 拉通线检查)		偏差不大于 3mm	偏差不大于 2mm
8	门窗、灯具等	洁净	洁净	洁净

8.6.4　裱糊工程施工

裱糊工程可用在墙面、顶棚、梁柱等上作为贴面装饰。工程中常用的有普通壁纸、塑料壁纸和玻璃纤维墙布。从表面装饰效果看，裱糊工程有仿锦缎、静电植绒、印花、压花、仿木、仿石等。

1. 工艺过程

纸基塑料壁纸的裱糊工艺过程为：基层处理→安排墙面分幅和画垂直线→裁纸→焖水→刷胶→纸上墙面→对缝→赶大面→整理纸缝→擦净挤出的胶水→清理修整。

2. 施工工艺

1) 基层处理

基层处理要求基层基本干燥，混凝土和抹灰层含水率不高于 8%，木材制品不得大于 12%，抹灰面表面坚实、平滑、无飞刺、无砂砾。对局部麻点、凹坑需先批腻子找平，并满批腻子，用砂纸磨平。腻子要具有一定的强度，经常用聚醋酸乙烯乳胶腻子、石膏腻子和骨胶腻子等。然后在表面满刷一遍用水稀释的 108 胶作为底胶。刷底胶时，宜薄、均匀，不留刷痕，其作用是减少基层吸水太快，引起胶粘剂脱水而影响墙纸粘结，待底胶干燥后，才能开始裱糊。

2) 墙面弹垂直线或水平线

其目的是使墙纸粘贴后的花纹、图案、线条横纵连贯，故必须在底层涂料干燥后弹水平、垂直线，以作为操作时的标准。

当墙纸水平裱糊时，弹水平线；当墙纸竖向裱糊时，弹垂直线。如果由墙角开始裱糊，第一条垂线离墙角的距离应该定在比墙纸宽小 10～20mm 之处，使纸边转过阴角搭接收口；当遇到门窗等大洞口时，一般以立边分画为宜，以便于摺角贴立边。

3) 裁纸

根据墙纸规格及墙面尺寸统筹规划裁纸，纸幅应编号，按顺序粘贴，墙面上下要预留裁纸尺寸，一般两端应多留 30～40mm。当墙纸有花纹、图案时，要预先考虑完工后的花纹、图案、光泽效果，且应对接无误，不要随便裁割。同时还应根据墙纸花纹、纸边情况采用对口或搭口裁割拼缝。

4) 焖水

纸基塑料墙纸遇水(或胶水)开始自由膨胀，约 5～10min 后胀足，干后则自行收缩。自由胀缩的墙纸，其幅度方向的膨胀率为 0.5%～1.2%，收缩率为 0.2%～0.8%。这个特性是保证裱糊质量的关键。如果在干纸上刷胶后立即上墙裱糊，由于纸虽被胶固定，但其继续吸湿膨胀，墙面上的纸必然出现大量气泡、皱折，不能成活，因此，必须先将墙纸在水槽中浸泡几分钟，或刷胶后叠起静置 10min，然后再裱糊，这时纸已经充分胀开，被胶固定在墙面上以后，还要随着水分的蒸发而收缩、绷紧，所以即使裱糊时有少量气泡，干燥后也会自行平整。

5) 墙纸的粘贴

(1) 墙面和墙纸各刷胶粘剂一遍，阴阳角处应增涂胶粘剂 1～2 遍，刷胶要求薄而均匀，不得漏刷，墙面涂刷胶粘剂的宽度应比墙纸宽 20～30mm。裱糊纸基塑料墙纸一般可用 108 胶做胶粘剂，其配合比为 108 胶(甲醛含量 45%)∶羧甲基纤维素(2.5%溶液)∶水=100∶30∶50；裱糊玻璃纤维墙布宜用聚醋酸乙烯乳液做胶粘剂，其配合比为聚醋酸乙烯酯乳胶∶羧甲基纤维素(2.5%溶液)=6∶4。

(2) 先贴长墙面，后贴短墙面。每个墙面从显眼的墙角以整幅纸开始，将窄条纸的现场裁边留在不明显的阴角处。每个墙面的第一条纸都要挂垂线。贴每条纸均先对花、对纹拼缝由上而下进行，上端不留余量，先在一侧对缝保证墙纸粘贴竖直，后对花纹拼缝到底压实后，再抹平整张墙纸。

(3) 阳角转角处不留拼缝，包角要压实，并注意花纹、图案与阳角直线的关系，所以对基层的阳角垂直、方正和平整度要求较高。如遇阴角不垂直的现象，一般不做对接缝，而改为搭接缝，墙纸由受侧光的墙面向阴角的另一面转过去 5～10mm，压实，不得空鼓，搭接在前一条墙纸的外面。搭接缝应密实、拼严，花纹图案应对齐。

当采用搭口拼接时，要待胶粘剂干到一定程度后，才用刀具裁割墙纸，小心地撕去割出部分，再刮压密实。用刀时要一次直落，力量要适当、均匀，不能停顿，以免出现刀痕搭口，同时也不要重复切割，以免搭口起丝，影响美观。

(4) 粘贴的墙纸应与挂镜线、门窗贴脸板和脚踢板紧接，不得有缝隙。

(5) 墙纸粘贴后，如发现空鼓、气泡时，可用针刺放气，再用注射针挤出胶粘剂，用刮板刮平压密实。

6) 成品保护

在交叉流水作业中，人为的损坏、污染，施工期间与完工后的空气湿度与温度变化等因素，都会严重影响墙纸饰面的质量，故完工后，应做好成品保护工作，封闭通行或设保护覆盖物，一般应注意以下几点。

(1) 为避免损坏、污染，粘贴墙纸尽量放在施工作业的最后一道工序，特别应放在塑料踢脚板铺贴之后。

(2) 在粘贴墙纸时空气相对湿度不应过高，一般低于 85%的空气湿度，温度不应剧烈变化。

(3) 在潮湿季节粘贴好的墙纸工程竣工后，应在白天打开门窗，加强通风，夜晚关闭门窗，防止潮湿气体侵蚀。

(4) 基层抹灰层宜具有一定的吸水性，混合砂浆和纸筋灰罩面的基层，较为适宜于粘贴墙纸，若用石膏罩面效果更佳，水泥砂浆抹光基层的粘贴效果较差。

7) 质量要求

裱糊工程材料品种、颜色、图案应符合设计要求，裱糊工程的质量应符合下列规定。

(1) 壁纸、墙布必须粘贴牢固，表面色泽一致，不得有气泡、空鼓、翘边、裂缝、皱褶和斑污，斜视时无胶痕。

(2) 表面平整，无波纹起伏，壁纸、墙布与挂镜线、踢脚板等不得有缝隙。

(3) 各幅拼接横平竖直，不得漏缝，当距墙面 1.5m 处正视时，不显拼缝。拼缝处的图案和花纹应吻合，不离缝、不搭接。

(4) 阴阳转角垂直，棱角分明，阴角处搭接顺光，阳角处无接缝；壁纸、墙布边缘平直整齐，不得有纸毛、飞刺。

(5) 不得有漏粘、补粘和脱层等缺陷。

小　结

本项目内容繁多，学习时注意掌握各工种的施工工艺及质量要求。抹灰工程是装饰工程的基础，必须掌握其施工工艺和质量要求；饰面工程和楼地面工程是装饰工程的重点与难点，尤其是外墙饰面工程，学习时应结合实际工程案例理解和掌握；门窗、吊顶、隔墙、幕墙、粉刷、裱糊等工程也应掌握其施工工艺和质量要求。

思考与练习

1. 装饰工程的作用及施工特点。
2. 简述装饰工程的合理施工顺序。
3. 一般抹灰分哪几级？具体有哪些要求？
4. 一般抹灰时各抹灰层厚度如何确定？为什么不宜过厚？
5. 简述水刷石的施工要点。

6. 简述水磨石的施工要点。
7. 简述斩假石的施工要点。
8. 简述喷涂、滚涂、弹涂的施工要点。
9. 简述釉面砖镶贴施工要点。
10. 简述大理石、花岗石饰面的施工方法和要点。
11. 简述彩色压型钢板复合墙板的施工要点。
12. 简述铝合金板墙施工要点。
13. 试述不锈钢饰面板施工要点。
14. 试述玻璃幕墙施工要点。
15. 试述裱糊工程的主要施工工序。
16. 试述水泥砂浆地面、细石混凝土地面的施工方法和要点。
17. 试述木地板施工要点。
18. 试述木龙骨吊顶、铝合金龙骨吊顶、轻钢龙骨吊顶的构造和施工要点。
19. 试述轻钢龙骨纸面石膏板隔墙的施工要点。
20. 试述室内刷浆的主要施工工序。
21. 试述室外刷浆的主要施工工序。
22. 试述喷塑涂料的施工过程。
23. 试述木门窗的安装方法及注意事项。
24. 试述钢门窗的安装方法及注意事项。
25. 试述铝合金门窗的安装方法及注意事项。

项目 9　冬期与雨期工程施工

学习要点及目标

了解冬期和雨期施工特点、施工要求及施工准备工作；掌握冬、雨期施工的方法和适用范围；掌握冬、雨期施工的质量控制和检验方法；掌握冬、雨期施工的安全技术知识；正确运用理论知识处理冬、雨期施工中出现的实际问题。

核心概念

冬、雨期施工特点、冬期施工方法、雨期施工方法。

引导案例

某建筑工程地上 3 层，地下 1 层，建筑面积为 5096m^2，基础采用独立基础，结构形式为框架结构，设计使用年限为 50 年，建筑类别为一类，防火等级为一级，抗震设防烈度为 6 度，防水等级Ⅰ级。本工程工期经历雨期、冬期、春期。

思考：建筑工程冬、雨期施工方案。

我国疆域辽阔，东西南北各地的气温相差较大，很多地区受内陆和海上高低压及季风交替的影响，气候变化较大。在东北、华北、西北、青藏高原地区每年冬期持续时间长达 3～6 个月，在工程建设中，为加快工程进度，不可避免地要进行冬期施工。在东南、华南沿海一带，受海洋气流影响，雨水频繁，并有台风、暴雨等，这些变化无常的气候(主要是冬期和雨期)给施工带来很大困难，常规的施工方法已不能适应。为保证建筑工程在全年不间断地施工，在冬期和雨期时，必须从当地的具体条件出发，选择合理的施工方法，制定一些具体的措施，可以提高工程质量、降低工程费用。

9.1　冬、雨期施工的基本知识

9.1.1　冬期施工的特点、原则和施工准备

1. 冬期施工特点

1) 冬期施工期是质量事故多发期

在冬期施工中，长时间的持续负低温、大的温差、强风、降雪和反复的冰冻，经常造成建筑施工的质量事故，据资料分析，有 2/3 的工程质量事故发生在冬期，尤其是混凝土工程。

2) 冬期施工质量事故发现滞后性

冬期发生的质量事故往往不易察觉，到春天解冻时，一系列质量问题才暴露出来，这种事故质量的滞后性给处理质量事故带来了很大的困难。

3) 冬期施工的计划性和准备工作时间性很强

冬期施工时，由于时间紧促，仓促施工，因而易发生质量事故。

2. 冬期施工原则

(1) 确保工程质量。
(2) 经济合理，使增加的措施费用最少。
(3) 所需的热源及技术措施、材料有可靠的来源，并使消耗的能源最少。
(4) 工期能满足规定要求。

3. 冬期施工准备工作

(1) 收集有关气象资料作为选择冬期施工技术措施的依据。

(2) 进入冬期施工前要编制好冬期施工技术文件，包括冬期施工方案和施工组织设计(或技术措施)。

(3) 进行冬期施工的项目，必须会同设计单位对照施工图纸，核对其是否能适应冬期施工要求，如有问题应及时提出并修改设计。

(4) 根据冬期施工工程量提前准备好施工的设备、机具、材料及劳动防护用品。

(5) 冬期施工前对配置外加剂的人员、测温保温人员、锅炉工等，应专门组织技术培训，经考试合格后方准上岗。

9.1.2 雨期施工特点、要求和施工准备

1. 雨期施工特点

1) 雨期施工的开始具有突然性
由于暴雨山洪等恶劣天气往往不期而至，这就需要雨期施工的准备和防范措施及早进行。
2) 雨期施工带有突击性
因为雨水对建筑结构和地基基础的冲刷或浸泡具有严重的破坏性，必须迅速及时地防护，才能避免给工程造成损失。
3) 雨期持续时间长
雨期往往持续时间较长，阻碍了工程(主要包括基础工程、屋面工程)顺利进行，使工期延长，应事先有充分估计并做好合理安排。

2. 雨期施工要求

(1) 编制施工组织计划时，要根据雨期施工的特点，将不宜在雨期施工的分项工程提前或拖后安排，对必须在雨期施工的工程应制定有效的措施，进行突击施工。

(2) 合理进行施工安排，做到晴天进行室外工作，雨天安排室内工作，尽量缩小雨天室外作业的时间和工作面。

(3) 密切注意气象预报，做好抗台防汛等准备工作，必要时应及时进行加固在建工程的工作。

(4) 做好建筑材料防雨、防潮工作。

3. 雨期施工准备

(1) 施工现场的道路、设施必须做到排水畅通，尽量做到雨停水干，要防止地面水进入地下室、基础、地沟内，要做好对危石的处理，防止滑坡和塌方。

(2) 应做好原材料、成品、半成品的防雨工作，水泥应按“先收先用，后收后用”的原则，避免久存受潮而影响水泥的性能，木门窗等易受潮变形的半成品应在室内堆放，其他材料也应注意防雨及材料堆放场地四周排水。

(3) 在雨期前应做好施工现场房屋、设备的排水防雨措施。

(4) 备足排水需用的水泵及有关器材，准备适量的塑料布、油毡等防雨材料。

9.2 土方工程冬期施工

我国冻土的面积约占全国总面积的 68.6%，土的机械强度在结冻时大大提高，开挖冻土的费用和劳动量要比开挖一般土方高出几倍，功效降低，寒冷地区土方工程施工一般宜在入冬前完成。若必须在冬期施工时，其施工方法应根据本地区的气候、土质和冻结情况，并结合施工条件进行技术经济分析比较确定。施工前应周密计划，做好准备，做到连续施工。

9.2.1 冻土的定义、特性及分类

1. 冻土的定义

当温度低于 0℃时，含有水分而冻结的各类土称为冻土；把冬期土层冻结的厚度叫冻结深度，一年中的最大值称为最大冻深。

2. 冻土的特性

土在冻结后，体积比冻结前增大的现象称为冻胀。通常用冻胀量和冻胀率来表示冻胀的大小。土的冻胀量反映了土冻结后平均体积的增量，用下式进行计算：

$$\Delta V = V_{\mathrm{i}} - V_0 \tag{9-1}$$

式中：ΔV——冻胀量(cm^3)；

V_{i}——冻后土的体积(cm^3)；

V_0——冻前土的体积(cm^3)。

土的冻胀率反映了土体冻胀后体积增大的百分率，用 K_{a} 表示：

$$K_{\mathrm{a}} = \frac{V_{\mathrm{i}} - V_0}{V_0} \times 100\% = \frac{\Delta V}{V_0} \times 100\% \tag{9-2}$$

式中：K_{a}——冻胀率。

3. 冻土的分类

根据冻融时间长短，可将冻土划分为两类：季节性冻土和永冻土。季节性冻土是受季节性影响冬冻夏融、呈周期性冻结和融化的土，它主要分布在东北和华北；永冻土是冻结状态持续多年或永久不融的土，它主要分布在大小兴安岭、青藏高原和西北高山区。

按季节性冻土地基冻胀量的大小及其对建筑物的危害程度，将地基土的冻胀性分为四类。

Ⅰ类：不冻胀。冻胀率 $K_{\mathrm{a}} \leqslant 1\%$，对敏感的浅基础均无危害。

Ⅱ类：弱冻胀。冻胀率 $K_{\mathrm{a}}=1\% \sim 3.5\%$，对浅埋基础的建筑物也无危害，在最不利条件下，可能产生细小的裂缝，但不影响建筑物的安全。

Ⅲ类：冻胀。冻胀率 K_a=3.5%～6%，浅埋基础的建筑物将产生裂缝。

Ⅳ类：强冻胀。冻胀率 K_a＞6%，浅埋基础将产生严重破坏。

在永冻土地区，冬季冻结、夏季融化的土层叫季节性融化层，季节性融化层的厚度叫季节融化深度。

9.2.2　地基土的保温防冻

地基土的保温防冻是在冬期来临时土层未冻结之前，采取一定的措施使基础土层免遭冻结或减少冻结的一种方法。在土方冬期开挖中，土的保温防冻是最经济的方法之一。其防冻方法有地面翻松耙平防冻、覆盖雪防冻、隔热材料防冻、暖棚保温等。

1. 保温材料覆盖法

面积较小的基坑(槽)防冻，可以直接用保温材料覆盖，表面加盖一层塑料布。常用的保温材料有炉渣、锯末、膨胀珍珠岩、草袋、树叶等。在已开挖的基坑(槽)中，靠近基坑壁处覆盖的保温材料需加厚，以使土层不致受冻或冻结轻微，如图 9-1 所示。对未开挖的基坑，保温材料铺设宽度为两倍的土层冻结深度与基槽(坑)底宽度之和，如图 9-2 所示。

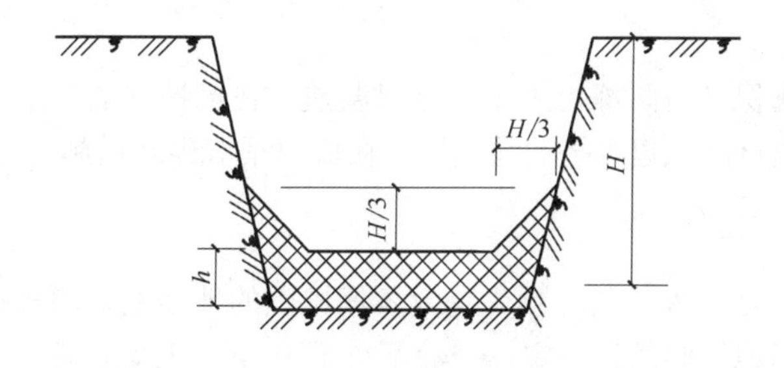

图 9-1　已挖基坑保温法

h—覆盖材料厚度；*H*—最大冻结深度

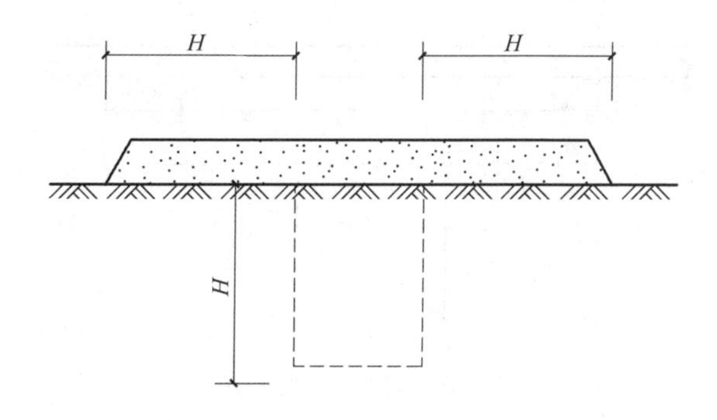

图 9-2　未挖基坑保温法

H—最大冻结深度

用保温材料覆盖土层保温防冻时，所需的保温层厚度，可按下式估算：

$$h = \frac{H}{\beta} \tag{9-3}$$

式中：h——土层保温防冻所需的保温层厚度(m)；

H——不保温时的土壤冻结深度(m)；

β——各种材料对土层冻结影响系数，可按表 9-1 所示取值。

表 9-1　各种材料对土壤冻结影响系数 β

土层种类 \ 保温材料	树叶	刨花	锯末	干炉渣	茅草	膨胀珍珠岩	炉渣	芦苇	草帘	泥碳土	松散土	密实土
砂土	3.3	3.2	2.8	2.0	2.5	3.8	1.6	2.1	2.5	2.8	1.4	1.12
粉土	3.1	3.1	2.7	1.9	2.4	3.6	1.6	2.04	2.4	2.9	1.3	1.08
砂质粘土	2.7	2.6	2.3	1.6	2.0	3.5	1.3	1.7	2.0	2.31	1.2	1.06
黏土	2.1	2.1	1.9	1.3	1.6	3.5	1.1	1.4	1.6	1.9	1.2	1.00

注：① 表中数值适用于地下水位低于 1m 以下。

② 对地下水位较高的饱和土，其值可取 1。

2．暖棚保温法

挖好较小的基槽保温与防冻可采用暖棚保温法。在已挖好的基槽上，宜搭好骨架铺到基层上，再覆盖保温材料；也可搭塑料大棚，在棚内采取供暖措施。

3．翻松耙平防冻法

翻松耙平防冻法是指入冬前在预先确定冬期挖土的地面上，将表层土翻松耙平。翻耕的深度根据土质和当地气候条件而定，一般不小于 0.3m。其宽度应不小于土冻后深度的两倍于基坑底宽之和。在耕松的土中，有许多充满空气的孔隙，这些孔隙可降低土层的导热性，如图 9-3 所示。

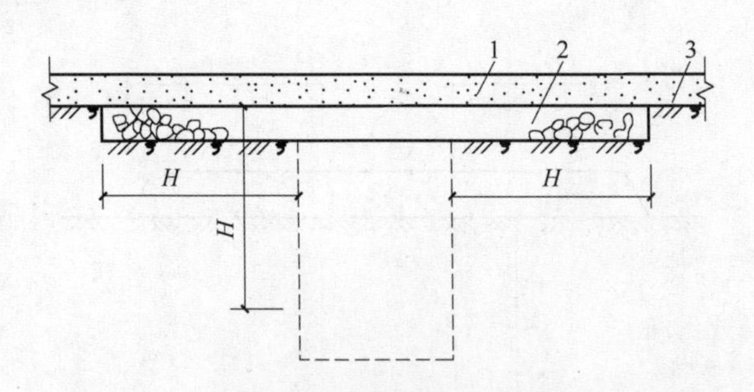

图 9-3　翻松耙平防冻法

1—雪层厚度；2—耕深厚度；3—地表面；
H—最大冻结深度

4．覆雪防冻法

覆雪防冻法适用于降雪量较大的地区，利用雪的覆盖做保温层，防止土的冻结。大面积的土方工程，可在地面上设置篱笆，其高度为 0.5～1.0m，其间距为 10～15m，与冬期主导风向垂直设置，如图 9-4 所示。面积较小的基坑(槽)，土方工程可在地面上挖积雪沟，深度为 300～500mm，如图 9-5 所示，在挖好的土沟内，应尽快用雪填满，以防止未挖土层的冻结。

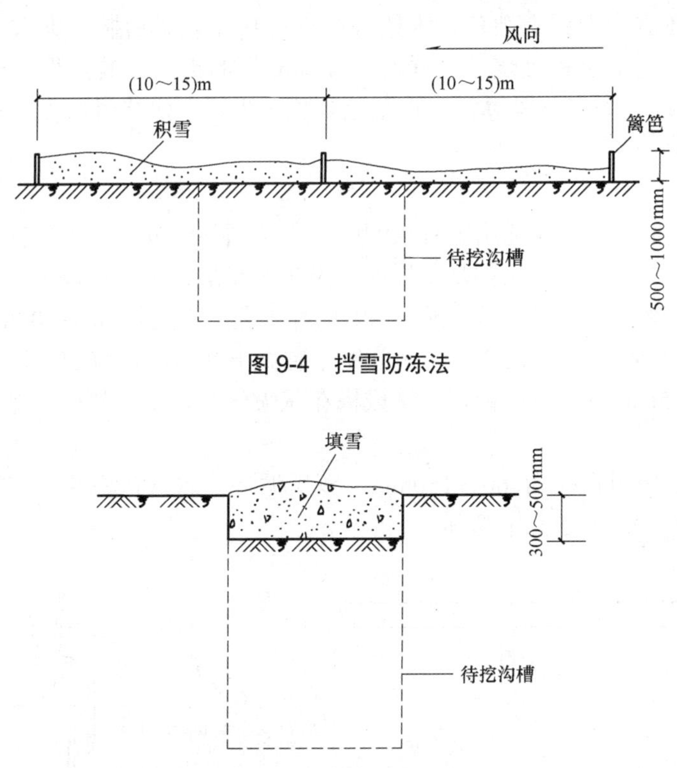

图 9-4　挡雪防冻法

图 9-5　挖沟填雪防冻法

9.2.3　冻土的融化与开挖

冻土的融化方法应视其工程量的大小、冻土深度和现场施工条件等因素确定，可选择烟火烘烤法、蒸汽(或热水)循环针法、电热法等方法，并应确定施工顺序。冻土的开挖根据冻土层厚度可采用人工、机械和爆破方法。

1. 冻土的融化

为了有利于冻土挖掘，可利用热源将冻土融化。融化冻土的方法有烟火烘烤法、循环针法和电热法三种，后两种方法因耗用大量能源，施工费用高，使用较少，只用在面积不大的工程施工中。

融化冻土的施工方法应根据工程量的大小、冻结深度和现场施工条件综合选用。融化应按开挖顺序分段进行，每段大小应适合当天挖土的工程量，冻土融化后，挖土工作应昼夜连续进行，以免因间歇而使地基土重新冻结。

开挖基槽(坑)或管沟时，必须防止基础下的地基土遭受冻结。如基槽(坑)开挖完毕至地基与基础施工或埋设管道之间有间歇时间，应在基坑底标高以上预留适当厚度的松土或用其他保温材料覆盖，厚度可通过计算求得。冬期开挖土方时，如可能引起邻近建筑物的地基或其他地下设施产生冻结破坏时，应采取防冻措施。

1) 烟火烘烤法

烟火烘烤法适用于面积较小、冻土不深，且燃料便宜的地区。常用锯末、谷壳和刨花等作为燃料。在冻土上铺上杂草、木柴等引火材料，燃烧后撒上锯末，上面压上数厘米厚的土，让它不起火苗地燃烧，这样有 250mm 厚的锯末，其热量经一夜可融化冻土 300mm 左右，开挖时分层分段进行，直至挖到冻土为止。烘烤时应做到有火就有人，以防引起火灾。

2) 循环针法

循环针法热能消耗大，仅适用于有热源的工程。循环针分蒸汽循环针和热水循环针两种(如图 9-6 所示)，其施工方法都是一样的。当热源充足、工程量较小时，可采用蒸汽循环针法。应把带有喷气孔的钢管插入预先钻好的冻土孔中，孔径 50～100mm，通入蒸汽融化。冻土孔径应大于喷气管直径 1cm，其间距不宜大于 1m，深度应超过基底 30cm。当喷气管直径为 2～2.5cm 时，应在钢管上钻成梅花状喷气孔，下端封死，融化后就及时挖掘并防止基底受冻。

热水循环针法使用直径为 60～150mm、双层循环热水管按梅花形布置，间距不大于 1.5m，管内用 40℃～50℃的热水循环。

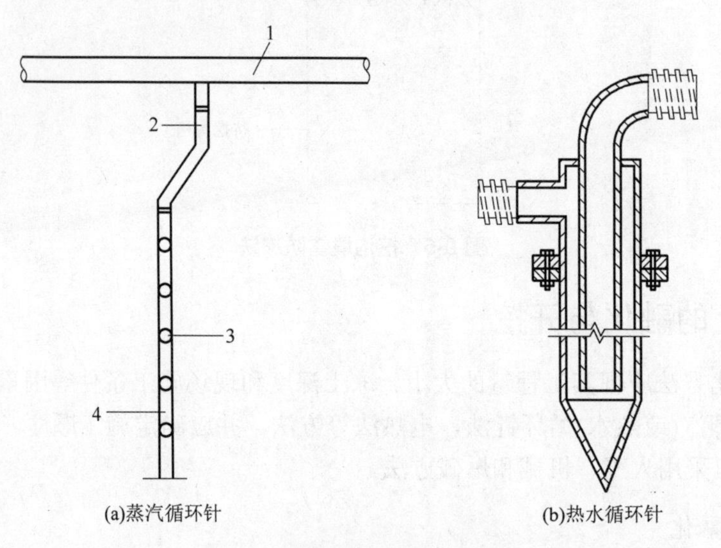

图 9-6　循环针

1—主管；2—连接胶管；3—蒸汽孔；4—支管

3) 电热法

电热法效果最佳，但能源消耗最大，费用最高，仅在土方工程量不大或急需工程上采用此法施工。

电热法通常采用Φ6～22 钢筋做电极，将电极打到冻土层以下 150～200mm 深度，做梅花形布置，间距为 400～800mm，加热时间视冻土厚度、土的温度、电压高低等条件而定。通电加热时，可在冻土上铺 100～150mm 锯末，用 0.2%～0.5%浓度的氯盐溶液浸湿，以加快表层冻土的融化。采用该法施工时，必须有周密的安全措施，由电气专业人员担任通电工作，工作地点应设置警戒区，通电时严禁人员靠近，防止触电。

2. 冻土的开挖

土的机械强度在冻结时大大提高，冻土的抗压强度比抗拉强度高 2～3 倍，因此冻土的开挖宜采用剪切法。冬期土方施工可采取先破碎冻土，然后开挖。开挖方法一般有人工开挖、机械开挖和爆破开挖等。

1) 人工开挖

人工开挖冻土适用于开挖面积较小和场地狭窄，不适宜用大型机械对土方破碎、开挖的情况。开挖时一般用大铁锤和铁楔子劈冻土，如图 9-7 所示。施工中一人掌楔，2～3 人轮流打大锤，一个组常用几个铁楔，当一个铁楔打入冻土中而冻土尚未脱离时再把第二个铁楔在旁边的缝隙上加进去，直至冻土剥离为止。为防止震手或误伤，铁楔宜用粗铁丝做把手。施工时掌楔的人与掌锤的不能脸对着脸，必须互成 90° 角，同时要随时注意去掉楔头打出的飞刺，以免飞出伤人。

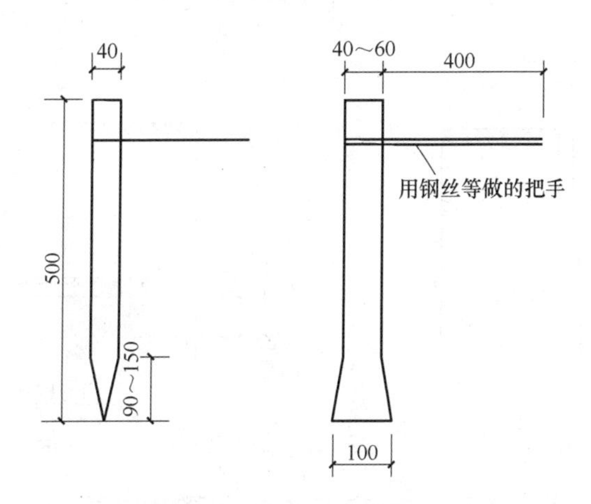

图 9-7　松冻土的铁楔子

2) 机械开挖

当冻土层厚度为 0.5m 以内时，可用铲运机或挖掘机开挖；当冻土层厚度为 0.5～1m 时，可用松碎冻土的打桩机进行破碎后，再由挖掘机开挖，如图 9-8 所示；当冻土层厚度大于 1m 时，可用重锤或重球破碎土体，然后再开挖。最简单的施工方法是用风镐将冻土打碎，然后用人工和机械挖掘运输。

3) 爆破开挖

爆破法适用于冻土层较厚，面积较大的土方工程，这种方法是将炸药放入直立爆破孔中或水平爆破孔中进行爆破，冻土破碎后用挖土机开挖，或借爆破的力量向四周崩出，做成需要的沟槽。

冻土深度在 2m 以内时，可以采用直立爆破孔；冻土深度超过 2m 时，可采用水平爆破孔，如图 9-9 所示。爆破孔断面的形状一般是圆形，直径为 30～70mm，排列成梅花形，爆破孔的深度约为冻土厚度的 0.6～0.8 倍，爆破孔的间距为 1～2 倍最小抵抗线长度，排距为 1.5 倍最小抵抗线长度。爆破孔可采用电钻、风钻、钢钎钻孔而成。

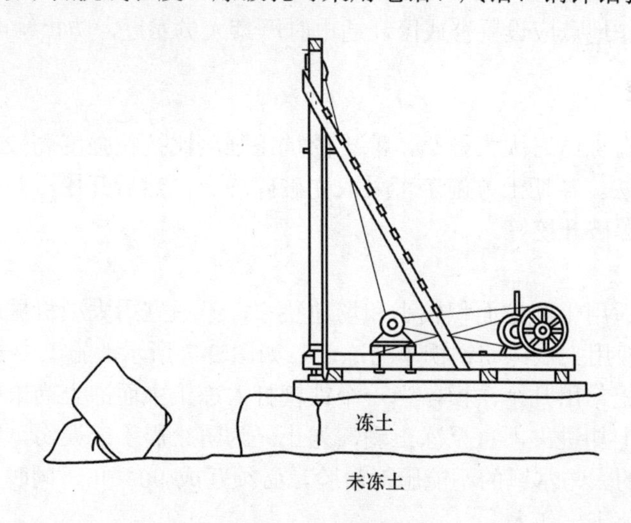

图 9-8　松冻土的打桩机

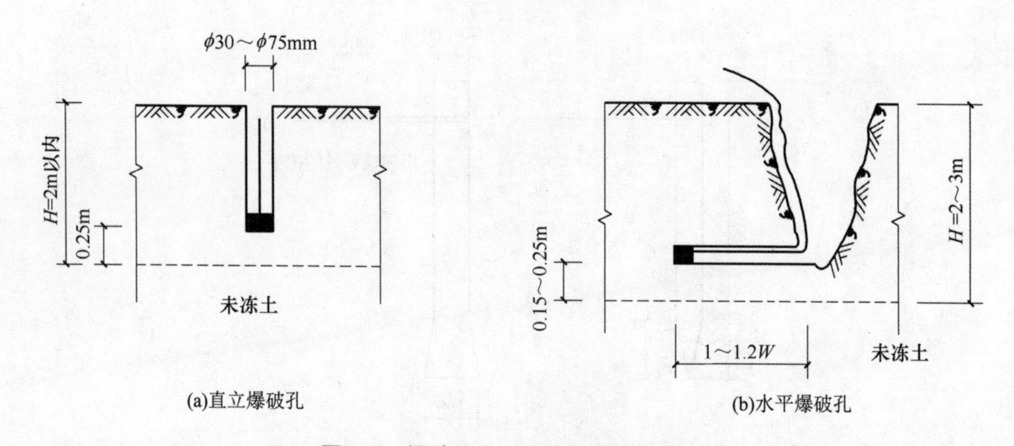

图 9-9　爆破法和土层冻结深度的关系

H—冻土层厚度；*W*—最小抵抗线长度

冻土爆破必须由具有专业施工资质的施工队伍进行施工，严格遵守雷管、炸药的管理规定和爆破操作规程。据爆破点 50m 以内应无建筑物，200m 以内应无高压线。当爆破现场附近有居民或精密仪表等设备怕震动时，应提前做好疏散及保护工作。

9.2.4　冬期回填土施工

由于土冻结后即成为坚硬的土块，在回填过程中不易压实，土解冻后就会造成大量的下沉。冻胀土层的沉降量更大，为了确保土层回填施工质量，必须按照施工及验收规范中对用冻土回填的规定组织施工。

冬期回填土应尽量选用未受冻的、不冻胀的土层进行回填施工。填土前，应清除基础上的冰雪和保温材料；填方边坡表层 1m 以内，不得用冻土填筑；填方上层应用未冻的、不冻胀的或透水性好的土料填筑，冬期填方每层铺土厚度应比常温施工时减少 20%～

25%，预留沉降量应比常温施工时适当增加。对大面积回填土和有路面的路基及人行横道范围的平场填方，用含有冻土块的土料作为回填土时，冻土块粒径不得大于150mm，其含量不大于30%；铺填时冻土块应均匀分布、逐层压实。室内地面垫层下回填的土方填料中不得含有冻土块；管沟底至管顶0.5m范围内不得用含有冻土块的土回填；回填工作应连续进行，防止基土或已回填土层受冻。当采用人工夯实时，每层铺土厚度不得超过200mm，夯实厚度宜为100～150mm。

冬期施工室外平均气温在-5℃以上时，填方高度不受限制，平均气温在-5℃以下时填方高度由设计单位计算确定。用石块和不含冰块的砂土、碎石类土填筑时，填方高度不受限制。

9.3 砌筑工程冬期施工

当室外日平均气温连续5d稳定低于5℃时，砌体工程应采取冬期施工措施。气温根据当地气象资料统计确定。冬季施工期限以外，当日最低气温低于0℃时，也应该按冬期施工的有关规定进行。

砌筑工程的冬期施工最突出的一个问题就是砂浆遭受冻结。砂浆遭受冻结后会产生的现象：使砂浆的硬化暂时停止，并且不产生强度，失去了胶结作用；砂浆塑性降低，使水平或垂直灰缝的紧密度减弱；解冻的砂浆，在上层砌体的重压下，就可能引起不均匀沉降。

因此，在冬期进行砌筑施工时，为了保证墙体的质量，必须采取有效措施，控制雨、雪、霜对墙体材料(砖、砂、石灰等)的侵袭，对各种材料集中堆放，并采取保温措施。冬期砌筑时主要就是防止砂浆遭受冻结或者使砂浆强度在负温度下亦能增长，满足冬期砌筑施工的要求。

砌筑工程的冬期施工方法有掺盐砂浆法(外加剂法)、冻结法和暖棚法等。砌筑工程的冬期施工应以掺盐砂浆法为主，对保温、绝缘、装饰等方面有特殊要求的工程，可采用冻结法或其他施工方法。

9.3.1 掺盐砂浆法

掺入盐类外加剂拌制的水泥砂浆、水泥混合砂浆等称为掺盐砂浆。采用这种砂浆砌筑的方法称为掺盐砂浆法。氯盐应以氯化钠为主，当气温低于-15℃时，也可与氯化钙复合使用。

1. 掺盐砂浆法的原理

掺盐砂浆法就是在砌筑砂浆内掺入一定量的抗冻化学剂，来降低水的冰点，以保证砂浆中有液态水存在，使水泥水化反应能在一定的负温下进行，砂浆强度在负温下能够继续缓慢增长。同时，由于降低了砂浆中水的冰点，砌体的表面不会立即结冰而形成冰膜，故砂浆和砌体能较好地粘结。

掺盐砂浆中的抗冻剂，目前主要是以氯化钠和氯化钙为主。其他还有亚硝酸钠、碳酸钾和硝酸钙等。

2．掺盐砂浆法的适用范围

采用掺盐砂浆法具有施工方便，费用低，在砌体工程冬期施工中普遍使用掺盐砂浆法施工。但是，由于氯盐砂浆吸湿性大，使结构保温性能和绝缘性能下降，并有析盐现象等，对下列有特殊要求的工程不允许采用掺盐砂浆法施工。

(1) 对装饰工程有特殊要求的建筑物。

(2) 使用湿度大于 80%的建筑物。

(3) 配筋或钢预埋件无可靠的防腐处理措施的砌体。

(4) 接近高压电线的建筑物(如变电所、发电站等)。

(5) 经常处于地下水位变化范围内，以及在地下未设防水层的结构。

(6) 热工要求高的建筑物。

对于这一类不能使用掺有氯盐砂浆的砌体，可选择亚硝酸钠、碳酸钾等盐类作为砌体冬期施工的防冻剂。

3．对砌体材料的要求

砌体工程冬期施工所用材料应符合下列规定。

(1) 石灰膏、电石膏等应防止受冻，如遭冻结，应经融化后方可使用。

(2) 拌制砂浆用砂，不得含有冰块和大于 10mm 的冻结块。

(3) 砌筑用砖或其他块材不得遭水浸冻。

(4) 砌筑用砖、砌块和石材在砌筑前，应清除表面的冰雪、冻霜等。

(5) 拌制砂浆宜采用两步投料法，水的温度不得超过 80℃，砂的温度不得超过 40℃。

(6) 砂浆宜优先采用普通硅酸盐水泥拌制，冬期砌筑不得使用无水泥拌制的砂浆。

4．砂浆的配制

掺盐砂浆的配制时，应按不同负温界限控制掺盐量。当砂浆中氯盐掺量过少，砂浆内会出现大量冻结晶体，水化反应极其缓慢，会降低早期强度。如果氯盐掺量大于 10%，砂浆的后期强度会显著降低，同时导致砌体析盐量过大，增大吸湿性，降低保温性能。当气温过低时，可掺用双盐(氯化钠和氯化钙同时掺入)来提高砂浆的抗冻性。不同气温掺盐砂浆规定的掺盐量如表 9-2 所示的规定。

表 9-2　氯盐外加剂掺量(占用水重量百分比)　(单位：%)

氯盐及砌体材料种类			日最低气温/℃			
			≥-10	-11～-15	-16～-20	-21～-25
氯化钠(单盐)		砖、砌块	3	5	7	—
		砌石	4	7	10	—
复盐	氯化钠	砖、砌石	—	—	5	7
	氯化钙		—	—	2	3

注：掺盐量以无水盐计。

冬期施工砂浆试块的留置，除应按常温规定的要求外，尚应增留 1 组与砌体同条件养护的试块，测试检验 28d 强度。

砌筑时掺盐砂浆温度使用不应低于 5℃。当设计无要求时，且最低气温≤-15℃时，砌体砂浆强度等级应按常温施工提高一级；同时应以热水搅拌砂浆；当水温超过 60℃时，应先将水和砂拌合，然后再投放水泥。氯盐砂浆中复掺引气型外加剂时，应在氯盐砂浆搅拌的后期掺入。搅拌的时间应比常温季节增加一倍。拌合后砂浆要注意保温。外加剂溶液应设专人配制，并应先配制成规定浓度溶液，置于专用容器中，然后再按规定加入搅拌机中拌制成所需砂浆。

5．施工准备工作

由于氯盐对钢筋有腐蚀作用，掺盐砂浆法用于设有构造配筋的砌体时，钢筋可以涂防锈漆，以防钢筋锈蚀。目前较简单的处理方法有：涂刷樟丹 2～3 遍；浸涂热沥青；涂刷水泥浆；涂刷各种专用的防腐涂料。处理后的钢筋及钢预埋件应成批堆放，搬运堆放时轻拿轻放，不得任意摔扔，防止防腐涂料损伤掉皮。

普通砖、多孔砖和空心砖、混凝土小型空心砌块、加气混凝土砌块和石材在气温高于 0℃的条件下砌筑时，应浇水湿润。在气温低于 0℃的条件下，可不浇水，但必须适当增大砂浆的稠度。抗震设计烈度为 9 度的建筑物，普通砖和空心砖无法浇水湿润时，无特殊措施，不得砌筑。

6．砌筑施工工艺

掺盐砂浆法砌筑砖砌体，应采用“三一”砌砖法进行砌筑，使砂浆与砖的接触面能充分结合，提高砌体的抗压、抗剪强度。不得大面积铺灰，减少砂浆温度的损失。砌筑时要求砌体灰浆饱满，灰缝厚薄均匀，水平缝和垂直缝的厚度和宽度应控制在 8～10mm。

冬期砌筑的砌体，由于砂浆强度增长缓慢，则砌体强度较低。如果一个班次砌体砌筑高度较高，砂浆尚无强度，风荷载稍大时，作用在新砌筑的墙体上易使所砌筑的墙体倾斜失稳或倒塌。冬期墙体采用氯盐砂浆施工时，每日砌筑高度不宜超过 1.2m，墙体留置的洞口，距交接墙处不应小于 500mm。

采用掺盐砂浆法砌筑砌体时，在砌体转角处和内外墙交接处应同时砌筑，对不能同时砌筑而又必须留置的临时间断处，应砌成斜槎，砌体表面不应铺设砂浆层，宜采用保温材料加以覆盖。继续施工前，应先用扫帚扫净砖表面，然后再施工。

9.3.2　冻结法

冻结法是指采用不掺化学外加剂的普通水泥砂浆或水泥混合砂浆进行砌筑的一种施工方法。

1．冻结法的原理和适用范围

冻结法砂浆内不掺任何抗冻化学剂，允许砂浆在铺砌完成后就受冻。受冻的砂浆可获得较大的冻结强度，而且冻结强度随气温的降低而增加。但当气温升高而砌体解冻时，砂浆强度仍然等于冻结前的强度。当气温转入正温后，水泥水化作用又重新开始，砂浆强度可继续增长。

冻结法允许砂浆在砌筑后遭受冻结，且在解冻后其强度仍可继续增长。所以对有保温、绝缘、装饰等特殊要求的工程和受力配筋砌体以及不受地震区条件限制的其他工程，均可采用冻结法施工。

冻结法施工的砂浆，经冻结、融化、硬化三个阶段后，使砂浆强度、砂浆与砖石砌体之间的粘结力都有不同程度的降低。砌体在融化阶段，由于砂浆强度接近于零，将会增加砌体的变形和沉降。所以对下列结构不宜选用。

(1) 空斗墙、毛石墙。

(2) 承受侧压力的砌体。

(3) 在解冻期间可能受到振动或动力荷载的砌体。

(4) 在解冻期间不允许发生沉降的砌体。

2. 冻结法施工工艺

冻结法砂浆使用时的温度不应低于 10℃，当日最低气温≥-25℃时，对砌筑承重砌体的砂浆强度等级应按常温施工时提高一级；当日最低气温＜-25℃，则应提高二级。

采用冻结法施工时，应按“三一”砌筑法进行，一般采用一顺一丁的组砌形式。对于房屋转角处和内外墙交接处的灰缝应仔细砌合，冻结法施工中宜采用水平分段施工，砌体应在一个施工段范围内，砌筑到一个施工层的高度，不得间断。每天砌筑高度和临时间断处均不宜大于 1.2m，当不设沉降缝的砌体时，其分段处的高差不得大于 4m。砌体灰缝应控制在 10mm 以内，为了达到灰缝平直、砂浆饱满和墙面垂直以及平整的要求，砌筑时要随时目测检查，发现偏差及时纠正，保证墙体砌筑质量。对超过五皮砖的砌体，如发现歪斜，不准敲墙、砸墙，必须拆除重砌。

砌体解冻时，由于砂浆的强度接近于零，所以增加了砌体解冻期间的变形和沉降，其下沉量比常温施工增大 10%～20%。解冻期间，由于砂浆遭冻后强度降低，砂浆与砌体之间的粘结力减弱，致使砌体在解冻期间的稳定性较差。用冻结法砌筑的砌体，在开冻前需进行检查，开冻过程中应组织观测。如发现裂缝、不均匀沉降等情况，应分析原因并立即采取加固措施。

为保证砖砌体在解冻期间能够均匀沉降不出现裂缝，应遵守下列要求。

(1) 解冻前应清除房屋中剩余的建筑材料等临时荷载，在开冻前宜暂停施工。

(2) 留置在砌体中的洞口和沟槽等，宜在解冻前填砌完成。

(3) 跨度大于 0.7m 的过梁，宜采用预制构件。

(4) 门窗框上部应留 3～5mm 的空隙，作为化冻后预留沉降量。

(5) 在楼板水平面上、墙的转角处、交接处、交叉处每半砖设置一根Φ6 钢筋拉结，如图 9-10 所示。

在解冻期间进行观测时，应特别注意房屋下层的柱和窗间墙、梁端支承处、墙交接处和过梁模板支撑处等地方。此外，还必须观测砌体沉降的大小、方向和均匀性，砌体灰缝内砂浆的硬化情况。观测一般需要 15d 左右。

解冻时除对正在施工的工程进行强度验算外，还要对已完工程进行强度验算。

9.3.3 其他冬期施工方法

1. 蓄热法

蓄热法是在施工过程中，先将水和砂加热，使拌合后的砂浆在上墙时保持一定正温，以推迟冻结的时间，在一个施工段内的墙体砌筑完毕后，立即用保温材料覆盖其表面，使砌体中的砂浆在正温下达到砌体强度的 20%。

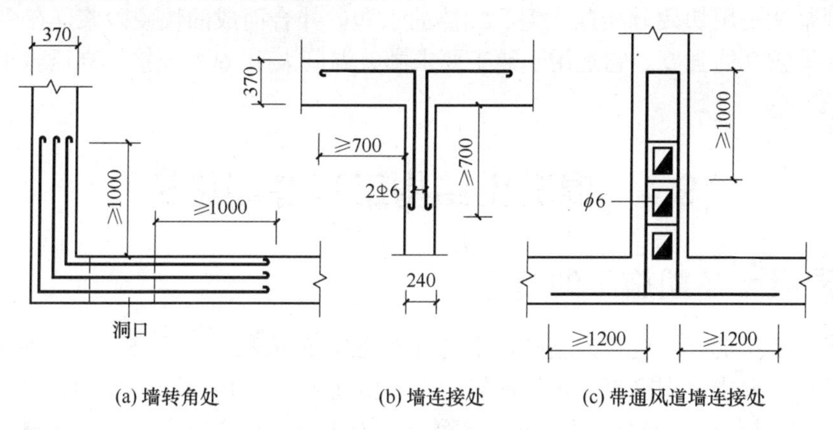

图 9-10　拉筋的设置

蓄热法可用于冬期气温不太低的地区(-10℃以内)以及寒冷地区的初冬或初春季节，特别适用于地下结构。

2．暖棚法

暖棚法是利用简易结构和廉价的保温材料，将需要砌筑的工作面临时封闭起来，使砌体在正温条件下砌筑和养护。

采用暖棚法施工，块材在砌筑时的温度不应低于 5℃，距离所砌的结构底面 0.5m 处的棚内温度也不应低于 5℃。

由于搭暖棚需要大量的材料、人工及消耗能源，所以暖棚法成本高，效率低，一般不宜多用。它主要适用于地下室墙、挡土墙、局部性事故修复工程项目的砌筑工程。

3．电气加热法

电气加热法是在砂浆内通过低压电流，使电能变为热能，产生热量对砌体进行加热，加速砂浆的硬化。

电气加热法的温度不宜超过 40℃，电气加热法要消耗很多电能，并需要一定的设备，工程的附加费用较高。它仅用于修缮工程中局部砌体须立即恢复到使用功能和不能采用冻结法或掺盐砂浆法的结构部位。

4．蒸汽加热法

蒸汽加热法是利用低压蒸汽对砌体进行均匀的加热，使砌体得到适宜的温度和湿度，使砂浆加快凝结和硬化。

由于蒸汽加热法在实际施工过程中需要模板或其他有关材料，施工复杂，成本较高，工效较低，工期过长，故一般不宜使用，只有当蓄热法或其他方法不能满足施工要求和设计要求时方可采用。

5. 快硬砂浆法

快硬砂浆法是用快硬硅酸盐水泥、加热的水和砂拌合而成的快硬砂浆，在受冻前能比普通砂浆获得较高的强度。它适用于热工要求高、温度大于 60%及接触高压输电线路和配筋的砌体。

9.4 混凝土结构工程冬期施工

9.4.1 混凝土冬期施工的特点

根据当地多年的气温资料，室外日平均气温连续 5 天稳定低于 5℃时，混凝土结构工程应按冬期施工要求组织施工。可以取第一个出现连续 5d 稳定低于 5℃的初日作为冬期施工的起始日期，同样，当气温回升时，取第一个连续 5d 稳定高于 5℃的末日作为终止日期。初日和末日之间的日期即为混凝土冬期施工期。

冬期施工时，气温低，水泥水化作用基本停止，混凝土强度也停止增长。特别是温度降至混凝土冰点温度以下时，混凝土中的游离水开始结冰，结冰后的水体积膨胀约 9%。在混凝土内部产生冰胀应力，使强度尚低的混凝土结构内部产生微裂缝，同时降低了水泥与砂石和钢筋的粘结力，导致结构强度降低。受冻的混凝土在解冻后，其强度虽能继续增长，但已不能达到原设计的强度等级，试验证明，混凝土的早期冻害是由于内部的水结冰所致。混凝土在浇筑后立即受冻，抗压强度约损失 50%，抗拉强度约损失 40%。受冻前混凝土养护时间越长，所达到的强度越高，水化物生成越多，所结冰的游离水就越少，强度损失就越低。试验还证明，混凝土遭受冻结带来的危害与遭冻的时间早晚、水灰比、水泥强度等级、养护温度等有关。

冬期浇筑的混凝土在受冻以前必须达到的最低强度称为混凝土受冻临界强度，我国现行规范规定：在受冻前，混凝土受冻临界强度应达到：硅酸盐水泥或普通硅酸盐水泥配制的混凝土不得低于其设计强度标准值的 30%；矿渣硅酸盐水泥配制的混凝土不得低于其设计强度标准值的 40%；C10 及 C10 以下的混凝土不得低于 5.0N/mm^2；掺防冻剂的混凝土，温度降低到防冻剂规定的温度以下时，混凝土的强度不得低于 3.5N/mm^2。

防止混凝土早期冻害的措施：

(1) 早期增强，主要提高混凝土早期强度，使其尽快达到混凝土受冻临界强度。其具体措施有：使用早强水泥或超早强水泥；掺早强剂或早强型减水剂；早期保温蓄热；早期短时加热等。

(2) 改善混凝土内部结构。其具体做法是：增加混凝土的密实度，排出多余的游离水；掺用减水型引气剂，提高混凝土抗冻能力，还可掺防冻剂，降低混凝土的冰点温度。

选择混凝土冬期的施工方法，应综合考虑自然条件、结构类型、工期限制、经济指标等因素，制定合理的经济施工措施。

9.4.2 混凝土冬期施工的要求

一般情况下，混凝土冬期施工要求在正温下浇筑，正温下养护，使混凝土强度在冰冻前达到受冻临界强度，在冬期施工时对原材料和施工过程中均要求有必要的措施，来保证混凝土的施工质量。

1．对材料和材料加热的要求

(1) 冬期施工中配制的混凝土用的水泥，优先选用活性高、水化热大的硅酸盐水泥和普通硅酸盐水泥，不宜选用火山灰质硅酸盐水泥和粉煤灰硅酸盐水泥。水泥的强度等级不应低于 42.5 级，最小水泥用量不宜少于 280kg/m^3，水灰比不应大于 0.55。使用矿渣硅酸盐水泥时，宜采用蒸汽养护；使用其他品种水泥时，应注意其中掺合材料对混凝土抗冻抗渗等性能的影响。冷混凝土法施工宜优先选用含引气成分的外加剂，含气量宜控制在 3%～5%。掺用防冻剂的混凝土，严禁使用高铝水泥。水泥不得直接加热，使用前 1～2d 运至暖棚存放，暖棚温度宜在 5℃以上。

(2) 因为水的热容量大，是砂石骨料的 5 倍左右，加热方便，所以应优先考虑加热水，但加热温度不得超过表 9-3 所示的规定数值。水常用加热方法有三种：用锅烧水、用蒸汽加热水、用电极加热水。

表 9-3　拌合水及骨料的最高温度

项　目	水泥品种及强度等级	拌合水/℃	骨料/℃
1	强度等级小于 42.5 级的普通硅酸盐水泥，矿渣硅酸盐水泥	80	60
2	强度等级等于和大于 42.5 级的普通硅酸盐水泥、硅酸盐水泥	60	40

(3) 骨料必须清洁，不得含有冰雪等冰结物及易冻裂的矿物质。冬期骨料所用储备场地应选择地势较高不积水的地方。冬期施工对组成混凝土材料的加热，当水、骨料达到规定温度仍不能满足热工计算要求时，可提高水温到 100℃，但水泥不得与 80℃以上的水直接接触。

冬期施工拌制混凝土的砂、石温度要符合热工计算所需温度。骨料加热的方法有，将骨料放在底下加温的铁板上面直接加热，或者通过蒸汽管、电线加热等。但不得用火焰直接加热骨料，并应控制加热温度，加热方法可因地制宜，但以蒸汽加热法为好。其优点是加热温度均匀，热效率高；缺点是骨料中的含水量增加。

(4) 钢筋调直冷拉温度不宜低于-20℃；预应力钢筋张拉温度不宜低于-15℃，钢筋的焊接宜在室内进行。如必须在室外焊接，其最低气温不低于-20℃，且应有防雪加防风措施。刚焊接的接头严禁立即碰到冰雪，避免造成冷脆现象。当气温低于-20℃时，不得对 HRB335、HRB400 级钢筋进行机械冷弯加工。

2．混凝土的搅拌、运输和浇筑

1) 混凝土的搅拌

混凝土不宜露天搅拌，应尽量搭设暖棚，优先选用大容量的搅拌机，以减少混凝土的热损失。混凝土搅拌时间应根据各种材料的温度情况，考虑相互间的热平衡过程，可通过试拌确定延长的时间，一般为常温搅拌时间的 1.25～1.5 倍。拌制混凝土的最短时间应按表 9-4 所示采用。搅拌时为防止水泥出现“假凝”现象，应在水、砂、石搅拌一定时间后再加入水泥。搅拌混凝土时，骨料中不得带有冰、雪及冻团。当采用自落式搅拌机时，搅

拌时间延长 30～60s。

拌制掺用防冻剂的混凝土，当防冻剂为粉剂时，可按要求掺量直接撒在水泥上面和水泥同时投入；当防冻剂为液体时，应先配置成规定浓度溶液，然后再根据使用要求，用规定浓度溶液再配制成施工溶液。各溶液应分别置于明显标志的容器中，不得混淆，每班使用的外加剂溶液应一次配成。配制与加入防冻剂，应设专人负责并做好记录，应严格按计量要求掺入。

表 9-4　拌制混凝土的最短时间　(单位：s)

混凝土坍落度/mm	搅拌机容积/L		
	＜250	250～500	＞500
≤80	90	135	180
＞80	90	90	135

2) 混凝土的运输

混凝土的运输过程是热损失的关键阶段，应采取必要的措施减少混凝土的热损失，同时应保证混凝土的和易性。常用的主要措施为减少运输时间和距离；使用大容积的运输工具并采取必要的保温措施。

3) 混凝土的浇筑

混凝土在浇筑前，应清除模板和钢筋上的冰雪和污垢，尽量加快混凝土的浇筑速度，防止热量散失过多。混凝土拌合物的出机温度不宜低于 10℃，入模温度不得低于 5℃，当采用加热养护时，混凝土养护前的温度不得低于 2℃。

在施工操作上要加强混凝土的振捣，尽可能提高混凝土的密实程度。冬期施工混凝土振捣应用机械振捣，振捣时间应比常温时有所增加。

加热养护整体式结构时，施工缝的位置应设置在温度应力较小处。加热温度超过 40℃时，由于温度高，势必在结构内部产生温度应力，因此，在施工之前应征求设计单位的意见，在跨内适当的位置设置施工缝。留施工缝处，在水泥终凝后立即用 3～5 个大气压的气流吹除结合面的水泥膜、污水和松动石子。继续浇筑时，为使新旧混凝土牢固结合，不产生裂缝，要对旧混凝土表面进行加热，使其温度和新浇筑混凝土入模温度相同。

为了保证新浇筑混凝土与钢筋的可靠粘接，当气温在-15℃以下时，对直径大于 25mm 的钢筋和预埋件，可喷热风加热至 5℃，并清除钢筋上的污土和锈渣。

冬期不得在强冻胀性地基上浇筑混凝土，这种土冻胀变形大，如果地基土遭冻，必然引起混凝土的冻害及变形。在弱冻胀性地基上浇筑时，地基土应进行保温，以免遭冻。

9.4.3　混凝土冬期施工方法

混凝土冬期施工方法有两大类：一类是人为地创造一个正温环境，以保证新浇筑的混凝土强度能够正常地不间断地低增长，甚至可以加速增长。主要方法有蓄热法、综合蓄热法、蒸汽加热法、电加热法和暖棚法；另一类是在拌制混凝土时加入适量的外加剂，可以降低水的冰点，使混凝土中的水在负温下保持液态能继续与水泥进行水化作用，使混凝土强度得以在负温环境中持续增长。这种方法一般不再对混凝土加热。

在选择混凝土冬期施工方法时，应保证混凝土尽快达到冬期施工临界强度，避免遭受冻害。一个理想的施工方案，首先应当在杜绝混凝土早期受冻的前提下，在最短的施工期限内，用最低的冬期施工费用，获得优良的施工质量。

1. 蓄热法

蓄热法是在混凝土浇筑后，利用原材料加热后以及水泥水化热的热量，通过适当保温延缓混凝土的冷却，使混凝土冷却到0℃以前达到预期要求强度的施工方法。

蓄热法使用的保温材料应该以传热系数小、价格低等地方材料为宜，如草帘、草袋、锯末、炉渣等。保温材料必须干燥，以免降低保温性能。采用蓄热法施工时，最好使用活性高、水化热大的普通硅酸盐水泥和硅酸盐水泥。

当室外最低温度不低于-15℃时，地面以下的工程，或表面系数(即结构冷却的表面积与其全部结构体积之比)不大于 $15m^{-1}$ 的结构，宜采用蓄热法养护。蓄热法适用于气温不太寒冷的地区或初冬和冬末季节。

当符合下列情况时，也可考虑蓄热法施工：混凝土拆模时所需强度较小；室外气温高，风力小；水泥标号高，水泥发热量大的结构。

由于蓄热法施工简单，冬期施工费用低廉，易保证质量，所以成为混凝土冬期施工的基本方法。蓄热法施工前应进行热工计算，在这里有关热工计算的内容省略。

2. 综合蓄热法

综合蓄热法是在蓄热保温的基础上，充分利用水泥的水化热和掺加相应的外加剂或进行短时加热等综合措施，创造加速混凝土硬化的条件，使混凝土的浇筑温度降低到冰点之前尽快达到受冻前的临界强度。

综合蓄热法一般分为低蓄热养护和高蓄热养护两种。低蓄热养护过程主要以使用早强水泥或掺加负温外加剂等冷操作方法为主，使混凝土在缓慢冷却至冰点前达到允许受冻的临界强度；高蓄热养护过程主要以短时间加热为主，使混凝土在养护期间达到要求的临界强度。这两种施工方法的选择取决于施工和气温条件。当室外最低气温不低于-15℃时，对于表面系数为 $(5\sim12)m^{-1}$ 的结构，且选用高效保温材料时，宜采用低蓄热养护法，当日平均气温低于-15℃时，对于表面系数大于 $13m^{-1}$ 的结构，宜选用短时加热的高蓄热养护法。

蓄热养护法和综合蓄热养护法施工时，在混凝土浇筑后应采用塑料布等防水材料对裸露表面覆盖并保温，对边、棱角部位的保温层厚度应增大到面部位的 2～3 倍。混凝土在养护期间应防风、防失水。

3. 混凝土负温法

混凝土负温法是在混凝土中加入适量的抗冻剂、早强剂、减水剂及加气剂，使混凝土在负温下能继续水化，增长强度。

混凝土负温法适用于不易加热保温，且对强度增长要求不高的一般混凝土结构工程。负温法施工的混凝土，应以浇筑后 5d 内的预计日最低气温来选用防冻剂，起始养护温度不应低于 5℃。混凝土浇筑后，裸露表面应采取保湿措施；同时，应根据需要采取必要的保温覆盖措施。混凝土负温法施工应加强测温，在达到受冻临界强度之前应每隔 2h 测量一次；在混凝土达到受冻临界强度后，可停止测温。当室外最低气温不低于-15℃时，采用负温法施工的混凝土受冻临界强度不应小于 4.0MPa；当室外最低气温不低于-30℃时，采用负温法施工的混凝土受冻临界强度不应小于 5.0MPa。

1) 混凝土冬期施工常用外加剂的种类

(1) 减水剂：减水剂能改善混凝土的和易性及拌合用水量，降低水灰比，提高混凝土的强度和耐久性。常用的减水剂有木质素系减水剂、萘磺酸盐系减水剂、水溶性树脂减水剂。

(2) 早强剂：早强剂是加速混凝土早期强度发展的外加剂，可以在常温、低温或负温(不低于-5℃)的条件下加速混凝土硬化过程。常用的早强剂主要有氯化钠、氯化钙、硫酸钠、亚硝酸钠、三乙醇胺、碳酸钾等。大部分早强剂同时具有降低水的冰点，使混凝土在负温的情况下继续水化，增加强度，起到防冻的作用。

(3) 引气剂：引气剂是指在混凝土搅拌过程中，引入无数微小气泡，改善混凝土拌合物的和易性和减少用水量，并显著提高混凝土的抗冻性和耐久性。常用的引气剂有松香热聚物、松香皂、烷基苯磺酸盐等。

(4) 阻锈剂：氯盐类外加剂对混凝土中的金属预埋件有锈蚀作用。阻锈剂能在金属表面形成一层氧化膜，阻止金属的锈蚀。常用的阻锈剂有亚硝酸钠、重铬酸钾等。

2) 混凝土外加剂的应用

混凝土冬期施工中外加剂的配用，应满足抗冻、早强的需要；对结构钢筋无锈蚀作用；对混凝土后期强度和其他物理力学性能无不良影响；同时应适应结构工作环境的需要。单一的外加剂常不能完全满足混凝土冬期施工的要求，一般宜采用复合配方。常用的复合配方有以下几种。

(1) 氯盐类外加剂：主要有氯化钠、氯化钙，其价廉、易购买，但对钢筋有锈蚀作用，一般钢筋混凝土中掺量按无水状态计算不得超过水泥重量的 1%；在无筋混凝土中，采用热材料拌制的混凝土，氯盐掺量不得大于水泥重量的 3%；采用冷材料拌制时，氯盐掺量不得大于拌合水重量的 15%。为防止钢筋锈蚀，可加入水泥重量 2%的亚硝酸钠阻锈剂。掺用氯盐的混凝土必须振捣密实，且不宜采用蒸汽养护。

氯盐对混凝土中钢筋有锈蚀作用，在下列情况下不得在钢筋混凝土结构中掺用氯盐。

① 在高湿度空气环境中使用的结构。

② 处于水位升降部位的结构。

③ 露天结构或经常受水淋的结构。

④ 有镀锌钢材或铝铁相接触部位的结构，以及有外露钢筋、预埋件而无防护措施的结构。

⑤ 与含有酸、碱和硫酸盐等侵蚀性介质相接触的结构。

⑥ 使用过程中经常处于环境温度为 60℃以上的结构。

⑦ 使用冷拉钢筋或冷拔低碳钢筋的结构。

⑧ 薄壁结构、中级或重级工作制吊车梁、屋架、落锤或锻锤基础结构。

⑨ 电解车间和直接靠近直流电源的结构。

⑩ 直接靠近高压(发电站、变电所)的结构，预应力混凝土结构。

(2) 硫酸钠-氯化钠复合外加剂：当气温在-3～-5℃时，氯化钠和亚硝酸钠掺量分别为1%；当气温在-5～-8℃时，其掺量分别为 2%。这种配方的复合外加剂不能用于高温湿热环境及预应力结构中。

(3) 亚硝酸钠-硫酸钠复合外加剂：当气温分别为-3℃、-5℃、-8℃、-10℃时，亚硝酸钠的掺量分别为水泥重量的 2%、4%、6%、8%。亚硝酸钠-硫酸钠复合外加剂在负温下有较好的促凝作用，能使混凝土强度较快增长，且对混凝土有塑化作用，对钢筋无锈蚀作用。

使用硫酸钠复合外加剂时，宜先将其溶解在 30～50℃的温水中，配成浓度不大于 20%的溶液。施工时混凝土的出机温度不宜低于 10℃，浇筑成型后的温度不宜低于 5℃，在有条件时，应尽量提高混凝土的温度，浇筑成型后应立即覆盖保温，尽量延长混凝土的正温养护时间。

(4) 三乙醇胺复合外加剂：当气温低于-15℃时，还可掺入适量的氯化钙。三乙醇胺在早期正温条件下起早强作用，当混凝土内部温度下降到 0℃以下时，氯盐又在其中起抗冻作用使混凝土继续硬化。混凝土浇筑入模温度应保持在 15℃以上，浇筑成型后应马上覆盖保温材料，使混凝土在 0℃以上的温度达 72h 以上。

混凝土冬期掺外加剂施工时，混凝土的搅拌、浇筑及外加剂的配制必须设专人负责，其掺量和使用方法按产品说明书执行。搅拌时间应与常温条件下适当延长，按外加剂种类及要求严格控制混凝土的出机温度，混凝土的搅拌、运输、浇筑、振捣、覆盖保温应连续作业，减少施工过程中的热量损失。

4. 蒸汽养护法

蒸汽养护法是用低压饱和蒸汽养护新浇筑的混凝土，在混凝土周围造成湿热环境来加速混凝土硬化的方法。

蒸汽养护法应采用低压饱和蒸汽对新浇筑的混凝土构件进行加热养护，蒸汽养护混凝土的温度：采用(P.O)水泥时最高养护温度不超过 80℃，采用(P.S)水泥时可提高到 85℃。但采用内部通汽法时，最高加热温度不应超过 60℃。蒸汽养护应包括升温——恒温——降温三个阶段，各阶段加热持续时间可根据养护终了要求的强度确定。采用蒸汽养护的混凝土，可掺入早强剂或无引气型减水剂。

蒸汽加热法除采用预制构件厂用的蒸汽养护窑之外，还有棚罩法、汽套法、热模法和构件内部通汽法。混凝土蒸汽养护法的使用范围如表 9-5 所示，使用较多的为内部通汽法。

对掺用引气型外加剂的混凝土，不宜采用蒸汽养护。

表 9-5　混凝土蒸汽养护法的适用范围

方　法	简　述	特　点	适用范围
棚罩法	用帆布或其他罩子扣罩，内部通蒸汽养护混凝土	设施灵活、施工简便、费用低，但耗汽量大，温度不易均匀	预制梁、板、地下基础、沟道等

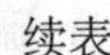
续表

方 法	简 述	特 点	适用范围
蒸汽套法	制作密封保温外套，分段送汽养护混凝土	温度能适当控制，加热效果取决于保温构造，设施复杂	现浇梁、板、框架结构，墙、柱等
热模法	制作外侧配置蒸汽管，加热模板养护	加热均匀，温度易控制，养护时间短，设备费用大	墙、柱及框架结构
内部通汽法	结 构内部留孔道，通蒸汽加热养护	节省蒸汽，费用较低，入汽端易过热，需处理冷凝水	预制梁、柱、桁架，现浇梁、柱、框架单梁

5. 电热养护法

电热养护法施工是利用低压电流通过混凝土产生的热量，加热养护混凝土，电热养护法施工设备简单，操作方便，但耗电量较多。

电热养护法分为电极法、表面电热法、电磁感应加热法等，常用的电极法按电极布置的不同以及通电方式的差异又分为表面电极法、棒形电极法和弦形电极法。

电极法(电极加热法)是将电极放入混凝土内，通以低压电流。由于混凝土的电阻作用，使电能变为热能，产生热量对混凝土加热。电热法应采用交流电加热混凝土，不允许使用直流电，因直流电会引起电解、锈蚀。一般宜采用的工作电压为 50～110V，在无筋结构和每立方米混凝土含钢量不大于 50kg 的结构中，可采用 120～220V 的电压。

表面电热法是用Φ6 的钢筋或 20～40mm 宽的白铁皮做电极，固定在模板内侧，混凝土浇筑后通电加热养护混凝土。电极的间距：钢筋电极 200～300mm，白铁皮电极 100～150mm。现在也有把电热毯固定在钢模板外侧作为加热元件对混凝土进行加热养护。表面电热法常用于墙、梁、板、基础等结构混凝土的养护。

电磁感应加热法是在结构模板的表面缠上连续的感应线圈，线圈中通入连续的交流电后，即在钢筋和钢模板中都会有涡流循环磁场。感应加热就是利用在电磁场中铁质材料发热的原理，使钢模板及混凝土中的配筋发热，并将热量传至混凝土而达到养护的目的。用这种工艺加热混凝土，温度均匀，控制方便，热效率高，但需专用模板。

用电加热混凝土应在混凝土浇筑完毕，外露表面覆盖后立即进行。电热法加热混凝土只应加热到设计强度的 50%，在养护过程中，应注意观察混凝土表面的温度，当表面开始干燥时，应先停电，并浇温水湿润混凝土表面。

6. 暖棚法

暖棚法是在被养护构件或建筑的四周搭设暖棚，或在室内用草帘、草垫等将门窗堵严，采用棚内生火炉，设热风机加热，安装蒸汽排管通蒸汽或热水等热源进行采暖，使混凝土在正温环境下养护至临界强度或预定设计强度。暖棚法由于需要较多搭造材料和保温加热设施，施工费用较高。

暖棚法适用于严寒天气施工的地下室、人防工程或建筑面积不大而混凝土工程又很集中的工程。用暖棚法养护混凝土时，要求暖棚内的温度不得低于 5℃，并应保持混凝土表面湿润。

7. 远红外线加热法

远红外线加热法是通过热源产生的红外线，穿过空气冲击一切可吸收它的物质分子，当射线射到物质原子的外围电子时，可以使分子产生激烈的旋转和振荡，运动发热使混凝土温度升高，从而获得早强。由于混凝土直接吸收射线转变成热能，其热量损失要比其他养护方法小得多。产生红外线的能源有电源、天然气、煤气、蒸汽等。

远红外线加热适用于薄壁钢筋混凝土结构、装配式钢筋混凝土结构的接头混凝土，固定预埋件的混凝土和施工缝处继续浇筑混凝土的加热等。

一般辐射器距混凝土表面应大于 300mm，混凝土表面温度宜控制在 70～90℃。为防止水分蒸发，混凝土表面宜用光滑的薄钢板(或塑料薄膜)进行密封。

9.4.4 混凝土的测温和质量检查

1. 混凝土的温度测量

冬期施工测温的项目与次数为：室外气温及环境温度每昼夜不少于四次(2:00、8:00、14:00、20:00)；搅拌机棚温度，水、水泥、矿物掺合料、砂、石及外加剂溶液温度，混凝土出罐、浇筑、入模温度每一工作班不少于四次；在冬期施工期间，还需测量每天室外最高、最低气温。

混凝土养护期间的温度应进行定点测量：蓄热法或综合蓄热法养护从混凝土入模开始至混凝土达到受冻临界强度，或混凝土温度降到 0℃或设计温度以前，应至少每隔 6h 测量一次。掺防冻剂的混凝土强度在未达到受冻临界强度前(当室外最低气温不低于-15℃时不得小于 4.0N/mm^2，当室外最低气温不低于-30℃时不得小于 5.0N/mm^2)的要求之前应每隔 2h 测量一次，达到受冻临界强度以后每隔 6h 测量一次。采用加热法养护混凝土时，升温和降温阶段应每隔 1h 测量一次，恒温阶段每隔 2h 测量一次。测量时，全部测温孔均应编号，并绘制布置图，测温孔应设在有代表性的结构部位和温度变化大易冷却的部位，测温时，测温元件应采取措施与外界气温隔离；测温元件测量位置应处于结构表面下 200mm 处。留置在测温孔内的时间不应少于 3min。

2. 混凝土的质量检查

冬期施工时，混凝土的质量检查除应按国家标准《混凝土结构工程施工质量验收规范》(GB 50204—2002)规定留置试块外，尚应检查混凝土表面是否受冻、粘连、收缩裂缝，边角是否脱落，施工缝处有无受冻裂痕；检查同条件养护试块的养护条件是否与施工现场结构养护条件相一致；采用成熟度法检验混凝土强度时，应检查测温记录与计算公式要求是否相符，有无差错；采用电加热法养护时，应检查供电变压器二次电压和二次电流强度，每一工作班不应少于两次。

混凝土试件的试块留置应较常规施工增加不少于两组与结构同条件养护的试件，分别用于检验受冻前的混凝土强度和转入常温养护 28d 的混凝土强度。与结构构件同条件养护的受冻混凝土试件，解冻后方可试压。

所有各项测量及检验结果，均应填写“混凝土工程施工记录”和“混凝土冬期施工日报”。

9.4.5 混凝土的拆模和成熟度

1. 混凝土的拆模

混凝土养护到规定时间，应根据同条件养护的试块试压。证明混凝土达到规定拆模强度后方可拆模。对加热法施工的构件模板和保温层，应在混凝土冷却到 5℃后方可拆模。当混凝土和外界温差大于 20℃时，拆模后的混凝土应注意覆盖，使其缓慢冷却。如在拆除模板过程中发现混凝土有冻害现象，应暂停拆模，经处理后方可拆模。

2. 混凝土的成熟度

混凝土冬期施工时，由于同条件养护的试块置于与结构相同条件下进行养护，结构构件的表面散热情况和小试块的散热情况有较大差异，内部温度状况明显不同，所以同条件养护的试块强度不能够精确反映结构的实际强度，利用结构的实际测温数据为依据的“成熟度”法估算混凝土强度，由于方法简便，实用性强，易于被接受并逐渐推广应用。

成熟度即混凝土在养护期间养护温度和养护时间的乘积。也就是说混凝土强度的增长和“成熟度”之间有一定的规律。混凝土强度增长快慢和养护温度、养护时间有关，当混凝土在一定温度条件下养护时，混凝土强度的增长只取决养护时间的长短，即龄期。但是当混凝土在养护温度变化的条件下进行养护时，强度的增长并不完全取决于龄期，而且受温度变化的影响有波动。由于混凝土在冬期养护期间，养护温度是一个不断降温变化的过程，所以其强度增长不是简单的和龄期有关，而是和养护期间所达到的成熟度有关。

成熟度法适用于不掺外加剂在 50℃以下正温养护和掺外加剂在 30℃以下养护的混凝土，或掺有防冻剂在负温养护法施工的混凝土，来预估混凝土强度标准值 60%以内的强度值。

用成熟度法预估混凝土强度，需用实际工程使用的混凝土原材料和配合比，制作不少于五组混凝土立方体标准试件在标准条件下养护，得出 1d、2d、3d、7d、28d 的强度值；并需取得现场养护混凝土的温度实测资料(温度、时间)。

9.5 装饰工程和屋面工程的冬期施工

装饰工程应尽量在冬期施工前完成，或推迟在初春化冻后进行。必须在冬期施工的项目，应按冬期施工的有关规定组织施工。

9.5.1 装饰工程冬期施工

1. 装饰工程的环境温度

(1) 刷浆、饰面和花饰工程以及高级抹灰不应低于 5℃。

(2) 中级和普通抹灰以及玻璃工程应在 0℃以上。

(3) 裱糊工程不应低于 10℃。

(4) 用胶粘剂粘贴的罩面板工程，应按产品说明要求的温度施工。

(5) 涂刷清漆不应低于 8℃，涂刷乳胶漆应按产品说明要求的温度施工。

(6) 室外涂刷石灰浆不应低于 3℃。

2．一般抹灰的冬期施工

一般抹灰的冬期常用施工方法有热作法施工和冷作法施工两种。

1) 热作法施工

热作法施工是利用房屋的永久热源或临时热源来提高和保持操作环境的温度，人为创造一个正温环境，使抹灰砂浆硬化和固结。热作法一般用于室内抹灰。常用的热源有：火炉、蒸汽、远红外加热器等。

室内抹灰应在屋顶已做好的情况下进行。抹灰前应将门、窗封闭，脚手眼堵好，对抹灰砌体提前进行加热，使墙面温度保持在 5℃以上，以便湿润墙面不致结冰，使砂浆与墙面粘结牢固。冻结砌体应提前进行人工解冻，待解冻下沉完毕。砌体强度达到设计强度的20%后方可抹灰。抹灰砂浆应在正温的室内或暖棚内制作，用热水搅拌，抹灰时砂浆的上墙温度不低于 10℃。抹灰结束后，至少 7d 内保持 5℃的室温进行养护。在此期间，应随时检查抹灰层的湿度，当干燥过快时，应洒水湿润，以防止产生裂纹，影响与基层的粘结，防止脱落。

2) 冷作法施工

冷作法施工是指低温条件下在砂浆中掺入一定量的防冻剂(氯化钠、氯化钙、亚硝酸钠等)，在不采取采暖保温措施的情况下进行抹灰作业。冷作法适用于房屋装饰要求不高、小面积的外饰面工程。

冷作法抹灰前应对抹灰墙面进行清扫，墙面应保持干净，不得有浮土和冰霜，表面不洒水湿润；抗冻剂宜优先选用单掺氯化钠的方法，其次可用同时掺氯化钠和氯化钙的复盐方法或掺亚硝酸钠。其掺入量与室外气温有关。防冻剂应由专人配制和使用，配制时可先配制 20%浓度的标准溶液，然后根据气温再配制使用溶液。

掺氯盐的抹灰严禁用于高压电源的部位，做涂料墙面的抹灰砂浆中，不得掺入氯盐防冻剂。氯盐砂浆应在正温下拌制使用，拌制时，应将水泥和砂干拌均匀，然后加入氯盐水溶液拌合，水泥可用硅酸盐水泥或矿渣硅酸盐水泥，严禁使用高铝水泥。砂浆应随拌随用，不允许停放。当气温低于−25℃时，不得用冷作法进行抹灰施工。

3．装饰抹灰冬期施工

装饰抹灰冬期施工除按一般抹灰施工要求掺盐外，可另加水泥重量 20%的 108 胶，要注意搅拌砂浆应先加一种材料搅拌均匀后再加另一种材料，避免直接混搅。

4．其他装饰工程的冬期施工

冬期进行油漆、刷浆、裱糊、饰面工程，应采用热作法施工。应尽量利用永久性的采暖设施。室内温度应在 5℃以上，并保持均衡，不得突然变化，低于规定室内温度。否则不能保证工程质量。

冬期气温低，油漆会发粘，不易涂刷，涂刷后漆膜不易干燥。为了便于施工，可在油漆中加入一定量的催干剂，保证在 24h 内干燥。

室外刷浆应保持施工均衡，粉浆类料宜采用热水配制，随用随配，料浆使用温度宜保持在 15℃左右。裱糊工程施工时，混凝土或抹灰基层含水率不应大于 8%，施工中当室内温度高于 20℃，且相对湿度大于 80%时，应开窗换气，防止壁纸皱折起泡。玻璃工程冬期施工时，应将玻璃、镶嵌用合成橡胶等材料运到有采暖设备的室内，操作地点环境温度不应低于 5℃。外墙铝合金、塑料框、大扇玻璃不宜在冬期安装。

室内外装饰工程施工环境温度，除满足上述要求外，对新材料应按所用材料的产品说明书中要求的温度进行施工。

9.5.2 屋面防水工程冬期施工

屋面防水工程施工应选择晴朗天气进行，不得在雨、雪天和五级风及其以上或基层潮湿、结冰、霜冻条件下进行。屋面防水工程应依据材料性能确定施工气温界限，最低施工环境气温宜符合表 9-6 所示的规定。

表 9-6 屋面工程施工环境气温要求

防水与保温材料	施工环境气温
粘结保温板	有机胶粘剂不低于-10℃；无机胶粘剂不低于 5℃
现喷硬泡聚氨酯	15℃～30℃
高聚物改性沥青防水卷材	热熔法不低于-10℃
合成高分子防水卷材	冷粘法不低于 5℃；焊接法不低于-10℃
高聚物改性沥青防水涂料	溶剂型不低于 5℃，热熔型不低于-10℃
合成高分子防水涂料	溶剂型不低于-5℃
防水混凝土、防水砂浆	符合本规程混凝土、砂浆相关规定
改性石油沥青密封材料	不低于 0℃
合成高分子密封材料	溶剂型不低于 0℃

防水材料进场后，应存放于通风、干燥的暖棚内，并严禁接近火源和热源，棚内温度不宜低于 0℃，且不得低于施工环境规定的温度。

屋面防水施工时，应先做好排水比较集中的部位，凡节点部位均应加铺一层附加层，施工时，应合理安排隔气层、保温层、找平层、防水层的各项工作，连续操作，已完成部位应及时覆盖，防止受潮和受冻，穿过屋面防水层的管道、设备或预埋件，应在防水施工前安装完毕并做好防水处理。

屋面防水工程冬期施工时，应严格按照相关冬期施工操作规程进行施工作业。

9.6 雨 期 施 工

雨期施工时施工现场重点应解决好截水和排水问题。截水是在施工现场的上游设截水沟，阻止场外水流入施工现场。排水是在施工现场内合理规划排水系统，并修建排水沟，使雨水按要求排至场外。其原则是：上游截水，下游散水，坑底抽水，地面排水。规划设计时，应根据各地历年最大降雨量，结合地形和施工要求全盘考虑。水沟的横断面和纵向坡度应按照施工最大流量确定，一般水沟的横断面不小于 0.5m×0.5m，纵向坡度一般不小于 3‰，平坦地区不小于 2‰。

9.6.1　土方和基础工程雨期施工

(1) 大量的土方开挖和回填工程应在雨期来临前完成，如必须在雨期施工的土方开挖工程，其工作面不宜过大，应逐级逐片地分期完成。开完场地应设一定的排水坡度，场地内不能积水。

(2) 基槽(坑)或管沟开挖时，应注意边坡稳定，必要时可适当放缓边坡坡度或设置支撑。施工时要加强对边坡和支撑的检查，对可能被雨水冲塌的边坡，可在边坡上挂钢丝网片，外抹 50mm 厚的细石混凝土，为了防止雨水对基坑浸泡，开挖时要在坑内设排水沟和集水井；当挖到基础标高后，应及时组织验收并浇筑混凝土垫层。

(3) 填方工程施工时，取土、运土、铺填、压实等各道工序连续进行，雨前应及时压完已填土层，将表面压光并做成一定的排水坡度。

(4) 对处于地下的水池或地下室工程，要防止水对建筑的浮力大于建筑物自重时造成地下室或水池上浮。

基础施工完毕，应抓紧基坑四周的回填工作。停止人工降水时，应验算箱形基础抗浮稳定性和地下水对基础的浮力。抗浮稳定系数不宜小于 1.2，以防止出现基础上浮或者倾斜的重大事故，如抗浮稳定系数不能满足要求时，应继续抽水，直到施工上部结构荷载加上后能满足抗浮稳定系数要求为止。当遇上大雨，水泵不能及时有效地降低积水高度时，应迅速将积水灌回箱形基础之内，以增加基础的抗浮能力。

9.6.2　砌体工程雨期施工

(1) 砖在雨期必须集中堆放，不宜浇水。砌墙时要求干湿砖块合理搭配，砖湿度较大时不可上墙，砌筑高度不宜超过 1.2m。

(2) 雨期遇大雨必须停工，砌体停工时应在砖墙顶盖一层干砖，避免大雨冲刷灰浆，大雨过后受雨水冲刷过的新砌墙体应翻砌最上面两皮砖。

(3) 稳定性较差的窗间墙、独立砖柱，应加设临时支撑或及时浇筑圈梁，以增加墙体稳定性。

(4) 砌体施工时，内外墙要尽量同时砌筑，并注意转角及丁字墙间的搭接，如遇台风时，应在与风向相反的方向加临时支撑，以保护墙体的稳定。

(5) 雨后继续施工，须复核已完工砌体的垂直度和标高。

9.6.3　混凝土工程雨期施工

(1) 模板隔离层在涂刷前要及时掌握天气预报，以防隔离层被雨水冲掉。

(2) 遇到大雨应停止浇筑混凝土，已浇部位应加已覆盖。浇筑混凝土时应根据结构情况和可能，多考虑几道施工缝的留设位置。

(3) 雨期施工时，应加强对混凝土粗细骨料含水量的测定，及时调整混凝土的施工配合比。

(4) 大面积的混凝土浇筑前，要了解 2～3d 的天气预报，尽量避开大雨。混凝土浇筑现场要预备大量防水材料，以备浇筑时突然遇雨进行覆盖。

(5) 模板支撑下回填要夯实，并加好垫板，雨后及时检查有无下沉。

9.6.4 吊装工程雨期施工

(1) 构件堆放地点要平整坚实，周围要做好排水工作，严禁构件堆放区积水、浸泡，防止泥土粘到预埋件上。

(2) 塔式起重机路基，必须高出自然地面 15cm，严禁雨水浸泡路基。

(3) 雨后吊装时，要先做试吊，将构件吊至 1m 左右，往返上下数次稳定后再进行吊装工作。

9.6.5 屋面工程雨期施工

(1) 卷材屋面尽量在雨期前施工，并同时安装屋面的落水管。

(2) 雨天严禁进行油毡屋面施工，油毡、保温材料不准淋雨。

(3) 雨后屋面工程宜采用“湿铺法”施工工艺，“湿铺法”就是在潮湿基层上铺贴卷材，先喷刷 1～2 道冷底子油，喷刷工作宜在水泥砂浆凝结初期进行操作，以防基层浸水。如基层浸水，应在基层表面干燥后方可铺贴油毡。如基层潮湿且干燥有困难时，可采用排汽屋面。

9.6.6 抹灰工程雨期施工

(1) 雨天不准进行室外抹灰，至少应能预计 1～2d 的天气变化情况。对已经施工的墙面，应注意防止雨水污染。

(2) 室内抹灰尽量在做完屋面后进行，至少做完屋面找平层，并铺一层油毡。

(3) 雨天不宜做罩面油漆。

9.7 冬期与雨期施工的安全技术

冬期的风雪冰冻，雨期的风雨潮汛，给建筑施工带来了一定的困难，影响和阻碍了正常的施工活动。为此必须采取切实可行的防范措施，以确保施工安全。

9.7.1 冬期施工的安全技术

冬期施工主要应做好防火、防寒、防毒、防滑、防爆等工作。

(1) 冬期施工前各类脚手架要加固，要加设防滑设施，及时清除积雪。

(2) 易燃材料必须经常注意清理，必须保证消防水源的供应，保证消防道路的畅通。

(3) 严寒时节，施工现场应根据实际需要和规定配设挡风设备。

(4) 要防止一氧化碳中毒，防止锅炉爆炸。

9.7.2　雨期施工的安全技术

雨期施工应做好防雨、防风、防雷、防电、防汛等工作。

(1) 基础工程应开设排水沟、基槽、基坑、管沟等，若雨后积水应设置防护栏或警告标志，超过 1m 的基槽、井坑应设支撑。

(2) 一切机械设备应设置在地势较高、防潮避雨的地方，要搭设防雨棚。机械设备的电源线路绝缘要良好，要有完善的保护接零装置。

(3) 脚手架要经常检查，发现问题要及时处理或更换加固。

(4) 高层建筑、脚手架和构筑物要按电气专业规定设置临时避雷装置。

(5) 所有机械棚要搭设牢固，防止倒塌漏雨。机电设备要采取防雨、防淹措施，并安装接地安全装置。机械电闸箱的漏电保护装置要可靠。

(6) 雨期为防止雷电袭击造成事故，在施工现场高出建筑物的塔吊、人货电梯、钢脚手架等，必须装设防雷装置。

施工现场的防雷装置一般是由避雷针、接地线和接地体三个部分组成。

① 避雷针应安装在高出建筑的塔吊、人货电梯、钢脚手架的最高顶端上。

② 接地线可用截面积不小于 $16mm^2$ 的铝导线，或用截面不小于 $12mm^2$ 的铜导线，也可用直径不小于 8mm 的圆钢。

③ 接地体有棒形和带形两种。棒形接地体一般长度为 1.5m、壁厚不小于 2.5mm 的钢管或 5mm×50mm 的角钢。将其一端打尖并垂直打入地下，其顶端离地平面不小于 50cm。带形接地体可采用截面面积不小于 $50mm^2$，长度不小于 3m 的扁钢，平卧于地下 500mm 处。

④ 防雷装置的避雷针、接地线和接地体必须焊接(双面焊)，焊缝长度应为圆钢直径的 6 倍或扁钢厚度的 2 倍以上，电阻不宜超过 10Ω。

小　　结

本项目介绍了各工种在冬期施工和雨期施工的原则和要求。冬期施工是事故多发期且质量事故不易发现，所以在冬期施工时，应根据当地的气温来制定各工种的施工方案和技术措施。雨期施工主要解决好雨水的排除问题，其原则是上游截水、下游散水、坑底抽水、地面排水。在规划设计时，也要根据当地的最大降雨量，结合施工要求制定合理的施工方案和技术措施。

思考与练习

1. 冬期施工和雨期施工应遵守哪些原则？
2. 试述地基土保温防冻的方法。
3. 地基土的冻胀性是如何分类的？
4. 使用掺盐砂浆法施工中应注意哪些问题？
5. 冻结法施工中应注意哪些问题？

6. 何为混凝土冬期施工的临界强度？
7. 混凝土冬期施工的主要方法有哪些？其特点是什么？
8. 混凝土冬期施工工艺有何特殊要求？
9. 混凝土冬期施工中，常用的外加剂有哪些？其作用是什么？
10. 何为混凝土的成熟度？
11. 冬、雨期回填土施工要注意哪些问题？
12. 雨期施工的特点是什么？
13. 各分项工程雨期施工有什么要求？
14. 冬雨期施工安全技术主要包括哪几个方面？

参考文献

[1] 建筑施工手册编写组. 建筑施工手册[M]. 4 版. 北京：中国建筑工业出版社，2003.

[2] 危道军. 建筑施工技术[M]. 北京：科学出版社，2011.

[3] 姚谨英. 建筑施工技术[M]. 4 版. 北京：中国建筑工业出版社，2012.

[4] 朱永祥，钟汉华. 建筑施工技术[M]. 北京：北京大学出版社，2008.

[5] 卢循. 建筑施工技术[M]. 上海：同济大学出版社，1999.

[6] 王洪健. 混凝土工程施工[M]. 北京：中国建筑工业出版社，2011.

[7] 吴洁，杨天春. 建筑施工技术[M]. 北京：中国建筑工业出版社，2009.

[8] 中国机械工业教育协会组. 建筑施工[M]. 北京：机械工业出版社，2008.

[9] 张厚先，王志清. 建筑施工技术[M]. 2 版. 北京：机械工业出版社，2008.

[10] 王洪健. 建筑施工技术[M]. 哈尔滨. 黑龙江科学技术出版社，2000.